中国地质调查成果 CGS 2021-013
山西省矿产资源潜力评价成果系列丛书
山西省地质调查院

山西省成矿地质条件

SHANXI SHENG CHENGKUANG DIZHI TIAOJIAN

王　权　米广尧　张玉生
商培林　李海鹰　卫彦升　等编著
李建荣　魏荣珠　孙占亮

内容简介

本书是"全国矿产资源潜力评价"项目之"山西省矿产资源潜力评价"子项目研究成果系列丛书之一,是在全面收集整理山西省各类基础地质调查成果的基础上,所完成的"成矿地质背景研究"和"物探、化探、遥感、自然重砂综合信息研究"成果的综合集成。

"成矿地质背景研究"课题应用大陆动力学的观点,全面系统地总结了山西省沉积岩、变质岩、火山岩、侵入岩和大型变形构造特征,进行了岩石构造组合的划分,研究了其大地构造环境,并为开展成矿预测提供了预测底图。

"物探、化探、遥感、自然重砂综合信息研究"课题对山西省重力、磁法、地球化学测量资料进行了重新处理和解译;完成了山西省遥感地质的解译工作和蚀变信息的提取工作;系统梳理了山西省重砂矿物,对每个重砂矿物异常进行了异常评价,系统总结了典型矿床的地球物理、地球化学、自然重砂和遥感特征,尝试建立了山西省主要矿床类型的物探、化探、遥感、自然重砂综合找矿模型,为成矿预测提供了依据,为山西省以后的找矿工作提供了支持。

本书适合从事基础地质调查、矿产勘查等工作的科研及管理人员使用,对了解山西成矿地质背景和指导矿产勘查工作皆具有重要意义。

图书在版编目(CIP)数据

山西省成矿地质条件/王权等编著.—武汉:中国地质大学出版社,2021.9
(山西省矿产资源潜力评价成果系列丛书)

ISBN 978-7-5625-4984-0

Ⅰ.①山…
Ⅱ.①王…
Ⅲ.①区域地质-成矿条件-山西
Ⅳ.①P617.25

中国版本图书馆 CIP 数据核字(2021)第 188660 号

山西省成矿地质条件		王 权 等编著
责任编辑:王 敏	选题策划:毕克成 张瑞生 张 旭	责任校对:何澍语
出版发行:中国地质大学出版社(武汉市洪山区鲁磨路388号)		邮编:430074
电 话:(027)67883511	传 真:(027)67883580	E-mail:cbb@cug.edu.cn
经 销:全国新华书店		http://cugp.cug.edu.cn
开本:880毫米×1230毫米 1/16		字数:618千字 印张:19.5
版次:2021年9月第1版		印次:2021年9月第1次印刷
印刷:武汉中远印务有限公司		
ISBN 978-7-5625-4984-0		定价:298.00元

如有印装质量问题请与印刷厂联系调换

"山西省矿产资源潜力评价成果系列丛书"编委会

主　　任：李保福

副 主 任：张京俊　王　权

委　　员：周继华　史建儒　孙占亮

　　　　　张建兵　郭红党　李建国

　　　　　张永东　孟庆春　冯睿宏

编著单位：山西省地质调查院

序

2006年,国土资源部(现为自然资源部,下同)为贯彻落实《国务院关于加强地质工作决定》中提出的"积极开展矿产远景调查和综合研究,科学评估区域矿产资源潜力,为科学部署矿产资源勘查提供依据"的精神要求,在全国统一部署了"全国矿产资源潜力评价"项目,"山西省矿产资源潜力评价"项目是其子项目之一。

"山西省矿产资源潜力评价"项目于2007年启动,2013年结束,历时7年,由中国地质调查局和山西省人民政府共同出资,所属计划项目为"全国矿产资源潜力评价";实施单位为中国地质科学院矿产资源研究所;承担单位为山西省地质调查院;参加单位为山西省煤炭地质局、中国建筑材料工业地质勘查中心山西总队、中国冶金地质总局第三地质勘查院、山西省地球物理化学勘查院、山西省第三地质工程勘察院等7家单位。为确保项目的顺利实施,山西省国土资源厅(现山西省自然资源厅,下同)专门成立了以厅长任组长,分管副厅长为副组长,各职能部门和山西省地质调查院主要负责人为成员的项目领导小组;成立了由山西省国土资源厅地质勘查管理处主要负责人任主任、各参加单位负责人为成员的项目领导小组办公室,项目领导小组办公室设在山西省国土资源厅地质勘查管理处,主要负责指导、监督、协调参加单位的各项工作。

"山西省矿产资源潜力评价"项目2007—2013年分3个阶段进行,完成了煤炭、铁、铝土矿、稀土、铜、钼、铅、锌、金、磷、银、锰、硫、萤石、重晶石15个矿种的矿产资源潜力评价工作、专题汇总及全省汇总工作。

第一阶段为2007—2010年,完成了全省基础数据库的更新与维护;完成了煤炭、铁、铝土矿、稀土、铜、钼、铅、锌、金、磷等矿种的资源潜力评价工作;提交了山西省1:25万实际材料图和建造构造图及其数据库;提交了全省重力、磁测、化探、遥感、自然重砂等资料的处理和地质解释工作。

第二阶段为2011—2012年,完成了银、锰、硫、萤石、重晶石5个矿种的资源潜力评价工作和相关的成矿地质背景、物探、化探、遥感、自然重砂等资料的处理与地质解释工作;完成了全省1:50万大地构造相图的编制和编图说明书的编写工作。

第三阶段为2013年,按照地质调查项目管理办法和《关于印发〈省级成矿地质背景研究汇总技术要求〉等省级专业汇总技术要求的通知》(项目办发〔2012〕5号)、《关于印发全国矿产资源潜力评价2013年目标任务和工作要点的通知》(项目办发〔2012〕18号)及2013年任务书(资〔2013〕01-033-003)等有关规定,编制完成山西省成矿地质背景、成矿规律、重力、磁测、化探、遥感、自然重砂、矿产预测、数据集成等各专业汇总报告,山西省矿产资源潜力评价总体成果报告和工作报告。

"山西省矿产资源潜力评价"项目以科学发展观为指导,以提高矿产资源对经济社会发展的保障能力为目标,充分开发应用已有的地质矿产调查、勘查、多元资料与科研成果,以先进的成矿理论为指导,使用全国统一的技术标准、规范而有效的资源评价方法与技术,以各类基础数据为支撑,以山西省已开展基础地质、矿产勘查和已有的资源评价工作为基础,全面、准确、客观地评价山西省重要矿产资源潜力以及空间布局;预测未来10～20年山西省矿产资源的勘查趋势,推断开发产能增长趋势、矿产资源开发基地的战略布局。为更好地规划、管理、保护和合理利用矿产资源,也为部署矿产资源勘查工作提供基础资料,为山西省编制中长期发展规划提供科学依据,为全国矿产资源潜力评价提供基础资料。同时通过工作提高对山西省区域成矿规律的认识水平,完善资源评价理论与方法,并培养一批科技骨干及工作队伍。

"山西省矿产资源潜力评价"项目运用大陆动力学的观点,全面系统地总结了山西省的成矿地质构造背景。总结了山西省沉积岩、变质岩、火山岩、侵入岩和大型变形构造特征,进行了岩石构造组合的划分,研究了其大地构造环境,为成矿预测提供了预测底图。对15个矿种从预测类型及时空分布、矿床特征、成矿要素及成矿规律等方面进行了全面总结。对除煤矿外14个矿种的33个典型矿床的矿床特征、成矿要素、预测要素、矿床模式、预测模型作了系统总结。对山西省成矿区(带)进行了划分,运用最新成矿理论,结合对全省重力、磁测、化探、遥感、自然重砂资料的研究应用,对煤炭、铁、铝土矿、稀土、铜、钼、铅、锌、金、磷、银、锰、硫、萤石、重晶石15个矿种完成了矿产资源潜力评价工作、专题汇总及全省汇总工作,划分了矿产预测类型,圈定了综合成矿远景区和重点勘查矿集区,对区域成矿规律进行了全面总结,并提出了今后工作部署建议。根据煤炭资源潜力评价结果,提出近期及中长期的煤炭资源勘查部署建议与规划方案。

根据省内区域地质、矿产勘查等工作程度,综合各预测矿种的潜力评价结果,提出了基础地质调查、矿产勘查、找矿理论和技术方法、综合研究等工作部署建议。对重要矿种供需、现状进行了分析,对未来开发进行了预测。

概述了山西省基础数据库维护情况、新建数据库数量、数据库现状等。对本次工作编图成果、专题数据库、综合信息集成的数据库情况作了介绍,并对数据库质量进行了评述。

为了完成"山西省矿产资源潜力评价"项目,先后有300多名地质工作者参与了这项工作,这是山西省第一次大规模对全区重要矿产资源现状及潜力进行总结评价,是继20世纪80年代完成《山西省区域地质志》《山西省区域矿产志总结》之后集区域地质背景、区域成矿规律研究、物探、化探、自然重砂、遥感综合信息研究,以及全区矿产预测、数据库建设之大成的又一重大成果,是中国地质调查局和山西省国土资源厅高度重视、完善的组织保障和中央、省财政坚实的资金支撑的结果,更是山西省地质工作者7年辛勤汗水的结晶。为了使该项研究成果发挥更大的作用,现将其主要成果以丛书方式编撰出版,丛书共分为4册,分别为《山西省成矿地质条件》《山西省典型矿床及成矿规律研究》《山西省矿产预测》《山西省区域成矿规律》。

本项目是在国土资源部、中国地质调查局、天津地质调查中心、全国矿产资源潜力评价项目办公室、全国成矿规律汇总组等各级主管部门领导下完成的,各级主管部门在资金、管理、协调等方面均给予了极大的支持和指导,成书过程中得到了各项目参加单位的大力配合,在此一并表示感谢!

编委会

2019年10月

前 言

为了贯彻落实《国务院关于加强地质工作的决定》中提出的"积极开展矿产远景调查和综合研究,科学评估区域矿产资源潜力,为科学部署矿产资源勘查提供依据"的要求和精神,国土资源部安排开展了全国矿产资源潜力评价工作。山西省矿产资源潜力评价是其子项目之一。本专著是其中成矿地质背景研究和物探、化探、遥感、自然重砂综合信息研究成果的集成。

地质构造研究是矿产预测的基础工作,主要目的是研究成矿作用和地质作用的关系,分析矿产形成的成矿地质环境,运用新的理论和方法技术,深入分析和提取成矿地质构造信息(成矿地质构造预测要素),编制专题图件,研究和总结成矿地质构造形成与演化规律,为成矿规律研究和矿产预测提供成矿地质背景资料和工作底图。建立和完善基础地质资料空间数据库,为各类地质矿产工作提供技术支持。

成矿地质背景研究是开展矿产资源潜力评价的基础性工作,也是实施矿产预测的关键技术环节。成矿地质背景研究工作的目的是研究地质作用与成矿的关系,分析矿产形成的成矿地质环境,运用新的理论和方法技术,深入分析和提取成矿地质构造信息(成矿地质构造预测要素),编制成矿地质背景研究专题图件,研究和总结成矿地质构造形成与演化规律,为成矿规律研究和矿产预测提供成矿地质背景资料,为实施矿产预测提供工作底图,为编制大地构造相图提供基础资料底图。

物探、化探、遥感、自然重砂综合信息研究成果,是在山西省现有区域地球化学、地球物理、遥感、自然重砂勘查资料的基础上,全面总结和充分利用多年来山西省在区域地球化学、地球物理、遥感、自然重砂信息综合应用中取得的研究成果,为实现应用区域地球化学、地球物理、遥感、自然重砂进行山西省重要矿产资源潜力预测的任务目标服务。工作时充分利用现代计算机技术和GIS技术,以1∶25万图幅为基本数据单元,对已获取的区域地球化学、地球物理、遥感、自然重砂勘查数据进行收集、整理,实现全省区域地球化学、地球物理、遥感、自然重砂数据的集成与综合。以成矿地质理论和地球化学、地球物理、遥感、自然重砂理论为指导,开展山西省重要矿产的区域地球化学、地球物理、遥感、自然重砂找矿潜力预测。主要矿种是煤、铜、铅、锌、金、钼、稀土、银,其次是磷、萤石、重晶石、滑石、硫、石膏、钾、石膏、铁铝矿、菱镁矿、石墨、水泥灰岩、油页岩、膨润土,计22个矿种。在研究分析地球物理、地球化学、遥感、自然重砂单异常的基础上,利用计算机技术和GIS技术,结合区域地球化学、地球物理、遥感、自然重砂解释推断方法技术,编制山西省综合信息异常图,为山西省矿产资源潜力预测提供地球化学、地球物理、遥感、自然重砂资料依据。

编著者
2020年10月

目 录

第1章 地质工作程度 ………………………………………………………………………… (1)
  1.1 区域地质调查及研究 ………………………………………………………………… (1)
  1.2 物化遥自然重砂调查及研究 ………………………………………………………… (4)

第2章 技术路线、工作流程及工作方法 …………………………………………………… (18)
  2.1 技术路线 ……………………………………………………………………………… (18)
  2.2 工作流程 ……………………………………………………………………………… (19)
  2.3 工作方法 ……………………………………………………………………………… (21)

第3章 成矿地质背景 ………………………………………………………………………… (47)
  3.1 沉积岩 ………………………………………………………………………………… (47)
  3.2 火山岩 ………………………………………………………………………………… (102)
  3.3 侵入岩 ………………………………………………………………………………… (121)
  3.4 变质岩 ………………………………………………………………………………… (151)
  3.5 大型变形构造 ………………………………………………………………………… (199)
  3.6 大地构造相与大地构造分区 ………………………………………………………… (204)

第4章 区域地球物理、地球化学、遥感、自然重砂的地质解释 ………………………… (230)
  4.1 省级重力资料的地质解释 …………………………………………………………… (230)
  4.2 省级磁测资料地质解释 ……………………………………………………………… (240)
  4.3 省级地球化学资料地质解释 ………………………………………………………… (249)
  4.4 省级遥感资料地质解译 ……………………………………………………………… (262)
  4.5 省级自然重砂资料地质解释 ………………………………………………………… (280)

主要参考文献 ………………………………………………………………………………… (301)

第1章 地质工作程度

1.1 区域地质调查及研究

以近代地质学方法为基础对山西开展地质调查工作始于1862年美国人庞培(Pumpolly),但有一定影响的先驱者,当推德国人李希霍芬(Richthofen)。他于1868—1872年间对山西省进行了粗略的路线地质概察,首次对山西省的地层进行了笼统的划分,他所提出的一些地层名称,如五台(系)、滹沱(页岩)、震旦(系)、山西(系)虽在后来的调查研究中对内容和含义进行了多次厘定而发生了改变,但这些名称均为后来的地质学家所沿用。美国人维理士(Wilis)和布拉克维尔(Blakwdlder)于1903年对五台山区开展了区域性的路线地质调查,他所提出的五台山区前寒武系的划分方案,影响着中国前寒武系划分半个世纪之久。最早来山西进行区域地质调查的我国地质学家是王竹泉,他于1911—1925年间曾5次进行地质调查,足迹达66个县,编制了包括山西大部分(4/5以上)的太原榆林幅1∶100万地质图及说明书,对山西省的地质概貌进行较全面的总结和论述,是对山西省做出较大贡献的先驱者。在此期间瑞典人那琳(Norin)、赫勒(Hall)的研究为山西石炭系—二叠系的划分及时代确定奠定了基础。

孙建初(1928)、王绍文(1932)、杨杰(1936)等中外地质学家涉足五台山、恒山进行了路线地质调查,粗线条地勾画了区内地层系统和地质构造轮廓。更正了早期地质学家对山西省地层划分上的一些错误。1937—1945年日本人森田日子次初步划分了大同煤田地层,将区内中生代火山岩称为浑源统。

1951年以王曰伦为首的五台队和1955—1956年以马杏垣为首的北京地质学院实习队先后对五台山区进行了区域地质调查,大大提高了五台山区(特别是前寒武系)的研究程度。

20世纪50年代,区域地质调查主要是随国家急需矿产勘探区而进行的,围绕一些矿产的普查工作,在不同程度上提高了山西省的地质研究程度,提供了一定范围的大、中比例尺地质图。1959年全国地层会议的召开,可以说是20世纪前半个世纪我国地质调查研究(包括山西省在内)在地层方面的总结,特别是此次会议的组成部分——石炭纪、二叠纪地层现场会在山西省召开,中国科学院山西队刘鸿允等在准备工作阶段所进行的石炭系、二叠系及三叠系的专题研究,对以后研究的影响是深远的。山西省正规的1∶20万区域地质调查(简称"区调")于1963—1979年完成,以传统填图方法进行了系统的地质调查,随后于20世纪70年代末开展了1∶5万区域地质调查,2000年开展了1∶25万区域地质调查。

1.1.1 1∶20万区域地质调查

山西省1∶20万图幅共涉及38个标准图幅。1960—1979年全面完成山西省1∶20万区调图幅28幅,其中包括完整图幅23幅、不完整图幅(省内部分)5幅;其余10幅不完整图幅由邻省区域地质调查队完成。完成实测面积15.6万km^2,覆盖比例为100%。本次工作全面收集了剖面资料、化石资料、岩石分析样品等原始资料和成果资料。

与此同时,各普查勘探队对一些矿区外围深入进行了综合性地质调查,为以后的区域地质调查研究提供了丰富的第一手资料。

1.1.2　1∶5万区域地质调查与区域矿产调查

山西省共涉及1∶5万标准图幅449幅(其中跨省不完整图幅为125幅),需要山西省完成的图幅数为390幅。涉及2/3以上黄土的图幅为43幅,全部为黄土的图幅为30幅。

1∶5万区调开始于1977年,截至2007年底,共完成图幅144幅,其中山西省完成125幅(包含沙河镇幅和下关幅各半幅、12幅城市区调),河北省完成跨省图幅14幅,河南省完成跨省图幅2幅。省内完成实测面积57 274.72km^2,占全省总面积的34.79%。截至2012年底,可提交野外验收的有74幅,占全省总面积的52%左右。山西省1∶5万区域地质调查与区域矿产调查程度见图1-1-1。

1.1.3　1∶25万区域地质调查

1∶25万区调始于2000年,截至目前,山西省共完成1∶25万区调图幅7幅(应县幅、忻州市幅、岢岚县幅、侯马市幅、新乡市幅、临汾市幅、长治市幅),本次编图全部收集、利用了上述图幅的原始资料与成果资料。另外,本次编图也大量利用了正在实施的大同市幅、偏关县幅阶段性成果资料。

1.1.4　专题研究

1959年山西省地质厅王植总工程师主持编制的《山西矿产》是山西地质矿产的首次全面总结,其附图——山西省地质图、山西省大地构造图是山西省第一代1∶50万地质图和大地构造图。

1970年地质部华北地震地质大队编制了1∶50万山西地区构造体系图。

20世纪70年代中期—80年代初期,在完成了大部分1∶20万图幅区调工作之后,山西省区域地质调查队完成了《华北地区区域地层表·山西省分册》的编制,逐步开展并完成了地层断代总结和各类岩浆岩总结,非公开出版了一系列总结性丛书,计有20本之多,书中收录了大量实际资料,对后续的区调工作具有重要的指导意义。1979年山西省区域地质调查队、山西省地质科学研究所完成了山西省1∶50万构造体系图及说明书。

1989年由山西省区域地质调查队武铁山主编的《山西省区域地质志》,是在上述1∶20万断代总结的基础上,利用和参考各普查勘探、矿山和地质科研成果综合编写而成,其所附1∶50万山西省地质图、山西省构造岩浆岩图,是山西省第三代公开出版的最全面、最系统的区域地质调查总结。

1997年武铁山等主编的《山西省岩石地层》和陈晋镳、武铁山主编的《华北区区域地层》,以现代地层学理论为指导对山西省沉积岩(含变质表壳岩和新生界)的地层单位进行了系统的总结和清理,对近几年开展的区调和基础地质调查均发挥了基础性的作用。

1998年武铁山等主编了《山西省1∶50万数字化地质图》。

进入21世纪以来,山西省区域地质调查方面专题性研究工作开展得较少,2005年山西省地质调查院完成了"山西大地构造划分、成矿旋回与演化"研究,并附有1∶50万山西省大地构造图。2007年山西省地质矿产勘查开发局立项编制新一代山西省1∶50万地质系列图,其中山西省地质调查院完成了山西省1∶50万地质图、构造岩浆岩图、矿产图的编制工作。

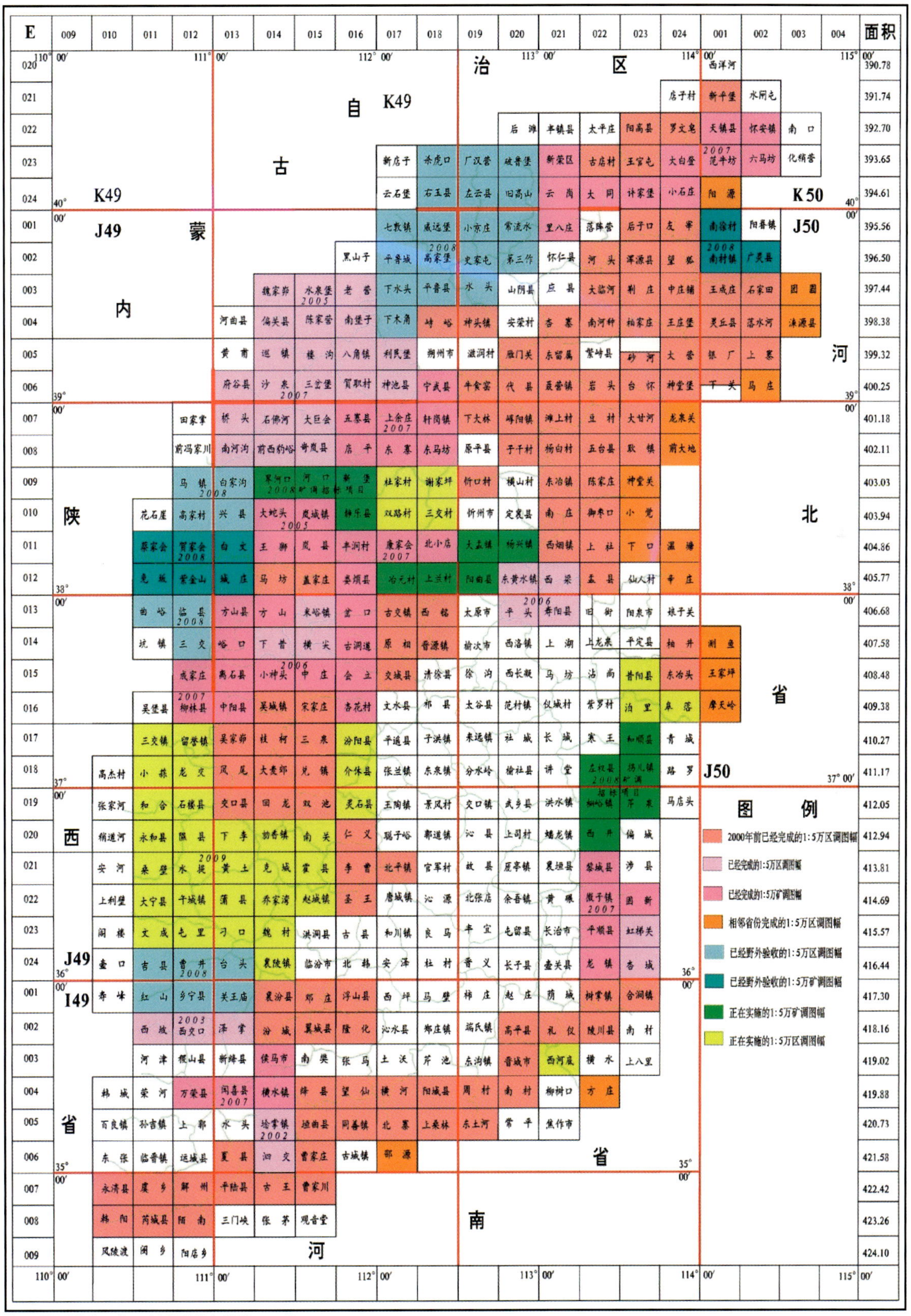

图 1-1-1　山西省 1∶5 万区域地质调查与区域矿产调查工作程度图

注：1. 面积单位为 km²；2. 本图资料截止时间为 2012 年。

1980年以来,完成的主要专著有《五台山区变质沉积铁矿地质》(李树勋等,1986)、《五台山早前寒武纪地质》(白瑾,1986)、《中浅变质岩区填图方法——五台山区构造-地层法填图研究》(徐朝雷,1990)、《中条山前寒武纪年代构造格架和年代地壳结构》(孙大中和胡维兴,1993)、《中条裂谷铜矿床》(孙继源等,1995)、《五台山-恒山绿岩带地质及金的成矿作用》(田永清,1991)、《恒山早前寒武纪地壳演化》(李江海和钱祥麟,1994)、《中条山前寒武纪地质》(白瑾等,1997)等。

综合性矿产研究成果主要有《山西省矿产志》(王植,1959)、《1∶100万矿产图及说明书》(地质部科学院和山西省地质局,1962)、《1∶50万山西成矿规律图与成矿预测及说明书》(山西省地质局,1966)、《山西省矿产资源概况》和《山西省矿区概况》(山西省地质局等,1975)、分册编制的《山西省铁矿、铜矿、金矿、磷矿资源》(山西省地质局,1976)。近十几年来完成的矿产研究专著、图件主要有:1986年,山西省区域地质调查队分幅编制了山西省区域地质、能源、金属、非金属矿产地质研究程度图及《山西省金矿地质特征及其远景》;《五台山区变质沉积铁矿地质》(李树勋等,1986)、《山西省区域矿产总结》(赵善富等,1987)、《山西省非金属矿产及利用》(山西省计划委员会和山西省地质矿产局,1987)、《中条山铜矿成矿模式及勘查模式》(冀树楷等,1992)、《山西省金矿综合信息成矿预测及方法研究》(山西省地质矿产局,长春地质学院,1994)、《中条裂谷铜矿床》(孙继源等,1995)、《中国矿床发现史·山西卷》(王福元等,1995)、《五台山-恒山绿岩带金矿地质》(沈保丰等,1998)、《华北陆台北缘地体构造演化及其主要矿产》(胡桂明等,1996)、《山西铝土矿地质学研究》(陈平和柴东浩,1998)、《山西铝土矿岩石矿物学研究》(陈平,1997)。

1.1.5 科研

山西省早前寒武纪地质一直是国内外研究的热点,也是我国早前寒武纪研究奠基地区,故科研文献以此方面居多,当然其他方面也有涉及。主要学者有李江海、钱祥麟、刘树文、王凯怡、伍家善、刘敦一、赵国春、Kusky、赵宗溥、Kroner、Wilde、翟明国、赵凤清、万渝生、耿元生、于津海、徐朝雷、田永清、苗培森、陆松年、王惠初等,他们采用当今最先进的测试手段,开展了构造环境、大地构造划分、同位素年代学、构造演化等方面的研究,取得了一大批分析测试数据和同位素年代学方面的新资料,提出了一批新观点与新认识,对基础地质调查研究产生了重要的影响。

从上述讨论中可知,山西省的基础地质调查工作程度较高,区调工作取得了较为丰富的基础性、实用性的实际地质资料,准确填绘出了各地质体空间分布,并对部分地质体进行了深入探讨,但存在分析测试手段落后、一些先进技术手段应用不足、研究深度不够的问题。科研方面虽然指导理论、技术手段先进,但调查缺乏系统性。

1.2 物化遥自然重砂调查及研究

1.2.1 重力

山西省区域重力调查工作程度见表1-2-1。

山西省1∶50万的重力测量工作于1986年完成并编写了报告。"山西省1∶50万区域重力调查"是山西省地质矿产局地球物理勘探队承担的大调查项目。工作起止年限:1982—1986年。报告名称:《山西省1∶50万区域重力调查成果报告》。成果报告完成时间:1987年。原始数据存放地:山西省地质矿产局地球物理勘探队。

表 1-2-1　山西省区域重力调查工作程度一览表

类别	项目名称	比例尺	完成面积/km²	完成图幅数/个	备注
重力	山西省西南地区 1∶20 万区域重力调查	1∶20 万	18 606	5	2012 年完成图幅 11 幅，完成面积 58 719.72km²
	晋东北地区 1∶20 万区域重力调查	1∶20 万	20 542	7	
	山西省东南地区 1∶20 万区域重力调查	1∶20 万	12 000	3	
	山西省西北地区 1∶20 万区域重力调查	1∶20 万	23 000	6	
	山西省忻州、阳泉、元氏图幅 1∶20 万区域重力调查	1∶20 万	13 098.88	3	
	山西省静乐、盂县 1∶20 万区域重力调查	1∶20 万	10 612.4	2	
	合计		97 859.28	26	
	沁水盆地沁县—武乡地区重力测量	1∶10 万	1000		
	山西省太原坳陷重力普查	1∶20 万	6100		
	山西省沁水坳陷中部重力普查	1∶20 万	5000		
	山西省 1∶50 万区域重力调查	1∶50 万	覆盖全省		

从 20 世纪 80 年代初—90 年代中期相继进行 1∶20 万重力测量，截至 1999 年共完成 22 个 1∶20 万图幅的重力测量，并编写了重力报告。2001 年又完成了忻州、阳泉、盂县 3 个图幅。2012 年完成山西省中部剩余 11 个 1∶20 万图幅的重力测量，但目前尚未提交报告。

"晋东北地区 1∶20 万区域重力调查"是山西省地质矿产局地球物理勘探队承担的大调查项目。工作起止年限：1980—1989 年。报告名称：《晋东北地区 1∶20 万区域重力调查成果报告》。成果报告完成时间：1991 年。原始数据存放地：山西省地质矿产局地球物理勘探队。

"山西省西北地区 1∶20 万区域重力调查"是山西省地质矿产局地球物理勘探队承担的大调查项目，分年度于 1981 年、1989 年、1991 年、1995 年 4 个年度完成。报告名称：《山西省西北地区 1∶20 万区域重力调查成果报告》。成果报告完成时间：1996 年。原始数据存放地：山西省地质矿产局地球物理勘探队。

"山西省东南地区 1∶20 万区域重力调查"是山西省地质矿产局地球物理勘探队承担的大调查项目。工作年限：1993—1994 年。报告名称：《山西省东南地区 1∶20 万区域重力调查成果报告》。成果报告完成时间：1995 年。原始数据存放地：山西省地质矿产局地球物理勘探队。

"山西省西南地区 1∶20 万区域重力调查"是山西省地质矿产局地球物理勘探队承担的大调查项目。工作年限：1987—1991 年。报告名称：《山西省西南地区 1∶20 万区域重力调查成果报告》。成果报告完成时间：1992 年。原始数据存放地：山西省地质矿产局地球物理勘探队。

1.2.2　磁测

1. 航磁测量工作程度

山西省航磁测量开始于 20 世纪 60 年代，至 2000 年先后开展过 1∶2.5 万～1∶20 万航空磁测，共进行了 14 个区块的测量（表 1-2-2）。其中大部分为金属航空磁测，部分地区进行过构造航空磁测；使用的航磁仪器种类较多，测量精度高低不一。20 世纪 80 年代利用 1∶2.5 万～1∶20 万航空磁测资料进行了 1∶50 万航空磁测系统查证、编图、建卡等工作，该项工作共圈定磁异常 706 个，合编为 381 个异常范围，缩绘到 1∶50 万航磁异常图上，并建立了 460 个航磁异常卡片。据统计，共有甲 1 类异常 101 个、甲 2 类异常 87 个、乙类异常 101 个、丙类异常 86 个、丁类异常 331 个，一级工程验证的 204 个、二级详细地面检查的158个、三级踏勘检查的103个、尚未做任何地面检查工作的241个。

表1-2-2 山西省航磁工作程度一览表

项目名称	比例尺	完成面积/km²
呼和浩特—大同航磁测量	1:5万	4872
晋北五台地区航磁测量	1:5万	15 239
吕梁地区航磁测量	1:5万	15 603
晋南临汾地区航磁测量	1:5万	8375
中条山地区航空物探勘探工作	1:5万	5085
合计		49 174
晋西北地区航磁测量	1:10万~1:5万	18 351
太行、吕梁、五台、恒山航磁测量	1:10万~1:20万	17 338
沁水盆地航磁测量	1:20万	33 871
陕甘宁地区航磁测量	1:20万	11 498
鄂尔多斯中部航磁测量	1:20万	3261
晋南、豫北地区航磁测量	1:20万	16 565
合计		100 884
晋中航磁测量	1:2.5万	10 687
晋南二峰山—塔儿山航磁测量	1:2.5万	4157
晋东南豫西北冀西南航磁测量	1:2.5万	8476
合计		23 320

根据异常的地球物理特征及所处地质环境,结合地理位置,将山西省的航磁异常划分为5个异常区、17个异常亚区。对每个异常亚区进行了分析评述,着重归纳、总结出山西省各种铁矿类型的航磁异常特征,并对玄武岩、安山岩及前震旦纪变质岩的磁场特征进行了总结。对山西省的找矿远景地段提出了看法,概略地评述了找矿远景。利用航磁资料推断断裂构造61条,其中属太古宙的断裂19条、中生代的断裂18条、新生代的断裂24条。结合重力资料认为有6处已知岩体可以扩大范围,有8处局部异常推断为燕山期侵入体引起。

2. 地磁测量工作程度

山西省地磁测量从20世纪50年代开始,至70年代末止,共计完成工作区202个(表1-2-3),测量面积达20 507.87km²。其工作目的包含铁矿普查,航磁异常检查,配合地质填图,圈定基性岩(火成岩)范围,间接寻找磷矿、铝土矿等,20世纪80年代前编制了工作区工作程度图,编写了工作区磁测工作报告,对异常进行了定性解释,部分铁矿区做了定量解释和勘查验证工作,提交了储量报告。

表1-2-3 山西省地磁测量一览表

测区编号	报告名称	工作单位	工作年度	比例尺	面积/km²	备注
1	天镇瓦窑口地区物探试验工作总结	物探三分队	1961			实验剖面
2	阳高县薛家窑、石门沟地区铁矿地面磁测简报	物探三分队	1959	1:1万	2	鞍山式铁矿
3	阳高县三屯地区磁铁矿地面磁测结果简报	物探三分队	1959	1:1万	1	鞍山式铁矿
4	阳高县周家山地区磁铁矿地面磁测结果简报	物探三分队	1959	1:1万	1.2	鞍山式铁矿

续表 1-2-3

测区编号	报告名称	工作单位	工作年度	比例尺	面积/km²	备注
5	阳高县东盘道地区磁铁矿地面磁测结果简报	物探三分队	1959	1:1万	0.7	鞍山式铁矿
6	大同户堡金云母矿区物探工作结果报告	北京地质学院实习队	1959	1:2000~1:4000	3	圈出14个磁性岩脉
7	大同市北郊石墨矿区物探工作结果报告	物探三分队	1960	1:1万	50.2	辉绿岩脉
8	右玉县滴水沿赤铁矿点重磁工作简报	物探六分队	1974	1:1万	0.52	圈定接触带
9	山西省航磁检查结果简报	物探二分队	1966	1:5万	20	北部为岩体异常
10	广灵—阳高六稜山铁矿区1967年度报告	物探六分队	1967	1:1万	8	发现4个矿异常
11	山西省航磁检查结果报告	物探二分队	1966	1:10万	118	片麻岩异常
12	山西省航磁检查结果报告	物探二分队	1966	1:10万	20	片麻岩异常
13	浑源岔口地区物探地质工作简报	物探六分队	1967	1:5000	0.9	多为凝灰岩异常
14	山西省航磁检查结果简报	物探二分队	1966	1:10万	47	震旦系磁性岩层
15	晋西北地区航磁异常检查结果简报	物探队航检组	1980	1:5万	3	正长闪长斑岩
16	山西省航磁检查结果报告	物探二分队	1966	1:10万	89	喷出岩
17	广灵县聂家沟—炭堡一带地质普查报告	二一一地质队	1974	1:4万	16.9	
18	灵丘县太那水一带磁测化探报告	物探四分队	1970	1:2.5万	55	磁铁矿或岩体
19	灵丘县刁泉—马家湾地区磁测报告	物探队	1966	1:5万	180	铁矿或岩体
20	灵丘县刁泉—马家沟地区磁测报告	物探队直属一组	1966	1:1万	8	未定性
21	灵丘县太那水一带磁测化探报告	物探四分队	1970	1:5000	5.8	2个铁矿异常
22	灵丘县孙庄—石家窑磁异常评价报告	二一七地质队	1974	1:1万	12.27	岩体异常
23	山西省灵丘县塔地航磁异常检查简报	二一七地质队	1975	1:2.5万	7	松脂岩、珍珠岩
24	晋北地区航磁异常检查报告	物探一分队	1959	1:1万	18	铁矿异常
25	晋北地区航磁异常检查结果报告	物探一分队	1959	1:1万	6	无异常
26	晋北地区航磁异常检查结果报告	物探一分队	1959	1:1万	10	鞍山式铁矿
27	灵丘县刁泉—马家沟地区磁测报告	物探队直属一组	1966	1:1万	3	推测矿异常
28	五台地区落水河测区1978年物探工作总结	山西冶金物探队	1978	1:1万	151	3个铁矿异常
29	五台—恒山地区航磁异常检查结果报告	物探队航检组	1979	1:5万	63	铁矿异常
30	晋北地区航磁异常检查结果报告	物探一分队	1959	1:5000	1	推测铁矿
31	繁峙县义兴寨地区磁测结果报告	物探二分队	1966	1:5000	4	矿异常
32	繁峙中虎峪1976年物探工作总结	山西冶金物探队	1976	1:1万	80	性质不明
33	山西省五台地区大营—平型关测区1977年物探工作总结	山西冶金物探队	1977	1:2.5万	231	多为铁矿异常
34	山西五台地区大营—平型关测区1977年物探工作总结	山西冶金物探队	1977	1:1万	91	推测铁矿
35	灵丘县下车河普查简报	物探队航检组	1969	1:2.5万	24	石英斑岩
36	山西省灵丘县太白维山一带磁测及地质普查报告	二一七地质队	1975	1:2.5万	100	隐伏铁矿
37	灵丘县野里铁矿区磁测工作报告	北京地质学院实习队	1959	1:5000~1:1万	4	隐伏铁矿

续表 1-2-3

测区编号	报告名称	工作单位	工作年度	比例尺	面积/km²	备注
38	晋北地区航磁异常检查结果报告	物探一分队	1959	1∶1万	32.65	铁矿异常
39	灵丘县刘庄铁矿磁测详查报告	物探二分队	1966	1∶5000	12.9	夕卡岩型
40	山西繁峙县南峪口测区1976年物探工作总结	山西冶金物探队	1976	1∶2.5万	105	铁矿异常
41	神池县八角乡大马军营铁矿物探工作结果简报	物探队	1958	1∶1万	7.5	铁矿异常
42	神池县八角堡测区物化探成果报告	物探一分队	1975	1∶2.5万	90	未发现异常
43	代县胡家滩测区物化探成果报告	物探一分队	1973	1∶1万	28	推测铁矿
44	山西代县黄土梁工区超基性岩区物化探工作结果报告	物探四分队	1972	1∶1万	18.4	超基性岩
45	晋西北地区航磁异常检查结果简报	物探队航检组	1980	1∶5万	7.5	基底磁性岩层
46	晋西北地区航磁异常检查结果简报	物探队航磁组	1980	1∶5万	3.5	紫色砂岩
47	五台地区庄旺测区1978年物探工作总结	山西冶金物探队	1978	1∶1万	56	推测矿异常
48	代县黑山庄铁矿普查评价报告	六二四地质队	1978	1∶1万	42.7	铁矿异常
49	代县山羊坪测区地面磁测工作总结	山西冶金物探队	1979	1∶1万	105.8	性质不明
50	山西省五台山宽滩—岩头一带铁矿普查报告	二一一地质队	1978	1∶2.5万	155	鞍山式铁矿
51	山西省代县半梁—繁峙县大西沟工区磁测普查成果报告	物探六分队	1979	1∶1万	99.94	铁矿异常
52	五台山细碧角斑岩东冷沟含铜黄铁矿点普查报告	物探二分队	1966	1∶2万	2.5	异常与铜矿无关
53	五台山大明—太平沟磁测普查成果报告、五台县麻皇沟—铺上地区磁测普查成果报告	物探二分队、三分队、六分队	1978—1979	1∶1万	183.7	铁矿异常
54	山西省代县赵村磁异常检查报告	二一一地质队	1974	1∶2.5万	26	矿异常2个
55	山西省代县赵村磁异常检测报告	二一一地质队	1974	1∶1万	3.85	超基性岩
56	山西省五台山地区皇家庄一带铁矿普查报告	二一三地质队	1978	1∶2万	68	鞍山式铁矿
57	代县白峪里铁矿1∶1万磁测普查成果报告、原平皇家庄—山碰工区磁测成果报告	物探二分队、六分队	1978—1979	1∶1万	78	矿异常
58	山西省原平县46/142航磁异常检查结果简报	二一一地质队	1972	1∶5万	100	性质不明
59	山西省原平县孙家庄—代县八塔磁测普查成果报告	物探四分队、六分队	1980	1∶1万	215.28	铁矿异常
60	晋北地区航磁异常检查结果报告	物探一分队	1959	1∶1万	20	鞍山式铁矿异常
61	五台县宝山怀地区铁矿磁测工作报告	物探七分队	1967	1∶5000~1∶1万	15.5	铁矿异常
62	山西省晋西北地区航磁异常检查结果简报	物探队航检组	1980	1∶5万	25	基底磁性层
63	晋北凤凰山地区磁法放射性综合普查结果报告	物探一〇分队	1960	1∶2.5万	400	2个铁矿点
64	山西省晋西北地区航磁异常检查结果简报	物探队航检组	1980	1∶10万	81	鞍山式铁矿
65	山西省晋西北地区航磁异常检查结果报告	物探队航检组	1980	1∶5万	32	基底磁性层
66	定襄县铁山测区综合物探报告	山西冶金物探队	1979	1∶5000	17.5	赤铁矿方法试验
67	山西省忻定盆地地面磁测检查报告	二一一地质队	1968—1972	1∶1万	4.95	推测矿异常，钻探未见

续表 1-2-3

测区编号	报告名称	工作单位	工作年度	比例尺	面积/km²	备注
68	山西省忻定盆地地面磁测检查报告	二一一地质队	1968—1972	1:10万	700	5个异常,性质不明
69	马坊—五寨一带航磁异常检查结果报告	物探二分队	1960	1:10万	1200	变基性火山岩
70	忻县小岭底(后河堡)超基性岩区物化探工作报告	物探四分队	1972	1:1万	5.42	超基性岩体
71	忻县小岭底一带超基性岩区物化探工作报告	物探四分队	1972	1:1000	0.24	超基性岩体
72	山西省忻定盆地地面磁测检查报告	二一一地质队	1968—1972	1:1万	6.6	不详
73	忻定县铁矿磁法普查结果报告	北京地质学院实习队	1959	1:2.5万	800	金山为铁矿异常
74	忻定县铁矿磁法详查结果报告	物探一分队	1959	1:5000	13.5	鞍山式铁矿
75	忻定县铁矿磁法详查结果报告	物探一分队	1959	1:5000	31.5	角闪岩
76	山西省忻定盆地地面磁测检查报告	二一一地质队	1968—1972	1:1万	63	花岗岩夹薄层铁矿
77	忻县铁矿磁法详查结果报告	物探一分队	1959	1:5000	6	角闪片麻岩
78	山西省忻定盆地地面磁测检查报告	二一一地质队	1968—1972	1:1万	11	有可能为铁矿异常
79	忻定县铁矿磁法详查结果报告	物探一分队	1959	1:2.5万	75	未发现有意义异常
80	山西省忻定盆地地面磁测检查报告	二一一地质队	1968—1972	1:1万	4	性质不明
81	定襄县王家庄工区磁测报告	物探六分队	1967	1:1万	4.5	磁性岩层
82	岚县地区磁测普查结果简报	物探三分队	1976	1:2.5万	496	铁矿
83	山西省岚县地区重磁普查报告	物探三分队	1978	1:5万	185	无异常
84	山西省晋西北地区航磁异常检查结果报告	物探队航检组	1980	1:10万	23	辉绿岩、伟晶岩
85	山西省1972年度航磁异常检查报告	物探队航检组	1972	1:2.5万	9	角闪岩、辉绿岩
86	盂县潘家会岩体地质物探普查报告	六二四地质队	1976	1:2.5万	65	辉长岩
87	盂县潘家会辉长岩体地质物化探工作总结	六二四地质队	1978	1:5000	35	辉长岩
88	忻定县铁矿磁法详查结果报告	物探一分队	1959	1:5000	2	磁铁石英岩
89	盂县车轮—南北河航磁异常区地磁详查报告	六二四地质队	1974	1:1万	18	火成岩
90	盂县车轮地区磁法精查工作阶段报告	物探二分队	1961	1:2000	2	推测矿异常
91	山西省1972年度航磁异常检查报告	物探队航检组	1972	1:10万	30	火成岩
92	盂县丧池测区物探工作报告	六二四地质队	1975	1:1万	44	基底磁性层异常
93	盂县下王地区磁测成果报告	物探二分队	1960	1:1万	20	无规律异常
94	盂县下王地区磁测成果报告	物探二分队	1960	1:2000	0.64	圈定矿体
95	盂县下王村矿点磁测检查报告	北京地质学院实习队	1958	1:5000~1:1万	3.5	2个有意义异常带
96	盂县东梁—铜炉地区磁测普查报告	物探三分队	1971	1:5万	104	无有价值异常
97	临县紫金山地区1961年物化探年终报告	物探二分队	1961	1:1万	14	碳酸盐岩含铌、钽
98	静乐县袁家村(岚县)铁矿磁法详查结果报告	北京地质学院实习队	1959	1:5000	15.75	确定了铁矿范围

续表 1-2-3

测区编号	报告名称	工作单位	工作年度	比例尺	面积/km²	备注
99	山西省岚县袁家村铁矿区外围磁测评价报告	二一五地质队	1978	1∶1万	5.8	2个铁矿异常
100	太原市尖山矿区磁法工作总结	山西冶金物探队	1979	1∶1万	215	矿异常
101	山西省娄烦县东水沟铁矿磁测结果报告	二一五地质队	1978	1∶1万	6	矿异常
102	太原关口工区航磁异常检查报告	物探七分队	1973	1∶2.5万	48	性质不明
103	交城县狐堰山外围磁测结果报告	物探一〇三分队	1960	1∶2.5万	600	圈定火成岩范围
104	狐堰山地区磁测成果报告	物探二分队、三分队、七分队	1978—1975	1∶1万	162.7	有意义异常55个，部分为矿异常
105	狐堰山铁矿磁测结果报告	物探队	1967	1∶2.5万	82	无有意义异常
106	山西省太原市狐堰山铁矿矿泉—上百泉一带磁测结果报告	二一五地质队	1972	1∶2000	1.14	6个矿异常
107	山西省晋西北地区航磁异常检查结果简报	物探队航磁组	1980	1∶10万	16	辉长岩
108	山西省太原市狐堰山铁矿矿泉—上百泉一带磁测结果报告	二一五地质队	1976	1∶5000	0.64	干扰异常
109	山西省太原市狐堰山铁矿矿泉—上百泉一带磁测结果报告	二一五地质队	1977	1∶2000	0.51	非矿异常
110	1966年狐堰山铁矿区磁法详查报告	物探四分队	1966	1∶5000	8.5	推测铁矿
111	1966年狐堰山铁矿区磁法详查报告	物探四分队	1966	1∶5000	5.3	非矿异常
112	交城县上长斜地区磁测化探结果简报	物探二分队	1960	1∶5000	8	无异常
113	太原清徐一带地热物探普查工作报告	第一水文队	1972	1∶5万	155	金异常与水关系密切
114	山西省航磁检查结果报告	物探队航检组	1966	1∶5万	39	基底异常
115	晋阳县孔氏、王寨地区,平定县郭家山地区磁法初查报告	六二四地质队	1974	1∶5万	13	玄武岩
116	晋阳县孔氏、王寨地区,平定县郭家山地区磁法初查报告	六二四地质队	1974	1∶5万	9	安山岩等综合异常
117	晋阳县孔氏磁异常查证报告	六二四地质队	1974	1∶1万	5.12	安山岩、铁矿综合异常
118	晋阳县孔氏、王寨地区,平定县郭家山地区磁法初查报告	六二四地质队	1974	1∶2.5万～1∶5万	20	无叙述
119	晋阳县界都地区航磁异常检测报告	六二四地质队	1973	1∶1万	2.4	玄武岩
120	祁县航磁异常检查结果报告	物探队重磁组	1972	1∶5万	70	火成岩、老基底
121	沁水盆地1973年重磁普查年终报告	物探队重磁组、六分队	1972—1973	1∶10万	1375	无异常
122	山西省左权县铜峪—栗城地区物化探工作结果报告	物探四分队	1977	1∶1万	45.6	2个铁矿带
123	山西省航磁检查结果报告	物探队航检组	1966	1∶10万	30	玄武岩
124	左权铜峪超基性岩区物化探工作年终报告	物探四分队	1974	1∶1万	7.5	Cr、Ni远景区
125	左权县—黎城县超基性岩物化探工作年终总结	物探四分队	1972	1∶5000	33.64	磁铁、Cr、Ni
126	沁水盆地襄垣、长治一带重磁力普查结果报告	北京地质学院实习队	1960	1∶20万	3150	结晶基底
127	1966年西安里地区磁法普查详查报告	物探一分队直属三组	1966	1∶5万	70	无明显异常

续表 1-2-3

测区编号	报告名称	工作单位	工作年度	比例尺	面积/km²	备注
128	山西省1972年度航磁异常检查报告	物探队航检组	1972	1:5万	18	贫含磁铁砂岩
129	1966年西安里地区磁法普查详查报告	物探一分队直属三组	1966	1:5万	76	无明显异常
130	1966年西安里地区磁法普查详查报告	物探一分队直属三组	1966	1:5万	90	无明显异常
131	平顺、壶关县一带磁法放射性工作成果报告	物探一〇四分队	1960	1:2.5万	600	火成岩
132	壶关寺头—蒲水沟及陵川浙水地区磁测结果报告	物探一分队	1959	1:1万	1.76	无明显异常
133	壶关县、平顺县一带地区磁测结果报告	北京地质学院实习队	1958	1:1万	14	多个小矿体
134	壶关寺头—蒲水沟及陵川浙水地区磁测结果报告	物探一分队	1959	1:5000	1.03	4个小矿体
135	壶关寺头—蒲水沟及陵川浙水地区磁测结果报告	物探一分队	1959	1:5000	2.2	多个小矿体
136	西安里外围地区1967年磁测结果年终报告	物探队	1967	1:4000	2.8	无明显异常
137	西安里地区1975年度物探普查报告、西安里地区磁测普查申家坪工区年度成果报告	物探四分队	1975—1977	1:1万	125	6个有意义异常
138	平顺壶关县一带磁法放射性工作成果报告	物探一〇四分队	1960	1:1万	3.2	小铁矿及火成岩
139	平顺县杏城公社赵城—蒲水一带磁测简报	二一二地质队	1971	1:1万	11.5	1个推测铁矿
140	1966年西安里地区磁法普查详查报告	物探一分队直属三组	1966	1:5000	13.5	铁矿异常6个、不明异常2个
141	西安里外围地区1967年磁测结果年终报告	物探队	1967	1:2000	0.21	3个铁矿异常
142	1966年西安里地区磁法普查详查报告	物探一分队直属三组	1966	1:5000	5.1	小矿异常
143	平顺西安里铁矿区1963年磁测结果报告	物探二分队	1963	1:1万	26	多个小矿异常
144	平顺西安里铁矿区1963年磁测结果报告	物探二分队	1962—1963	1:2000	0.96	5个矿异常
145	1966年西安里地区磁法普查详查报告	物探一分队直属三组	1966	1:5万	50	无异常
146	平顺西安里铁矿区1963年磁测结果报告	物探二分队	1962—1969	1:2000	0.52	11个矿异常
147	平顺壶关县一带磁法放射性工作成果报告	物探一〇四分队	1960	1:2000~1:5000	2.7	5个矿异常
148	乡宁县管头公社土崖底一带磁铁矿磁法普查结果简报	物探一分队	1960	1:2.5万	70	磁性基底
149	晋南专区二峰山、塔儿山、卧虎山一带物探工作报告	物探队磁法二队、磁法三队	1959	1:2.5万	1560	7个矿异常带
150	山西省晋南塔儿山—二峰山地区磁测普查成果报告	物探队四分队、六分队、二一三地质队、长春地质学院实习队	1974—1977	1:1万	937.7	矿异常47个、有价值异常16个
151	1966年西安里地区磁法普详查报告	物探一分队直属三组	1966	1:2.5万	92	矿异常4个

续表 1-2-3

测区编号	报告名称	工作单位	工作年度	比例尺	面积/km²	备注
152	壶关县寺头—蒲水沟及陵川县浙水地区铁矿磁测结果报告	物探一分队	1959	1∶1万	8.5	推测小矿异常
153	壶关县寺头—蒲水沟及陵川县浙水地区磁铁矿磁测结果报告	物探一分队	1959	1∶1万	0.91	无异常
154	晋南专区二峰山、塔儿山、卧虎山一带物探工作报告	物探队磁法二队	1959	1∶5000	7.2	火成岩
155	襄汾县宋村磁测结果报告	山西冶金物探队	1972	1∶5000	11.3	3个矿异常
156	二峰山—塔儿山一带铁矿床物探工作报告	物探一分队	1966	1∶5000	5.5	26个矿异常
157	晋南专区二峰山、塔儿山、卧虎山一带物探工作报告	物探队磁法二队、磁法三队	1959	1∶2000	0.84	推测矿异常
158	晋南专区二峰山、塔儿山、卧虎山一带物探工作报告	物探队磁法二队、磁法三队	1959	1∶2000	1	3个小矿体
159	塔儿山、刁咀、马家咀铁铜矿磁测工作报告	物探队	1967	1∶2000	0.93	推测3个矿异常
160	二峰山、塔儿山一带铁矿床物探工作报告	物探一分队	1966	1∶5000	4	推测磁异常为矿体
161	塔儿山、马家咀、刁咀铁铜矿床磁测工作报告	物探队	1967	1∶5000	0.5	岩体加矿综合异常
162	二峰山—塔儿山一带铁矿床物探工作报告	物探一分队	1966	1∶5000	1.71	无异常
163	二峰山—塔儿山磁测普查年终报告	物探六分队	1975	1∶5000	3.24	矿异常
164	山西省襄汾县四家湾铁铜矿床磁法详查报告	物探队	1968	1∶2000	2	6个矿异常
165	山西省临汾地区塔儿山—二峰山一带1979年度物探工作报告	二一三地质队	1979	1∶5000	5.36	无异常
166	山西省临汾地区塔儿山—二峰山一带1976年度物探工作报告	二一三地质队	1979	1∶5000	7.86	1个矿异常、1个不明异常
167	晋南专区二峰山、塔儿山、卧虎山一带物探工作报告	物探队磁法二队、磁法三队	1959	1∶2000	1	推测矿异常
168	晋南专区二峰山、塔儿山、卧虎山一带物探工作报告	物探队磁法二队、磁法三队	1959	1∶2000	0.97	3个矿异常、1个岩体
169	晋南专区二峰山、塔儿山、卧虎山一带物探工作报告	物探队磁法二队、磁法三队	1959	1∶2000	0.54	3个矿体(3000万t)
170	晋南专区二峰山、塔儿山、卧虎山一带物探工作报告	物探队磁法二队、磁法三队	1959	1∶5000	1.2	矿体(1500万t)
171	晋南专区二峰山、塔儿山、卧虎山一带物探工作报告	物探队磁法二队、磁法三队	1959	1∶2000	1.35	已知矿体加隐伏矿体
172	晋南专区二峰山、塔儿山、卧虎山一带物探工作报告	物探队磁法二队、磁法三队	1959	1∶2000	2.02	矿(1000万t)
173	襄汾县塔儿山矿区磁测结果报告	北京地质学院实习队	1958	1∶5000	8.1	矿体
174	晋南专区二峰山、塔儿山、卧虎山一带物探工作报告	物探队磁法二队、磁法三队	1960	1∶2000	8.7	岩体加矿
175	晋南专区二峰山、塔儿山、卧虎山一带物探工作报告	物探队磁法二队、磁法三队	1960	1∶5000	9.6	岩体加矿

续表 1-2-3

测区编号	报告名称	工作单位	工作年度	比例尺	面积/km²	备注
176	山西省九原山地区物探工作报告	物探三分队	1971—1972	1:2.5万	235.75	火成岩或磁性基底
177	山西省九原山地区物探工作报告	物探三分队	1972	1:1万	17.5	火成岩
178	侯马市北董磷矿区及其外围（云邱山—龙门山）中普查评价报告	物探队	1961	1:2.5万	120	小规模磷、铁矿
179	晋南地区侯马市北董矿区磁铁矿点检查报告	物探一分队	1960	1:1万	7	磁性杂岩夹细脉铁矿群
180	河津地区1:1万地面磁测工作报告	山西冶金物探队	1979	1:1万	134	岩体夹细脉铁矿群
181	山西省航磁检查结果报告	物探队航磁组	1966	1:5万	15	性质不明
182	山西省临猗县—万荣地区磁测普查成果报告	物探四分队	1978—1979	1:2.5万	1214	推测含磁铁矿
183	晋南专署闻喜万荣一带磁铁矿普查年终结果报告	物探一分队	1960	1:2.5	640	接触带可能成矿
184	临猗县西陈翟航磁异常、重磁、电综合检查报告	物探三分队、四分队	1971	1:5000	4.9	推测叠加矿异常
185	中条山地区综合地质普查勘探报告	物探一分队	1964	1:5万	255.8	圈定了岩体范围
186	山西省垣曲县西沟—绛三岔河工区物化探普查报告	物探一分队	1979	1:1万	4.7	角闪岩、变火山岩
187	闻喜县柳林铜矿区物探工作报告	物探队实验分队	1964	1:1万	4	划分了闪长岩范围
188	中条山1961年度综合普查勘探年终报告物化探部分	物探一分队	1961	1:5万	213	非矿异常
189	山西省闻喜县刘庄冶—柳林马家窑—金古洞工区物化探普查报告	物探一分队	1978	1:1万	13	非矿异常
190	中条山矿区物探工作报告	物探局中条山物探队	1955		0.5	含铁角闪岩
191	中条山胡家峪—曹家庄物探结果报告	物探一分队	1963	1:5万	92	划分岩相构造
192	夏县超基性岩1971年度物化探工作报告	物探一分队	1971	1:1万	17.5	超基性岩、4个超基性岩异常
193	夏县超基性岩1971年度物化探工作报告	物探一分队	1971	1:2000	1.5	9个超基性岩异常
194	1958年中条山地区探测结果报告	物探局	1956	1:2.5～1:5万	305.5 加175	无异常
195	垣曲县宋家山一带磁铁矿磁测结果报告、垣曲县宋家山铁矿物化探结果报告	物探一分队	1960—1965	1:1万	42	
196	垣曲县宋家山铁矿物化探结果报告	物探一分队	1965	1:5000	1.92	
197	垣曲宋家山一带磁铁矿磁测结果报告	物探一分队	1960	1:2000	2.5	
198	垣曲宋家山一带磁铁矿磁测结果报告	物探一分队	1960	1:2000	5	
199	垣曲县宋家山铁矿物化探结果报告	物探一分队	1965	1:2000	0.83	
200	闻喜县桃沟卫家沟铅锌矿综合物探结果报告	物探一—二分队	1960	1:1万	13	
201	山西省1972年度航磁异常检查报告	物探队航检组	1972	1:1万	7.8	
202	平陆县下坪铝土矿区电磁实验结果报告	物探队电法二队	1959			
	合计				20 507.87	

1.2.3 地球化学

山西省地球化学工作为山西省的地质勘查找矿工作做出了巨大贡献,其工作概况如下。

1.1∶20万地球化学调查

山西省1∶20万区域地球化学扫面工作始于1985年,结束于1998年,已覆盖全省。工作方法为水系沉积物测量,各图幅分析元素数量不一致,32～38个不等,各图幅分析元素数量见图1-2-1。工作技术要求执行地矿部颁发的《区域地球化学全国扫面工作方法若干规定》。

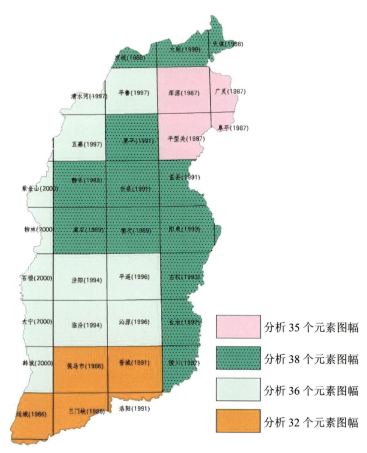

图1-2-1 山西省1∶20万区域地球化学工作程度示意图

1∶20万区域地球化学扫面包括34个1∶20万图幅,具体有三门峡、运城、侯马、平型关、广灵、浑源、阜平、天镇、凉城、大同、离石、静乐、榆次、原平、忻县、孟县、晋城、洛阳、长治、陵川、临汾、汾阳、平遥、沁源、清水河、五寨、平鲁、紫金山、柳林、石楼、大宁、韩城、阳泉、左权,控制面积130 120km²,占全省面积的83.4%。

山西省1∶20万区域地球化学要求测试分析39个元素或氧化物,分别为Ag、As、Au、B、Be、Ba、Bi、Cd、Co、Cr、Cu、F、Hg、La、Li、Mn、Mo、Nb、Ni、P、Pb、Sb、Sn、Sr、Th、Ti、U、V、W、Y、Zn、Zr、Al_2O_3、CaO、Fe_2O_3、K_2O、MgO、Na_2O、SiO_2,其中Sn全省未进行测试分析。共圈出单元素地球化学异常180 399个,综合异常1801个,查证综合异常123个。在异常查证、解释推断的基础上,提交了单幅或多幅合编的地球化学图说明书12份。在分幅成矿预测的基础上,统一编制了山西省地球化学图及成果报告。根据元素的区域分布和多元素组合特征,结合成矿地质规律,对全省金及多金属矿进行了远景预测,为山西省基础地质研究、理论地球化学研究、环境保护、卫生保健等提供了全新、宝贵的基础地球化学资料。

山西省矿产资源潜力评价中,1∶20万地球化学调查水系沉积物测量成果是重点基础数据,但是工作中发现1∶20万数据存在很多问题:

(1)部分图幅地球化学图,多数元素出现"台阶"。三层套合法检验认为采样误差掩盖了地球化学变化。

(2)在一些贵金属重要成矿区(带)(主要是五台山、中条山),异常与已知矿点、矿床对应程度差。

(3)成图方法落后单一,对异常研究及异常查证程度低。

(4)山西省测试分析元素数量各图幅不同,32～38个元素,Sn全省未测试分析。

(5)山西省1∶20万区域地球化学数据库建设仅将分析数据入库,没有将报告和图形数据入库。

2. 1∶5万地球化学调查

20世纪80年代中期以来,地球化学普查具有双重性质,既是矿产普查的重要手段,又要研究基础性地质问题,主要布置在五台山、中条山等区域地球化学异常区或成矿远景区内,为缩小找矿靶区和直接找矿提供信息(图1-2-2)。共完成48幅32个水系沉积物测量项目,普查面积19 200 km²,占全省面积的12.3%。圈定综合异常714个,取得了十分显著的找矿效果。

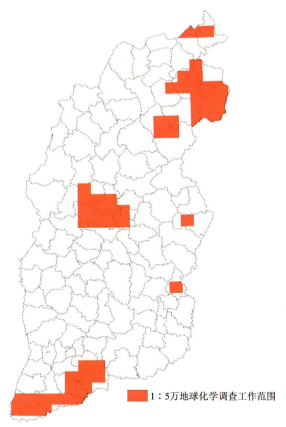

图1-2-2 山西省1∶5万地球化学调查工作程度图

3. 1∶1万地球化学调查

20世纪80年代后期以来,在1∶20万成果圈定出的异常区(带)和1∶5万异常查证的基础上,开展了多个区块1∶1万的土壤和岩石地球化学测量工作,为山西省在重要成矿带上的找矿工作积累了丰富的资料。

1.2.4 遥感

山西省利用卫星遥感技术开展遥感地质调查工作较早,截至2006年底覆盖全省的遥感工作主要有1:100万全省构造解译、1:50万全省矿产资源遥感调查,此外还进行过1:25万应县幅、岢岚幅、忻州幅遥感地质解译,以及局部地区配合其他项目开展的遥感地质调查工作(比例尺多为1:20万),主要工作成果见表1-2-4。

表1-2-4 山西省遥感地质工作程度表

项目名称及完成年份	工作比例尺	范围大小	完成单位及资料归属单位
山西省1:100万卫星相片地质构造解译(1979)	1:100万	覆盖全省	山西省地质科学研究所遥感站、山西省地质矿产勘查开发局
山西省矿产资源遥感调查(2000)	1:50万、1:25万和1:10万	覆盖全省,重点区为中比例尺	山西省地质科学研究所遥感中心、山西省地质调查院
中华人民共和国应县幅1:25万区域地质调查遥感解译(2001)	1:25万	单幅	山西省地质科学研究所遥感中心、山西省地质调查院
中华人民共和国岢岚幅1:25万区域地质调查遥感解译(2001)	1:25万	单幅	山西省地质科学研究所遥感中心、山西省地质调查院
中华人民共和国忻州幅1:25万区域地质调查遥感解译(2002)	1:25万	单幅	山西省地质科学研究所遥感中心、山西省地质调查院
山西省卫星相片航空相片典型地质影像图集(1984)	不等	覆盖全省	山西省地质科学研究所遥感站、山西省地质调查院
关帝山内生金属矿产成矿远景区遥感地质解译(1985)	1:20万,重点区为1:3.5万和1:4万	E111°57′~E112°06′,N37°20′~N38°06′	山西省地质科学研究所遥感站、山西省地质调查院
太原地区断裂构造遥感解译(1986)	1:20万、1:5万	太原市城、郊区和郊区县 8100km²	山西省地质科学研究所遥感站、山西省地质调查院
山西省中条山铜、金遥感地质解译成果报告(1990)	1:20万	E110°15′~E112°08′,N34°35′~N35°30′	山西省地质科学研究所遥感站、山西省地质调查院
中条山遥感地质解译及铜矿靶区预测(1991)	1:20万	垣曲县一带	山西省地质科学研究所遥感站、山西省地质矿产勘查开发局
晋东北金矿综合信息成矿预测及方法研究(1993)	1:20万	繁峙县—灵丘县一带	山西省地质矿产局区调队、山西省地质矿产勘查开发局
山西省金矿综合信息成矿预测及方法研究(1994)	1:50万	覆盖全省	山西省地质矿产局区调队、山西省地质矿产勘查开发局
晋南金矿综合信息成矿预测及方法研究(1996)	1:20万	临猗县一带	山西省地质矿产局区调队、山西省地质矿产勘查开发局
山西省中条山区遥感地质解译及信息提取(2004)	1:10万、1:2.5万	3988km²	山西省地质科学研究所遥感中心、山西省地质调查院

山西省的遥感工作虽然开展工作时间较早，研究水平在当时来讲较高，但由于20世纪90年代遥感工作的断档，使得许多工作不连续，从未系统地进行过全省规模的、较为全面和系统的大比例尺遥感地质调查解译工作，只在中条山、五台山等地区开展过局部的、辅助性的遥感地质工作，或是配合其他矿种和其他研究工作进行过一些中比例尺的遥感地质解译工作，且由于2002年以前的所有遥感解译成果均为手工转绘成图，对解译要素属性未进行系统描述，其成果仅供参考。总之，山西省的遥感研究基础较差，在全国处于中等偏下的水平。

第 2 章　技术路线、工作流程及工作方法

2.1　技术路线

全国重要矿产资源潜力预测评价的技术路线是全面利用地质构造、综合信息、成矿规律研究成果，建立区域成矿模型。深入解析区域地质构造，主要控矿因素，物探、化探、遥感、自然重砂等综合信息，矿化特征，确定预测要素，建立预测模型，对未知区进行类比预测。开展类比预测的基础是建立预测区与模型区之间成矿地质环境的区域关联，因此，在成矿规律研究与矿产预测工作中，必须加强区域成矿地质构造研究工作。

2.1.1　区域成矿地质背景研究

成矿地质背景研究是开展矿产资源潜力评价的基础性工作，也是实施矿产预测的关键技术环节。成矿地质背景研究工作的目的是研究地质作用与成矿的关系，分析矿产形成的成矿地质环境，运用新的理论和方法技术，深入分析和提取成矿地质构造信息（成矿地质构造预测要素），编制成矿地质背景研究专题图件，研究总结成矿地质构造形成与演化规律，为成矿规律研究和矿产预测提供成矿地质背景资料与认识，为实施矿产预测提供矿产预测地质构造等工作底图，同时为编制大地构造相图提供基础资料底图。

大地构造相图是成矿地质背景研究子课题中的一项重要内容，通过大地构造相图编制工作中区域成矿地质构造研究，以区域地质调查实际资料及区域地质研究等资料与成果为基础，通过区域地质构造的建造与构造特征研究与综合，分析区域大地构造环境，恢复其动力学演化过程。分析成矿的区域大地构造环境与演化过程，为成矿规律与矿产预测确定的具体矿产预测类型提供成矿地质构造环境与构造演化阶段背景资料，提供某类矿产预测类型的宏观前提。所以本项工作是成矿地质背景研究成果中区域成矿地质构造研究的另一重要成果，是成矿地质背景研究成果的重要载体和集中反映，是本课题研究成果的综合与提升。

1. 矿产预测地质构造基础图编制

根据矿产预测组要求，编制相应图件。工作中全面收集整理编图区 1:5 万、1:20 万、1:25 万区域地质调查与研究资料，深入分析控制区域成矿地质建造和构造要素（地质构造预测要素），系统解析和精细研究沉积岩区、火山岩区、侵入岩区、变质岩区地质构造特征，以及大型变形构造/区域断裂带和综合地质构造特征，运用 GIS 技术编制各类矿产预测地质构造基础图件。

2. 大地构造相

按照现代新理论、新技术和新方法,以大陆动力学理论为指导,在已有的1∶5万、1∶20万和1∶25万区调原始资料的基础上对工作区内的侵入岩、火山岩、变质岩、变形构造进行专题工作,获取与成矿作用有关的信息。对地层进行岩相古地理和沉积建造古构造研究,对火山岩进行火山岩相构造研究,对侵入岩进行岩浆建造构造研究,对变质岩进行变质作用及变质构造解析研究,通过以上研究工作获取对地质作用过程的基本认识,最后进行地质构造综合研究,分析有利于成矿的地质构造环境,进一步说明地质构造特征,分析有利于成矿的地质构造。结合物探、化探、遥感推断成果,研究大地构造相的类型与特征及其与成矿构造的关系。在此基础上建立构造演化序列,进行大地构造相分析,进而划分大地构造相。

2.1.2 物探、化探、自然重砂、遥感多元信息分析

矿产预测工作中要充分利用物探、化探、自然重砂、遥感等多元信息分析,多元信息分析研究工作由两部分组成。第一部分是在成矿地质构造背景研究过程中,对地质构造研究的多元信息的分析;在地质构造研究和对物探、化探、遥感资料进行地质构造推断解释的基础上开展综合信息地质构造研究工作,分析判断地质体类型、空间特征,判断区域地质构造格架,其成果集中体现在以综合地质构造图为底图的综合信息地质构造图中。第二部分是在成矿规律研究过程中对矿化信息的综合分析;在矿床特征研究和物探、化探、自然重砂、遥感等微观特征研究的基础上建立找矿模型;在矿产预测过程中通过对物探、化探、自然重砂、遥感等局部异常的分析研究直接确定找矿信息,提供矿产预测依据,其成果直接体现在成矿规律与矿产预测成果图件中。多元信息分析要在地质研究的基础上通过对物探、化探、遥感的推断解释结果进行分析取舍,实现在地质构造研究成果资料的基础上,结合物探、化探、遥感有关地质构造推断解释信息的科学集成,合理解释各类异常与成矿地质构造、矿床形成的关系。

2.2 工作流程

山西省矿产资源潜力评价项目的工作流程是在收集整理地质、物探、化探、遥感等资料的基础上,通过综合研究,在 MapGIS 平台上将地质的(基础的、矿床的)、勘查方法的(物探、化探、遥感)和一部分科研成果的资料(或数据),应用当代信息理论原理提取成矿的直接信息和间接信息,并转化为矿产资源量的概念,建立地质资料(或数据)与矿产资源量之间的定量评价关系,进行矿产预测及潜在资源量评估,工作流程见图 2-2-1。

其中区域成矿地质背景研究和区域物探、化探、遥感、自然重砂资料分析研究的工作流程如下。

2.2.1 区域成矿地质背景研究

成矿地质背景研究总体技术路线是以大陆动力学为指导,以大地构造相分析为基本方法,以成矿地质构造要素为核心内容,以编制专题图件为主要途径。

(1)地质构造实际材料图。

(2)根据评价目的矿种和预测范围,划分预测工作矿种组合和范围,确定区域成矿地质背景的范围和重点研究内容。

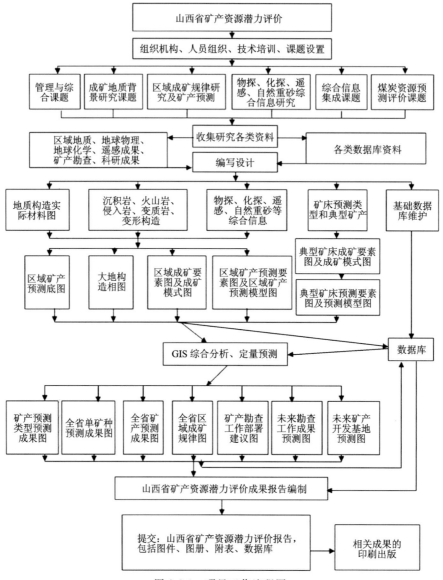

图 2-2-1 项目工作流程图

(3)编制大地构造相图。

(4)根据预测区目的矿种的主要控矿因素,选择开展沉积岩区、火山岩区、侵入岩区、变质岩区地质构造特征研究,分别编制岩相古地理图或岩相建造古构造图、侵入岩浆构造图、火山岩相构造图、变质岩地质构造图等专题研究图件。

2.2.2 区域物探、化探、遥感、自然重砂资料分析研究

对已有资料进行分析,判断工作方法的有效性,分析原始资料精度及准确性、原有推断解释结论及存在的问题,确定重点工作内容,选择技术方法。

(1)编制区域物探(重、磁)推断解释图,编制区域物探(重、磁)异常图。
(2)编制区域化探推断解释地质图,编制区域化探异常图(分单元素异常图和综合异常图)。
(3)编制区域遥感推断解释地质图,编制遥感异常图。
(4)编制自然重砂异常图。

2.3 工作方法

2.3.1 区域成矿地质背景研究

1. 资料收集内容

本次成矿地质背景研究工作是以实际资料为基础,逐步归纳、分析、综合形成各类研究工作成果和地质背景的规律认识。因此,必须全面反映、收集和充分利用工作区已有地质调查和研究的工作成果与实际资料。

(1)全面收集1:5万,1:20万,1:25万区调资料,包括区调成果报告和区调原始资料(实际材料图、野外记录本、剖面、测试分析成果等)。

(2)系统收集以往区域地质研究成果、专著和重要文献(区域地质志、岩石地层清理成果等)。

(3)全面掌握区域地质研究程度,编制研究程度图。

2. 综合研究工作

综合研究工作是成矿地质背景研究的关键环节和重要内容,包括区域成矿地质构造研究和预测工作区成矿地质作用研究两方面。研究工作均应严格按照全国项目办制定的有关技术要求开展工作。

1)区域成矿地质构造研究

区域成矿地质构造研究是以区域地质调查实际资料及区域地质研究等资料与成果为基础,通过区域地质构造的建造和构造特征研究与综合,分析区域大地构造环境,恢复其动力学演化过程。研究工作的目的是分析成矿的区域大地构造环境与演化过程,为成矿规律与矿产预测确定的具体矿产预测类型提供成矿地质构造环境与构造演化阶段背景资料,提供某类矿产预测类型的宏观前提。

按大地构造单元研究大陆地壳块体离散、汇聚、碰撞、造山等过程的地质作用特征,并说明其空间分布与演化特征。分别研究沉积作用(沉积岩建造)及岩相与构造古地理、火山作用(火山岩建造)及火山岩相与火山构造、侵入岩浆作用(侵入岩建造)及侵入岩浆构造、变质作用(变质岩)及变质变形构造、大型变形构造,综合分析研究地质构造演化及其时间、空间与物质组成特征,划分大地构造相。编制实际材料图、建造构造图、大地构造相图及数据库表达研究成果(图2-3-1)。

(1)分析整理地质构造研究原始资料,分幅编制1:25万成矿地质背景研究实际材料图。

(2)研究建造与构造及大型变形构造特征,分析地质构造演化,综合分析物探、化探、遥感推断地质构造内容,分幅编制1:25万建造构造图。

(3)综合地质构造研究内容,按大地构造演化阶段分析地质构造演化与成矿地质背景,划分大地构造相及大地构造分区,编制全省1:50万大地构造相图。

2)预测工作区成矿地质作用研究

预测工作区成矿地质作用研究是在区域成矿地质构造研究的基础上,针对具体矿种(组)和具体矿产预测类型,在具体预测工作区范围开展的成矿地质作用研究。研究工作的目的是分析具体矿产预测类型的成矿地质条件和控矿地质构造因素(即地质构造预测要素),研究地质作用与成矿关系,为实施矿产预测提供地质构造专题的工作底图。

根据具体矿产预测类型,在预测区工作范围内研究与其成矿有关的地质作用特征,包括沉积、岩浆、火山、变质、构造及大型变形构造等地质作用特征。按照特定的成矿作用特征,确定矿产预测方法类型

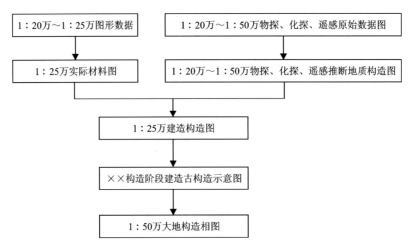

图 2-3-1 区域成矿地质构造研究流程

及其地质构造专题底图类型。开展地质构造专题研究，补充和细化与成矿有关的建造与构造内容，综合分析预测工作区物探、化探、遥感推断地质构造内容，通过编制预测工作区地质构造专题底图及数据库表达研究成果（图 2-3-2）。

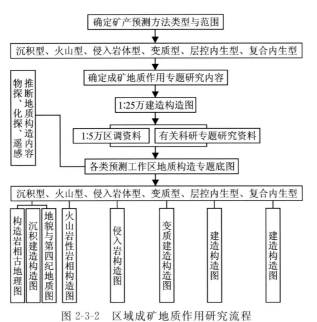

图 2-3-2 区域成矿地质作用研究流程

（1）根据特定成矿地质作用特征，确定矿产预测方法类型及其地质构造专题底图类型。

①沉积型，在空间上严格受沉积建造和沉积构造控制的矿产。编制岩相古地理图、沉积建造构造图，第四纪沉积型编制地貌与第四纪地质图。

②火山型，在空间上严格受火山岩性岩相构造控制的矿产。编制火山岩性岩相构造图。对于海相火山岩也可编制沉积建造构造图，但应研究和表达与成矿有关的岩相、火山构造等内容。

③侵入岩体型，在空间上严格与侵入岩体相关的矿产。编制侵入岩浆构造图。

④变质型，在空间上严格受变质建造和构造控制的矿产。编制变质建造构造图。

⑤层控内生型，空间上受沉积建造与构造控制，同时又受侵入岩浆作用控制的矿产。编制建造构造图，突出表达成矿建造内容。

⑥复合内生型，受沉积/变质/火山建造与侵入岩浆作用、构造作用等复合地质作用控制的矿产。编制建造构造图，突出表达成矿建造与内容。

(2)针对矿产预测方法类型开展必要的专题研究,研究成矿有关的沉积、岩浆、火山、变质、构造及大型变形构造等地质作用特征。

(3)以1∶25万建造构造图为基础,补充1∶5万区调资料及有关科研专题研究资料,细化含矿岩石建造与构造内容,按预测工作区范围编制各类地质构造专题底图。

(4)应用物探、化探、遥感推断解释地质构造成果,经综合分析后,补充与充实地质构造专题底图。重点针对覆盖区和深部的隐伏地质构造内容。

在上述综合研究与编图过程中形成的各类资料与成果,应按照技术要求规定的提交验收各类资料卡片与记录表内容进行全部反映。

3. 重大地质问题的梳理

山西省经过近50年的基础地质调查工作和各类科研工作,取得了一系列重要的调查成果,但由于当时的认识、理论、工作方法与技术水平的限制,加之地质科研缺乏系统性和区域性,故一些重大地质问题依然存在。特别是本次编图以板块构造学说为指导,以研究大陆块体离散、汇聚、碰撞、造山的大陆动力学过程为主线,这种全新的编图思路相对而言也是首次,故仍存在一些重大的地质问题需要本次工作进行探讨与研究。

(1)存在的重大地质问题之一仍然是早前寒武纪变质岩系的问题。山西省的变质岩系主要分布在晋北大同地区、阳高地区、恒山地区、五台山地区、吕梁山地区、太行山地区、中条山地区等,前人通过大量的野外调查分别建立了独立的地层系统。但在其时序的排列年代划分、构造属性的认识、变质地层(表壳岩)与古深成侵入体的正确区分、古深成侵入体的岩石组合与演化系列、原岩形成时代与变质时代的正确区分、早前寒武纪关键地质事件、早前寒武纪大地构造格架与演化等方面仍存在较大的争议,主要表现在如下几个方面。

①各个变质岩系的时代或地质年代划分问题。虽然在变质岩区特别是五台山地区取得了大量同位素测年数据,从而根据这些测年数据对早前寒武纪地质事件进行了排序,但这些认识与区调所取得的认识还存在诸多矛盾,如何在野外调查成果的基础上正确运用同位素测年成果,建立合理的变质岩建造柱状图,重塑早前寒武纪地质事件演化序列是本次编图需要解决的重要地质问题。

②本次工作运用板块构造理论对早前寒武纪地质构造进行研究,特别是中部碰撞造山带这一构造带的引入,对山西省的早前寒武纪地质研究提出了新的挑战,具体而言,如何正确认识各个变质岩系(变质地层与古老深成侵入岩)的大地构造环境,也是本次工作面临的重要问题。

③山西省变质岩区内分布有大量的变质深成侵入岩类,既包括变质花岗岩类,也包括灰色片麻岩类,是早前寒武纪变质岩系的重要组成部分,长期争论的问题一方面是变质地层(表壳岩)与古深成侵入体的正确区分,另一方面是其与变质地层或表壳岩的关系,故仍需本次编图工作对其进行合理的厘定。

④对于山西省变质岩区存在的大量韧性剪切带仍处于描述阶段,对其期次划分、形成机制、力学性质的认识还较粗浅,深入开展韧性剪切带的研究是解决山西省早前寒武纪变质地体中存在的重大地质问题的关键,对于本次矿产资源评价工作也具有重要的意义。

⑤对于山西省早前寒武纪变质地体变质、变形作用的研究也存在较大的分歧,如对五台山地区不同变质相存在的现象如何认识也是本次编图必须解决的问题之一。

(2)燕山期是山西省一个重要的成矿期,如何运用板块构造理论对山西省燕山期的大地构造进行合理划分,正确认识该期岩浆活动与构造运动的关系也是本次工作存在的重大地质问题之一。

(3)山西省的铝土矿分布区域广、储量大,但对于其沉积环境长期以来说法不一,本次编图工作在前人研究成果的基础上通过大量实测剖面与钻孔资料的研究,认为其主要形成于潟湖相,但限于山西省范围内正确认识全省晚石炭世早期(本溪期)的岩相古地理全貌还存在一定的难度。

(4)大地构造相图的编制对山西省基础地质工作来说是一项全新的研究工作,如何运用板块构造理论合理划分构造阶段、厘定构造单元最终进行综合表示并在本次其他图件的编制中运用也是本次工作需要解决的重要问题。

4. 各类图件的编制

1）1∶25万分幅实际材料图

1∶25万实际材料图是成矿地质背景研究工作的资料基础，是全面反映成矿地质背景研究所依据实际资料的图件。

(1)1∶25万成矿地质背景研究实际材料图以1∶5万、1∶20万、1∶25万区调原始资料为基础，尽量收集有关专题研究的数据资料，并根据网上有关学术论文资料，以弥补区调资料的不足。

(2)对使用1∶5万区调资料的要求。在实际材料图编制时，必须使用1∶5万区调资料。根据1∶5万区调覆盖面积的多少，分3种类型编制实际材料图。

第一类，1∶5万区调面积基本覆盖的，全部应用1∶5万原始资料编图。

底图比例尺：采用1∶25万比例尺编制。

实测剖面：全部利用。

路线密度与观察点密度：按1∶25万精度，对1∶5万地质路线和地质观察点进行抽稀，原则上按2.5km×2.5km间距。地质路线和地质观察点的选择，应尽量选取主干地质路线及有效地质点（地质界线与构造控制点、重要采样点等）。

采样位置：以1∶5万资料为主，补充1∶5万、1∶20万资料。

地质内容：根据1∶5万填图的地质内容进行缩编。

第二类，1∶5万区调面积只占少量的（小于1/3），全部应用1∶20万～1∶25万原始资料编图。

底图比例尺：采用1∶25万比例尺编制。

实测剖面：全部利用。

路线密度与观察点密度：全部的1∶20万～1∶25万地质路线与地质观察点。

采样位置：以1∶20万～1∶25万资料为主，补充1∶5万资料。

地质内容：以1∶20万～1∶25万填图的地质内容为主，补充1∶5万填图的地质内容。

第三类，1∶5万区调面积占1/3～2/3的，比照上述两类分别编制即可。

(3)实际材料图应保持原区调资料的"原汁原味"，要求按原始地质内容表达，不进行地质连图。该图可由原区调实际材料图补充岩性内容后形成。实际材料图为素图，不上颜色和花纹。区调资料中的实测剖面资料（包括剖面图和柱状图）应扫描成图像放在实际材料图库中。

(4)对于公开发表文献资料上的岩石化学、地球化学和同位素年龄等数据，当有采样位置或地理坐标时应纳入实际材料图和数据库，采样位置数据不明的样品可以特殊图例标注在相关地质体上。

2）1∶25万分幅建造构造图

建造构造图的图面精度：1∶25万建造构造图的图面精度原则上应不低于原1∶25万地质图的精度。因此，在划分各类建造时，应对岩石地层组级单位进一步细分为建造（或岩性），组一级单位不能进行归并，坚持地质信息优于图面表达的原则。当某些建造在图上太窄无法上岩性花纹时，可以不上花纹。

建造构造图内容包括沉积建造、火山岩岩性岩相、侵入岩、变质建造、地质界线、断裂、韧性剪切带、褶皱、构造（或沉积）古地理单元、侵入岩浆构造带、火山构造、大型变形构造，以及物探、化探、遥感推断地质构造内容等。

建造构造图编图操作流程的要点如下。

第一，在1∶25万实际材料图的基础上编制，是建造构造图的底图。

第二，建造与构造综合分析研究，编制反映时空演化特征的综合柱状图。

第三，反映各类建造的构造形态，按产状表达建造花纹。

3）地质构造专题底图的编制

针对具体矿产预测类型及矿产预测方法类型，以及预测工作区范围编制地质构造专题底图。根据山西省的矿产预测类型,本次工作需编制如下图件:沉积型矿产预测方法类型,编制构造岩相古地理图、沉积建造构造图、地貌与第四纪地质图;侵入岩体型矿产预测方法类型,编制侵入岩浆构造图;火山型矿产预测方法类型,编制火山岩性岩相构造图;变质型矿产预测方法类型,编制变质建造构造图;层控内生型矿产预测方法类型,编制预测工作区建造构造图;复合内生型矿产预测方法类型,编制预测工作区建造构造图。

(1)构造岩相古地理图。其内容主要包括构造古地理单元类型、盆地构造、沉积相、构造古地理单元、生物相单元、沉积等厚线及沉积中心、古水流方向及物源方向等。

根据上述要求,山西省岩相古地理图的编图流程如下。

第一步:确定编图的目的层及编图边界。

目的层:由成矿预测组提供。

编图范围:由成矿预测组确定预测区范围,并明确比例尺要求。

第二步:资料收集和工作准备,该步骤主要包括如下 5 个方面的工作内容。

①工作底图的准备。

根据成矿预测组要求的成图比例尺选择工作底图。该工作底图主要由两部分内容组成,一方面为地理内容;另一方面为简化的地质内容。

②原始资料的收集与整理。

收集整理已编制完成的 1∶25 万实际材料图、建造构造图资料,提出编图区目的层所有前人实测的沉积地层剖面所需信息;收集整理预测区范围内的各类探矿工程资料;收集已完成维护的山西省矿产地数据库资料中有关预测区内的矿产资料;有关编图区及相邻地区的岩相、古地理及地层古生物等专门性的研究成果资料。

将经过研究对比的原始资料加以整理,按工作的研究程度进行分类编号。

③统一地层划分对比,确定编图的地层单元。

地层对比是否正确,是成图质量的关键,因此,应特别注意研究、选定剖面的对比的标准层(包括古生物组合标志,特殊的岩性、物性标志,构造不连续面、沉积间断面等),并分析判断其可靠程度,注意处理好地层的等时、穿时和相变等问题,正确选定区域对比的时限界线,提出合理的地层划分对比方案。

编图单元的确定,预测区含矿地层作为重要的编图单元,综合反映该区特定地质时期的岩相、古地理特征。以所选定预测的沉积型矿产层位作为"等时面",以沉积"等时面"及上、下地层一段作为编图单元,其能较好地反映该沉积期前后一定时期的岩相、古地理面貌。

④建立沉积相分析资料。

根据工作目的和研究程度适当选定和布置一定数量的控制性岩相分析剖面和辅助剖面,取全、取准各种成因标志资料;对目的层进行岩相分析总结;细化含矿岩系沉积建造类型,该项工作根据含矿岩系在剖面中的组合形式划分;对选定和布置的一定数量的控制性岩相分析剖面建立相剖面柱状图。

⑤编制地层-岩相综合柱状图。

地层-岩相综合柱状图是预测区岩性、接触关系、岩石结构、沉积构造、基本层序、古生物、特殊成因的标志层、岩层厚度、沉积相、沉积亚相及构造环境的一个综合反映。

选定预测矿床类型含矿岩系,顶、底板出露的地层特征,综合编制地层-岩相综合柱状图。表达的内容如下。

a. 年代地层以《中国地层指南及中国地层指南说明书》(2000)为标准,划分出系、统、阶,岩石地层按《山西省岩石地层》划分到组、段、层。

b. 反映预测矿种含矿岩系和顶、底板地层岩性及化石特征。

c. 据各岩组和含矿岩系的岩性特征、相标志及化石组合等建立岩性柱,并反映厚度变化(可不按比例尺)等。

d. 根据示范区构造背景、沉积环境的分布状况、各岩组及含矿岩系的岩性特征、相标志及化石组合特征确定亚相及相。

e.通过相分析,确定最有利于成矿的亚相。

第三步:编制构造岩相古地理图,又可分为如下几个步骤。

①编制主图,编绘构造岩相古地理实际材料图。

如前所述,将简化的地理底图和地质底图拼合形成工作底图,将所选定的剖面点、编号和相特征、沉积厚度逐个转绘到实际材料图上,形成预测区域沉积矿产分布时段岩相古地理实际材料图。

其中实测剖面的剖面点(包括路线地质调查的信手)用符号"▲"标注,钻孔柱状图用符号"⊙"标注。

②编制含矿岩系沉积等厚线图。

沉积等厚线图是反映预测沉积矿产编图单元厚度在平面图上的分布及变化情况的图件。将实际材料图上标注的相邻含矿岩系厚度控制点之间用内插法划上等厚线。等厚线间距根据含矿岩系的厚度与矿体厚度综合确定,目的是使图面上等厚线不致过稀或过密,以能清楚反映沉积矿系厚度情况变化为准。勾绘等厚线图时,应注意充分考虑古构造轮廓。对于图上出现的空白地区通过分析,应采用如下方法处理,古剥蚀区时零值等厚线应绕过空白区,后期剥蚀区等厚线可以切过空白区。

③确定预测区沉积相的划分方案。

根据全国项目办技术要求中沉积相的划分方案,结合山西省的实际情况和矿产预测的需要,制定出山西省的沉积相划分方案,明确各类沉积(亚)相的划分标准与特征,以便于山西省内部统一。

④划分沉积相,编制沉积相平面分布图。

预测区沉积矿产分布时段的沉积相平面分布图是相图和古地理分布图的一个综合,它的内容包括目的层相特征的分布、沉积相(含沉积亚相)、沉积相所在的岩石地层单位、沉积等厚线和古地理图分布关系的基础图件。

在编制的岩性岩相柱状图及沉积等厚线图的工作基础上,在实际材料图上编制沉积相平面分布图。将已做好的地层剖面实际材料图、沉积等厚线图、岩性岩相柱状图叠加在一张图上,在上述划分方案的基础上,根据各个剖面点、钻孔所反映的沉积相特征,并参考含矿岩系等厚线的变化趋势,结合区域沉积相特征确定岩相界线,综合分析确定相区进而勾绘古地理单元界线,分析海侵或流水方向及碎屑物质的来源方向,并用符号表示在图上。对各个古地理单元进行命名,填于图上。综合整饰后形成预测区沉积相平面分布图。在图面上用不同线条表示不同的沉积相级别,用不同的颜色与花纹反映不同的沉积相、沉积亚相与微相,力求图面直观易读、重点突出。

⑤编制相关附图。

a.编制区域沉积相横剖面图:编制的目的是掌握编图地层单位的岩相在纵向和横向的变化,为平面图上相区的划分提供依据。针对预测区目的层(含矿岩系),为突出预测区目的层的变化特征,选定目的层(含矿岩系)及顶、底板地层情况一段编制岩性岩相沉积短柱。将所编制岩性岩相沉积短柱展示在岩相古地理图实际材料图中,反映目的层横向变化特征。

在编制的岩性岩相柱状图及沉积等厚线图的基础上,选定剖面线,剖面线应能反映预测区沉积矿产分布时段相变方向。以具有区域意义的标志层作为基准线,将已编制的岩性岩相柱状图,按它所处相对位置放在一起,并使含矿岩系顶面处于同一平面上,纵比例尺根据需要而定,主要以能表现沉积相的纵横向变化,同时成图又比较美观为原则。用岩相符号表示不同的相及微相进行联图对比,形成地层单元或预测区目的层对比的区域沉积相横剖面图或预测区目的层沉积相横剖面图。

b.编制沉积盆地演化图:根据区域沉积建造的不同时段,进行区域沉积建造纵向分析,编制沉积盆地演化图,反映编图区目的层沉积建造的时空展布和演化特征。

c.编制沉积模式图:根据预测区目的层,沉积盆地演化的时段,编制沉积相及其沉积盆地演化图,建立预测区沉积相模式。

d.编制沉积盆地地貌示意图:为了更加直观地反映预测区沉积盆地的岩相古地理特征,通过上述资料的分析研究编制沉积盆地古地貌示意图。

e. 编制岩相古地理图图例:图例部分按国标《区域地质图图例》(GB 958—99)编制。

f. 形成综合图件:将编制的地层-岩相综合柱状图、沉积盆地演化图、沉积模式图、图例、沉积相剖面划分对比图(岩相横断面态势图)、主图等拼绘,形成一幅完整的预测区岩相古地理图。

第四步:图面整饰、属性录入建库,编写说明书。

整个图件完成后由绘图组对图面进行整饰,按照数据库的建设要求,对图面重新进行拓扑处理,然后转入数据库建设阶段。

建立空间数据库是成矿地质背景研究过程的重要内容,本次工作按"一图一库"的原则建立空间数据库,全面反映综合研究成果及其专题图件内容。

按数据模型要求,地质人员负责专业内容,填制数据表及数据项各项内容,信息技术人员负责录入建库。

(2)沉积建造构造图。其主要内容包括沉积建造类型、特殊标志层、断裂、褶皱、地质界线等。

根据上述要求,沉积建造构造图的编图流程如下。

第一步:确定编图范围与"目的层"。

编图范围是由有关预测组在地质背景组提供的1:25万建造构造图的基础上,根据区内含矿层地质特征和分布特征,以地质背景研究为基础,结合重力、磁测、遥感研究成果而确定的。

"目的层"是在典型矿床研究及已知含矿段的典型剖面类型研究的基础上,通过编制岩相古地理图,确定有利的岩相、岩性后由成矿预测组确定的。

第二步:提取相关图层,形成地质构造专题底图的过渡图件。

按照全国项目办编制地质构造专题底图的要求"底图比例尺大于1:25万的,其编制方法是将1:25万建造构造图放大,在此基础上直接提取成矿要素的相关内容,利用1:5万资料补充细化预测工作区目的层",具体做法如下。

①按照编图范围,将本次涉及的1:25万建造构造图拼合,并进行地质图的接图接边处理。

②将上述图件比例尺直接放大,在此基础上按照编图范围进行工程裁剪,形成工作底图。

③在该裁剪图件上提取(分离)相关图层,主要是目的层及目的层上、下层位。为了突出表达目的层及相关层,对此进行了着色和填充建造花纹的处理,而对其他地质体进行归并简化表示(归并简化至系级地层单位),并进行了淡化处理(不上色)。这样就形成地质构造专题底图的过渡图件。

第三步:补充增加相关的成矿地质要素内容及图层。

本项工作主要是依据已收集到的各类大比例尺地质、矿产资料及科研、文献等资料,对预测区含矿层进行建造的细化,在大面积以第四系覆盖为主的地区,根据大比例尺地质或矿产资料,补充与推测含矿层有关的地质内容(如含矿层顶、底岩性段),增强特殊构造部位产状的控制,增加剖面或钻孔位置、含矿岩性柱、矿点处矿层等图层。

第四步:编制附图(角图)。

为了全面反映预测区内成矿段及与成矿相关地层的沉积相、沉积建造以及纵向上岩石组合序列叠覆和变化规律,编制了沉积岩建造综合柱状图。为了反映目的层内铝土矿、铁矿与沉积微相间的关系,编制了区内沉积相模式图。为了反映区内含矿段岩性、岩相横向变化,编制了岩性岩相对比图。为了形象表达区内含矿段在时空上的演化特征,编制了与之相关的沉积盆地演化图。在预测区中部地层发育较全、能反映盆地构造特征的地段选择了一条剖面线,编制了剖面图。此外还附有资料利用情况示意图、综合图例、责任栏等。

第五步:补充重力、磁测、遥感地质构造推断的成果,形成最终图件。

第六步:图面整饰、属性录入建库,编写说明书。

(3)地貌与第四纪地质图。内容主要包括地层单元、地貌单元、地质界线、断裂、含矿层(含卤层)、基岩单元、柱状剖面、钻孔、同位素年龄、化石采样点等(图2-3-3)。

(4)侵入岩浆构造图。内容主要包括侵入岩、地质界线、断裂、韧性剪切带、褶皱、蚀变、侵入岩浆构造带、同位素年龄、产状要素、岩石化学样品采样点、地球化学样品采样点、同位素样品采样点等。其编图过程可概况为如下几步。

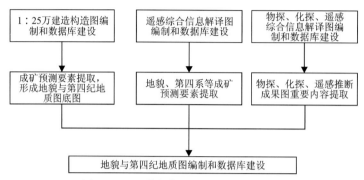

图 2-3-3 地貌与第四纪地质图编图流程

第一步：确定编图范围与"目的层"。

编图范围是由预测组在地质背景组提供的1：25万建造构造图的基础上，根据预测区的成矿特征，以地质背景研究为基础，结合物探、化探、遥感研究成果而确定的。

"目的层"是在典型矿床研究的基础上，根据成矿预测要素确定的。

由于所编制的图件比例尺为1：5万，加之预测区内可能涉及不同年代完成的1：5万和1：20万图幅，如果按照全国项目办编制地质构造专题底图的要求"底图比例尺大于1：25万的，其编制方法是将1：25万建造构造图放大，利用1：5万资料补充细化预测工作区目的层"，由于在编制1：25万建造构造图的过程中对原1：5万填图资料进行了合理的取舍，现在又将其放大，则极易造成二者的不一致和精度的降低，且工作量更大。做法是在保持1：25万基本框架的前提下，直接利用1：5万资料和1：20万资料进行编图，具体是将涉及的不同比例尺的图幅资料统一缩放到1：5万比例尺上后，进行地质图的接图与统一系统库的处理，形成地质构造专题底图的过渡图件。在进行地质图的拼接过程中遇到地质界线不一致的现象，主要有不同比例尺、不同年代、不同单位完成的地质图的拼接问题，如出现上述问题，在编图中应根据不同情况分别处理。

①不同比例尺间的拼接问题：其原因一方面可能是由不同比例尺精度不同造成的；另一方面可能与当时的认识有关，对于此类问题我们通过查阅原始资料，参照1：25万最新的调查成果，主要是依据1：5万地质图对1：20万地质图的界线进行修正。

②不同年代间完成的地质图的拼接：这些问题主要存在于不同年代完成的不同图幅之间，造成此类问题的主要原因一方面可能与当时地质界线的勾绘水平有关；另一方面可能与当时的认识不同有关，在编图中我们根据地层产状、地形条件进行了合理的处理。

第二步：编制侵入岩浆建造构造图初步图件。具体工作内容如下。

①在形成的过渡性图件的基础上提取（分离）与预测有关的内容，为了突出表达目的层，对基本层进行简化处理或淡化处理，而对目的层进行了突出表示的处理，也就是对目的层进行着色和填充建造花纹的处理。

②补充细化1：25万建造构造图有关侵入岩浆建造与成矿有关的沉积地层沉积建造内容。本项工作主要是依据已收集到的各类资料（区调、科研、文献）对预测区与成矿有关的侵入岩及地层进行建造的细化，并进行相应图层的分离与提取。

③编制附图（角图）。根据预测区的地质构造特征，为了突出表达某些重要的成矿要素或反映某一重要地质问题，可通过编制附图的方式实现，一般将该图件附于图框外。

第三步：补充物探、化探、遥感、地质构造推断的成果，形成最终图件。

第四步：图面整饰、属性录入建库，编写说明书。

(5)火山岩性岩相构造图。火山岩性岩相构造图内容主要包括火山岩岩性岩相、火山构造、地质界线、断裂、韧性剪切带、褶皱、蚀变、同位素年龄、产状要素、岩石化学样品采样点、地球化学样品采样点、同位素样品采样点等。

其编图工作过程可参照安徽省庐枞盆地火山岩性岩相构造图编图经验，具体工作流程如下。

第一步：资料收集与整理。

第二步：汇编过渡底图。首先根据预测类型确定预测区边界范围(及时提供给各课题组使用)，根据预测区不同的工作程度编制过渡底图：全部利用区内1∶5万地质图进行拼合或利用已编的1∶25万建造图裁拼，两种方法均需补充最新、精度最高的资料，并按统一图库、统一图例进行整合，形成过渡性主图。

第三步：综合研究，编制专题辅图。其主要包括火山岩建造综合柱状图、侵入岩建造综合柱状图、沉积岩建造综合柱状图、火山岩剖面综合对比图、其他辅图[区域构造位置图(预测区的构造略图)、图例、接图表及其他专题图、表]等，预测专题底图的辅图按项目统一图式表示在主图的边、角上。

第四步：火山岩性(组合)图。其是专题底图的基本图件，在过渡底图和综合剖面对比的基础上，根据火山喷发旋回和自然岩石组合确定编图单位，提炼出火山岩区与成矿作用有关的自然岩石组合预测要素，按照项目统一系统库、统一数据模型编制图例。用不同面元、线元、点元及代号、颜色和花纹表示，同步填写数据表。对与预测无关或不影响地质构造轮廓的小地质体、断层酌情取舍。

第五步：火山岩性岩相图。在火山岩性(组合)图基础上，分析各火山喷发旋回火山岩主要结构构造特征，划分火山岩相，用相界线和不同的花纹或代号在图面上勾画表示，并增加岩相(面元、点元)、岩相线(线元)图层和图例。

第六步：火山机构图。在火山岩性岩相图的基础上，根据火山物质的堆积形态、产状、剖面结构和地形地貌确定火山机构类型，增加火山机构图层(线元、点元)和对应的图例。

第七步：火山岩性岩相构造图。在编制火山岩性岩相平面图的基础上，增加区域断裂构造、褶皱构造、基底构造、盆地构造、遥感解译断裂构造、环形构造、隐伏构造、物探重磁异常推断构造和火山机构等相关内容，增加和补充相应的图元图层，二次图面整合，形成专题底图——火山岩性岩相构造图。火山岩性岩相构造图重点要突出岩性、岩相、火山构造及其与区域构造之间的关系。

第八步：区域构造格架图。充分利用区域大型变形构造、断裂构造、基底构造、火山构造、物探遥感推断构造等编制预测区的区域构造格架图(或区域构造图)。

图面以Ⅰ级、Ⅱ级、Ⅲ级构造单元为主体，基本内容主要为大地构造相及其边界、大型变形构造、区域火山岩浆构造带和预测区火山盆地及其基底构造。

反映区域构造—岩浆活动—成矿作用时序与规律及其大地构造背景和古构造环境。研究区域火山岩浆构造带与控制火山构造的构造关系，与预测区火山活动、成矿作用、大地构造演化的宏观关系。

构造格架图是预测区综合研究提升及编制区域构造相图的基础。

第九步：数据库建设与说明书编写。

(6)变质建造构造图。内容主要包括变质建造、地质界线、韧性剪切带、褶皱、断裂、同位素年龄、产状等。

山西省此类型矿产主要为沉积变质铁矿、石墨矿等，预测区1∶5万区调工作已基本覆盖，故此类地区的地质专题底图以直接利用1∶5万资料为主，1∶25万、1∶20万资料为辅，具体的编图流程如下。

第一步：确定编图范围与"目的层"。

编图范围是由预测组在地质背景组提供的1∶25万建造构造图的基础上，根据其成矿特征，以地质背景研究为基础，结合物探、化探、遥感研究成果而确定的。

"目的层"是在典型矿床研究的基础上，根据成矿地质作用等预测要素信息确定的。

第二步：收集整理1∶5万地理底图、已完成1∶5万区调的图幅资料，以及未完成1∶5万区调的图幅的1:20万、1:25万地质资料,形成地质构造专题底图的初步图件。首先收集涉及预测区范围内的1:5万图幅的地理资料,将它们拼接到一起,然后进行了换库,将所有点、线、面图元对应到本项目指定的系统库之下。由于所编制的图件比例尺为1:5万,加之预测区内涉及的1:5万图幅中有的图幅已完成了1:5万区调填图,且预测区范围主要分布于这些图幅中,按照全国项目办编制地质构造专题底图的要求"在填制了1:5万图幅的地区,必须以1:5万填图资料为基础编制地质构造专题底图",山西省的做法是已完成1:25万填图的图幅以1:25万填图资料为基础,未完成1:25万填图的图幅以1:20万填图资料为基础,经过地质图的拼接、裁切、变换及统一系统库的处理,形成地质构造专题底图的初步图件。在进行地质图的拼接过程中遇到地质界线不相接的现象:这些现象存在于不同图幅间,主要由于图幅是在不同年代、不同单位完成的。对出现的上述问题,在编图中均应进行处理。

第三步:编制变质建造构造图过渡图件。具体工作内容如下。

①在第二步形成的初步图件的基础上,突出表达与目的层有关的各类编图单元,各单位均保留原划分界线,不同单位间不进行归并处理;对与成矿无关的各单位进行合并,并进行淡化处理。

②分析研究了与目的层最紧密的地层的岩石与建造组合,编制了变质建造综合柱状图,对各单位填充建造花纹。

③编制附图(图切剖面、大地构造位置图、变质相带图、盆地演化模式图等),转绘构造形迹,分析韧性变形带类型。

第四步:在第三步形成图件的基础上,补充物探、化探、遥感推断地质构造的成果,形成最终图件。

第五步:图面整饰、属性录入建库,编写说明书。

(7)层控内生型建造构造图。在建造构造图上,突出表达与成矿有关的地层或建造,或编制相关的沉积建造古构造图。建造构造图内容主要包括沉积建造、火山岩岩性、岩相、侵入岩、变质建造、地质界线、断裂、韧性剪切带、褶皱、构造(或沉积)古地理单元、侵入岩浆构造带、火山构造等。

(8)复合内生型建造构造图。在建造构造图上,突出表达与成矿有关的建造和构造。建造构造图内容主要包括沉积建造、火山岩岩性、岩相、侵入岩、变质建造、地质界线、断裂、韧性剪切带、褶皱、构造(或沉积)古地理单元、侵入岩浆构造带、火山构造等。

上述两类图件的编图操作步骤可参照全国项目办制定的编图流程进行操作。

①划分矿产预测类型,确定矿产预测方法类型及成矿要素,明确专题研究工作内容,确定地质构造专题底图类型、编图范围、编图比例尺。此步骤应由相关的矿产预测组提出要求,地质背景组可根据自身掌握的资料提出合理化建议。

②提取(分离)相关图层形成地质构造专题底图的过渡图件。

底图比例尺为1:25万的,可按照底图类型,对1:25万分幅建造构造图按预测工作区范围进行拼合。在拼合后的1:25万建造构造图上提取成矿要素的相关内容,形成地质构造专题底图的过渡图件。底图比例尺大于1:25万的,其编制方法是将1:25万建造构造图放大,利用1:5万资料补充细化预测工作区目的层。

③综合研究。针对矿产预测类型及预测方法类型,开展成矿地质构造综合研究,以此确定成矿地质构造要素,建立地质作用与成矿之间的关联。

④补充增加相关的成矿地质要素内容。通过查阅所有异常查证、矿点检查、矿产勘查等与矿产工作有关的大比例尺地质资料(由成矿规律组完成),有针对性地补充成矿地质要素内容,补充相关资料时,对图面上无法表达的成矿要素相关内容应放大表示。

⑤相关图层补充。

⑥图面整饰,形成地质构造专题底图。

⑦由地质技术人员根据相关预测底图数据库数据表要求填制数据表。

⑧由信息技术人员录入建库。

(9)大地构造相图的编制。

编图要求：

在建造构造图的基础上编制大地构造相图。大地构造相图是反映大地构造环境及其演化的综合性图件。

大地构造相图内容包括大地构造相单元、沉积建造、火山岩、侵入岩、变质建造、地质界线、断裂、大型变形构造等。

综合地质构造及与大地构造有关成矿地质背景预测要素的研究是通过编制大地构造相图来实现的，大地构造相图数据库是以多个图层的方式表达了大地构造相、大地构造分区、建造等内容。

大地构造相图与建造构造图的图形基本上一致，最主要的不同点是编图比例尺不同，存在一个缩编的过程；除三大岩类的建造内容外，需将不同类型建造进行分析，归并出不同级别的大地构造相单元；通过相单位的分析要总结出构造分区。因此，大地构造相图是地质构造综合研究成果的一个集成表达，是本次工作的纲。其工作要求归纳为以下3点：①在建造构造图的基础上编制大地构造相图。②在编制大地构造相图时，应开展专题研究，编制专题图件。③在开展预测工作区成矿地质作用研究与编图时，为说明预测工作区地质构造背景，也可先编制地质构造单元划分框架图或其他专题图件，反映与成矿有关的地质构造格架及其大地构造环境。

编图流程：

①按大地构造演化阶段分析建造古构造，并编制专题图件——建造构造图（沉积建造与火山建造合编一张图，侵入岩浆建造单独表示在一张图上），比例尺为1∶50万。

②在上述图件编制完成的基础上，开展大地构造相图的编制工作。

a. 预研究。根据建造构造图编制及前期设计阶段的研究成果，在全国项目办、华北地区构造分区的大地构造分区框架下初步确定研究区四、五级构造分区及构造演化阶段。

b. 缩编。将1∶25万建造构造图按1∶50万标准分幅（也可以按构造带）进行拼贴并缩编。形成1∶50万建造构造图层。该图层是大地构造相图编制的基础，也是大地构造相图的基本内容之一。建造构造图缩编不是一个简单的比例尺缩放的问题，需要地质人员进行大量图面的处理，主要工作包括不同1∶25万建造构造图的进一步连图，地质界线、断层的取舍，建造的归并等内容。

c. 古构造格架及大地构造演化阶段分析与建立。通过建造分析（沉积建造地质构造环境分析、岩浆活动构造环境分析、变形变质构造组合分析、盆地构造分析）确定不同构造阶段的古构造格架及构造演化模型（构造演化模式图），以此为基础确定各类建造的构造属性（大地构造环境和大地构造部位），达到相类型确定的目的。

d. 大相划分。即划分出结合带大相、弧盆系大相及地块大相。大相与二级构造单元相对应，因此，编图区大相是全国项目办给定的。

e. 亚相及相的确定。在一个确定的大相范围内，依据建造分析，特别是依据第三步的分析成果将建造归并上升形成亚相或相一级的单元，大地构造相图层中基本编图单元是岩石构造组合。

f. 大地构造相时空演化分析。根据全国统一的构造单元划分方案，按三级构造单元分别建立各构造带的大地构造相综合柱状图。该柱状图表达了不同相（亚相）之间的相互关系、各亚相建造组成特征，并划分不同构造演化阶段。

g. 大地构造分区。即大地构造分区图层的编制。在全国构造单元划分的总体框架（一级—三级）下，根据大地构造相的分析进一步开展四、五级构造单元的划分。并按主要构造阶段分别建立大地构造分区系统，通过这一分析对比过程可以进一步校验相单元建立的合理性。

h. 大型变形构造分析。研究对象：指穿越或控制各级构造单元的大型变形构造带，包括区域性断裂带、构造单元界线、构造混杂岩/蛇绿混杂岩带、区域性浅变质强变形构造岩片带。研究内容：空间位置、形态、规模、产状、类型（走滑、推覆、逆掩）、混杂岩、构造岩片带、活动期次、物质成分（内部地质体）。

i.图面表达。大地构造相图在数据库中由多种图层构成,但在纸介质中不同内容应分别表达,方法如下。

大地构造相图:大地构造相图层内容与建造图层内容可合并表达在同一张图上。大地构造相图的基本编图单位是亚相,但同时要表达到建造内容。即在合并的纸介质相图上最小表达的单位是建造,建造用花纹表示,建造之间的界线可设置为点线或断层,亚相之间的界线可以是地质界线、断层等,不同亚相以面色和代号相区分,代号采用"时代+亚相"表示。图廓中表达大地构造相综合柱状图及图例等。

构造分区图:构造分区内容与建造图层内容可合并成图,图面表达四、五级构造分区,1—5级构造分区单元的隶属关系在图廓中给出。1—4级构造分区单元的代号设置为Ⅰ1—11,5级大地构造分区单元(岩石构造组合)仍采用花纹表达,与建造图层相同。

j.图面整饰,形成大地构造相图。

k.由地质组根据大地构造相图数据库数据表要求填制数据表。

l.由综合信息组建库,数据库建设方案按照全国项目办提供的数据模型相关部分编制。

2.3.2 物探、化探、遥感、自然重砂多元信息分析

2.3.2.1 物探

1.磁测资料应用方法技术

磁测资料应用技术主要包括定性、半定量和定量解释方法。定性、半定量和定量解释方法贯穿于磁法推断地质构造研究和磁性矿产预测的全过程,而定性解释是定量解释的基础,应予以足够重视。推断解释过程和结果落实在编图及数据库建设过程中。

1)定性解释

(1)磁性矿产地质-地球物理找矿模型建立。磁性矿产地质-地球物理找矿模型是矿致磁异常选择和定性解释的主要依据,主要通过对已知典型矿床所在地区的地质构造背景、磁场特征、重力场特征等进行综合分析,总结出各类磁性矿产的地质-地球物理模型和找矿标志。

(2)矿致磁异常筛选。矿致磁异常筛选以区分铁矿引起的异常与非铁矿引起的异常为目的,包括"求同法类比"和"求异法类比"。

"求同法类比"即将可能的矿致异常特征与异常筛选模型进行类比;"求异法类比"即在筛选过程中,不仅重视该异常与已知磁异常筛选模型的相似程度,又要充分考虑异常源大小、埋深、产状等因素可能造成两者之间的差异。在该异常与磁异常筛选模型相似的情况下,两者所处的地质构造和成矿环境是否相同或相似,应作为筛选致矿异常的前提。

(3)定性解释。磁异常定性解释,即依据地质资料分析判断引起磁异常的地质起因。其以磁测原始资料为主、数据处理资料为辅;以航磁或地磁剖面平面图资料为主,兼顾等值线平面图、剩余异常图,辅以地面中—大比例尺资料,尽量利用物性资料和地面查证资料。

2)半定量解释

其主要利用ΔT原始曲线、位场数据处理结果等资料,估计地质体的形状、产状及空间位置等。

(1)利用ΔT剖面或等值线平面图的平面形态、ΔT不同高度上延、垂向一次导数、剩余异常等数据处理结果,圈定磁性体特别是隐伏磁性体的边界,从而确定其在地面的投影、中心点位置、走向、长度和宽度。

（2）磁性体倾向的判断。

①根据 ΔT 异常特征判断磁性体倾向：ΔT 剖面磁异常的曲线形态完全由特征角 ε 决定，随着 ε 角度变化，ΔT 剖面异常曲线有不同的特征，归纳为 8 种类型（图 2-3-4）。其中，$\varepsilon=90°+\alpha-i-i_0$，$\alpha$ 为板状体倾角；i 为沿剖面方向的总有效磁化倾角；i_0 为沿剖面方向的有效地磁倾角。当忽略剩磁的影响时，$i=i_0$，i_0 的方向可以根据当地磁场方向和剖面方向来确定，而根据异常形态可以大致判断 ε 的大小，因此，板状体的倾向就可以此来确定。

②根据 Z_a 异常特征判断磁性体倾向：与 ΔT 异常判断磁性体倾向类似，在不考虑剩磁的情况下，异常曲线形状主要受特征角板状体倾向与磁化方向的夹角 γ 的大小（$\gamma=\alpha-i_0$）控制，即与（$\alpha-i_0$）的大小有关。其中，α 为板状体倾角；i_0 为板状体有效磁化倾角。i_0 的方向可以根据当地磁场方向和剖面方向来确定，而根据异常形态可以大致判断 γ 的大小，因此，板状体的倾向就可以此来确定。

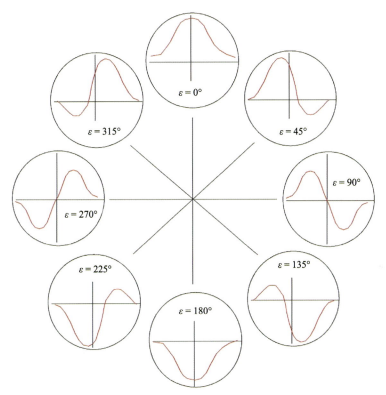

图 2-3-4　ΔT 剖面异常曲线随 ε 的变化情况

3）定量解释

（1）2.5D 正反演拟合方法。2.5D 正反演拟合方法是总项目组提供的 GeoExplor 软件系统中的功能，通过人机联合进行拟合计算。计算时首先利用软件的建模反演技术对剖面上的磁测异常进行可视化建模，再通过正反演拟合计算，最终得到剖面上引起该异常的地质体的空间几何形态和物性参数。

利用 2.5D 正反演拟合结果可以确定磁性矿体埋深、产状、宽度（根据半定量解释确定的矿体平面形态，并结合剖面数据 2.5D 正反演拟合计算结果，确定磁性矿体短轴长度）、延深和磁化强度。

（2）剩余异常方法。该方法通过求矿床上的剩余异常判断已知矿体深部是否存在矿体。然后再对求出的剩余异常进行 2.5D 正反演拟合计算，可得到深部矿体的几何形态和物性参数。

①根据已知矿体的空间展布形态、矿体及围岩的磁化率，应用 2.5D 正反演拟合方法，正演已知矿体的磁场。

②用矿区实测异常减去已知矿体异常，得到剩余异常。

③对剩余异常，根据其异常特征结合物性参数进行分析，判断其深部是否还有其他矿体。

4)编制磁测相关图件方法介绍

(1)省级航磁 ΔT 等值线图成图方法。

①全国项目组下发的航磁数据库比例尺为1∶20万和1∶50万,给的是经纬度坐标(地理坐标系),椭球参数:1,北京54,无比例尺,经纬度单位为度(°)。

②将地理坐标转换为平面坐标。转换后的坐标投影类型为高斯投影;投影带类型:任意;椭球参数:1,北京54;比例尺:1∶50万;投影中心点经度为112°30′00″;投影区内任意点纬度为34°30′00″。

转换成平面坐标的单位是毫米(mm)(也即MapGIS坐标,利用该坐标可以直接在MapGIS中成图,成图的比例尺为1∶50万)。

③将转换后的 ∗.dat 或 ∗.txt 数据 $(x,y,\Delta T)$ 网格化成 ∗.grd 数据。用Surfer进行网格化,设定网格参数。网格参数选择规定:数据的网格化采用泛克里金(Kring)法,采用园域、八方位搜索,搜索半径为5个数据点距。其他要求:变差函数类型为线型模型;漂移类型为无漂移;取误差效应值为0,微结构误差效应值为0;几何异向性参数:比率为1,角度为0。得到网格化数据文件。

④在MapGIS中用网格化后的数据文件进行成图。成图要求:等值线线密度间隔为5~10伽马。在异常大的地方,线密度太大导致异常看不清楚,可进行抽稀处理。

⑤用重磁处理软件RGIS可对网格数据进行化极、垂向一阶导数处理。

(2)省级磁法推断地质构造图。以全省航磁等值线图、化极等值线图、化极垂向一阶等值线图为基础,参考原有重磁推断地质构造图,结合地质图等其他图件和报告资料,推断了断裂、岩体、地层、断层、盆地等推断元素。

(3)预测区航磁、地磁等值线图、化极等值线图以及化极垂向一阶等值线图成图方法。

①收集到的预测区航磁资料主要为1∶5万航磁,地磁资料主要为1∶5000~1∶1万地磁。对于收集到的等值线图,首先对每条等值线赋值,用物探组自己编制的Fortran软件提取出数据,形成一个数据文件。

②用Surfer进行网格化,设定网格参数。

③用重磁处理软件RGIS对网格化数据文件进行数据空白区填补处理。

④在MapGIS中用网格化后的数据文件进行成图。

⑤航磁化极及化极垂向一阶等值线图,都需要在RGIS软件中进行数据处理。

(4)预测区地磁平剖图。

①对收集的平剖图进行扫描并矢量化。

②用物探组自己编制的Fortran软件进行数据提取,提取出的数据格式为5列:线号、点号、X坐标、Y坐标、磁异常值。

③在RGIS软件中绘制平剖图。

(5)预测工作区磁法推断地质构造图。以预测工作区大比例地磁以及航磁资料为基础,结合预测区重力异常图、剩余重力异常图,同时参考原有重磁推断地质构造图,结合地质图等其他图件和报告资料,推断了断裂、岩体、地层、断层、盆地等推断元素。

(6)预测区磁异常分布图以及资源量估算。依据大比例尺航磁、地磁所成图件,对照相应预测区的地质图,圈定预测区磁异常,依据磁异常的性质和级别划分甲、乙、丙、丁4类,并对矿致异常(即甲类、乙类)进行正反演计算和资源量预测工作。资源量预测工作,首先在每个磁性矿产预测区收集几个典型的、有代表性的、资料齐全的矿点剖面资料,通过输入该剖面磁测数据和地下已知矿体形状及该地区的物性资料,用RGIS软件进行正反演拟合,用软件估算出该矿致异常的资源量。由于矿致异常较多,不可能针对每个异常进行定量反演计算。根据项目组"抓大放小"的原则,对500万t以上的矿致异常尽量收集资料,进行反演计算;对500万t以下的则进行类比计算得到资源量。

2. 重力

1) 省级重力数据来源

(1) 重力数据来源。根据缺失数据对比图,大概在 N39°50′以北、E114°以西,1∶50 万重力没有数据[大部分缺失数据所在的图幅为 K-49-(35)凉城幅和 K-49-(36)大同幅。另外,还有少部分缺失数据在 J-49-(5)平鲁幅和 J-49-(6)浑源幅的最北边]。

根据项目组重力负责人所述,这部分缺失数据可能确实没有,山西省 1∶50 万全省编图可能是用更小比例尺数据或插值数据编制而成的。

已经山西省地球物理化学勘查院查实,佳县幅 1∶20 万的数据缺失。

(2) "五统一"计算。全国项目组下发的区域重力符合《区域重力调查规范》(DZ/T 0082—93),但《重力技术要求》中要求转换为新规范《区域重力调查规范》(DZ/T 0082—2006)。由于新规范和给定区域重力数据的规范相差不大,因此不作处理,直接利用项目组下发的数据成图。

(3) 本次省级重力数据形成。由于山西省中部(临汾—太原)缺失 1∶20 万重力资料,因此,将 1∶50 万重力和 1∶20 万重力数据合并成一个 *.txt 数据,统一进行坐标转换和网格化处理,形成 1∶50 万重力数据,该数据为本次所用的全省重力数据。

2) 省级布格重力图件编制

(1) 收集全省 1∶20 万和 1∶50 万重力数据。

(2) 将地理坐标转换为平面坐标。转换后的坐标投影类型为高斯投影;投影带类型:任意;椭球参数:1,北京 54;比例尺:1∶50 万;投影中心点经度为 112°30′00″;投影区内任意点纬度为 34°30′00″。

转换成平面坐标的单位是毫米(mm)(也即 MapGIS 坐标,利用该坐标可以直接在 MapGIS 中成图,成图的比例尺为 1∶50 万)。

(3) 将转换后的 *.dat 或 *.txt 数据 $(x,y,\Delta T)$ 网格化成 *.grd 数据。用 Surfer 进行网格化,设定网格参数。网格参数选择规定:数据的网格化采用泛克里金(Kring)法,采用园域、八方位搜索,搜索半径为 5 个数据点距。其他要求:变差函数类型为线型模型;漂移类型为无漂移;取误差效应值为 0,微结构误差效应值为 0;几何异向性参数:比率为 1,角度为 0。得到网格化数据文件。

(4) 在 MapGIS 中用网格化后的数据文件进行成图。

3) 省级重力异常中间处理图件(二阶垂向导数、水平梯度、延拓、滤波等)。

(1) 扩边:由于项目组下发的重力数据为省内数据,没有扩边,因此,为了提高数据处理解释精度,进行扩边处理。

①扩边 10 个点距,RGIS 软件能进行垂向二阶导数计算。

②扩边 20 个点距,RGIS 软件也能进行垂向二阶导数计算。

③扩边 30 个点距,RGIS 软件不能进行垂向二阶导数计算,数据量大,超出范围。

本书扩边利用的是 20 个点距的扩边数据进行的垂向二阶导数计算。

(2) 垂向二阶导数:重磁异常垂向二阶导数可压制区域异常的影响,突出局部异常特征。它可以反映剩余重磁异常难以反映和区分的地质体界线。垂向二阶导数的零值线可以用来划分岩体边界。

对重力异常求垂向二阶导数,可以用来确定地下构造的边界和断裂带的大致位置。为了进一步突出一些较小的或较浅的地质体特征、地质界线、构造或断裂带位置,通常进行二阶垂向导数计算来解释勾画。

(3) 延拓。

①向上延拓。重力异常的向上延拓作用主要是突出区域性的或规模大的或深部的异常特征,而压制局部的、小规模的地质体的异常。有时可以用几个不同高度上的异常联合分析,为定性解释提供更多的异常特征,进而增加解释的可靠程度。

通常的延拓高度如下:1∶50 万及其小比例尺数据:10km、20km、40km、80km;1∶20 万及其他中比例尺数据:2km、5km、10km、20km;1:5万及更大比例尺数据:0.5km、1km、2km、5km。

具体延拓高度可视不同地区的地质特点而定,经过延拓处理后的异常变得平缓光滑,一些局部的因素被压制掉,异常基本上反映了深部的或规模比较大的异常体的特征。

②向下延拓。重力资料处理中向下延拓的作用是突出局部异常,分解在水平方向叠加的异常,定性地确定场源体的大致深度。

由于下延使得延拓面更接近场源,异常等值线圈闭的形状与场源体水平截面形状更为接近,因而可用来了解异常源的平面轮廓。

向下延拓是一个位场不适定问题,计算结果容易发散。一般下延深度应逐步增加,以延拓后的异常特征不畸变为准。

实现向下延拓的步骤和向上延拓的方法类同,其参数设置和向上延拓的参数设置一样。(注意:除非是高精度数据,一般不进行下延处理。)

(4)线性增强。针对重力位场数据的特点,特别是重力异常,采取梯级带滤波增强技术,可以突出异常中的线性构造特点。

梯级带滤波增强技术对重力梯级带有强烈的放大作用,是一种提高断层信息分辨率的有效方法。经梯级带滤波增强技术滤波后求取的水平总梯度异常,与单纯进行水平总梯度处理相比,能更为准确地确定断裂位置。

(5)水平导数(方向导数)。求取水平方向导数的目的是突出线性构造在重磁场中的反映,通常作4个方向(0°、45°、90°、135°)的水平导数。

水平导数主要用于突出走向垂直于求导方向的断裂、岩脉的位置和宽大地质体的边界线。因此,求导方向应依据研究区内实际的和推断的构造方向来确定。当存在几组构造线时,应垂直每组构造线分别求导。

在水平导数资料进行解释时,一般采用一阶方向导数的极大值位置(或极小值位置)确定断裂带的位置。不同方向的导数,可以反映相应方向断裂带的分布情况。(注意:导数换算的精度较低,对干扰异常有较大的放大作用,因此在导数异常换算前需要先进行圆滑滤波处理。)

3)省级剩余重力图件编制

剩余重力异常=布格重力异常-对应点的区域异常

区域异常的计算方法全国统一如下。

(1)利用滑动平均法。

(2)滑动窗口面积为30km×30km,如对于点、线距为1km的原始数据,滑动窗口大小取31个点距或线距(窗口大小要取奇数)。

求取剩余异常方法:

由于规定了窗口大小,网格化后的通用数据点、线距为2km×2km,唯有取16个点距的窗口大小才能满足要求,因此,利用1km×1km的网格数据,实现步骤如下:

利用 RGIS 软件的网格数据光滑功能,将点线距为2km的数据加密至点线距为1km

graxyz_bkkb.grd→graxyz_bkkb_1km.grd 点线距变为1km

graxyz_bkkb_1km.grd→graxyz_bkkb_1km_region.grd

求区域场,滑动窗口面积为30km×30km(滤波器行数和列数为31)

剩余异常 graxyz_bkkb_1km_resid.grd

=graxyz_bkkb_1km.grd — graxyz_bkkb_1km_region.grd

数据抽稀至点线距为2km

得到点线距抽稀至2km后的数据为:graxyz_bkkb_2km_resid.grd

同理将区域异常抽稀至2km的数据为:graxyz_bkkb_2km_region.grd

本书求剩余异常得到的最终数据文件名为:graxyz_bkkb_2km_resid.grd

4) 省级重力推断地质构造图

以全省布格重力异常图和剩余重力异常图为基础,参考原有重磁推断地质构造图,结合地质图等其他图件和报告资料,推断了断裂、岩体、地层、断层、盆地等。

5) 预测区布格重力异常图、剩余重力异常图、预测区重力推断地质构造图

由于山西省没有大比例尺的重力数据,所以预测区的布格重力异常图、剩余重力异常图以及重力推断地质构造图都是从全省图件中裁剪,并变成预测区要求的比例尺而成。

2.3.2.2 化探

1. 图件制作方法

1) 山西省地球化学图

在对区域地球化学数据库维护的基础上,编制除 Sn 外的 38 个元素地球化学草图,发现山西省区域地球化学分析数据部分 1∶20 万图幅地球化学图,多数元素出现台阶,且部分 1∶20 万图幅内部也存在分析批次的明显误差。

由于数据调平工作没有比较完善的软件可利用,因此,数据调平工作量大,主要完成 24 个元素 244 个 1∶20 万图幅调平工作,其中个别图幅分批次进行调平。

调平后的化探数据采用 2km×2km 进行网格化处理,色阶划分采用累频的办法,编制山西省 1∶50 万的地球化学等值线图。

2) 山西省地球化学异常图

将调平后的 1∶20 万化探数据网格化处理(2km×2km),采用累频方式,以外带累频为 85%～95.5%、中带累频为 95.5%～98.8%、内带累频为 98.8%～100%,编制 1∶20 万山西省单元素地球化学异常图。

3) 山西省多元素地球化学组合异常图。

参考山西省 38 个元素因子分析结果及山西省地质背景,把相关性较好的元素组合在一起成图。

4) 山西省多元素地球化学综合异常图

在山西省多元素组合异常图的基础上,把成因相似、性质相近、异常套合较好的元素组合在一起编制而成。

5) 山西省化探推断岩体、构造图

在山西省多元素组合图、综合图的基础上,根据不同元素的组合及相关性,结合山西省地质背景编制而成。

6) 预测区化探异常图

将预测区范围内 1∶20 万化探数进行网格化处理(2km×2km)后采用累频方式,以外带累频为 85%～95.5%、中带累频为 95.5%～98.8%、内带累频为 98.8%～100%,编制 1∶20 万预测区化探单元素异常图、组合异常图。

7) 预测区化探预测靶区图

在预测区元素组合图、综合图的基础上,根据不同元素的组合及相关性,结合预测区地质背景编制而成。

8) 典型矿床区异常图及异常剖析图

在典型矿床区一定范围内,先利用 1∶20 万化探数据(和可收集到的大比例尺化探数据)作有关元素的化探异常图(方法同上)和组合异常图,然后对组合异常图中各异常进行解析,把每个组合异常所包含的元素异常形态与地质背景罗列在一起。

9)典型矿床区地球化学找矿模型图

根据典型矿区元素组合特征,结合地质条件和矿床类型特征,简化元素组合,模拟出较为理想的异常组合与分带特征,指导预测和圈定同类型矿床找矿靶区。

10)铜预测工作区地球化学定量预测

利用地球化学元素的分析数据对预测工作区的资源量进行预测的方法很多,如丰度估计法、面金属量法、体积品位估算法、成矿率估算法、信息量估算法、模型估算法等。

地球化学定量预测必备的条件:

(1)必备的条件。

①预测工作区要具备20世纪80年代后开展的1∶20万区域化探,1∶5万水系沉积物测量,1∶1万或1∶2.5万土壤测量,预测的矿床、矿田中钻孔岩石测量等化探资料。

②预测工作区所有化探样品测试数据均为定量或近似定量分析的结果。

③预测工作区使用的化探资料均经过正式验收、评审。

④预测工作区使用的数据必须建立数据库。各类数据入库前要100%检查,检查数据的坐标是否统一、数据及含量单位是否正确、数据属性是否一致、数据在预测工作区范围内的系统误差是否满足预测精度要求、数据与控制区(模型区)的相似程度。

⑤全面收集预测工作区的地质、地球化学资料。地球化学资料主要包括区域化探普查、详查,矿区的化探资料以及自然地理景观资料。

(2)注意的问题。

①预测深度的取值,需要根据具体矿种的具体矿床类型而定。

②水系沉积物地球化学数据需要确定修正系数。

③需解决控制区内"老"矿山开采对水系和土壤成矿元素"污染"的问题。预测工作区使用的化探资料均经过正式验收、评审。

④注意地质构造单元及汇水盆地的影响。

(3)定量估算方法的选择。

应用地球化学方法进行资源量的估算,选择的方法取决于预测与估算的尺度,以及预测的矿产类型和资料收集的程度。一般推荐:

①成矿省或成矿域的资源量估算,可选择地球化学块体法、面金属量法或简单丰度估计法。

②成矿区(带)或成矿区的资源量估算,可选择二项式分布分异丰度模型估计法或面金属量法。

③矿田或矿床的资源量估算,可选择体积品位估计法。

2. 建库

依据"一图一库"的原则,利用GeoMAG软件对要求建库图件按相关要求挂接属性。

2.3.2.3 遥感

1. 遥感影像图的制作方法

1)图像预处理

遥感卫星数据的预处理主要包括几何校正、配准等,其目的是与地理信息系统结合,为遥感图像专题信息提取和建立图形数据库作准备。

根据《全国矿产资源潜力评价数据模型空间坐标系统及其参数规定分册》的要求,确定地图投影坐标系为北京54坐标系,采用高斯-克吕格(横切椭圆柱等角)投影。

几何校正:采用多项式方法校正。为保证影像校正精度,控制点误差在限差范围内,校正控制点采自 1∶5 万地形图,图像配准采用二次多项式方法。

2)假彩色合成

由于同一地物在不同波段所表现的影像密度值不同,所以彩色合成时,要选择最佳波段匹配。选择的根据是目标物和背景地物在不同波段上的组合关系。采用 TM7(R)、TM4(G)、TM1(B)假彩色合成方案为最佳波段选择,该波段组合反映较多的地物信息,且色调的配制具有良好的视觉效果,适用于遥感地质专题信息提取。

3)数据融合

将 TM8 波段与 TM741 假彩色图像进行融合。对融合后的影像做图像增强处理,采用直方图线性拉伸,并调整色调。通过融合、增强和假彩色合成后的遥感影像在不损失光谱特征的前提下,提高了空间分辨率。

4)制作 1∶25 万标幅影像图和其他比例尺的影像图

首先确定每一幅影像图所需的景数,然后进行镶嵌。

(1)镶嵌。就是在相邻两幅待镶嵌图像的重叠区内找到一条接边线。接边线的质量直接影响镶嵌图像的效果。最好能采集线性特征的接边线(如道路、河流)来使屏幕上的颜色差异不明显。

(2)羽化宽度。在采集完影像的接边线后,可以指定羽化的宽度。羽化通过改变接边线周围的像元值,使得发生在接边线附近的剧烈的变化显得更加平缓,来消除接边线附近的辐射差异。

(3)色调调整。颜色均衡是在镶嵌过程中进行操作的,是匹配所添加的影像和镶嵌影像的色调及对比度的过程。这样做减少了缝合线的可视性,从而生成视觉上更吸引人的镶嵌影像。

(4)镶嵌结果检查。选取接边线进行镶嵌,接边处应无裂缝、模糊和重影现象。

时相相同或相近的镶嵌影像,纹理、色彩应自然过渡;时相差距较大、地物特征差异明显的镶嵌影像,允许存在光谱差异,但同一地块内光谱特征应尽量一致。

镶嵌好后在 RASMAP 程序中制作 1∶25 万标准影像图,或按预测工作区范围直接进行裁切制成 1∶5 万影像图,再在 Photoshop 软件中进行图饰的修饰。

5)制图完毕

经过上述几个步骤,1∶25 万标准遥感影像图和 1∶5 万预测工作区影像图制作完毕。

6)图面修饰

按照《全国矿产资源潜力评价数据模型遥感组的图式汇总》的要求,对制作好的 21 幅山西省标准分幅的 1∶25 万遥感影像图进行图面修饰工作,添加省界及县、市及以上的地名等。

其他比例尺的遥感影像图制作,是在 1∶25 万和 1∶50 万遥感影像图制作的基础上镶嵌、裁切而成,制图方法及流程同上。最终按项目验收规定的 3 种格式(Geotif、tif、MSI),提交山西省的各种比例尺遥感影像图。

遥感总体工作流程见图 2-3-5。

2.遥感地质矿产解译编图方法

1)遥感解译方法

相邻图幅间的解译要素进行了必要的接边处理。编图主要工作流程见图 2-3-6。

线要素:与导矿、控矿、成矿和容矿作用相关的断裂构造信息。线要素主要包括断裂构造、脆-韧性变形构造、逆冲推覆构造、褶皱轴、线性构造蚀变带等基本类型。

线要素的解译标志为:线性影像清晰,通过色调和几何特征反映出的异常色调、色线、线状排列的断层(陡)崖、断层三角面、断裂洼地、断层沟或串列的垭口,多为断层直线;不同地貌单元的分区界线、两侧地貌形态有明显的差异,受断裂控制的水系的特征形态为沟谷或河道受断裂控制呈直线或折线急湾,直线状、折线状河流或沟谷,直线状冲沟,直线状土壤、植被等,直角拐弯、多角形直线拐弯。

环要素:由岩浆侵入、火山喷发和构造旋扭等作用引起的在遥感图像显示出环状影像特征的地质体称为环要素。如花岗岩侵入体、小岩株以及火山口,火山机构或通道等都属于环形遥感信息,其标志是

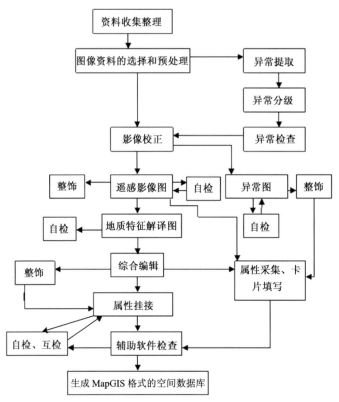

图 2-3-5　遥感总体工作流程图

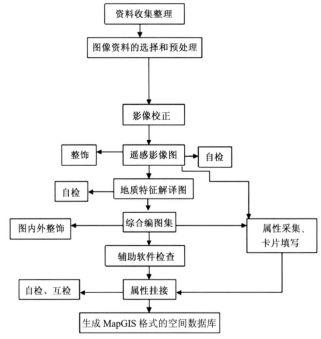

图 2-3-6　遥感解译、制图及建库

具有环形沟、环形脊、环形山构成的影像。

带要素：与赋矿岩层、矿源层相关的地层、岩性信息，如石炭系含煤岩系、奥陶系石灰岩、长城系高于庄组白云岩高板河铅锌矿、宣龙式长城系沉积型铁矿、太古宙变质杂岩沉积变质型铁矿、绿岩型金矿等。

色要素：与各种围岩蚀变相关的色调异常、色带、色块、色晕等。解译标志就是目视遥感解译中可识别的色调异常。

块要素:主要是指几组断裂互相切割、复合、归并等造成的构造块体,在遥感图像上显现出菱形、眼球状、透镜状、四边形等块状地质体,块要素块体的边角部位即是断裂构造的交会部位。

2)解译图件的精度分类

1:50万、1:25万,与矿产预测工作区同比例尺、与典型矿床所在区同比例尺度四级成果。

3)遥感地质解译侧重点

因为遥感解译对线性构造及环形构造效果比较明显,因此解译的侧重点主要为线性构造及环形构造。

3. 遥感异常提取

1)遥感异常提取基本单位

遥感异常提取技术统一采用比较成熟的克罗斯塔技术和光谱角监督分类技术,一次性异常提取,一般以"景"为单位。

本次遥感羟基异常信息提取是按照全国矿产资源潜力评价项目提供的《遥感资料应用技术要求》进行的。

异常提取以"景"为单位,然后再根据需要进行图像的镶嵌和分割。

2)异常提取对象

省级遥感专题异常提取物件为羟基(泥化)和铁染(铁化)两种异常。

3)遥感异常提取方法

异常信息提取方法原理。

(1)基于TM/ETM+数据遥感异常提取方法。

主成分分析法:各类地表物质在一定的波段内其光谱特征具有一定的差异性,这是遥感异常信息提取的根本依据。通过对图像数据统计分析,选取ETM+1、ETM+4、ETM+5、ETM+7为特征主成分分析的输入提取遥感羟基异常信息。采用标准离差倍数进行密度分割,提取了三级遥感羟基异常信息。选取ETM+1、ETM+3、ETM+4、ETM+5为特征主成分分析的输入提取遥感铁染异常信息。采用标准离差倍数进行密度分割,提取了三级遥感铁染异常信息。

光谱角法:一般采用B1~B5、B7波段联合提取。

(2)基于ASTER数据遥感异常提取方法。

遥感探测中被动遥感的辐射源主要来自与人类密切相关的两个星球,即太阳和地球。在可见光与近红外波段($0.3\sim2.5\mu m$),地表物体自生的辐射几乎为零,地物发出的波普主要以反射太阳辐射为主。而地表各类地物均有各自独特的光谱特征,矿化蚀变作为矿床和矿带存在的指示,本身也具有独特的光谱特征,这也是利用遥感技术提取各种矿化蚀变信息的主要依据。基于ETM+/TM数据提取矿化蚀变遥感异常已趋于成熟,而利用ASTER(先进星载热发射和反射辐仪)遥感数据提取矿化蚀变遥感异常较少。

ASTER是极地轨道环境遥感卫星Terra(EOS-AM1)上载有的5种对地观测仪器之一,它提供了可见光—近红外(VNIR)、短波红外(SWIR)和热红外(TIR)3个通道的遥感数据。ASTER共有3个通道,具有以下特点:可见光通道图像的空间分辨率较高;热红外通道($8\sim12\mu m$)具有5个波段;可见光—近红外通道($0.78\sim0.86\mu m$)具有底视和后视功能。

与TM数据相比,ASTER数据在热红外有更多的波段,波谱分辨率更高(图2-3-7)。通过图和表的对比可知ASTER数据对地物定性定量的识别远远高于ETM+。

ASTER遥感数据可以提取Mg^{-OH}、Al^{-OH}、CO_3^{2-}和Fe^{3+}离子(基团)信息。它们的波谱特征是蚀变遥感异常提取的理论依据。通过上述分析,采用ASTER数据进行遥感地质工作应有突破性进展。

通过分析统计出各种蚀变矿物的特征及提取异常信息的方法,见表2-3-1。

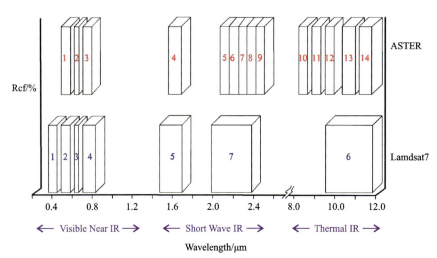

图 2-3-7　ASTER 与 Landsat7 波段设置对比

表 2-3-1　蚀变矿物特征及提取方法（ASTER）

蚀变矿物	提取方法	波谱特征
铁氧化物	B2/B1	
硅酸盐类	B5/B4	角闪石影响
	B4/B3	辉石影响
黄钾铁矾	if(B8＞B7)U(B6＞B7) Then(B6－B8)×0.57	波段 7 处吸收特征
高岭石	if(B5＞B6)U(B7＞B6)U(B6＞B5) Then(B5－B7)×0.56	白云母与蒙脱石特征相近，难以区分； 波段 5 无吸收特征
明矾石	if(B4＞B5)U(B6＞B5) Then(B4－B6)×0.55	波段 6 吸收特征
碳酸盐、绿泥石、绿帘石	if(B7＞B8)U(B9＞B8) Then(B7－B9)×0.58	波段 8 吸收特征，光谱特征相近，难以区别
SiO_2 含量	B13/B12	SiO_2 含量：$-70.416×SiO_2+126.46$
碳酸盐	B12/B14	14 波段具有吸收特征
硫酸盐	(B12＋B11)/2－B11	11 波段相对于 12 波段反射率较小

首先对 ASTER 前 9 个波段数据利用 FLAASH 法进行波谱重建，TIR 波段数据（即 10～14 波段）采用标准大气模式选取查找表进行大气校正及波谱重建。

利用表 2-3-1 的特征计算各类特征，并进行异常分割（阈值为一级 223～224，二级 201～202，三级 181～182）。

对影像处理的异常进行切割后的三级异常分别进行均值滤波处理；滤波除去孤立点，并使异常信息更加聚集。这里采用的方式是三级异常进行"5×5"滤波处理；使信息分布均匀。

4）主要技术流程

按照项目办提供的技术要求规范及相应的遥感异常提取方法，异常提取以"景"为单位，然后再根据需要进行图像的镶嵌和分割，编制成全省各类比例尺的遥感羟基异常分布图和遥感铁染异常分布图（三级异常划分），并实现属性挂接，完成建库工作。遥感异常信息提取流程见图 2-3-8。

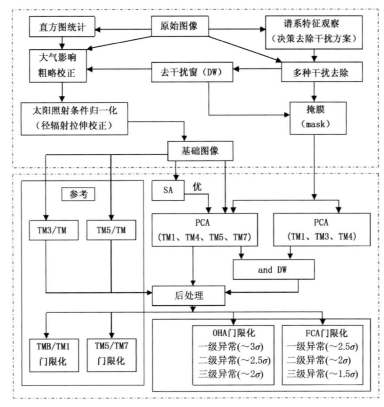

图 2-3-8 遥感异常信息提取流程图

4. 遥感数据库建立

1) 遥感数据库的概述

按照项目办提供的技术要求规范,编制完成的山西省遥感矿产地质特征解译图、遥感羟基异常分布图和遥感铁染异常分布图等各类图件,均要实现属性挂接,完成建库工作。

2) 原始遥感资料数据库

项目办提供的原始影像图数据库和自选收集其他相关遥感数据等均归入原始遥感资料数据库。包括收集原有的不同时相的覆盖全省 TM/ETM+遥感数据,原由各项目自行收集、购买的其他遥感数据精校正及制图用的采自于 1∶25 万或 1∶5 万比例尺地形图数据的 DEM 数据等。

3) 遥感数据库建立

按照"一图一库"的原则,遵照遥感数据模型的规定建立遥感成果数据库,内容包括以下几方面。

(1) 山西省 1∶50 万遥感构造解译图库(线要素和环要素)和山西省 1∶50 万遥感异常组合图库(羟基组合、铁染组合、羟基+铁染)。

(2) 山西省 1∶25 万遥感矿产地质特征解译图库(线要素、带要素、环要素、块要素、色要素)和山西省 1∶25 万遥感羟基异常图库、山西省 1∶25 万遥感铁染异常图库各 21 个。

(3) 与铁矿预测工作区同比例尺的 1∶5 万和 1∶10 万矿产地质特征、近矿找矿标志解译图库和遥感羟基、铁染异常分布图库各 31 个等;另外,与铜、金、铅、锌预测工作区同比例尺的 1∶5 万矿产地质特征近矿找矿标志解译图库和遥感羟基、铁染异常分布图库各 22 个,与磷矿预测工作区同比例尺的 1∶5 万矿产地质特征近矿找矿标志解译图库 4 个。

(4) 1∶5 万铁矿典型矿床矿产地质特征与近矿找矿标志解译图库和遥感羟基、铁染异常图库共 3 个,1∶5 万铜钼矿专题研究区矿产地质特征与近矿找矿标志解译图库和遥感异常分布图库共 2 个,1∶5 万金矿典型矿床遥感异常分布图库共 1 个。

3.3.2.4 自然重砂

对自然重砂资料的应用,涉及数据准备、重砂矿物选择、异常图编制、异常解释评价、数据库建设等多个环节,其工作基本技术流程见图2-3-9。

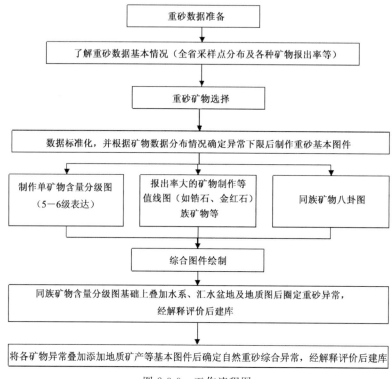

图2-3-9 工作流程图

1. 数据标准化,并根据各矿物数据分布情况确定异常下限

重砂矿物异常下限值确定和矿物含量分级原则如下。

(1)贵金属矿产,如金、银等,出现即是异常。按出现频率统计排序后分为四级,累频1%~25%为一级,累频26%~50%为二级,累频51%~75%为三级,累频76%~100%为四级。

(2)其他金属及非金属矿产,如铁、铜、铝、铅、锌等,由于矿物出现频率较高,可计算出一定的背景值。剔除低于背景值数据后,按出现频率排序后分为四级,累频1%~25%为一级,累频26%~50%为二级,累频51%~75%为三级,累频76%~100%为四级。

(3)按上述原则不易确定异常的重砂矿物,可采用经验数字确定异常或异常等级。

(4)根据确定的异常下限以及不同等级的异常值来绘制单矿物含量分级图和单矿物汇水盆地异常图。

单矿物含量分级图和单矿物汇水盆地异常图运用《全国自然重砂数据库系统》软件进行数据提取、成图,具体见软件系统说明书。

(5)在同族矿物含量分级图的基础上叠加水系、汇水盆地异常图以及地质图后圈定重砂异常,经解释评价后建库。

为了能够科学准确地圈定异常,我们确定了异常圈定的原则:①以分级图中的Ⅳ、Ⅲ、Ⅱ、Ⅰ级异常由高一级点位向次一级点位之间约1/3~1/2位置处作为异常边界。②同等级别2个或2个以上点位才能圈定异常,如果2个不同级别的点位比较靠近,就以低级别的为主(这一条不包括金银等贵重金属)。③2个异常点之间的距离应该小于或等于5km,才能圈定为异常,大于5km不能圈定为异常(此标准仅适用于一、二级异常)。

(6)将各矿物异常叠加添加地质矿产图等基本图件后确定重砂综合异常图,经解释评价后建库。

2. 图件编制

(1)预测区采样点位图。运用《全国自然重砂数据库系统》软件进行数据提取,完成重砂采样点位图(具体见软件系统说明书)。

(2)预测区单矿物含量分级图。根据异常下限值的确定和异常分级原则,编制分级图;不同级别用圆圈加颜色表示(根据图面负担自己确定圆圈大小);编图底图用1∶20万地理底图;对于贵金属以及出现频率较低,但对找矿具有指示意义的矿物,可采用有无图表达。

(3)预测区单矿物异常图。在含量分级图编制的基础上,根据实际地质情况和找矿意义确定异常和异常分级,并由多到少分为Ⅰ、Ⅱ、Ⅲ级。异常图以面元来表达,与异常点明显相关的汇水盆地的面积范围就是异常范围;异常图底图用矿产预测底图。

(4)预测区组合矿物异常图。

①自然重砂组合矿物的选择。按不同预测矿种、不同矿产预测类型确定组合矿物(表2-3-2),按技术要求编制组合异常图。

②重砂组合异常图的表示。重砂组合异常图的表示建议采用原点位重砂矿物组合异常图(又称八卦图),该图一般表示3~4种矿物组合,也可以表示2种或者5种及5种以上的矿物组合,以圆的角度象限来表示矿物种类,半径大小表示矿物含量异常值。具体做法参见重砂数据库系统说明书。

(5)空间数据库建设。山西省1∶20万自然重砂资料应用所涉及的37个图幅已全部建库,建库最早的是河北省所承担的张家口幅和天镇幅,于1999年12月完成建库,其余图幅也相继于2000—2003年全部完成。

在进行山西省1∶20万自然重砂建库过程中,山西省系统收集整理了境内1∶20万区域地质调查和部分1∶20万区域化探测量工作中所采集的自然重砂原始样品分析鉴定资料,资料截止时间为1999年。在此基础上,中国地质调查局于2006年按照统一标准对各省进行汇总建成了1∶20万自然重砂数据库,并将山西的数据返还给山西。

自然重砂数据库提供原地矿系统在山西境内区域地质调查所形成的自然重砂数据信息,包括图幅基本信息数据文件、样品基本信息数据文件、重砂鉴定结果数据文件、重砂鉴定结果不定量值的表示方法和量化值的数据文件。后期由中国地质调查局发展研究中心结合自然重砂信息在基础地质研究、矿产资源评价等方面的实际应用,建立了包括山西省在内的1∶20万汇水盆地数据库,每个汇水盆地控制面积10~25km^2。山西省1∶20万自然重砂数据库建库于2004年结束,由于当时经费不足粗粒级部分资料信息未入库,图形水系内容未入库。

表2-3-2 不同矿床成因类型可能的重砂矿物组合

矿床类型	矿种	矿物组合
岩浆型	磷矿	磷灰石+磁铁矿+(霞石)
夕卡岩型	铜矿	铜矿族(黄铜矿、斑铜矿)+石榴子石族+磁铁矿+黄铁矿族(黄铁矿、磁黄铁矿)
	铅锌矿	闪锌矿+方铅矿+石榴子石族
热液型	金矿	自然金+毒砂+(电气石)
	钼矿	辉钼矿+黑钨矿+锡石
	铅锌矿	方铅矿+闪锌矿+重晶石+(铜矿族:黄铜矿、斑铜矿、黝铜矿)
	银矿	自然银+辉银矿

续表 2-3-2

矿床类型	矿种	矿物组合
斑岩型	金矿	自然金＋银金矿＋铜矿族＋（黄铁矿）＋锆石
	铜矿	铜矿族＋辉钼矿＋锆石
	钼矿	辉钼矿＋黄铜矿＋锆石
沉积型	金矿	自然金
	金红石	金红石
变质型	金矿	自然金＋石榴子石＋锆石
	磷矿	磷灰石

1∶20万自然重砂数据格式：Access文件格式、MapGIS文件格式和ARC/INFO的Coverage文件格式点位属性数据，数据库包括了图幅基本信息数据文件、样品基本信息数据文件、重砂鉴定结果数据文件、重砂鉴定不定量的表示方法和量化值的数据文件。

本次全省重砂各类图件数据基于该数据库，各类图件的编制在满足专业和项目技术要求的同时，按项目数据模型规定的要求进行了图件分层，执行了规定的比例尺要求、坐标系统以及统一系统库的规定。属性表按数据模型要求进行了填写并按要求在线文件和区文件上进行了挂接。所有图件经过了项目提供的数据模型使用软件 GeoMAG 的检查。因此，山西省本次所编制的图件符合专业工作技术要求、符合专业编图流程、符合数据模型的图件分层规定以及属性表要求的内容。所有图件按要求建立了5级文件目录，每一成果图件（库）提交的资料有：①图件（库）文件本身（电子档）[TYMAP(图件〈投影坐标〉)][JWMAP(图件〈经纬坐标〉)]；②图件（库）元数据文件（电子档）（META）；③图件编图说明书（电子档）（DOC）；④其他文件：图件图层属性数据填写卡片（电子表）以及相关附加说明与表格（电子档）等。

第 3 章 成矿地质背景

3.1 沉积岩

3.1.1 构造-地层分区

山西省位于华北板块中部,以吕梁山-太行山中生代板内造山带为主体,西与鄂尔多斯坳陷、东与华北平原和燕山造山带接壤,南北界于秦岭、阴山造山带之间。山西的总体构造格架形成于中生代,构造线方向呈中间为北北东向,南北两端为北东向的"S"形展布。自新生代以来,由于喜马拉雅运动的强烈活动,叠加形成了贯穿山西南北的汾渭裂谷带,隆起与坳陷特征明显。

山西省均属华北地层大区晋冀鲁豫地层区。大部分属于山西地层分区,东北部(大同—沙河一线以东)属燕辽地层分区,西南边部(万荣—绛县一线以南)属豫陕地层分区,西缘(偏关县—中阳县—蒲县一线以西)属鄂尔多斯地层分区,北缘(右玉—天镇一线以北)属阴山地层分区(图 3-1-1)。以上的地层区划主要指的是中元古代—中生代的沉积地层。

3.1.2 岩石地层格架

根据本次工作编图要求,岩石地层主要为古元古代之后未变质的沉积地层,古元古界及其之下变质地层见变质岩岩石构造组合部分。

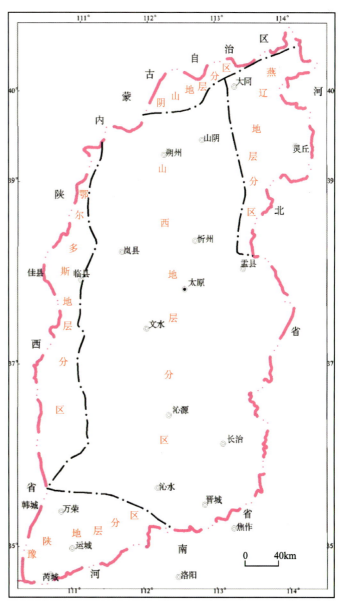

图 3-1-1 山西省地层分区图

以地质年代为纲,按山西省1:50万大地构造相底图(沉积岩区)图上的表示精度,以岩石地层单位为基本单位,从早到晚,从下到上,依次对山西省地层给予简要说明。

3.1.2.1 中新元古代地层

中新元古代地层,主要分布和保存在山西南部的中条山区、王屋山区和东部的太行山及五台山—恒山地区的东部。另外,在吕梁山区亦有零星分布。

山西的中新元古代地层的发育、划分、命名,区域性很强,因此不同地区间地层的对比、时代归属、认识等差距较大;但自20世纪80年代以来,由于"全国震旦亚界专题研究"的深入开展和学术上的广泛交流、实地考察,新技术方法的使用,新理论的引进等诸多因素,山西中新元古代地层研究取得了很多进展,致使对岩石地层单位间的对比、时代属性的认识趋于一致。本次工作即采用在上述基础上进行的全国地层清理成果——《华北区域地层》(1997)、《山西省岩石地层》(1997)。山西中新元古代地层划分、对比见表3-1-1。

表3-1-1 中新元古代地层划分表

年代地层单位			豫陕地层分区		山西地层分区		燕辽地层分区	
			中条山-王屋山区		吕梁山-太行山区		五台山—恒山地区东部及以东灵丘地区	
界	系	统	群	组	群	组	群	组
新元古界	震旦系	上统		罗圈组				
	青白口系							云彩岭组
								望狐组
中元古界	蓟县系		洛南群	龙家园组				雾迷山组
								杨庄组
	长城系	上统						高于庄组
						大红峪组		大红峪组
		下统	汝阳群	洛峪口组		串岭沟组		
				崔庄组				
				北大尖组		常州沟组		
				白草坪组		赵家庄组		
				云梦山组		大河组		
			西阳河群	马家河组	汉高山群			
				鸡蛋坪组				
				许山组				
				大古石组				

1. 长城系

山西境内的长城系主要发育在中条山-王屋山区的豫陕地层分区、吕梁山-太行山区中南段的山西地层分区、五台山—恒山地区东部及以东灵丘地区的燕辽地层分区。

1)豫陕地层分区(中条山-王屋山区)

(1)西阳河群。华北地层清理时统一称为熊耳群,但二者含义上不尽一致,且其所划分的4个组均在山西与河南省交界地带的西阳河流域,故山西境内仍称西阳河群为宜。西阳河群主要由分布于晋豫陕裂谷中的基性、中酸性火山岩组成,最大厚度可达6000m,向北、北东变薄尖灭(图3-1-2)。

第 3 章 成矿地质背景

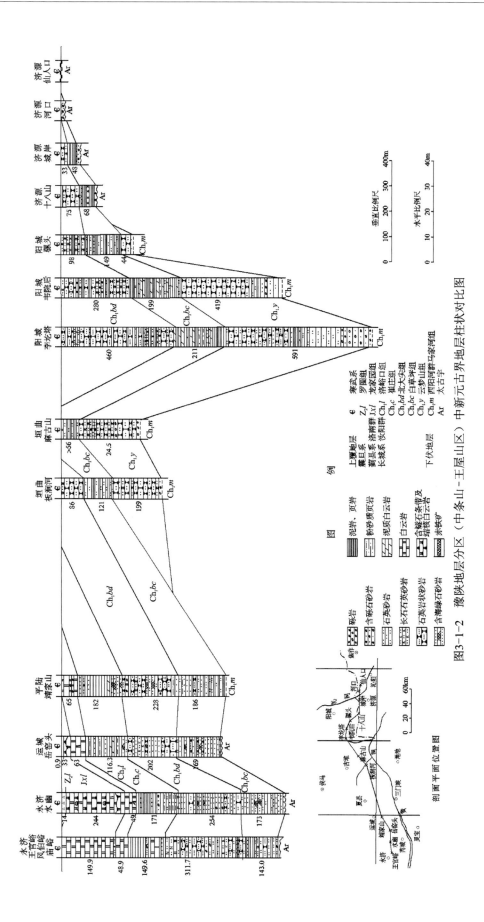

图 3-1-2 豫陕地层分区（中条山-王屋山区）中新元古界地层柱状对比图

大古石组 属西阳河群底部层位,分布局限,厚度不大(30~60m),主要由紫红色、黄绿色含砾砂岩-黄色、黄绿色长石石英砂岩-紫红色砂质、粉砂质泥(页)岩组成,显示了裂谷初始裂开阶段河流相的沉积特征。之上的火山岩基本上显示了多个由辉石安山岩-含辉石安山岩-安山岩形成的组合。

许山组 为西阳河群下部中基性—基性的火山岩组合,主要由辉石安山岩-含辉石安山岩-安山岩组成的多个喷发旋回构成,其中上部夹两层厚度小于50m且不稳定的中酸性火山熔岩,厚度可达3000m。由于大古石组分布局限,许山组大多直接不整合于前长城纪变质岩系上,与上覆鸡蛋坪组呈整合接触。

鸡蛋坪组 为西阳河群中部的中酸性火山岩组合。主要岩性为红色、紫红色英安流纹岩、流纹岩,最大厚度142m,有时缺失。由于岩性特殊、颜色鲜红、地貌陡峻、位居中部,鸡蛋坪组是西阳河群分组的标志岩层。它与下伏许山组、上覆马家河组均为整合接触。

马家河组 属西阳河群上部层位,厚度可达2000m,岩性为以辉石安山岩-安山岩组成的多旋回火山岩,每个旋回层的底部发育有厚度不大的沉积岩夹层(砂岩、页岩、层凝灰岩、灰岩等)为特征。它与上覆汝阳群为平行不整合接触。

许山组、鸡蛋坪组、马家河组火山岩以辉石安山岩、安山岩和英安流纹岩为主体。中基性火山岩的化学成分在 $Si-Zr/TiO_2$ 图解上大部投于钙碱性玄武岩、玄武安山岩、安山岩和粗玄岩-粗安岩过渡区域,中酸性火山岩投于流纹英安岩、英安岩区域。Nb/Y 为 $0.2\sim0.5$,具亚碱性火山岩特征,在AFM图解上投影具钙碱性演化特点。岩石演化系列为玄武岩→玄武安山岩→辉石安山岩→安山岩→石英安山岩→英安岩→英安流纹岩→流纹岩。

(2)汝阳群。分布于山西南部王屋山、中条山区。主要由石英岩状砂岩、石英砂岩、长石石英砂岩夹紫红色、灰绿色泥岩、页岩组成,顶部发育有绿色页岩和红色白云岩;为一套未变质的沉积地层。进一步划分为云梦山组、白草坪组、北大尖组、崔庄组、洛峪口组。底部平行不整合于西阳河群火山岩系之上或直接以角度不整合于前长城纪变质岩系之上。

云梦山组 为汝阳群最下部层位。下部以石英砂岩为主,中部夹砂质页岩,底部有时具砾石层。石英砂岩以灰紫色、灰白色、白色呈条带状相间出现为特征。云梦山组最大沉积厚度达600m,而太行山中段及最南段、中条山西段均缺失,显示了该组分布的局限性。云梦山组与下伏西阳河群呈平行不整合接触,与上覆白草坪组呈整合接触。

白草坪组 为汝阳群下部层位。岩性以红色泥岩、页岩为主,夹层数不定的薄层砂岩及少量白云岩,厚度达120m。与下伏云梦山组、上覆北大尖组均呈整合接触;当云梦山组沉积缺失时,可直接不整合于西阳河群或更老的前长城纪变质岩系之上。

北大尖组 为汝阳群中部层位。岩性以白色石英岩状砂岩为主,其中部夹紫红色、灰黑色页岩和砂质页岩,上部夹砂质白云岩、白云岩,该组厚311.7m。与下伏白草坪组、上覆崔庄组均呈整合接触。

崔庄组 为汝阳群上部层位。岩性以灰绿色、黑色页岩和砂质页岩为主,底部夹灰白色薄层状石英岩状砂岩,厚149.6m。与下伏北大尖组、上覆洛峪口组呈整合接触。

洛峪口组 为汝阳群最上部层位。岩性为红色白云岩、含叠层石红色白云岩,底部以红色白云岩底面为界,厚48.9m。与下伏崔庄组呈整合接触,其上与蓟县系龙家园组、震旦系罗圈组或寒武系呈平行不整合接触。

2)山西地层分区(吕梁山—太行山地区中南段)

山西地层分区的长城系主要有吕梁山区的汉高山群;太行山中南段昔阳、和顺、左权、黎城一带为具沉积盖层性质的河流-滨海相陆源碎屑岩沉积。

(1)吕梁山区的汉高山群。汉高山群见于吕梁山中段的临县汉高山和娄烦县的白家滩以东、太原市柏板乡关口村一带的钻孔中。按岩性组合和不整合接触关系可划分为3个组。由于分布局限,故未以地理名称命名。

第一组 由灰黄色砾岩、长石砂岩、砂质页岩、紫红色泥(页)岩组成。

第二组　主要为含砾砂岩。

第三组　主要为安山岩。

汉高山一带的汉高山群以砂砾岩、砂岩、粉砂质泥、泥岩发育为特征,其岩性及岩貌可与大古石组相对比。而上部出现不厚的火山岩,白家滩、关口一带以安山岩为主的火山岩,厚度可达数百米,可与大古石组之上的西阳河群安山岩对比。

(2)太行山中南段的长城系。太行山区的长城系主要分布于昔阳、和顺、左权、黎城一带,岩性为以石英砂岩为主的碎屑岩系,可进一步划分为大河组、赵家庄组、常州沟组、串岭沟组、大红峪组(图3-1-3)。

大河组　为太行山南段长城系最底部层位。岩性为淡红色石英岩状砂岩与灰紫色含铁质石英砂岩互层或互为条带。呈角度不整合于下伏早前寒武纪变质岩系之上,与上覆赵家庄组呈整合接触或被寒武系平行不整合覆盖。该组横向厚度变化较大,由南向北:壶关县大河为74.4m、白家庄为59.85m,向北芦家拐一带厚15.40m。向北延伸至平顺县漳河一带沉积缺失。

赵家庄组　为太行山区中南段常州沟组之下的沉积地层。岩性以红色泥(页)岩、砂质泥(页)岩为主,夹薄层石英砂岩,局部见有不稳定的黄白色含层柱状及放射状叠层石的砂质白云岩透镜体,地貌上成缓坡地形。组厚多在50～150m之间,黎城西井—左权拐儿一带厚度稳定在120～170m之间,向南、向北变薄。与下伏大河组呈整合接触或直接角度不整合于早前寒武纪变质岩系之上,与上覆常州沟组呈整合接触。

常州沟组　分布于五台山以南的太行山中南段,属长城系中下部层位。主要岩性为白色、灰白色石英岩状砂岩、长石石英砂岩,局部夹紫红色页岩、砂质页岩。黎城一带最厚层可达731.7m,向北西、南东两侧变薄。而在系舟山北坡的常州沟组三段与下伏地层间有明显的超覆不整合现象。与下伏赵家庄组、上覆串岭沟组均呈整合接触。根据岩性特征可进一步划分为3个段。

一段:厚度稳定(100～150m),岩性较纯。主要为中厚层夹薄层的白色石英岩状砂岩,夹少量含长石石英岩状砂岩,岩石的碎屑几乎全为石英颗粒,长石小于5%,硅质胶结。由于岩石纯净,可用作上好的硅质原料,亦可用作建筑材料的"红砂石"石板。

二段:厚度较大,一般450～550m,岩性主要为灰白色、粉红色、深浅不同的紫红色中层夹薄层、中粗粒,有时以含砾的长石石英砂岩为主,夹含长石石英岩状砂岩,偶夹绿色富钾页岩、粉砂页岩、粉砂岩、薄层砂岩等。

三段:沉积中心厚220～250m,向两侧逐渐减薄,厚仅100m左右。岩性以白色或粉红色中—中厚层状中细粒石英砂岩为主,夹1～2层海绿石(石英)砂岩—海绿石赤铁矿砂岩,其石英岩状砂岩较纯净,多是优质硅质原料。赤铁矿含量高的赤铁矿砂岩也可用作红色涂料的原料。

串岭沟组　为长城系下统最上部地层,主要见于太行山中南段的黎城大井盘—昔阳县半沟一带。岩性主要为含砂岩条带和透镜体的灰绿色、黄绿色粉砂质页岩,页岩均富含钾。厚度均在100～200m之间,昔阳县东冶头一带厚126.7m。根据岩性特征可进一步划分为两个岩性段。其与下伏常州沟组、上覆大红峪组均呈整合接触。

一段:以灰绿色、黑绿色、灰色、黑色间夹紫色页岩和粉砂质页岩为主。下部夹灰色、灰白色薄板状细粒石英岩状薄层砂岩,顶部出现厚度不大稳定的中厚层泥质白云岩,有时呈断续透镜体状,中部有时也偶见泥质白云岩透镜体。顶部白云岩中富含呈细长柱状叠层石:*Nordia Laplandica*、*Eucapsiphora paradesa* 等。厚70～100m。

二段:下部为灰绿色页岩,夹灰色薄层状石英岩状砂岩,向上砂岩夹层渐多,至中部逐渐变为灰色、灰白色薄层状、薄板状石英岩状砂岩夹灰绿色页岩。厚20～40m。

大红峪组　山西境内分布局限,仅分布于太行山中段昔阳县东部,不含火山岩,直接整合于串岭沟组之上,其上又直接被寒武系平行不整合覆盖。按岩性组合可划分为两个岩性段。

一段:白色中厚层石英岩状砂岩,有时微含铁质而略显肉红色,近顶部夹1层不厚的紫色页岩。厚20～45m。

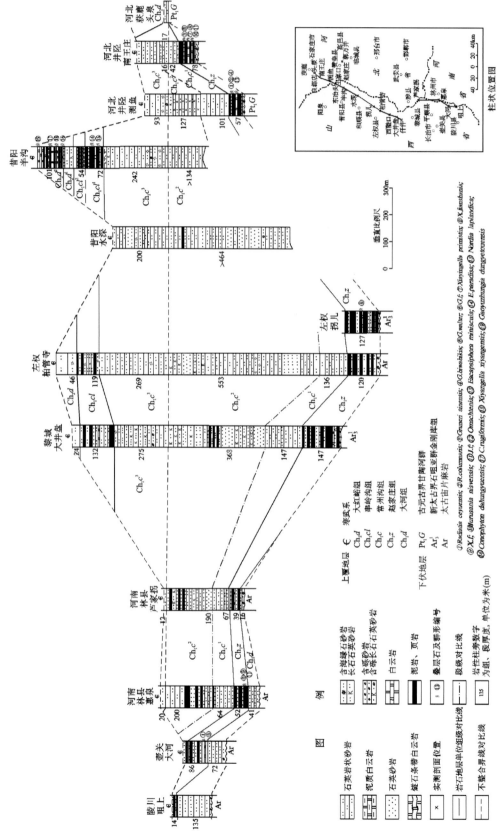

图3-1-3 太行山中南段长城系地层柱状对比图

二段：以硅质白云岩、含燧石结核白云岩为主，夹紫红色页岩、微晶泥质白云岩，下部含大型圆锥叠层石：*Conophyton garganicum* var. *dahongyuensis*；中部白云岩含菜花状叠层石：*Xiyangella xiyangensis*；上部白云岩含硅质圆柱分叉叠层石：*Gaoyuzhangia dongyetouensis*、*G. crassibrevis*。厚0～107m。

3）燕辽地层分区（恒山—五台山东部及以东灵丘地区）

山西省境内的燕辽地层分区的长城系仅发育高于庄组（图3-1-4）。

高于庄组 广泛而零星分布于恒山—五台山东部及以东灵丘地区。以角度不整合覆于早前寒武系变质岩系之上，其上又以不同层位被蓟县系杨庄组或雾迷山组底砂岩或青白口系望狐组燧石角砾岩平行不整合覆盖。灵丘县东南部保留较完整，厚度大，可划分为4个岩性段，所含的叠层石组合（*Gaoyuxhangia-Conophyton-Tabuloconigera* 和 *Pseudogymnosolen*）与太行山中北段及燕山中西段广大地区分布的高于庄组完全一致；仅自东→西、南东→北西4个段明显显示了自上而下逐步被侵蚀缺失，直至被侵蚀殆尽，但各个段保留齐全时，岩性及厚度基本上是稳定的。图3-1-4中以标志层方式圈出高于庄组三段纯白云岩层，反映了高于庄组的保留状况。

一段：以灰白色、微红色薄层状和薄板状泥晶白云岩互层为主，夹中厚层白云岩，含燧石结核、团块白云岩与不含燧石白云岩互层；底部为石英岩状砂岩、白云质砂岩，向上夹紫红色、黄白色砂质白云岩及白云质砂岩，该段多层白云岩中含多种类型的白色硅质板锥状（简单、平行连生、多角状等）叠层石。

二段：岩性较特殊，白云岩多显薄层状，粉红色，中部夹黑色白云质页岩，含碳质及锰质（0.5%～2.0%）。下部的白云岩中含柱状—瘤结状叠层石，其底部常呈瘤状、小包心菜状，上部基本层呈指头粗细的圆弧状。

三段：以白云岩质纯，不含或很少含燧石，呈厚层、巨厚层状，含长柱状叠层石为特征。

四段：岩性为灰白色中厚层、厚层泥（粉）晶白云岩，含燧石条纹、条带薄层泥晶白云岩相间互层组成，有时夹少量砂、砾屑白云岩，灰红、灰紫色白云质页岩，底部为白色石英砂岩，在白色硅质层中常含微小柱状叠层石（*Microstylus*），是该段的标志。

2. 蓟县系

山西境内的蓟县系主要发育在中条山区的豫陕地层分区、五台山—恒山东部及以东灵丘地区的燕辽地层分区。

1）豫陕地层分区（中条山区）

山西境内仅于中条山西段发育不完整的洛南群龙家园组。

龙家园组 为洛南群最下部地层。主要岩性为灰色、灰白色中厚层状白云岩、硅质（燧石）条带白云岩、含小柱状叠层石白云岩，底部以不厚的砂砾岩与下伏汝阳群洛峪口组呈平行不整合接触，与上覆或震旦系或寒武系呈平行不整合接触。永济县王官峪剖面出露厚度223.8m。

2）燕辽地层分区（五台山—恒山东部及以东灵丘地区）

杨庄组 分布不稳定，零星见于灵丘东部、北部（20世纪80年代后期才被发现和确认）。最厚处不过40m。特征岩性为红色含粉砂泥状白云岩，其下多以砂岩、含砾砂岩与下伏高于庄组呈平行不整合接触。

雾迷山组 主要保留分布于恒山以东、以南的灵丘县境内。同样也显示了自东→西、南东→北西保留渐少的状况。灵丘县东部最大保留厚度也只300多米。主要岩性为燧石条带白云岩。含 *Psandogymnosolen-Scyphus-Microstulus* 为代表的叠层石组合。

3. 青白口系

山西境内的青白口系仅局限分布于五台山—恒山东部及以东灵丘地区的燕辽地层分区，可划分为望狐组、云彩岭组。

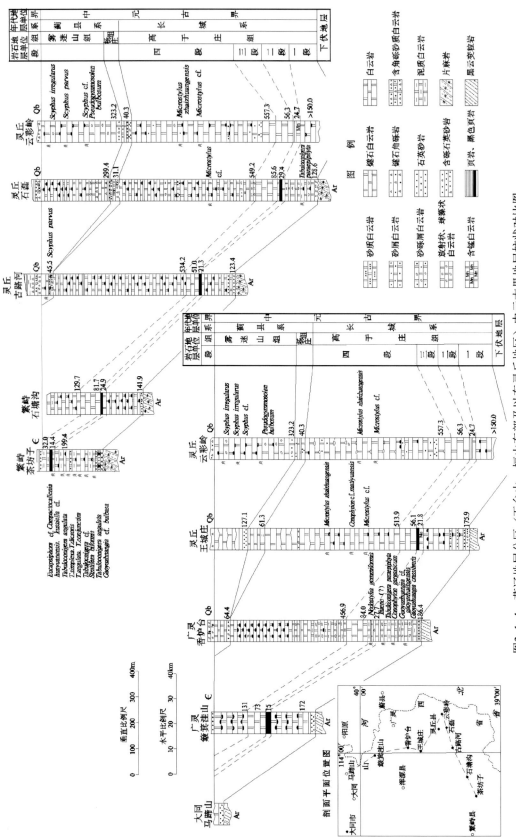

图3-1-4 燕辽地层分区(五台山—恒山东部及以东灵丘地区)中元古界地层柱状对比图

望狐组　主要为一套厚度变化极大的、不稳定的燧石质角砾岩,并多以不整合(有时呈漏斗状、"脉状"贯入)于下伏的雾迷山组或高于庄组不同岩段之上。显示了其风化、淋滤残积成因的特点,也反映了下伏迷雾山组、高于庄组自南东→北西保留渐少的状况,是青白口系望狐组沉积前所遭受侵蚀剥蚀所致。

云彩岭组　分布远较望狐组少,厚 0～40m。其下部为分选性较差、成层性较好、含"广灵式铁矿"的紫红色碎屑岩;上部为分选性较好并含遗迹化石 *Skolithos Linenats*(针管迹)的砂岩。

4. 震旦系

山西境内的震旦系仅发育罗圈组,分布在中条山区的豫陕地层分区。

罗圈组　零星分布于中条山西段的平陆、芮城、永济等极少数地点。仅发育有下部层位。岩性为紫红色、黄灰色、灰绿色等杂色冰积泥砂质砾岩和砂岩,向上渐变为杂色泥岩,厚 0～14m。平行不整合于下伏汝阳群或洛南群的不同层位之上,其上被寒武系平行不整合覆盖。

3.1.2.2　早古生代地层

全国岩石地层清理(华北片区)将山西的早古生代地层自上而下统一划分为辛集组、朱砂洞组、馒头组、张夏组、崮山组、炒米店组、冶里组、亮甲山组、马家沟组及部分同时异相的霍山(砂岩)组、三山子(白云岩)组。

山西南部(发育最齐全)表示为(自上而下):

上奥陶统(O_3)马家沟组五、六段(平陆、夏县一带缺失)。

中奥陶统(O_2)马家沟组一段至四段。

下奥陶统—上寒武统灰岩相的崮山组、炒米店组、冶里组、亮甲山组合并表示为$\in_3 O_1$和白云岩相的三山子组表示为$\in O_s$。

中寒武统($\in_2$)张夏组、馒头组二、三段。

下寒武统($\in_1$)馒头组一段、朱砂洞组、辛集组。

山西中西部与南部基本相同,唯缺少下寒武统($\in_1$),而中寒武统($\in_2$)是指张夏组和其下的馒头组二、三段及与之同时异相的霍山(砂岩)组。

山西北部与南部的区别,除缺失下寒武统($\in_1$)、西北部$\in_2$出现霍山(砂岩)组外,主要在于上寒武统—下奥陶统,未白云岩化的崮山组、炒米店组、冶里组、亮甲山组合并表示为$\in_3 O_1$;白云岩化的则表示为$\in O_s$,白云岩化的冶里组、亮甲山组以 $O_1 s$(三山子组)表示;另外,上奥陶统(马家沟组五、六段)大多缺失,但各地有所差异和不同。

1. 下寒武统($\in_1$)

辛集组　仅分布于中条山西段及以南地区。底部含磷块岩、含磷砂砾岩,之上为石英砂岩夹泥质白云岩。含磷碎屑岩仅分布于芮城水峪一带,厚 0～5m,之上石英砂岩厚度近 40m(芮城水峪),向北到稷王山,向东到夏县祁家河以东逐渐尖灭。

朱砂洞组　分布于中条山西南段。主要为白云岩、泥质白云岩、灰岩、泥灰岩等,有时含燧石结核,厚度一般小于 40m。其分布范围大于下伏的辛集组,向北可达吕梁山南端,向东达阳城以南一带(岩性为紫红色页岩之下,处于寒武系底部的白云岩、泥灰岩均归属朱砂洞组,则其分布范围可达陵川县咀上一带)。

馒头组一段　分布于中条山、王屋山、太行山南段、吕梁山南端(河津、稷山、乡宁一带)。岩性为灰色、暗红色、黄色等杂色泥灰岩、云泥(灰)岩、灰岩等。厚82～40m,向北逐渐变薄、尖灭缺失。馒头组一段含三叶虫 *Redlichia* 带,地质年代属早寒武世龙王庙期。下伏朱砂洞组、辛集组,山西境内未采到可鉴定年代的生物化石与邻省地层对比,地质年代应属早寒武世沧浪铺期。

2. 中寒武统（∈₂）

馒头组二段　广泛分布于山西南部、东部。岩性为砖红色—暗紫红色泥岩、页岩夹少量砂岩、灰岩，厚50～100m，含 *Shantungaspis* 三叶虫带，地质年代属中寒武世毛庄期。厚度变化显示为南厚北薄，东厚西薄。

馒头组三段　全省广泛分布，吕梁山以西的柳林上白霜一带缺失。岩性为紫红色页岩、夹砂岩、生物屑灰岩、灰岩、鲕粒灰岩，厚65～165m。厚度变化亦显示为南厚北薄、东厚西薄。自下而上含 *Kochasips*、*Ruichengaspis*、*Sunaspis*、*Inouyops* 等三叶虫带，地质年代属中寒武世徐庄早期。

张夏组　主要为中厚层灰岩、鲕状灰岩。全省分布普遍，但岩性组合有一定差异。山西中部及西部大部分地区，在其中下部夹有薄板状、竹叶状灰岩及少量灰绿色页岩；东北部的恒山—五台山区，除下部为鲕状灰岩外，其中部以灰绿色页岩、薄板状、竹叶状灰岩为主，鲕状灰岩呈夹层，上部为鲕状灰岩与薄板状灰岩互层，且中上部还出现多层礁状灰岩。张夏组厚度南厚北薄，东厚西薄。陵川咀上，厚220m；芮城水峪—左权前龙一带，厚180多米；恒山—五台山—绵山一带厚140m左右，吕梁山区的厚度大多在100～120m之间，吕梁山以西厚度小于80m。张夏组下部含 *Poriagraulos*、*Bailiella* 三叶虫带，中上部自下而上含 *Lioparia*、*Crepicephalins*、*Amophoton-Poshania*、*Damesella* 共4个三叶虫带。其地质年代分别属中寒武世徐庄晚期和张夏期。

霍山（砂岩）组　分布于山西省中部霍山、西部吕梁山区的寒武系底部。为一套滨海沙坪相石英砂岩、石英岩状砂岩为主的岩石地层单位。霍山山区霍山组最厚达88m，以白色石英岩状砂岩为主夹红色石英砂岩，偶夹少量砂质页岩；吕梁山霍山组东厚西薄，从50→2m，其岩性下部为白色石英岩状砂岩，上部为红色石英砂岩；向北东至云中山区砂岩中渐夹红色泥岩，且泥岩夹层愈来愈多，而渐变为馒头组。霍山（砂岩）组根据其上覆地层层位及向北东相变成的馒头组的层位及年代属性，霍山组的年代属性自东向西大致可以确定为中寒武世毛庄期、徐庄期、张夏期。属于一个典型的穿时的岩石地层单位。

3. 上寒武统—下奥陶统（∈₃—O₁）

该套地层分布于山西省东北部的五台山、恒山及洪涛山地区，包括崮山组、炒米店组、三山子组。

崮山组　岩性主要为薄层（板）状灰岩，以竹叶状灰岩为主，夹灰绿色页岩。广泛分布于山西中部及北部地区，但厚度及岩性变化也较大，中部及北西部地区厚度较小（<70m），页岩夹层较少；恒山—五台山及洪涛山区厚度增大，达100～140m，最厚可达170m，页岩夹层较多，部分呈紫红色。山西中部及中西部地区崮山组仅含 *Blackwelderia-Liaoningaspis*、*Drepanura-Liostracina*. 三叶虫带，有时也出现 *Chuangia*、*Kaolishania* 三叶虫带；地质年代属晚寒武世崮山期—长山期。恒山—五台山区、洪涛山区的崮山组除含上述三叶虫带外，之上还出现 *Tsinania-Ptychaspis*、*Quadraticephalus. Miclosankia* 三叶虫带，恒山悬空寺以及北地区还出现 *Missisquaoia perpetis* 三叶虫带，地质年代属晚寒武世。

炒米店组　主要为中厚层泥晶灰岩、白云质灰岩，夹礁灰岩等，分布于恒山—五台山区，地貌上多形成明显的陡坎。厚度在30m左右，北薄南厚。恒山悬空寺25.5m；五台山区憨山35.9m；红石头掌一带最厚近70m。向南白云岩化相变为三山子组。红石头掌含 *Quadraticephalus* 三叶虫，属晚寒武世凤山期；憨山含 *Leiostegiun-Aristokainella* 三叶虫带，属早奥陶世两河口晚期；到悬空寺，炒米店组底界下距两河口阶底界达42.5m，其层位已属两河口中期。炒米店组是一个典型的穿时的岩石地层单位。

三山子（白云岩）组　是指华北地区马家沟组之下的一套后生白云岩组合。分布于山西中部、南部和西部广大地域，即三山子（白云岩）组（∈O₃）。不同地区的三山子组由成层状态、岩性结构、岩石成分不同的白云岩层组合而成。根据其岩石组合特征及空间上与未白云岩化的中寒武统—下奥陶统各岩石地层单位的相变对应关系，可将三山子组区分为z段、g段、c段、y段、l段。z段为中厚层白云岩和鲕状白云岩，g段为薄层白云岩、竹叶状白云岩；c段为厚层粗晶白云岩；y段为薄层泥晶白云岩、灰绿色白云质页岩，夹薄层竹叶状白云岩；l段为中厚层泥晶白云岩、含燧石泥晶白云岩。它们实际上分别是张夏组、崮山组、炒米店组、冶里组、亮甲山组的白云岩化产物。自北向南,三山子组所含的白云岩组合变化如下:王屋山及中条山以南含 z、g、c 段,中条山—太行山南段含 g、c-g、c、y 段,山西中部及西部广大地区多含 g(上部)、c、y、l 段,五台山—恒山地区仅含 l 段。三山子组由于白云岩化,化石很难找到,但有时亦可见到。根据所含的零星生物及与未白云岩化岩石地层单位间的相变关系,可以确认三山子组底界的地层年代属性。自南向北,由中寒武世张夏晚期—晚寒武世凤山期→晚寒武世崮山期—早奥陶世两河口期→早奥陶世道保湾期。亦是一个较典型的穿时的岩石地层单位。

4. 下奥陶统(O_1)

下奥陶统出现于山西北部(五寨县—五台县一线以北地域)。指未白云岩化的 $\epsilon_3 O_1$ 之上部分,时代属早奥陶世。厚度一般在 70~100m 之间。

冶里组 岩性为薄板状灰岩、灰绿色页岩(3~5 层,每一层厚数十厘米)夹竹叶状灰岩,有时夹礁灰岩。分布于五台山-恒山区:恒山一带,厚 45~70m;五台山一带,厚 70~75m。向西向南变为三山子组。据下伏炒米店组页岩中所含化石,其地质年代属性,自南而北为早奥陶世新厂期,亦为一穿时的岩石地层单位。

亮甲山组 亦仅分布于五台山-恒山区。岩性为厚层夹中薄层泥晶粉晶灰岩,夹少量砾屑灰岩、云斑灰岩、燧石条带(结核)灰岩等。厚度变化大,最大厚度为 70 多米。其向上和向西、向南相变为三山子组(l 段)。地质年代属早奥陶世道保湾期。

5. 中—上奥陶统马家沟组(O_{2-3})

马家沟组为山西早古生代地层中最上部的一个由碳酸盐岩组成的岩石地层单位,与下伏的三山子组、上覆的上古生界的月门沟群底部的湖田(铁铝岩)段均呈平行不整合接触。岩性组合特征,马家沟组可划分为 6 个段。

一段 石英砂岩、白云质页岩、泥质白云岩、灰黄色角砾状泥质白云岩、白云岩等。厚 9~76m。

二段 下部为灰黑色泥晶灰岩或白云质灰岩;上部为深灰色灰岩或白云质灰岩与灰白色细晶白云岩互层。厚 54~192m。

三段 灰黄色角砾状泥质白云岩、泥晶白云岩。厚 10~80m。

四段 下部为深灰色厚层灰岩、云斑灰岩、白云质灰岩;上部为薄层灰岩、白云质灰岩、云斑白云质灰岩与白云岩互层。厚 113~291m。

五段 灰黄色角砾状泥质白云岩、白云岩,中部夹 1 层灰岩。厚 32~91m。

六段 厚层质纯灰岩。最大厚度 94m。

岩性组合基本上为灰白色和浅灰色薄层状泥质白云岩、白云岩(1、3、5 段)-深灰色厚层状灰岩、云斑灰岩(2、4、6 段下部)-泥质白云岩、白云岩与灰岩互层(2、4 段上部)。第 1、3、5 段厚度一般为 10~70m,山西中部及中南部地区含规模不等的石膏透镜体;中部、南部及西部地区于 1 段底部见含砾砂岩。第 2、4 段厚度一般为 140~200m;第 6 段由于受后期剥蚀变化大,为 0~90m,以霍山及以东的太行山中段最厚。马家沟组自第 6 段最厚地区向南、北两侧的层位逐步减少,北部地区大多只保存 1~4 段,浑源—怀仁一线及以北和最南部的夏县祁家河仅保存 1~2 段。马家沟组含有多种属的头足类化石。其地质年代属性:1~4 段属中奥陶世,5~6 段属晚奥陶世。马家沟组横向上岩性变化较小,分布较为稳定,山西境内各地均有分布(图 3-1-5)。

3.1.2.3 晚古生代—早中生代(三叠纪)地层

山西的早中生代地层与晚古生代地层连续沉积,关系密切,所以合并在一起说明。

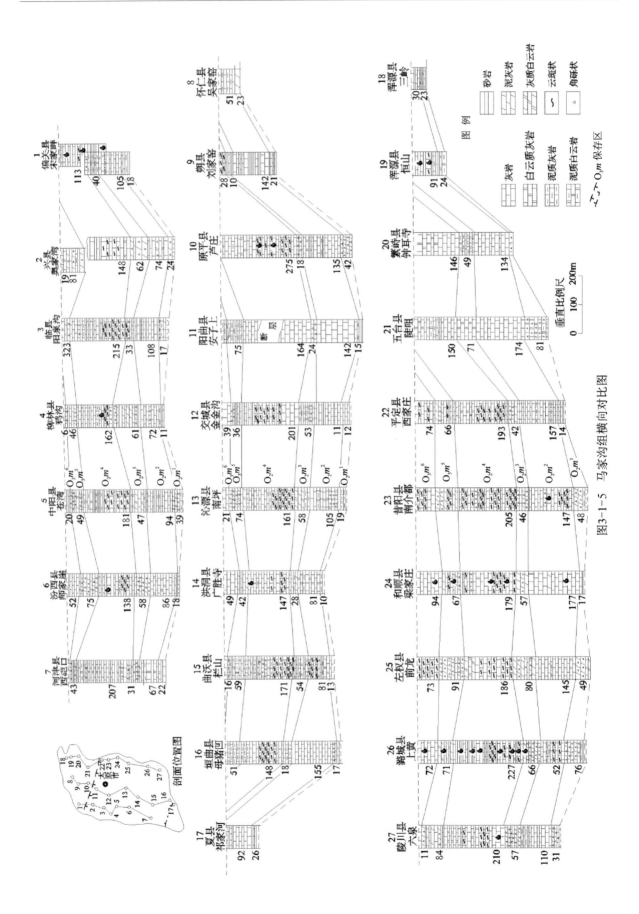

图3-1-5 马家沟组横向对比图

山西的晚古生代—早中生代地层在山西曾广泛分布,现今主要保留分布于沁水、河东、汾西、宁武-静乐、平朔等大型构造盆地中;而在一些小型构造盆地、断陷,如浑源、系舟山、平陆-垣曲等断陷盆地中也有零星残存。

1. 上石炭统—下二叠统

月门沟群 月门沟群是指山西及华北平行不整合于奥陶系之上、上古生界下部的海陆交互相的含煤岩系。包括下部的太原组(含底部的湖田段)、上部的山西组。总厚度一般在100～150m之间,最厚可达250m(五台西天和),最薄70m(乡宁、河津一带)。

太原组 湖田段指华北平行不整合于奥陶系之上、太原组底部的铁铝岩段。主要岩性下部为深褐色铁质岩(山西式铁矿),局部含有孔虫,中部为铝土矿,上部为浅白色—浅灰色铝土页岩。湖田段的岩石组合也常出现一些差异:有的下部的铁质岩不发育,有的中部的铝土矿不发育,有的地方(晋东南一带)铁铝岩中夹有砂岩、页岩或薄层煤。其厚度不稳定,一般5～20m,铝土矿富集地区(如孝义、阳泉、保德、兴县、平陆等地)较厚。

湖田段在山西是一个重要的含矿层段,底部铁质岩在氧化环境下常形成褐铁矿、赤铁矿,还原环境下常蕴藏有硫铁矿;向上铝质岩可形成铁矾土、铝土矿、高铝黏土;上部的铝土页岩,常可构成不同品级的耐火黏土。

太原组除底部湖田段外,中上部主要岩性为灰色(泥)页岩、粉砂质泥(页)岩夹白色及灰白色石英(杂)砂岩-碳质页岩、煤-灰岩。但这样的旋回式岩石组合的个数各地多少不一(1～8个,甚至更多)。每个旋回层中的砂岩、煤层、灰岩的发育程度又不尽一致。组成太原组的旋回层及标志——灰岩,实际上含灰岩时即为太原组,不含灰岩时(可含海相页岩等海相层)即山西组。其厚度变化较大,各地不同,东部、东南部最厚,130～150m,北部的大同、怀仁一带最薄,数米至十多米,在西南部的中条山、吕梁山南端一带厚度不大,仅20～40m。在太原西山七里沟层型剖面上厚100.07m。

太原组中上部的矿产主要是煤。太原组含煤层数随太原组的厚度而变化,但大多数地区太原组为山西省石炭系—二叠系煤系"下组煤"的赋存层位。另外,煤层的底板常有软质黏土产出,局部地区亦有油页岩产出,可供利用。

山西组 主要岩性为灰色(泥)页岩、粉砂质(泥)页岩夹白色石英(杂)砂岩-碳质页岩、煤-海相页岩、钙质泥岩。上述旋回式岩石组合的个数各地多少不一,并与太原组呈互为消长关系,由7～8个至1个。同样,各旋回式的岩石组合中的砂岩、煤层、海相页岩等的发育程度也不尽一致。北部砂岩层数多,粒度粗,分选性差,岩屑含量高。煤层也是北部层数多而厚,南部层数少,晋东南一带仅1层。海相页岩在太原西山一带为3～4层,向北增多,向南减少。但由于其厚度往往很薄。海相页岩层位有时可见到泥灰岩和白云质、菱铁质叠锥状透镜体。

山西组的主要矿产仍是煤,山西组是山西石炭系—二叠系煤系"上组煤"的赋存层位。大同怀仁、浑源一带山西组中含多层优质高岭岩,当地俗称"黑砂石",除可作陶瓷、耐火原料外,尚可用于造纸业、纺织业等。

自月门沟群命名地太原西山向北,砂岩粒度变粗,成分变复杂,分选性变差,厚度(单层厚及总厚)变大,灰岩层数变少(累计厚度也变小),也即山西组增厚,太原组变薄;向南砂岩粒度变细,成分变纯净,分选性变好,厚度(单层厚及总厚)变小,而灰岩层次增多,厚度(单层厚及累计厚)增大,也即太原组增厚,山西组变薄。所以,太原组和山西组既有上下关系,也存在横向相变关系和互为消长关系。太原组南厚北薄(120→5m),山西组南薄北厚(30→180m)。

月门沟群中的灰岩含丰富的海相动物化石:蜓、腕足、珊瑚、牙形刺等;海相页岩中含双壳类、腹足类、腕足类等;砂页岩、粉砂页岩含丰富的植物化石。山西岩石地层清理时,根据所含的蜓、牙形刺、古植物等生物带并通过与国内外相当的生物带及其年代地层划分的对比,山西月门沟群的年代属性大多为太原组底部的湖田段属晚石炭世,之上属晚石炭世—早二叠世,山西组全属早二叠世。

太原组作为岩石地层单位,底界自湖田段开始,顶界为最上一层灰岩顶面,其年代属性(基本上为月门沟群最下一层灰岩的年代—最上一层灰岩的年代)各地均有不同。层型所在的太原西山一带,太原组属晚石炭世莫斯科期—早二叠世阿谢尔期;朔州以北,太原组属晚石炭世莫斯科期;而垣曲一带,太原组全属早二叠世阿谢尔期。显然,太原组为一个自北向南穿时的岩石地层单位,但在山西大部分地区为一跨时(CPt)的岩石地层单位。

湖田段为月门沟群底部的一个特殊的岩段。一般由铁质(褐铁矿或赤铁矿、菱铁矿、鲕绿泥石、黄铁矿等)岩、铁矾土、铝土岩(粗糙状、豆状、鲕状、致密状等)、铝土页岩等组成。有时下部的铁质岩不发育,有时中部的铝土岩不发育,有时(晋东南)可夹有少量砂岩、页岩或薄煤层。湖田段厚度在5～20m之间。本身化石稀少,一般按上覆地层(山西绝大部分为太原组)确定其年代,大多属晚石炭世莫斯科期,部分地区属卡西莫夫期,垣曲一带属早二叠世阿谢尔期。

2. 中—上二叠统中下部

石盒子组 由灰绿色、灰白色砂岩,黄绿色、杏黄色、巧克力色、灰紫红色粉砂质泥岩和页岩等组成,夹少量黑色页岩、煤线(或薄煤层)。并可以划分为5个非正式段级岩石地层单位(自下而上为一段、二段、三段、四段、五段),总厚度一般在400～600m之间(图3-1-6)。

一段:岩性为黄绿色、灰绿色、灰黄色、褐黄色砂岩,页岩,粉砂质页岩,泥岩,夹黑色页(泥)岩、煤线或薄煤层。下部多以砂岩为主,上部多以泥、页岩为主。厚度稳定在35～55m之间。

二段:岩性主要为灰绿色(石英、长石、岩屑)砂岩夹泥(页)岩。厚40～70m,山西中部、中北部较厚。

三段:岩性以灰绿色、黄绿色、杏黄色及少量紫红色泥(页)岩为主,夹黄绿色砂岩、含砾砂岩、锰铁矿层。厚度南北变化大,北薄南厚。怀仁一带厚100m左右,宁武红土沟厚200m,太原天龙寺厚300m,古县松木沟厚350m,沁水杏峪厚410m,垣曲窑头厚430m。

四段:岩性以巧克力色、灰紫色、蓝紫色、暗紫红色泥岩和粉砂质泥岩为主,夹黄绿色、灰黄色砂岩、含砾砂岩及少量灰绿—黄绿色泥岩。南部地区有时还夹硅质燧石(透镜体)层。厚度变化正好与三段相反,北厚南薄,互为消长。怀仁一带250m,宁武红土沟170m,天龙寺145m,古县松木沟100m,沁水杏峪55m,垣曲窑头10m。

五段:岩性以灰绿色、灰黄色、黄白色长石石英砂岩(中粗粒,含砾)为主,有时夹黄绿色、灰紫色、暗红色泥(页)岩夹层。厚50～100m,北薄南厚。

根据所含古植物带,石盒子组地质年代属性为中二叠世—晚二叠世。其下部两个段属中二叠世。三段、四段、五段属晚二叠世。

3. 上二叠统—下三叠统

上二叠统—下三叠统被称为石千峰群,由红色泥岩和红色长石砂岩组成,以鲜红的颜色为特征。自下而上为包括孙家沟组、刘家沟组、和尚沟组3个组级岩石地层单位(图3-1-7)。

孙家沟组 岩性以红色、紫红色泥岩、粉砂质泥岩为主,夹长石砂岩及泥灰岩透镜体。厚100～180m。

刘家沟组 由数十个交错层极发育的红色、浅灰红色长石砂岩(数米)—红色粉砂质泥岩(数十厘米)构成的基本层组成。厚390～520m,表现为东厚西薄,北厚南薄。

和尚沟组 以红色、砖红色泥岩、粉砂质泥岩为主,夹少量长石砂岩。一般厚160～220m,东厚西薄。襄垣、榆社一带较厚,厚248～270m;柳林、临县、兴县一带较薄,厚90～130m。

孙家沟组含 *Ullmaniabronnii-yuania magnifolia* 植物组合和 *Pareiasauria*(锯齿龙)动物群,地质年代属晚二叠世。刘家沟组、和尚沟组含 *Buntsandstein Lypeflora*(斑砂岩植物群),地质年代属早三叠世。

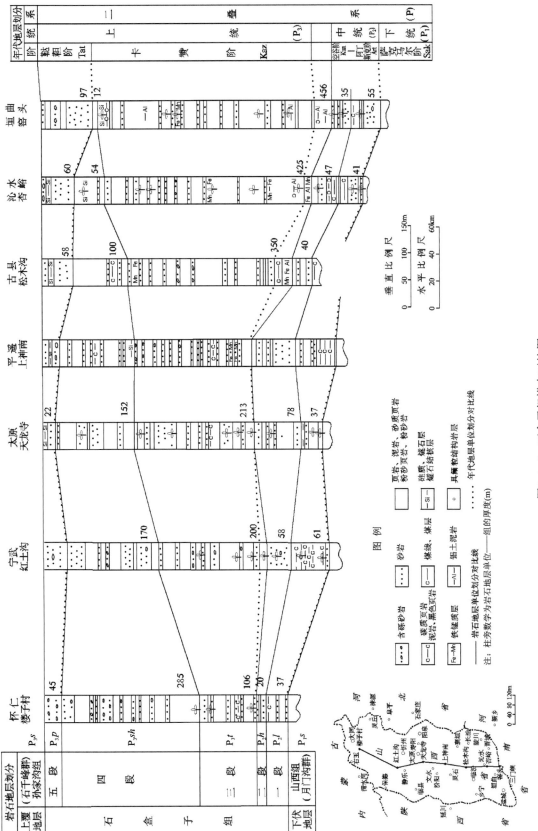

图3-1-6 石盒子组横向对比图

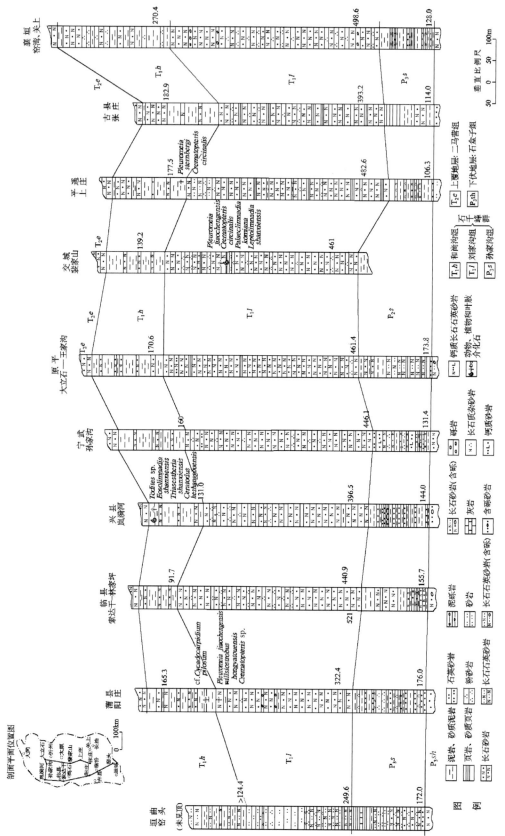

图3-1-7 石千峰群横向对比图

4. 中三叠统下部

二马营组 分布于宁武-静乐盆地、沁水盆地和吕梁山西部鄂尔多斯盆地中,此外,在交城、洪洞境内亦有分布。其岩性组合为灰绿色、浅灰绿色、黄绿色,具浅肉红色斑点、厚层间薄层、中细粒长石砂岩夹紫红色、红色泥岩和粉砂质泥岩。下部红色泥岩层少而薄,上部红色泥岩夹层多而厚,甚至砂岩与泥岩呈互层状。而命名地所在的宁武-静乐盆地,全组红色泥岩夹层均不多(图3-1-8)。二马营组厚度多在480～600m之间。二马营组以 *Sinoka meyeria* (中国肯氏兽)动物群而著称。也因此而确定其地质年代归属为中三叠世早期。

5. 中三叠统上部—上三叠统

延长组 在山西境内主要分布于河东地带、宁武-静乐盆地、沁水盆地的高山地带。岩性主要为灰绿色长石石英砂岩夹灰绿、灰黑色泥(页)岩等组成。根据岩性组合及标志层可划分为4个岩性段(图3-1-9)。

一段 以灰绿色、灰黄色、肉红色斑状厚层中细粒长石砂岩为主,夹灰紫色泥岩、页岩,厚140m左右。

二段 为灰黄色、灰红色中细粒砂岩与灰紫色、灰绿色、灰黑色页(泥)岩互层,厚360m左右,宁武-静乐盆地薄,厚200m左右;含李家畔黑色页岩、张家滩黑色页岩及彩色黏土层(膨润土层)3个标志层。

三段 以黄绿色、灰绿色、灰色、肉红色中厚层中细粒长石砂岩为主,夹黄绿色、灰绿色砂质页岩、页岩,厚300m左右;沁水盆地仅保留该段下部,厚度小于100m。

四段 在山西仅见于永和、大宁、吉县的一些高山顶部。以长石砂岩为主,厚30m左右。

延长组以 *Danaeopsis-Bernoullia* 植物群(延长植物群)而著称,地质年代属中晚三叠世。根据所含植物组合的不同,可确认下部两个段地质年代属中三叠世晚期,上部两个段地质年代属晚三叠世早期,在1:50万图上代号分别为T_2^2和T_3。

3.1.2.4 中、晚中生代(侏罗纪、白垩纪)地层

山西的侏罗纪地层主要分布于北部的宁武-静乐盆地、大同云岗盆地和灵丘、广灵、浑源一带;另外,零星见于沁水盆地西缘(霍山南麓)的洪洞茹去、古县哲才和沁水盆地北部的太谷、祁县、武乡、榆社交界的四县垴一带。白垩纪地层较侏罗纪地层的分布范围更小,主要分布于大同市以北、以西的左云、右玉一带,零星分布于浑源、天镇县的极少数地段。

1. 中下侏罗统(J_{1-2})

山西的中下侏罗统(永定庄组、大同组)分布和保留于大同云岗盆地、宁武-静乐盆地和广灵县北部板打寺一带。

永定庄组 分布于山西北部的侏罗系底部,与下伏不同层位的地层呈区域性角度不整合接触。岩性为杂色碎屑岩(砂砾岩、含砾砂岩、砂岩)夹杂色粉砂岩、粉砂泥岩或二者互层。云岗盆地一般厚100m左右,最大厚170m,宁武-静乐盆地厚30～90m;板打寺厚12m。含 *Coniopteris Gaojiatianensis-Otozamites mixomorphus-Phoenicopsis angusrifolia* 植物组合和 *Ferganoconcha-Unio* cf. *ningxiaensis-Utschamiella* 双壳类组合,可确定其年代属早侏罗世。

大同组 位于山西省北部侏罗系下部、永定庄组之上,属陆相河湖相沉积的含煤岩组。岩性由灰黄色砂岩(杂砂岩、长石石英杂砂岩、岩屑杂砂岩等)-粉砂岩-灰绿色粉砂质泥岩-黑色泥岩夹煤层及淡水灰岩结核或透镜体构成的21个基本层组成。每个基本层平均厚10.8～16.7m。总厚228m(大同寺儿沟)～335m(原平后林背)～428m(宁武陈家半沟),广灵板塔寺保留不全,厚166m。含 *Coriiopteris hymenophylloides-Nilsoniopteris vittata-Phoenicopsis speciosa* 植物组合和 *Psendocardinia-Margaritifera isfarensis-Tutuella* 双壳类组合,可以确定它们的地质年代属中侏罗世。

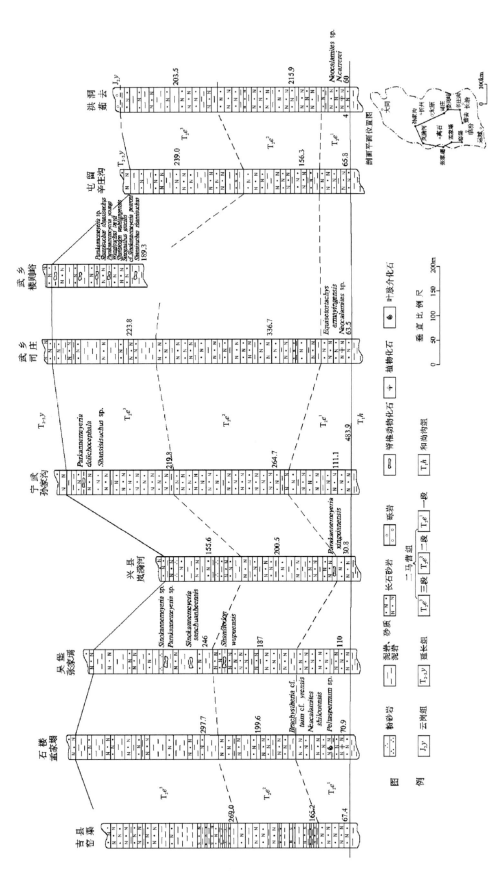

图3-1-8 二马营组柱状对比图

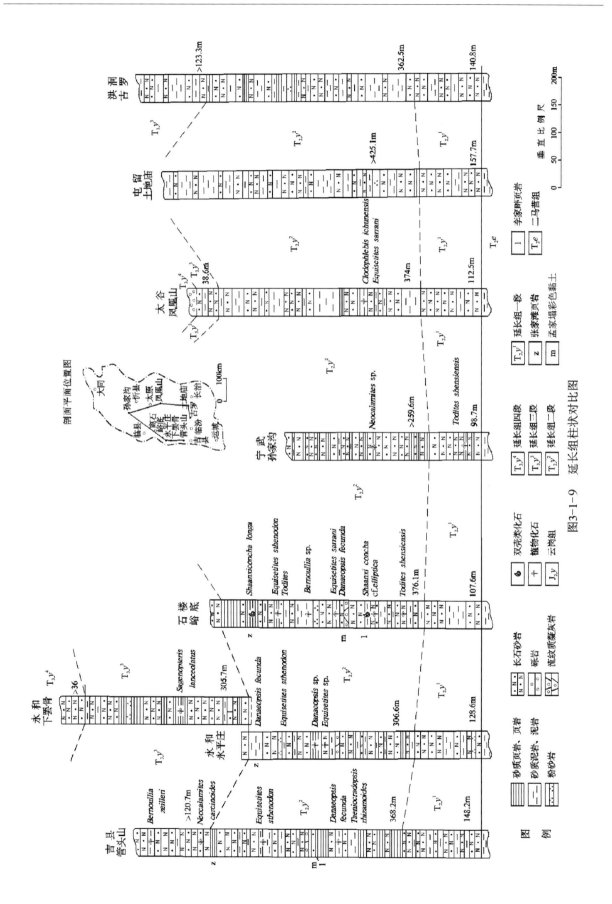

图3-1-9 延长组柱状对比图

2. 中侏罗统（J_2）

云岗组　为山西分布最广的中侏罗世岩石地层单位,见于大同云岗盆地、宁武-静乐盆地和沁水盆地西缘、北缘；前二者覆于大同组之上,而后二者直接超覆不整合于三叠纪二马营组或延长组不同层位之上。岩相上属杂色河湖相碎屑岩沉积,全组厚254～425m。其可进一步划分为3个岩性段：一段以灰白色、黄绿色砂岩和砂砾岩为主,夹杂色泥页岩,厚76～90m,茹去一带缺失；二段以暗紫红色、灰白色、黄绿色砂岩和泥（页）岩为主,厚71～160m；三段为紫红色砂岩夹泥岩、硅质结晶灰岩透镜体,厚104～180m。武乡、榆社、太谷一带缺失。含生物化石组合与大同组基本相同,时代属中侏罗世。

天池河组　主要分布于宁武-静乐盆地,但未见顶。岩性为河流相红色砂岩。厚120～235m；大同云岗盆地缺失,洪洞茹去一带厚213m。

九龙山组　分布于浑源县大仁庄乡老马窑、后兑沟一带,岩性为紫红色、灰绿色相间的火山碎屑岩,厚200m左右。直接不整合覆于中二叠世石盒子组之上。

髫髻山组　分布于浑源县抢风岭以北的官王铺、孟家窑、柴眷等地。岩性主要为基性—中基性火山喷发岩-玄武岩、安山玄武岩,有时含火山角砾或火山集块岩。厚30～60m。

3. 上侏罗统（J_3）

茹去组　仅见于沁水盆地西缘古县冯家沟—洪洞茹去的断堑中,其总厚达480m。其包括4个岩性段：一段主要为黄绿色含钙质中细粒砂岩与黄绿色钙质砂页岩夹白色文石层,厚60m；二段为灰红色中细粒砂岩与灰绿色中细粒砂岩、紫红色泥岩互层,厚120m；三段为灰红色中粗粒砂岩、砂砾岩夹紫红色页岩,厚230m；四段为灰褐色、灰绿色含砾砂岩、砂岩与灰红色中—细粒砂岩及少量灰绿色砂页岩,厚50m。

土城子组　按不同岩相分别称为彭头沟段和招柏段。

彭头沟段主要为酸性碎屑岩（集块岩、火山角砾岩、角砾凝灰岩）夹火山熔岩,以含膨润土为特征,底部具复成分（火山岩、砾岩为主）砾岩。主要分布于浑源县孟家窑、柴眷等地。以南可至抢风岭以南的羊头崖一带,继向南尖灭。厚100～200m,南薄北厚。

招柏段主要为灰红色泥砂质胶结或凝灰质胶结的砾岩、砂砾岩,夹少量含砾的蒙脱石化黏土岩或凝灰岩。砾石成分主要为灰岩、白云岩,少量安山岩、流纹岩砾石。分布于灵丘太白维山南侧及西南部的招柏、水泉等地,厚度变化大,最厚可达500m以上。

4. 下白垩统（K_1）

张家口组　根据岩性组合可进一步划分为抢风岭段和向阳村段。

抢风岭段是指下部玄武岩、玄武安山岩、粗安岩等组成的火山岩段。

向阳村段是指上部的酸性火山（英安流纹质、流纹质、石英粗面质）碎屑岩、熔岩段。向阳村段分布于灵丘太白维山、塔地、浑源抢风岭等地,厚度大致在300m左右。

大北沟组　由灰绿色、灰褐色凝灰质砾岩、砂岩、泥岩、泥灰岩和中—酸性火山岩组成的火山-沉积岩组。山西境内见于浑源县中庄铺一带及以北的柴眷、彭头沟、孟家窑等地。但各地岩石组合不尽一致：中庄铺野西沟、石墙子一带,主要为安山质火山角砾岩、凝灰岩、安山岩、粗安岩、流纹质角砾熔岩,厚325m；柴眷一带,安山岩呈夹层出现,厚172m；孟家窑一带,主要为紫红色泥岩与砾石成分为火山岩的砾岩互层,厚305m。

义县组　山西曾称中庄铺群,分布于浑源县中庄铺、芦子洼、西柏林、阳高县郭家坡等地。中庄铺一带的义县组：下部主要为灰黄色砾岩及砂岩夹灰黄色、灰色—灰黑色碳质泥岩和煤线（层）等,厚333m；中部为灰紫色、紫红色砾岩、砂岩夹含砾泥岩、砂质泥岩,偏上部夹2层（各厚10m左右的）玄武岩（厚940m）；上部为流纹质角砾凝灰岩、火山角砾岩、流纹岩等（厚170m）。其他3处的义县组未见火山岩层。阳高县郭家坡的义县组,砾岩减少、砂岩增多、煤层增多(可采煤层达7~13层)。

左云组 为山西雁北地区角度不整合于义县组或更老地层之上,其上为助马堡组叠覆的、由灰红色、紫红色砾岩与泥岩不等厚互层组成的岩石地层单位,其特征是砾石的分选性、碎屑的成熟度、岩石的成岩性均很差。砾石成分:左云、右玉、浑源一带主要为灰岩、白云岩等,阳高、天镇一带主要为变质岩。另外,在左云县东部旧高山—石灰窑一带,底部发育有数米厚的浅灰红色灰岩(质纯,为优质灰岩)。左云组厚度各地不一,最大厚度可达200m以上。

5. 上白垩统(K_2)

助马堡组 为山西中生代最上部层位的岩石地层单位,整合于左云组之上,也可超覆不整合于更老的地层,以至中太古代片麻岩之上。岩性主要为紫红色泥岩与灰绿色、灰黄色、灰白色砂岩呈不等厚互层。右玉、左云一带厚度最大可达720m。另外,大同市新荣区、天镇县南缘地带也有分布,厚度不超过500m。

左云组、助马堡组目前已发现含有植物、孢粉、轮藻、介形、腹足、双壳类、爬行类等生物化石,但数量稀少,有些组合跨时代较长,但也基本上可以确定两个组的地质年代到世,左云组属早白垩世,助马堡组属晚白垩世。

晋东北地区的浑源、灵丘一带中生代燕山期火山岩的化学成分,$w(K_2O+Na_2O)>5\%$(平均值为8.08%),$w(K_2O)/w(Na_2O)>0.75$(平均值为1.06)。说明岩浆源于上地幔,与火山岩所处的板内造山带的构造环境相吻合。上述火山岩旋回各类平均值的演化线,在火山岩岩石化学分类图上接近一致,说明3个火山旋回属同源演化的产物。从早到晚总体上具有$w(Na_2O+K_2O)$逐渐增高、$w(MgO)$降低的变异演化趋势,表明同源岩浆在上升过程中分异演化特征及旋回性。组合指数(δ)大部分介于3.7~5.99之间,为碱钙性—碱性岩石,碱度指数(AR)为1.3~5.5,变化区间较大。具大陆稳定区火山岩喷发特征。基性火山岩在硅-碱关系图中投点,大部分样品投点于碱性岩区,主要属碱性玄武岩系列。微量元素分配型式为双隆式,与板内玄武岩的地球化学型式相似。稀土元素特征均为LREE富集的右倾斜稀土分布型式,玄武岩从早到晚轻重稀土分馏程度减小,具正铕异常,流纹岩轻重稀土分馏程度则具增大的趋势,具负铕异常,两者具互补性。

3.1.2.5 早新生代地层

山西的早新生代地层是指古近纪—新近纪中新世沉积(平陆群)和基性火山岩喷出(繁峙组、汉诺坝组、雪花山组)形成的堆积,因在山西境内分布零散、局限而合于一起说明。

1. 平陆群

平陆群主要见于山西南部的平陆盆地中,自下而上为门里组、坡底组、小安组、刘林河组4个组级岩石地层单位。

门里组 由砖红色、棕红色砾岩、砂砾岩与泥岩、砂质泥岩不等厚互层组成,上部夹灰白色、灰绿色泥岩和泥质白云岩,顶部有时含石膏层,组厚500m左右,垣曲盆地仅见于东部蒲掌一带,且只发育了棕红色砂质泥岩(夹灰白色泥灰岩、泥质灰岩),厚127m。

坡底组 下部主要为棕红色及紫红色砾岩、砂砾岩、中粗粒砂岩夹砂质泥岩,上部主要为棕红色、紫红色、灰绿色砂质泥岩夹泥质白云岩及薄层状或网脉状石膏。垣曲盆地厚535m,平陆盆地厚570~760m。

小安组 下部主要为浅棕色泥岩夹褐黄色不等粒砂岩、石膏、泥晶白云岩;上部主要为灰绿色、紫红等杂色泥岩,泥质白云岩夹碳质泥岩、褐煤。垣曲盆地厚900m,平陆盆地厚450m。

刘林河组 仅见于平陆盆地的北侧边山地带,主要由浅红色及棕红色砾岩、含砾砂岩与红色泥岩不等厚互层组成，夹灰绿色及灰色泥岩、砂质泥岩、灰白色泥灰岩等，厚660～750m。

平陆、垣曲一带的古近纪沉积以含丰富的哺乳动物群（《山西省岩石地层》称为垣曲中华西安犀——中华石炭兽动物群）而著称。另外还含有介形、腹足、轮藻等生物化石。根据这些生物，确定平陆群地质年代为古近纪古新世晚期—渐新世早期。门里组下部含 *Truncatella*（截螺）、上部含 *Coryphidum dapuensis*，年代属古新世—始新世早期；坡底组、小安组所含动物群时代属始新世；小安组因上部又出现新的种属 *Ictopidum Crictodon*，时代已跨入渐新世；刘林河组含轮藻 *Moedlerisphea chinsis*，时代属渐新世。

2. 繁峙（玄武岩）组

繁峙（玄武岩）组分布于繁峙县城北部和应县黄花梁一带，以平缓的层状玄武岩呈面状分布为特征。繁峙北部的玄武岩总厚达800m，间含很多个间断风化面及不厚的沉积夹层——不同颜色黏土或砂岩（局部地段出现褐煤）。一些颜色独特、地貌特征明显的间断风化面是进行地层划分对比和地质填图的良好标志。繁峙北部的该组玄武岩中表示了其中的两个标志间断面——Y（黄色）、R（红色），以反映繁峙玄武岩由早而晚自北而南的漫溢超覆特征。黄花梁的玄武岩出现于距繁峙玄武岩以北不远的桑干河盆地中，厚度可达90m以上，其间也具间断风化面和红黏土层。

3. 汉诺坝（玄武岩）组

汉诺坝（玄武岩）组分布于山西雁北的右玉、大同镇川堡、天镇大凹山等地，呈面状不整合于前新生代地层之上。岩性主要为层状橄榄玄武岩，间夹厚度不大的红色含砂砾黏土，厚180～355m。根据相距不远的山西省汉诺坝玄武岩的年龄值24～20Ma，时代应归属中新世早期。

4. 雪花山（玄武岩）组

雪花山（玄武岩）组分布于山西东部太行山区的平定—昔阳及左权黄泽关一带，玄武岩除呈火山锥、火山颈产出外，熔岩流多沿古河谷呈狭长的长条状分布，并由于后期的河流切割，而保存于高阶地上松散堆积层的下部。玄武岩层底部和喷发间断面间夹有火山角砾岩及红色含砂、砾黏土。其下不整合于古生代—中元古代地层之上。平定—昔阳一带厚度近80m，左权黄泽关一带厚200m左右。雪花山玄武岩同位素年龄值为12～9Ma，时代应归属中新世晚期。

3.1.2.6 晚新生代地层

山西的晚新生代地层广泛分布，有的甚至大面积分布，是指新近纪上新世—第四纪全新世在不同地质地貌环境下形成的黄土高原、山地土状堆积和中部裂陷盆地以及第四纪河流阶地的松散堆积物（表3-1-2）。

1. 黄土高原、山地土状堆积

山西晚新生代的黄土高原、山地土状堆积分布于山西黄土高原、山间盆地中，自上而下为保德组、静乐组及相当的大墙组、午城组、离石组、马兰组。

保德（红土）组　一般分布于山西黄土高原、山间盆地和大型沟谷中。岩性为棕红色黏土、亚黏土，其间常夹多层钙质结核及层数不等的砂砾层或砾岩层。一般厚30～50m，一些地方较厚，如霍州安乐一带厚达80m，平陆黄河底一带厚248m。

静乐（红土）组及相当的大墙组　大多分布和出现于山西黄土高原、山间盆地（大墙组仅见于榆社-武乡盆地）和大型沟谷中，也见于一些早期河湖相松散堆积层之上。岩性为深红色—褐红色黏土，常夹星散状及层状分布的钙质结核；下部及底部时有砂砾岩或砂砾岩夹层透镜体或底砾层。一般厚10～30m。

表 3-1-2 山西省晚新生代地层多重划分对比及地质年代表

岩石地层			古地磁极性时		同位素年龄时限/Ma	年代地层		生物化石			古人类遗址
			时	亚时	柱	统	系	哺乳动物群			文化层
马兰黄土	方村组	沱阳组	布容	拉尚	0.004	全新统	第四系				
		选仁组			0.01	上更新统		峙峪动物群		下川古文化层	峙峪古文化层
		峙峪组		布莱克				马兰组合	丁村动物群	丁村古文化层	许家窑古文化层
		丁村组			0.12						
离石黄土	泥河湾组	匼河组			0.14	中更新统		离石组合	匼河动物群	匼河古文化层	
午城黄土	木瓜组	小常村组	松山	贾拉米格	0.73	下更新统		午城组合	西侯度Ⅲ带动物群	小常村动物群	西侯渡古文化层
		大沟组		奥尔杜威	1.87				西村动物群		
静乐组	小白组	大墙组	高斯	凯纳	2.60	上新统	新近系	贺丰三趾马动物群	榆社Ⅱ带动物群		
保德红土		张村组		马默恩				冀家沟三趾马动物群	安乐三趾马动物群		
					3.40				榆社Ⅰ带动物群		
芦子沟组	下土河组	任家墕组	吉尔伯特	科奇蒂	3.8						
				努尼瓦克	3.9						
				西杜亚尔	4.05						
				斯瓦拉	4.20						

午城(黄土)组 多发育于黄土塬、梁、峁上黄土堆积层的下部,岩性为棕黄色、浅棕褐色亚砂土和亚黏土,间夹多层棕红色古土壤及灰色—灰白色、灰褐色钙质结核层。古土壤常以密集平行(3~4m)排列成组(2~3 层)出现。一般厚 15~40m。

离石(黄土)组 分布遍及山西黄土高原及丘陵地带,也出露于黄土冲沟的中下部。垂直节理发育,常形成陡峭的黄土冲沟、黄土柱、坍陷、落水洞等微地貌景观。其岩性主要为灰黄色—棕黄色亚砂土、亚黏土,间夹多层棕红色、淡红色古土壤条带及灰白色钙质结核或结核层。黄土层发育和研究程度较高的吕梁山区总厚可达 90m 左右。离石组可分为上下两部分:上部以亚砂土为主,相对较疏松,古土壤色调深,棕红色—深棕红色、层次清晰、单层厚度大(1~3m)、而总的层数少(6~7 层);下部以亚黏土为主,相对较致密、稍硬,古土壤色调浅、外观不明显,总层数多(13~14 层)。其他山区离石组厚度偏小,一般厚 10~50m;古土壤层不超过 10 层,部分地区中部夹砂砾石层,依此也可将离石组划分为上部和下部两部分。

马兰(黄土)组 分布于黄土丘陵、山区黄土层的顶部。岩性特征为淡黄色—灰黄色亚砂土,质纯、疏松、大孔隙、垂直节理发育,下部夹 1 层棕褐色古土壤,近顶部夹 1 层灰褐色黑垆土。一般厚 10~20m。

根据上述各岩石地层单位所含的哺乳动物群、与古地磁极性柱的对比及邻省的同位素年龄资料可以确定:①保德组年代属新近纪上新世晚期;②静乐组年代属上新世末期,上限时限为 2.48Ma;③午城组时代属第四纪早更新世(晚期),其上限时限为 0.73Ma,下限大致为 1.87Ma;④离石组时代属第四纪中更新世,上下时限为0.73～0.125Ma;⑤马兰组年代属晚更新世—早全新世,年代时限为125 000～7500a(如不包括顶部黑垆土型古土壤,上限年代应为12 000a)。

2. 山西中部裂陷盆地河湖相沉积

山西中部裂陷盆地早中阶段河湖相沉积自上而下为下土河组、小白组、大沟组、木瓜组;晋东南榆社-武乡盆地中的河湖相沉积自上而下为榆社群任家垴组、张村组、楼则峪组及小常村组。

两个序列的岩石地层单位自下而上可一一对比,岩性组合特征基本一样,只由于晋东南榆社-武乡盆地中"R红土"问题,一直未能统一划分和命名。《山西省岩石地层》清理时,分解"R红土"为离石黄土底部的红色土和可以与静乐(红土)组相对比的大墙组,解决了二者的问题。但为慎重起见,仍未统一地层名称。

下土河组和任家垴组　二组均为山西晚新生代裂陷盆地中松散堆积层下部的组级岩石地层单位。岩性组合为:土黄色、棕黄色、灰褐色砂砾岩、粗—细砂层与灰紫色、灰褐色砂质黏土、亚黏土、黏土互层。砂砾、卵砾石层(透镜体),下部多而厚,上部少而薄。地表出露厚度,一般为数十米至百余米。其下角度不整合于中生代地层之上,其上与小白组或张村组连续或间断沉积,也可被静乐组(或大墙组)或更新的离石组平行不整合覆盖其上。

小白组和张村组　位于晚新生代(裂陷)盆地中河湖相松散堆积层的中部下土河组或任家垴组之上,呈连续或间断沉积。岩石组合:灰绿色、灰色、灰黑色黏土(泥岩)夹灰白色薄板状泥灰岩与黄色灰黄色砂层、紫色黏土呈互层。含丰富的鱼、软体动物、昆虫、植物、介形类等化石。地表出露厚度数十米至200多米,其上与静乐组或大墙组呈平行不整合或沉积相变关系。亦可直接被更新的地层平行不整合覆盖。

大沟组和楼则峪组　位于山西晚新生代盆地河湖相松散堆积层的上部,岩性组合为土黄色、灰黄色、锈黄色砂层夹灰紫色砂质黏土,或为互层,中部多夹灰绿色、黄绿色、灰白色黏土和薄板状泥灰岩,底部多有粗砂、含砾粗砂层。大沟组其下平行不整合于小白组之上,其上被木瓜组或直接被离石组平行不整合覆盖。楼则峪组在三门峡一带曾被称为"下三门组"或"绿三门组",其下与张村组平行间断接触,其上直接被离石组平行不整合覆盖。

木瓜组和小常村组　为山西晚新生代盆地中松散堆积层最上部的岩石地层单位,在三门峡一带曾被称为"上三门组"或"黄三门"组。岩性组合为灰黄色细砂夹浅灰紫色亚黏土、亚砂土及少量灰绿色黏土和钙质结核等。地表出露厚度一般为数十米至百余米。

关于榆社群的时代,根据其中所含的哺乳动物群,大多数哺乳动物学家、第四纪地质学家认定:榆社Ⅰ、Ⅱ带(即下中榆社组,也即任家垴组、张村组)属上新世,榆社Ⅲ带(即上榆社组,也即楼则峪组)属早更新世。但由于"R红土"问题,使榆社群与一岭之隔的晋中盆地的对比和它们的时代,一直存在着令人费解的疑团。新的古地磁极性时的测定和对"R红土"问题的分解,使榆社、太谷两地层的对比和时代认识获得了圆满解决,即:①任家垴组、下土河组时代属上新世早期,上界年龄时限为3.4Ma;②张村组、小白组属上新世晚期,上界年龄时限亦为2.48Ma;③大墙组与静乐组相当,属上新世末阶段(与张村组、小白组顶部沉积为同时异相),上界年龄时限亦为2.48Ma;④楼则峪组、大沟组,属早更新世早期,上界年龄时限为1.87Ma;⑤小常村组所含的哺乳动物的年代,曾有不同认识,但古地磁极性时限的测定,也证实其时代与木瓜组一样,属早更新世晚期,上界年龄时限为0.73Ma。

3. 第四系中更新世—全新世河流及河流阶地堆积

山西的第四系中更新世—全新世河流及河流阶地堆积主要分布于各大河流中及两岸,自上而下为匼河组、丁村组、峙峪组、选仁组、沱阳组。

匼河组　山西省南部黄河及汾河Ⅳ级阶地堆积,由下部砂层、砂砾石层和上部略显层理的微红色亚砂土夹透镜状砾石层组成。其下多叠覆于大沟组或木瓜组之上,其上被Ⅲ级阶地堆积——丁村组上覆或内叠,也可直接被Ⅱ级阶堆积——峙峪组内叠。厚30m左右。

丁村组　山西境内二、三级河流的Ⅲ级阶地堆积。由砂砾石层和上部水平层理明显的砂、粉砂土等组成。该组多叠覆于大沟组、木瓜组、匼河组,或土状堆积离石组之上,或呈基座阶地坐落于更老的新生代堆积或基岩地层之上。其顶部常覆以不厚的马兰(组)黄土,其内侧多内叠以Ⅱ级阶堆积—峙峪组。一般厚30~50m。

峙峪组　山西境内二、三级河流的Ⅱ级阶地堆积。由下部砂砾石层和上部砂土、亚砂土、次生黄土等组成,顶部有时尚夹有牛轭湖相灰绿色、黑色黏土层。Ⅱ级阶地多内叠于丁村组组成的Ⅲ级阶地内侧,或呈基座阶地坐落于更老的新生代堆积或基岩地层之上。厚15~30m。

选仁组　山西境内现代一、二级河流的Ⅰ级阶地堆积。下部主要为灰黄色、棕黄色、锈黄色细砂及亚砂土;上部为灰黄色粉细砂土夹泥炭、碳质淤泥层。叠覆于峙峪组组成的Ⅱ级阶地内侧,一般出露厚度5~8m。

沱阳组　山西境内现代一、二级河流现代堆积,包括河漫滩相的粉细砂、亚砂土及砂砾石和河床相的砾石、粗砂(山区)或粉细砂亚黏土、淤泥质黏土(平原区)。

据上述各组所含的哺乳动物群、古文化层及 ^{14}C 等同位素年龄资料,可以确定:①匼河组属中更新世,年龄时限为0.73~0.125Ma;②丁村组属晚更新世早期,年龄时限为0.125~0.035Ma;③峙峪组属晚更新世晚期,年龄时限为0.035~0.012Ma;④选仁组属早中全新世,年龄时限为0.012~0.0025Ma;⑤沱阳组属晚全新世,年龄时限为2500a至今。

4. 几个跨时的岩石地层单位——泥河湾组、运城组、方村组、汾河组

泥河湾组　大同盆地中心部位自第四纪以来连续沉积的一套灰绿色黏土、砂质黏土及粉砂、细砂夹少量砾石层。顶板埋深40~60m(部分地段顶部可出露地表),底板埋深400~540m。下伏地层为静乐组,上覆地层为峙峪组灰黄色亚黏土、亚砂土。

运城组　运城盆地以盐湖为中心的盐湖沉积。其岩性组合为灰色、褐灰色、灰绿色黏土、亚黏土、亚砂土,中部及上部夹白云岩、白云质泥灰岩及芒硝、石膏、白钠镁矾、石盐等矿层,组最大厚度可达200m左右,下伏地层为木瓜组灰黄色、灰褐色、灰黑色砂层和黏土互层。

方村组　指山西中部裂陷盆地及一些山间盆地边缘晚更新世以来形成的洪积扇、裙堆积。向盆地中心可相变为丁村组、峙峪组、选仁组、沱阳组。

汾河组　山西省晋中裂陷盆地中最上部以灰黄色调为主,夹少量灰色的一套以河流相为主的,由砂质黏土、砂砾石等组成的河湖相堆积。厚200~300m,最厚可达450m。下伏地层为大沟组。

关于上述几个组的地质年代属性认识上有一定分歧,本次编图根据它们所含的动物群、古地磁极性时,它们所处的构造地貌部位及与其他岩石地层单位间的相互关系认定:①泥河湾组属早更新世—晚更新世早中期;②运城组为中更新世—全新世;③方村组为中更新世—全新世;④汾河组为早更新世晚期—全新世。

5. 第四系晚更新世晚期册田玄武岩、阁老山玄武岩

册田玄武岩　原称大同玄武岩(火山群)的东南部分,指大同县(西坪镇)以东,沿桑干河谷广泛分布,产出于峙峪组底部,覆于泥河湾组河湖相堆积之上的玄武质火山喷发岩及火山碎屑岩层,最大厚度16m。

阁老山玄武岩　原称大同玄武岩(火山群)的西北部分,指大同县(西坪镇)以北一带,夹于马兰组黄土上部的玄武质火山碎屑岩及火山岩。玄武岩厚度各处不一,一般厚1~6m。

3.1.3 沉积岩建造组合、构造古地理及与成矿关系

3.1.3.1 沉积建造组合及其古地理环境

沉积岩建造组合类型是指同一时代同一沉积相或沉积体系内几类沉积岩建造的自然组合。沉积岩建造组合类型划分有明确的沉积相和沉积体系归属,也就是要在沉积相分析的基础上划分沉积岩建造组合类型。

根据沉积岩建造类型,山西省岩石出露区沉积岩建造组合划分见表3-1-3。

1. 中—新元古界沉积岩建造组合类型

山西省中—新元古界为相对稳定的盖层沉积阶段,基底为华北统一的早前寒武纪克拉通陆壳。由于陆壳较薄和不均一而具相当的活动性,总体处于伸展构造环境,形成了山西中南部熊耳-汉高拗拉槽和东部的燕辽拗拉槽,二者均经历了初始裂陷、区域性沉降和广阔盆地形成后中途夭折,显示了拗拉槽特征,接受长城纪—青白口纪厚度巨大的火山岩-浅海碎屑岩-碳酸盐岩沉积和震旦纪冰期堆积。

根据岩性组合特征可分为陆内裂谷边缘碎屑岩沉积建造、陆内裂谷边缘火山岩沉积建造、陆缘碎屑障壁陆表海砂泥岩沉积建造、碳酸盐岩陆表海白云岩沉积建造、碳酸盐岩陆表海砾岩铁质岩沉积建造。现将各个沉积建造组合特征分述如下。

1)陆内裂谷边缘碎屑岩沉积建造(Ch_1)

长城系初期在山西南部中条山和王屋山之间呈东西向裂开,向北一支受东西两侧断裂所限呈楔状插入吕梁汉高山一带,形成熊耳-汉高拗拉槽雏形。

陆内裂谷边缘碎屑岩沉积建造(Ch_1)为一套河湖相碎屑岩沉积组合,对应地层为鄂尔多斯地区分区汉高山群下部的滨浅海砂岩、粉砂岩、泥岩组合及豫陕地层分区大古石组河流相砂砾岩、砂岩、粉砂岩、粉砂质泥(页)岩组合,显示了裂谷初始裂开阶段河湖相的沉积特征。

2)陆内裂谷边缘火山岩沉积建造(Ch_1)

该建造为在地幔热羽作用下,随着地壳拉张作用增强,地壳减薄,上地幔上隆,岩浆沿深大断裂上涌喷发形成的。火山岩沉积建造(Ch_1)为一套安山岩—流纹岩组合,对应地层为鄂尔多斯地区分区汉高山群上部的双峰式火山岩组合及豫陕地层分区许山组、鸡蛋坪组、马家河组溢流相火山岩组合。

3)陆缘碎屑障壁陆表海砂泥岩沉积建造($Ch_1—Ch_2$)

长城系早期熊耳-汉高拗拉槽火山喷发停止,海水自秦岭海槽向北流注,在中条山区沉积了下长城统上部汝阳群河口三角洲相—潮间潟湖相—浅海陆棚相—滞流海湾潟湖相—浅海潮坪相碎屑岩—含藻碳酸盐岩沉积。中晚期受"兴城上升"的影响,山西整体上升遭受侵蚀,在太行山中段沉积了中厚层石英岩状砂岩、白云岩夹紫红色页岩。

陆缘碎屑障壁陆表海砂泥岩沉积建造($Ch_1—Ch_2$)是一套碎屑岩组合,对应地层为山西地层分区太行山中段的大河组、赵家庄组、常州沟组、串岭沟组、大红峪组及豫陕地层分区的汝阳群云梦山组、白草坪组、北大尖组、崔庄组、洛峪口组。

4)碳酸盐岩陆表海白云岩沉积建造($Ch_2—Jx$)

进入高于庄期海水进一步侵入晋东北地区,形成开阔的陆表海碳酸盐岩台地,形成高于庄组滨岸砂坪相—潮间台坪相—台地边缘斜坡潮下高能带藻礁碳酸盐岩—缓坡台地碳酸盐岩沉积。整个高于庄期,海水不深、咸度偏大,气候温暖,蓝绿藻兴盛。

高于庄组沉积之后,区域上再次整体上升(杨庄上升),海水向东退去。受杨庄上升的影响,山西仅在灵丘北山一带沉积了杨庄组紫红色含粉砂泥晶碳酸盐岩、潟湖相蒸发岩建造。

表 3-1-3 山西省沉积岩石建造组合划分表

构造古地理单元				沉积体系	沉积相	岩石地层单位及代号				沉积岩建造组合类型
一级	二级	三级	四级			鄂尔多斯	山西	豫陕	燕辽	阴山
陆块 C	陆内盆地 IC	无火山沉积断陷盆地 NVB		湖泊	淡水湖				助马堡组 (K_2zm)	助马堡组 (K_2zm)	湖泊泥岩-粉砂岩组合
				冲积扇	冲积扇				左云组 (K_1zy)	左云组 (K_1zy)	冲积扇砾岩组合
		火山沉积断陷盆地 VB		湖泊	淡水湖				义县组 (J_1y)		河流砂砾岩-粉砂岩组合
									大北沟组 (J_3d)		湖泊泥岩-粉砂岩夹火山岩组合
				冲积扇	冲积扇				张家口组 (J_3z)		冲积扇砾岩组合
									土城子组 (J_3t)		湖泊三角洲砂砾岩夹火山岩组合
				河流			天池河组 (J_2t)		髫髻山组 (J_2tj)		湖泊泥岩-粉砂岩组合
							云岗组 (J_2y)		九龙山组 (J_2j)		河湖相含煤碎屑岩组合
				湖泊	淡水湖		大同组 (J_2d)		下花园组 (J_1x)		湖相含煤碎屑岩组合
		坳陷盆地 SB	坳陷盆地缓坡带 sbsl			延长组 ($T_{2-3}y$)	永定庄组 (J_1y) 延长组 ($T_{2-3}y$)	延长组 ($T_{2-3}y$)			河流砂砾岩-粉砂岩-泥岩组合
				河流	辫状河、曲流河	二马营组 (T_2e)	二马营组 (T_2e)	二马营组 (T_2e)			
						和尚沟组 (T_1h)	和尚沟组 (T_1h)	和尚沟组 (T_1h)			
					网状河	刘家沟组 (T_1l)	刘家沟组 (T_1l)	刘家沟组 (T_1l)			

续表 3-1-3

构造古地理单元				沉积体系	沉积相	岩石地层单位及代号					沉积岩建造组合类型
一级	二级	三级	四级			鄂尔多斯	山西	豫陕	燕辽	阴山	
陆块 C	陆内盆地 IC	坳陷盆地 SB	坳陷盆地缓坡带 sbsl	河流	曲流河、网状河	孙家沟组 (P_3s)	孙家沟组 (P_3s)	孙家沟组 (P_3s)			
						石盒子组 (P_2sh)	石盒子组 (P_2sh)	石盒子组 (P_2sh)			
			海陆交互障壁陆表海 tbe	三角洲	三角洲平原	山西组 (P_1s)	山西组 (P_1s)	山西组 (P_1s)			陆表海沼泽含煤碎屑岩组合
				湖泊	潟湖	太原组 (CPt)	太原组 (CPt)	太原组 (CPt)			铁铝岩组合
		陆表海 ES	碳酸盐岩陆表海 ce	碳酸盐岩滨浅海	局限台地	湖田段 (C_2t^h)	湖田段 (C_2t^h)	湖田段 (C_2t^h)			陆表海灰岩组合
					开阔台地	马家沟组 ($O_{2-3}m$)	马家沟组 ($O_{2-3}m$)	马家沟组 ($O_{2-3}m$)			陆表海白云岩组合
					斜坡或缓斜坡	三山子组 (O_1s)	三山子组 (O_1s)	三山子组 (O_1s)			
			陆缘碎屑碳酸盐岩陆表海 fce	浅海	台缘缓斜坡		冶里组 (O_1y)				
					潮坪		炒米店组 (O_1c)				
						崮山组 ($Є_3g$)	崮山组 ($Є_3g$)	崮山组 ($Є_3g$)			陆表海灰岩组合
						张夏组 ($Є_2z$)	张夏组 ($Є_2z$)	张夏组 ($Є_2z$)			
						馒头组 ($Є_2m$)	馒头组 ($Є_2m$)	馒头组 ($Є_2m$)			
					滨岸	霍山组 ($Є_2h$)	霍山组 ($Є_2h$)	馒头组 ($Є_{1-2}m$)			陆表海陆源碎屑–灰岩组合
								朱砂洞组 ($Є_1z$)			

续表 3-1-3

构造古地理单元				沉积体系	沉积相	岩石地层单位及代号					沉积岩建造组合类型
一级	二级	三级	四级			鄂尔多斯	山西	豫陕	燕辽	阴山	
陆块 C	陆内盆地 IC	陆表海 ES	碳酸盐岩陆表海 ce	浅海	前滨—临滨				辛集组 ($\in_1x$)		砾岩-铁质岩组合
					朝夕通道				云彩岭组 (Qny)		
									望狐组 (Qnw)		
				碳酸盐岩潮坪			龙家园组 (Jxl)	雾迷山组 (Jxw)		陆表海白云岩组合	
			陆缘碎屑障壁陆表海 be	浅海	障壁岛		大红峪组 (Ch_2d)	洛峪口组 (Ch_2l)	杨庄组 (Jxy)		陆表海砂泥岩组合
					潮坪		串岭沟组 (Ch_1cl)	崔庄组 (Ch_2c)	高于庄组 (Ch_2g)		
					后滨—前滨		常州沟组 (Ch_1c)	北大尖组 (Ch_2bd)			
					潮坪		赵家庄组 (Ch_1z)	白草坪组 (Ch_2b)			
					后滨—前滨		大河组 (Ch_1d)	云梦山组 (Ch_2y)			
裂谷 RF		陆内裂谷 Ir	陆内裂谷边缘 irm	浅海	潮坪相	汉高山群 (Ch_1H)		马家河组 (Ch_1m)			双峰式火山岩组合
								鸡蛋坪组 (Ch_1j)			溢流相火山岩组合
								许山组 (Ch_1x)			滨浅海砂岩-粉砂岩-泥岩组合
					滨岸			大古石组 (Ch_1d)			河流相砾岩-粉砂岩-泥岩组合

进入雾迷山期再次发生海侵,形成缓坡型碳酸盐岩台地,沉积了雾迷山组滨岸石英砂岩-潮间砾屑碳酸盐岩-潮下纹层状泥晶碳酸盐岩。雾迷山组沉积之后,由于芹峪上升,山西未接受沉积,直至青白口纪。

碳酸盐岩陆表海白云岩沉积建造(Ch_2—Jx)为一套碳酸盐岩组合,对应地层为豫陕地层分区龙家园组及燕辽地层分区高于庄组、杨庄组、雾迷山组。

5)碳酸盐岩陆表海砾岩铁质岩沉积建造（Qn）

受芹峪上升的影响,青白口早期山西一直处于长期地壳上升期,高于庄组、雾迷山组经历了长时期风化、剥蚀及准平原化过程。中晚期在晋东北快速堆积了望狐组一套无组构、成分单一的滨岸残积燧石角砾岩,之上沉积了云彩岭组三角洲前缘砂坝相铁质石英砂岩组合,并形成了广灵式铁矿。之后的晋宁运动,使山西大部分地区上升为陆,不再接受沉积。

碳酸盐岩陆表海砾岩铁质岩沉积建造为一套碎屑岩含矿组合,对应地层为山西北部的燕辽地层分区望狐组、云彩岭组。

2. 下古生界沉积岩建造组合类型

山西的下古生界广泛分布于全省,除前寒武纪地层出露地域被侵蚀剥蚀缺失外,均有保留。

山西的下古生界沉积,均属相对稳定的陆表海碎屑岩-碳酸盐岩建造,构造运动以整体沉降—隆升为主要表现形式,经历了由区域性缓坡→碳酸盐岩台地→台地前缘斜坡→局限海碳酸盐岩台地的形成、发展及消亡过程。

根据岩性组合特征可分为陆表海陆缘碎屑-碳酸盐岩沉积建造、陆表海碳酸盐岩沉积建造。现将各个沉积建造组合特征分述如下:

1)陆表海陆源碎屑-碳酸盐岩沉积建造($\in_{1-2}$)

进入古生代寒武纪开始沉降,海水自南向北流注。沧浪铺期海水首先到达山西南部中条山西南段,沉积了辛集组潮上泥坪相砾岩、砂岩、页岩和上部砖红色含食盐假晶的富镁碳酸盐岩。龙王庙期海水向北推进至临汾、长治一线,沉积了朱砂洞组下部潮间泥坪相砖红色含食盐假晶的泥质白云岩、泥灰岩、泥砂岩,上部潮下云灰坪青灰色白云岩,局部为潮上潟湖环境,形成薄的石膏层,馒头组一段的潮间—潮下潟湖相含食盐假晶页岩、灰岩夹泥灰岩。

中寒武世毛庄期,在略有起伏的准平原之上发育了一套潮坪相红色蒸发盐建造,向北太行山中北段—五台山—广灵及大同玉龙河一带馒头组二段沉积了砖红色砂砾岩、泥岩、泥质白云岩、白云质泥岩;晋西北地区沉积了馒头组一段紫红色及砖红色含食盐假晶的泥岩、泥灰岩、泥质白云岩,向西至吕梁古陆边缘沉积了霍山组纯净的石英砂岩。

徐庄早期,沉积了馒头组二段紫红色泥岩、石英砂岩,气候依然炎热,时有脉冲式向北、向西海侵,沉积了上部生物碎屑灰岩、薄板状亮晶灰岩,碳酸盐岩台地逐渐形成。但在中条山、太行山中南段海水较深,沉积了馒头组二段紫红色泥岩、生物碎屑灰岩、鲕粒灰岩,靠近吕梁古陆一侧的滨岸地带则沉积了霍山组石英砂岩。

陆表海陆缘碎屑-碳酸盐岩沉积建造($\in_{1-2}$)对应地层为豫陕地层分区的辛庄组、朱砂洞组、馒头组,山西地层分区和鄂尔多斯地层分区的霍山组、馒头组。从区域上可以发现霍山组、馒头组具有明显的穿时性。

2)陆表海碳酸盐岩沉积建造($\in_2$—O_3)

徐庄晚期,沉积了张夏组一段厚层状鲕粒灰岩、生物碎屑灰岩及薄层泥质条带灰岩。靠近吕梁古陆一侧局部形成岛状海湾,沉积了碾沟砾岩。张夏早—中期碳酸盐岩台地进入成熟期,相间沉积了张夏组中下部鲕粒灰岩、生物碎屑灰岩和薄板状灰岩、灰绿色钙质页岩。张夏晚期山西南部中条山—吕梁山南端海水开始咸化,产生准同生白云石化,出现亮晶鲕粒灰岩、内碎屑灰岩、生物碎屑灰岩的白云石化。

晚寒武世崮山期,沉积了三山子组下部薄层状泥质白云岩、鲕粒白云岩、白云质灰岩。但在山西中北部吕梁山、云中山、五台山、恒山及太行山北段沉积了崮山组下部重力滑动构造及生物丘发育的薄层状泥晶灰岩、生物碎屑灰岩、藻礁灰岩、黄绿色页岩。长山期山西中北部崮山组上部普遍发育以砾屑灰岩和中南部三山子组中下部砾屑白云岩为主的风暴碎屑流沉积。凤山期总体受地壳上升构造环境的影响,山西境内海平面大幅度整体回落,中南部沉积了三山子组中部潮间高能咸化环境的砾屑白云岩、泥质白云岩,中北部云中山、五台山、恒山沉积了炒米店组潮下低能环境的厚层含藻泥晶灰岩、藻礁灰岩及薄层灰岩夹层,构成了碳酸盐台地上的生物建隆。

早奥陶世新厂期—道保湾期,晋东北五台山—恒山区沉积了潮下低能—潮间台坪环境的冶里组薄层状灰岩、砾屑灰岩夹灰绿色页岩和亮甲山组燧石结核条带泥晶灰岩、砾屑灰岩、白云质灰岩,除此之外的其他地区形成三山子组上部潮间—潮上云坪环境下暴露标志发育的纹层状白云岩、砂砾屑白云岩。

中—晚奥陶世整个山西马家沟组广泛分布。该阶段垂向上地层层序以一、三、五段白云岩与二、四、六段灰岩成对交替发育为特征。大湾期海水侵入早期沉积了马家沟一段潮上泥云坪相含粉砂的纹层状白云岩、泥灰岩、白云质页岩,局部相对凹陷地带为潮上膏云坪环境,形成石膏沉积。其底部时有滨岸石英砂、砂砾石沉积;中期海水加深,沉积了马家沟组二段中下部局限海潮间泥坪相中厚层泥晶灰岩;晚期地壳抬升,交替沉积了二段上部潮间—潮上泥云坪相泥晶灰岩和泥质白云岩。道保湾早期处于潮上膏云坪环境,沉积了马家沟组三段角砾状泥灰岩、泥质白云岩和石膏层;晚期海水加深,沉积了马家沟组四段潮间—潮上泥坪相泥晶灰岩、云斑灰岩。艾家山期早期再次处于潮上膏云坪环境,沉积了马家沟组五段薄层状泥质白云岩、膏溶角砾岩;晚期海水达到奥陶纪以来的高峰,沉积了马家沟组六段厚层状泥晶灰岩、生物碎屑灰岩。

根据形成时代、沉积相及岩性组合特征陆表海碳酸盐岩沉积建造可分为3个沉积组合:

(1)碳酸盐岩陆表海石灰岩沉积建造($\epsilon_2—\epsilon_3$)为石灰岩沉积组合,对应地层为山西地层分区、豫陕地层分区、鄂尔多斯地层分区的张夏组、崮山组;

(2)碳酸盐岩陆表海白云岩沉积建造(O_1)为白云岩沉积组合,对应地层为山西地层分区的炒米店组、冶里组、亮甲山组、三山子组和豫陕地层分区、鄂尔多斯地层分区的三山子组,从区域上可以发现三山子组具有明显的穿时性,自北向南,三山子组所含的白云岩组合变化较大:王屋山及中条山以南含 z、g、c 段,中条山—太行山南段含 z、g、c、y 段,山西中部及西部广大地区多含 g(上部)、c、y、l 段,恒山—五台山区仅含 l 段;

(3)碳酸盐岩陆表海石灰岩沉积建造(O_{2-3})为灰岩沉积组合,对应地层为山西地层分区、豫陕地层分区、鄂尔多斯地层分区的马家沟组。

3. 上古生界沉积岩建造组合类型

山西的上古生界主要分布于沁水、河东、汾西、宁武-静乐、平朔等大型构造盆地中,一些小型构造盆地、断陷,如浑源、系舟山、平陆-垣曲等断陷盆地中也有零星残存。

早古生代由于加里东运动造成晋冀鲁豫整体上升,山西缺失了整个志留纪—泥盆纪和早石炭世沉积。这期间经长期侵蚀、剥蚀,业已准平原化,形成奥陶系顶部古风化壳。自晚石炭世早期开始,海水由东进入山西,从晚石炭世—晚二叠世经历了潟湖→海陆交互相碳酸盐台地、三角洲→大陆冲积平原沉积体系转换。

根据岩性组合特征可分为海陆交互障壁陆表海铁铝岩沉积建造、海陆交互障壁陆表海沼泽含煤碎屑岩沉积建造、坳陷盆地河流碎屑岩沉积建造。现将各个沉积建造组合特征分述如下。

1)海陆交互障壁陆表海铁铝岩沉积建造(C_2)

晋冀鲁豫上升为陆后,早古生代奥陶纪碳酸盐岩遭受了风化剥蚀及红土化过程,形成了丰富的铁、铝质风化壳残积物。进入晚石炭世,山西总体为平缓而略向东倾斜的奥陶系古侵蚀残丘喀斯特地貌,海侵迅速使山西全境处于有障壁的滨岸潟湖环境。

海陆交互障壁陆表海铁铝岩沉积建造(C_2)为一套铁铝岩组合,对应地层为山西地层分区、豫陕地层分区、鄂尔多斯地区分区的太原组下部湖田段,为富有特色的华北型铁铝建造和北部低隆边缘的滨岸砾岩,为山西的一个重要含矿层。

2)海陆交互障壁陆表海沼泽含煤碎屑岩沉积建造($C_2—P_1$)

晚石炭世晚期,离石、汾阳、太原、五台一线,沉积了太原组底部碳酸盐台坪相的灰岩。之后海水退去,沉积了太原组三角洲前缘砂坝—湖沼相砂岩、泥岩和薄煤层。

早二叠世早期,进入山西重要的成煤期。第三次海侵覆盖了山西全部,最终导致山西呈现出北高南低的古地貌格局,而后山西基本处于三角洲平原河流—湖沼与碳酸盐台坪海陆交互环境。重要的海侵形成碳酸盐台坪事件出现了5次,并一次比一次向南缩小。南部海退期山西北部沉积了三角洲平原河流—湖沼相砂岩、灰黑色泥岩、粉砂质泥岩、煤层。早二叠世晚期,海侵进一步向南退缩至中条山南段长治—陵川一带,沉积了太原组碳酸盐台地相附城灰岩、舌形贝页岩、山后灰岩、燧石层和三角洲平原河流—湖沼相砂岩、灰黑色泥岩、粉砂质泥岩、煤层。其他地区沉积了古植物发育的山西组河控三角洲平原河流砂坝—湖沼相碎屑岩及煤层。山西完全进入陆相环境,三角洲体系趋于消亡。

海陆交互障壁陆表海沼泽含煤碎屑岩沉积建造($C_2—P_1$)为一套碎屑岩组合,为山西重要的含矿层位,对应地层为山西地层分区、豫陕地层分区、鄂尔多斯地区分区的太原组、山西组。

3)坳陷盆地河流碎屑岩沉积建造(P_{2-3})

中二叠世早期,沉积了碎屑岩—煤沉积体系,形成了石盒子组下部锰、煤、黏土矿床成矿系列。中二叠世晚期,沉积了石盒子组上部碎屑岩沉积体系。晚二叠世孙家沟早期,海西运动使古亚洲洋受挤压闭合,山西绝大部分仍继承了大陆冲积平原冲积环境,沉积了孙家沟组河道相碎屑岩系;晚期太原以南在河流网的低洼地带湖泊发育,形成碎屑岩夹灰岩团块,局部含薄层石膏。

坳陷盆地河流碎屑岩沉积建造(P_{2-3})对应地层为山西地层分区、豫陕地层分区、鄂尔多斯地区分区的石盒子组、孙家沟组,为一套砂岩、泥岩为主的碎屑岩组合。

4. 中生界沉积岩建造组合类型

山西的中生界地层主要分布于沁水、河东、汾西、宁武-静乐、平朔等大型构造盆地中,一些小型构造盆地、断陷,如浑源、系舟山、平陆-垣曲等断陷盆地中也有零星残存。

中生代以来,西太平洋古陆与东亚大陆发生斜向碰撞,形成中国东部宽阔的陆缘强烈活动带。以太行山为界的山西黄土高原其地壳结构、浅层构造和现代盆岭构造等与中国东部中、新生代形成的构造格局一致,由呈北东向斜列的褶皱、逆冲推覆构造带和新生代贯穿山西南北呈北东向斜列的裂谷盆地与山脉隆起,构成中、新生代板内造山带,在晚古生代构造背景基础上,经历了印支、燕山和喜马拉雅三大构造-岩浆活动期的构造序列演化。

根据岩性组合特征,三叠系、侏罗系及白垩系下部为坳陷盆地,可划分为河流碎屑岩沉积建造、河湖相含煤碎屑岩沉积建造、湖泊三角洲砂砾岩夹火山岩沉积建造、冲积扇砾岩沉积建造、湖泊泥岩-粉砂岩夹火山岩沉积建造、火山岩沉积建造;白垩系中上部为无火山沉积断陷盆地,可分为河流泥岩-粉砂岩沉积建造、冲积扇砾岩沉积建造、湖泊泥岩-粉砂岩沉积建造。现将各个沉积建造组合特征分述如下。

1)三叠纪大型陆内坳陷盆地中河流碎屑岩沉积建造(T)

早三叠世早期除晋东北五台山—恒山—大同—左云以东隆起,可能缺失三叠纪沉积外,山西大部均接受了三叠纪的沉积,中南部则继承了干旱气候条件的大陆冲积平原特征,沉积了刘家沟组辫状河心滩—河漫滩沉积的碎屑岩系;晚期由辫状河发展为曲流河河漫滩环境和边滩环境,沉积了和尚沟组紫红色、砖红色碎屑岩系。

中三叠世早期,北部宁武—静乐一带曾一度上升,又恢复了大陆冲积平原辫状河环境,形成二马营组心滩沉积的碎屑岩系,中南部临县—吉县和榆社—沁水地区相对下沉,地形坡度变小,形成二马营组下部辫状河心滩—上部曲流河边滩相碎屑岩系。晚期内陆坳陷盆地进一步沉降,地形坡度进一步减小,气候逐渐变得温暖湿润,在广阔的冲积平原上形成了大型内陆淡水湖泊。早阶段的河湖交替环境下沉积了延长组一段灰绿色—灰紫色碎屑岩；随着盆地不均衡振荡下沉进一步演化为大型湖泊环境，普遍接受延长组二段滨湖、浅湖相灰绿色、灰黑色—灰绿色碎屑岩沉积；在宁武—静乐和榆社—武乡等地间的河流相心滩、边滩沉积了延长组三段下部的长石砂岩、粉砂岩；榆社—沁水和石楼—吉县等地局部出现沼泽环境，沉积了细砂岩、粉砂岩，含煤线。

晚三叠世由于受印支晚期近东西向挤压作用的影响，三叠纪大型内陆坳陷盆地上升萎缩，山西大部分地区逐渐上升为陆遭受侵蚀、剥蚀，仅在西南部大宁—吉县一带处于大陆冲积平原河流环境，形成了延长组四段辫状河心滩沉积和河漫滩沉积。随着持续的近东西向挤压作用增强，内陆盆地消亡，形成贯穿山西南北的开阔褶皱和大型挠曲、断层带，形成南北向展布、东西向隆坳相间的构造格局。

河流碎屑岩沉积建造（T）对应地层为山西地层分区、豫陕地层分区、鄂尔多斯地区分区的刘家沟组、和尚沟组、二马营组、延长组，总体为一套砂岩-泥岩组成的碎屑岩沉积组合。

2）侏罗纪大型陆内坳陷盆地中河湖相含煤碎屑岩沉积岩建造（J_{1-2}）

早侏罗世早期山西一直处于隆起的侵蚀、剥蚀状态。进入早侏罗世晚期，山西北部云岗、宁武一带和山西中南部的沁水盆地西北缘，再次形成坳陷盆地，接受永定庄组杂色河湖相碎屑岩沉积。由此看来，山西省大部在侏罗纪时基本继承了三叠纪的构造格局，也表现为大型陆内坳陷盆地的构造环境，但可能盆地规模较之缩小。

中侏罗世早期，在北西-南东向挤压作用下，山西北部形成北北东向展布的隆坳相间的构造格局，云岗、宁武一带形成聚煤构造盆地。早期沉积了大同组中、下部河流—湖沼交互相的碎屑岩-淡水灰岩沉积组合；随着挤压作用增强，形成同沉积褶皱和压扭性小断裂，盆地进一步下沉，构成主要成煤期。晚期挤压作用减弱，湖盆开始萎缩，沉积了大同组上部浅湖—湖泊三角洲相碎屑岩及薄煤层（线）。之后逐渐转变为曲流河—辫状河弱—强氧化环境，在除天镇、阳高外的山西各地坳陷区，沉积了云岗组下部曲流河—浅湖相碎屑岩和上部辫状河心滩—河漫滩相碎屑岩沉积组合。天池河组沉积时进入强氧化环境的辫状河心滩—河漫滩相环境，沉积了紫红色、砖红色碎屑岩系。

河湖相含煤碎屑岩沉积岩建造（J_{1-2}）对应地层为山西和阴山地层分区的永定庄组、大同组、云岗组、天池河组，总体为一套砂岩-泥岩的碎屑岩组合，含煤层（线）。

3）侏罗纪—白垩纪火山沉积断陷盆地中沉积建造组合

侏罗纪—白垩纪在晋东北的灵丘—浑源一带，可能受太平洋俯冲作用的影响，在岩浆后为拉张环境，形成了灵丘陆内火山断陷盆地，盆地内充填有如下沉积组合：

（1）河湖相含煤碎屑岩组合（J_1）。在该盆地内首先形成了河湖相含煤碎屑岩组合，对应的岩石地层单位为燕辽地层的下花园组。

（2）湖相三角洲砂砾岩夹火山岩沉积建造（J_2）。中侏罗世末，在浑源盆地北部受北西、北东向断裂影响继续下沉，沉积了九龙山组火山碎屑岩和髻髻山组下部冲洪积扇状紫红色砾岩。由于深大断裂持续活动，导致中基性岩浆喷溢，形成火山活动幼年期的髻髻山组上部玄武安山岩。

湖相三角洲砂砾岩夹火山岩沉积建造（J_2）对应地层为燕辽地层分区的九龙山组和髻髻山组，为一套以碎屑岩为主的地层，顶部夹有火山岩。

（3）冲积扇砾岩沉积建造（J_{1-2}）。晚侏罗世土城子期，浑源盆地岔口—打虎沟间形成锥状火山喷发，在近火山口处堆积了土城子组巨厚的喷发相酸性熔岩和火山碎屑岩，远离火山口低洼地带形成河湖相火山碎屑沉积岩。灵丘盆地南部沉积了以冲洪积砾岩为主的扇状粗碎屑岩。

冲积扇砾岩沉积建造（J_{1-2}）对应地层为燕辽地层分区的土城子组，为一套以火山角砾岩为主的冲积扇堆积物。

（4）湖泊泥岩-粉砂岩夹火山岩沉积建造（J_{2-3}）。晚侏罗世张家口期在浑源、灵丘盆地以中心式喷溢与喷发交替进行，并由中基性→安山质→流纹质→粗面质分异演化，进入火山活动壮年期。早期形成张家口组下部紫红色砂岩泥岩及喷发喷溢的玄武安山岩、粗安岩及火山角砾熔岩；晚期形成张家口组上部凝灰质砂砾岩、英安质凝灰角砾岩、流纹岩、粗面岩及凝灰质角砾熔岩，远离火山口的小女沟、石墙子村南形成河湖相紫红色岩屑砾岩、粉砂岩、泥岩。火山停止期形成了义兴寨、小窝单、羊头崖、太白维山、塔地等火山颈。晚侏罗世大北沟期火山活动减弱,仅在浑源盆地孟家窑、柴眷、野西沟等地次级盆地中以裂隙式火山喷发为主,早期形成大北沟组下部河湖相暗紫红色砂岩、砂质泥岩和喷发相粗安质角砾熔岩、粗安岩;晚期形成大北沟组上部河湖相紫红色—灰绿色碎屑岩和喷发相流纹质角砾熔岩。

湖泊泥岩-粉砂岩夹火山岩沉积建造(J_{2-3})对应地层为燕辽地层分区的张家口组和大北沟组,主要为一套碎屑岩-火山岩沉积组合。

(5) 火山岩沉积建造(K_1)。晚侏罗世末期—早白垩世早期,在伸展构造机制下,在晋东北中庄铺、西柏林、阳高等地形成伸展型断陷盆地,接受义县组沉积。早期形成义县组下部河湖相碎屑岩-淡水灰岩-煤(线、层);中期形成义县组中部河流相灰红—紫红色砾岩夹砂质泥岩;晚期形成义县组上部河湖相紫红色砂质泥岩夹砂砾岩。

火山岩沉积建造(K_1)对应地层为燕辽地层分区的义县组,为一套河湖相的碎屑岩-火山岩沉积组合。

4) 白垩纪陆内坳陷盆地的沉积建造组合

早白垩世晚期以来,沉积组合在垂向上呈砾岩—泥岩交替发育,指示山体经历了周期性快速隆升和剥蚀夷平过程。晋东北灵丘火山断陷盆地开始萎缩,沉积了左云组一套山前冲洪积扇—洪泛盆地相碎屑岩系。在晋西北的右玉—左云一带形成了山间坳陷盆地,同样在接受左云组一套山前冲洪积扇—洪泛盆地相碎屑岩系沉积的基础上在晚白垩世早期沉积了助马堡组河湖相碎屑岩及泥灰岩透镜体。

根据岩性组合特征可分为3个沉积建造,分布于燕辽地层分区和阴山地层分区,对应地层分别为:河流泥岩-粉砂岩沉积建造(K_1)对应地层为左云组中下部,冲积扇砾岩沉积建造(K_1)对应地层为左云组上部,湖泊泥岩-粉砂岩沉积建造(K_2)对应地层为助马堡组。

5. 新生界沉积建造组合

1) 早新生代地层

山西的早新生代地层是指古近纪—新近纪中新世沉积和火山喷出形成的堆积,因在山西境内分布零散、局限而合于一起说明。

(1) 平陆群。平陆群包括4个组,自下而上为门里组、坡底组、小安组、刘林河组。

(2) 繁峙(玄武岩)组。以平缓的层状玄武岩呈面状分布为特征。繁峙北部的玄武岩总厚达800m,间含很多个间断风化面及不厚的沉积夹层——不同颜色黏土或砂岩(局部地段出现褐煤)。一些颜色独特、地貌特征明显的间断风化面是进行地层划分对比和地质填图的良好标志。在山西省1:50万地质图上于繁峙北部的该组玄武岩中表示了其中的两个标志间断面:Y(黄色)、R(红色),以反映繁峙玄武岩由早而晚自北而南的漫溢超覆特征。黄花梁的玄武岩出现于距繁峙玄武岩以北不远的桑干河盆地中,厚度可达90m以上,其间也具间断风化面和红黏土层。

(3) 汉诺坝(玄武岩)组。分布于山西雁北的右玉、大同镇川堡、天镇大凹山等地,呈面状不整于前新生代地层之上。岩性主要为层状橄榄玄武岩,间夹厚度不大的红色含砂砾黏土,厚180~355m。根据相距不远的山西省汉诺坝玄武岩的年龄值24~20Ma,时代应归属中新世早期。

(4) 雪花山(玄武岩)组。分布于山西东部太行山区的平定—昔阳及左权—(山西)武安一带,玄武岩除呈火山锥、火山颈产出外,熔岩流多沿古河谷呈狭长的长条状分布,并由于后期的河流切割,而保存于高阶地上松散堆积层的下部。玄武岩层底部和喷发间断面间夹有火山角砾岩及红色含砂、砾黏土。其下不整合于古生代—中元古代地层之上。平定—昔阳一带厚度近80m,左权黄泽关一带厚200m左右。雪花山玄武岩同位素年龄值为12~9Ma,时代应归属中新世晚期。

2) 晚新生代地层

山西的晚新生代地层是指新近纪上新世—第四纪全新世在不同地质地貌环境下形成的各种成因类型的松散堆积物。在山西广泛分布,有的甚至大面积分布。

(1) 黄土高原、山地土状堆积的岩石地层单位——保德组、静乐组、午城组、离石组、马兰组。

(2) 山西中部裂陷盆地的岩石地层单位。山西中部裂陷盆地早中阶段河湖相堆积——下土河组、小白组、大沟组、木瓜组和晋东南山间盆地中的河湖相堆积——榆社群任家垴组、张村组、楼则峪组及小常村组。

两个序列的岩石地层单位自下而上可——对比，岩性组合特征基本一样，这是很多地质学家早已公认的，只是由于晋东南（榆社—武乡）盆地中"R红土"问题，一直未能统一划分和命名。《山西省岩石地层》清理时，分解"R红土"为离石黄土底部的红色土和可以与静乐（红土）组相对比的大墙组，解决了二者的问题。但为慎重起见，仍未统一地层名称，本次从之。

(3) 第四系中更新统——匼河组、丁村组、峙峪组、选仁组、沱阳组。

(4) 几个跨时的岩石地层单位——泥河湾组、运城组、方村组、汾河组。

(5) 第四系晚更新世晚期火山岩岩石地层单位——册田玄武岩、阁老山玄武岩。

3.1.3.2 构造古地理演化

吕梁运动之后，华北板块早前寒武纪变质结晶基底完全固结。中元古代伊始，山西境内早前寒武纪克拉通陆壳再次破裂，形成中—新元古代熊耳-汉高裂谷、燕辽裂谷。至古生代结束，山西境内未发生广泛和强烈的造山运动，呈现刚性陆壳差异性和整体升降的构造格局。

1. 中—新元古代

中—新元古代总体处于伸展构造环境，形成了山西中南部熊耳-汉高裂谷和东部的燕辽裂谷，二者均经历了初始裂陷、区域性沉降和广阔盆地形成后中途夭折。早期和晚期的沉积基本局限于裂谷或裂陷槽之中，中期虽有巨厚的陆表海沉积超覆于较广阔的地域，但作为海进的出发地和海退收缩的回归地仍为裂陷槽，沉积地层特征受控于区域构造背景演化，在不同的沉积阶段和沉积环境形成不同的沉积地层特征。

1) 长城纪初期

首先在山西南部中条山和王屋山之间呈东西向裂开，向北一支受东西两侧断裂所限呈楔状插入吕梁汉高山一带，形成熊耳-汉高裂谷雏形（图3-1-10），沉积了大古石组紫红色、黄绿色河湖相砂砾岩-砂岩-粉砂质泥岩，呈角度不整合在早前寒武纪变质结晶基底之上。在地幔热羽作用下，随着地壳拉张作用增强，地壳进一步变薄，上地幔上隆，沿深大断裂岩浆上涌，喷发了熊耳群许山组辉石安山岩-安山岩、鸡蛋坪组英安质流纹岩-流纹岩、马家河组辉石安山岩-安山岩和汉高山群、小两岭安山岩组合。

2) 长城纪早期

随着长城纪早期火山熔岩的大量喷出，火山活动的能量越来越小（表现为由连续不间断喷发到多间断的喷发）；熊耳-汉高坳拉槽火山喷发停止，海水自秦岭海槽向北流注，发生自南向北的海侵，到云梦山期，本区开始遭受海侵，接受沉积。海侵初期，首先在上党海湾地带中南部发育了冲积扇、河流，沉积了巨厚的粗碎屑岩，大量陆源碎屑的补偿，使原来较分异的地形渐趋平坦，随着海水范围的不断扩大，在云梦山中期形成了较宽阔的潮坪。后期海侵继续扩张，使本区处于滨浅海地带；云梦山期末期，地壳活动减弱，地势更加开阔平坦，沉积了以紫红色泥岩为主夹砂岩、砂质白

图3-1-10 长城纪初期地质构造略图

云岩的沉积物,整个白草坪期处于潮间地带;到了北大尖期,地壳活动又趋于活跃,地壳下沉加剧,海域向外扩张,本区又沦陷到潮间—潮下地带,形成了多韵律层碎屑岩,在海水反复进退作用下,形成了较纯净的砂岩和海绿石砂岩。主体由一套陆源碎屑岩沉积为特征的海滩、潮坪两个沉积环境体系构成,海滩体系主要沉积形成于云梦山组上部和北大尖组上部,潮坪体系则主要沉积形成于白草坪组(图3-1-11)和云梦山组中下部、北大尖组下部。汝阳群是一套河流与海洋共同作用下形成的陆源碎屑沉积地层,根据它的垂直层序、岩性特征、岩石组合等相标志,可划分出冲积扇(近端相、中端相、远端相)、河口相(河道滞留、河道)、潮坪(潮下砂砰、潮间砂泥坪、潮上泥坪)、海滩(前滨、近滨)等沉积相,此后进入了一个上升剥蚀阶段,结束了汝阳群沉积。中条山区沉积了汝阳群云梦山组海湾三角洲相石英砂岩夹页岩、白草坪组潮间潟湖相紫红色石英砂岩和灰绿色—灰黑色泥岩、北大尖组浅海陆棚相白云质砂岩-黑色页岩-含藻硅质白云岩、崔庄组滞流海湾潟湖相含铁质结核黑色-杂色页岩、洛峪口组浅海潮坪相含藻碳酸盐岩沉积。

山西位于燕辽裂谷的西端,仅涉及山西东部太行山和五台山—恒山以东,在北东东向槽形盆地内,平行不整合界面频繁发生,形成自南向北超覆沉积。仅在五台山西南部及以南的太行山区,形成大河组—赵家庄组的一套紫红色滨岸石英砂岩-潮间泥坪相泥岩夹含藻碳酸盐岩沉积,呈角度不整合在早前寒武纪变质结晶基底之上;常州沟组(图3-1-12)—串岭沟组主体为一套河口三角洲相石英砂岩-潮间潟湖相灰绿色、黑色页岩夹石英砂岩、赤铁矿层及含藻碳酸盐岩,形成 *Nordia Laptandicd-Euucapsiphora Paradisa* 叠层石组合和浅海相沉积 Fe、P、硅石、富钾岩石矿床成矿系列。串岭沟末期,因"兴城上升"缺失团山子组。

 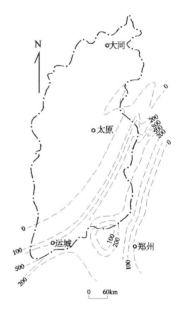

图 3-1-11　白草坪组厚度等值线图　　图 3-1-12　常州沟组厚度等值线图

3)长城纪晚期

进入高于庄时期海侵时,海水进入晋东北地区的五台耿镇以北、繁峙冻冷沟—应县白蟒神以东,形成开阔的陆表海碳酸盐岩台地,接受高于庄组滨岸砂坪相石英砂岩-潮间台坪相含藻碳酸盐岩-台地边缘斜坡潮下高能带藻礁碳酸盐岩-缓坡台地碳酸盐岩沉积,呈角度不整合在早前寒武纪变质结晶基底之上。构成该区第一个沉积盖层,缺失大红峪组及之下的所有地层,但广泛发育在该区被高于庄组覆盖的辉绿岩墙,记录了与大红峪期同时的一次拉伸裂解事件。整个高于庄期,蓝绿藻兴盛,在富镁碳酸盐岩沉积的同时,形成了 *Gaoyuzhvongia-Conophyton-Tabulocoaig*、*Compactocolleeia-Nodosty*、*Microstylus-Coionnella* 叠层石组合。

4)蓟县纪

受杨庄上升的影响,山西仅在灵丘北山一带沉积了杨庄组紫红色含粉砂泥晶碳酸盐岩、潟湖相蒸发岩建造。进入雾迷山期再次发生海侵,形成缓坡型碳酸盐岩台地,沉积了雾迷山组滨岸石英砂岩-潮间砾屑碳酸盐岩-潮下纹层状泥晶碳酸盐岩,当杨庄组缺失时,呈平行不整合超覆在高于庄组之上,并形成 *Microsty-Scyphus* 叠层石组合。雾迷山组沉积之后,由于芹峪上升,山西境内缺失洪水庄组—铁岭组。

5)青白口纪

受芹峪上升的影响,青白口纪早期山西一直处于长期地壳上升的构造兼并期,高于庄组、雾迷山组经历了长时期风化、剥蚀及准平原化过程。青白口纪中晚期在晋东北快速堆积了望狐组一套无组构、成分单一的滨岸残积—冲积扇燧石角砾岩。呈平行不整合在高于庄组或雾迷山组之上,之上沉积了云彩岭组三角洲前缘砂坝相铁质石英砂岩组合,并形成了广灵式铁矿。

6)震旦纪

经晋宁运动之后,整个山西再次上升为陆,缺失早震旦世沉积。进入晚震旦世,形成了山岳冰川,在山西南部中条山区的寒武系之下,零星保存了罗圈组复成分砾岩、含砾泥岩等冰川堆积的记录。

2. 古生代寒武纪—中生代中三叠世

山西自晋宁运动整体上升为陆后,长期遭受侵蚀、剥蚀,业已准平原化。进入古生代寒武纪开始沉降,海水自南向北流注,形成早古生代寒武纪—奥陶纪陆表海沉积。晚奥陶世末期—中石炭世,与整个华北地区一样,再次整体上升,缺失志留系—泥盆系及中—上石炭统,至晚石炭世晚期才开始沉降,形成石炭纪—早二叠世海陆交互相的陆表海盆地和中二叠世—中三叠世的陆相盆地沉积。

1)早古生代寒武纪—奥陶纪

山西的寒武纪—奥陶纪沉积,均属相对稳定的陆表海碎屑岩-碳酸盐岩建造,经历了由区域性缓坡→碳酸盐岩台地→台地前缘斜坡→局限海碳酸盐岩台地的形成、发展及消亡过程。

早寒武世沧浪铺期海水首先到达山西南部中条山西南段,沉积了辛集组潮间泥坪相下部胶磷矿胶结砾岩、砂岩、页岩和上部砖红色含食盐假晶的富镁碳酸盐岩,形成海相化学沉积胶磷矿床系列(图3-1-13)。龙王庙期在临汾、太行山中南段长治一线,沉积了朱砂洞组下部潮间泥坪相砖红色含食盐假晶的泥质白云岩、泥灰岩、泥砂岩,上部潮下云灰坪青灰色白云岩,局部为潮上潟湖环境,形成薄的石膏层。海水生物活动以 *Redichia* 属三叶虫为主。

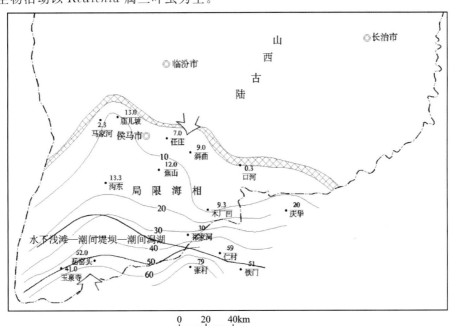

图 3-1-13 山西省早寒武世辛集期岩相古地理图

中寒武世毛庄期除吕梁古陆以外,发育了一套潮坪相红色蒸发盐建造,在毛庄期以前被海水淹没的中条山—太行山中南段,海水较深,沉积了馒头组一段潮间—潮下潟湖相含食盐假晶的页岩、灰岩夹泥灰岩(图3-1-14);向北太行山中北段—五台山—广灵及大同玉龙洞一带,馒头组一段沉积为潮间堤坝—潮下潟湖相砖红色砂砾岩、泥岩、泥质白云岩、白云质泥灰岩,亦含食盐假晶;向西太原以北的晋西北地区,处于潮间潟湖环境,沉积了馒头组一段紫红色、砖红色含食盐假晶的泥岩、泥灰岩、泥质白云岩,继续向西至吕梁古陆边缘,处于潮上砂坝—砂坪环境,来自古陆的碎屑经反复淘洗,沉积了霍山组纯净的席状石英砂岩。

图 3-1-14 山西省早寒武世馒头期岩相古地理图

中寒武世徐庄期—张夏期吕梁古陆退缩至离石以西(图3-1-15)。徐庄早期,处于潮上—潮间砂、泥坪环境,沉积了馒头组二段紫红色泥岩、石英砂岩和张夏组鲕粒灰岩、生物碎屑灰岩、薄板状亮晶灰岩,山西碳酸盐岩台地逐渐形成。但在中条山、太行山中南段为潮间潟湖相,馒头组二段为紫红色泥岩、生物碎屑灰岩、鲕粒灰岩,靠近吕梁古陆一侧滨岸地带,沉积了霍山组石英砂岩。徐庄晚期处于碳酸盐岩台地边缘潮间—潮下高能浅滩及潮间潟湖环境,沉积了张夏组一段厚层状鲕粒灰岩、生物碎屑灰岩及薄层泥质条带灰岩。靠近吕梁古陆一侧局部形成岛状海湾,沉积了碾沟砾岩。徐庄期三叶虫主要有 $Hsuchuangia$、$Sunaspis$、$Mctagraulos$、$Lnouyops$、$poriagraulos$、$Bailiella$。张夏期山西碳酸盐岩台地进入成熟期,总体处于潮下浅滩高能与潮下低能交替的沉积环境,相间沉积了张夏组中下部鲕粒灰岩、生物碎屑灰岩和薄板状灰岩、灰绿色钙质页岩。张夏晚期山西南部中条山—吕梁山南端海水开始咸化,产生准同生白云石化,各地均出现亮晶鲕粒灰岩、内碎屑灰岩、生物碎屑灰岩的白云石化。整个张夏期三叶虫繁殖达到顶峰。

晚寒武世崮山期山西南部已普遍抬升,处于潮间潟湖与台地前缘斜坡潮下低能交替环境,沉积了三山子组下部薄层状泥质白云岩、鲕粒白云岩、白云质灰岩。但在山西中北部吕梁山、云中山、五台山、恒山及太行山中北段,处于台地前缘斜坡带潮下低能环境,沉积了崮山组下部重力滑动构造及生物丘发育

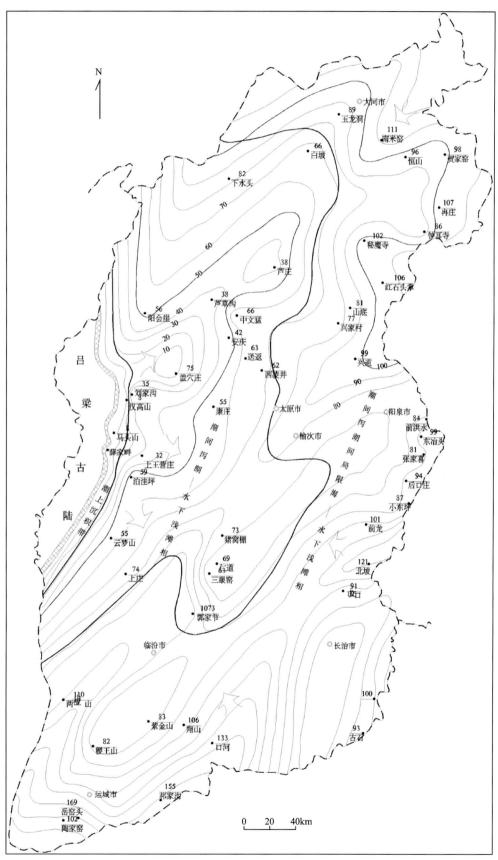

图 3-1-15 山西省中寒武世徐庄期岩相古地理图

的薄层状泥晶灰岩、生物碎屑灰岩、藻礁灰岩、黄绿色页岩。长山期山西中北部崮山上部普遍发育以砾屑灰岩和中南部三山子组中下部砾屑白云岩为主的风暴碎屑流沉积。

风山期山西境内海平面大幅度整体回落,中南部沉积了三山子组中部潮间高能咸化环境的砾屑白云岩、泥质白云岩,中北部云中山、五台山、恒山沉积了炒米店组潮下低能环境的厚层含藻泥晶灰岩、藻礁灰岩及薄层灰岩夹层,构成了碳酸盐岩台地上的生物建造。

早奥陶世新厂期—道保湾期呈现为南强北弱总体上升的构造运动特征(图3-1-16),晋东北五台山—恒山区沉积了潮下低能—潮间台坪环境的冶里组薄层状灰岩、砾屑灰岩夹灰绿色含笔石页岩和亮甲山组燧石条带、结核泥晶灰岩、砾屑灰岩、白云质灰岩。其他地区均处于咸化海环境,形成三山子组上部潮间—潮上云坪环境下暴露标志发育的纹层状粉—细晶白云岩、砂砾屑白云岩。新厂期三叶虫衰减,头足类开始繁盛。最终以怀远运动结束上升为陆。

中奥陶世大湾期—晚奥陶世海水自北东向南西又覆盖了整个山西,造就了中—晚奥陶世马家沟组的广泛分布,其垂向上地层层序以一、三、五段白云岩与二、四、六段灰岩成对交替发育,反映该阶段地壳运动以周期性垂直升降为主,造成频繁的海进、海退更迭,整体具局限海碳酸盐岩台地沉积特征。在大湾期海水初侵,多属潮上带环境,形成潮上盐坪相沉积(图3-1-17)。在达瑞威尔期,全省处于潮上盐坪相带,沉积了泥灰岩、白云质灰岩,局部出现潟湖相,沉积了石膏;之后全省处于海陆棚状态,沉积了巨厚的灰岩;到后期整个山西又不时回升,潮间湖与广海陆棚状态频繁交替出现(图3-1-18)。艾家山期,开始全省基本处于潮上带环境,但出现了几个范围较大的潮上潟湖,沉积了巨厚的石膏层(图3-1-19),全省处于自奥陶纪以来海侵最广、海水最深的状况,形成了古生代以来最纯的碳酸钙沉积。之后首选是南北两侧,紧接着全省迅速上升为陆(图3-1-20),从而结束了山西省内奥陶纪的沉积史。

2)晚古生代石炭纪—早二叠世

早古生代末期由于晋冀鲁豫整体上升,山西缺失志留纪—泥盆纪和早石炭世的沉积。这期间经长期侵蚀、剥蚀形成奥陶系顶部古风化壳,自晚石炭世开始至晚二叠世,经历了潟湖→海陆交互相碳酸盐岩台地、三角洲→大陆冲积平原沉积体系转换。

晋冀鲁豫上升为陆后,早古生代奥陶纪碳酸盐岩遭受了风化剥蚀及红土化过程,形成了丰富的铁、铝质风化壳残积物,晚石炭世本溪期山西总体为平缓而略向东倾斜的奥陶系古侵蚀残丘喀斯特地貌(图3-1-21),海侵迅速使山西全境处于有障壁的滨岸潟湖环境,沉积了太原组下部湖田段富有特色的华北型铁铝建造和北部低隆边缘的滨岸砾岩。形成山西式铁矿、硫铁矿、铝土矿,构成石炭纪铁铝岩段的Fe、硫铁矿和Al、稀有、稀土、黏土矿、Ga、Ge、铁钒土两个矿床成矿系列(图3-1-22)。

晚石炭世晋祠期处于海陆交互相碳酸盐台坪-三角洲前缘砂坝、湖沼环境。首次海侵仅到达汾阳—太原—五台一线,沉积了太原组底部含 *Montiparus*、*Lembonopticatus* 蜓群碳酸盐台坪相的无名灰岩、畔沟灰岩(图3-1-23)。之后海水退去,沉积了太原组下部三角洲前缘砂坝-湖沼相晋祠砂岩和灰黑色泥岩、粉砂质泥岩和薄煤层。第二次海侵向南西推进至山西中南部乡宁、沁水一线,沉积了富含 *T. Simplex* 蜓群的碳酸盐台坪相吴家峪灰岩、扒楼沟灰岩、后寺灰岩。

早二叠世太原早期山西北部逐渐抬升,在吴家峪灰岩沉积之后,山西形成了一个开阔平坦的三角洲平原河流—湖沼环境,开始进入山西重要的成煤期,第三次海侵覆盖了山西全部,沉积了以 *Pseudoschwagcrininac* 蜓类为标志的碳酸盐台坪相庙沟-毛儿沟灰岩、松窑沟灰岩,至此呈现出北高南低的古地貌格局,开始形成由南往北的海侵,沉积了太原组中部三角洲平原河流-湖沼相石英砂岩、灰黑色泥岩、粉砂质泥岩、煤层和大同以南的碳酸盐台坪灰岩。而后山西基本处于三角洲平原河流—湖沼与碳酸盐台坪海陆交互环境。太原晚期海侵进一步向南退缩至中条山南段长冶—陵川一带,沉积了太原组顶部碳酸盐岩台地相附城灰岩、舌形贝页岩、山后贝、遂石层和三角洲平原河流-湖沼相砂岩、灰黑色泥岩、粉砂质泥岩、煤层。其他地区沉积了古植物发育的山西组河控三角洲平原河流砂坝—湖沼相砂岩、粉砂岩、粉砂质泥岩、灰黑色泥岩、煤层(图3-1-24)。

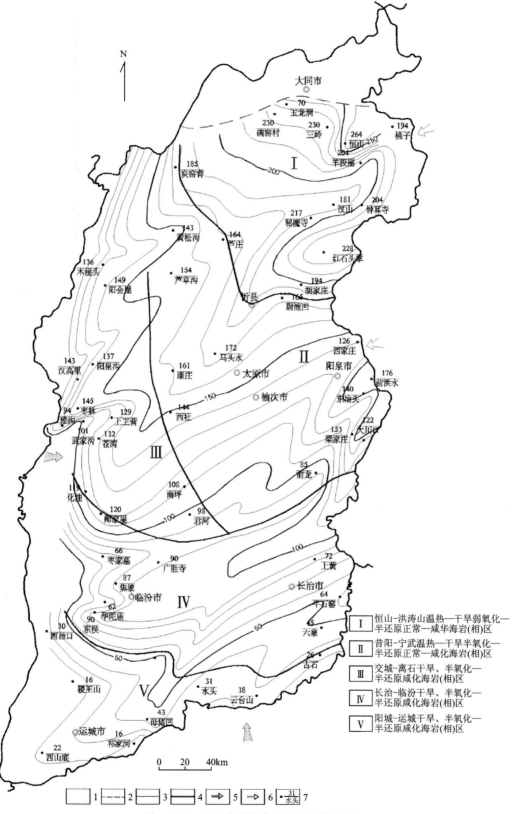

图 3-1-16 山西省早奥陶世岩相及等厚度图

1.剥蚀区;2.剥蚀区界线;3.等厚线;4.岩性岩相界线;5.碎屑搬运方向;6.海进海退方向;7.剖面位置及厚度

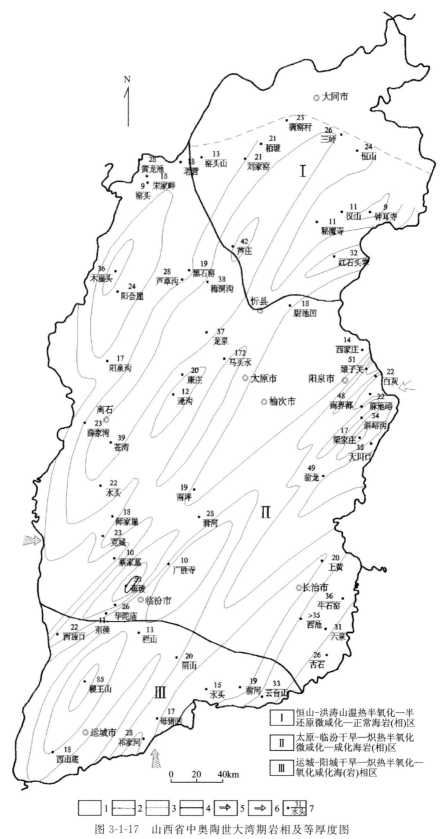

图 3-1-17 山西省中奥陶世大湾期岩相及等厚度图

1.剥蚀区;2.剥蚀区界线;3.等厚线;4.岩性岩相界线;5.碎屑搬运方向;6.海进海退方向;7.剖面位置及厚度

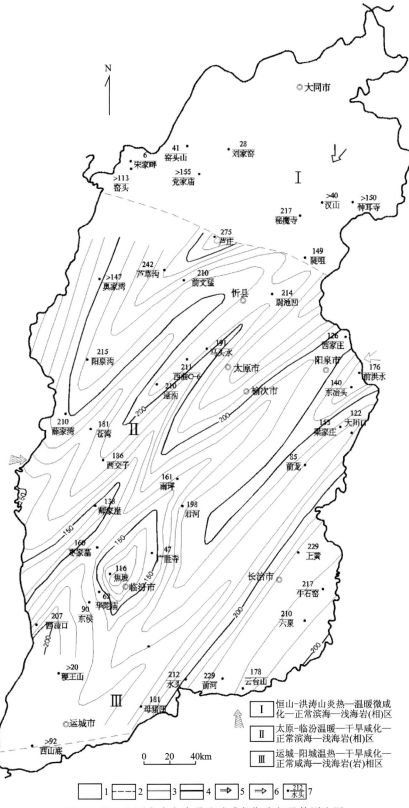

图 3-1-18 山西省中奥陶世达瑞威尔期岩相及等厚度图

1.剥蚀区;2.剥蚀区界线;3.等厚线;4.岩性岩相界线;5.碎屑搬运方向;6.海进海退方向;7.剖面位置及厚度

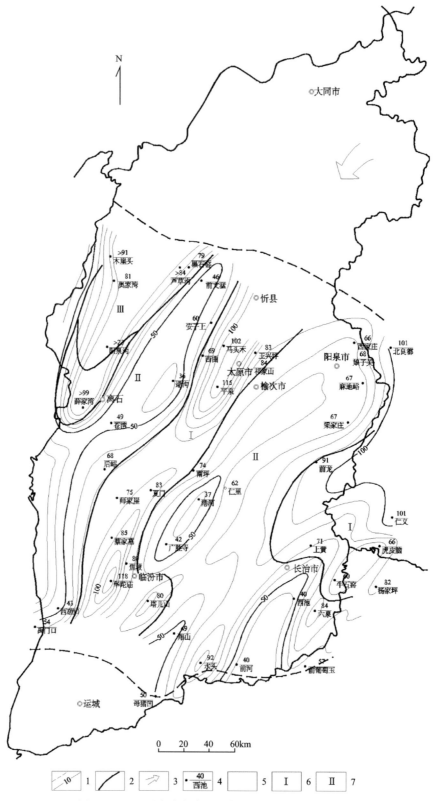

图 3-1-19 山西省中奥陶世艾家山早期岩相及等厚度图
1.剥蚀区界线、等厚线；2.岩性岩相界线；3.海进海退方向；4.剖面位置及厚度；5.剥蚀区；6.临汾-灵石-太原-潞城潟湖岩(相)区；7.兴县-阳城-晋城滨海岩(相)区

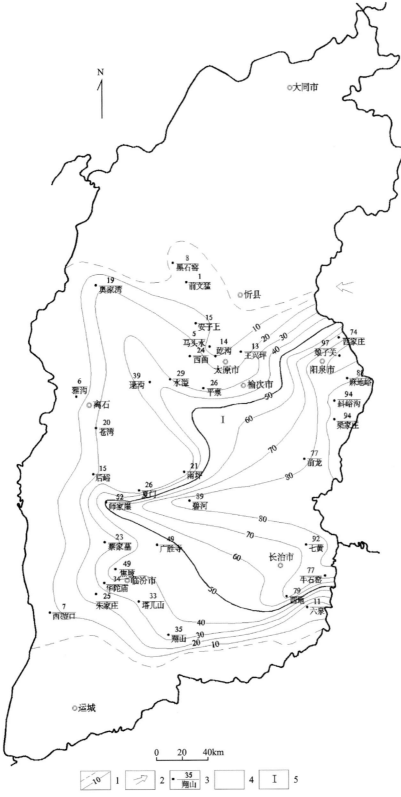

图 3-1-20 山西省中奥陶世艾家山中晚期岩相及等厚度图
1.剥蚀区界线、等厚线;2.海进海退方向;3.剖面位置及厚度;4.剥蚀区;5.太原-长治-临汾温暖半还原—还原浅海岩(相)区

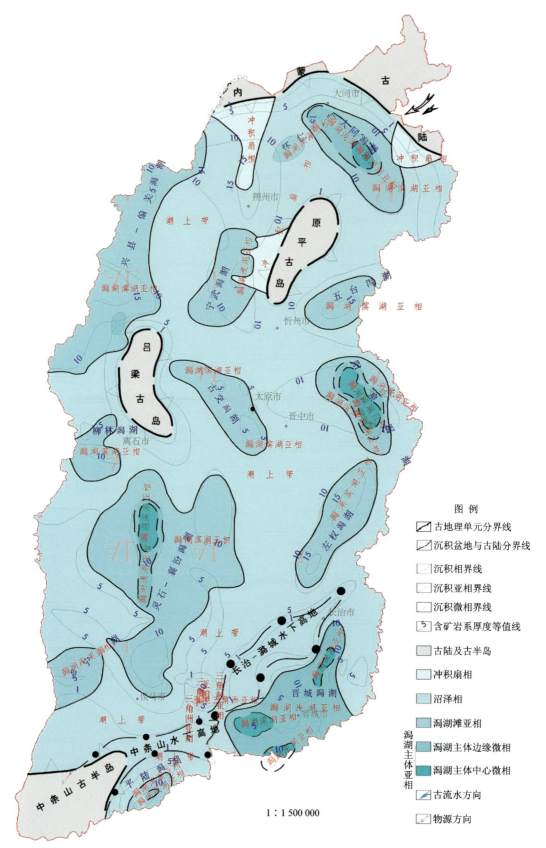

图 3-1-21 晚石炭世本溪期岩相古地理示意图

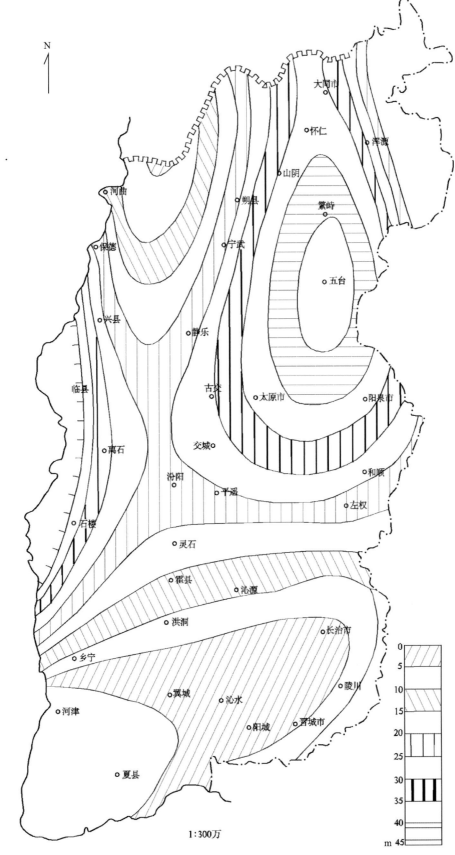

图 3-1-22 太原组下部湖田段厚度趋势面图

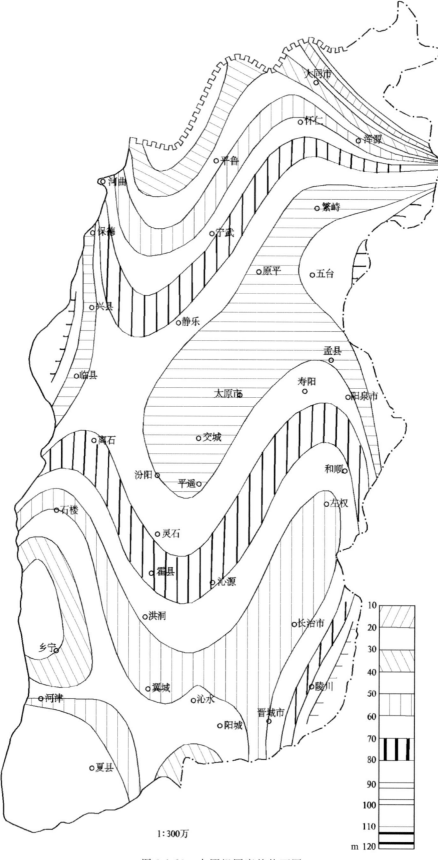

图 3-1-23 太原组厚度趋势面图

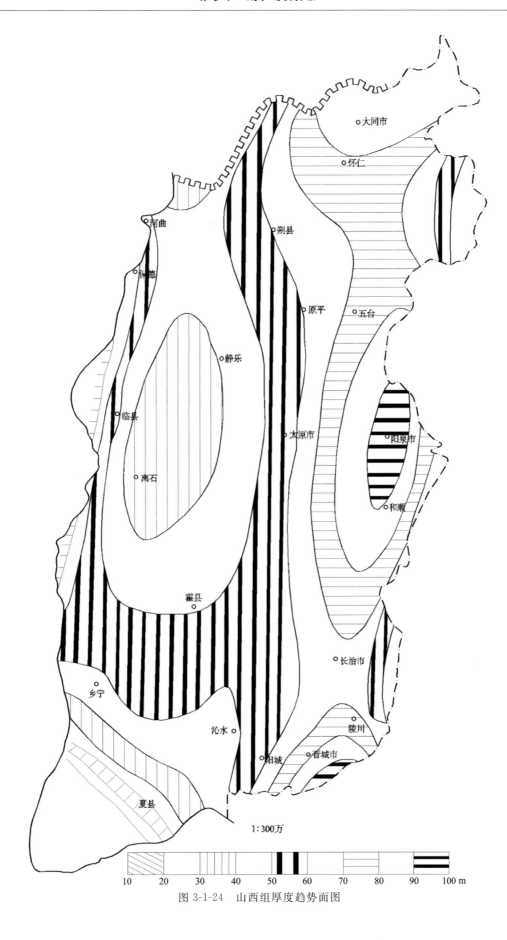

图 3-1-24 山西组厚度趋势面图

3) 晚古生代中二叠世—中生代中三叠世

中、晚二叠世，已转变为以河流沉积体系占主导地位的大陆冲积平原环境，形成石盒子组—孙家沟组一套灰绿—紫红色河流相碎屑岩建造，经历了由曲流河—辫状河的沉积体系转换过程。中二叠世早期在冲积平原曲流河道—河漫滩冲积及泛滥盆地环境下，沉积了盒子组一段河道—河漫滩冲积砂岩、灰黑色砂质泥岩和泛滥盆地湖沼相碳质泥岩、煤线；二段河漫滩相冲积灰绿色砂岩间夹牛轭湖沉积灰绿色泥岩（图 3-1-25）；三段湖相黄绿色、紫红色泥岩夹紫斑铝土质泥岩（桃花泥岩）、锰-铁质岩和河道-河漫滩相灰绿色砂岩、粉砂质泥岩，构成石盒子期 Mn、煤、黏土矿床成矿系列。中二叠世晚期形成辫状河河道—河漫滩冲积环境，沉积了四段一套二元结构发育的河漫滩相巧克力色、灰紫色、暗紫色泥岩及粉砂质泥岩和河道相灰黄色含砾砂岩、砂岩；五段沉积时砂体显著增多，主体为一套河道相灰绿色、灰黄色含砾中粗粒长石岩屑杂砂岩夹河漫滩相灰紫色、暗紫红色泥岩（图 3-1-26）。晚二叠世孙家沟早期，继承了早二叠晚期大陆冲积平原辫状河冲积环境，沉积了孙家沟组下部辫状河河道相含砾中粗粒长石石英砂岩和河漫滩相砖红色泥岩、粉砂质泥岩；晚期太原以南在河流网的低洼地带湖泊发育，垣曲、高平等地形成含灰岩团块的紫红色泥岩、薄层状灰岩、泥灰岩及黄绿色长石石英砂岩沉积；乡宁小滩村附近形成紫红色泥岩、白云质灰岩夹薄层石膏沉积。

晚二叠世孙家沟组沉积之后，早三叠世晋东北五台山—恒山—大同—左云以东隆起，中南部则继承了大陆冲积平原特征。大龙口期沉积了刘家沟组辫状河心滩紫红色长石砂岩夹粉砂岩间夹泛滥盆地紫红色砂质泥岩，形成了 *Pleuromeia jiaochengensis* 植物化石组合。和尚沟期由辫状河发展为曲流河泛滥盆地环境，沉积了和尚沟组紫红色和砖红色薄层状砂质泥岩、泥质粉砂岩和心滩沉积的长石砂岩、灰紫色泥钙质泥砾岩（图 3-1-27）。形成了 *Pleuromeia Sternbergi-Pleuromeia rossica* 植物化石组合。

中三叠世二马营期北部宁武—静乐一带又恢复了大陆冲积平原辫状河环境，沉积了二马营组心滩灰绿色和灰黄色含泥砾中、粗粒长石砂岩及河漫滩紫红色粉砂岩和砂质泥岩。中南部临县—吉县和榆社—沁水地区形成二马营组下部辫状河心滩沉积的灰绿色长石砂岩和上部泛滥盆地河湖相紫红色粉砂岩、砂质泥岩。活跃着以 *Sinokannemeyeria* sp.、*Parakannemeyeria* sp.、*Shansiodon* sp.、*Shansisuchus* sp. 为主的中国肯氏兽动物群。

中三叠世铜川期内陆坳陷盆地进一步沉降，形成了大型内陆淡水湖泊。早期处于河湖交替环境，沉积了延长组一段灰绿色细粒长石砂岩、灰绿色—灰紫色粉砂岩、砂质泥岩、含灰质结核泥岩。随着盆地不均衡振荡下沉，进一步演化为大型湖泊环境，普遍接受滨湖、浅湖、深湖等湖相沉积，形成延长组二段黄绿色和灰绿色细粒长石砂岩、灰黑色—灰绿色含黄铁矿及钙质砂岩结核的砂质泥岩、泥岩，发育 *Danaeopsis-Bernoullia* 植物群、辩鳃类、昆虫。延长组二、三段的下部在宁武—静乐和榆社—武乡等地间夹有河流相心滩、边滩沉积的细粒长石砂岩、粉砂岩。在延长组三段沉积时，榆社—沁水和石楼—吉县等地局部出现沼泽环境，沉积了灰色细砂岩、粉砂岩，含植物炭化碎片的灰黑色砂质泥岩、碳质泥岩、煤线及黏土岩等。

3. 中生代晚三叠世—早白垩世

受古太平洋构造域的影响，山西呈现北隆南坳南北沉积分异的构造格局，早中侏罗世晋东北部则开始出现断块运动和小型断陷盆地。

进入晚三叠世，发生了近东西向挤压，促使三叠纪大型内陆坳陷盆地上升萎缩，山西大部分地区逐渐上升为陆遭受侵蚀、剥蚀，仅在西南部大宁—吉县一带处于大陆冲积平原河流环境，形成了延长组四段辫状河心滩沉积的黄绿色—黄色巨厚层状中细粒长石砂岩和河漫滩沉积的灰黑色—灰绿色泥岩及砂质泥岩薄层或透镜体。随着持续的近东西向挤压作用增强，内陆盆地消亡。

早侏罗世早期，山西一直处于隆起的侵蚀、剥蚀状态未接受沉积。进入早侏罗世晚期永定庄期，北部云岗、宁武一带形成短轴山间断陷盆地，接受永定庄组杂色河湖相砂砾岩、含砾砂岩、粉砂岩、粉砂质泥岩，受沉积高低不平的古地理因素控制，地层横向变化较大，底部常见残坡积杂色黏土岩。宁武一带喷发了中酸性火山岩，呈角度不整合在三叠系、二叠系或石炭系之上。

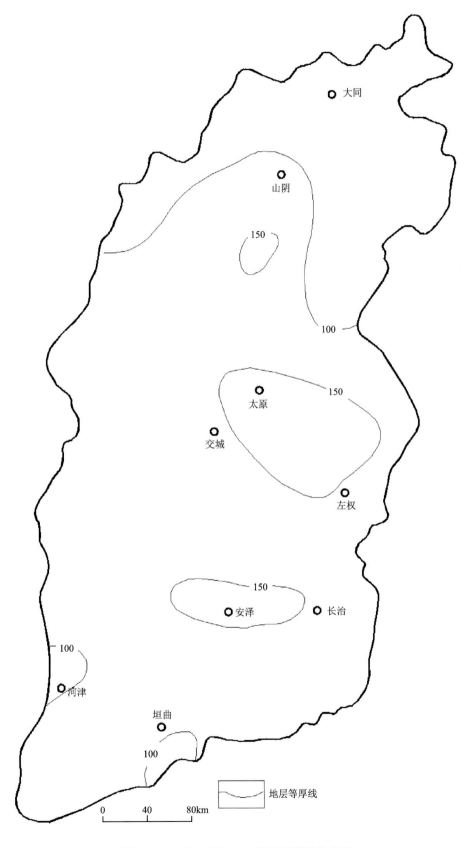

图 3-1-25　石盒子组一、二段地层等厚线略图

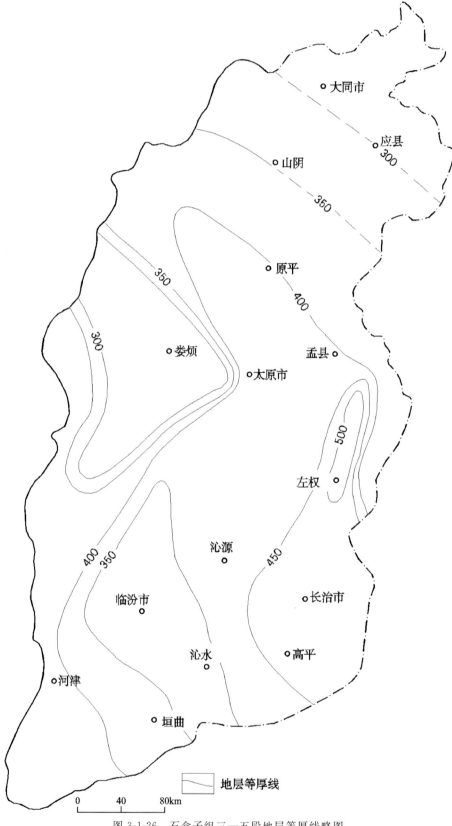

图 3-1-26 石盒子组三—五段地层等厚线略图

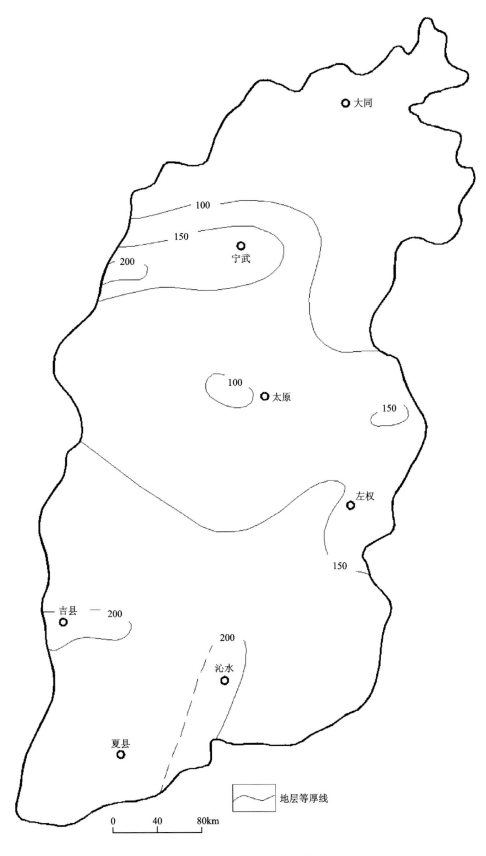

图 3-1-27 石千峰群地层等厚线略图

中侏罗世大同期,在北西-南东向挤压作用下,山西北部形成北北东向展布的隆坳相间的构造格局,云岗、宁武和广灵北一带形成聚煤构造盆地,上覆在永定庄期断陷盆地之上。早期沉积了大同组中、下部河流—湖沼交互相的灰白色、灰黄色长石石英杂砂岩、岩屑杂砂岩、粉砂岩、灰色—灰绿色粉砂质泥岩、黑色泥岩夹煤层及淡水灰岩结核、透镜体。形成了侏罗纪煤系地层中的煤、Ga、Ge、铁矾土矿床成矿系列;晚期挤压作用减弱湖盆开始萎缩,沉积了大同组上部浅湖-湖泊三角洲相灰白色—灰红色细粒长石石英砂岩、薄层粉砂岩、砂质泥岩及薄煤层(线)。

云岗—天池河期转变为曲流河—辫状河环境,在除天镇、阳高外的山西各地坳陷区早期沉积了云岗组下部曲流河-浅湖相的灰黄色—灰绿色夹紫色长石石英砂岩、粉砂岩、粉砂质泥岩和上部辫状河心滩-河漫滩相灰绿色长石砂岩、紫红色粉砂质泥岩、泥岩,古水流方向为北东-南西向;晚期进入强氧化环境,沉积了天池河组辫状河心滩-河漫滩相紫红色、砖红色长石砂岩、粉砂岩、粉砂质泥岩、钙质泥岩。

中侏罗世末—晚侏罗世,山西整体处于地壳拉伸期,产生了北西和北东向两组切穿岩石圈的深大断裂,晋东北地区形成了四周被深大断裂围限的浑源、灵丘两个断陷火山盆地,以红色为主的火山-沉积岩堆积于盆地中。髫髻山期浑源盆地北部沉积了髫髻山组下部冲洪积扇状紫红色砾岩,之后中基性岩浆喷溢,堆积了髫髻山组上部玄武安山岩。晚侏罗世土城子期,浑源盆地岔口—打虎沟间形成锥状火山喷发,在近火山口处堆积了巨厚的喷发相酸性熔岩和火山碎屑岩,远离火山口低洼地带形成河湖相火山碎屑沉积岩。灵丘盆地南部沉积了以冲洪积砾岩为主的扇状粗碎屑岩。

早白垩世张家口期,在浑源、灵丘盆地中以中心式喷溢与喷发交替进行。早期形成张家口组下部紫红色砂质泥岩及大量的呈韵律式喷发喷溢的玄武安山岩、粗安岩及火山角砾熔岩;晚期形成张家口组上部凝灰质砂砾岩、英安质凝灰角砾岩、流纹岩、粗面岩及凝灰质角砾熔岩,远离火山口的小女沟、石墙子村南形成河湖相紫红色岩屑砾岩、粉砂岩、泥岩。大北沟期仅在浑源盆地孟家窑、柴眷、野西沟等地次级盆地中以裂隙式火山喷发为主,早期形成大北沟组下部河湖相暗紫红色砂岩、砂质泥岩和喷发相粗安质角砾熔岩、粗安岩;晚期形成大北沟组上部河湖相紫红色—浅灰绿色砾岩、砂质泥岩和喷发相流纹质角砾熔岩。

早白垩世义县期,仅在晋东北中庄铺、西柏林、阳高等地形成伸展型断陷盆地,早期形成义县组下部河湖相灰黑色砾岩、砂岩、灰绿色—灰黄色泥岩、碳质泥岩夹煤线(层)及淡水灰岩;晚期形成义县组中部河流相灰红色—紫红色砾岩夹砂质泥岩及上部河湖相紫红色砂质泥岩夹砂砾岩,先后亦有玄武岩浆喷溢和流纹质角砾凝灰岩、火山角砾岩、流纹岩喷发,形成白垩纪火山沉积相珍珠岩矿床成矿系列。

早白垩世晚期—晚白垩世晚期伸展作用显著增强,伸展型断陷盆地向北扩展至大同东西两侧。早白垩世晚期沉积了左云组一套山前冲洪积扇-洪泛盆地相灰红色砾岩、砂岩和砖红色砂质泥岩、泥岩,呈角度不整合在义县组或下伏不同层位之上;晚白垩世早期沉积了助马堡组河湖相灰黄色—灰红色长石石英砂岩、粉砂岩和灰红色—紫红色砂质泥岩、泥岩及泥灰岩透镜体。

4. 新生代

进入新生代以来,山西的喜马拉雅运动,总体是在伸展构造背景下发生隆升、裂陷,以继承性断裂活动和地壳间歇性抬升为主导运动形式。造就了贯穿山西地块南北的汾渭裂谷和两侧山体整体抬升,以及山体遭受剥蚀、盆地接受沉积完整的山麓河湖冲洪积体系,形成现今黄土高原盆山构造景观和河流网格局。

3.1.3.3 沉积岩建造组合与成矿关系

1. 中、新元古代与成矿关系

1)燕辽裂古相陆表海砂泥岩组合(Ch_1—Ch_2)

中元古代燕辽裂谷边缘及陆缘碎屑障壁陆表海环境形成了陆表海砂泥岩沉积建造,沉积了云梦山组、常州沟组三段、串岭沟组底部的赤铁矿；白草坪组、北大尖组—常州沟组、崔庄组—串岭沟组、大红峪组中的绿色页岩、粉砂质页岩，形成的矿产为含钾岩石；常州沟组上部中的白色石英岩状砂岩SiO_2质量分数一般在97.92%～99.05%之间，可作玻璃用硅质原料，呈层状产出，一般均可达到大型矿床规模。

2）燕辽裂古相陆表海白云岩组合（Ch_2）

长城系晚期，海水侵入晋东北地区，形成开阔的陆表海碳酸盐岩台地，沉积了陆表海白云岩组合，其中高于庄组三段白云岩属冶镁白云岩，巨厚层微晶—细晶叠层石白云岩是主要矿石类型，均为Ⅰ级品。化学成分：$w(MgO)$为21.07%～21.44%；$w(SiO_2)$为0.61%～1.33%；$w(K_2O+Na_2O)$为0.06%～0.10%。藻纹层白云岩是本矿区次要的矿石类型。大多为Ⅰ级品，化学成分：$w(MgO)$为20.27%～21.61%；$w(SiO_2)$为0.33%～5.51%；$w(K_2O+Na_2O)$为0.04%～0.15%。广灵六棱山一带受花岗（闪长）岩热变质为白色大理岩，为极佳的汉白玉饰面石材和雕刻石材。

3）燕辽裂古相陆表海砾岩铁质岩组合（Qb）

受芹峪上升影响，晋东北一带沉积了青白口系云彩岭组砾岩铁质岩组合，含沉积型铁矿（广灵式铁矿），已被地方小规模开发利用。铁矿体赋存在含铁砂岩中，呈层状、透镜状，矿石以致密块状者质量较好，可构成富矿体，角砾状矿石次之。矿石矿物主要为赤铁矿，次为镜铁矿、褐铁矿；脉石矿物有石英、燧石等。一般$w(TFe)$为0%～40%，最富达50.27%，$w(SiO_2)$为40%～50%，硫、磷较低。

2. 寒武纪—奥陶纪碳酸盐岩台地与成矿关系

1）碳酸盐岩台地相陆表海陆源碎屑岩-灰岩组合（$\epsilon_1—\epsilon_2$）

早寒武世沧浪铺期—中寒武世毛庄期，海水淹没了山西除吕梁古陆以外的广大区域，在山西南部沉积了辛集组潮间泥坪相下部胶磷矿胶结砾岩、砂岩、页岩和上部砖红色含食盐假晶的富镁碳酸盐岩；其他地区发育了一套潮坪相红色蒸发盐建造，吕梁古陆边缘则处于潮坪环境，其间沉积了陆表海碎屑岩-灰岩组合，在霍山、吕梁山中段形成了较纯的霍山组石英砂岩，在山西南部馒头组局部具膏盐沉积。辛集组下部砂质燧石角砾岩层发育砂质燧石角砾磷块岩，上部角砾状燧石岩层中发育燧石磷块岩。矿体呈层状、似层状、透镜状产出。

2）碳酸盐岩台地相陆表海灰岩组合（$\epsilon_2—O_2$）

中寒武世徐庄晚期—晚寒武世崮山期和中奥陶世大湾期—晚奥陶世艾家山期，主体处于碳酸盐岩台地边缘潮间—潮下高能浅滩及潮间潟湖环境，沉积了陆表海灰岩组合，受地壳运动周期性垂直升降造成频繁的海进、海退更迭，在陆表海碳酸盐岩环境高水位期形成了厚度大的石灰岩，其层位有张夏组一段（分布遍及全省）、炒米店组（山西东北部恒山—五台山区）、马家沟组二、四、六段，而以马家沟组六段质量最佳，而山西中—中南部、太原—平定—襄汾—长治之间马家沟组一、三、五段为山西石膏赋存层位。一般能达到水泥用灰岩、熔剂用灰岩的工业要求，部分可达到电石灰岩的工业要求。

3）碳酸盐台地相陆表海白云岩组合（$\epsilon_2—O_2$）

高水位期沉积的灰岩，经后生白云岩化后，成为最佳的白云岩矿层，王屋山一带的三山子组z段、中南部地区的三山子组c段，均为山西的优质白云岩赋存层位。矿体呈薄层—巨厚层状，大部分$w(MgO)>20\%$，$w(SiO_2)<3\%$，$w(酸不溶物)<4\%$，基本可达到熔剂、陶瓷、玻璃用白云岩的工业要求，少数可达到提炼金属镁用白云岩的工业要求。

3. 石炭纪—三叠纪陆表海盆地、内陆坳陷盆地与成矿关系

1）陆表海盆地相铁铝岩组合（C_2）

由于晋冀鲁豫整体上升为陆，在奥陶系灰岩经受长时期侵蚀剥蚀而积存了丰富的铁铝岩，随晚古生代海水的入侵沉积了太原组下部湖田段铁铝岩组合，成为山西多种成因类型（风化残积淋滤型、浅海海湾潟湖型、浅海沉积型）沉积铁矿（山西式铁矿）、黄铁矿、铝土矿、黏土矿的赋存层位。

2)陆表海盆地沼泽含煤碎屑岩组合（$C_2—P_1$）

晚石炭世—早二叠世处于近海三角洲平原泥炭沼泽沉积环境，沉积了山西的太原组、山西组的沼泽含煤碎屑岩组合，形成最佳的含煤岩系。山西的太原组、山西组共含煤可达15层以上，煤层总厚达30~40m；但富煤带（具工业意义的可采煤层）为两个。下煤组位于分布最广的、最主要的灰岩层之下，上煤组位于最上一层灰岩之上；因此，上煤组的层位自北而南逐步升高。与煤共生矿产有软质黏土、高岭岩（雁北地区）和油页岩（保德、河曲、浑源、蒲县、乡宁等地）。

3)内陆坳陷盆地河流砂砾岩、粉砂岩、泥岩组合（$P_1—T_3$）

石盒子组沉积时期，形成了河流砂砾岩、粉砂岩、泥岩组合。除底部（一段）尚有薄煤线形成外，山西境内已不具备形成煤和铝土矿的条件，而仅能形成紫砂陶土。石盒子二段形成了铁锰质岩，局部形成了小型矿床。

三叠纪，山西继承了干旱气候条件的大陆冲积平原特征，经历了辫状河—曲流河—淡水湖泊环境的转换，沉积了河流砂砾岩、粉砂岩、泥岩组合，其中刘家沟组、二马营组、延长组巨厚的中细粒砂岩是建筑房屋基础和道路两侧护坡的上好材料。

4. 侏罗纪—白垩纪断陷盆地与成矿关系

1)断陷盆地河湖相含煤碎屑岩组合（$J_1—J_2$）

早侏罗世早期，山西一直处于隆起的侵蚀、剥蚀状态未接受沉积。进入早侏罗世晚期永定庄期，北部云岗、宁武一带形成短轴山间断陷盆地，接受永定庄组杂色河湖相砂砾岩、含砾砂岩、粉砂岩、粉砂质泥岩，中侏罗世早期，山西北部形成北北东向展布的隆坳相间的构造格局，云岗、宁武和广灵北一带沉积了山西省第二个含煤岩系——大同组、下花园组，形成含煤碎屑岩组合。大同组含煤21层。大同云岗盆地含煤系数11.1%，含可采煤14~21层，煤层总厚26m；宁武-静乐盆地含煤系数0.68%~1.70%，可采煤层7~10层，煤层总厚2.43~7.50m；广灵板塔寺下花园组含煤系数8.2%，可采煤层7~10层，煤层总厚10.67m。

2)火山沉积断陷盆地湖泊泥岩-粉砂岩组合（$J_2—K_1$）

晚侏罗世土城子期，浑源盆地岔口—打虎沟间形成锥状火山喷发，晚侏罗世张家口期在浑源、灵丘盆地以中心式喷溢与喷发交替进行，沉积了断陷盆地湖泊泥岩-粉砂岩组合，从而在山西省晋东北浑源、灵丘一带形成与侏罗纪—白垩纪陆相火山岩有关的金属和非金属矿产。土城子组彭头沟段形成赋存有膨润土（伴生有沸石）矿床，招柏段含有蒙脱石化黏土。张家口组抢风岭段形成和赋存有沸石和珍珠岩矿。

3.2 火山岩

山西的火山岩浆活动较为频繁，岩类较为复杂，基性岩、中性岩、中酸性岩、酸性岩、碱性及偏碱性岩均有发育。火山岩总面积约为7302km²，约占全省面积的4.67%，其中新生代玄武岩最为发育，次为中元古代，中生代火山岩较少。其活动方式既有裂隙式喷发，又有中心式喷发。中生代和新生代火山岩的形成环境为陆相，中元古代为海相火山岩。

在山西省1∶50万大地构造相底图（火山岩区）以地层单元加岩性花纹表示，依据为全国矿产资源潜力评价《成矿地质背景研究工作技术要求》，岩石分类命名按照中华人民共和国国家标准《岩石分类和命名方案火成岩岩石分类和命名方案》（GB/T 17412.1—1998）执行。

3.2.1 火山火岩时空分布及岩性特征

火山喷出岩总与地壳变动活动相关,所以它们的出现在时间上局限于一定的阶段,空间上集中在一定地域。山西火山岩大体可划分为中元古代火山喷出岩、中生代火山喷出岩和新生代火山喷出岩(图3-2-1)。

3.2.1.1 中元古代火山喷出岩

中元古代初期的火山喷出岩,主要分布于山西南部的王屋山—中条山地区的垣曲县北东和平陆县北西;另外零星见于吕梁山的汉高山、娄烦小两岭(汉高山群),太原市西北部的关口一带在验证磁异常的钻孔中,地下隐伏有该期火山喷出岩。上述火山喷出岩层位相当,岩性可以对比。均呈角度不整合覆于早前寒武纪变质岩系之上,被长城系云梦山组或寒武系平行不整合覆盖。岩性均为玄武安山岩-英安流纹岩,所不同的是王屋山—中条山地区的西阳河群火山岩厚度巨大(总厚最大达5000m),分布面积广(可延伸至河南熊耳山而称为熊耳群),而吕梁山地区的该期火山岩呈不连续零星分布,厚度较小(最厚258~492.6m)。

王屋山—中条山地区中元古代西阳河群,根据岩石组合、火山岩相,自下而上可划分为3个火山喷发组,即许山组、鸡蛋坪组、马家河组。

1. 许山组(Ch_1x)

该组主要分布于王屋山—中条山地区的垣曲县天盘山、毛家镇—同善镇一带,另外与许山组层位相当的零星见于吕梁山的汉高山、娄烦小两岭及太原市西北部的关口一带。岩性组合为许山组玄武岩、安山岩,王屋山—中条山地区发育枕状、绳状构造。火山岩厚度变化较大,王屋山—中条山地区厚9~212m,吕梁山区厚约480m,同位素年龄值为(1784 ± 56)~(1635 ± 6)Ma。

2. 鸡蛋坪组(Ch_1j)

鸡蛋坪组与许山组相伴产出,主要分布于王屋山—中条山地区,厚100~371.9m,与许山组层位相当的在吕梁山的汉高山、娄烦小两岭,出露于顶部,厚仅0~13m。岩性组合为流纹岩-英安岩,同位素年龄值为(1829 ± 41)~(1779 ± 20)Ma。

3. 马家河组(Ch_1m)

该组位于西阳河群上部,仅分布于王屋山—中条山地区的垣曲县毛家镇—王茅镇、绛县陈村镇及历山一带,岩性组合为辉石安山岩、安山岩,组成多旋回火山岩,每个旋回层的底部发育有厚度不大的砂岩、页岩、层凝灰岩、灰岩等沉积岩夹层,组厚40~3414m。

3.2.1.2 中生代火山喷出岩

山西省境内中生代火山喷出岩主要分布于晋东北区的浑源、灵丘、广灵县一带,山西北部阳高县西也有少量出露。在中晚侏罗世早期主要见到一些火山碎屑岩、凝灰岩的薄层,夹于沉积地层中,而火山熔岩类直到中侏罗世晚期—早白垩世早期才大量形成。火山构造盆地受北东、北西向两组断裂控制,历经了北西向断裂的强烈改造,山西境内残留有蔡村镇火山盆地、浑源火山盆地、龙虎岩火山盆地、塔地火山盆地、太白维山火山盆地和堡子湾火山盆地,均为长轴方向呈北西-南东向的负向火山盆地。

中生代的火山喷出岩包括有从基性—酸性火山岩组成的5个组、8个段,即髻髻山组、土城子组、张

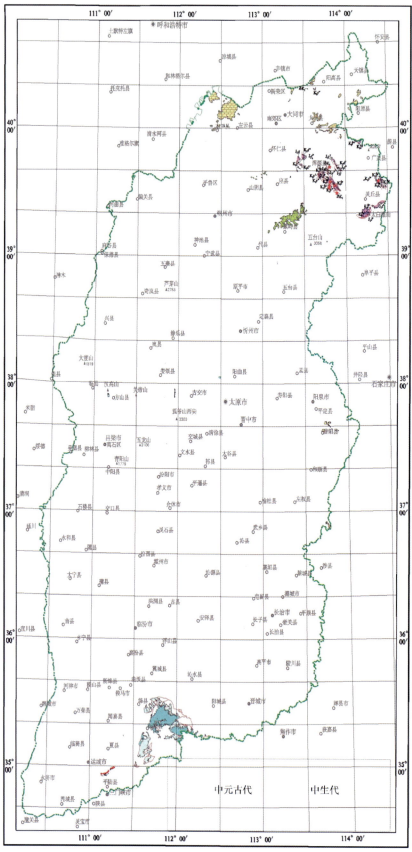

图 3-2-1　山西省中元古代—新生代火山岩分布略图

家口组(抢风岭、向阳村段)、大北沟组(野西沟段、石墙子段)、义县组(王家沟段、曹虎庵段),以及广为发育的爆发角砾岩筒。可划分为喷溢相、爆发相、侵出相、火山通道相和喷发-沉积相。

1. 髫髻山(组)($J_2 tj$)

该组分布于浑源县恒山东南麓的官王铺一带,大仁庄乡的柴眷、老马窑一带和蔡村镇的西岩寺。岩性组合为髫髻山组玄武安山岩、安山质集块岩、安粗岩,厚15~51m。

2. 土城子(组)($J_3 t$)

该组分布于浑源县彭头沟、羊投崖,灵丘太白维山南麓的干河沟、招柏一带,岩性组合为流纹质火山熔岩、火山碎屑岩、凝灰岩,厚63.9~295.8m

3. 张家口组($K_1 z$)

张家口组火山岩最发育,厚度大,分布也最广,除浑源恒山以南火山盆地外,尚见于灵丘太白维山火山盆地及塔地火山盆地、广灵县北部板打寺一带。岩性组合包括下部抢风岭段安山岩、玄武安山岩、辉石安山岩、安山质角砾熔岩、石英安粗质熔结凝灰岩,厚35.6~1 399.0m;上部向阳村段流纹岩、珍珠岩、粗面岩、火山碎屑岩、流纹质角砾熔岩、流纹质角砾凝灰岩,厚127.0~842.7m。

4. 大北沟组($K_1 d$)

大北沟组火山岩仅见于浑源(南)火山盆地的野西沟、柴眷、千佛岭、大磁窑及浑源北山的西柏林一带。下部岩性组合为野西沟段的安山岩、安粗岩、安山质熔结角砾岩、安山质火山集块岩、凝灰熔岩、流纹岩,厚12.5~305.0m;上部为石墙子段的流纹质角砾熔岩、凝灰角砾岩,厚约35m。

5. 义县组($K_1 y$)

义县组主要见于浑源火山盆地的曹虎庵、王家沟和浑源北山的西柏林、南水头一带,另外在灵丘塔地火山盆地和阳高县堡子湾也有少量出露。下部岩性组合为夹于王家沟段玄武岩,厚126.4m;上部岩性组合为曹虎庵段的球粒、球泡流纹岩、珍珠岩、流纹质角砾熔岩、流纹质凝灰岩,厚1392m。

6. 爆发角砾岩筒($K_1 ib$)

爆发角砾岩筒主要见于浑源义兴寨、千佛岭和阳高县堡子湾等地,均位于燕山构造岩浆岩带西部边缘唐河断裂带中,产于早白垩世的义县组活动期中粒钾长花岗岩体和石英正长斑岩中。此外,在恒山—五台山的一些中酸性复式岩体中也有产出。

3.2.1.3 新生代火山喷出岩

山西新生代火山岩以玄武岩为主,主要见于大同市、朔州市和忻州市、繁峙县及晋中市的昔阳、左权县等地。可划分为始新世—渐新世的繁峙玄武岩(组)、中新世早期的汉诺坝玄武岩(组)、中新世晚期的雪花山玄武岩(组)、第四纪晚更新世晚阶段的峙峪组册田玄武岩。

1. 繁峙玄武岩(组)($E_{2-3} f$)

繁峙玄武岩(组)包括分布于繁峙北部的繁峙玄武岩和怀仁、山阴、应县之间的黄花梁玄武岩。厚354.3~840m,呈角度不整合覆盖于早前寒武纪变质岩系或下古生界寒武系—奥陶系之上。其上覆有新近纪红土,岩性组合为橄榄玄武岩、伊丁石化玄武岩,其间发育多个喷发间断风化面,其不同颜色的残积黏土层有不稳定的砂岩层及褐煤层。同位素年龄值为41~37Ma。

2. 汉诺坝（组）玄武岩（N_1h）

汉诺坝（组）玄武岩广泛分布于山西北部，包括右玉玄武岩、大同市北郊的镇川堡玄武岩及阳高、天镇县南部与河北省阳原县交界地带呈零散分布的天镇玄武岩（阳原玄武岩）。岩性组合为辉石玄武岩、玄武质火山集块岩、橄榄玄武岩、玄武质晶屑熔结凝灰岩，厚 4.5～101.0m，同位素年龄值约为 20Ma。

3. 雪花山（组）玄武岩（N_1x）

雪花山（组）玄武岩分布于山西东部太行山中段的两处：一处为平定县与昔阳县相接的浮山、马鞍山及昔阳县松溪山西侧河流高阶地上（玄武质火山岩流底部及之间发育有红土夹砾石层）；另一处为左权县与河北省武安市交界的黄泽关玄武岩。岩性组合为致密状玄武岩、橄榄玄武岩、橄榄辉石玄武岩、气孔状玄武岩、火山角砾岩，厚 3.0～207.0m。同位素年龄值为 10～5Ma。

4. 峙峪组册田玄武岩（Qp^3s^c）

峙峪组册田玄武岩分布于大同盆地东部的大同县阁老山、阳高县册田一带。册田一带的玄武岩分布于桑干河谷的河流Ⅱ级阶地上，玄武岩流产出于峙峪组底部。阁老山一带的玄武岩分布于大同县东部黄土高阶地上，喷发的岩流夹于马兰黄土顶部，岩性组合为橄榄玄武岩、含火山弹气孔杏仁玄武岩、玄武质火山角砾岩、浮岩，厚 3.4～25.6m。

3.2.2 火山岩相与火山构造

3.2.2.1 火山岩相

1. 中元古代西阳河群火山岩相

山西境内中元古代西阳河群火山岩可划分为爆发相、喷溢相、火山通道相、侵出相、次火山岩相和喷发-沉积相。

1）爆发相

西阳河群火山岩的爆发相堆积主要分布在漫上盾状火山口、饿虎腰火山口周围，平面上呈椭圆形，围绕火山口展布。岩性主要为英安质集块岩、安山质集块岩或火山周围分布的各种角砾岩。另外黄背角一带的熔结火山角砾集块岩均为爆发相堆积产物。

2）喷溢相

喷溢相是西阳河群火山岩主体部分，主要发育于许山组下部，岩性为玄武安山岩、辉石安山岩、含辉安山岩、玻璃质安山岩等。堆积厚度可达 30～240m，发育球状岩枕、绳状熔岩。熔岩流形态、规模受地形条件的制约，一般呈一个方向或几个方向伸展的流纹或舌状体展布，有时犬牙交错，并列或重叠产出。形成岩石主要有含角砾的各种安山岩、熔结角砾安山岩、杏仁状安山岩、气孔状安山岩、致密块状安山岩、含辉安山岩、辉石安山岩、斑状辉石安山岩及少斑辉石安山岩等。

3）火山通道相

火山通道相岩石主要分布在落凹村南东饿虎腰火山通道中，它是由多次侵入形成的火山颈，侵入于许山组中部火山岩中。火山颈北侧还保留 0.5m 厚火口壁，其壁是由数百次火山喷发挤压留下的火山活动记录，薄壳由硅质、玻璃质成分组成。通道平面形态呈椭圆形，南北长 250m，东西宽 150m，剖面上呈漏斗状，面积约 0.04km²。根据火山颈各种岩石的相互关系，其侵入活动的顺序是致密块状辉石安山岩→杏仁状安山岩→斑状辉石安山岩→斑状含辉粗安岩→角砾状熔岩。

4）侵出相

侵出相岩石分布局限，主要出露于饿虎腰火山通道南东，与火山通道相呈过渡关系，平面上呈纺锤形，长 1200m，宽 200～500m，沿南东海拔 1759～1781.2m 高程山脊分布，面积约 0.25km²，岩石为杏仁气孔状斑状含辉粗安岩。此外，漫上火山喷发中心东侧也有部分残留，岩性为致密块状安山岩、脱玻化珍珠岩等。它们均出露在火山口周围或火山口内，呈环状或舌状展布。主要为中基性—中酸性不同期次的侵出产物，与火口内火山通道相岩石呈渐变关系。

5）次火山岩相

次火山岩主要分布于喷发中心四周，充填于放射状、环状断裂裂隙中，以岩墙、岩脉产出，主要有英安斑岩脉、斜长细晶岩脉、细晶英安岩脉或与铜矿化密切共生的含铜重晶石脉及硅质脉等，它们贯穿于整个火山活动的全过程。

6）喷发-沉积相

喷发-沉积相多属局限火山洼地沉积，主要出露在黄背角一带，中上部较发育，岩石类型有粗粉砂质黏土岩、粉砂质页岩或细—中粒长石砂岩，鸡蛋坪—丁羊沟—桑园河一带肉红色英安岩之下为呈条带状分布的粗沉火山角砾岩、紫红色泥岩、粗凝灰质长石岩屑砂岩、凝灰质长石砂岩等。

2. 中生代侏罗纪—白垩纪火山岩相

山西境内中生代侏罗纪—白垩纪火山岩可划分为喷溢相、爆发相、侵出相、火山通道相和喷发-沉积相。

1）火山通道相

较大的火山喷发中心因后期火山口沉陷多被白垩系左云组砾岩覆盖，出露较好的除岔口火山颈规模较大外其他规模较小，主要分布于火山盆地的外围小窝单、羊投崖、向阳村、黄窳梁、塔地、太白维山等地。火山颈发育于北西向与北东向断裂交会处。平面上呈椭圆形，在剖面上呈上大下小的漏斗状。由流纹质角砾凝灰熔岩、凝灰熔岩角砾岩、凝灰熔岩等充填，次火山岩在空间上环绕火山颈呈环状分布。

2）侵出相

侏罗纪—白垩纪火山岩的侵出相主要分布在小麦峪、羊投崖、野西沟等地的张家口组向阳村中，呈凸起的岩钟、熔岩穹丘，主要岩性为石英斑岩、粗面岩，地表呈孤立的凸起，向四周陡倾。

3）喷出相

喷出相岩石分布较广，各个火山盆地的髫髻山组—义县组中均有分布。中基性熔岩流岩性及厚度相对稳定，呈致密块状，气孔杏仁构造发育，具指示熔岩流动方向意义。流纹岩中以球粒、球泡、流面及流线发育为特征，局部流面因流动过程中受阻呈旋涡状柔皱。产于义县组王家沟段、曹虎庵段、大北沟组野西沟段及髫髻山组的火山岩以喷溢相为主。张家口组抢风岭段为喷溢相与爆发相相互叠置，单层厚度小，呈互层状，喷发—喷溢的韵律性变化明显。张家口组向阳村段熔岩流厚度较大，横向变化较大，近火山口处往往含集块和角砾。

4）爆发相

土城子组彭头沟段和张家口组向阳村段各具一次强爆发阶段。彭头沟段主要见于野西沟以西，流纹质集块岩、凝灰角砾岩、凝灰岩发育。向阳村段爆发相主要发育于干土岭—麻地坪间，以羊投崖为喷发中心，向南向北均依次出现集块岩、角砾岩、凝灰质碎屑岩，呈渐变过渡关系。以含集块岩厚度最大，角砾岩次之，凝灰岩最薄。抢风岭段爆发相在小窝单喷发中心四周发育，其他地段与喷溢相呈互层状韵律性重复出现。

5)爆发-沉积相

土城子组彭头沟段该相分布在抢风岭以北,岩性为初具层理的沉角砾凝灰岩,普遍发生膨润土化、沸石化。张家口组抢风岭段见于小女沟以南,为沉火山角砾岩、沉凝灰岩、凝灰质砂岩、粉砂岩等。张家口组向阳村段分布于石墙子村南及小女沟等地,岩性为岩屑砾岩、凝灰质粉砂岩等,碎屑初具磨圆,有一定的分选性,粒序层理发育。

6)次火山岩相

次火山岩相主要见于岔口、小窝单及羊投崖等地,分布于喷发中心外围,呈放射状、环状脉岩产出,主要岩性为石英粗安岩、花岗斑岩、二长斑岩建造、石英正长斑岩、正长斑岩、闪长斑(玢)岩建造等,呈脉状、小岩珠状、岩盘珠产出,以放射状环绕分布在破火山口四周。

3. 新生代古近纪—第四纪火山岩相

1)古近纪繁峙玄武岩火山岩相

繁峙玄武岩以巨厚的喷溢相熔岩流为特征,下部自下而上为橄榄粗玄岩→中细粒橄榄玄武岩→气孔状橄榄粗玄岩,上部自下而上为橄榄玄武岩→橄榄粗玄岩。喷发韵律多由气孔状玄武岩开始,下部气孔少而大,呈偏圆状,中部以致密状、疙瘩状玄武岩流为主,上部以气孔状玄武岩结束,每次喷发常对下伏沉积夹层有烘烤现象。玄武岩中夹各种不同色彩的间断风化面,反映出玄武岩喷发间断时间的长短和沉积环境。有些间断面沉积了褐煤、黏土、砂层,厚度大,表明喷发间隔时间较长或地形低;有些间断面仅为黏土化玄武岩厚度小,表明喷发间隔时间较短或地形较高。

2)新近纪汉诺坝玄武岩火山岩相

山西境内新近纪汉诺坝玄武岩可划分为喷溢相、火山通道相。

(1)喷溢相。汉诺坝玄武岩的喷溢相分布于火山通道相的四周。玄武岩多呈层状熔岩流产出,主要岩性为灰黑色、灰褐色气孔、杏仁状辉石玄武岩,橄榄玄武岩。熔岩流围绕火山口向四周流动,形成平缓台地或桌状山。

(2)火山通道相。汉诺坝玄武岩的火山通道相成群发育,在左云—右玉间散布着许多孤山状、圆锥状火山口,周边由气孔、杏仁状辉石玄武岩,橄榄玄武岩组成的熔岩流向外倾斜。其内部为柱状节理发育的致密状玄武岩,顶部为气孔、杏仁状玄武岩、火山角砾岩、火山集块岩。

3)第四纪册田玄武岩火山岩相

第四纪册田玄武岩在金山、黑山、狼窝山肖家窑子头山、孤山等地形成一些较大的火山锥,具有明显的岩相分带,可划分为喷溢相、爆发相、火山通道相。

(1)喷溢相。第四纪册田玄武岩的喷溢相主要发育在桑干河两岸。呈水平层状熔岩流产出,主要岩性橄榄玄武岩,喷发韵律发育,每个韵律的底部为致密状橄榄玄武岩,中间为含小气孔的橄榄玄武岩,顶部为密集发育的气孔橄榄玄武岩。

(2)爆发相。第四纪册田玄武岩的爆发相发育在火山口外围,由近而远依次为火山熔渣、火山集块岩、火山角砾岩、大小不等的火山弹。

(3)火山通道相。第四纪册田玄武岩的火山通道相成群发育,形成孤山状、圆锥状火山口,周边由火山熔渣、火山集块岩、火山角砾岩、大小不等的火山弹等组成。其内部为柱状节理发育的致密状玄武岩,顶部为气孔、杏仁状玄武岩

3.2.2.2 火山构造

1. 中元古代西阳河群火山构造

西阳河群火山岩区域上位于秦岭造山之北与沁水复向斜南部扬起端之交会部位,严格受三叉裂谷

控制,其间可确定的火山构造有漫上盾状火山喷发中心、饿虎腰火山口。

(1)漫上盾状火山喷发中心。漫上盾状火山喷发中心由偏碱性的中基性—中性—中酸性熔岩组成,为一保存较完整的古盾状火山构造,平面上近圆形,直径约12km。在地貌上表现为北东和南西呈环形山,环形地貌中心呈圆形锅状,四周由弧形或放射状水系环抱。南东边界为河南省与山西省交界处的陈家坪—花园沟一线,西界为西阳河西岸之山链,北界被汝阳群云梦山组砂砾岩覆盖,组成环状山主要为中酸性英安岩、流纹英安岩或杏仁状辉石安山岩。内部则为爆发相火山集块岩,向四周逐渐过渡为角砾状熔岩、含角砾状熔岩与含杏仁状熔岩。

(2)饿虎腰火山口。饿虎腰火山口位于垣曲县落凹东与阳城县交界的云梦山前缘饿虎腰,位于漫上盾状火山喷发中心北东,属寄生火山口。平面近椭圆形,剖面上呈漏斗状,直径约400m,近火山口产状平缓,向四周逐渐变陡。内部充填岩石为灰绿色致密块状安山岩、杏仁状安山岩、斑状辉石安山岩、斑状粗面质含辉安山岩、角砾状熔岩。

2. 中生代侏罗纪—白垩纪火山岩构造

山西的中生代侏罗纪—白垩纪火山盆地位于中国东部滨太平洋构造岩浆岩带燕辽-太行同碰撞构造火山亚带西部边缘,属火山喷发带的Ⅲ级火山构造单元。Ⅳ级构造单元发育在浑源、龙虎岩、塔地、太白维山等地,均为长轴方向呈北西-南东向的负向火山构造盆地,多因北西向断裂切割呈断夹块产出而不完整,其中发育较好的为浑源火山构造盆地。

浑源火山构造盆地中心位于中庄铺—羊投崖一带,形态为近似圆形。四周为断裂所限定,外围为古生界沉积盖层及太古代片麻岩。火山岩形成于晚侏罗世—早白垩世,多直接覆盖在石炭系—二叠系之上。南端相对抬升较高,火山岩已剥蚀殆尽。盆地中心为火山口沉陷阶段义县组及左云组河湖相堆积,向外有大北沟、张家口组及少量髫髻山组、土城子组残存。各期火山岩从老到新依次叠覆,产状总体向盆地倾斜。盆地内可划分为若干火山机构,现简述如下。

(1)野西沟锥状火山。该火山机构锥体位于野西沟村,为浑源火山构造盆地内早阶段喷发的产物,其上覆盖有张家口期抢风岭段玄武质角砾熔岩。因后期构造运动,锥体发生倾斜,形态为不规则圆状,锥体斜坡30°~40°,土城子期以流纹质含集块凝灰角砾岩为主,侵出相熔岩穹丘发育,两侧急剧变薄,属中心式爆发空落堆积及火山碎屑流堆积,并伴随有少量流纹岩溢出。

(2)小窝单复式火山。小窝单复式火山机构处于北西和北东向断裂交会部位,地貌上为一马蹄形负地形,四周为陡立的高山。中心在小窝附近被花岗闪长玢岩充填及白垩系砂砾岩覆盖,早期抢风岭段喷发—喷溢相分布于四周,晚期向阳村段喷溢相覆盖其上,并发育两个较好的寄生火山颈及一个爆发角砾岩筒。环状、放射状断裂、次火山岩脉发育。环状断裂带的外围多为太古宙片麻岩及古生代灰岩的构造岩块,蚀变强烈。该火山机构早期以喷发—喷溢为主,晚期以爆发为主,并伴有Au、Ag、Mo、多金属矿化。

(3)羊投崖-向阳村层状火山。该火山机构分布范围在抢风岭以南,石墙子以北。东侧抬升处于剥蚀状态,西侧发生沉陷被白垩系覆盖。具双层结构,下部为抢风岭段基性—中性熔岩与碎屑岩互层状产出;上部堆体发育,由向阳村段中酸性火山岩组成。据岩性、岩相分布,在该层状火山机构的晚期阶段逐渐发展为羊投崖、土岭沟、向阳村3个火山口。因火山口沉陷多被白垩系砾岩覆盖,仅出露近火山口的爆发相岩石,呈环状、半环状展布,自中心向外,围岩产状由陡变缓。

(4)野西沟-石墙子裂隙式火山。该火山机构属晚侏罗世晚期火山活动减弱阶段的产物,为单一的基性—酸性熔岩流,厚度不大,但延伸较远,横向变化不明显,沉积间断清晰,具裂隙式侧向溢出特点。

(5)曹虎庵穹状火山。曹虎庵穹状火山机构形成于早白垩世,围岩为义县组含砾泥岩,因塌陷被左云组砾岩覆盖,据内倾的产状,地貌呈一半环状陡立高山,顶部产状平缓,高黏度的球泡流纹岩发育,推测为一穹状火山。

3.2.2.3 新生代古近纪—第四纪火山岩构造

1. 古近纪繁峙玄武岩火山岩构造

古近纪繁峙玄武岩形成时滹沱河裂陷盆地已初具规模,五台山北侧,断裂活动加剧,玄武岩浆沿断裂上涌溢出,其喷发形式为裂隙宁静式溢流喷发。

2. 新近纪汉诺坝玄武岩火山岩构造

新近纪汉诺坝玄武岩在山西、内蒙、河北三省交界地带受北东和北西断裂控制,岩浆在构造薄弱部喷出地表,形成一个个火山锥,在右玉一带形成层状熔岩流大面积分布。火山喷发形式多呈混合式喷发。

3. 新近纪雪花山玄武岩火山岩构造

新近纪雪花山玄武岩在平定县、昔阳县和左权县与河北省交界地带,受太行山断褶带控制,在左权县武家坪村北的1369m高地上处,发育有一处较完整的火山口,东西长约60m,南北宽约50m,呈椭圆形,为火山喷发时熔岩溢出口。

4. 第四纪册田玄武岩火山岩构造

册田玄武岩形成于第四纪晚更新世,基性岩浆受断裂活动的控制沿一定方向上涌,形成大小不等的串珠状火山锥,多处发现有火山口,同时形成北东东向的玄武岩垅岗,表明这一时期的火山活动形式以爆发式喷发为主。

3.2.3 火山岩岩石构造组合的划分及其特征

3.2.3.1 火山建造类型及特点

山西省火山岩建造类型发育齐全:熔岩建造、火山碎屑岩建造、潜火山岩建造等均有分布。火山岩建造类型随着构造演化阶段、构造所处位置、火山活动的强弱、控制火山活动的构造性质的不同而存在明显的差异性。其主要火山建造类型和特点描述如下。

1. 熔岩建造

(1)玄武岩建造。可分为碱性橄榄玄武岩建造、拉斑玄武岩建造(包括块状玄武岩,气孔状、杏仁状玄武岩等),呈层状互层状熔岩被产于大同市、朔州市和忻州市、繁峙县以及晋中市的昔阳、左权县等地的新生代各组火山岩中。火口处或附近常含普通辉石、尖晶石等包体及包晶。气孔状、杏仁状玄武岩常见于玄武岩顶部。正常玄武岩建造主要产于中生界白垩系义县组、中元古界许山组。

(2)玄武安山岩建造。有辉石安山岩、玄武安山岩两种建造,主要产于山西省南部王屋山—中条山地区、吕梁山的汉高山、小两岭的许山组和东北部恒山—五台山地区的髫髻山组、张家口组下部。

(3)安山岩建造。安山岩建造为熔岩类常见的岩石类型,断续分布于中元古代许山组、马家河组,中侏罗世晚髫髻山组下部、早白垩世张家口组中部和底部,但不稳定,此外,大同火山群的繁峙组内局部见有安山岩夹层。

(4)英安岩建造。仅见英安岩建造,见于山西省南部王屋山—中条山地区和吕梁山的汉高山、小两岭的鸡蛋坪组,呈夹层产出。

(5)玄武粗安岩建造。该建造分布局限,仅见于髫髻山组和大北沟组中,呈夹层产出。

(6)粗安岩建造。该建造包括石英粗安岩、含辉石粗安岩和辉石石英粗安岩,广泛分布于髫髻山组中,在大北沟组和张家口组主要出露于中部。

(7)粗面岩建造。该建造主要包括石英粗面岩、粗面岩和安山粗面岩等,断续分布在张家口组中上部。

(8)流纹岩建造。该建造为熔岩类最常见岩石类型,包括有流纹岩、流纹质角砾熔岩:普遍出露于山西省南部王屋山—中条山地区和吕梁山的汉高山、小两岭的鸡蛋坪组和恒山—五台山地区的张家口组、义县、大北沟县中,土城子组中亦可零星见。

(9)珍珠岩建造。仅见英安岩建造,仅见于和恒山—五台山地区张家口组向阳村段、义县组曹虎庵段中。

2. 火山碎屑岩建造

由火山-沉积作用形成的火山-沉积岩建造。根据其形成环境、形成方式及形成的不同岩性,对该建造类型进行了详细划分。

(1)熔结火山碎屑岩建造。该建造多具熔结凝灰(角砾)结构,似流动构造,由塑性碎屑及刚性碎屑组成,刚性碎屑为岩屑及晶屑。主要有粗面质熔结火山碎屑岩建造、流纹质角砾熔岩、流纹质熔结凝灰岩建造等,常含角砾,有时为流纹质熔结角砾岩,多见于火山机构附近。流纹质熔结凝灰岩建造多见于张家口组上部和下部,粗面质熔结火山碎屑岩建造主要见于张家口组上部。

(2)正常火山碎屑岩建造。最常见的火山岩建造之一,分布广,赋存层位多。按火山碎屑成分可分为玄武质、安山质、流纹质、粗安质、粗面质火山碎屑岩建造;按火山角砾粒径可分为集块岩、火山角砾岩、凝灰岩建造及它们之间的过渡类型。

(3)沉积火山碎屑岩建造。

①沉集块岩建造:该建造多呈紫红色,具沉集块结构,集块多为安山岩。集块含量50%~60%,多呈次圆—圆状,填隙物为火山灰或铁质。仅见于髫髻山组中。

②沉火山角砾岩建造:该建造灰红色、紫红色,沉火山角砾结构,层状构造。火山角砾多为安山岩,少量凝灰岩,棱角—次棱角状,质量分数为50%~80%,胶结物为火山灰及粉砂(10%~15%)。赋存在下长城统各组和下白垩统张家口组及义县组中。

③沉凝灰岩建造:该建造呈粉红色、黄绿色、灰白色,沉凝灰结构,层状构造。火山碎屑占60%~82%,为晶屑、岩屑,呈棱角状;正常沉积物10%~40%,为细砂、粉砂及黏土物质。赋存在早长城世各组和早白垩世张家口组及义县组中。

④火山碎屑沉积岩建造:按照沉积物颗粒的大小,该建造可划分为凝灰质砾岩建造、凝灰质砂岩建造、凝灰质粉砂岩建造,或凝灰质砾岩、凝灰质砂岩、凝灰质粉砂岩等岩石组合建造。火山碎屑质量分数10%~20%,多为岩屑、晶屑。正常沉积相分为砾及砂屑,多呈次圆—浑圆状,胶结物多为泥质。一般层理发育,具一定分选性。赋存在新生代雪花山玄武岩组、早长城世各组和张家口组及义县组不同层位中。

3. 潜火山岩建造

该建造类型较多,常见有潜英安岩建造、潜流纹岩建造、潜粗面岩建造以及花岗斑岩建造、二长斑岩建造、石英正长斑岩、正长斑岩、闪长斑(玢)岩建造等。赋存在髫髻山组、张家口组及义县组不同层位中。

3.2.3.2 火山岩岩石构造组合的划分及其特征

在上述火山岩建造划分的基础上,结合火山岩相、火山机构,以及同一构造环境形成的其他岩石(侵入岩、沉积岩、变质岩)和主要变形构造的特征等,对山西省火山岩岩石构造组合进行了划分,见表3-2-1。

表 3-2-1　山西省中元古代—新生代火山岩岩石构造组合划分及特征表

时代	层位	岩石构造组合	建造类型			
			熔岩建造	火山碎屑岩建造	潜火山岩建造	沉积岩建造
第四纪	峙峪(册田)组	稳定陆块大陆溢流玄武岩组合	橄榄玄武岩、气孔杏仁玄武岩	玄武质火山角砾岩、浮岩		黄土、砾石层
新近纪	雪花山组	稳定陆块大陆溢流玄武岩组合	橄榄(辉石)玄武岩、玄武岩、气孔杏仁玄武岩	火山角砾岩		红土夹砾石层
	汉诺坝组	稳定陆块大陆溢流玄武岩组合	辉石玄武岩、橄榄玄武岩	玄武质火山集块岩、玄武质晶屑熔结凝灰岩		
古近纪	繁峙组	大陆伸展双峰式火山岩组合	橄榄玄武岩,伊丁石化玄武岩			黏土、褐煤层
早白垩世	爆发角砾岩	同碰撞强过铝火山岩组合		角砾状石英斑岩、角砾晶屑凝灰岩		
	义县组	同碰撞高钾火山岩组合	流纹岩、珍珠岩、流纹质角砾熔岩	流纹质凝灰岩	潜玄武安山岩、潜安山岩、潜粗安岩	
		同碰撞高钾火山岩组合	玄武岩			
	大北沟组	同碰撞强过铝火山岩组合	流纹质角砾熔岩	凝灰角砾岩		
		同碰撞钾质和超钾质火山岩组合	安山岩、安粗岩、凝灰熔岩、流纹岩	安山质火山集块岩、安山质熔结角砾岩		
	张家口组	同碰撞钾质和超钾质火山岩组合	流纹岩、珍珠岩、粗面岩	火山碎屑岩、流纹质角砾熔岩、流纹质角砾凝灰岩	潜粗安岩、潜石英粗面岩、潜流纹岩	
		同碰撞高钾和钾玄质火山岩组合	安山岩、玄武安山岩、辉石安山岩	安山质角砾熔岩、石英安粗质熔结凝灰岩		
晚侏罗世	土城子组	同碰撞高钾和钾玄质火山岩组合	流纹质角砾熔岩	凝灰角砾岩		砂砾岩、砂岩

续表 3-2-1

时代	层位	岩石构造组合	建造类型			
			熔岩建造	火山碎屑岩建造	潜火山岩建造	沉积岩建造
中侏罗世	髫髻山组	同碰撞高钾和钾玄质火山岩组合	玄武安山岩、安粗岩	安山质集块岩	潜石英粗安岩	
早长城世	马家河组	大陆板内裂谷玄武安山岩-碎屑岩组合	安山岩夹枕状熔岩	凝灰岩		页岩、砂岩、砾岩
	鸡蛋坪组	大陆板内裂谷流纹岩-英安岩组合	紫红色英安岩、流纹岩、珍珠岩	英安角砾岩、流纹质凝灰岩		页岩
	许山组	大陆板内裂谷玄武岩-安山岩组合	辉石安山岩、玄武安山岩夹1～2层斑状安山岩、玄武岩	凝灰岩		

1. 中元古代火山岩岩石构造组合

该时代火山岩主要分布于山西南部的王屋山—中条山地区的垣曲县北东和平陆县北西,另在太原以西古交—娄烦及关口地区亦有出露(汉高山群),在空间上呈三联模式,大地构造位于晋豫陕三叉裂谷系北东支发展而来的斜穿于华北地台内部的熊耳叠加裂谷构造火山岩带。根据地理位置可划分为关帝山裂谷构造火山喷发岩段和中条山裂谷构造火山喷发岩段,中条山裂谷构造火山喷发岩段岩石构造组合可划分3个组合,即许山组大陆板内裂谷玄武岩-安山岩组合、鸡蛋坪组大陆板内裂谷流纹岩-英安岩组合和马家河组大陆板内裂谷玄武安山岩-碎屑岩组合;关帝山裂谷构造火山喷发岩段岩石构造组合可划分2个组合,即许山组大陆板内裂谷玄武岩-安山岩组合、鸡蛋坪组大陆板内裂谷流纹岩-英安岩组合。火山岩为下长城统许山组、鸡蛋坪组和马家河组的主体岩性,马家河组中夹少量页岩、砂岩和砾岩,严格受地层层位控制,火山岩以中基性、中性熔岩为主,中酸性、基性熔岩次之,并有少量火山碎屑岩和碎屑岩夹层。在幸福沟、下横峪、胡家峪水库西北及柳沟等地尚有4个火山颈相闪长质隐爆角砾岩筒产出。

2. 中生代火山岩岩石构造组合

山西省中生代火山岩主要分布于山西东北部恒山—五台山地区的浑源、灵丘、广灵县一带,山西北部阳高县西也有少量出露。其位于燕山构造岩浆岩带西部边缘唐河断裂带中,属火山喷发带的Ⅲ级火山构造单元,据地理位置和断裂所限定大体可划分为6个负向火山盆地(Ⅳ级构造单元):蔡村镇火山盆地、浑源火山盆地、龙虎岩火山盆地、塔地火山盆地、太白维山火山盆地和堡子湾火山盆地,各盆地岩石构造组合划分见表3-2-2,大地构造位于燕辽-太行同碰撞构造火山盆地(亚带)。

3. 新生代火山岩岩石构造组合

山西新生代火山岩以玄武质喷出岩为主,主要见于大同市、朔州市和忻州市、繁峙县以及晋中市的昔阳、左权县等地。其位于新生代断陷盆地及帽状残存于山脊之上(汾渭裂谷构造火山亚带、Ⅲ级构造单元),据地理位置大体可划分为3个负向火山盆地(Ⅳ级构造单元):雁北火山喷发岩段、繁峙火山喷发岩段、太行山中段火山喷发岩段。

3.2.4 火山构造岩浆旋回与构造岩浆岩带

3.2.4.1 火山构造岩浆旋回

山西火山岩大体可划分为中元古代构造岩浆旋回和晚三叠世—第四纪构造岩浆旋回两个Ⅰ级旋回,中元古代构造岩浆旋回又可划归长城纪亚旋回(Ⅱ级);晚三叠世—第四纪构造岩浆旋回可进一步划分为晚三叠世—白垩纪亚旋回(Ⅱ级)和古近纪—第四纪亚旋回(Ⅱ级)。

1. 中元古代火山喷出旋回(Ⅰ级)—长城纪亚旋回(Ⅱ级)

中元古代的火山喷出岩,主要分布于山西南部王屋山—中条山地区的垣曲县北东和平陆县北西;另外零星见于吕梁山的汉高山、娄烦小两岭,太原市西北部的关口一带。几处火山喷出岩层位相当,岩性可以对比。岩性均为玄武安山岩-英安流纹岩,根据岩石组合、火山岩相,可划分为2个火山喷发活动期(Ⅲ级),即许山组—鸡蛋坪组活动期、马家河组活动期。

1)许山组—鸡蛋坪组活动期($Ch_1 x$—$Ch_1 j$)

许山组—鸡蛋坪组主要分布于垣曲县天盘山、毛家镇—同善镇一带,另外零星见于吕梁山的汉高山、娄烦小两岭,太原市西北部的关口一带。岩性组合为许山组玄武岩-安山岩(厚9~212m)和鸡蛋坪组流纹岩-英安岩(厚13~496.2m),同位素年龄值为1829±41~1635±6Ma,因此1800Ma左右代表了熊耳群火山岩的成岩年龄,时代应为中元古代。

2)马家河组活动期($Ch_1 m$)

马家河组与许山组—鸡蛋坪组相伴产出,形成时代与许山组—鸡蛋坪组相同,分布于垣曲县毛家镇—王茅镇、绛县陈村镇及历山一带,岩性组合为玄武安山岩-碎屑岩(厚40~3414m)。

2. 晚三叠世—第四纪构造岩浆旋回火山喷出旋回(Ⅰ级)

1)晚三叠世—白垩纪亚旋回(Ⅱ级)

山西省境内该期火山喷出岩主要分布于山西东北部恒山—五台山地区的浑源、灵丘、广灵县一带,山西北部阳高县西也有少量出露。火山喷出岩包括有从基性—酸性火山岩组成的4个火山喷发活动期(Ⅲ级),即髫髻山(组)—土城子(组)活动期、张家口(组)(抢风岭—向阳村)活动期、大北沟(组)活动期、义县(组)活动期。

(1)髫髻山(组)—土城子(组)活动期($J_2 tj$—$J_3 tp$)。形成时代为中侏罗世晚期—晚侏罗世早期(J_{2-3}),火山岩分布于浑源县恒山东南麓的官王铺一带,大仁庄乡的柴眷、老马窑一带和灵丘太白维山南麓的干河沟、招柏一带。岩性组合为髫髻山组玄武岩(厚15~51m)及土城子组流纹质火山熔岩、火山碎屑岩、凝灰岩(厚63.9~295.8m)。

(2)张家口组活动期($K_1 z$)。形成时代为早白垩世早期(K_1^1),该期火山岩最发育,厚度大,分布也最广,除浑源恒山以南火山盆地、灵丘太白维山火山盆地及塔地火山盆地外,尚见于浑源县西北部西柏林一带、广灵县北部板寺一带和左云县旧高山一带。岩性组合包括下部抢风岭段玄武岩、玄武安山岩(厚度35.6~1399.0m)及上部向阳村段英安质、流纹质、粗面质火山岩(厚127.0~842.7m)。

(3)大北沟组活动期($K_1 d$)。形成时代为早白垩世中期(K_1^2)。火山岩仅见于浑源(南)火山盆地及西部的西柏林一带。岩性旋回包括下段的玄武岩、玄武安山岩(厚12.5~305.0m)和上段的流纹质熔岩、角砾岩、凝灰岩(厚35m)。

(4)义县组活动期($K_1 y$)。形成时代为早白垩世末期(K_1^3)。火山岩主要见于浑源县火山盆地和西北部的西柏林一带，另外阳高县西也有少量出露。岩性包括夹于下部两层玄武岩（最大厚 126.4m）和流纹质熔岩、火山角砾岩、凝灰岩（厚达 139.2m）。

2）古近纪—第四纪亚旋回（Ⅱ级）

山西该期火山岩以玄武质喷出岩为主，主要见于大同市、朔州市和忻州市、繁峙县以及晋中市的昔阳、左权县等地。火山主要表现为四期（活动期）（Ⅲ级）基性火山喷出岩-玄武岩，即始新世末期的繁峙玄武岩（组）活动期、中新世早期的汉诺坝玄武岩（组）活动期、中新世晚期的雪花山玄武岩（组）活动期、第四纪晚更新世晚阶段的册田玄武岩（组）活动期。

(1) 繁峙玄武岩（组）活动期（$E_{2-3}f$）。包括分布于繁峙代县北部的繁峙玄武岩和怀仁、山阴、应县之间的黄花梁玄武岩。最大厚度 354.3～840m，其下直接不整合覆盖于早前寒武纪变质岩系或下古生界寒武系—奥陶系之上。其上覆有新近纪红土，其间有多个（8 个）喷发间断风化面，其不同颜色的残积黏土层有不稳定的砂岩层及褐煤层。同位素年龄值在 41～37Ma 之间，应属古近纪始新世末—渐新世初。

(2) 汉诺坝玄武岩活动期（N_1h）。广泛分布于山西雁北地区，包括右玉玄武岩、大同市北郊的镇川堡玄武岩及阳高、天镇南部与河北省阳原边界地带，零散分布的天镇玄武岩（阳原玄武岩）。其层位可与河北张家口汉诺坝玄武岩相对比，厚 4.5～101.0m，按同位素年龄值在 20Ma 左右，应属新近纪中新世早阶段喷出。

(3) 雪花山玄武岩活动期（N_1x）。分布于山西东部太行山区的两处：一处为平定县与昔阳县相接地带的浮山、马鞍山及昔阳县松溪河北侧河流高阶地上（玄武质火山岩流底部及之间发育有红土夹砾石层）；另一处为左权县与河北省武安市交界的黄泽关玄武岩，厚 3.0～207.0m。按同位素年龄值在 10～5Ma 之间，1997 年《山西省岩石地层》划归为新近系中新统雪花山组。1∶25 万长治幅区调在对前人资料进行系统的分析研究基础之上，分别在左权县南坳和水峪沟实测了两条剖面，经路线地质调查，结合火山构造、岩石组合及上下地层覆盖关系分析，仍划归新近系中新统雪花山组。

(4) 峙峪组（册田玄武岩）活动期（Qp_3^sc）。分布于大同市以东的大同县、阳高县境内，按产出层位，分别划分为册田玄武岩和阁老山玄武岩。册田玄武岩分布于桑干河谷的河流Ⅱ级阶地上，玄武岩流产出于峙峪组底部，时代应属第四纪晚更新世晚期。阁老山玄武岩分布于大同县东部黄土高阶地上，喷发的岩流夹于马兰黄土顶部，厚 3.4～25.6m。

3.2.4.2 构造岩浆岩带

山西省火山岩构造岩浆岩带划分为 5 级：Ⅰ级—构造岩浆岩省，Ⅱ级—构造岩浆岩带，Ⅲ级—火山岩亚带，Ⅳ级—火山岩段，Ⅴ级—火山机构或岩石构造组合。具体以晋豫陕三叉裂谷系构造划归华北陆块构造岩浆省，而分布在燕辽—太行山地区的划归中国东部滨太平洋构造岩浆岩省两个Ⅰ级单元。各级火山构造岩浆岩带划分见表 3-2-2。

3.2.5 火山岩的形成、构造环境及其演化

3.2.5.1 火山岩浆特征、形成及构造环境

火山岩浆主要为源自上地幔及地壳的物质。由于温度升高、压力降低、水及低熔组分的加入，致使上地幔及地壳物质发生部分熔融，加之发生部分熔融的深度、源岩性质不同从而产生了不同性质的岩浆。实验资料表明：当 $p_总=p_{H_2O}$ 时，地幔初始熔融的压力为 20kbar（1kbar=100MPa）（66～70km），熔出的岩浆相当于玄武安山岩（SiO_2 质量分数为 52%），安山岩浆生成的深度下限为 60km，大于该深度熔出的岩浆较基性（吴利仁等，1984）。地壳物质在 1000℃ 以下、含 2% 左右的 H_2O，即可局部熔融产生流

纹质岩浆。

表 3-2-2 大陆伸展、稳定陆块火山岩亚带岩石构造组合划分表

时代	带	亚带	火山岩段（盆地）	岩石构造组合	分布
新生代		汾渭裂谷构造火山亚带	雁北火山喷发岩段(N—Q)	大同县稳定陆块大陆溢流玄武岩组合($Qp_3^{s^c}$)	大同县东小村镇、友宰镇
				右玉稳定陆块大陆溢流玄武岩组合(N_1h)	右玉县右卫镇
				镇川堡稳定陆块大陆溢流玄武岩组合(N_1h)	阳高县镇川堡
				天镇稳定陆块大陆溢流玄武岩组合(N_1h)	天镇县米薪关镇
			太行山中段火山喷发岩段(N)	昔阳稳定陆块大陆溢流玄武岩组合(N_1x)	昔阳县张庄镇—东冶头镇
				黄泽关稳定陆块大陆溢流玄武岩组合(N_1x)	左权县武家坪、南垴、水峪沟
			繁峙火山喷发岩段(E)	黄花岭大陆伸展双峰式火山岩组合($E_{2-3}f$)	应县黄花岭
				繁峙大陆伸展双峰式火山岩组合($E_{2-3}f$)	繁峙县枣林镇—沙河镇
中生代	华北叠加造山-裂谷构造岩浆带	燕辽-太行同碰撞构造火山盆地（亚带）	浑源火山盆地	岔口同碰撞强过铝火山岩组合	岔口、小窝单、羊投崖
				义县组曹虎庵段同碰撞高钾质火山岩组合	曹虎庵、王家沟
				义县组王家沟段同碰撞高钾质火山岩组合	王家沟
				大北沟组石墙子段同碰撞强过铝火山岩组合	千佛岭、石墙子
				大北沟组野西沟段同碰撞钾质和超钾质火山岩组合	野西沟、柴眷
				张家口组向阳村段同碰撞钾质和超钾质火山岩组合	小麦峪、向阳村
				张家口组抢风岭段同碰撞高钾和钾玄质火山岩组合	抢风岭、中庄铺
				土城子组彭头沟段同碰撞高钾和钾玄质火山岩组合	彭头沟、羊投崖
				髫髻山组同碰撞钾质和超钾质火山岩组合	大磁窑、官王辅柴眷
			蔡村镇火山盆地	义县组王家沟段同碰撞高钾质火山岩组合	南水头
				大北沟组石墙子段同碰撞强过铝火山岩组合	东圪坨铺
				大北沟组野西沟段同碰撞钾质和超钾质火山岩组合	西柏林、西岩寺
				土城子组彭头沟段同碰撞高钾和钾玄质火山岩组合	蔡村镇
				髫髻山组同碰撞钾质和超钾质火山岩组合	西岩寺
			龙虎岩火山盆地	张家口组向阳村段同碰撞钾质和超钾质火山岩组合	板打寺、西安
				张家口组抢风岭段同碰撞高钾和钾玄质火山岩组合	
			塔地火山盆地	义县组王家沟段同碰撞高钾质火山岩组合	塔地盆地的香亭梁、柳科、黄崖尖
				张家口组向阳村段同碰撞钾质和超钾质火山岩组合	
				张家口组抢风岭段同碰撞高钾和钾玄质火山岩组合	
			太白维山火山盆地	张家口组向阳村段同碰撞钾质和超钾质火山岩组合	太白维山的干河沟、上车河
				张家口组抢风岭段同碰撞高钾和钾玄质火山岩组合	
				土城子组彭头沟段同碰撞高钾和钾玄质火山岩组合	银厂、东林、招柏
			堡子湾火山盆地	同碰撞强过铝火山岩组合	堡子湾
				义县组王家沟段同碰撞高钾质火山岩组合	

续表 3-2-2

时代	带	亚带	火山岩段（盆地）	岩石构造组合	分布
中元古代	晋豫陕三叉裂谷系构造岩浆带	熊耳叠加裂谷构造火山岩亚带	关帝山裂谷构造火山喷发岩段	小两岭大陆板内裂谷流纹岩-英安岩组合	小两岭、汉高山
				汉高山大陆板内裂谷玄武岩-安山岩组合	汉高山、小两岭、关口
			中条山裂谷构造火山喷发岩段	马家河组大陆板内裂谷玄武安山岩-碎屑岩组合	毛家镇、王茅镇、绛县陈村镇及历山
				鸡蛋坪组大陆板内裂谷流纹岩-英安岩组合	天盘山、毛家镇—同善镇
				许山组大陆板内裂谷玄武岩-安山岩组合	

依据上述实验结果，结合山西省中元古代—第四纪火山岩矿物学、岩石学、岩石化学、地球化学特点及其火山岩形成方式等，将省内火山岩浆划分为幔源、混源、壳源 3 种。

1. 幔源岩浆

幔源岩浆为来自地幔的基性岩浆，经结晶分异作用形成了基性火山岩。山西省来自幔源岩浆的火山岩主要有：新生代各期基性火山岩和中生代早白垩世义县组王家沟段基性火山岩，少量中元古代早长城世许山组。

1) 早长城世许山组基性火山岩

早长城世许山组基性火山岩呈似层状、透镜状产出，其稀土配分曲线特征与典型板内玄武岩的地球化学型式相似，具大陆拉斑玄武岩特征；为了进一步对成岩构造环境判断，我们采用一般认为化学性质稳定的微量元素，尤其是不相容元素的构造环境判别图解进行判别，显示具板内玄武岩和岛弧拉斑玄武岩或洋中脊特征，综合考虑早长城系许山组基性火山岩为大陆玄武岩，且产于陆源碎屑岩中，因此西阳河群火山岩包括汉高山群火山岩形成于被动陆内裂谷的古构造环境，为华北板块中元古代早期裂解的产物。

2) 早白垩世义县组王家沟段基性火山岩

岩性类型为玄武岩，呈似层状产出。

其稀土配分曲线特征与典型板内玄武岩的地球化学型式相似，具大陆拉斑玄武岩特征；其微量元素构造环境判别图上投点显示兼具板内玄武岩和岛弧拉斑玄武岩或洋中脊特征，综合考虑它产于陆相环境，结合大地构造演化，认为其产于大陆弧环境。

3) 新生代基性火山岩

新生代基性火山岩包括四期（组）基性火山喷出岩-玄武岩，即始新世末期的繁峙（组）玄武岩、中新世早期的汉诺坝（组）玄武岩、中新世晚期的雪花山（组）玄武岩、第四纪晚更新世晚阶段的峙峪（组册田）玄武岩。

区内新生代玄武岩具多期性，其时空分布受控于裂陷盆地北东向边缘断裂的阶段性活动，显而易见与滹沱河和桑干河两个新裂陷盆地的形成、发展和演化有着密切的内在联系。三期玄武岩均是大陆火山喷发的产物，属北西-南东向拉张构造环境下的大陆板内构造区。据各类构造环境判别图综合分析它为大陆裂谷构造环境的产物。

2. 壳幔混源岩浆

壳幔混源岩浆指来自地幔和地壳两种混源的岩浆。经岩浆混合作用，可形成以地壳物质为主的重熔型火山岩和以地幔物质为主的同熔型火山岩。山西省中元古代早长城世许山组和马家河组火山岩和中生代大部分火山岩属于壳幔岩浆混源作用的产物。

1)早长城世中—酸性火山岩

中元古代壳幔混源岩浆火山岩自下而上可划分为 2 个火山喷发组,即熊耳群许山组、马家河组。

在岩石地球化学特点上,熊耳群火山岩具有较高的碱性程度和高的稀土总量,显示出大陆背景火山岩的特点;火山岩不同层位均含有沉积夹层,最下部层位(大古石组)厚数米至数十米的砂砾岩、粗砂岩、粉砂岩、紫红色页岩,具有红层特点,显示大陆拉张构造背景产物,而中上部含有泥质灰岩、泥岩亦为大陆背景沉积产物。

2)早白亚世中—酸性火山岩

中生代壳幔混源岩浆火山岩自下而上可划分为中侏罗世髫髻山组、晚侏罗纪土城子组、早白亚世张家口组、大北沟组、义县组和爆发角砾岩,从基性—中酸性、偏碱性熔岩及各类火山碎屑岩均较发育,火山喷发旋回、期次、演化序列、岩相岩性变化明显,是山西省内中生代火山岩的典型地区之一。

板块构造观点认为,碱度不同的火山岩系产于不同的构造环境中,碱性玄武岩系列主要产于板内地区。本区火山岩以碱性玄武岩系列为主,里特曼指数(δ)主要集中于 3.7~5.99 之间,显然不具备大洋板内环境,因此其形成环境应为大陆板内环境。区内玄武岩微量元素、稀土元素具板内玄武岩地球化学特征及分布型式支持了这一观点。本区中生代火山岩产于陆源碎屑岩中结合微量元素构造环境判别结果,认为本区中生代火山岩产出于大陆火山岩同碰撞—后碰撞由挤压向伸展转换的构造环境中。

3. 壳源岩浆

壳源岩浆主要指来源于地壳的岩浆。古老的沉积岩、火山岩或侵入岩经过重熔和改造同化作用形成了陆壳改造成因的火山岩,其成因与地幔物质无关或无直接的成因联系。山西省内包括早长城世鸡蛋坪组火山岩、部分张家口向阳村段和义县组曹虎庵段。

3.2.5.2 火山岩构造岩浆演化

1. 中元古代西阳河群火山岩构造岩浆演化

从区域地质背景分析,中元古代西阳河群不仅仅分布于华北板块南缘,在太原以西古交—娄烦地区亦有与西阳河群火山岩组合一致的汉高山群出露,在空间上呈三联模式。西阳河群、汉高山群火山岩均具有较高的碱性程度和稀土总量,显示出大陆背景火山岩的特点;火山岩不同层位均含有沉积夹层,西阳河群最下部的大古石组发育砂砾岩、粗砂岩、粉砂岩、紫红色页岩,具红层沉积特点,为大陆拉张构造背景产物,中上部含有泥质灰岩、泥岩亦为大陆背景沉积产物。

中元古代西阳河群火山岩构造环境及其演化可分为 3 个阶段。

第Ⅰ阶段:火山活动沿基底导浆断裂上升喷发中心不止一个,从强烈爆发开始,时有短期的间歇,在火山口附近形成火山角砾岩和集块岩堆积,继而为大量为熔岩的频繁溢出,类似过程先后反复 8 次,形成许山组下部玄武安山岩、杏仁状辉石安山岩、含辉安山岩,熔岩流入水体,形成枕状玄武安山岩,间歇期沉积了火山碎屑岩或粉砂质黏土岩,火山口附近和火山斜坡上则为空落堆积。局部发育北西向放射状断裂和岩墙,之后火山再次喷出偏酸性的球粒状珍珠岩,火山口第一次发生陷落,周围发育内倾的环状断裂,沿断裂斜长细晶岩、英安斑岩脉侵入。

第Ⅱ阶段:经过喷发间歇,岩浆又开始活动,火山喷发由强到弱,由连续喷溢→间歇→喷溢。大量的熔岩呈岩流沿北东-南西向流动,形成了许山组上部的辉石安山岩、斑状辉石安山岩、斑状安山岩、杏仁状含辉安山岩,火山口附近堆积了角砾状安山岩或含角砾状安山岩。饿虎腰次火山口则喷出该熔岩后被角砾状熔岩所充填。此后,经短暂间歇,岩浆充分分异连续喷出鸡蛋坪组中酸性英安流纹岩、英安岩,火山口再次陷落,细晶英安岩脉沿放射状断裂部分充填。

第Ⅲ阶段:经过较长时间的喷发间歇,火山地貌普遍遭受风化剥蚀,英安岩上部形成凹凸不平的漏斗状,其上普遍沉积了粉砂质黏土岩或沉火山凝灰岩或泥灰岩。之后岩浆又开始活动,早期以间歇沉积→

爆发→喷溢韵律形式反复出现,形成马家河组玄武安山岩、玻基安山岩、辉石安山岩、杏仁状安山岩与沉火山碎屑岩组合。反映火山活动逐渐衰亡,直至火山口完全充填,结束了西阳河群火山喷发活动。

2. 中生代侏罗纪—白垩纪火山岩构造岩浆及其演化

1) 火山活动时限划分

区内燕山期火山活动具多期、多阶段活动的特点。由于大部分出露于早前寒武纪变质岩区和古生界区,各火山盆地散居,横向关系缺乏。因此,利用现有同位素测年资料及结合地质情况进行区域对比显得尤为重要。中生代火山岩的活动时限及期次的划分主要根据火山岩赋存层位、产出地质特征,结合同位素测年资料来进行的。张家口组流纹岩 K-Ar 全岩等时线年龄为 138.3Ma,粗面岩 K-Ar 全岩等时线年龄为 138.7Ma,属晚侏罗世;义县组曹虎庵段流纹岩 K-Ar 年龄为 105.3Ma,属早白垩世。

2) 构造演化

一般认为,碱度不同的火山岩系产于不同的构造环境中,碱性玄武岩系列主要产于陆内构造环境。中生代侏罗纪—白垩纪火山岩以碱性玄武岩系列为主,里特曼指数(δ)主要集中于 3.7~5.99 之间,显然不具备大洋构造环境,因此,其形成环境应为大陆板内环境。区内玄武岩微量元素、稀土元素具板内玄武岩地球化学特征及分布型式支持了这一观点。

中生代侏罗纪—白垩纪各火山岩盆地内发育的各期次基性—中酸性火山岩建造、岩相、岩性的时空分布,记录了火山活动的演化历史,可划分为早期火山活动和晚期沉陷两个阶段。

中侏罗世晚期—晚侏罗世早期:该期处于地壳伸展期,各火山岩盆地受北西、北东向断裂活动影响开始下沉,在官王铺一带首先沉积了厚度不大的紫红色砾岩,断裂构造的进一步活动,导致了区内玄武岩喷溢,为火山活动的幼年期。经短暂的间歇后,火山喷溢加剧,在近火山口处堆积了巨厚的中酸性火山碎屑岩及熔岩,远离火山口低洼地带以火山碎屑沉积为主,形成了中侏罗世髫髻山期—晚侏罗世土城子第一个基性—中酸性火山喷发期。

早白垩世张家口期:早期喷溢与喷发交替进行,并由基性向中性演化;晚期为大规模的中心式火山爆发,一般先爆发后喷溢,岩性由流纹质向粗面质分异演化,构成向阳村组韵律性叠复火山堆积,伴随与火山热液有关的 Ag、Au、多金属矿化。该期火山喷发堆积以厚度大、分布广、爆发次数频繁为特点,指示为区内火山活动最强烈期。

早白垩世大北沟期:火山活动减弱,沉间断发育,以裂隙式喷发为主,形成厚度不大的中基性—酸性熔岩流。早白垩世晚期在重力作用下使盆地边缘早期断裂复活及火山口塌陷,形成了火山构造盆地,四周处于风化剥蚀区,沉积了义县组巨厚的河湖相砂砾岩、泥岩等。并先后有两次玄武岩浆溢出和酸性火山岩喷发,形成了曹虎庵球泡流纹岩的近火口堆积,成为孤立的穹状火山。

3.2.6 火山岩岩石构造组合与成矿关系

山西省中生代—新生代火山岩岩石构造组合和潜火山岩与成矿关系密切,相关矿产较丰富,已发现有铜、银、锌、金、沸石、膨润土、珍珠岩、铸石及浮岩等。根据火山岩岩石构造组合发育情况及与其他各省(市区)相比,有关火山岩岩石构造组合的找矿潜力较大。

3.2.6.1 中生代侏罗纪—白垩纪火山岩岩石构造组合与成矿关系

山西省与中生代侏罗纪—白垩纪火山岩有关的火山-沉积矿产主要有沸石、玻璃用凝灰岩,水泥用流纹质凝灰岩、膨润土、珍珠岩等;火山-热液矿产主要有金、银、铜、银、铅锌等。其形成主要与同碰撞强过铝火山岩组合潜火山岩关系密切。往往在中酸性喷发-侵入(中酸性复式岩体)中心发育着隐爆或爆破角砾岩筒,中酸性潜火山岩(闪长玢岩、长石石英斑岩、石英斑岩、花岗斑岩)环绕爆破角砾岩筒分布,形成以银、金为主的多金属矿床。银矿床类型众多,主要有隐爆或爆破角砾岩型、次火山岩型、石英脉型、构造蚀变岩型,裂隙充填交代型等。

1. 土城子组彭头沟段同碰撞高钾和钾玄质火山岩组合

山西省土城子组彭头沟段同碰撞高钾和钾玄质火山岩组合主要赋存于中生代塔地火山岩盆地和浑源火山岩盆地中,酸性火山熔岩及角砾状凝灰岩中普遍见有沸石、膨润土,部分地段沸石、膨润土化程度较高,构成了矿体。

浑源县土城子组彭头沟段同碰撞高钾和钾玄质火山岩组合总抢风岭沸石矿为经详查的大型矿床。矿化母岩为酸性凝灰角砾岩、角砾熔岩。矿体呈层状平缓产出,其中FS-1号规模最大,地表长500m平均厚度12.28m,延深1000m。矿石呈凝灰、角砾凝灰结构,块状构造,斜发沸石质量分数为60%～70%,局部可达80%～90%。矿石质量:K^+交换量平均10.35mg/g,NH^+交换量平均72.78mgN/100g,矿石化学成分平均:$w(SiO_2)$ 68.85%、$w(Al_2O_3)$ 13.08%、$w(Fe_2O_3)$ 1.49%、$w(CaO)$ 1.13%、$w(MgO)$ 1.25%、$w(K_2O)$ 3.75%、$w(NaO)$ 1.78%。按不同用途分为全型、钾型和铵型3类矿石。

土城子组彭头沟段同碰撞钾玄质火山岩组合中的膨润土,主要分布于浑源县抢风岭一带,为大型矿床,下部以块状膨润土为主,上部以砾状膨润土为主。呈层状平缓产出,平均厚3.95m。块状膨润土矿石纯净、细腻,蒙脱石质量分数70%～90%;砾状膨润土含较多晶屑、角砾及泥砂质,蒙脱石质量分数60%～70%。经测试属钙基膨润土,具有较高的脱色力和湿压强度。矿石主要属漂白土型,pH值7.6～10.0,平均吸蓝量28.9g/100g,脱色力163.4,湿压强度平均0.46kg/cm^2,热湿拉强度平均11.2kg/cm^2。膨润土矿石属漂白型钙基膨润土,平均吸蓝量8.90g/100g,脱色力253.7,平均湿压强度0.46kg/cm^2,热湿拉强度11.20kg/cm^2。经山西省岩矿测试应用研究所工艺性能试验:①具有较高的脱色力,活化后为优质白土可与日本V_2白土、西德FF白土媲美;②达原地矿部颁布钻探泥浆用膨润土优质丙级,改型后可达优质乙级;③用于机械工业铸型砂黏结剂,符合铸造生产工艺技术要求,湿压强度和耐用性优于国内同类产品;④用于铁矿球团黏合剂,以浙江冶金研究所推荐的质量标准综合分析,达到Ⅲ级,个别达Ⅰ级。

玻璃用凝灰岩均产于土城子组彭头沟段中流纹岩-流纹质凝灰岩组合中,已在千佛岭、大磁窑等地,与沸石矿共同进行开采利用。矿层为熔结凝灰岩。

2. 张家口组向阳村段同碰撞钾质和超钾质火山岩组合

山西省张家口组向阳村段同碰撞钾质和超钾质火山岩组合主要产出于中生代塔地火山盆地、浑源火山盆地、太白维山火山盆地中,酸性火山熔岩及角砾状凝灰岩中普遍见有沸石、膨润土,部分地段沸石、膨润土化程度较高,构成了矿体。珍珠岩主要赋存于酸性火山熔岩中。

灵丘县塔地火山盆地张家口组向阳村段同碰撞钾质和超钾质火山岩组合中的沸石,自下而上可见4层沸石矿含矿层,矿体呈层状产出,与围岩产状基本一致。矿石类型以块状流纹质凝灰岩型及角砾熔岩型为主,沉角砾凝灰岩型、角砾凝灰岩型次之。矿石矿物主要为斜发沸石,次为丝光沸石等,属钙型斜发沸石矿。化学成分$w(SiO_2)$ 66.75%～70.10%、$w(Na_2O+K_2O)$平均小于4.8%,MgO、CaO、Fe_2O_3平均质量分数分别为0.81%、2.5%、1.21%。矿层吸钾量为13.15～15.35mg/g,吸铵量为93.40～140.70mg/100g。斜发沸石克分子硅铝比为8.69～9.75,属高硅沸石。矿石热稳定性好,耐酸性强,属于火山-沉积水解或热液蚀变型矿床。

灵丘县塔地火山盆地张家口组向阳村段同碰撞钾质和超钾质火山岩组合中的珍珠岩,共圈出12个矿体,其中Ⅵ号矿体长900m,厚140m,出露地表呈不规则状矿体。顶板为酸性球粒熔岩,矿层为含集块、岩屑、玻屑角砾珍珠岩、松脂岩,底板为英安质角砾熔岩。矿石呈岩屑、角砾凝灰结构,玻璃结构,块状、珍珠构造。经普查属大型珍珠岩矿床。

张家口组向阳村段同碰撞钾质和超钾质火山岩组合中水泥用凝灰岩,主要产于张家口组向阳村段中流纹岩-粗面(安)岩-流纹质凝灰岩组合中,已在塔地与沸石矿同进行开采利用,属火山碎屑沉积矿床。

3. 同碰撞强过铝火山岩组合

同碰撞强过铝火山岩组合中金矿床,主要分布于阳高县堡子湾和繁峙义兴寨、伯强一带的爆破角砾岩筒中。堡子湾金矿体主要产于隐伏花岗斑岩上部的爆破角砾岩体内及与围岩(集宁岩群麻粒岩)接触带和二长花岗岩体裂隙带中。主要矿体有2个,1号矿体为最主要矿体,产于二长花岗质隐爆角砾岩体中、上部及近地表氧化带中,矿体呈极不规则脉状,长度50m,延深大于300m,产状165°∠60°~75°,金平均品位$7.75×10^{-6}$,最高$116.16×10^{-6}$。2号矿体产于隐爆角砾岩体的内接触带中,中低温围岩热液蚀变发育。长度20m,延深大于150m,产状约172°∠70°。金平均品位上部为$7.05×10^{-6}$,下部为$5.46×10^{-6}$。矿石构造有角砾状、网脉状、浸染状、蜂窝状、稠密浸染状、团块状。矿石类型有金褐铁矿石、金(银)多金属硫化物矿石。金属矿物有黄铁矿、黄铜矿、方铅矿、闪锌矿、褐铁矿、赤铁矿等。金矿物主要为银金矿,次为含银自然金和自然银,粒度在0.074mm以下,以晶隙金为主,其次为裂隙金,而包裹金很少,伴生有益组分有Ag、Cu、Zn、Pb、Mo、S等。

3.2.6.2　新生代古近纪—第四纪火山岩岩石构造组合与成矿关系

山西省与新生代古近纪—第四纪火山岩有关的矿产主要有铸石、浮石等,赋存在繁峙组大陆裂谷碱性橄榄玄武岩-拉斑玄武岩组合和峙峪组册田玄武岩、雪花山组及汉诺坝组稳定陆块大陆溢流玄武岩组合中。

1. 繁峙组大陆裂谷碱性橄榄玄武岩-拉斑玄武岩组合和汉诺坝组、雪花山组稳定陆块大陆溢流玄武岩组合的铸石

山西省繁峙组大陆裂谷碱性橄榄玄武岩-拉斑玄武岩组合和汉诺坝组、雪花山组稳定陆块大陆溢流玄武岩组合的铸石主要分布在天镇、繁峙、镇川堡、右玉、黄花岭、昔阳、左权等地的橄榄玄武岩中,这些不同时代的玄武岩具有稳定的化学成分和矿物组成,结构细密,不含杂质和较低的熔点,经普查可满足铸石的工业要求。

2. 雪花山组、峙峪组册田稳定陆块大陆溢流玄武岩组合的浮石

山西省雪花山组、峙峪组册田稳定陆块大陆溢流玄武岩组合的浮石主要分布在平定县东浮山、大同阁老山等地,产于火山口附近的四周,岩性为黑色多气孔橄榄玄武岩,质量较佳,已在当地被广为开采利用。

3.3　侵入岩

3.3.1　侵入岩的时空分布

山西在整个地质历史时期,经历了早前寒武纪变质基底、中元古代—古生代沉积盖层、中、新生代滨太平洋板内造山不同的地质发展阶段,形成了多种多样的侵入岩,它们时间上出现在一定的阶段,空间上出现在一定的地域。

山西的侵入岩,以新太古代、古元古代、中生代最为发育,而中太古代、中元古代、古生代、新生代也少量出现;岩石类型由超镁铁质岩、镁铁质岩、中酸性岩、碱性偏碱岩均有出现。新太古代、古元古代侵入岩主要分布于五台山区、吕梁山区、中条山早前寒武纪变质岩出露区域;中生代侵入岩主要发育于恒山—五台山地区、太行山地区和中条山地区(图3-3-1)。

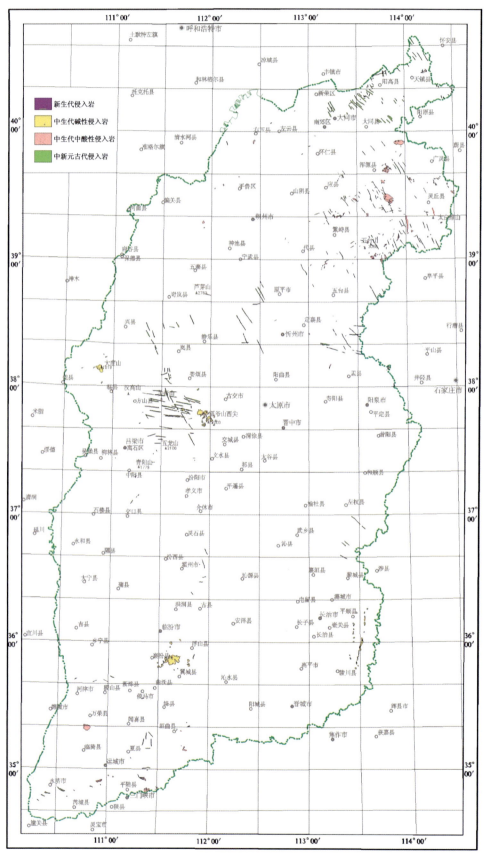

图 3-3-1 山西省中新元古代—新生代侵入岩分布略图

3.3.1.1 构造岩浆岩带划分

依照全国矿产资源潜力评价《成矿地质背景研究工作技术要求》中"侵入岩区研究工作要求"的划分标准,全面运用板块构造学术观点,按大地构造相分析研究方法,根据山西省侵入岩的时空分布特征及其与构造运动的关系,结合全省资源潜力中沉积岩、火山岩的岩带划分,将山西侵入岩划分为2个构造岩浆旋回(Ⅰ级):将晚三叠世—新生代侵入岩划归中国东部滨太平洋构造岩浆省,把中新元古代和中三叠世侵入岩划为华北陆块构造岩浆省。前者可划分为华北叠加造山-裂谷构造岩浆带(Ⅱ级)(Ⅲ级汾渭裂谷亚带和吕梁-太行岩浆亚带)、晋豫构造岩浆岩带(Ⅱ级)(Ⅲ级中条-嵩山碰撞造山亚带);后者可划分为燕辽-太行裂陷构造岩浆带(Ⅱ级)(Ⅲ级燕辽裂陷构造岩浆岩亚带、太行山南段裂陷构造岩浆岩亚带)、吕梁-熊耳裂谷构造岩浆带(Ⅱ级)(Ⅲ级吕梁山北段裂谷构造岩浆岩亚带、关帝山裂谷构造岩浆岩亚带、吕梁山中南段裂谷构造亚带、熊耳裂谷构造岩浆岩亚带)。

3.3.1.2 时代划分

侵入岩时代划分最基本的方法是地质法,即依据岩体与地层(火山岩)或岩体与岩体之间的相互关系加以确定。同时结合同位素年龄、岩石学、岩石化学、副矿物及微量元素特征等进行综合对比,尤其注意岩体所处的构造部位及其与区域构造运动的关系。

在利用同位素年龄确定侵入体的形成时代时,要着重考虑地质依据,并利用综合对比法作为确定岩体形成时代的一种行之有效的方法,即根据已知时代深成岩体的岩石学、矿物学、地球化学特点,与未知时代深成岩进行综合对比,进而确定侵入体的形成时代。

依据以 Stanley Finney 为首的国际地层委员会授权出版的中文版"地质年代表"(2008),山西省侵入岩可划分为中新元古代、中生代中三叠世和晚三叠世—白垩纪和新生代。

3.3.1.3 时空分布

1. 中新元古代侵入岩时空分布

主要分布和出露于恒山—五台山地区,吕梁山、霍山、太行山中段、中条山—王屋山地区前寒武系出露地带,中元古代以雁北和恒山—五台山的东部地区最为发育,以北北西向、北西向岩墙为主。其次为山西中部的盂县北部和吕梁山区中段,以北西西向和近东西向次之。中条山也有发育,但规模不及山西中北部地区。岩墙岩性(矿物组分和化学成分)基本相近,包括有辉绿岩、辉绿玢岩、辉长岩、辉长辉绿岩和岗文辉绿岩等。近东西向的岩脉有时伴随有稍晚形成的石英长石斑岩或细粒花岗岩(形成于脉旁侧或其中)。从本书汇总的岩石化学成分看,近东西向辉绿岩、辉长辉绿岩的 SiO_2 质量分数偏高(53.27%~56.39%),$w(Na_2O) \leqslant w(K_2O)$。可见近东西向岩墙多处被北西向岩脉穿切,不排除有归属早元古代晚期的可能。

晚元古代基性岩墙主要是指可侵入于中元古代地层而被寒武纪地层不整合覆盖的基性岩墙。各山区也均有分布,以恒山、五台山东部和太行山中段较为发育。前者多呈现为北北西向,后者多呈现为北西向。因其岩性与中元古代岩墙无明显的差异,在见不到前述的穿插关系时,就很难判定其时代是否应归中元古代。本书汇总的、有依据的晚元古代岩墙,其岩石化学特征表现了低 $w(SiO_2)$(少部分也偏高),$w(Na_2O) < w(K_2O)$ 似乎可作为判断的参考。

中元古代花岗岩,主要包括中条山地区的红瓦厦花岗岩(群)和神仙岭复式岩体。这些岩体被前人分别归属中生代、晚元古代和早元古代。而近10多年来,1:5万区调或地质科研取得的同位素年龄值,分别为(1 881.4±49.5)Ma(锆石 U-Pb 一致线,红瓦厦花岗岩)、(1 668.5±3.3)Ma(锆石 Pb-Pb 等时线一致,神仙岭黑云母花岗岩),因此,将这些岩体归属中元古代早期。此外,这些岩体石英质量分数偏低,暗色矿物(特别是角闪石)质量分数高;$w(SiO_2)$、$w(Al_2O_3)$偏低,$w(TiO_2)$、$w(K_2O+Na_2O)$较高,$w(FeO)$偏高;稀土元素质量分数中等,图谱曲线和西阳河群(熊耳群)安山岩(图谱曲线)相一致,显示了二者的同源性,亦反映了山西中元古代早期花岗岩属过渡性同熔型的成因。可能属古代早期裂谷中的 A 型碱质花岗岩。

2. 中生代中三叠世和晚三叠世—白垩纪侵入岩时空分布

中生代侵入岩较发育,成因类型较多,但单个岩体面积一般均较小,中酸性侵入岩主要分布于山西的北东和南西两头,北东分布于偏关—宁武—忻州—阳泉一线以北,特别是恒山—五台山地区的分布较为集中,约占山西中生代中酸性侵入岩的80%;南西分布于稷山—侯马—垣曲一线以南;两线之间侵入岩较少,分布零星,为碱性偏碱性岩侵入岩,主要集中出现于临县紫金山、交城、古交的狐偃山、临汾的塔儿山—二峰山和太行山的平顺—壶关—陵川地带。山西省中生代侵入岩分布见图3-3-2。

1) 中三叠世侵入岩时空分布

山西北部的阳高县西南部的青尖坡花岗岩、七对沟花岗岩、九对沟花岗斑岩、七对沟、九对沟附近的石英斑岩、长石斑岩、长石石英斑岩脉等也应属于该期侵入岩。其同位素年龄为(243±1)Ma(青尖坡岩体,激光烧蚀 U-Pb)。

2) 晚三叠世—晚白垩世侵入岩时空分布

晚三叠世—晚白垩世侵入岩研究历史早,研究程度也最高。此次编图,在前人研究的基础上进行了岩石构造组合划分,并根据岩石成因类型划分为幔源型碱性偏碱性(平塔紫)系列、壳幔混合型(基)中性—酸性系列、壳源型酸性、中酸性系列。

(1) 幔源型碱性偏碱性(平塔紫)系列。幔源型碱性偏碱性(平塔紫)系列侵入岩是整个华北板块内部发育的碱性偏碱性岩的重要组成部分。岩体均分布于山西中部相对稳定地区的3条南北向构造带上,多呈一(较大的)杂岩体或杂岩体群出现,主要有平顺-陵川偏碱性杂岩体群、塔儿山-二峰山偏碱性杂岩体群、狐偃山偏碱性杂岩体群和紫金山碱性杂岩体。

整个系列的岩性演化趋势是由偏碱性的基性岩(辉长岩、中长角闪岩)→偏碱性的中酸性岩(正长闪岩、二长岩、花岗岩)→弱碱性岩(霓辉正长岩)→强碱性岩(霞石正长岩、响岩、粗面岩)。一个分布区内往往包括了演化系列中的几个不同演化阶段的岩石组合,而形成复式杂岩体群。由于各分布区所处的地质构造位置不同,不同地区地表所见的演化阶段的起、止时间及出现的岩石组合有所不同,并显示了规律性变化。东部的平顺-陵川杂岩体区,出现演化系列的早阶段为偏碱性的基性—中性岩组合;中部的塔儿山-二峰山地区和狐偃山区,主要出现偏碱性的中性—酸性岩及弱碱性岩组合;而西部的紫金山区仅出现碱性岩组合——由东向西,由南向北,碱性增高,基性程度减低。

现有同位素年龄资料:(118.5±0.4)Ma(西安里,锆石 U-Pb)、130.2Ma(西安里,Rb-Sr 等时线)、(138.3±1)Ma(紫金山霓霞正长岩,锆石 LA-ICP MS U-Pb 法)。同位素年龄资料表明:尽管各杂岩群发育的阶段和出现的岩石组合有所不同,但整套岩浆侵入、杂岩体形成的时间是基本相同的,均属早白垩世。这样就使得在相同时间内,各杂岩区形成的岩石组合不同;而同类岩石组合并不是同时形成的,和岩石地层单位一样表现了一定的穿时性。

该系列的各杂岩体群的演化具有相同性,因此在相同岩类岩石矿物组合、特征及变化也均有相同的和一致的规律性。由早到晚:斜长石含量由多到少(强碱性岩石中不出现斜长石),牌号由大变小;正长石含量由少变多,2V 值由大变小,普遍含钠长石条纹,形成钠质正长石;石英含量在偏碱性岩石组合中由少到多,但到碱性岩石组合中骤减,强碱性岩石组合中不再出现,而出现霞石;辉石含量由少到多,含霓石分子(Ac)由少到多,即由普通辉石→含霓石普通辉石→霓辉石;角闪石由多到少,Ng∧c 由大变小。

该系列岩石的岩石化学成分及岩石化学参数表明：①具碱性偏碱性的特征，$w(Na_2O)+w(K_2O)$高，$w(SiO_2)$低；δ值平均大于3.3，紫金山超单元均大于7，最高可达25.8。②各杂岩区由早到晚碱度增高，由偏碱性→碱性；偏碱性阶段表现了由基性→中性→酸性的演化。这些演化还表现了由渐变到突变性，即岩石系列的演化既表现了连续性，又表现了明显的阶段性。③岩石化学总的演化特征是：K_2O+Na_2O、K_2O在质量分数高的基础上，由早到晚进一步增高；Na_2O、SiO_2，在偏碱性阶段质量分数逐渐增高，到碱性阶段二者质量分数骤然减低。

该系列岩石中的主要副矿物组合为磁铁矿-榍石-磷灰石，特征性副矿物为黑榴石，重要副矿物为锆石。在纵向上，由早到晚，横向上由东向西，由南向北，主要副矿物含量减少，特征性副矿物黑榴石增多。

该系列侵入岩演化的早、中阶段，当岩体与马家沟组碳酸盐岩相接触时，可分别形成夕卡岩-热液交代型铁矿（西安里、塔儿山-二峰山、狐偃山）、金铜矿（塔儿山区四家湾），晚期阶段可形成石英脉型金矿（塔儿山区东峰顶）。

(2) 壳幔混合型（基）中性—酸性系列。壳幔混合型（基）中性—酸性系列侵入岩分布和发育于山西南北两端中生代构造强烈活动区，岩体明显受北东-南西向压性构造与北西-南东向张扭性断裂构造联合控制。其岩石组合及演化系列：基性的正长辉长岩→中性的辉石闪长岩、正长闪长岩→中酸性的花岗闪长（斑）岩→酸性的二长花岗岩、花岗（斑）岩、石英斑岩。侵入岩体可能是单一岩性（单元）的，但也往往为复式岩体，包含有几个岩性单元，形成环状或脉状、小岩体穿插状，有的岩体发育有隐爆角砾岩，而有的岩体发育有火山颈相。如灵丘县境内刁泉复合岩体以花岗斑岩和石英斑岩为主，但在边部又可见到早期的辉长闪长岩、花岗闪长岩的残存，相距不远的小彦-枪头岭岩体主要由辉石闪长岩、花岗闪长岩组成，北端则出现石英斑岩；老潭沟岩体以辉石正长闪长岩、石英正长闪长岩为主，中部出现隐爆角砾岩和晚阶段花岗斑岩侵入体；白北堡岩体以正长辉长岩、辉石闪长岩为主，西部边缘出现花岗闪长岩；刘庄岩体以花岗闪长岩为主，中部则为二长花岗岩和花岗岩；与刘庄岩体不远的寺沟岩体以石英斑岩为主，而中心部分仍有花岗闪长斑岩的残留体；西庄、育秧沟、串岭几个岩体均以正长闪长岩为主，在中部或内部出现花岗斑岩。繁峙内：孙庄岩体以正长闪岩为主，向中心依次为花岗闪长岩→花岗斑岩；庄旺岩体以正长闪长岩为主，中部出现花岗斑岩和隐爆角砾岩，茶房子岩体以正长闪长岩为主，其中被多条花岗闪长斑岩脉穿插。也有单一岩性的岩体，如灵丘太那水花岗闪长岩体、孙庄-石家窑花岗闪长斑岩体、繁峙后峪花岗闪长岩体、平鲁大泉沟石英正长闪长岩体、神池大马军营石英正长闪长岩体等。此外，还有天镇县东南一带的朱家沟岩体群，主要为辉石闪长玢岩、正长闪长岩和花岗闪长斑岩；发育在恒山东部浑源岔口、错马坪、小峪等地的岔口岩体群，主要为斑状、似斑状花岗岩和石英斑岩；五台山西部滩上一带的滩上岩体群，以火山颈相石英斑岩、角砾状石英斑岩为主，次为闪长岩、花岗闪长斑岩残存；中条山区的望仙正长闪长岩、大西沟二长花岗岩、凤凰咀花岗闪长斑岩。

山西中生代壳幔混合型（基）中性—酸性系列岩性组合完整的演化顺序：正长辉长岩→辉石闪长岩→正长闪长岩→石英正长闪长岩→花岗闪长（斑）岩→二长花岗岩→花岗斑岩→石英斑岩。矿物组成：中酸性系列正长石质量分数低，斜长石质量分数高（呈环带构造），石英质量分数低（<20%），含一定量的角闪石；岩石化学成分：$w(SiO_2)$偏低（<70%），$w(Al_2O_3)$高（>15%），$w(MgO)$、$w(CaO)$高，$w(K_2O)/w(Na_2O)>1.1$；稀土元素图谱曲线：中酸性系列呈"L"形，δEu近于1，无明显负铕异常，或略显正铕异常。

现有同位素年龄资料：(224.0 ± 12)Ma（蚕坊，锆石U-Pb）、(178.1 ± 1.5)Ma（王家窑，锆石U-Pb）、(170 ± 1)Ma（芦苇沟，激光烧蚀U-Pb）、(167.1 ± 1)Ma（朱家沟，激光烧蚀U-Pb）、(149.41 ± 0.52)Ma（八角，锆石U-Pb）、(133 ± 1)Ma（孤山，激光烧蚀U-Pb），为晚三叠世—早白垩世。

壳幔混合型（基）中性—酸性系列岩体是山西金、银、铜、铅、锌等贵重有色多金属矿产的成矿母岩。可形成斑岩型、夕卡岩-热液型、热液石英脉型以至爆发角砾岩等多种成矿类型。蚕坊超单元南侧围岩中，众多的小型金矿可能与其有关。六棱山花岗闪长岩南侧与长城系高于庄组白云岩接触带上发育小型铁矿。

(3) 壳源型酸性性系列。壳源型酸性性系列侵入岩分布和发育于山西东北两端的中生代构造强烈活动区。包括铁瓦殿-古花岩花岗岩体、黑崖-盘道花岗岩体群、黄土坡-黑狗背复式花岗岩体、羊山花岗

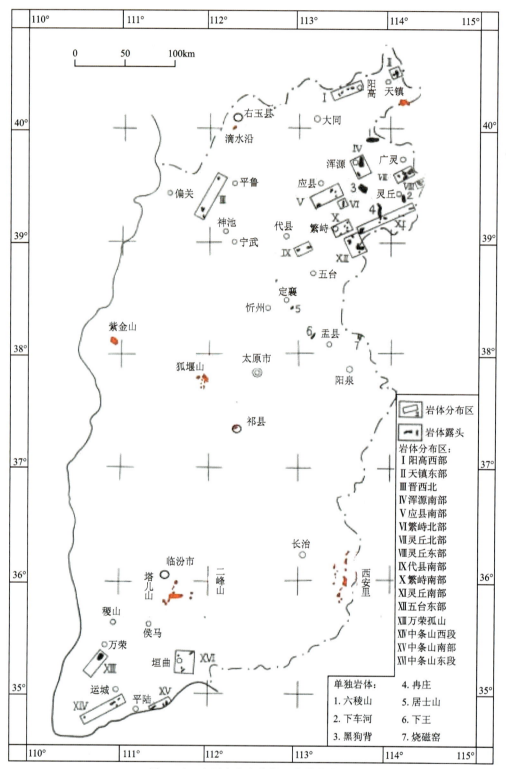

图 3-3-2 山西省中生代侵入岩分布略图

岩体及灵丘县西部冉庄岩体。岩体出露面积大多为数平方千米至数十平方千米，较前两系列的岩体面积较大。

根据岩石化学特征属酸性系列，酸性系列的花岗岩体以浑源县西南部的黄土坡-黑狗背复式岩体、铁瓦殿-古花岩花岗岩体、黑崖-盘道花岗岩体群为代表，岩性组合细粒黑云母花岗岩-中细粒黑云母花岗岩-中粗粒斑状含角闪黑云母花岗岩。在矿物组合、化学成分上有一定变化，但也不是很大，主要差异也在结构、构造上,矿物组成:正长石(主要为条纹长石)质量分数高,斜长石质量分数低(An20~25),石英质量分数高(>25%),仅少数单元含角闪石。岩石化学成分:$w(SiO_2)$高(>70%),$w(Al_2O_3)$低(<14%);$w(MgO)$、$w(CaO)$低,$w(K_2O)/w(Na_2O)$≤1.1%。稀土元素图谱曲线呈"V"形,$\delta Eu<0.7$,部分<0.1,具明显的负铕异常。根据岩石矿物、岩石化学特征和稀土元素图谱曲线呈明显负铕异常,Sr^{87}/Sr^{86}初始比为0.7288,该系列岩体属壳源重熔型无疑。

现有同位素年龄资料:113.7~85.5Ma(铁瓦殿,全岩K-Ar法)、93.9~92.67Ma(黄土坡,全岩K-Ar法),年龄值可能偏小,应属早白垩世。

3. 新生代侵入岩

山西境内新生代侵入岩,包括超基性岩、基性岩两类。

1) 超基性侵入岩

山西的超镁铁质岩主要为金伯利岩、似金伯利岩,包括应县水沟门、大同采凉山、柳林尖家沟、灵丘牛帮口等地的金伯利岩、似金伯利岩、橄榄云煌岩。

(1)尖家沟金伯利岩。分布于柳林县尖家沟一带的奥陶系马家沟组中,呈岩床状、不规则脉状产出。地表所见金伯利岩含有大量围岩(包括深部变质岩围岩)角砾而成角砾状,胶结物为强烈碳酸盐化(滑石化、绿泥石化)碎斑状细粒金伯利岩,斑晶见有橄榄石(假像)、金云母、镁铝榴石、铬尖金石、钛铁矿、金红石、磷灰石等。岩石化学成分与典型金伯利岩比较,TiO_2、MgO、Na_2O、K_2O质量分数偏低,Al_2O_3、CaO质量分数偏高。

(2)采凉山橄榄云煌岩。分布于大同市与阳高县交界处的水峪村、麻地沟、左家窑一带的葛胡窑片麻岩中。岩体呈脉状,受北东向雁行式断裂控制,成群出现。已查明有45条(1:50万构造岩浆岩图上示意表现了一两条),每条脉长10~100m,宽0.4~0.8m,倾角陡(70°~80°)。岩脉边缘为细斑状,主体为中—粗斑状橄榄云煌岩。岩性特征为:灰绿、深灰色块状、斑状,斑晶为橄榄石(假象)25%~60%,基质为黑云母5%~10%,透闪石5%~20%。部分岩体含铬镁铝榴石、铬透辉石、铬尖晶石、镁钛铁矿等。

(3)水沟门似金伯利岩。分布于应县义井水沟门至柳沟一带。呈NE30°方向雁行式斜列成群出现,已发现似金伯利岩岩脉22条,岩管2个,脉长一般20~100m,宽0.3~1.5m,岩管直径分别为81~166m、8~17m。似金伯利岩呈角砾状,分为爆发型和侵入型。爆发型呈深绿、暗灰绿色、斑状、角砾状结构,角砾成分为围岩和似金伯利岩,胶结物为斑状似金伯利岩。侵入型(脉状)含云母似金伯利岩,呈浅绿色—暗绿色、斑状结构、块状构造。斑晶(10%~25%)以镁橄榄石(假象)为主,次为镁黑云母,基质(30%~90%)主要为金云母、橄榄石、辉石等。

(4)牛帮口似金伯利岩。分布于灵丘县牛帮口以南的长城系高于庄组中。共发育5条,走向330°~351°,倾向北东,倾角66°~71°,长数米—数十米,宽0.8~1.65m。岩石呈灰绿色、深灰色、斑状结构、块状、角砾状构造。角砾有围岩、岩屑、晶屑;斑晶为橄榄石、辉石、黑云母,基质为辉石、黑云母、斜长石等,副矿物有镁铝榴石、铬尖晶石、铬透辉石等。

2) 基性侵入岩

山西的镁铁质侵入岩主要见于山西北部地区,以左云、怀仁一带出现的脉状玄武岩和五台山柏里一带的筒状玄武岩为代表,规模均很小,岩性以玄武岩、煌斑岩为主,岩石化学特征以低$w(SiO_2)$、$w(Na_2O)>w(K_2O)$为特征。同位素年龄在46~41Ma之间,与繁峙玄武岩、黄花梁玄武岩相一致,同为始新世末—渐新世初的产物。

3.3.2 侵入岩石构造组合

3.3.2.1 划分依据

岩石构造组合的划分与以下要素有关。

1. 侵入岩形成时代

(1)侵入岩形成时代,包括岩体侵入地层时代和覆盖地层时代。

(2)同位素年龄,包括样品种类、测试方法、测试单位、测试精度和测试结果。

(3)在上述研究基础上,以与围岩的穿切和叠覆关系为基准,参考周边沉积盆地成分分析和同位素年龄,尽可能准确地判定岩体侵入时代和年龄,确定侵入体的侵入期次。

2. 岩石名称和岩石组合

(1)划分侵入体的不同岩性和结构。

(2)根据不同岩性之间的接触关系确定其形成先后顺序,进而归并岩石组合类型。

3. 侵入体的三维空间形态

(1)侵入体出露的平面形态:指出其出露位置及其出露范围的四角坐标和中心坐标(经纬度),阐明侵入体形态与区域构造形迹的相互关系。

(2)侵入体产状:提供不同部位接触面产状、所处的构造位置(如断裂交会部位等)及其与围岩构造的空间配置关系。

(3)结合地球物理探测结果,研究侵入体剖面形态,为计算侵入体体积提供准确参数。

(4)以复杂性系数描述侵入体平面形态的复杂性[复杂性系数=侵入体周长(km)/侵入体出露面积(km^2)]。

4. 岩体产状

(1)侵入深度和剥蚀程度,根据上述要素综合判断岩浆定位深度,结合同侵入和侵入后周边盆地的沉积岩建造推测侵入体剥蚀深度。

(2)侵位方式研究,结合侵入体的三维空间形态分析结果和侵入体之间的相互关系,综合判断岩浆侵位方式,进而探讨岩浆侵位过程的能量支撑体系、岩浆侵位与构造活动的联系等。

(3)根据区域岩石蚀变特征、区域性脉岩分布及其随深度变化、构造裂隙、地球化学场、地球物理场综合判断隐伏侵入体的埋藏深度、规模大小、产状及可能的成矿专属性。

(4)与围岩的接触关系,包括侵入整合接触和不整合接触,以及接触带附近岩体和围岩的岩石组成和组构变化。

(5)侵入岩相带划分,包括矿物组成、结构、构造的空间分布,特别关注隐爆角砾岩及其与主岩体和围岩的相互关系,岩相分带与蚀变、矿化作用的关系,各相带的其他地质特征。

(6)脉岩,包括脉岩的类型、岩石学特征、矿物学特征、地球化学特征及其成矿作用信息;脉岩组合及其空间展布特征;脉岩与寄主侵入体的相互关系。

5. 岩石学与矿物学特征

(1)造岩矿物成分:区分主要矿物、次要矿物和特征矿物的矿物学特征与结晶习性;统计矿物的百分含量,描述矿物种属、内部结构和相互关系;进行矿物化学成分分析,特别是环带结构矿物的成分变化;矿物形成世代;矿物形成压力、温度和流体条件分析。

(2)副矿物:包括副矿物种类、含量、标型特征和副矿物组合,岩石的副矿物分类,有关的成矿信息。

(3)岩石结构构造:组成矿物颗粒的绝对大小和相对大小,矿物颗粒间的相互关系,岩石组构的空间展布和运动学特征。

(4)岩石化学:主元素含量及其统计特征和空间展布,特征值的计算,CIPW 标准矿物计算,主元素变异特征及其矿物相约束。

(5)地球化学:包括痕(微)量元素(含稀土元素)、同位素(包括稳定同位素和放射性同位素)和成矿元素地球化学分析,元素丰值、比值、示踪和空间分布,分析成矿元素地球化学场,结合矿物包裹体研究成果阐明与成矿作用的可能联系。

(6)矿物包裹体:包括固体、液体和气体包裹体,包裹体的成分、盐度、同位素特征、形成热力学条件,以及包裹体的空间分布,分析含矿包裹体和卸矿包裹体的运动路径,流体与成矿物质来源。

(7)岩石包体:包括包体的成因类型(残留体、捕虏体、堆晶岩、岩浆团)、岩石学特征、矿物学特征、地球化学特征及其成矿作用信息;包体的空间展布,同生岩墙等。

综合上述要素,综合判断侵入岩的成因类型。

6. 分析岩浆演化特征

岩浆岩多样性涉及岩浆起源造成的多样性(岩浆脱离源区时的成分差别)与岩浆作用(岩浆脱离源区之后各种地质过程造成的成分差别)造成的多样性。因此,在论述岩浆演化时强调岩浆起源、岩浆作用和壳幔相互作用3个方面。

(1)岩浆起源:岩浆源区的物质组成、热力学条件、部分熔融程度、岩浆分离的机制,与岩浆起源有关的流体体系,区域岩浆构造热体制,岩浆起源的深部过程。

(2)岩浆演化:识别岩浆作用类型(分异作用、混合作用和同化混染作用)及其组合,岩浆作用的详细过程和阶段划分,不同演化阶段流体类型和活动特征,岩浆演化的相约束与化学组分的亏盈。

(3)壳幔相互作用:包括幔源岩浆提供能量及成矿物质,引起壳源物质发生部分熔融的一系列过程。

7. 岩石成因系列和构造环境划分

根据岩体地质特征、岩石矿物特征、岩石化学和地球化学及有关参数、同位素示踪及相关判别图解,判别岩石成因系列及探讨岩体形成的构造环境。

3.3.2.2 侵入岩石构造组合及其特征

综合上述因素,经分析各侵入岩地质特征、岩石特征、岩石化学和地球化学特征,进行岩石构造组合划分(表3-3-1、表3-3-2)。

表3-3-1 华北陆块构造岩浆省侵入岩岩石构造组合表

岩性	结构	同位素年龄/Ma	侵位深度	岩石系列	岩石构造组合
正长斑岩	斑状结构,基质为交织结构		浅成	次铝碱性	
石英斑岩	斑状结构,基质为微晶、隐晶结构	209±16(全岩 K-Ar 法)	浅成	过铝碱性	采凉山正长斑岩-石英斑岩-钠长斑岩组合(T_2)
钠长斑岩	斑状结构,基质为细晶、细晶—微晶结构		浅成	过铝碱性	
碱长花岗斑岩	斑状结构,基质为中细粒结构	243±1(激光烧蚀 U-Pb)	中深成	过铝碱性	青尖坡碱长花岗岩-石英碱长正长岩组合(T_2)
碱长花岗岩	中粗粒结构		中深成	过铝碱性	
石英碱长正长岩	中细粒结构		中深成	过铝钙碱性	
辉绿(玢)岩	(斑状结构)中细—中粗粒辉绿结构		浅成	拉斑玄武岩	凉城基性岩组合(Pt_2)

续表3-3-1

岩性	结构	同位素年龄/Ma	侵位深度	岩石系列	岩石构造组合
辉绿(玢)岩	(斑状结构)中细—中粗粒辉绿结构		浅成	拉斑玄武岩	采凉山(阴山)基性岩组合(Pt_2)
辉绿(玢)岩	(斑状结构)中细—中粗粒辉绿结构	1769.1±2.5（单颗粒锆石U-Pb）	浅成	碱性、拉斑玄武岩	恒山辉绿岩岩墙群(Pt_{2-3})
辉绿(玢)岩	(斑状结构)中细—中粗粒辉绿结构	1500～1765（锆石U-Pb）	浅成	碱性、拉斑玄武岩	五台山辉绿岩岩墙群(Pt_{2-3})
辉绿(玢)岩	(斑状结构)中细—中粗粒辉绿结构	1688±22、1739±20（锆石U-Pb）	浅成	拉斑玄武岩	云中山双峰式侵入岩组合(Pt_2)
正长斑岩	斑状结构,基质为交织结构		浅成	碱性	
辉绿(玢)岩	(斑状结构)中细—中粗粒辉绿结构	867.17(K-Ar法) 1769.1±2.5（锆石U-Pb）	浅成	拉斑玄武岩	太行山(北段)岩墙群(Pt_{2-3})
辉绿(玢)岩	(斑状结构)中细—中粗粒辉绿结构		浅成	拉斑玄武岩	太行山南段基性岩墙群(Pt_{2-3})
辉绿(玢)岩	(斑状结构)中细—中粗粒辉绿结构		浅成	碱性	芦牙山基性岩墙群(Pt_2)
石英正长斑岩	斑状结构,基质为中细粒结构	1318（正长石K-Ar法）	浅成	拉斑玄武岩	关帝山双峰式岩墙群(Pt_{2-3})
辉绿(玢)岩	(斑状结构)中细—中粗粒辉绿结构	479～697.8（全岩K-Ar法）	浅成	拉斑玄武岩	
辉长辉绿岩	中粗粒辉长辉绿结构	1396(全岩K-Ar法)	浅成	碱性	
正长斑岩	斑状结构,基质为交织结构		浅成	碱性	青阳山双峰式岩墙群(Pt_{2-3})
辉绿(玢)岩	(斑状结构)中细—中粗粒辉绿结构		浅成	拉斑玄武岩	
辉绿(玢)岩	(斑状结构)中细—中粗粒辉绿结构		浅成	拉斑玄武岩	太岳山基性岩墙群(Pt_{2-3})
辉绿(玢)岩	(斑状结构)中细—中粗粒辉绿结构		浅成	拉斑玄武岩	火焰山基性岩墙群(Pt_{2-3})
正长斑岩	斑状结构,基质为交织结构		浅成	碱性	中条山双峰式岩墙群(Pt_{2-3})
辉绿(玢)岩	(斑状结构)中细—中粗粒辉绿结构		浅成	钙碱性	
辉长岩	中粗粒辉长结构		浅成	拉斑玄武岩	
二长花岗岩	花岗结构	1668.5±3.3（Pb-Pb等时线）	中深成	钙碱性	中条山辉石闪长岩-英云闪长岩-二长花岗岩组合(Pt_2)
英云闪长岩	中—中细粒半自形结构	881.4±49.5(42.7)（锆石U-Pb一致线法）	中深成	拉斑玄武岩	
辉石闪长岩	中细粒半自形结构		中深成	拉斑玄武岩	

表 3-3-2　中国东部滨太平洋构造岩浆省侵入岩岩石构造组合表

岩性	结构	同位素年龄/Ma	侵位深度	岩石系列	岩石构造组合
辉绿玢岩	斑状结构,中细粒辉绿结构		中浅		大同金伯利岩-煌斑岩-玄武岩组合(Cz)
(橄榄)玄武岩	斑状结构,基质为间粒结构、隐晶结构	41.97、42.44(全岩K-Ar法),41.26(辉石K-Ar法)	浅成	拉斑玄武岩	
煌斑岩	斑状结构		中浅	碱性、钙碱性	
金伯利岩	斑状结构		浅成	碱性	
苦橄岩	斑状结构		浅成	拉斑玄武岩	忻州金伯利岩-煌斑岩-玄武岩组合(Cz)
(橄榄)玄武岩	斑状结构,基质为间粒结构、隐晶结构		浅成	拉斑玄武岩	
煌斑岩	斑状结构		浅成	碱性	
金伯利岩	斑状结构		浅成	钙碱性	
(橄榄)玄武岩	斑状结构,基质为间粒结构、隐晶结构		浅成	拉斑玄武岩	五龙山金伯利岩-煌斑岩-玄武岩组合(Cz)
金伯利岩	斑状结构		浅成	碱性、钙碱性	
煌斑岩	斑状结构		浅成	钙碱性	临汾-运城基性岩组合(Cz)
煌斑岩	斑状结构		浅成	钙碱性	三门峡基性岩组合(Cz)
花岗斑岩	斑状结构、细粒结构		浅成	碱性	阴山碱性闪长玢岩-石英二长斑岩-花岗斑岩组合(K_2)
石英二长斑岩	斑状结构、细粒结构		浅成	碱性	
闪长玢岩	斑状结构、细晶结构		浅成	碱性	
正长斑岩	斑状结构,基质为交织结构		浅成	碱性	恒山闪长玢岩-花岗闪长斑岩-正长斑岩组合(K_2)
石英斑岩	斑状结构,基质为微晶、隐晶结构		浅成	碱性	
花岗闪长斑岩	斑状结构、细粒结构		浅成	钙碱性	
闪长玢岩	斑状结构、细晶结构		浅成	钙碱性	
正长斑岩	斑状结构,基质为交织结构	92.33、89.8（全岩K-Ar法）	浅成	碱性	五台山闪长玢岩-花岗闪长斑岩-正长斑岩组合(K_2)
石英斑岩	斑状结构,基质为微晶、隐晶结构		浅成	碱性	
花岗闪长斑岩	斑状结构、细粒结构		浅成	钙碱性	
二长斑岩	斑状结构、细粒结构		浅成	钙碱性	
钠长斑岩	斑状结构、细粒结构		浅成	钙碱性	
闪长玢岩	斑状结构、细晶结构	141(全岩K-Ar法)	浅成	钙碱性	
正长斑岩	斑状结构,基质为交织结构		浅成	碱性	太行山北段正长斑岩-石英斑岩-闪长岩组合(K_2)
石英斑岩	斑状结构,基质为微晶、隐晶结构		浅成	碱性	
闪长岩	细晶结构		浅成	钙碱性	

续表 3-3-2

岩性	结构	同位素年龄/Ma	侵位深度	岩石系列	岩石构造组合
花岗闪长斑岩	斑状、中细粒结构	103.3（全岩 K-Ar 法）	中深成	钙碱性	三门峡花岗闪长斑岩组合（K_2）
二长斑岩	似斑状、细粒结构	195～140（长石 K-Ar 法）	中深成	碱性	狐偃山二长斑岩-正长斑岩组合（K_1）
正长(斑)岩	斑状结构、粗面结构	109.72、130.62（全岩 K-Ar 法）	中深成	碱性	
(石英)碱长正长斑岩	中粒结构	132.22～107.06（全岩 K-Ar 法）	中深成	碱性	
花岗斑岩	中粗粒结构		中深成	碱性	
斑状（霓辉）石英正长岩	似斑状结构、中粒半自形结构	91.5（全岩 K-Ar 法）	中深成	碱性	塔儿山二长闪长岩-石英二长岩-石英正长岩组合（K_1）
斑状（霓辉）石英二长岩	似斑状结构、不等粒结构	138～130（全岩 K-Ar 法）	中深成	碱性	
斑状（霓辉）石英闪长岩	似斑状结构、细—中粗半自形细粒结构	140.1（全岩 K-Ar 法）	中深成	碱性	
似斑状碱长花岗岩	似斑状、不等粒结构	92.67（全岩 K-Ar 法）	中深成	钙碱性	黄土坡似斑状二长花岗岩-碱长花岗岩组合（K_1）
似斑状正长花岗岩	似斑状、不等粒结构		中深成	钙碱性	
似斑状二长花岗岩	似斑状、不等粒结构	93.9（全岩 K-Ar 法）	中深成	钙碱性	
碱长花岗岩	不等粒花岗结构	113.7～85.6（全岩 K-Ar 法）	中深成	钙碱性	铁瓦殿花岗岩-碱长花岗岩组合（K_1）
正长花岗岩	不等粒花岗结构		中深成	钙碱性	
二长花岗岩	不等粒花岗结构		中深成	钙碱性	
似斑状碱长花岗岩	似斑状、不等粒结构		中深成	钙碱性	岔口似斑状二长花岗岩-碱长花岗岩组合（K_1）
似斑状正长花岗岩	似斑状、不等粒结构		中深成	钙碱性	
似斑状二长花岗岩	似斑状、不等粒结构		中深成	钙碱性	
花岗斑岩	似斑状、不等粒结构	127.83（全岩 K-Ar 法）	中深成	碱性	王茅石英二长岩-二长花岗岩组合（K_1）
二长花岗岩	不等粒花岗结构	135.4（全岩 K-Ar 法）	中深成	钙碱性	
石英二长岩	不等粒花岗结构	137.6（全岩 K-Ar 法）	中深成	钙碱性	
似斑状碱长花岗岩	不等粒花岗结构		中深成	碱性	南头岭碱长花岗斑岩组合（K_1）
碱长花岗岩	不等粒花岗结构		中深成	碱性	

续表 3-3-2

岩性	结构	同位素年龄/Ma	侵位深度	岩石系列	岩石构造组合
碱长花岗岩	不等粒花岗结构		中深成	钙碱性	西安里辉长岩-闪长岩-碱长花岗岩组合(K_1)
石英正长岩	不等粒粗面结构		中深成	钙碱性	
石英二长闪长岩	中细粒闪长结构	118.5±0.4（锆石 U-Pb）	中深成	钙碱性	
闪长岩	中细粒闪长结构		中深成	钙碱性	
角闪闪长岩	中细粒柱粒状结构		中深成	拉斑玄武岩	
含橄榄角闪辉长岩	中粗粒辉长结构	130.2(Rb-Sr 等时线)	中深成	拉斑玄武岩	
石英二长闪长岩	中细粒闪长结构		中深成	钙碱性-拉斑玄武岩	孤山石英二长闪长岩-花岗闪长岩组合(K_1)
花岗闪长岩	中粗粒花岗结构	133±1(锆石 U-Pb)	中深成		
(含霞)霓辉正长岩	中粒结构		中深成	碱性	紫金山钛辉岩-二长岩-正长岩组合(K_1)
(暗霞)霞石正长岩	中—粗粒结构	138.3±1（锆石激光烧蚀 U-Pb）	中深成	碱性	
角砾状粗面岩	斑状、粗面结构		浅成	碱性	
假白榴石响岩	似斑状结构、不等粒结构		浅成	碱性	
二长斑岩	中粒二长结构		中深成	碱性	
霞霓钛辉岩	中粗粒结构		中深成	碱性	
石英斑岩	斑状、基质为微晶、隐晶结构		浅成	碱性	八角石英二长闪长岩-花岗闪长岩组合(J_3)
花岗闪长斑岩	中细粒闪长结构	149.41±0.52（锆石 U-Pb）	中深成	碱性	
石英二长闪长斑岩	中粗粒花岗结构		中深成	钙碱性	
似斑状角闪二长斑岩	似斑状、不等粒结构		中深成	碱性	滴水沿似斑状角闪二长斑岩组合(J_3)
花岗闪长岩	中粗粒花岗结构		中深成	钙碱性	六棱山石英二长闪长岩-花岗闪长岩组合(J_3)
石英正长岩	中—粗粒结构	153.4～149.5（全岩 K-Ar 法）	中深成	碱性	
石英二长岩	中粒结构		中深成	钙碱性	
石英二长闪长岩	中细粒闪长结构		中深成	拉斑玄武岩	
斑状碱长花岗岩	斑状、不等粒结构		中深成	碱性	灵丘闪长岩-正长岩-碱长花岗岩组合(J_3)
二长花岗岩	中—粗粒结构	159.8(全岩 K-Ar 法)	中深成	钙碱性	
花岗闪长岩	中粗粒花岗结构		中深成	钙碱性	
石英二长闪长岩	中细粒闪长结构		中深成	钙碱性	

续表 3-3-2

岩性	结构	同位素年龄/Ma	侵位深度	岩石系列	岩石构造组合
闪长岩	中细粒闪长结构		中深成	拉斑玄武岩	朱家沟闪长岩-二长闪长岩组合(J_3)
闪长岩	中细粒闪长结构	167.1±1（激光烧蚀 U-Pb）	中深成	碱性	
石英二长闪长岩	中细粒闪长结构		中深成	碱性	芦苇沟闪长岩-二长闪长岩组合(J_2)
二长闪长岩	中细粒闪长结构		中深成	碱性	
闪长岩	中细粒闪长结构	170±1（激光烧蚀 U-Pb）	中深成	碱性	
花岗斑岩	似斑状结构、不等粒花岗结构		中深成	碱性	王家窑花岗岩组合(J_1)
中粒花岗岩	中粒花岗结构	178.1±1.5（锆石 U-Pb）	中深成	碱性	
中细粒花岗岩	中细粒花岗结构		中深成	碱性	
中粗粒花岗岩	中粗粒花岗结构	224.0±12（锆石 U-Pb）	中深成	钙碱性	蚕坊花岗岩组合(T_3)
中细粒含斑花岗岩	斑状、中细粒花岗结构		中深成	钙碱性	

1. 华北陆块构造岩浆省(山西境内)侵入岩岩石构造组合

1)中元古代中条山辉石闪长岩-英云闪长岩-二长花岗岩岩石构造组合(Pt_2)

中元古代中条山辉石闪长岩-英云闪长岩-二长花岗岩岩石构造组合，由红瓦厦花岗岩、神仙岭复式岩体组成，主要岩性为辉石闪长岩、英云闪长岩、二长花岗岩，其石英含量偏低，暗色矿物特别是角闪石含量高，属长城纪早期裂谷中的 A 型碱质花岗岩组合。

2)中条山双峰式岩墙群(Pt_{2-3})

该组合主要分布于永济市九州疙瘩—五老峰、平陆县锥子山、夏县泗交镇一带，由中元古代辉绿（玢）岩、正长斑岩和新元古代辉绿（玢）岩组成。辉绿（玢）岩呈灰绿色、灰褐色，斑状结构、中细粒辉绿结构，块状构造，矿物成分以基性斜长石和普通辉石为主，部分岩脉中可见少量石英，岩石致密坚硬，局部具球状风化，可作为石材开发利用。

3)火焰山岩墙群(Pt_{2-3})

该组合主要分布在河津市樊村镇、稷山县洞山盘、邵家岭、张家坡和侯马市礼元镇等地。呈 NW320°～340°、NE30°～80°两组方向产出，平面上呈直线状左行雁行状排列，有时北西、北东两组方向的岩墙相互贯通呈共轭产出，一般宽为 15～40m，最宽可达 150m，边缘具冷凝边，脉壁陡立，地貌上多呈负地形，岩石具有球形风化。基性岩墙的主要岩性为辉长辉绿岩、辉绿（玢）岩。

4)太岳山岩墙群(Pt_{2-3})

太岳山区基性岩墙以北西向展布为主，少数为北东东、北东向，在北西向与北东东向或北东向交会部位，具有膨大和互相贯通现象，脉壁平直、陡立，单脉一般宽数米至 30m 之间，延伸数百米至几千米。边部多发育冷凝边，个别具分叉现象，边部常被中生代燕山期断裂追踪改造。岩性为辉长辉绿岩、蚀变（辉长）辉绿岩、岗纹辉绿岩、辉绿岩，以辉绿岩分布最广。

5) 青阳山岩墙群(Pt_{2-3})

该组合分布于中阳县枝柯镇、刘家坪和土顶山,呈北东-北北东向延伸,侵入于新太古代西姚英云闪长质片麻岩和古元古代变质黑云母花岗岩中,单脉一般宽十几米至 30m 之间,延伸数百米至几千米。边部多发育冷凝边。岩性以岗纹辉绿岩、辉绿岩为主。

6) 关帝山双峰式岩墙群(Pt_{2-3})

该组合分布广泛,主要出露于方山县的关帝山、北武当山,娄烦县的林中山,交城县的大西沟脑、陈台山和离石市的看天峁,规模较大,呈岩墙状产出,一般长 4~5km,宽 30~70m,最大宽度 400m,长大于 6.0km。与围岩接触处发育烘烤边、冷凝边。辉绿(玢)岩墙具追踪、分叉现象,被中酸性岩脉侵入。岩墙分带现象明显,从边部至中心,依次为辉绿(玢)岩、岗纹辉绿岩、石英正长斑岩,有时出现反向分布或呈右行左阶式雁行排列,这三者常呈毗连平行产出,岩性上渐变过渡(涌动),在地貌上常呈负地形。岩性包括辉长(辉绿)岩、花岗闪长斑岩、花岗斑岩、石英斑岩、花岗细晶岩、正长斑岩、石英正长斑岩、伟晶岩等。

7) 芦牙山基性墙群(Pt_{2-3})

该组合分布较广,主要出露于娄烦县的皇姑山,兴县的白龙山,岚县的河口镇和岢岚县的芦芽山等地,中元古代走向以北西和北西西为主,新元古代呈北东向,脉壁平直、陡立,岩脉长 1~20km,宽一般为 3~50m,最宽可达 150m。岩墙与围岩接触处有烘烤边、冷凝边,围岩蚀变不明显。岩性包括辉绿岩、辉长辉绿岩、辉绿玢岩和岗纹辉绿岩。

8) 云中山岩墙群(Pt_{2-3})

该组合分布较广,主要出露于忻州市—原平市西云中山的三交镇、大牛店镇等地,走向以北西和北西西为主,偶见近东西向分叉或互相贯通现象呈北东向,脉壁平直、陡立,岩脉长 1~20km,宽一般为 3~50m,沿岩墙有后期断裂构造活动。岩墙与围岩接触处有烘烤边、冷凝边,围岩蚀变不明显。岩性包括辉绿岩、辉长辉绿岩、辉绿玢岩和岗纹辉绿岩。

9) 太行山南段基性岩墙群(Pt_3)

该组合分布较少,主要出露于黎城县西井镇、东庄沟和左权县五台站等地,走向以北西为主,脉壁平直、陡立,岩脉长 1~5km,宽一般为 10~30m。岩墙与围岩接触处有烘烤边、冷凝边,围岩蚀变不明显。岩性包括辉绿岩、辉长辉绿岩,可作为石材开发利用。

10) 太行山北段基性岩墙群(Pt_{2-3})

该组合分布较广,主要出露于灵丘县曲回寺,繁峙县庄旺,五台县的门限石和盂县的梁家寨、上社一带。中元古代成群成带密集分布。以北西—北西西为主,少数为北东向,有时见互相贯通现象,脉壁平直、陡立,单脉延伸几千米至几十千米,岩体边部多发育冷凝边,个别具分叉现象,边部常被后期断裂追踪改造;新元古代分布零星,以近东西(北西西、南西西)向延伸,区内多处切穿北西、北东向镁铁质岩墙,在陈家庄一带呈定向断续分布,沿岩墙有后期断裂构造活动,长 0.3~25km,宽 4~20km,多数小于10km。岩墙边缘多见冷凝边。岩性为辉长辉绿岩、辉绿玢岩,盂县的梁家寨带辉绿岩成荒率高,色泽美观,商品名称称为黑色花岗石,因质优而畅销国内外。

11) 五台山辉绿岩岩墙群(Pt_{2-3})

该组合分布较广,中元古代辉绿岩以五台山东部唐河断裂带西侧最为发育,成群成带密集分布,构成规模宏大的北西向辉绿岩墙群,偶见北东向分叉或相互贯通,脉壁平直、陡立,与围岩界线截然。岩墙长数百米至数千米,宽 10~30m,个别 50~60m,最宽约 80m。规模较大的岩墙可划分出边缘相,矿物粒度较细(冷凝边);中心相,矿物粒度较粗。围岩蚀变不明显,仅局部见褐铁矿化、碳酸盐化等;新元古代辉绿岩除规模较小外与中元古代辉绿岩相似,主要分布于五台山区的西部,而东部较少。岩性包括辉绿岩、辉绿玢岩和少量岗纹辉绿岩。辉绿岩呈黑绿色,辉绿结构,块状构造。

12) 恒山辉绿岩岩墙群(Pt_{2-3})

该组合分布较广,与五台山辉绿岩岩墙群相似,中元古代辉绿岩以恒山东部唐河断裂带西侧最为发育,成群成带密集分布,构成规模宏大的北西向辉绿岩墙群,偶见北东向分叉或相互贯通,脉壁平直、陡立,与围岩界线截然。岩墙长数百米至数千米,宽 10~30m,个别 50~60m,最宽约 80m,规模较大的岩墙可划分出边缘相,矿物粒度较细(冷凝边);中心相,矿物粒度较粗。围岩蚀变不明显,仅局部见褐铁矿化、碳酸盐化等;新元古代辉绿岩除切割了高于庄组外,与中元古代辉绿岩墙群无明显差别。岩性包括辉绿岩、辉绿玢岩和少量岗纹辉绿岩。辉绿岩呈黑绿色,辉绿结构,块状构造。

13)凉城基性岩组合(Pt_2)

凉城基性岩组合分布于山西省西北右玉县西北的大宝山—大台山与内蒙古自治区南部的接壤地带,出露较少,延伸北西向为主,岩性包括辉绿岩、辉绿玢岩和少量岗纹辉绿岩,脉壁平直、陡立,与围岩界线截然。

14)采凉山辉绿岩岩墙群(Pt_2)

采凉山辉绿岩岩墙群分布较广,主要分布于大同市的古店镇—阳高县王官屯镇、东小村镇—天镇县的逯家湾镇、新平堡镇一带,与恒山—五台山辉绿岩岩墙群相似,成群成带密集分布,构成规模宏大的北西向辉绿岩墙群,偶见北东向分叉或相互贯通,脉壁平直、陡立,与围岩界线截然。岩墙长数百米至数千米,规模较大的岩墙可划分出边缘相,矿物粒度较细(冷凝边),岩性包括辉绿岩、辉绿玢岩和少量岗纹辉绿岩。辉绿岩呈黑绿色,辉绿结构,块状构造。岩石成荒率高,色泽美观,现作为饰面板材的黑色花岗石,多处被开采利用,畅销国内外。

15)中三叠世青尖坡碱长花岗岩-石英碱长正长岩组合(T_2)

中三叠世青尖坡碱长花岗岩-石英碱长正长岩组合分布于山西北部晋蒙交界的阳高、天镇一带,包括青尖坡二长花岗岩、九对沟花岗斑岩和罗家沟霞石正长岩,它们均为碱性杂岩。

16)采凉山正长斑岩-钠长斑岩-石英斑岩组合(T_2)

该组合出露较少,分布于大同市的周士庄镇—阳高县王官屯镇、罗文皂镇一线,主要集中在七对沟岩体附近,为与青尖坡碱长花岗岩-石英碱长正长岩组合同时的区域性脉岩,呈脉群出现,单脉呈北西向和北西西向、北东东向,脉长 500~2000m,宽 1~5m。岩石均呈斑状结构,显微霏细粒状、细晶结构。

2. 中国东部滨太平洋构造岩浆省(山西境内)侵入岩岩石构造组合

1)晚侏罗世蚕坊花岗岩组合(T_3)

蚕坊花岗岩组合位于山西南部中条山前一带,由中细粒含斑花岗岩、中粗粒花岗岩组成。自边部向中心结构上具有中细粒斑状→中粗粒似斑状的变化。

2)早侏罗世王家窑花岗岩组合(J_1)

岩体分布于山西南部中条山前一带,与蚕坊花岗岩组合相伴产出,岩性为中细粒—中粗粒花岗岩,二者呈脉动型接触关系。结构上由中细粒斑状向中粗粒似斑状变化。

3)中侏罗世芦苇沟闪长岩-二长闪长岩组合(J_2)

芦苇沟闪长岩-二长闪长岩组合分布于山西阳高县北部与内蒙古自治区接壤处,由中细粒闪长岩、中粒二长闪长岩、石英二长闪长岩组成。岩石结构有细粒→中细粒的变化。激光烧蚀 U-Pb 法同位素年龄为 170 ± 1Ma。

4)晚侏罗世朱家沟闪长岩-二长闪长岩组合(J_3)

朱家沟闪长岩-二长闪长岩组合分布于天镇县东部张西河以北吴家湾、朱家沟之间的双山—台东梁一带。由辉石闪长岩→闪长岩→正长闪长岩→花岗闪长斑岩组成,呈小岩株状、岩枝状产出。

5)晚侏罗世—早白垩世灵丘闪长岩-正长花岗岩-碱长花岗岩组合(J_3—K_1)

灵丘闪长岩-正长花岗岩-碱长花岗岩组合位于恒山—五台山东部义兴寨、小窝单、伯强、后峪、庄旺、滩上及灵丘刁泉、老潭沟等地,由闪长岩、石英二长岩、花岗闪长岩、二长花岗岩、斑状碱长花岗岩组成,均为小型中酸性复式岩体。这些岩体中往往发育爆破角砾岩筒或火山颈相角砾熔岩,与金、银、铜、钼、多金属矿产关系密切。

6）晚侏罗世六棱山石英二长闪长岩-花岗闪长岩组合（J_3）

六棱山石英二长闪长岩-花岗闪长岩组合分布于阳高县与广灵县接壤的刘家沟、普桥寺、大峪沟一带，由石英二长闪长岩、石英二长岩、石英正长岩、花岗闪长岩组成。结构上有细粒半自形不等粒结构—似斑状结构，基质为中细粒花岗结构—似斑状结构、中粗花岗结构。

7）晚侏罗世滴水沿似斑状角闪二长斑岩组合（J_3）

该组合即为滴水沿角闪二长斑岩，分布于右玉县南7km的滴水沿一带，岩体呈北东向延伸，据磁测资料岩体长6.7km、宽1.6km，面积约7km^2，地表露头仅2km^2，与围岩接触面为320°∠46°，与区域褶皱构造线方向一致。岩石较为均匀，呈肉红色，似斑状结构；基质为细粒半自形二长结构，块状构造。

8）晚侏罗世八角石英二长闪长岩-花岗闪长岩组合（J_3）

八角石英二长闪长岩-花岗闪长岩组合位于平鲁县大泉沟、王家泉子和神池县八角镇至磨石山等地，由呈南北向的石英二长闪长岩、花岗闪长岩、石英斑岩大小不等的数十个岩体组成。各岩体均呈南北向延伸，与围岩接触面多为顺层的外倾、局部为斜切层理外倾，岩体均受控于近南北向构造，北东向裂隙控制了一些岩枝、岩脉。

9）早白垩世紫金山钛辉岩-二长岩-正长岩组合（K_1）

紫金山钛辉岩-二长岩-正长岩组合分布于临县北西的紫金山、大度山、教排山一带，由外向内依次为霞霓钛辉岩、二长斑岩、霓辉正长岩、暗霞正长岩、霞石正长岩、假白榴石响岩、响岩质火山角砾岩、粗面质火山角砾岩组成。

10）早白垩世孤山石英二长闪长岩-花岗闪长岩组合（K_1）

孤山石英二长闪长岩-花岗闪长岩组合位于山西南部万荣县城南孤山，由具中细粒闪长结构石英二长闪长岩和中粗粒花岗结构的花岗闪长岩组成。同位素年龄为133±1（锆石U-Pb）。

11）早白垩世西安里辉长岩-闪长岩-碱长花岗岩组合（K_1）

西安里辉长岩-闪长岩-碱长花岗岩组合位于山西东南部平顺县西沟、树掌镇和西安里、寺头一带，由一系列仅呈南北向侵入于奥陶系马家沟组中的含橄榄角闪辉长岩、角闪闪长岩、闪长岩、石英二长闪长岩、石英正长岩、碱长花岗岩组成。岩体与围岩接触带上发育夕卡岩型铁矿。

单个岩体的形态、产状多呈"松塔状"或"伞形"的岩盖、岩株下部"塔底"部分往往以马家沟组一段底部白云质页岩（贾汪页岩）为底板，顶板分别为马家沟组二、四、六段灰岩，顶、底板与围岩呈平整接触，两侧与围岩的接触界面形态复杂，呈犬牙交错的互层状，马家沟组三、五段白云质泥灰岩常成为伸出的岩枝侵入赋存部位。岩体内部常见顶垂体或残留顶盖，受岩浆热液和上侵挤压作用的影响，岩体围岩和内部围岩碎块发生了强烈的接触交代变质作用和不规则褶皱变形，岩体与围岩的内接触带形成一系列夕卡岩矿物——透辉石、石榴石、方柱石、绿帘石、阳起石、绿泥石，并形成了著名的接触交代夕卡岩型的"邯邢式"铁矿，而岩体在水平断面并非圆形，往往沿南北向延展的长条状。

12）南头岭碱长花岗斑岩组合（K_1）

该组合分布于山西南部、中条山的南部，平陆县东部、黄河北岸的高家岭、南头岭、杨树爻、东阳的前河一带，岩体产状呈岩株、岩床状，北西向延伸。侵入奥陶系—二叠系中，黄铁矿化普遍、并形成石榴石夕卡岩和小型磁铁矿体。总面积约0.8km^2。岩性为碱长花岗斑岩、碱长花岗岩。

13）早白垩世王茅石英二长岩-二长花岗岩组合（K_1）

王茅石英二长岩-二长花岗岩组合位于中条山区南部王茅一带，由侵入于长城系西阳河群火山岩和奥陶系马家沟组、石炭纪—二叠纪石英二长岩、二长花岗岩、花岗斑岩组成。

14）早白垩世岔口似斑状二长花岗岩-碱长花岗岩组合（K_1）

岔口似斑状二长花岗岩-碱长花岗岩组合位于恒山东部浑源县岔口、错马平等地，由二长花岗岩、正长花岗岩、碱长花岗岩组成，均具似斑状结构。岩体中发育晚期的火山颈。火山颈四周及不同岩性接触带部位金、银、铜、铅、锌及黄铁矿、褐铁矿化发育。

15) 早白垩世铁瓦殿花岗岩-碱长花岗岩组合（K_1）

铁瓦殿花岗岩-碱长花岗岩组合位于恒山东部黑狗背及五台山区铁瓦殿、古花岩、盘道、黑崖、冉庄等地，由中细粒花岗结构的二长花岗岩、中粗粒花岗结构的正长花岗岩和粗粒花岗结构的碱长花岗岩组成。五台山区古花岩一带岩体中具有铌、钽、稀土、铀矿化，黑狗背一带岩体中的晚期伟晶岩中产水晶。

16) 早白垩世黄土坡似斑状二长花岗岩-碱长花岗岩组合（K_1）

黄土坡似斑状二长花岗岩-碱长花岗岩组合位于恒山东部黄土坡及五台山区古花岩、黑崖等地，由似斑状花岗结构的二长花岗岩、正长花岗岩和碱长花岗岩组成。

17) 早白垩世滩上（辉石）闪长岩-石英二长岩-碱长花岗岩组合（K_1）

滩上（辉石）闪长岩-石英二长岩-碱长花岗岩组合位于五台山区滩上、南石岸等地，由（辉石）闪长岩、石英二长岩、花岗斑岩、似斑状碱长花岗岩组成。石英二长岩中有晚期形成的爆破角砾岩筒，四周发育呈放射状展布的闪长玢岩、长石斑岩、石英斑岩脉，具黄铜矿、黄铁矿化。

18) 早白垩世塔儿山二长闪长岩-石英二长岩-石英正长岩组合（K_1）

塔儿山二长闪长岩-石英二长岩-石英正长岩组合位于临汾盆地东缘塔儿山—二峰山等地，呈"岛状"凸起于临汾新生代盆地内由晚更新世黄土构成的三级阶地阶面之上，由侵入于奥陶系马家沟组和石炭系—二叠系中具斑状结构的霓辉石英闪长岩、霓辉石英二长岩和霓辉石英正长岩组成，岩体与马家沟组灰岩接触带上发育夕卡岩型铁矿。

19) 早白垩世狐偃山二长斑岩-正长斑岩组合（K_1）

狐偃山二长斑岩-正长斑岩组合位于山西中部交城县狐偃山一带，由侵入于奥陶系马家沟组和石炭系—二叠系中具中粗粒结构的花岗斑岩、中粒结构的（石英）碱长正长斑岩和斑状、粗面结构的正长（斑）岩及似斑状细粒结构的二长斑岩组成，岩体与马家沟组灰岩接触带上发育夕卡岩型铁矿。

20) 晚白垩世三门峡花岗闪长斑岩组合（K_2）

三门峡花岗闪长斑岩组合分布于三门峡一带的黄河两岸，在黄河北岸（山西省境内），自三门峡大坝向东长达3000m，自杜家庄沿六里涧向北达2600m，呈岩床状侵入于上石炭统太原组中，在大坝附近厚达90～130m，岩床随地层向北倾斜。

21) 晚白垩世太行山北段正长斑岩-石英斑岩-闪长岩组合（K_2）

太行山北段正长斑岩-石英斑岩-闪长岩组合位于山西东部与河北省平山县交界的东庄头一带，由侵入于寒武系—奥陶系的闪长岩、石英斑岩和正长斑岩组成，呈近南北向和近东西向脉状产出。

22) 早白垩世五台山闪长（玢）岩-花岗闪长斑岩-正长斑岩组合（K_1）

五台山闪长玢岩-花岗闪长斑岩-正长斑岩组合遍布于五台山区，由闪长（玢）岩、钠长斑岩、二长斑岩、花岗闪长斑岩、石英斑岩、正长斑岩组成，呈脉状产出，与金、银、铜、钼、多金属矿产关系密切。

23) 早白垩世恒山闪长（玢）岩-花岗闪长斑岩-正长斑岩组合（K_1）

恒山闪长（玢）岩-花岗闪长斑岩-正长斑岩组合遍布于恒山东部及灵丘地区等地，由闪长（玢）岩、花岗闪长斑岩、石英斑岩、正长斑岩组成，呈脉状产出，与金、银、多金属矿产关系密切。

24) 晚白垩世阴山碱性闪长玢岩-石英二长斑岩-花岗斑岩组合（K_2）

阴山碱性闪长玢岩-石英二长斑岩-花岗斑岩组合分布于山西北部晋蒙交界的阳高、天镇一带，由碱性闪长玢岩、石英二长花岗岩、花岗斑岩和石英斑岩组成，呈北西、北东向脉状成群成带产出。

25) 新生代三门峡基性岩组合（Cz）

新生代三门峡基性岩组合仅见1条岩脉，侵入于晚三叠世蚕坊岩体中，延伸北西向，长约120m，宽0.5m，岩性为煌斑岩。

26) 新生代临汾-运城基性岩组合（Cz）

该组合仅见1条岩脉，分布于霍州市李曹镇峪里北东600m的水头沟岩脉，延伸约20°，走向60°，倾向南东，倾角30°～39°，脉体长130m，宽0.3m，岩性为闪云煌岩。

27）新生代五龙山金伯利岩-煌斑岩-玄武岩组合（Cz）

五龙山金伯利岩-煌斑岩-玄武岩组合包括柳林县尖家沟金伯利岩及离石市陈家塔—文水县随公沟村间的超浅成玄武岩脉、煌斑岩脉。尖家沟金伯利岩呈岩床状、不规则脉状产出，岩性为角砾状细粒金伯利岩，斑晶以橄榄石（假像）、金云母、镁铝榴石、铬尖金石、钛铁矿、金红石、磷灰石为主。

28）新生代忻州金伯利岩-煌斑岩-玄武岩组合（Cz）

忻州金伯利岩-煌斑岩-玄武岩组合以五台山东部为主，另外在灵丘县牛帮口，五台县木瓜咀、上金山、水泉凹、甲子湾和东台沟，孟县秋林村，代县滩上村、南正沟、赵昊观等地也有分布，岩性以煌斑岩类为主、次为橄榄玄武岩、金伯利岩等。

29）新生代大同金伯利岩-煌斑岩-玄武岩组合（Cz）

大同金伯利岩-煌斑岩-玄武岩组合包括应县水沟门似金伯利岩、大同采凉山橄榄云煌岩和恒山—五台山地区普遍发育的超浅成玄武岩脉。水沟门似金伯利岩呈岩脉、岩管状产出。岩性为角砾状似金伯利岩、含云母似金伯利岩。

3.3.3 构造岩浆旋回与构造岩浆岩带

3.3.3.1 构造岩浆旋回

山西侵入岩以中生代岩浆岩分布最广泛，次为中新元古代岩浆岩，新生代岩浆岩分布零星，根据岩浆活动及大地构造划分大体可划分为中新元古代构造岩浆旋回、中三叠世构造岩浆旋回、晚三叠世—晚白垩世构造岩浆旋回和新生代构造岩浆旋回4个Ⅰ级构造岩浆旋回。

1. 中新元古代构造岩浆旋回

该旋回在山西省内广泛，岩性以镁铁质（即基性）侵入岩为主、少量中酸（碱）性岩。镁铁质（即基性）侵入岩大多形成岩床、岩脉（墙），其规模一般均不大，但它们又成群出现，省内各大山区（阴山、恒山—五台山地区，吕梁山、霍山、太行山、中条山—王屋山地区）均有出露；中酸（碱）性侵入岩主要为中条山地区的红瓦厦花岗岩（群）和神仙岭复式岩体，另外在吕梁山地区发育正长斑岩、石英正长斑岩和花岗斑岩等，与基性岩墙往往相伴而生。中新元古代侵入岩分别代表了两次非造山的地壳裂解事件。

根据是否侵入于中元古代地层又被寒武纪地层不整合覆盖及其间相互穿插关系，结合同位素年龄，进一步划分为中元古代亚旋回和新元古代亚旋回。该旋回包括2个构造岩浆岩带（Ⅱ级），6个构造岩浆岩亚带（Ⅲ级），11个侵入岩段（Ⅳ级），14个岩石构造组合（Ⅴ级）。

2. 中三叠世构造岩浆旋回

中三叠世构造岩浆旋回主要分布于山西雁北北部的阳高县西南部的青尖坡花岗岩、七对沟花岗岩、九对沟花岗斑岩及其七对沟、九对沟附近的岩脉。该旋回包括1个岩浆岩带（Ⅱ级），1个亚带（Ⅲ级），1个侵入岩段（Ⅳ级），2个岩石构造组合（Ⅴ级）。

3. 晚三叠世—晚白垩世构造岩浆旋回

晚三叠世—晚白垩世构造岩浆旋回在山西省分布最广，最为发育，成因类型较多，中酸性侵入岩主要分布于山西的北东和南西两头，北东分布于偏关—宁武—忻州—阳泉一线以北，特别是恒山—五台山地区，分布较为集中，约占山西中生代中酸性侵入岩的80%；南西分布于稷山—侯马—垣曲一线以南；两线之间侵入岩较少，分布零星，为碱性偏碱性岩侵入岩，主要集中出现于临县紫金山、交城、古交的狐偃山、临汾的塔儿山—二峰山和太行山的平顺—壶关—陵川地带。

该旋回包括2个岩浆岩带（Ⅱ级），2个亚带（Ⅲ级），13个侵入岩段（Ⅳ级），24个岩石构造组合（Ⅴ级）。

4. 新生代构造岩浆旋回

新生代构造岩浆旋回规模较小，分布零星，主要有应县水沟门、大同采凉山、柳林尖家沟、灵丘牛帮口等地的金伯利岩；恒山—五台山地区的煌斑岩脉、玄武岩脉；左云、怀仁的一带出现的玄武岩脉和五台山柏里一带的筒状玄武岩；文水县随公沟村和离石吴城镇的玄武岩脉；霍州市李曹镇峪里和蚕坊岩体中的煌斑岩脉。

该旋回包括1个岩浆岩带（Ⅱ级），1个亚带（Ⅲ级），5个侵入岩段（Ⅳ级），5个岩石构造组合（Ⅴ级）。

3.3.3.2 构造岩浆岩带

依据岩浆岩的时空分布和构造环境特点，山西省侵入岩构造岩浆岩带可划分为：Ⅰ级—构造岩浆岩省2个，Ⅱ级—构造岩浆岩带5个，Ⅲ级—构造岩浆岩亚带10个，Ⅳ级—侵入岩段30个，Ⅴ级—岩石构造组合45个。各级构造岩浆岩带划分见表3-3-3，山西省中生代岩带划分图见图3-3-3。

构造岩浆岩省：山西省处于同一区域大地构造分区——华北陆块区，因此仅以时代为依据进行划分，将中元古代—中三叠世划为华北陆块构造岩浆省，晚三叠世—第四系划归中国东部滨太平洋构造岩浆岩省。

构造岩浆岩带是以大地构造分区的二级单元划分的。华北陆块构造岩浆省中将晋豫陕三叉裂谷系划归吕梁-熊耳裂谷构造岩浆岩带，把分布在燕辽—太行山地区的划归燕辽-太行裂陷构造岩浆岩带，将山西北部划为大青山-冀北构造岩浆岩带；而中国东部滨太平洋构造岩浆岩省中，划分为华北叠加造山-裂谷构造岩浆岩带和晋豫构造岩浆岩带。

构造岩浆岩亚带是在构造岩浆岩带的范围内按照构造岩浆活动的构造环境（大地构造相）、时代和方式进行划分的。山西省构造岩浆岩亚带划分与各大山区及侵入岩时代对应。

构造岩浆岩段：原则上与四级构造单元对应，一般对应于同一山系下不同山体、同一构造体系下不同的地理背景或一个岩石系列组合（超单元组合）。

山西省中生代侵入岩的构造岩浆岩段具有较强的规律：中三叠世至早侏罗世呈近东西向（北东东向）成带，岩体亦是近东西向延伸；中侏罗世呈近东西向成带，岩体呈南北向延伸；晚侏罗世呈北东向成带，岩体呈北东、北西向延伸；早白垩世呈南北向成带，岩体亦呈南北向延伸（图3-3-3）。

岩浆岩岩石构造组合：在构造岩浆岩段内按岩浆岩岩石构造组合进行再划分，特别是有利于矿产资源预测的岩浆岩岩石构造组合，一般对应于一个自然岩体或一个岩石系列（超单元）。

3.3.4 侵入岩的形成、构造环境及其演化

岩浆岩的形成、演化与大地构造环境和地壳演化密切相关。由于山西省处于华北板块与西伯利亚板块及太平洋板块与欧亚板块的结合部位，地质环境差异较大，地质演化历史不同，因此不同岩区（带）的岩浆活动具有鲜明的特色。除中元古代岩浆活动外，中生代—新生代岩浆活动都明显地受板块构造活动的控制。随着地壳由硅镁质向硅铝质转化，岩浆由基性向酸偏碱性方向演化，其成因类型由简单到复杂，并导致了不同成因类型岩浆岩在空间上的叠置。

山西省中新元古代—第四纪侵入岩的形成与构造环境及其演化复杂多样，具有不同岩浆来源和演化机制，并受不同构造环境控制，具有一定的演化规律。

表 3-3-3 山西省构造岩浆岩带划分表表

岩浆岩省	岩浆岩带	岩浆岩亚带	岩段	岩石构造组合
I 中国东部滨太平洋构造岩浆省	I_1 华北叠加造山-裂谷构造岩浆带	I_1^1 汾渭裂谷亚带	I_1^{1-1} 大同岩段	I_1^{1-1-1} 大同金伯利岩-煌斑岩-玄武岩组合(Cz)
			I_1^{1-2} 忻州岩段	I_1^{1-2-1} 忻州金伯利岩-煌斑岩-玄武岩组合(Cz)
			I_1^{1-3} 五龙山岩段	I_1^{1-3-1} 五龙山金伯利岩-煌斑岩-玄武岩组合(Cz)
			I_1^{1-4} 临汾-运城岩段	I_1^{1-4-1} 临汾-运城基性岩组合(Cz)
			I_1^{1-5} 三门峡岩段	I_1^{1-5-1} 三门峡基性岩组合
		I_1^2 吕梁-太行岩浆亚带	I_1^{2-1} 阴山后造山伸展侵入岩段	I_1^{2-1-1} 阴山碱性闪长玢岩-石英二长斑岩-花岗斑岩组合(K_2)
			I_1^{2-2} 恒山—五台山-太行山中北段后造山伸展侵入岩段	I_1^{2-2-1} 恒山闪长玢岩-花岗闪长斑岩-正长斑岩组合(K_2)
				I_1^{2-2-2} 五台山闪长玢岩-花岗闪长岩-正长斑岩组合(K_2)
				I_1^{2-2-3} 太行山北段正长斑岩-石英斑岩-闪长斑岩组合(K_2)
			I_1^{2-3} 中条山后造山伸展侵入岩段	I_1^{2-3-1} 三门峡花岗闪长斑岩组合(K_2)
			I_1^{2-4} 汾河造陆抬升侵入岩段	I_1^{2-4-1} 狐偃山二长斑岩-正长斑岩组合(K_1)
				I_1^{2-4-2} 塔儿山闪长岩-二长岩-正长斑岩组合(K_1)
			I_1^{2-5} 五台-赞皇(太行山中段)后造山侵入岩段	I_1^{2-5-1} 滩上石英二长岩-碱长花岗岩组合(K_1)
				I_1^{2-5-2} 黄土坡二长花岗岩-碱长花岗岩组合(K_1)
				I_1^{2-5-3} 铁瓦殿花岗岩-碱长花岗岩组合(K_1)
				I_1^{2-5-4} 岔口二长花岗岩-碱长花岗岩组合(K_1)
			I_1^{2-6} 中条山后造山侵入岩段	I_1^{2-6-1} 王茅石英二长岩-二长岩组合(K_1)
				I_1^{2-6-2} 南头岭花岗斑岩组合(K_1)
			I_1^{2-7} 太行山南段陆缘岩浆弧	I_1^{2-7-1} 西安里辉长岩-闪长岩-碱长花岗岩组合(K_1)
			I_1^{2-8} 中条山北陆缘岩浆弧	I_1^{2-8-1} 狐山石英二长闪长岩-花岗岩组合(K_1)
			I_1^{2-9} 鄂尔多斯东缘陆缘岩浆弧	I_1^{2-9-1} 紫金山钛辉岩-二长岩-正长岩组合(K_1)
			I_1^{2-10} 左云-右玉断陷盆地岩浆弧	I_1^{2-10-1} 八角石英二长岩-花岗闪长斑岩组合(J_3)
				I_1^{2-10-2} 滴水沿似斑状角闪二长岩组合(J_3)
			I_1^{2-11} 太行山北段陆缘火山岩浆弧	I_1^{2-11-1} 六棱山石英二长闪长岩-花岗岩组合(J_3)
				I_1^{2-11-2} 灵丘闪长岩-正长岩-碱长花岗岩组合(J_2)
			I_1^{2-12} 燕山陆缘岩浆弧	I_1^{2-12-1} 芦苇沟闪长岩-石英二长岩组合(J_2)
				I_1^{2-12-2} 朱家沟闪长岩-正长闪长岩组合(J_2)
	I_2 岩浆岩带	I_2^1 中条-嵩山碰撞造山亚带	I_2^{1-1} 中条山碰撞型侵入岩段	I_2^{1-1-2} 王家窑花岗岩组合(J_1)
	晋豫构造			I_2^{1-1-1} 蚕坊花岗岩组合(T_3)
II 华北陆块构造岩浆省	II_1 构造岩浆岩带大青山-冀北	II_1^1 华北大陆边缘岩浆岩亚带	II_1^{1-1} 阴山碰撞型侵入岩段	II_1^{1-1-2} 采凉山正长斑岩-石英斑岩-钠长斑岩组合(T_2)
				II_1^{1-1-1} 青尖坡碱长花岗岩-石英斑岩组合(T_2)
	II_2 燕辽-太行裂陷构造岩浆带	II_2^1 燕辽裂陷构造岩浆岩亚带	II_2^{1-1} 凉城裂陷侵入岩段	II_2^{1-1-1} 凉城基性岩组合(Pt_2)
			II_2^{1-2} 桑干裂陷侵入岩段	II_2^{1-2-1} 阴山基性岩组合(Pt_2)
			II_2^{1-3} 恒山-五台-云中山裂陷侵入岩段	II_2^{1-3-1} 恒山辉绿岩墙群(Pt_{2-3})
				II_2^{1-3-2} 五台山辉绿岩墙群(Pt_{2-3})
				II_2^{1-3-3} 云中山双峰式侵入岩组合(Pt_2)
			II_2^{1-4} 太行山北段裂陷侵入岩段	II_2^{1-4-1} 太行山北段基性岩墙群(Pt_{2-3})
		II_2^2 太行山南段裂陷构造岩浆亚带	II_2^{2-1} 太行山南段裂陷侵入岩段	II_2^{2-1-1} 太行山南段基性岩墙群组合(Pt_{2-3})
	II_3 吕梁-熊耳裂谷构造岩浆带	II_3^1 吕梁山北段裂谷构造岩浆亚带	II_3^{1-1} 吕梁山北段裂谷侵入岩段	II_3^{1-1-1} 芦牙山基性岩墙群(Pt_2)
		II_3^2 关帝山裂谷构造岩浆亚带	II_3^{2-1} 关帝山裂谷侵入岩段	II_3^{2-1-1} 关帝山双峰式岩墙群(Pt_{2-3})
		II_3^3 吕梁山中南段裂谷构造亚带	II_3^{3-1} 青阳山寨谷侵入岩段	II_3^{3-1-1} 青阳山双峰式岩墙群(Pt_{2-3})
			II_3^{3-2} 太岳裂谷侵入岩段	II_3^{3-2-1} 太岳山基性岩墙群(Pt_2)
			II_3^{3-3} 火焰山裂谷侵入岩段	II_3^{3-3-1} 火焰山基性岩墙群(Pt_{2-3})
		II_3^4 熊耳裂谷构造岩浆亚带	II_3^{3-4} 中条山裂谷侵入岩段	II_3^{3-4-1} 中条山双峰式岩墙群(Pt_{2-3})
				II_3^{3-4-3} 中条山辉石闪长岩-花岗岩组合(Pt_{2-3})

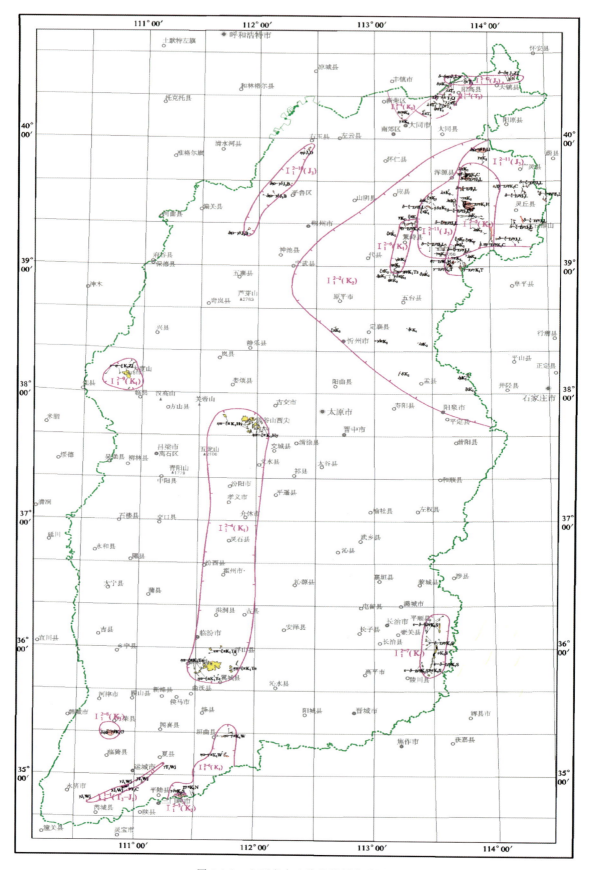

图 3-3-3 山西省中生代岩段划分略图

3.3.4.1 侵入岩岩浆来源及构造环境

1. 区域大地构造环境特征

岩浆岩的形成、演化与大地构造环境和地壳演化密切相关,受地质时代、构造环境、地表壳厚度、物理化学条件等多种因素制约。由于山西省处于华北板块与西伯利亚板块及太平洋板块与欧亚板块的结合部位,地质环境差异较大,地质演化历史不同,因此不同岩区(带)的岩浆活动具有鲜明的特色。除中元古代岩浆活动外,晚古生代—中生代岩浆活动都明显地受板块构造活动的控制。随着地壳由硅镁质向硅铝质转化,岩浆由基性向酸偏碱性方向演化,其成因类型由简单到复杂,并导致了不同成因类型岩浆岩在空间上的叠置。

中新元古代华北地区没有板块之间相互作用,初步形成的克拉通在大陆拉张构造背景下,在山西省与陕西省、河南省一带形成晋豫陕三叉裂谷系北东支发展而来的斜穿于华北地台内部的裂陷槽;在燕辽—太行地区形成中新元古代燕辽坳拉槽,山西省属于该构造的西缘。

三叠纪是各陆块集合形成中国大陆的重要时期,特提斯洋向北东方向俯冲到西昆仑柴达木和中缅马苏等地块下,华夏地块与扬子板块发生碰撞、拼合,形成了一系列碰撞带;同时扬子板块及其以南的各地块以较快的速度向北运移与中朝板块(华北板块)发生碰撞,形成了秦岭-大别-苏鲁造山带,从而使中国大陆 3/4 以上的地区与西伯利亚板块聚合成为欧亚大陆板块的东南部分。

进入侏罗纪以来,伊佐奈岐板块开始向北西方向运移,并俯冲到东亚大陆之下,而新生的太平洋板块则在南半球微弱地向南西方向俯冲,使中国大陆及邻区受到较强的总体向北西方向的挤压,进而产生了缩短作用。在板块运动过程中,致使岩石圈内产生了一系列滑脱面,在滑移过程中,由于界面的不平整与应力的不均匀,导致了局部地段发生减压作用,从而诱发了不同深度的岩石出现部分熔融,继而形成了强烈的岩浆作用。在上述板块的这种机制作用下,中国东部逐渐褶皱成山,地势高峻,气候渐趋干旱;中国西部地区,则以低山和河湖盆地为主,气候呈现比较温暖、潮湿的特点。此时的中国地形总体呈现东高西低,与现代地貌截然相反。

侏罗纪的岩浆活动受伊佐奈岐板块向北西方向运移、俯冲的影响较明显,早侏罗世中国东部地质构造的动力学机制开始发生了变化,由原来主要呈近东西向展布的构造线逐步向北东向偏转。具体表现在:上地幔物质部分熔融,并与地壳物质发生了混染。

进入白垩纪以来,中国乃至东亚最重要的构造事件是印度板块与亚洲大陆的碰撞和亚洲东缘太平洋板块与欧亚板块强烈作用,西太平洋沟-弧-盆体系的形成,进而产生了强烈的岩浆活动,形成了壳幔混合源的花岗岩类。

早白垩世区域应力场处于北西西-南东东的挤压状态,形成了呈北北东向展布的大型岩浆活动带和火山沉积盆地;晚白垩世,伴随着区域应力场北西西-南东东的挤压作用减弱,造山作用转入后造山阶段,形成规模较小的侵入岩或脉岩。

新生代构造运动总体是在强烈拉伸的构造环境下,以继承性断裂活动和地壳间歇性抬升为主导运动形式。其显著的地质特征造就了山体整体抬升和汾渭裂谷带,为典型而有特征的大陆裂谷(马杏垣,1985),并伴随有 3 次(超)基性岩浆活动,在经历了始新世—晚更新世全盛期,尽管至今仍在活动,已开始走向衰亡。

根据大地构造环境、成岩物质来源和形成机制,山西省侵入岩可划分为 4 个成因系列:幔源成因系列、混合源熔融型成因系列、壳源改造成因系列、A 型成因系列。

2. 幔源成因系列

幔源成因系列为来自地幔的超基性—基性岩浆定位和经过分异演化而形成的侵入岩。山西省来自幔源岩浆的侵入岩主要有中新元古代基性岩墙(床)、中生代碱性偏碱性杂岩体和新生代超基性—基性—中性脉岩类。

(1)中新元古代基性岩墙(床)。由前所述,岩石化学成分显示属碱性+拉斑玄武岩双峰式特征;微量元素曲线与典型的板内玄武岩—格雷戈里裂谷(拉斑质—碱性的)相似或与过渡类型的格雷戈里裂谷(拉斑质—碱性的)玄武岩相似;稀土配分曲线特征与典型板内玄武岩的地球化学型式相似,具大陆拉斑玄武岩特征;Rb/Sr多在0～0.12之间,Sm/Nd多在0.17～0.26之间,接近或略小于上地幔值,岩浆来源于上地幔,但部分可能受到地壳物质的混染。

进一步我们利用岩石化学图解,特别是一般认为化学性质稳定的微量元素,尤其是不相容元素的图解,对成岩构造环境进行判别。在FeO^*-MgO-Al_2O_3图解中投点多落入大陆区及附近;在Zr/Y-Zr图解中,投点主要位于WPB区及附近。表明中新元古代基性岩墙(床)形成于板内环境,新元古代明显切穿中元古代,代表了两次非造山的地壳裂解事件。

关帝山双峰式岩墙群走向一致,不同成分的脉岩呈平行毗邻产出,并且呈涌动接触关系,反映它们形成时代相近,是同一构造应力场的产物。岩墙具分带现象,反映岩浆具多次涌动上侵的特点。北西西和北东东两组共轭岩墙的产出,呈右行左阶式雁行排列现象;其他地区中新元古代基性岩指辉绿(玢)岩墙,规模较大,成群成带分布,中元古代指北西向,少数北东向,二者就位于北西、北东向共轭裂隙,新元古代包括北西及近东西向,亦显示为北东东-南东东向共轭特征。以上特征说明它们是近东西拉张作用下,岩浆沿北西西和北东东两组剪裂隙多次涌动上侵而成,即所谓的岩墙扩张就位。

(2)中生代碱性偏碱性杂岩体。中生代碱性偏碱性杂岩是整个华北板块内部发育的碱性偏碱性岩的重要组成部分,包括西安里辉长岩-角闪闪长岩-闪长岩-碱长花岗岩组合,塔儿山二长闪长岩-石英二长岩-石英正长岩组合,狐偃山二长斑岩-正长斑岩组合和紫金山钛辉岩-二长岩-正长岩组合,岩体均分布于山西中部相对稳定地区的3条南北向构造带上(紫金山钛辉岩-二长岩-正长岩组合碱性程度高,达碱性花岗岩,我们在A型成因系列进行讨论)。岩石矿物组成以碱性为主,副矿物组合为磁铁矿-榍石-磷灰石,岩石化学成分及岩石化学参数,$w(Na_2O+K_2O)$高,$w(SiO_2)$低;δ值平均大于3.3,紫金山超单元均大于7,最高可达25.8,表明具碱性偏碱性的特征;微量元素中脊花岗岩标准化蛛网图,具较明显Nb、Ta负异常,与Julian A. Pearce教授提供的典型板内花岗岩相似,西安里杂岩Rb/Sr多在0.03～0.09之间,狐偃山岩体Rb/Sr比值在0.035～0.097之间,个别达0.10,接近于地幔值;稀土配分曲线为较平缓右倾型,具不明显的铕异常(δEu=0.80～1.04),Sm/Nd=0.17～0.21,略低或接近于地幔值。综上所述,该系列特别是早期的岩浆物质以幔源为主,晚期可能有硅铝壳物质的加入。这可以从稀土元素含量配分曲线及变化,铕异常不显或有弱正异常,铅同位素组成(曾键年,1997)、Sr^{87}/Sr^{86}初始比值(0.704 1～0.706 2)等得到证实。

该系列岩石结构构造清楚,类型明显,岩石无蚀变,本次工作采用现在流行的将岩石化学成分数据进行干化处理后投点,运用Manar和Piccoli(1989)构造环境判别方法分步骤进行:西安里辉长岩-角闪闪长岩-闪长岩-碱长花岗岩组合岩石矿物成分发育两种长石,钾长石大于斜长石,暗色矿物以黑云母为主;岩石化学成分SiO_2质量分数42.63%～65.14%(以48%～60%为主),岩石系列属过铝的钙碱性岩类,在构造环境判别图解中,投点以落入LAG+CAG+CCG区为主;A/NCK<1.05,属LAG+CAG类;$w(Na_2O)/w(CaO)$=0.15～3.24,$w(Na_2O)/w(K_2O)$=0.5～11.09(多在0.5～2.0之间),$w(MgO)/w[FeO(T)]$=0.20～0.92(多在0.20～0.50之间),$w(MgO)/w(Mn)$=0.81～139.33(多在2～38之间),$w(Al_2O_3)/w(Na_2O+K_2O)$=1.83～5.25(均大于1.1),属CAG范围,即为大陆弧花岗岩。

根据全国矿产资源潜力评价《成矿地质背景研究工作技术要求》,大陆弧花岗岩为同碰撞花岗岩类,即西安里辉长岩-角闪闪长岩-闪长岩-碱长花岗岩组合岩石构造环境应为同碰撞环境。

塔儿山二长闪长岩-石英二长岩-石英正长岩组合和狐偃山二长斑岩-正长斑岩组合,岩石矿物成分发育两种长石、钾长石大于斜长石、暗色矿物以黑云母为主;狐偃山二长斑岩-正长斑岩组合岩石化学成

分 SiO_2 质量分数 60.28%～70.64%、塔儿山二长闪长岩-石英二长岩-石英正长岩组合 SiO_2 质量分数 61.39%～68.33%,岩石系列属过铝的钙碱性岩类,在构造环境判别图解中,投点以落入 RRG＋CEUG 区为主,塔儿山二长闪长岩-石英二长岩-石英正长岩组合和狐偃山二长斑岩-正长斑岩组合为与大陆的造陆抬升有关花岗岩类。

(3)新生代超(中)—基性脉岩类。该系列属华北叠加造山-裂谷构造岩浆带的汾渭裂谷亚带,包括大同金伯利岩-煌斑岩-玄武岩组合、忻州金伯利岩-煌斑岩-玄武岩组合、五龙山金伯利岩-煌斑岩-玄武岩组合、临汾-运城基性岩组合、三门峡基性岩组合 5 个岩石构造组合。岩石化学成分 SiO_2 质量分数 12.74%～65.01%(多在 30%～52% 之间),$w(Na_2O) > w(K_2O)$,为次铝的(超)基性岩类,属碱性—钙碱性拉斑玄武岩;微量元素蛛网图与典型板内玄武岩的格林纳达岛(钙碱性—碱性玄武岩)相似;稀土元素配分曲线为较陡右倾型,无铕异常,$\delta Eu = 0.81 \sim 0.97 (>0.7)$,岩浆来源于上地幔。$Eu/Sm = 0.22 \sim 0.27$,稀土模式与 Cullers 及 Graf(1984)的大陆拉斑玄武岩稀土特征相似。

进一步,我们利用岩石化学图解,特别是一般认为化学性质稳定的微量元素,尤其是不相容元素的图解,对成岩构造环境进行判别。在 TiO_2-MnO-Na_2O 图解中全部落入大陆板内拉斑玄武岩区;在 Zr/Y-Zr 图解中,投点主要位于 WPB 附近。表明新生代基性岩墙(床)形成于板内构造环境,其代表了非造山的大陆伸展事件。

3. 壳幔源混合成因系列

该系列包括中元古代中酸(碱)性侵入岩和中生代大部分岩石构造组合。

(1)中元古代中酸性侵入岩。该系列包括中条山辉石闪长岩-英云闪长岩-二长花岗岩组合和与吕梁山区中新元古代辉绿岩伴生的正长斑岩、石英正长斑岩和花岗斑岩等。SiO_2 含量在 60.73%～72.98%,属中性—酸性岩类,为过铝的碱性—钙碱性拉斑玄武岩系列;吕梁山地区正长斑岩微量元素洋中脊花岗岩标准化蛛网图,与典型板内玄武岩的格林纳达岛(钙碱性—碱性玄武岩)相似;稀土元素图谱曲线和西阳河群(熊耳群)安山岩(图谱曲线)相一致,又与康迪的低 Al_2O_3 英云闪长岩-奥长花岗岩型式图相似;$Sm/Nd = 0.16 \sim 0.26$,略低于地幔值,来源地壳与地幔物质混合形成。为非造山的地壳裂解的产物。

进一步,我们利用岩石化学图解,特别是一般认为化学性质稳定的微量元素,尤其是不相容元素的图解,对成岩构造环境进行判别。在 FeO^*-MgO-Al_2O_3 图解中投点落入扩张性中央岛区,表明当时处于大陆拉张构造环境;在 Zr/Y-Zr 图解中,投点主要位于 WPB 区及附近,表明中元古代中酸性岩形成于板内拉伸环境。结合吕梁山区中酸性岩脉与基性岩墙呈平行毗邻产出,呈涌动接触关系,反映它们形成时代相近,是同一构造应力场的产物,代表了非造山的大陆板内裂解事件。

(2)中生代中酸性侵入岩。山西中生代壳幔源混合(基性—)中性—酸性系列包括除碱性偏碱性系列及明显属于壳源的酸性系列的铁瓦殿花岗岩-碱长花岗岩组合、黄土坡似斑状二长花岗岩-碱长花岗岩组合之外的所有岩石构造组合。岩性组合完整的演化顺序:正长辉长岩→辉石闪长岩→正长闪长岩→石英正长闪长岩→花岗闪长(斑)岩→二长花岗岩→碱长花岗(斑)岩→石英斑岩。SiO_2 质量分数在 42.63%～77.48%(多在 45%～75% 之间),属中性—酸性岩类,δ 值由大到小,1.62～4.02,为钙性—碱钙性岩系列。

微量元素洋中脊花岗岩标准化蛛网图,与 Julian A. Pearce 教授提供的典型岛弧花岗岩相似;稀土元素配分曲线大多属"L"形,δEu 在 1 左右,不显负铕异常,$Sm/Nd = 0.16 \sim 0.32$,接近或略低于地幔值,为地壳与地幔物质混合形成。

表明该系列侵入岩的岩浆物质为上地幔岩浆分异、上升、部分地壳物质同熔混染,属过渡性地壳同熔型。Sr^{87}/Sr^{86} 初始比值 0.703 8～0.708 6 等地化特征,可以作证。

该系列岩石结构构造清楚,类型明显,岩石无蚀变,本次工作采用现在流行的将岩石化学成分数据进行干化处理后投点,运用 Manar 和 Piccoli(1989)构造环境判别方法分步骤进行:从岩石矿物成分、暗色矿物特征、岩石化学特征,并结合铝质指数(A/NCK)与 $w(Na_2O)/w(CaO)$、$w(Na_2O)/w(K_2O)$、

$w(MgO)/w[FeO(T)]$、$w(MgO)/w(Mn)$、$w(Al_2O_3)/w(Na_2O+K_2O)$ 等比值,进一步在构造环境判别图解进行判别。

青尖坡、蚕坊、王家窑、芦苇沟、朱家沟、灵丘、六棱山、滴水沿、八角、孤山、南头岭等岩石构造组合在构造环境判别图解中投点以落入 LAG+CAG+CCG 区为主;A/NCK<1.05,属 LAG+CAG 类,而 $w(Na_2O)/w(CaO)$、$w(Na_2O)/w(K_2O)$、$w(MgO)/w[FeO(T)]$、$w(MgO)/w(Mn)$、$w(Al_2O_3)/w(Na_2O+K_2O)$ 等比值及岩石矿物成分、暗色矿物特征属 CAG 范围,即为大陆弧花岗岩;有学者认为,大陆弧花岗岩为同碰撞花岗岩类,即上述岩石构造环境应为同碰撞环境。

而三门峡、滩上、岔口、王茅等岩石构造组合在上述构造环境判别图解中投点以落入 POG 区为主,$w(Na_2O)/w(CaO)$、$w(Na_2O)/w(K_2O)$、$w(MgO)/w[FeO(T)]$、$w(MgO)/w(Mn)$、$w(Al_2O_3)/w(Na_2O+K_2O)$ 等比值及岩石矿物成分、暗色矿物特征属 POG 范围,即为后造山类花岗岩。

中酸性脉岩石化学、地球化学特征均显示了与中生代酸性中深成侵入岩具有相当程度的相关性和相似性,表明中生代脉岩与侵入岩之间具有岩浆来源同源性和成因方面相似性特点,同时脉岩与侵入岩地球化学特征的差异性反映了岩浆期后残余岩浆侵位层次更浅、更明显地受地壳表层物质混染的特点。

4. 壳源成因系列

该系列包括铁瓦殿花岗岩-碱长花岗岩组合和黄土坡似斑状二长花岗岩-碱长花岗岩组合,其矿物成分正长石(主要为条纹长石)质量分数高,斜长石含量低(An 20~25),石英质量分数高(>25%),仅少数单元含角闪石;岩石化学 $w(SiO_2)$ 高(>70%),$w(Al_2O_3)$ 低(<14%);$w(MgO)$、$w(CaO)$ 低,$w(K_2O)/w(Na_2O)$≤1.1,属高钾钙碱性系列;稀土元素图谱曲线呈明显的"V"字形,δEu<0.7。部分小于 0.1。具明显的负铕异常。微量元素中脊花岗岩标准化蛛网图,与 Julian A. Pearce 教授提供的典碰板内花岗岩相似,Rb/Sr=0.69~35.69,远大于地壳值,为改造型花岗岩;$^{87}Sr/^{86}Sr$ 初始比为 0.728 8,该系列岩体属壳源重熔型无疑。

与壳幔混合系列一致,本次工作采用现在流行的将岩石化学成分数据进行干化处理后投点,运用 Manar 和 Piccoli(1989)构造环境判别方法分步骤进行:从岩石矿物成分、暗色矿物特征、岩石化学特征,并结合铝质指数(A/NCK)及 $w(Na_2O)/w(CaO)$、$w(Na_2O)/w(K_2O)$、$w(MgO)/w[FeO(T)]$、$w(MgO)/w(Mn)$、$w(Al_2O_3)/w(Na_2O+K_2O)$,进一步在构造环境判别图解进行判别。

铁瓦殿花岗岩-碱长花岗岩组合和黄土坡似斑状二长花岗岩-碱长花岗岩组合在上述构造环境判别图解中投点以落入 POG 区为主,$w(Na_2O)/w(CaO)$、$w(Na_2O)/w(K_2O)$、$w(MgO)/w[FeO(T)]$、$w(MgO)/w(Mn)$、$w(Al_2O_3)/w(Na_2O+K_2O)$ 等比值及岩石矿物成分、暗色矿物特征属 POG 范围,即为后造山类花岗岩。

5. A 型成因系列

山西岩石构造组合仅有紫金山钛辉岩-二长岩-正长岩组合符合 A 型成因特征,岩性为霞霓钛辉岩-假白榴石响岩-霞石正长岩等,属碱性岩系列,微量元素中脊花岗岩标准化蛛网图,具明显 Nb、Ta、Zr、Hf 负异常,与 Julian A. Pearce 教授提供的典型岛弧花岗岩相似,Rb/Sr=0.04~0.06,接近于地幔值,稀土配分曲线为较陡右倾,具不明显的铕异常(δEu=0.99~1.06),Sm/Nd=0.17~0.33,略低或接近于地幔值,岩浆来源于上地幔,可能受到地壳物质的混染。

本次工作采用现在流行的将岩石化学成分数据进行干化处理后投点,运用 Muller 等(1995)有关钾质花岗岩的构造环境判别方法分步骤进行(由于现有资料不足,目前仅收集到二长岩的微量元素,二长岩属于紫金山岩体或山西省碱性岩的早期阶段产物,投点结果可能形成不合理的结果)。在 Zr-Y 图解中落入非板内区,在 Zr/Al_2O_3-TiO_2/Al_2O_3 图解中落入 CAP+PAP 区,在 Zr/TiO_2-Ce/P_2O_5 图解中落入 CAP 区,即紫金山钛辉岩-二长岩-正长岩组合为大陆弧,属同碰撞环境构造。

3.3.4.2 岩浆演化

1. 中新元古代早长城纪岩浆演化

中新元古代基性—超基性侵入岩的岩石化学成分基性岩 SiO_2 质量分数变化在 $39.46\%\sim54.64\%$，中新元古代分别显示为一个旋回性，均随 $w(SiO_2)$ 增高，$w(Fe_2O_3+FeO)$、$w(MgO)$ 降低，而 $w(Na_2O)$、$w(K_2O)$ 增高，里特曼指数(δ)除超基性岩外而增高、即为钙性—钙碱性—碱钙性，镁铁指数(m/f)，逐渐增高，固结指数(SI)逐渐降低；微量元素含量总体显示大离子亲石元素 Rb、Sr、Ga、Th、Li、Sc、V，高场强元素 Zr、Hf、Nb 向上增高，而过渡族元素 Ni、Co、Cr 向下降低；在洋中脊玄武岩标准化蛛网图上中元古代呈三隆式特征、具较明显 Nb、Ta 负异常，在相容性弱一侧呈光滑上隆式，而新元古代在相容性弱一侧呈尖顶式，不具 Nb、Ta 负异常，且三隆式不明显；稀土元素各时代随 SiO_2 增高稀土总量逐渐增高，轻重稀土分馏明显增强，配分曲线由平缓变陡，反映岩浆由深变浅特征。

中新元古代中酸性侵入岩随 $w(SiO_2)$ 增高，$w(Fe_2O_3+FeO)$、$w(MgO)$、$w(CaO)$ 降低，而 $w(Na_2O)$、$w(K_2O)$ 增高，微量元素大离子亲石元素和相容元素增高，而高场强元素降低，稀土元素总量增高，铕异常增强。

2. 中生代侏罗纪—白垩纪岩浆演化

1) 碱性偏碱性系列

演化趋势是由偏碱性的基性岩(辉长岩、中长角闪岩)→偏碱性的中酸性岩(正长闪岩、二长岩、花岗岩)→弱碱性岩(霓辉正长岩)→强碱性岩(霞石正长岩、响岩、粗面岩)，由东部的平顺-陵川杂岩区，出现演化系列的早阶段的偏碱性的基性—中性岩组合；中部的塔儿山—二峰山地区和狐偃山地区，主要出现偏碱性的中性—酸性岩及弱碱性岩组合；而西部的紫金山区，仅出现碱性岩组合。即由东向西，由南向北，碱性增高，基性减低。矿物成分由早到晚：斜长石含量由多到少(强碱性岩石中不出现斜长石)，牌号由大变小；正长石含量由少变多，2V 值由大变小，普遍含钠长石条纹，形成钠质正长石；石英含量在偏碱性岩石组合中由少到多，但到碱性岩石组合中骤减，强碱性岩石组合中不再出现，而出现霞石；辉石含量由少到多，含霓石分子(Ac)由少到多，即普通辉石→含霓石普通辉石→霓辉石；角闪石由多到少，$Ng \wedge c$ 由大变小；副矿物由早到晚，横向上由东向西，由南向北，主要副矿物含量减少，特征性副矿物黑榴石增多。

岩石化学成分由早到晚碱度增高，偏碱性→碱性；偏碱性阶段表现了基性→中性→酸性的演化。这些演化还表现了由渐变到突变性，即岩石系列的演化既表现了连续性，又表现了明显的阶段性。总的演化特征：$w(K_2O+Na_2O)$、$w(K_2O)$ 在高的基础上，由早到晚进一步增高；$w(Na_2O)$、$w(SiO_2)$，在偏碱性阶段逐渐增高，到碱性阶段二者骤然减低。

尽管各杂岩群发育的阶段和出现的岩石组合有所不同，但整套岩浆侵入、杂岩体形成的时间是基本相同的。大体上为早白垩世。这样就使得在相同时间内，各杂岩区形成的岩石组合不同；而同类岩石组合并不是同时形成的，和岩石地层单位一样表现了一定的穿时性。

2) 中酸性侵入岩

(1) 壳幔混合型。岩性组合呈完整的演化顺序：正长辉长岩→辉石闪长岩→正长闪长岩→石英正长闪长岩→花岗闪长(斑)岩→二长花岗岩→碱长花岗(斑)岩→石英斑岩。矿物组成及变化显示了明显的规律性变化：斜长石由多到少，$60\%\sim10\%$，其 An 值由 $40\to<15$；正长石(微条纹钾长石)由少到多，$10\%\sim60\%$；石英由少到多，$5\%\sim30\%$；普通辉石由多到少 $20\%\to5\%\to0$；角闪石由多→少或少→多少，$30\%\sim0$；黑云母由多到少，$6.3\%\sim9.0\%$；$w(K_2O)/w(Na_2O)$，1 左右；δ 值由大到小，$4.02\to1.62$。

随 $w(SiO_2)$ 增高,$w(Al_2O_3)$、$w(Fe_2O_3)$、$w(FeO)$、$w(MnO)$、$w(CaO)$、$w(P_2O_5)$ 等均显示了由多到少。

SiO_2 增高,微量元素具 Rb 增高而 Sr 渐低的趋势,稀土总量逐渐减少,稀土元素配分曲线大多属"L"形,δEu 在 1 左右,δEu 值逐渐降低。

(2)壳源混合型。该系列主要为酸性岩系列,岩性组合为(似斑状)二长花岗岩→(似斑状)正长花岗岩→(似斑状)碱长花岗岩。矿物组成及变化显示了明显的规律性变化:斜长石由多到少,40%～5%(An 20～25);正长石(主要为条纹长石)由少到多,25%～50%;石英变化不大,25%～35%(>25%);无普通辉石;角闪石仅各组合早先单元含有,1%～5%;黑云母是该系列的主要暗色矿物,且由多到少,10%至少量;$w(Na_2O)/w(K_2O)$,0.6～1 之间;δ 值变化小,1.8→2.2。随 $w(SiO_2)$ 增高,$w(Al_2O_3)$、$w(Fe_2O_3)$、$w(FeO)$、$w(MnO)$、$w(CaO)$、$w(P_2O_5)$ 等均显示了由多到少。

从铁瓦殿花岗岩-碱长花岗岩组合到黄土坡似斑状二长花岗岩-碱长花岗岩组合,微量元素具 Rb 增高而 Sr 渐低的趋势;随 $w(SiO_2)$ 增高,稀土总量减少,稀土元素图谱曲线呈明显的"V"字形,$\delta Eu<0.7$(部分<0.1),且 δEu 值逐渐降低。

3)新生代岩浆演化

该系列岩性组合主要为超基性—基性岩类、少量中性岩类,岩性组合为金伯利岩→(橄榄)玄武岩→煌斑岩类;长石类由少到多,橄榄石、普通辉石和角闪石由多到少,黑云母由多到少,石英仅在中性岩类中存在;随 $w(SiO_2)$ 增高,$w(Al_2O_3)$、$w(Fe_2O_3)$、$w(Na_2O)$、$w(K_2O)$ 增高,$w(CaO)$、$w(MnO)$、$w(TiO_2)$ 降低,而 $w(MgO)$ 在金伯利岩中增高、在玄武岩和煌斑岩类降低,$w(Na_2O+K_2O)$、$w(Na_2O)/w(K_2O)$、A/CNK 增高;微量元素随 $w(SiO_2)$ 增高,$w(Rb)$、$w(Sr)$、$w(Ba)$、$w(U)$、$w(Th)$、$w(Ta)$、$w(Nb)$、$w(Zr)$、$w(Hf)$、$w(Ni)$、$w(Co)$ 增高,$w(Sc)$、$w(Cr)$ 降低;稀土元素随 SiO_2 增高,稀土总量增高,铕异常值增大,轻重稀土分馏和稀土元素图谱曲线表现为强(陡)→弱(缓)→强(陡)的特征。省内自北东至南西微量元素丰度、Ta、Nb、Zr、Hf 亏损增强;稀土总量减少,稀土元素图谱曲线由陡变缓、Eu 异常值增大。

3.3.5 侵入岩岩石构造组合与成矿关系

山西省由于历程了复杂的地壳演化,因而形成了具有多样性的岩石建造特点,同时也导致了成矿物质的多源性、成矿作用的多期性和成矿类型的多样性。在中元古代—新生代的各个地质历史时期中,在岩浆结晶分异、熔离作用以及岩浆期后热液、接触交代作用下,形成了具有工业价值的工业矿床。与之相关的矿床类型为岩浆矿床、岩浆期后热液矿床、接触交代(夕卡岩)矿床和斑岩型矿床等。

3.3.5.1 新生代基性、超基性侵入岩岩石构造组合与成矿关系

1. 新生代金伯利岩-煌斑岩-玄武岩岩石构造组合与金刚石矿

山西新生代的大同、五龙山金伯利岩-煌斑岩-玄武岩组合中,发育于应县水沟门、大同采凉山、柳林尖家沟的金伯利岩、似金伯利岩,与金刚石伴生矿物的基本齐全,处于极有利的构造部位,与山东含矿金伯利岩类似,1∶20 万区调自然重砂中发现有金刚石,故是金刚石成矿的可能组合。

2. 中新元古代基性岩岩石构造组合与非金属矿产

山西中新元古代基性岩岩石构造组合在恒山—五台山东部、天镇—阳高、吕梁山、中条山早前寒武纪变质岩区均有分布,有一基性岩墙群岩石的颜色、花纹、光泽度均较好,成荒率高,可作黑色辉绿岩饰面板材。已开采利用的有浑源县正沟、盂县西潘、大同采凉山、交城县申家社等地。浑源生产的辉绿岩,商品名称为黑色花岗石(浑源青),因质优而畅销国内外。

3.3.5.2 早白垩世碱性偏碱性侵入岩岩石构造组合与成矿关系

1. 早白垩世碱性偏碱性侵入岩岩石构造组合与接触交代型铁矿

山西与接触交代型铁矿有关的碱性偏碱性侵入岩岩石构造组合：西安里辉长岩-闪长岩-碱长花岗岩组合、塔儿山二长闪长岩-石英二长岩-石英正长岩组合和狐偃山二长斑岩-正长斑岩组合，为山西省主要富铁矿类型，其查明的富铁矿资源储量占全省富铁矿总资源储量的99.58%。据山西省地矿局213队1987年预测，山西省接触交代型铁矿资源总量为5.96亿t。

接触交代型铁矿主要赋存于晚白垩世正长闪长岩、石英正长闪长岩、二长岩、似斑状及斑状二长岩与奥陶系马家沟组不同层位的灰岩，尤其是镁质和含镁质灰岩接触带及其附近，与钠长石化、透辉石夕卡岩、金云母夕卡岩关系密切，铁矿体呈似层状、透镜状、囊状、楔状、半岛状产于夕卡岩中及其与围岩之间，有的则产于山西式铁矿层位上。铁矿自然类型以透辉石磁铁矿石为主，金云母磁铁矿石及透辉金云母磁铁矿石次之。矿石以高镁型磁铁矿为主[$w(\mathrm{TFe})>45\%$]，大多属酸性矿石，有的接近半自熔性、自熔性矿石。矿石中一般含TFe 40%～60%，有害杂质P、S质量分数偏高。有益伴生元素为Co、Ga、Au、Ag、Cu、Mo、Ni、Se、V、Te、Rb等。选矿性能良好，磁选后精矿品位为62.24%～68.00%，回收率84%～94%。这里值得提出的是，与铁矿共伴生矿产为透辉石钠化二长岩、大理石、花岗石、麦饭石、石榴石、磷灰石等，尚待进一步研究和综合勘查开发利用。

2. 早白垩世碱性偏碱性侵入岩岩石构造组合与铜矿床

山西与铜矿有关的早白垩世碱性偏碱性侵入岩岩石构造组合为塔儿山二长闪长岩-石英二长岩-石英正长岩组合，位于塔儿山区的东峰顶、襄汾县四家湾，矿体主要赋存于石英二长岩体与奥陶系马家沟组四段灰岩捕虏体接触带及其附近，分南、北两个矿带。矿体平均含铜2.13%，伴生金2.85×10^{-6}，伴生银21.43×10^{-6}，伴生铁28.39%。矿石自然类型为透辉石斑铜矿石、石榴石透辉石斑铜矿石、云母透辉石闪锌矿磁铁矿斑铜矿黄铜矿石、方解石石英黝铜矿石、透辉石榴石假象赤铁矿磁铁矿石。金呈微细粒状、微细脉状或铜矿物中的类质同象混入物存在；银作为Au-Cu不连续类质同象存在。围岩蚀变极发育，有碱质交代、钙质交代、夕卡岩化、热液蚀变4类，夕卡岩化宽度达百米以上，其中以透辉石夕卡岩、石榴石透辉石夕卡岩与铜(金)铁矿化关系密切。

3. 早白垩世碱性偏碱性侵入岩岩石构造组合与含钾岩石矿

山西与含钾岩石有关的为紫金山钛辉岩-二长岩-正长岩组合，产出于临县紫金山一带，紫金山岩体侵入中三叠统二马营组内，主要岩性为霞霓钛辉岩、二长岩、霓辉正长岩、含霞霓辉正长岩、花岗状霞石正长岩、假白榴石响岩、黑榴石霓辉石霞石正长岩、粗面质火山角砾岩、响岩质火山角砾岩等，中心部位为一个筒状火山颈。粗面质火山角砾岩含钾岩石为富钾岩石，面积0.52km²，长1060m，宽500m，呈筒状产出。矿石质量分数：K_2O 12.95%、Na_2O 0.34%、MgO 1.01%。

3.3.5.3 晚侏罗世—早白垩世中酸性侵入岩岩石构造组合与成矿关系

1. 晚侏罗世中酸性侵入岩岩石构造组合与接触交代型铁矿

山西与接触交代型铁矿有关的岩石构造组合为六棱山石英二长闪长岩-花岗闪长岩组合，发育在花岗闪长斑岩和辉石闪长岩复式岩体与高于庄组白云岩的接触带上，矿体呈不规则脉状、透镜状产出，矿石为自形—他形粒状结构，块状构造，矿石矿物为赤铁矿、磁铁矿，次为褐铁矿，脉石矿物为透辉石、滑石、蛇纹石、透闪石、方解石等。矿石品位平均为TFe 42.33%，硫0.08%，磷0.13%，已被当地广为开采利用。

2. 晚侏罗世—早白垩世中酸性侵入岩岩石构造组合与铜、钼矿产

中酸性侵入岩岩石构造组合与铜、钼等矿产的成矿关系密切，成矿类型为斑岩型、接触交代型、热液石英脉型。主要有灵丘闪长岩-正长岩-碱长花岗岩组合、岔口似斑状二长花岗岩-碱长花岗岩组合、芦苇沟闪长岩-石英二长闪长岩组合、王家窑花岗岩组合、三门峡花岗闪长斑岩组合和中条山辉石闪长岩-英云闪长岩-二长花岗岩组合。重点介绍如下两个矿床。

1) 晚侏罗世—早白垩世灵丘闪长岩-正长岩-碱长花岗岩组合与铜矿床

山西与灵丘闪长岩-正长岩-碱长花岗岩组合有关的铜矿产于灵丘刁一带，属接触交代型铜矿床。矿体产于早白垩世花岗斑岩-石英斑岩杂岩体与中上寒武统灰岩接触带中，杂岩体呈筒状小岩株状产出。矿带即沿环状接触带的夕卡岩带分布，矿体形态和空间位置受接触带形态、产状的控制，矿体倾向、倾角变化较大，上部向岩体一侧内倾，中部直立，下部向围岩一侧外倾，倾角 $30°\sim 80°$，呈透镜状、似层状、扁豆状、脉状、弯月状、镰刀状、舌形不规则状、互层状。矿体常有分支、复合、尖灭再现、膨胀收缩等现象。矿石矿物有黄铜矿、斑铜矿、辉铜矿、辉钼矿、磁铁矿等，平均含 Cu 1.54%、含 Ag 153.12×10^{-6}、含 Au 0.64×10^{-6}。

2) 晚侏罗世—早白垩世中酸性侵入岩组合与铜、钼矿床

山西与灵丘闪长岩-正长岩-碱长花岗岩组合有关的铜、钼矿产出于繁峙县后峪。属斑岩型铜、钼矿，矿区的岩浆侵入顺序为晚侏罗世闪长岩→斑状花岗岩→早白垩世石英斑岩，矿体赋存于石英斑岩体内及外接触带长城系高于庄组白云岩和五台期变质奥长花岗岩中，呈透镜状；矿石矿物为辉钼矿、黄铜矿，伴生有黄铁矿、方铅矿、闪锌矿。矿石品位：Mo $0.05\%\sim 0.1\%$，平均 0.061%；Cu $0.02\%\sim 0.05\%$，平均 0.037%；伴生镓 $0.002\%\sim 0.003\%$，平均 0.0023%。部分矿体钻孔中有 Au 6.1×10^{-6}、Ag 82.4×10^{-6}，但分布不均匀，在主要矿体内含量极微。

3. 晚侏罗世—早白垩世中酸性侵入岩岩石构造组合与贵金属矿产

山西与贵金属矿产有关的中酸性侵入岩岩石构造组合为灵丘闪长岩-正长岩-碱长花岗岩组合、蚕坊花岗岩组合、中条山辉石闪长岩-英云闪长岩-二长花岗岩组合、王家窑花岗岩组合、芦苇沟闪长岩-石英二长闪长岩组合、岔口似斑状二长花岗岩-碱长花岗岩组合、塔儿山二长闪长岩-石英二长岩-石英正长岩组合等，另外与恒山和五台山闪长玢岩-花岗闪长斑岩-石英斑岩-正长斑岩组合有关。

1) 晚侏罗世-早白垩世灵丘闪长岩-正长岩-碱长花岗岩组合和恒山、五台山闪长玢岩-花岗闪长斑岩-石英斑岩-正长斑岩组合与金矿

山西与灵丘闪长岩-正长岩-碱长花岗岩组合和恒山、五台山闪长玢岩-花岗闪长斑岩-石英斑岩-正长斑岩组合有关的金矿分布于晋东北恒山—五台山地区。往往以闪长岩→花岗闪长岩→花岗斑岩→爆发角砾岩为中心，形成呈环带状分布的金矿化带和化探异常，中心为 Cu、Mo 异常，外围为 Au、Ag、Ab、Zn、As 异常。形成的金矿：义兴寨为中型矿床，耿庄、塘后、磨峪沟、辛庄为小型矿床，茶坊、小窝单、岔口等为金矿点。金矿往往与 Ag、Mo、Cu、Pb、Zn 紧密伴生。

义兴寨金矿赋存在晚侏罗世—早白垩世中酸性杂岩体外围的含金石英脉中，岩浆侵入顺序：①灵丘闪长岩-正长岩-碱长花岗岩组合的以闪长岩为主体的石英闪长岩→花岗闪长岩→花岗斑岩浅成侵入相复式杂岩体；②恒山闪长玢岩-花岗闪长斑岩-石英斑岩-正长斑岩组合的长石英斑岩→石英斑岩→长石斑岩→花岗斑岩、霏细岩脉岩，伴随有爆破相角砾岩。含金石英脉带共 12 条，均以复脉状裂隙充填于北西-近南北向破碎带中，共有 39 个矿体，其中 5-Ⅱ、7-Ⅴ、3-Ⅳ 矿体最大，占矿区总储量 83.0%。5-Ⅱ矿体长 530m，最宽 3.25m，平均宽 1.02m，最大垂深 611m，走向近南北，倾角近直立，呈板状与脉带一致，Au 平均品位 17.5×10^{-6}。矿石矿物组合分为黄铁矿型、多金属型、氧化物型 3 类，金矿物为细粒—微粒状，主要为银金矿和自然金，粒度一般 $0.01\sim 0.66$mm，金成色较高。与金伴生元素为 Ag、Cu、Pb、Zn、S、Bi、Mo、Ni、Cr、Co 等，可考虑综合回收利用。

2) 晚侏罗世—早白垩世灵丘闪长岩-正长岩-碱长花岗岩组合与银矿

山西与银矿有关的晚侏罗世—早白垩世中酸性侵入岩岩石构造组合为灵丘闪长岩-正长岩-碱长花岗岩组合、滩上石英二长岩-碱长花岗岩组合、塔儿山二长闪长岩-石英二长岩-石英正长岩组合。山西省的银矿在晋东北分布比较广泛，主要有斑岩型、接触交代型、石英脉型等。

灵丘县刁泉银矿产出于晚侏罗世—早白垩世灵丘闪长岩-正长岩-碱长花岗岩组合中，属接触交代型大型银矿床。矿体赋存于早白垩世花岗斑岩与中、上寒武统灰岩环形接触带的夕卡岩中，在平面上随接触带呈弧形展布，周长3000m，矿体呈似层状、扁豆状和脉状。在剖面上矿体上部向岩体一侧内倾，中部直立，下部向围岩一侧外倾，呈弯月状、镰刀状、舌形不规则状、互层状。共有11个Ag、Cu矿体，最大的25号矿体长3000m，延深0～300m，厚7.8m。矿石品位：Ag为153.12×10^{-6}、伴生Cu为1.54%、伴生Au为0.64×10^{-6}。

4. 早白垩世中酸性侵入岩岩石构造组合与萤石矿产

山西与萤石矿产有关的中酸性侵入岩岩石构造组合为恒山闪长玢岩-花岗闪长斑岩-石英斑岩-正长斑岩组合。主要见于浑源县董庄一带，为一小型中—低温热液充填型脉状矿床。赋存于燕山期霏细岩或新太古代土岭花岗闪长、奥长花岗质片麻岩的硅化破碎带中，呈脉状产出，矿体严格受北西向断层破碎带和侵入其中的霏细岩脉控制，倾向北东、倾角45°～50°。矿化带断续出露长1000m，最宽约50m，一般宽约5～10m，呈330°～335°延伸。1号矿体长369m，厚2.73m，倾角65°～75°，矿体埋深70m。矿石质量分数：CaF_2 53.9%、SiO_2 41.21%、S 0.04%、As 0.09%、Pb 0.01%、Fe_2O_3 1.71%。目前由当地开采利用。

3.4 变质岩

3.4.1 变质岩时空分布及变质地质单元划分

3.4.1.1 变质岩时空分布

山西省变质岩由太古宙和古元古代的变质地层（表壳岩）和变质深成（侵入）岩组成，其分布受区域构造控制。它广泛分布于右玉—大同—天镇一带、恒山—云中山区、五台山区、吕梁山区、霍山区、太行山区、中条山区。变质岩分布面积约18 820km^2，约占各类基岩出露区总面积的1/4。

变质岩石种类繁多，构造十分复杂，主要由变质块状地质体和层状无序的变质表壳岩组成。其经受了麻粒岩相至绿片岩相的多期变质作用和多期次构造变形（特别是不同层次的韧性剪切带和叠加褶皱）的改造，造成了不同构造-岩石单位拼置、弱变形域和强变形带共存，"同相异样"和"同物异相"的现象十分普遍的构造格局。作为华北克拉通（陆块）的结晶基底，山西是研究我国乃至世界早前寒武纪地壳形成与演化的重要地区之一。山西省变质地层（岩石）单位划分和对比见表3-4-1。

3.4.1.2 变质地质单元划分及对比

根据不同地区变质岩系原岩建造类型及其所经历的地质改造作用的差异，划分为1个变质域、4个变质区，并进一步划出19个变质地质构造单元（表3-4-2）。

表 3-4-1　山西省变质地质单元及变质地层（岩石）单位划分对比表

单元 时代	大同-恒山古孤盆系变质区（含晋冀陆块大相）		五台-界河口新太古代孤盆系变质区（含晋冀陆块大相）		晋冀变质基底变质域		阜平-赞皇-中条陆块大相（含晋冀陆块大相）	
	大同-恒山地区	吕梁山区	五台山区		大行山区、霍山区		中条山区	
古元古代	浅云口变质中酸性侵入岩 变质基性侵入岩 变质强过铝（A型）花岗岩	芦芽山、关帝山变质中酸性侵入岩 变质基性侵入岩	平型关、大浪梁变质中酸性侵入岩 变质基性侵入岩		白羊岭变质中酸性侵入岩 变质基性侵入岩		烟庄变质中酸性侵入岩 变质基性侵入岩	
		岚河群：乱石村组、石窑凹组、两角村组、前马宗组	滹沱群：豆村亚群（南大贤组、神仙崎组、盘道岭组、合泉山组、木山岭组、寿阳组、四集庄组）；东冶亚群（大关山组、建安村组、河边村组、纹山组、青石村组）；郭家寨亚群（雕王山组、黑山背组、西河里组、红石头组）；七东山亚群（天蓬堌组、北大兴组、槐荫村组）	黑茶山群未分	滹沱群	甘陶河亚群：嵩岩组、上南寺组、下南寺组、南寺组	担山石群	中条群：陈家山组、武家坪组、温岭组、余家山组、篦子沟组、余元下组、龙峪组、界牌梁组；末家山群：大梨沟组、峰道沟组；银鱼沟群：赤山沟组、幸福园组	沙金河组、西峰山组、周家沟组
	盖家庄、交楼神二长花岗岩片麻岩 杜家沟组、近周营组、裴家庄组、袁家村组	吕梁群					绛县群	横岭关二长花岗质片麻岩：铜矿峪亚群、横岭关亚群；骆驼峰组、西井沟组、竖井沟组、圆头山组、后山村组、铜凹组、平头岭组

续表 3-4-1

单元\时代	晋冀变质基底变质域									
	大同-恒山古弧盆系变质区（含晋冀陆块大相）		五台-界河口新太古代弧盆系变质区（含晋冀陆块大相）					阜平-赞皇-中条陆块大相（含晋冀陆块）		
	大同-恒山地区		吕梁山区		五台山区			大行山区、霍山区		中条山区
新太古代	变质超基性岩		牛尾庄二长花岗质片麻岩		峨口、王家会二长花岗质片麻岩			蔡树庄、南寨二长花岗质片麻岩		二长花岗质片麻岩组合
			变质超基性岩-基性岩		变质超基性岩-基性岩			变质超基性岩-基性岩		变质超基性岩-基性岩组合
			盘道底、尧宽TTG质片麻岩		光明寺奥长花岗质片麻岩	五台岩群	高凡亚岩群			
							鹊口前组			
							磨河组			
							张仙堡组			
			界河口岩群	贺家湾岩组		五台岩群	台怀亚岩群	鸿门岩岩组		
				阴坪上岩组				芦明头岩组		
				园子坪岩组				柏枝岩岩组		
	于家窑TTG质片麻岩				北台TTG质片麻岩	五台岩群	石咀亚岩群	滑车岭岩组		东沟、北峪TTG质片麻岩
								老潭沟岩组		
								文溪岩组		
								庄旺岩组		
							金岗库岩组	牛还岩组		
	土岭、葛胡窑TTG质片麻岩							大石岭、霍山TTG质片麻岩		涞水、樱山TTG质片麻岩组合
		沙渠村岩组							榆林坪岩组	
	阜平岩群	黄土岩组						阜平岩群	宋家口岩组	冷口表壳岩组合
		名所堡岩组							南营岩组	
								赞皇岩群	霍山表壳岩组	
									团泊口岩组	
	董庄、阴高表壳岩									柴家窑表壳岩组合

表 3-4-2 山西省早前寒武纪大地构造相与变质地质单元划分对比表

Ⅰ级（相系）	Ⅱ级（大相）	Ⅲ级（相）	代号
Ⅱ 晋冀变质基底变质域（Ar_3—Pt_1）	Ⅱ-1 大同-恒山古弧盆系变质区（Ar_3）	右玉古弧后盆地变质地带	$Ⅱ_1^1$ GHHP
		大同-桑干古弧盆系变质地带	$Ⅱ_1^2$ GHP
		恒山古弧盆系变质地带	$Ⅱ_1^3$ GHP
	Ⅱ-2 五台-界河口新太古代弧盆系变质区（Ar_3）	五台古岩浆弧变质地带	$Ⅱ_2^1$ YJH
		高凡古碰撞后裂谷变质地带	$Ⅱ_2^2$ PZLG
		界河口古弧盆系变质地带	$Ⅱ_2^3$ HP
	Ⅱ-3 阜平-赞皇-中条陆块变质区（Ar_3）	阜平古弧盆系变质地带	$Ⅱ_3^1$ GHP
		赞皇古弧盆系变质地带	$Ⅱ_3^2$ GHP
		霍山古弧盆系变质地带	$Ⅱ_3^3$ GHP
		涞水古弧盆系变质地带	$Ⅱ_3^4$ GHP
		稷山古弧盆系变质地带	$Ⅱ_3^5$ GHP
	Ⅱ-4 晋冀陆块变质区（Pt_1）	吕梁古裂谷变质地带	$Ⅱ_4^1$ LG
		赤坚岭岩浆弧变质地带	$Ⅱ_4^2$ YJH
		岚河-野鸡山-黑茶山裂谷盆地变质地带	$Ⅱ_4^3$ LG
		滹沱裂谷变质地带	$Ⅱ_4^4$ LG
		甘陶河裂谷变质地带	$Ⅱ_4^5$ LG
		中条-绛县裂谷变质地带	$Ⅱ_4^6$ LG
		郭家寨陆内盆地变质地带	$Ⅱ_4^7$ LNPD
		担山石陆内盆地变质地带	$Ⅱ_4^8$ LNPD
		右玉岩浆弧变质地带	$Ⅱ_4^9$ YJH
		后造山岩浆杂岩变质地带	$Ⅱ_4^{10}$ HZSY

3.4.2 变质岩岩石构造组合特征

3.4.2.1 变质岩石构造组合的划分

在同一时代、同一大地构造背景及同一变质相（系）条件下形成的变质岩石构造组合，它反映了大地构造"亚相"的地质背景。变质岩岩石构造组合与变质地质单元、大地构造相划分对比见表 3-4-3。

3.4.2.2 变质岩石构造组合特征

山西省变质基底绝大部分位于晋冀变质基底变质域东部，变质区西以离石大断裂与鄂尔多斯陆块变质区分界，北、东、南 3 个方向以省界为界。山西省晋冀变质基底变质域进一步划分大同-恒山古弧盆系变质区、五台-界河口新太古代弧盆系变质区、阜平-赞皇-中条陆块变质区、晋冀陆块变质区。山西省变质基底系由低级变质的古元古代变质表壳岩、变质侵入岩和中高级变质的新太古代变质表壳岩、变质深成侵入岩组成。

表 3-4-3 变质岩石构造组合划分表

变质区	变质地带	亚相	变质岩石构造组合
大同-恒山古弧盆系变质区（Ar_3）	右玉古弧后盆地变质地带	右玉古弧后盆地亚相	集宁孔兹岩系（Ar_3）
	大同-桑干古弧盆系变质地带	大同-阳高古岩浆弧亚相	葛胡窑 TTG 质片麻岩组合（Ar_3）
		大同-阳高古弧后盆地亚相	阳高变质基性火山岩-磁铁石英岩组合（Ar_3）
		桑干古岩浆弧亚相	变质超基性岩组合（Ar_3） 上深井英云闪长质-花岗闪长质-二长花岗岩组合（Ar_3）
	恒山古弧盆系变质地带	恒山古岩浆弧亚相	变质超基性岩-基性岩组合（Ar_3） 土岭 TTG 组合（Ar_3）
		恒山古弧后盆地亚相	牛还斜长角闪岩-黑云变粒岩-磁铁石英岩组合（Ar_3） 董庄基性麻粒岩-花岗片麻岩组合（Ar_3）
五台-界河口新太古代弧盆系变质区（Ar_3）	五台岩浆弧变质地带	石咀岛弧亚相	石咀斜长角闪岩-富铝片岩-磁铁石英岩组合（Ar_3）
		北台-义兴寨俯冲期岩浆杂岩亚相	北台、义兴寨 TTG 组合（Ar_3） 变质超基性岩-基性岩组合（Ar_3）
		台怀岛弧亚相	台怀绿泥片岩-绢云片岩-磁铁石英岩组合（Ar_3）
		峨口后碰撞岩浆杂岩亚相	峨口、王家会变质黑云母花岗岩-二长花岗岩组合（Ar_3）
	高凡碰撞后裂谷变质地带		高凡变质砂岩-板岩-千枚岩组合（Ar_3）
	界河口弧盆地变质地带	界河口俯冲期岩浆杂岩亚相	程家庄、山神坡 TTG 组合（Ar_3） 变质超基性岩-基性岩组合（Ar_3） 盘道底、尧宽 TTG 组合（Ar_3）
		界河口弧后盆地亚相	阳坪上、贺家湾大理岩-变粒岩-片岩组合（Ar_3） 园子坪斜长角闪岩-石英岩组合（Ar_3）
阜平-赞皇-中条陆块变质区（Ar_3）	阜平古弧盆系变质地带	阜平古岩浆弧亚相	青崖、岗南后碰撞变质花岗岩-二长花岗岩组合（Ar_3） 坊里、龙泉关 TTG 组合（Ar_3）
		阜平古弧后盆地亚相	阜平斜长角闪岩-变粒岩-大理岩-磁铁石英岩组合（Ar_3）
	赞皇古弧盆系变质地带	赞皇古弧后盆地亚相	石家栏变粒岩-磁铁石英岩-斜长角闪岩组合（Ar_3）
	霍山古弧盆系变质地带	霍山古岩浆弧亚相	变质超基性岩-基性岩组合（Ar_3） 霍山 TTG 质片麻岩组合（Ar_3）
		霍山古弧后盆地亚相	霍山石英岩-变粒岩-斜长角闪岩组合（Ar_3）
	涞水古弧盆系变质地带	涞水古岩浆弧亚相	横岭关二长花岗质片麻岩组合（Ar_3） 东沟 TTG 组合（Ar_3） 变质超基性岩-基性岩组合（Ar_3） 西姚、寨子 TTG 组合（Ar_3）
		涞水古弧后盆地亚相	冷口、柴家窑斜长角闪岩-变粒岩-磁铁石英岩组合（Ar_3）
	稷山古弧盆系变质地带	稷山古岩浆弧亚相	二长花岗质片麻岩组合（Ar_3） 西姚、寨子 TTG 质组合（Ar_3）

续表 3-4-3

变质区	变质地带	亚相	变质岩石构造组合
晋冀陆块大相	吕梁裂谷变质地带	吕梁陆缘裂谷亚相	近周营-杜家沟斜长角闪岩-变质流纹岩组合(Pt_1) 裴家庄石英岩-变质粉砂岩-千枚岩组合(Pt_1) 袁家村磁铁石英岩-片岩-千枚岩组合(Pt_1)
	岚河-野鸡山-黑茶山裂谷盆地变质地带	吕梁伸展型岩浆岩亚相	恶虎滩、盖家庄、磨地湾花岗闪长质-石英二长质-花岗质片麻岩组合(Pt_1)
		岚河-野鸡山-黑茶山陆缘裂谷盆地亚相	变质辉绿岩组合(Pt_1) 程道沟石英岩-千枚岩-大理岩组合(Pt_1) 白龙山斜长角闪岩-角闪变粒岩组合(Pt_1) 两角村大理岩组合(Pt_1) 青杨树湾变质砾岩-变质砂岩-千枚岩组合(Pt_1)
	滹沱裂谷变质地带	滹沱陆缘裂谷亚相	变质辉长岩-变质辉绿岩-变质辉石闪长岩组合(Pt_1) 东冶变质碎屑岩-白云岩-玄武岩组合(Pt_1) 豆村变质砾岩-泥砂岩-大理岩夹火山岩组合(Pt_1)
	甘陶河裂谷变质地带	甘陶河陆内裂谷亚相	甘陶河变质砂岩-白云岩-安山岩组合(Pt_1)
	中条-绛县裂谷变质地带	中条山陆缘裂谷盆地亚相	变质基性岩组合(Pt_1) 银鱼沟变质砾岩-石英岩-片岩组合(Pt_1) 宋家山石英岩-片岩-大理岩(斜长角闪岩)组合(Pt_1) 中条山石英岩-片岩-大理岩(斜长角闪岩)组合(Pt_1)
		绛县陆缘裂谷盆地亚相	铜矿峪变质基性火山岩-酸性火山岩-碎屑岩组合(Pt_1) 铜矿峪石英岩-砾岩-片岩组合(Pt_1) 横岭关石英岩-云母片岩组合(Pt_1)
	郭家寨陆内盆地变质地带	郭家寨压陷盆地亚相	郭家寨变质砾岩-砂岩-板岩组合(Pt_1)
	担山石陆内盆地变质地带	担山石压陷盆地亚相	担山石变质砾岩-石英岩-板岩组合(Pt_1)
	后造山岩浆杂岩变质地带	大同-恒山后造山岩浆杂岩亚相	凌云口变质花岗岩组合 变质辉绿岩-辉石正长岩组合(Pt_1) 变质强过铝(A 型)花岗岩(Pt_1) 变质基性组合(Pt_1)
		平型关-大洼梁后造山岩浆杂岩亚相	平型关、大洼梁变质二长花岗岩-正长花岗岩组合(Pt_1)
		云中山-关帝山-芦芽山后造山岩浆杂岩亚相	云中山变质黑云母花岗岩组合(Pt_1) 芦芽山变质紫苏石英闪长岩-紫苏石英二长岩组合(Pt_1) 关帝山变质黑云母花岗岩组合(Pt_1)
		中条山后造山岩浆杂岩亚相	烟庄花变质岗岩组合

1. 大同-恒山古弧盆系变质区

大同-恒山古弧盆系变质区位于山西省北部,南东以白蟒神韧性剪切带、阳方口断裂带及吕梁山变质基底出露区北界与五台-界河口新太古代弧盆系变质区分界,分 3 个变质地带,即右玉古弧后盆地变质地带、大同-桑干古弧盆系变质地带和恒山古弧盆系变质地带。

(1)右玉古弧后盆地变质地带(相 Ar_3)。右玉古弧后盆地变质地带位于大同-恒山古弧盆系变质区的北西部，主要变质地质单元为集宁岩群，该群由3个岩组组成，底部为右所堡岩组，岩性为大理岩夹变质基性火山岩；中部为黄土窑岩组，岩性为石榴石英岩、石英片岩、石墨片岩夹大理岩、矽线透辉变粒岩、石墨黑云硅线石榴钾长片麻岩；上部为沙渠村岩组，岩性为石榴矽线浅粒岩、石英岩、石榴矽线黑云钾长片麻岩夹大理岩。其原岩为碎屑岩-碳酸盐岩-基性火山岩建造，为一套孔兹岩系组合。

(2) 大同-桑干古弧盆系变质地带(相 Ar_3)。大同-桑干古弧盆系变质地带位于大同-恒山古弧盆系变质区的中部，由3个亚相组成，即大同-阳高古弧后盆地亚相、大同-阳高古岩浆弧亚相和桑干古岩浆弧亚相；大同-阳高古弧后盆地亚相主要变质地质单元为阳高表壳岩，岩性为磁铁石英岩、斜长二辉麻粒岩、紫苏角闪石岩、角闪二辉石岩等，呈包体、构造透镜体顺围岩片麻理方向断续展布于葛胡窑片麻岩中，将其归属为阳高变质基性火山岩-磁铁石英岩组合。大同-阳高古岩浆弧亚相主要变质地质单元为葛胡窑片麻岩和义合片麻岩，主要岩性为二辉斜长麻粒岩、黑云紫苏斜长片麻岩、黑云角闪二辉斜长片麻岩、含紫苏黑云斜长片麻岩、石榴紫苏黑云斜长片麻岩等，原岩为闪长岩-英云闪长岩-花岗闪长岩，将其归属为葛胡窑 TTG 质片麻岩组合。桑干古岩浆弧亚相主要变质地质单元为变质超基性岩、上深井条带状含角闪黑云斜长片麻岩、于家窑条带状黑云角闪二长片麻岩；前者属变质超基性岩组合，后二者归属为于家窑片麻岩英云闪长质-花岗闪长质-二长花岗岩组合。

(3) 恒山古弧盆系变质地带(相 Ar_3)。恒山古弧盆系变质地带总体呈北东向展布，北西部以桑干河裂陷与大同-桑干古弧盆系变质地带相邻，南东以白蟒神韧性剪切带与五台-界河口新太古代弧盆系变质区分界。由变质表壳岩和变质深成侵入岩组成。董庄表壳岩主要以构造片体残存于恒山东部乔沟、林场、寺洼等地片麻岩穹隆近核部，此外尚见呈透镜状、椭圆状的包体形式呈带状分布于土岭片麻岩中。主要岩石类型有含榴黑云斜长片麻岩、条带状角闪变粒岩、石榴黑云变粒岩、石榴斜长二辉石岩、斜长角闪岩、二辉铁英岩。变质程度达麻粒岩相，属强烈活动的构造环境下形成的镁铁质火山岩-杂砂岩组合。由于遭受强烈的变质构造分异作用、深熔作用改造，浅色长英质条带发育，褶皱形态复杂多样，与恒山灰色片麻岩间往往无明显的分界线。斜长角闪岩、石榴斜长二辉石岩及二辉铁英岩等成层分布，并被拉断呈包体状断续分布，变粒岩则横向上常渐变为条带状片麻岩，其层序难以恢复。牛还岩组主要分布于恒山西部太和岭口和恒山东部团城口、西河口、大川岭等地。经历了强烈的韧性剪切变形和深熔作用，内部混杂无序，残留厚度变化很大。岩性组合为含榴角闪斜长片麻岩、透辉斜长角闪岩、斜长二辉石岩夹含榴黑云片岩、紫苏铁英岩，原岩为镁铁质火山岩夹 BIF 组合。牛还岩组总体特点是四周被晚期构造分隔或呈构造残片分布在经强烈韧性剪切变形的恒山条带状片麻岩之上，在区域上断续成带与金岗库岩组呈渐变过渡，含大量平行片麻理的浅色长英质和肉红色钾质条带，由于强烈变形使原暗灰色斜长角闪岩夹层被拉断成布丁体。变质程度为麻粒岩相，是五台岩群金岗库岩组经强烈的构造改造而无序的构造岩石地层单位，也是区内重要的含铁层位。

综上所述，将表壳岩划分为2个组合，即董庄基性麻粒岩-花岗片麻岩组合和牛还斜长角闪岩-黑云变粒岩-磁铁石英岩组合。

2. 五台-界河口新太古代弧盆系变质区

五台-界河口新太古代弧盆系变质区位于山西省中部，北西以白蟒神韧性剪切带、阳方口断裂带及吕梁山变质基底出露区北界与大同-恒山古弧盆系变质区分界，东南以龙泉关韧性剪切带、太岳山-霍山断裂、汾西-乡宁断裂与阜平-赞皇-中条陆块变质区分界，分3个变质地带，即五台岩浆弧变质地带、高凡碰撞后裂谷变质地带和界河口弧盆地变质地带。

(1) 五台岩浆弧变质地带(相 Ar_3)。五台岩浆弧变质地带由4个亚相组成，即石咀岛弧亚相、北台-义兴寨俯冲期岩浆杂岩亚相、台怀岛弧亚相和峨口后碰撞岩浆杂岩亚相。

石咀岛弧亚相主要变质地质单元为五台岩群石咀亚岩群，主要由绿片岩相—角闪岩相的基性火山岩夹磁铁石英岩、变粒岩及富铝片岩所构成；包括角闪岩相的金岗库组、庄旺组、文溪组和绿片岩相的辛庄组、柏枝岩组，其中金岗库组、文溪组、柏枝岩组是铁矿赋存层位；可见到变余结构，常见有变余辉绿结构、变余交织结构等,将它归并为石咀斜长角闪岩-富铝片岩-磁铁石英岩组合。

北台-义兴寨俯冲期岩浆杂岩亚相主要变质地质单元有义兴寨片麻岩、石佛片麻岩、北台片麻岩光明寺片麻岩等,主要岩性有角闪斜长片麻岩、角闪黑云斜长片麻岩、黑云斜长片麻岩、黑云绿泥斜长片麻岩,为英云闪长质、花岗闪长质、奥长花岗质片麻岩套,具中粗粒花岗变晶结构,以片麻状构造为主,将它归并为北台、义兴寨 TTG 组合。此外,广泛分布于五台岩群中的变质超基性岩、变质基性岩呈透镜状、脉状顺地层片理方向展布,将它归为变质超基性岩-基性岩组合。

台怀岛弧亚相主要变质地质单元为五台岩群台怀亚岩群,主要由绿片岩相—(低)角闪岩相的底部(不厚的)变碎屑岩、中部富变基性的火山岩及上部变酸性火山岩系组成;包括绿片岩相的芦嘴头组、鸿门岩组和(低)角闪岩相的麻子山组、老潭沟组、滑车岭组。原岩结构、构造保留较多,可见到变余结构,如变余辉绿结构、变余交织结构、变余斑状结构和变余杏仁构造等,在塔儿坪一带,柏枝岩岩组中发育典型的变形枕状构造,将它归并为台怀绿泥片岩-绢云片岩-磁铁石英岩组合。

峨口后碰撞岩浆杂岩亚相主要由峨口、王家会、兰芝山片麻状黑云母花岗岩和变质二长花岗岩组成。具花岗变晶结构,交代穿孔、交代蚕食及蠕英结构等,弱片麻状构造,将它归为峨口、王家会变质黑云母花岗岩-二长花岗岩组合(Ar_3)。

(2)高凡碰撞后裂谷变质地带(相 Ar_3)。位于五台山区北西部,主要由五台岩群石高凡亚岩群和变质超基性岩、变质基性岩组成。高凡亚岩群为区五台群上部群级岩石地层单位。主要由一套绿片岩相具鲍马序列沉积特征的泥砂质沉积岩系所组成(张仙堡组、磨河组);以千枚岩、绢英片岩、变粉砂岩为主,夹石英岩、碳质片岩及少量凝灰岩。其下角度不整合在台怀群、石咀群之上,其上被滹沱群角度不整合沉积覆盖,包括张仙堡组、磨河组、鹞口前组,为高凡变质砂岩-板岩-千枚岩组合。

(3)界河口弧盆地变质地带(相 Ar_3)。位于吕梁山区,由 2 个亚相组成,即界河口弧后盆地亚相和界河口俯冲期岩浆杂岩亚相。

界河口弧后盆地亚相由界河口岩群构成,主体岩性为榴夕线二云片岩、含石墨大理岩、石英岩、斜长角闪岩等,是石墨矿产的主要赋存层位,经受强烈的变形变质和深熔作用改造。划分为园子坪斜长角闪岩-石英岩组合和阳坪上、贺家湾大理岩-变粒岩-片岩组合。

界河口俯冲期岩浆杂岩亚相在吕梁山区广泛分布,由新太古代早期灰色片麻岩套、变质超基性岩-基性岩和新太古代晚期斜长片麻岩、二长花岗质片麻岩组成。新太古代早期灰色片麻岩套以盘道底、尧宽一带较典型,发育灰白色长英质条带、混合岩化作用强烈,包括英云闪长质片麻岩、花岗闪长质片麻岩、奥长花岗质片麻岩等,命名为盘道底、尧宽 TTG 组合。而侵入其中的变质超基性岩-基性岩则划归变质超基性岩-基性岩组合。新太古代晚期片麻岩发育片麻理,不发育灰白色长英质条带为特征,明显侵入于早期片麻岩中,包括英云闪长质片麻岩、花岗闪长质片麻岩、奥长花岗质片麻岩,归属程家庄、山神坡 TTG 组合。

3. 阜平-赞皇-中条陆块变质区

阜平-赞皇-中条陆块变质区位于山西省东南部,北西以龙泉关韧性剪切带、太岳山-霍山断裂、汾西-乡宁断裂与五台-界河口新太古代弧盆系变质区分界。分 5 个变质地带,即阜平古弧盆系变质地带、赞皇古弧盆系变质地带、霍山古弧盆系变质地带、涞水古弧盆系变质地带和稷山古弧盆系变质地带。

(1)阜平古弧盆系变质地带(相 Ar_3)。分为阜平古弧后盆地亚相和阜平古岩浆弧亚相,沿晋冀交界呈北北东向带状展布。

阜平古弧后盆地亚相由阜平岩群构成,自下而上为团泊口岩组浅粒岩、钙硅酸盐岩、大理岩;南营岩组角闪黑云斜长片麻岩、黑云斜长变粒岩夹角闪斜长变粒岩、斜长角闪岩、铁英岩;宋家口岩组浅粒岩、细粒片麻岩、斜长角闪岩、钙硅酸盐岩、大理岩;榆林坪岩组石榴镁铁闪石片岩斜长角闪岩夹铁英岩、中细粒黑云斜长片麻岩、黑云变粒岩;阜平岩群局部具变余砂状结构,变余韵律层理,也可见石榴子石具"白眼圈"结构。将它归为 1 个岩石组合,即阜平斜长角闪岩-变粒岩-大理岩-磁铁石英岩组合。

阜平古岩浆弧亚相分早、晚二期岩浆活动产物，早期为大石峪、坊里、南天门、龙泉关斜长片麻岩，为闪长质、英云闪长质、花岗闪长质、奥长花岗质片麻岩套，划归坊里、龙泉关 TTG 组合。晚期为蔡树庄、岗南二长片麻岩和青崖、车轮变质花岗岩，归并为青崖、岗南后碰撞变质花岗岩-二长花岗岩组合。

(2) 赞皇古弧盆系变质地带（相 Ar_3）。位于太行山南段，东以太行断裂与长城系或寒武系—奥陶系接触，西被长城系角度不整合覆盖，该变质地带沿晋冀交界边界北北东向断续延伸。主要由赞皇岩群石家栏岩组、上八里黑云斜长片麻岩、变质超基性岩、变质基性岩及南寨黑云二长片麻岩等组成。

赞皇岩群石家栏岩组组成，其下部主要岩性为黑云斜长片麻岩、含石榴二云斜长片麻岩、含石榴蓝晶（夕线）二云斜长片麻岩夹含石榴二云片岩；中部主要岩性为黑云变粒岩、角闪变粒岩、二云片岩、二云长石石英片岩夹少量的斜长角闪岩；上部为斜长角闪岩、含石榴斜长角闪岩夹薄层状、透镜状含角闪二辉片麻岩、含铁闪石铁英岩及少量的黑云变粒岩。在下部含石榴二云斜长片麻岩中，局部形成透镜状、似层状中小型磷灰石变质矿床，在鳌岩、马家坪一带形成有蓝晶石矿体；上部斜长角闪岩中夹有数层呈透镜状、似层状产出的条带状铁英岩，磁铁矿粒度较粗，多形成中、小型沉积变质铁矿床，已被广泛开采利用。

上八里片麻岩分布于壶关县桥上—陵川县锡崖沟一线，沿晋豫交界断续出露，主体在河南省境内，呈北北东向带状展布。主要岩性为条纹条带状（角闪）黑云斜长片麻岩，岩石呈灰色、深灰色，中—中细粒鳞片粒状变晶结构，片麻状、条纹条带状构造。属英云闪长质、花岗闪长质、奥长花岗质片麻岩套。其中钠质、钾质、长英质脉体发育。普遍可见构造透镜体、布丁体、基性岩包体、石香肠构造、揉流褶皱、塑性变形等，显示中、下地壳岩石变形、变质特征。属太古宙高级变质岩区的组成部分。

侵入上八里片麻岩的变质超基性岩、变质基性岩呈北东-南西向展布，多呈脉状产出，受围岩片麻理控制。主要岩性为绿泥透闪岩、透闪石化斜辉橄榄岩、含辉石橄榄岩和变质辉长岩等。

南寨片麻岩侵入变质超基性岩、变质基性岩。主体岩性为（角闪）黑云二长片麻岩，岩石呈浅红色，鳞片粒状变晶结构，交代结构十分发育，可见缝合线、蠕英、净边等结构，眼球状、条带状、片麻状构造，是角闪岩相条件下韧性变形的产物。

(3) 霍山古弧盆系变质地带（相 Ar_3）。霍山岩浆弧变质地带位于山西省中部霍山区，呈北北东向出露于中生代燕山期太岳山复背斜核部。可分为霍山古弧后盆地亚相和霍山古岩浆弧亚相。

霍山表壳岩以构造片体和大小不等的包体，残存于新太古代五台期正南沟片麻岩、黄梁片麻岩中。主要岩性由含石榴石英岩、含石榴夕线二云石英片岩、含石榴夕线石墨二云片岩、含石榴夕线石英片岩、含石榴二云石英片岩、含石榴黑云变粒岩、透辉斜长角闪岩组成。原岩为一套富硅、铝的碎屑岩-黏土岩沉积夹基性火山岩建造。该套岩石经历了多期的变形变质及强烈的混合岩化作用，顶底不清，原始层序无法恢复，仅根据石英岩（碎屑岩）-变粒岩（泥质岩）沉积韵律，结合构造变形特征对它建立相对顺序。

正南沟片麻岩主要岩性有（透辉）角闪斜长片麻岩、（条带状）黑云角闪斜长片麻岩、绿泥石化黑云角闪斜（二）长片麻岩，以（条带状）黑云角闪斜长片麻岩为主。以英云闪长质、花岗闪长质片麻岩为主。岩石呈灰黑色，细—中粗粒鳞片柱粒状变晶结构，片麻状、条带状构造。含有霍山表壳岩形态各异的包体，以发育平行片麻理的早期钠质、晚期钾质脉体为特征。

黄梁片麻岩主要岩性为（角闪）黑云斜长片麻岩，以奥长花岗质片麻岩为主。中细粒鳞片粒状变晶结构、斑状（眼球）变晶结构、糜棱岩化结构，片麻状、条痕状、条带状构造。侵入于霍山表壳岩中，含有正南沟片麻岩包体。

变质超基性岩、变质基性岩呈北东向断续展布于正南沟、黄梁片麻岩中，呈脉状侵入于正南沟、黄梁片麻岩中。岩性有蛇纹石化纯橄榄岩、蛇纹石化橄榄岩、蛇纹石化角闪橄榄岩、蛇纹石化二辉橄榄岩、含辉角闪橄榄岩、角闪透辉岩、黑云紫苏辉石岩、含紫苏角闪辉石岩、透辉角闪石岩、角闪石岩和辉长辉绿岩。

综上所述，霍山岩浆弧变质地带可划分为 3 个岩石组合，即霍山石英岩-变粒岩-斜长角闪岩组合（Ar_3）、霍山 TTG 质片麻岩组合（Ar_3）和变质超基性岩-基性岩组合（Ar_3）。

(4)涑水古弧盆系变质地带（相 Ar_3）。涑水古弧盆系变质地带位于山西省的西南部,分布于中条山区,呈北东向展布。该变质地带分为两个亚相,即涑水古弧后盆地亚相和涑水古岩浆弧亚相。

涑水古弧后盆地亚相主要由柴家窑表壳和冷口表壳岩组成。柴家窑表壳岩呈规模不等的包体、构造片体分布于西姚片麻岩中,被西姚片麻岩侵入。由于其露头零星,大多规模较小,各地残留岩性亦不同。北东部西姚片麻岩中多为斜长角闪岩夹少量黑云母片岩,规模稍大;南晋一带为黑云变粒岩夹少量角闪变粒岩及斜长角闪岩,此时与西姚片麻岩较难区分;南东部青山村旁为条带状石英岩;东部"同善天窗"虎坪一带则为铁英岩、角闪片岩等。岩石具条带状、条纹状构造。

冷口表壳岩岩性主要由黑云斜长阳起片岩、(石榴方柱)黑云片岩、角闪黑云片岩、角闪片岩、斜长角闪岩、黑云变粒岩、变凝灰角砾岩、铁英岩等组成。原岩为一套基性及酸性(英安质)火山岩建造。该套火山岩变形变质强烈,顶底不清,原始层序无法恢复。

本报告将二者归并为冷口、柴家窑斜长角闪岩-变粒岩-磁铁石英岩组合。

涑水古岩浆弧亚相由西姚、寨子片麻岩、变质超基性岩、变质基性岩及东沟、北峪片麻岩、横岭关片麻岩等组成。

西姚片麻岩呈北东向带状展布,岩石较为杂乱,其中钠质、钾质、长英质脉体发育,构造透镜体、布丁体、基性岩包体、表壳岩包体、石香肠构造、揉流褶皱、塑性变形等普遍可见,经历了深层次的变形变质。主要岩性为条纹条带状(角闪)黑云斜长片麻岩,中—中细粒鳞片粒状变晶结构,片麻状、条纹条带状构造。

寨子片麻岩北东向带状展布,岩石以中层次韧性变形和中级变质为其主要特征。在冷口村附近寨子片麻岩呈脉状侵入于冷口火山岩中,在片麻岩与火山岩接触部位含有火山岩包体,而寨子片麻岩被横岭关片麻岩、烟庄花岗岩侵入。主要岩性为条纹状(角闪)黑云斜长片麻岩、眼球状片麻岩,岩石呈灰色、深灰色,中—中粗粒鳞片粒状变晶结构,片麻状构造。寨子片麻岩已获得常规锆石 U-Pb 法年龄值为 (2532 ± 32)Ma。

西姚片麻岩和寨子片麻岩原岩为英云闪长质、花岗闪长质、奥长花岗质中酸性侵入岩。

变质超基性岩、变质基性岩呈北东向带状断续分布于西姚、寨子片麻岩中,常与变质基性火山岩相伴产出,规模一般均较小,长几十米到几百米,最大者长约1200m,宽约300m。多呈似层状、透镜状分布,个别为等轴状,亦有楔状、瘤状及不规则状,其形态受围岩片麻理产状控制。主要岩性为斜辉橄榄岩、透闪石化蛇纹石化橄榄岩、碳酸盐化橄榄岩、碳酸盐化透闪蛇纹岩、金云母橄榄透闪岩、蛇纹透辉透闪岩、蛇纹石化阳起石化二辉岩、透闪岩、角闪岩;其次有蛇纹岩、蛇纹石化橄榄辉石岩、含橄榄辉石岩、黑云母辉石角闪岩、含磁铁矿透闪岩、阳起岩、含长角闪岩、含方柱石透闪岩及变质辉长岩、变质辉绿岩等。变质基性侵入岩已获得常规锆石 U-Pb 法上交点年龄值为 (2537 ± 67)Ma。

东沟片麻岩主要分布于闻喜县东沟—绛县陈村镇一带,被横岭关片麻岩侵入。岩性为黑云角闪斜长片麻岩,岩石呈灰白色,半自形中粗粒—中细粒粒状变晶结构,块状构造,局部可见片麻状构造。其原岩以闪长质、英云闪长质侵入岩为主,少量花岗闪长质侵入岩。东沟片麻岩已获得常规锆石 U-Pb 法年龄值为 (2480 ± 45)Ma。

北峪片麻岩主要由奥长花岗质片麻岩组成。遭受强烈北北东向韧性剪切变形,使得长英质矿物定向拉长,形成片麻状构造、碎裂结构、糜棱结构,局部保留鳞片粒状变晶结构。

东沟片麻岩和北峪片麻岩构成闪长岩-英云闪长岩-花岗闪长岩-奥长花岗岩组合。

横岭关片麻岩广泛分布于新太古代变质岩分布区,岩体以发育钾质条带和眼球状构造为其主要特征,是角闪岩相条件下韧性变形的产物。主要岩性为(角闪)黑云二长片麻岩,岩石呈浅肉红色,鳞片粒状变晶结构,交代结构十分发育,可见缝合线、蠕英、净边等结构,眼球状、条带状、片麻状构造。其常规锆石 U-Pb 年龄值为 (2488 ± 33)Ma。

综上所述,涑水古岩浆弧亚相可分为4个岩石组合,即西姚与寨子TTG质片麻岩组合、变质超基性岩-基性岩组合、东沟TTG质片麻岩组合和横岭关二长花岗质片麻岩组合。

(5)稷山古弧盆系变质地带(相 Ar_3)。涑水古弧盆系变质地带位于山西省的西南部,与涑水古弧盆系变质地带以汾河裂陷盆地相隔。分布于吕梁山南端,呈北东东向展布。由西姚、寨子片麻岩、横岭关片麻岩等组成。其特征与涑水古弧盆系变质地带涑水古岩浆弧亚相特征类似。可划分为两个组合,即西姚、寨子 TTG 质片麻岩组合和横岭关二长花岗质片麻岩组合。

4. 晋冀陆块变质区(Pt_1)

晋冀陆块变质区的地质实体主要为古元古代一套中浅变质岩系,分布于山西省的各大山区,在地理上难以严格将其与其他变质区分割开,在构造事件上叠加于新太古代各变质区之上。其分 8 个变质地带,即吕梁裂谷变质地带、岚河-野鸡山-黑茶山裂谷盆地变质地带、滹沱裂谷变质地带、甘陶河裂谷变质地带、郭家寨陆内盆地变质地带、中条-绛县裂谷变质地带、担山石陆内盆地变质地带和后造山岩浆杂岩变质地带。

(1)吕梁裂谷变质地带(相 Pt_1)。吕梁裂谷变质地带由吕梁群构成(吕梁陆缘裂谷亚相),主要分布于娄烦县近周营—皇姑山—罗家岔一带,呈北北东向"S"形展布。该群自下而上为袁家村组碳质绿泥片岩、碳质千枚岩、绢英片岩、菱铁绢云绿泥片岩夹铁英岩,是大型铁矿床赋存层位;裴家庄组含黄铁矿质千枚岩、含黄铁矿质变质粉砂岩、碳质千枚岩、变质粉(细)砂岩及含硬绿泥石绢云片岩、石英;近周营组含气孔、杏仁的绢云绿泥片岩变为钠长阳起片岩、钠长绿帘绿泥片岩、角闪片岩、斜长角闪岩;杜家沟组变质流纹岩。划分为 3 个岩石组合,即袁家村磁铁石英岩-片岩-千枚岩组合、裴家庄石英岩-变质粉砂岩-千枚岩组合、近周营-杜家沟斜长角闪岩-变质流纹岩组合。

(2)赤坚岭古岩浆弧变质地带(相 Pt_1)。赤坚岭古岩浆弧相变质地带只包括赤坚岭古碰撞岩浆岩亚相 1 个,主要由恶虎滩、高家湾、新堡黑云斜长片麻岩和盖家庄、杜交曲、交楼神、下李二长片麻岩及磨地湾、北岔变质花岗质斑岩等组成,呈北东东向展布,经历了低角闪岩相—低绿片岩相的变形变质。将它归并为恶虎滩、盖家庄、磨地湾花岗闪长质-石英二长质-花岗质片麻岩组合。前人传统上根据其变质变形程度将其时代确定为新太古代甚至中太古代的 TTG 岩石组合。近年来,赵国春(2008)、耿元生(2004,2006)及有关区调项目的研究,证明它其实为一古元古代早中期的岩浆弧,通过对其地球化学特征的研究,认为其不具有 TTG 质的特征,主体应为高钾钙碱性—钾玄岩系列。

(3)岚河-野鸡山-黑茶山裂谷盆地变质地带(相 Pt_1)。分为吕梁伸展型岩浆岩亚相和岚河-野鸡山-黑茶山陆缘裂谷盆地亚相。

吕梁伸展型岩浆岩亚相主要由恶虎滩、高家湾、新堡黑云斜长片麻岩和盖家庄、杜交曲、交楼神、下李二长片麻岩及磨地湾、北岔变质花岗质斑岩等组成,呈北东东向展布,经历了低角闪岩相—低绿片岩相的变形变质。将它归并为恶虎滩、盖家庄、磨地湾花岗闪长质-石英二长质-花岗质片麻岩组合。

岚河-野鸡山-黑茶山陆缘裂谷盆地亚相主要由岚河群、野鸡山群、黑茶山群构成,均呈北北东向带状展布,岚河群呈角度不整合覆于吕梁群之上。1:25 万岢岚幅地质调查表明这 3 个群不是过去认为的上下叠置关系,而属同期异相,即侧向相变关系。岚河群由 4 组组成,自下而上为前马宗组变质砾岩、含砾中粗—中细粒变质砂岩、长石石英岩、千枚岩夹大理岩;两角村组硅质白云石大理岩、含金云母白云石大理岩;石窑凹组含砾长石石英岩夹薄层绢云千枚岩、长石石英岩与绢云(绿泥)千枚岩互层,千枚岩夹灰白色硅质大理岩;乱石村组变质砾岩、石英岩、千枚岩、砂质千枚岩。野鸡山群自下而上为青杨树湾组变质砾岩、长石石英岩、钙质千枚岩夹变质粉砂岩;白龙山组斜长角闪岩、斑状斜长角闪岩、角闪片岩及角闪变粒岩等,夹有长石石英岩、千枚岩;程道沟组变质粉砂岩、变质钙质粉砂岩、变质泥质粉砂岩、细粒石英岩及粉砂岩状千枚岩。黑茶山群底部发育一套石英岩质变质砾岩,中下部及上部为含砾长石石英岩。综合上述岩性组合及横向上的对应关系,划分为 4 个岩石组合,即青杨树湾变质砾岩-变质砂岩-千枚岩组合、两角村大理岩组合、白龙山斜长角闪岩-角闪变粒岩组合、程道沟石英岩-千枚岩-大理岩组合,与其同时异相的变质辉绿岩为变质辉绿岩组合。

(4)滹沱裂谷变质地带(相 Pt_1)。滹沱裂谷变质地带总体呈北东向展布,北西与五台岩浆弧变质地带相邻,东南以龙泉关韧性剪切带及定襄盆缘断裂与阜平古弧盆系变质地带及五台岩浆弧变质地带分界,南部为沁水古生代—中生代沉积盆地。

滹沱裂谷变质地带(滹沱陆缘裂谷亚相)主要由滹沱群豆村亚群、东冶亚群及侵入其中的变质基性侵入岩组成。豆村亚群主要出露于五台山南坡滹沱复向斜的北翼,滹沱中央大断裂的北侧。西起原平野庄,向东经土集村、南台至白头庵、大甘河等地,地层由北向南依次出露以变质砾岩为主的四集庄组,石英岩为主的寿阳山组,千枚岩夹含砂大理岩为主的木山岭组,之上为谷泉山组的钙质长石石英岩,盘道岭组、神仙垴组的条带状千枚岩和厚层结晶白云岩,硅质结晶白云岩的南大贤组。东冶亚群位于滹沱复向斜的南翼,滹沱中央大断裂的南侧,南部被沉积盖层不整合覆盖。主要分布于纹山—大关山、马鞍山、刘定寺、殊宫寺、小插箭、白头庵等地。其岩性以白云岩为主,次为千枚岩、长石石英岩,局部夹玄武岩。总体变质程度为绿片岩相,在东部刘定寺、小插箭、白头庵等地变质程度达低角闪岩相。其上被郭家寨亚群以角度不整合覆盖。包括青石村组、纹山组、河边村组、建安村组、大关山组、槐荫村组、北大兴组、天蓬垴组共8个组级岩石地层单位。滹沱群中原生结构构造保留完好,有块状层理、大型板状、楔状交错层理、水平层理、沙纹层理、波痕、泥裂、石盐假晶等,此外叠层石发育。

变质基性侵入岩有变质辉长苏长岩、片麻状辉长辉绿岩、变质辉绿岩、变质辉石闪长岩等,侵入体众多,呈岩床、岩株、岩脉(墙)状侵入滹沱群豆村亚群、东冶亚群。

据上所述可分为3个岩石组合,即豆村变质砾岩-泥砂岩-大理岩夹火山岩组合、东冶变质碎屑岩-白云岩-玄武岩组合和变质辉长岩-变质辉绿岩-变质辉石闪长岩组合。

(5)甘陶河裂谷变质地带(相Pt_1)。甘陶河裂谷变质地带(甘陶河陆内裂谷亚相)位于太行山南段弧盆系变质地带的北部,呈北北东向展布。主要由滹沱群甘陶河亚群构成,与下伏新太古代片麻岩和上覆长城系均为角度不整合接触,为一套浅变质的碎屑岩夹变质玄武岩、白云岩。划分为甘陶河变质砂岩-白云岩-安山岩组合。

(6)郭家寨陆内盆地变质地带(相Pt_1)。郭家寨陆内盆地变质地带(郭家寨压陷盆地亚相)主要由滹沱群郭家寨亚群组成。郭家寨亚群位于滹沱复向斜的槽部,零星分布于西起五台县的尧岩山,向东过雕王山、文昌山、阁子岭一带。自成不完整的轴面向北倾的向斜。显示反旋回特征,为滹沱群主体褶皱回返后沉积的山间磨拉石建造。底部呈漏斗状分布以白云石硅质角砾岩为主的红石头组,下部为以板岩为主的西河里组,中部为以长石石英岩、含砾石英岩为主的黑山背组,上部为以白云岩胶结变质砾岩为主的雕王山组。南部不整合覆盖于褶皱了的东冶亚群之上,北部以断层与豆村亚群相接触。其上被长城系常州沟组平行不整合覆盖。郭家寨亚群是滹沱海盆褶皱隆起过程中形成的内陆盆地沉积物。西河里组底部具底砾岩,其上沉积了紫红色泥质岩、砂质泥岩、细砂岩,层面上具泥裂、雹痕,砂岩中具交错层,为陆相湖泊沉积。黑山背组以粗粒含砾石英岩为主,交错层、波痕、巨型斜层理等沉积构造,显示了典型的山间急流特征。雕王山组以白云岩砾石为主的砾岩,是山麓冲积扇的筛积物。

郭家寨陆内盆地变质地带(郭家寨压陷盆地亚相)可作为一个岩石组合,即郭家寨变质砾岩-砂岩-板岩组合。

(7)中条-绛县裂谷变质地带(相Pt_1)。主要分布于中条山脉,呈北东向展布。可进一步划分为绛县陆缘裂谷盆地亚相和中条山陆缘裂谷盆地亚相。

绛县陆缘裂谷盆地亚相由绛县群组成,分布于中条山北西坡的下天井—横岭关—马坡和黑崖底—铜矿峪一带,其次在上玉坡-胡家峪"短轴背斜"区亦有出露。为一套经历了中—低级变质作用的复理石式碎屑岩-泥质岩和火山沉积建造。主体呈北东-南西向展布,与北西侧片麻岩及南东侧中条群以构造接触。绛县群划分为两个亚群,下部为横岭关亚群,上部为铜矿峪亚群,二者为角度不整合接触关系。其中横岭关亚群又可划分成2个岩性组:下部平头岭组,上部铜凹组;铜矿峪亚群则划分成5个岩性组,自下而上为后山村组、园头山组、竖井沟组、西井沟组、骆驼峰组。横岭关亚群主要岩性为石英岩、绢云石英片岩、绢云片岩等;铜矿峪亚群下部为变质砾岩、石英岩、绢云石英片岩、绢云片岩等,中上部为变质流纹质凝灰角砾岩、变流纹岩、变质玄武岩、顶部为变质流纹岩夹砾岩、石英岩、绢云石英片岩。

因此，绛县陆缘裂谷盆地亚相可分为3个岩石组合，即横岭关石英岩-云母片岩组合、铜矿峪石英岩-砾岩-片岩组合和铜矿峪变质基性火山岩-酸性火山岩-碎屑岩组合。

中条山陆缘裂谷盆地亚相由中条群、宋家山群和银鱼沟群组成。分别分布于中条山脉、垣曲县同善镇北、蟒河镇西南。中条群自下而上划分为8个岩性组：界牌梁组、龙峪组、余元下组、篦子沟组、余家山组、温峪组、武家坪组和陈家山组。与下伏绛县群片麻杂岩为沉积不整合接触，被上覆担山石群角度不整合覆盖，其顶底不整合界线被后期构造改造为顺层韧性剪切断层接触。中条群下部以石英岩、片岩为主，中部为大理岩夹少量片岩、斜长角闪岩，上部为石英岩、片岩等。宋家山群由绛道沟组和大梨沟组组成，绛道沟组为长石石英岩、绢英片岩、大理岩夹斜长角闪岩；大梨沟组为含砾绢英岩、绢英岩夹绢云片岩、大理岩。银鱼沟群由幸福园组和赤山沟组组成，幸福园组为变质（砂）砾岩、变质长石石英砂岩、千枚岩、钙质片岩或绢云石英片岩；赤山沟组为千枚岩夹绢云石英片岩、变质石英砂岩、绿泥片岩、片状斜长角闪岩。

变质辉长岩、变质辉绿岩呈岩床、岩株、岩脉状侵入于绛县群、宋家山群及中条群之中。主要岩性为斜长角闪岩、黑云斜长角闪岩、变质辉绿岩，变余辉长结构，变余辉绿结构，块状—片状构造。

综上所述，中条山陆缘裂谷盆地亚相可分为4个岩石组合，即中条山石英岩-片岩-大理岩（斜长角闪岩）组合、宋家山石英岩-片岩-大理岩（斜长角闪岩）组合、银鱼沟变质砾岩-石英岩-片岩组合、变质基性岩组合。

(8) 担山石陆内盆地变质地带（相 Pt_1）。担山石陆内盆地变质地带（担山石压陷盆地亚相）由担山石群组成，北起西井沟，向南经西峰山、周家沟、担山石延至南上坪，呈南北狭长带状展布。与其上覆地层呈角度不整合接触关系，与下伏地层多呈构造接触，局部呈角度不整合接触。担山石群为一套轻微变质的碎屑岩沉积，属磨拉石建造。自下而上划分为3个岩性组：周家沟组、西峰山组和沙金河组。周家沟组为变质砾岩、变铁质石英岩，西峰山组为石英岩，沙金河组变质砾岩夹砂质板岩、石英岩。可归为1个组合，即担山石变质砾岩-石英岩-板岩组合。

(9) 后造山岩浆杂岩变质地带（相 Pt_1）。广泛分布于大同—天镇一带、恒山—云中山区、五台山区、吕梁山区、霍山区、太行山区、中条山区。分4个亚相，即大同-恒山后造山岩浆杂岩亚相、平型关-大洼梁后造山岩浆杂岩亚相、云中山-关帝山-芦芽山后造山岩浆杂岩亚相和中条山后造山岩浆杂岩亚相。

大同-恒山后造山岩浆杂岩亚相主要变质单元有石榴二辉麻粒岩、变质辉绿岩、变质辉石正长岩、凌云口变质花岗岩、变质正长花岗岩等，包含3个岩石组合，即变质基性组合、变质辉绿岩-变质辉石二长岩组合和凌云口变质花岗岩组合。

变质辉石正长岩仅见于山西省北部阳高县北山一带，呈北东向带状展布，以脉状、岩株状侵入于葛胡窑片麻岩中，被辉绿岩脉穿切。产状与围岩片麻理基本一致，宽一般数十米到上千米，延伸长十几千米。

平型关-大洼梁后造山岩浆杂岩亚相由变质酸性侵入岩组成。主要有平型关岩体、大洼梁岩体、均才岩体、贾家峪岩体、凤凰山岩体、水峪岩体等，岩性以变质黑云二长花岗岩、变质正长花岗岩为主。岩石多呈浅肉红色、肉红色，中细—中粒花岗变晶结构、中细粒变余花岗结构，弱片麻状—近块状构造。侵入最新地层为滹沱群东冶亚群大关山组。岩性比较单一，故将其归为1个岩石组合，即平型关、大洼梁变质二长花岗岩-正长花岗岩组合。

云中山-关帝山-芦芽山后造山岩浆杂岩亚相由关帝山序列、芦芽山序列、云中山序列组成，这3个岩浆序列的岩浆岩主体分别分布于关帝山区、芦芽山区、云中山区，岩性特征也有很大差异。关帝山序列主要为中粗粒—中细粒黑云母花岗岩；芦芽山序列主要为细粒紫苏石英闪长岩、巨斑状紫苏石英二长闪长岩、巨斑状（紫苏）石英二长岩；云中山序列主要为巨—粗粒黑云母花岗岩、似斑状黑云母花岗岩。将它划分为3个岩石组合，即关帝山变质黑云母花岗岩组合、芦芽山变质紫苏石英闪长岩-紫苏石英二长岩组合、云中山变质黑云母花岗岩组合。

中条山后造山岩浆杂岩亚相主要由山西中南部由古元古代花岗岩类组成，包括太岳山区、晋西南、中条山区烟庄变质花岗岩、变质花岗闪长斑岩等。划归1个组合,即变质花岗岩组合(Pt_1)。

(10)右玉碰撞型岩浆杂岩变质地带(相Pt_1)。该变质地带分布于山西省西北部,主要变质地质单元包括一套以强过铝的花岗岩类为主的变质深成岩,其岩石类型多样,包括变质辉长-闪长岩、变质石榴花岗闪长岩、变质石榴董青石二长花岗岩、变质石榴白岗岩等,岩石中普遍富含石榴石、董青石,为典型的强过铝花岗岩类,故主体上为集宁岩群重熔形成的强过铝花岗岩类。传统上将时代确定为中太古代,但根据近年来在该区开展的1∶5万和1∶25万区调工作所取得的测年资料表明,其形成时代主要集中于19亿～20亿年。

3.4.3 变质相(相系)及变质时代

区域变质作用是指在岩石圈大规模范围内发生的一种由多因素综合起作用的复杂变质作用,这种变质常伴随构造运动的发生,常伴随着混合岩化,大规模的形变以及岩浆活动。

山西省变质岩经历了复杂多期的变质和变形作用,每次变质作用都会造成与所处的物理、化学条件大体相平衡的矿物共生组合及其结构特征,后期变质变形作用会使早期形成的矿物共生组合和结构特点得到改造,如果改造不彻底,就会使早期矿物与后期矿物呈不平衡状态共存于岩石中。对于变质作用,前人已做过大量研究工作。由于不同的大地构造相(变质地带)变质岩石所处的大地构造位置不同,形成时代不同,经历的构造条件不同,各地的物理化学条件不同,以及原岩建造不同,造成了复杂多变的变质岩外貌。大量的野外调查(尤其是近年来1∶5万区域地质调查)、化学分析、实验资料和室内综合研究结果表明,各个大地构造相(变质地带)的变质作用类型、特征和过程都具有各自的特点,因此,对于变质岩石的变质作用及特征按大地构造相(变质地带)的不同分别进行探讨。

我们已经知道,变质地层和变质侵入岩体在空间上往往伴生在一起,有着共同的变质作用过程。共同经历了相同的温度压力条件和构造变动,故将具有相同经历的地层和岩体放在一起讨论。另外,考虑到区域变质事件的连续性,将各个新太古代变质区与叠加在其上的古元古代晋冀陆块变质区放在一起讨论。

本次工作变质相(相系)的划分采用技术要求上的划分方案(表3-4-4)进行划分。

表3-4-4 变质相划分方案表

变质相	变质相系	常见的矿物及矿物组合	温压条件
绿片岩相	低绿片岩相/低压及中压相系	绢云母、绿泥石、绿帘石、黝帘石、钠长石、锰铝榴石	$t=350\sim450℃$,$p=0.3\sim0.8GPa$
	高绿片岩相/低压及中压相系	铁铝榴石、普通角闪石+绿帘石	$t=450\sim560℃$,$p=0.4\sim1.0GPa$
角闪岩相	低压型/十字石-红柱石(董青石)组合	十字石、红柱石、董青石、普通角闪石(黄绿色)、石榴子石、斜长石	
	中压型/十字石-蓝晶石组合	十字石、蓝晶石、石榴子石、普通角闪石(蓝绿色)	高于泥质岩饱和水固相线开始深熔条件
	低—中压型(未分)	夕线石、钾长石、硅灰石、普通角闪石(蓝绿色—棕黄色)、蓝晶石	

续表 3-4-4

变质相	变质相系	常见的矿物及矿物组合	温压条件
麻粒岩相	中—低压	斜方辉石、单斜辉石、夕线石、钾长石、斜长石、富铁黑云母、普通角闪石、堇青石	存在广泛的深熔脉体，$t=700\sim900℃$，$p=0.3\sim1.0\text{GPa}$
	高压	夕线石、钾长石(条纹)、斜方辉石、蓝晶石、斜长石	
	超高温	夕线石、钾长石、富锌尖晶石、假蓝宝石、大隅石、石英	广泛深熔，$T>900℃$

3.4.3.1 大同-恒山古弧盆系变质区的变质相(相系)及变质时代

本区的区域变质作用明显可辨认出三期。新太古代早期变质程度为麻粒岩相—高角闪岩相；新太古代晚期属于麻粒岩相—高角闪岩相，古元古代属于麻粒岩相—亚绿片岩相。

1. 新太古代变质相(相系)

(1)高角闪岩相—麻粒岩相。其是大同-恒山中高级变质岩区的主要变质相，向北在桑干河北岸洪涛山山前逐渐过渡进入麻粒岩相区，恒山南部地区普遍以透辉石大量出现和深熔作用，是与五台山中低级变质区别的显著标志，故划归高角闪岩相—麻粒岩相，包括二辉石、透辉石两个变质强度带。

二辉石带：以出现紫苏辉石为标志，因与单斜辉石平衡共生，故划为二辉石带，该带分布在恒山地区阎家滩-孙家窑-土岭-西河口以北，包含董庄表壳岩、阳高表壳岩、集宁岩群和土岭、葛胡窑灰色片麻岩及部分五台岩群牛还岩组。浑源以南灰色片麻岩中仅零星发现紫苏辉石，往北阎家滩—西浮头一带才大面积出现，桑干河以北大峪口—鹅毛口一带进入大同-怀安麻粒岩相区，反映由南向北呈递增变质。二辉石变质带主要岩石类型：斜长二辉石岩、辉石岩、榴闪岩、斜长角闪岩、片麻岩及二辉铁英岩等。典型矿物组合：镁铁质岩石为 $Hy+Cpx+Hb+Alm+Pl$、$Hy+Cpx+Mt+Q$、$Hy+Alm+Hb+Cpx+Pl+Bi$，灰色片麻岩为 $Hy+Cpx+Bi+Pl+Q$、$Hy+Bi+Pl+Q$。

透辉石带：主要分布在恒山西段太和岭口—沙家寺和神堂堡以南阜平寿长寺—周家河一带，以透辉石出现和局部地段出现 $Sill+Or$ 组合为标志。恒山地区灰色片麻岩及变质地层中。普遍出现透辉石。主要岩石类型有斜长角闪岩、片麻岩、铁英岩、变粒岩等。典型矿物组合：片麻岩中为 $Di+Pl+Hb+Q$、$Sill+Or+Bi+Alm+Pl+Q$；镁铁质岩中为 $Di+Scp+Alm+Hb+Q$、$Di+Hb+Pl+Alm$；铁英岩中为 $Di+Hb+Alm+Mt+Q$ 等。

形成二辉石带的可能反应为 $Hb+Q=Hy+Cpx+Pl+Q$、$Hb+Alm+Q=Hy+Pl+H_2O$、$Bi+Q=Hy+Alm+Or+H_2O$，据温克勒(1975)研究表明：上述反应条件为 $p=0.1\text{GPa}$ 时，$t=700℃$，而在 $p=0.3\sim0.5\text{GPa}$ 时，$t=800\sim900℃$。

(2)高角闪岩相—麻粒岩相。分布于大同县—古城镇—黄花梁一带，包括上深井片麻岩、于家窑片麻岩及变质超基性岩。出现的特征变质矿物有紫苏辉石、透辉石、白云母、黑云母、普通角闪石、石榴子石、橄榄石、夕线石等。可分为紫苏辉石带和夕线石+正长石带。

(3)低角闪岩相—亚绿片岩相。包括低角闪岩相的变质基性、低绿片岩相的变质强过铝(A型)花岗岩、变质辉绿岩-辉石正长岩组合和亚绿片岩相凌云口变质花岗岩组合。变质岩石类型有石榴斜长二辉麻粒岩、变质石榴二长花岗岩、石榴正长花岗岩、变质辉绿(玢)岩、片麻状辉石正长岩、变质花岗岩等。石榴斜长二辉麻粒岩中二辉石是原生的，而不是变质的，辉石边缘有退变的角闪石。其他岩石类型出现的特征变质矿物有绿泥石、绿帘石、绢云母等。

(4)时代讨论。恒山土岭片麻岩单颗粒锆石离子探针质谱年龄(SHRIMP)为(2520±15)Ma(王凯怡等,2000)、(2701±5.5)Ma、(2455±2)Ma、(2506±5)Ma(Wild 等,2002),在 2700~2450Ma 之间,最大 2700Ma。义兴寨片麻岩单颗粒锆石离子探针质谱年龄(SHRIMP)(2513±5)Ma(Wild 等,2002),常规锆石 U-Pb 年龄 2520Ma(田永清,1992)。

变质镁铁质侵入岩席,可分为中细粒和中粗粒结构二种,后者可能较新,部分为高压麻粒岩。Sm-Nd等时线年龄 2800Ma(田永清,1992),单颗粒锆石蒸发年龄(2697±0.3)Ma(Wild 等,2002),离子探针质谱年龄(SHRIMP)(2499±4)Ma、(1867±23)Ma 和 1827Ma(王凯怡等,2000)。出现近 2700Ma 的年龄,与阜平变质镁铁质岩石(2708±8)Ma(Guan 等,2002)相近,2500Ma 的年龄与五台岩群(2530~2500)Ma 的年龄也比较接近,此外有 1850Ma 左右的变质年龄。

恒山朱家坊表壳岩,即五台岩群金岗库岩组中变质碎屑岩单颗粒锆石离子探针质谱年龄(SHRIMP)(2527±10)Ma、(2501±15)Ma(王凯怡等,2000),与五台山地区五台岩群年龄十分接近,在 2533~2500Ma 的年龄区间,可能大于 2530Ma 是一次裂解事件,即五台早期近水平的韧性剪切。

晚于五台岩群的五台山兰芝山岩体、北台岩体、光明寺岩体、峨口岩体和王家会岩体的大量单颗粒锆石离子探针质谱年龄在 2560~2510Ma 之间(Wild 等,1997,2002;王凯怡等,2000),略微偏大,岩体均发育良好的片麻理,呈长轴状展布,显示同碰撞特点。发育于恒山的花岗片麻岩单颗粒锆石离子探针质谱年龄(SHRIMP)在 2500Ma 左右(Wild 等,2002),而恒山片麻岩中长英质脉体单颗粒锆石 U-Pb 上交点年龄(2480±12)Ma(采自太和岭口北公路旁,土岭片麻岩中的淡色脉体)和(2416±3)Ma(采自小木沟村南,土岭片麻岩中的红色脉体),均说明 2500Ma 左右是一次区域构造热事件,即五台运动(晚期)-碰撞造山事件。

葛胡窑片麻岩中可获得 3 组年龄(据王权,2012),第一组年龄为其锆石核部年龄,年龄范围在(2558±18)~(2500±13)Ma 之间,应代表着其成岩年龄,第二组年龄为其幔部年龄,分别为(2509±48)Ma、(2527±17)Ma、(2531±40)Ma 左右,根据锆石的成因类型该年龄应代表其第一次变质事件的年龄,结合其第一次变质的年龄,故认为其成岩年龄应在(2558±18)~(2534±14)Ma 之间,且第一次变质事件时代与成岩时代非常接近。第三组年龄为其核、幔部的下交点年龄,其年龄值分别为(1850±25)Ma、(1882±18)Ma、(1868±13)Ma、(1838±18)Ma、(1799±26)Ma、(1861±34)Ma、(1893±31)Ma、(1810±93)Ma、(1919±34)Ma、(1903±43)Ma 等多个年龄值,根据锆石结构的成因并结合区域地质热事件的年代学研究,葛胡窑片麻岩第二次变质事件的年龄在(1894±31)~(1850±25)Ma 之间,从而说明本区葛胡窑片麻岩形成于新太古代晚期,并经历了新太古代和古元古代两期变质作用的改造。

2. 古元古代变质相(相系)

古元古代变质相系在本区内又表现为两期变质作用,早期为麻粒岩相,晚期为绿片岩相。

(1)吕梁早期的变质相。其主要在大同—阳高地区表现明显,发生在黄土窑岩组和镁铁质侵入岩中,变质程度达角闪岩相—麻粒岩相。调查区内不同变质相在空间上从北南南逐渐降低,呈有规律的带状分布,反应在一定温压条件下产生了与之相适应的各种变质带和矿物共生组合。可划分为紫苏辉石带、铁铝榴石带和夕线石带。

紫苏辉石带:主要分布在榆涧以北的黄土窑岩组中,以紫苏辉石的出现为该带的标志,常见的变质岩石有含石榴紫苏变粒岩、石墨紫苏浅粒岩、含紫苏石榴石英岩、含紫苏斜长片麻岩等。该带出现的典型的矿物组合为 Hy+Hb+Bit+Pl+Q、Hy+Alm+Pl+Q、Hy+Pl+Q 组合。

铁铝榴石带:主要分布在畅家岭以北的黄土窑岩组中,以铁铝榴石的出现为该带的标志,常见的变质岩石有变粒岩、云母片岩、石英片岩、斜长角闪岩、片麻岩等。该带出现的典型的矿物组合为 Sil+Alm+Ms+Bit+Pl+Q、Sil+Bit+Ms+Pl+Q,局部地段出现 Alm+Ky+Sil+Bit+Pl+Q 或 Sill+St+Alm+Bit+Pl+Q 组合。

夕线石带:主要分布在组鸡窝洞以北的黄土窑岩中,以夕线石的出现为该带的标志,局部地段与铁铝榴石共生，常见的变质岩石有变粒岩、云母片岩、石英片岩、斜长角闪岩、铁英岩、片麻岩等。该带出现的典型的矿物组合为 Sil+Alm+Ms+Bit+Pl+Q、Sil+Bit+Ms+Pl+Q，局部地段出现 Alm+Ky+Sil+Bit+Pl+Q 或 Sil+St+Alm+Bit+Pl+Q 组合。

(2)吕梁晚期的变质相。区内吕梁晚期的变质相是指发生在吕梁晚期花岗质侵入岩中变质作用，形成一套浅变质沉积岩系，主要岩石类型有变质花岗岩。出现的变质矿物为绢云母、绿泥石和少量的黑云母、绿帘石，相当于低绿片岩相，使葛胡窑片麻岩发生退变质作用，角闪石、黑云母发生绿泥石化等。

3.4.3.2 五台-界河口新太古代弧盆系变质区变质相(相系)及变质时代

本区的区域变质作用有3期。新太古代变质程度为麻粒岩相—低绿片岩相；古元古代早期基本上属于角闪岩相—绿片岩相，晚期属于低角闪岩相—低绿片岩相。

1. 新太古代变质相(相系)

(1)麻粒岩相。其主要分布于该变质地带的界河口弧后盆地亚地带的界河口岩群分布区南部。主要岩石类型有含方铅矿紫苏石英岩、含石榴硅线黑云石英片岩、石榴二辉斜长角闪岩、含榴硅线黑云钾长变粒岩等。麻粒岩相中出现的典型矿物组合为 Pl+Di+Hy+Hb+Ald、Hy+Pl+Kp+Qz、Ald+Sl+Cor+Qz+Bit、Pl+Hb+Di+Qz、Mp+Hy+Pl+Hb±Bit+Qz 等。可能存在的变质反应为 $15Hb=6Hy+6Di+5An+H_2O$，$Hb+Qz=Hy+Mp+Pl+H_2O$。

根据单矿物化学分析资料及其在 TiO_2-Fe×100/Fe+Mg 与变质相关系图解(特罗戈娃，1965)，均投于麻粒岩相区内。不同变质矿物对测温研究结果，亦表明其应属麻粒岩相范畴。与石榴石共生的角闪石相图分析得出，麻粒岩相在本区的高角闪岩相的退变质温度为 650～750℃，该相多数已遭受角闪岩相和绿帘角闪岩相迭加变质。

(2)高角闪岩相。其相当于温克勒的高级变质级，主要分布于该变质地带的界河口弧后盆地亚地带的界河口岩群分布区北部及界河口岩浆弧亚相中盘道底、尧宽 TTG 组合分布区。主要岩石类型有石榴夕线片麻岩、片岩、变粒岩和大理岩、含榴黑云斜长片麻岩、含榴硅线黑云斜长片麻岩、黑云斜长片麻岩、含角闪黑云斜长片麻岩等。盘道底、尧宽 TTG 组合出现的矿物组合为 Pl+Qz+Bit±Ald±Sl±Kp、Pl+Hb+Bit+Qz、Kp+Pl+Hb+Qz、Pl+Hb+Bit+Qz 等。在镜下可见，Mp 呈蠕虫状分布于角闪石中或沿其周围分布；角闪石有的呈深黄绿色—褐色，晶体自形而粗大，平行于区域片理方向；黑云母呈深棕色—棕红色，晶体定向排列；矿物晶体内表现出强烈挤压变形特征，并伴有交代蠕英、残留岛屿结构等，属高角闪岩相变质。根据 Hb-Pl 矿物对、单矿物电子控针化学分析结果计算及在相关的角闪石的 Al^{IV}-Al^{VI} 变异图分析得出本区高角闪岩相的形成温度在 650℃ 左右，压力为 2～4kbar，还有部分样品投点已落入麻粒岩区，说明至少部分盘道底、尧宽 TTG 组合曾经经历过麻粒相变质。

界河岩口岩群以变质泥质岩-长英质岩石中出现夕线石(板柱状)+黑云母(红棕色)+钾长石(条纹长石)，变质基性岩中出现透辉石+石榴石+斜长石(An>30)，钙质岩中出现角闪石(深棕色)+金云母+石墨组合为标志。根据划分高角闪岩相岩和低角闪岩相岩标志性临界反应式：

白云母+石英 $\rightleftharpoons$ 钾长石+夕线石+H_2O

当 $p_{H_2O}<0.35GPa$ 时，$t=580～660℃$。

当 $p_{H_2O}>0.35GPa$ 时，若岩石中不含斜长石，则白云母+石英组合在 660℃ 以上仍稳定。

本区岩石中含有大量斜长石，且岩石明显局部熔融和强烈混合岩化，表明该区界河岩口岩群变质温度大于或略大于 660℃。

界河口岩群的时代近年来争议较大，万渝生(2000)、吴昌华(1998)等提出界河口群具孔兹岩性质，形成于华北太古宙克拉通被动大陆边缘的构造环境，时代为古元古代，而不是中太古代。李江海等(2000)则认为测区隶属吕梁-中条裂谷带，古元古代裂谷环境的岩浆建造叠加于孔兹岩系及其基底上，界河口岩群孔兹岩系属于太古代。耿元生等(2000)等对采自该岩群兴县交娄申乡井沟渠村东黑云斜长变粒岩中的碎屑锆石与变质锆石两类锆石进行了单颗粒锆石化学法 U-Pb 测定,获得碎屑锆石年龄为(2803 ± 108)Ma,并认为该年龄大致代表碎屑锆石源区母岩的形成年龄,变质锆石 2028Ma 的年龄代表晚期构造热事件的年龄。刘建中等(2001)报道了该岩群中斜长角闪岩类的 Sm-Nd 等时线年龄为(2445 ± 237)Ma 和(2335 ± 195)Ma,并认为这两个年龄是变质年龄,模式年龄 2635Ma 是成岩年龄,表明其形成于太古宙。盘道底片麻岩与界河口岩群构造平行接触,接触带超塑性剪切流变作用、深熔作用十分明显,难以确定二者形成先后,1∶5 万忻口幅取自盘道底片麻岩单颗粒锆石 Pb-Pb 法 3 组数据平均值为 2652Ma(1995)。本书认为(2803 ± 108)Ma 为界河口岩群源区岩石年龄,2652～2635Ma 可作为其成岩年龄(包括盘道底片麻岩),1∶25 万岢岚县幅在侵入界河口岩群中的新堡片麻岩获得了 2516Ma 的成岩年龄可能代表了本期变质年龄,而(2445 ± 237)Ma 和(2335 ± 195)Ma,则与吕梁群形成年龄相当。

(3)低角闪岩相。低角闪岩相是五台山花岗绿岩带的主要变质相之一,广泛分布于五台山东部及恒山南部石咀亚岩群中,相当于温克勒的中级变质级,包括十字石-蓝晶石带和夕线石带。它和高绿片岩相之间的界线,是以变质泥岩中十字石的首次出现和硬绿泥石、富铁绿泥石消失为标志。

夕线石带:主要分布在恒山双钱树—朱家坊—西河口以南的五台岩群金岗库岩组中,以夕线石的出现为该带的标志,局部地段与蓝晶石共生,常见的变质岩石有变粒岩、云母片岩、石英片岩、斜长角闪岩、铁英岩、片麻岩等。典型的矿物组合为 $Sill+Alm+Ms+Bi+Pl+Q$、$Sill+Bi+Ms+Pl+Q$,局部地段出现 $Alm+Ky+Sill+Bi+Pl+Q$ 或 $Sill+St+Alm+Bi+Pl+Q$ 组合。与温克勒在"中压和高压下,十字石的稳定性,可扩展到高级变质作用中"及都城秋惠"在一些区域十字石可持续到夕线石带下部"(Green,1963)的认识相吻合。

十字石-蓝晶石带:以出现十字石、蓝晶石为标志,局部出现夕线石和董青石。主要分布于恒山西段新广武—雁门关—沙家寺一带和五台山北麓黑山庄—山会、红安—庄旺一带。包含了五台岩群金岗库岩组及九枝树以东的庄旺岩组、文溪岩组、老潭沟岩组。常见的变质岩石类型有云母片岩、云母石英片岩、变粒岩、片麻岩、浅粒岩、石英岩、角闪质岩、铁英岩等。典型的矿物组合:恒山西段金岗库岩组中为 $St+Ky+Alm+Bi+Ms+Pl+Q$、$Ky+Alm+Bi+Pl+Q$、$Alm+Ky+Sill+Bi+Ms+Pl+Q$、$Hb+Pl+Alm+Di$;五台山北麓金岗库岩组为 $Alm+St+Bi+Pl+Q$、$Alm+Ky+Cord+Bi+Pl+Q$、$Alm+Ky+St+Pl+Q$、$Alm+Ky+St+$铝直闪石$+$金云母$+Q$;九枝树以东为 $Ky+Alm+St+Bi+Pl+Q$。其中主要的变质反应为:

$Ms+Chl=St+Bi+Q+H_2O$

($p=0.4GPa, t=540\sim560℃$;霍斯契克,1969)

$St+Ms+Q=Ky/Sill+Bi+H_2O$

($p=0.2\sim0.55GPa, t=575\sim675℃$;霍斯契克,1969)

经历低角闪岩相变质的还有分布于云中山区程家庄、山神坡、婆婆等地,包括变质超基性岩、变质基性岩及程家庄片麻岩、山神坡片麻岩等。主要变质岩类型有滑石岩、绿泥透闪岩、蛇纹岩、橄榄辉石岩、斜长角闪岩、黑云斜长片岩等。该带以长英质岩中出现斜长石(An>20)+角闪石+铁铝榴石组合为标志。典型的矿物组合:长英质变质岩为 $Pl+Q+Bit+Mu+Alm$、$Pl+Q+Kf+Bit$、$Pl+Q+Bit+Ky$;变质基性岩为 $Pl+Hb+Q$、$Hb+Bit+Alm$。根据霍斯契克(1969)形成蓝晶石的变质反应为:

$St+Mu+Q \rightleftharpoons Ky/Sill+Alm+Bit+H_2O$ 或 $St+Mu+Q=Ky/Sill+Alm+Bit+H_2O$

$[p_{H_2O}=0.2\sim0.55GPa, t=(575\sim675)\pm15℃]$

结合前述夕线石-钾长石带的下限温度,该带的变质温度应在 560～660℃之间。

新堡片麻岩与程家庄片麻岩、山神坡片麻岩相当,均为不发育灰白色长英质条带的黑云斜长片麻岩,1∶25 万岢岚县幅在侵入界河口岩群中的新堡片麻岩获得了(2516 ± 12)Ma 的成岩年龄。

(4)绿岩相。区内高绿片岩相包括铁铝榴石带,分布于五台山北台片麻岩及石家湾一带的石咀亚岩群金岗库岩组、庄旺岩组、文溪岩组中。其特征是就质泥岩和变质基性火山岩中出现了铁铝榴石,角闪石由低绿片岩相的阳起石种属变为铁镁质普通角闪石,斜长石牌号增大,出现了 An>20 的斜长石,黑云母为绿褐色。岩石类型有变粒岩、石英片岩、绿帘角闪片岩、片麻岩。典型的矿物共生组合:贫钙岩石为 $Alm+Bi+Ms+Pl+Q±Chl$;富钙岩石为 $Alm+Hb+Pl+Ep$、$Hb+Chl+Ep+Pl+Q$。

高绿片岩相过渡到低角闪岩相的临界反应为:

$Chl+Ms=St+Bi+Q+H_2O$,$Chl+Ms=St+Bi+Q+H_2O$

[$p_{H_2O}=0.4GPa$,$t=(540±15)℃$;$p_{H_2O}=0.7GPa$,$t=(565±15)℃$;霍斯契克,1969]

(5)低绿片岩相。区内低绿片岩相,相当于温克勒的低级变质级,分布于五台山"之"字形中央韧性剪切带的下盘,构成了台怀亚岩群柏枝岩岩组、鸿门岩岩组和芦咀头组及高凡亚岩群的主体,包括绿泥石-绢云母带和绿泥石-黑云母带。

绿泥石-黑云母带:以黑云母首次出现为标志,分布于五台山区九枝树以西的鸿门岩、大草坪、李家庄、岩头、化咀一带,呈"之"字形展布,包括五台岩群鸿门岩岩组、柏枝岩岩组及区内高凡亚岩群,与地质界线大致平行,九枝树一带与铁铝榴石带以韧性剪切带分界。该带由于泥质岩石较少,且黑云母分布零乱,时现时灭,使黑云母带和绿泥石带难以分开,故合并为绿泥石-黑云母带。常见的变质岩石有黑云石英片岩、绿泥阳起片岩、石英岩、铁英岩等。典型的矿物组合:变质泥岩中为 $Chl+Chd+Ms+Pl+Q$、$Chl+Bi+Q+Ms$;变质基性岩中为 $Chl+Ep+Pl+Bi+Q$、$Chl+Act+Pl+Ms+Cc$,黑硬绿泥石+$Chl+Mt+Q+Cc$、$Chl+Ep+Bi+Pl+Q$。

绢云母-绿泥带:分布于五台山西部辛庄一带的五台岩群柏枝岩组中。以出现绿泥石、绢云母、钠长石为标志。主要岩石类型有绢云绿泥片岩、绿泥片岩、绢云石英片岩、绿泥钠长片岩、铁英岩等。典型的矿物组合为 $Chl+Ser+Ab+Q$、$Chl+Chd+Ser$。

其反应为:

$Ms+Chl=Bi+MgChl+Q+H_2O$

$SiMs+Chl=Ms+Bi+Q+H_2O$

黑云母带与石榴子石带之间可能存在的临界反应为:

$Chd+Bi=Alm+Chl$

$Chd+Chl+Q=Alm+H_2O$

$Chl+Ms+Q=Alm+Bi+H_2O$

后者已知的实验条件为 $0.4GPa$,$500℃$ 及 $0.5GPa$,$600℃$(希尔施贝格和温克勒,1968)。

(6)时代讨论。五台岩群的底界年龄:1984 年刘敦一将五台岩群的沉积时限定为 2560~2300Ma,确定底界的依据是兰芝山片麻状花岗岩体之上不整合覆盖有一套板峪口组石英岩层,用常规 U-Pb 法获得的兰芝山片麻状花岗岩的同位素年龄为 $(2560±6)Ma$,这套岩层经本次工作确认其为滹沱群谷泉山组,因而不能作为五台群岩底限年龄的论据。在五台岩群金岗库岩组中获得了 2614Ma 的 Sm-Nd 年龄(陆松年,1996),2557Ma 的 Sm-Nd 年龄(徐朝雷,1991),2599Ma 的 U-Pb 年龄(刘敦一,1984),2527Ma 和 2573Ma 单颗粒锆石 U-Pb 年龄(王凯怡,2000)。在鸿门岩岩组有 2515Ma 的 Pb-Pb 年龄(王凯怡,2000)。白瑾(1992)从五台岩群下部斜长角闪岩、斜长角闪片岩、含石榴斜长角闪岩、黑云变粒岩 9 件样品获得了 Rb-Sr、Sm-Nd 全岩等时线年龄分别为 $(2573±47)Ma$ 及 $(^{87}Sr/^{86}Sr)_0=0.7021±0.0002$,$(2599±41)Ma$,$\varepsilon_{tNd}=2.41$。同时从侵入金岗岩组的石佛片麻岩体中(硫磺厂)的片麻状花岗岩,获得单颗粒锆石的 U-Pb 年龄为 $(2607±36)Ma$。上述数据可能反映了 2600Ma 前在五台岩群有早期岩浆活动和强烈变形变质事件,在小马蹄沟片麻状黑云花岗岩中的石佛岩体中,获得残留锆石的 U-Pb 年龄为 $(2803±430)Ma$,认为五台岩群底界的沉积年龄可能等于或稍早于 2803Ma。沈保丰等(1998)通过计算金刚库岩组斜长角闪岩的 Nd 模式年龄,获得模式年龄为 3005~2717Ma,平均值为 2797Ma,近于 2800Ma。模式年龄和等时线年龄相差约 2 亿年。可能说明在 28 亿年左右,有一次壳幔分离。在小马蹄沟片麻状黑云花岗岩中的获得 Nd 模式年龄为 $(2751±14)Ma$。因此,本书认为 2800Ma 左右可能是五台岩群的底界年龄。

五台岩群的顶界年龄：王汝铮等(1992)对高凡—殷家会之间高凡亚岩群上部千枚岩作了Pb-Pb、Rb-Sr、Sm-Nd同位素分析。Pb-Pb等时年龄为(2040±107.9)Ma,Rb-Sr等时年龄为(2030.3±14.5)Ma,这一组200Ma可能与古元古代的构造热事件有关。Sm-Nd同位素分析给出两条等时线年龄,分别为(2517±32)Ma和(2714±44)Ma,并认为这两条线年龄都不能代表其成岩年龄。在高凡亚岩群中有2528Ma的单颗粒锆石U-Pb年龄(王凯怡,2000),在侵入于高凡亚岩群的变辉绿岩中取得2528Ma的单颗粒锆石U-Pb年龄(王凯怡,2000)。这些数据说明五台岩群的顶界年龄为25亿年左右。

前已述及五台岩群金岗库岩组中变质碎屑岩单颗粒锆石离子探针质谱年龄(SHRIMP)(2527±10)Ma、(2501±15)Ma(王凯怡等,2000),与五台山地区五台岩群年龄十分接近,在2533~2500Ma的年龄区间,可能大于2530Ma是一次裂解事件,即五台早期—近水平的韧性剪切。而晚于五台岩群的五台山兰芝山岩体、北台岩体、光明寺岩体、峨口岩体和王家会岩体的大量单颗粒锆石离子探针质谱年龄在2560~2510Ma之间(Wild等,1997、2002;王凯怡等,2000),略微偏大,岩体均发育良好的片麻理,呈长轴状展布,显示同碰撞特点。发育于恒山的花岗片麻岩单颗粒锆石离子探针质谱年龄(SHRIMP)在2500Ma±(Wild等,2002),本次工作测定的恒山片麻岩中长英质脉体单颗粒锆石U-Pb上交点年龄(2480±12)Ma(采自太和岭口北公路旁,土岭片麻岩中的淡色脉体)和(2416±3)Ma(采自小木沟村南,土岭片麻岩中的红色脉体),均说明2500Ma左右是一次区域构造热事件,即五台运动(晚期)——碰撞造山事件。

综上所述,五台岩群的形成年龄大致为25~28亿年。顶界年龄在25亿年左右,底界年龄有可能在28亿年。2530Ma是一次裂解事件,即五台早期近水平的韧性剪切。2500Ma左右是一次区域构造热事件,即五台运动(晚期)——碰撞造山事件。

2. 古元古代早期变质相(相系)

古元古代早期变质相主要分布于吕梁陆缘裂谷盆地及岩浆岩变质亚地带,即吕梁群低绿片岩相—角闪岩相递增变质带(包括变质酸性侵入岩)。

吕梁群具有发育完整的递增变质带,而且变质带走向与地层走向近于垂直,绿片岩相存在明显的绿泥石带、黑云母带、铁铝榴石带的地质事实,众多学者和科研单位的认识是一致的,而对角闪岩相变质带的划分,变质相系的确定,甚至变质期次却众说纷纭。归纳起来大致有3种认识：第一,南京大学(1977)基于在本区确定有蓝晶石带和蓝闪石的存在,并划分出十字石带、蓝晶石带、蓝闪石带,进而将吕梁群变质作用定为中—高压相系。最近研究发现所谓蓝闪石可能为铁韭闪石,因此,中高压变质相系的认识值得怀疑;第二,1:5万盖家庄幅(1991)因在西川河以南发现红柱石的存在,同时在工作中未见到蓝晶石,故将吕梁群角闪岩相划分为十字石带、红柱石带、夕线石带,进而确定吕梁群变质作用属低压相系;根据山西地质研究所(1993)和于津海(1997)的资料,认为西川河一带的红柱石是接触变质矿物,而且红柱石均呈假像存在,红柱石的形成早于十字石、蓝晶石和夕线石,从形态上具典型接触变质特征,而不同于区域变质形成的红柱石,另外根据蓝晶石的存在,特别是同期变质作用的低级相带(绿片岩相)广泛存在中高压相系的黑硬绿泥石,所以确定吕梁群变质作用为低压相系的观点难以置信;第三,认为吕梁群属于典型的中压相系的巴洛式递增变质带,并将角闪岩相划分为低角闪岩相十字石-蓝晶石带,高角闪岩相夕线石带,同时认为吕梁群经受古元古代早期第一阶区域变质作用(仅达到绿片岩相)和第二段区域变质作用(现存的变质相带)两个期次(于津海,1997)。

在充分研究前人资料的基础上,本书将吕梁群变质作用的递增变质带划分为低绿片岩相绿泥石(黑硬绿泥石)带、黑云母(硬绿泥石)带,高绿片岩相铁铝榴石带,低角闪岩相十字石-蓝晶石带,角闪岩相夕线石带。不同相带随着变质作用的演化及受温压条件的制约,其变质矿物的平衡共生组合具有一定的变化。由于吕梁群中的夕线石多呈毛发状、羽状形态,并不具备高角闪岩相夕线石的板柱状晶体,而毛发状、羽状的夕线石成因多与强动力作用有关,达不到高角闪岩相的变质温度。因此,将本区的夕线石带划归低角闪岩相。我们认为吕梁群变质作用早期由于埋深和巨厚地壳侧向压力而表现为低温、中高压性质,这可由岩石中大量存在中高压相系的黑硬绿泥石和岩石的强变形得到佐证。峰期由于地壳抬升、压力降低和地幔热流值升高(包括灰色片麻岩的上侵)形成降压升温中压性质的角闪岩相变质带。上述两个阶段是无间断的连续地球动力学过程,不是两个期次的问题。

现将吕梁群各变质相带的特征分述如下。

(1)绿泥石(黑硬绿泥石)带。该带分布于王家掌—泽石村以北等地,包括袁家村组、裴家庄组、近周营组及杜家沟变质酸性斑岩序列等地层单元的北部分布区。主要变质岩石类型包括变质碎屑岩、绢云千枚岩、绿泥片岩、变基性火山岩、变酸性斑岩等。典型的矿物共生组合:泥砂质沉积岩中为 Chl+Ser+Q;变质基性岩中为 Chl+Ab+Cc;变酸性斑岩中为 Ser+Pl+Kf+Q;硅铁质岩中为 Sti(黑硬绿泥石)+Chl+Mt+Q。

黑硬绿泥石的稳定上限为:

黑硬绿泥石+多硅白云母=黑云母+绿泥石+石英+H_2O

[条件为 0.1GPa,<430℃;0.4GPa,(445±10)℃;0.7GPa,(460±10)℃]

黑硬绿泥石存在,而无黑云母出现,说明变质尚未达到上述反应,即绿泥石带的温度上限应在 400~460℃以下。

(2)黑云母(硬绿泥石)带。该带以黑云母的首次出现为标志,分布在王家掌—泽石村一线绿泥石带的南东侧,包括绿泥石带所有地层地质单元的南延部分及新太古代的酸性侵入体分布区。主要岩石类型有变质碎屑岩、千枚岩、片岩、斜长角闪岩(变基性岩)和变质酸性侵入体,典型矿物共生组合:变质泥砂质岩中为 Bit+Chl+Ser+Q,Cht+Ser+Chl+Q;斜长角闪岩(变基性岩)中为 Ep+Chl+Ab+Cc、Chl+Act+Pl+Cc;变酸性岩中为 Ser+Bit+Pl+Mi+Q 等。

从绿泥石带到黑云母带是由绢云母(Ser)和绿泥石(Chl)生成黑云母的变质反应形成,在富铝的岩石中这一反应可以形成硬绿泥石。反应温度大约为 400℃(Winkler,1976)。这与前述绿泥石的上限温度是相似的,即黑云母带的开始温度大约为 400℃。

(3)铁铝榴石带。该带以变质泥质岩首次出现铁铝榴石和变质基性岩中斜长石 An>17,角闪石由阳起石种属变为铁镁质普通角闪石为标志。区域上该带分布于黑云母带南侧的前述吕梁群地层地质单元的南延部分的闹沐浴、榆树掌、神堂沟等地。主要岩石类型包括石榴白云母片岩、含榴硬绿泥石片岩、石榴角闪黑云片岩、黑云斜长石英片岩、绿帘角闪斜长片岩、斜长角闪岩及变酸性侵入岩等。典型矿物共生组合:泥质变质岩中为 Bit+Pl+Alm+Mu+Q;变质基性岩中为 Hb+Pl+Alm+Q,变质酸性侵入岩中为 Bit+Pl+Mi+Mu+Q。

黑云母与石榴石带之间可能存在的临界反应泥质为:

Chl+Mu+Q=Alm+Bit+H_2O

实验条件为 0.4GPa,500℃ 及 0.5GPa,600℃(希尔施贝格和温克勒,1968)。

根据温克勒(1976)低级变质作用相的关系图解,由黑云母带进入铁铝榴石带的标志为出现铁铝榴石+普通角闪石或 An17 斜长石+普通角闪石。基性岩中变质反应可能为阳起石+斜黝帘+绿泥石+石英=普通角闪石(500℃)。

根据上述讨论,黑云母带和铁铝榴石带分界的变质温度为 500℃左右。

(4)十字石-蓝晶石带。该带分布于赤坚岭—赤红、正王背—尖山北坡以及峪口—牛尾庄等地,以十字石、蓝晶石出现为标志。主要岩石类型有十字石榴二云片岩、蓝晶石白云母片岩、斜长角闪岩、铁英岩、花岗质片麻岩等。典型的矿物共生组合:泥质岩中为 St+Alm+Bit+Mu+Q、Ky+Mu+Q、Alm+Pl+Bit+Mu+Q;变基性岩中为 Pl+Hb+Alm+Q,花岗质片麻岩中为 Hb+Bit+Pl+Kf+Q;硅铁质岩中为 Cum+Par+Mt+Q。

十字石的出现被视为进入角闪岩相的标志,根据本区的矿物共生组合,由铁铝榴石带进入十字石的临界反应有两种情况。

其一:Cdt+Mu+Q=St+Bit+Mt+H_2O

实验条件为 $p_{H_2O}=0.4\sim0.8\text{GPa}$, $t=(545\pm20)℃$（甘古利，1969）。

其二：$Chl+Mu=St+Bit+Q+H_2O$

实验条件为 $p_{H_2O}=0.4\text{GPa}$, $t=(540\pm15)℃$；$p_{H_2O}=0.7\text{GPa}$, $t=(565\pm15)℃$（霍斯丘克，1969）。

对于十字石被分解和蓝晶石、夕线石形成的反应为：

$St+Mu+Q=Ky/Sill+Bit+H_2O$

实验条件为 $p_{H_2O}=0.55\text{GPa}$, $t=(675\pm15)℃$；$p_{H_2O}=0.2\text{GPa}$, $t=(575\pm15)℃$（霍斯丘克，1969）。

由上述反应可知，从铁铝榴石带结束到十字石开始出现，变质温度在540~565℃之间。该带的最高变质温度根据蓝晶石的出现和夕线石的形态来看，不会超过650~670℃。

(5)夕线石带。该带见于西川河以南，以毛发状、羽状和少有的竹节状夕线石出现为标志。该带中常见的岩石类型有含夕线石榴二云片岩、石榴石二云片岩、石榴石黑云母片岩、十字石榴白云母片岩、斜长角闪岩等。典型的矿物共生组合：$Sill+Alm+Mu+Bit+Pl+Q$、$Pl+Hb+Alm\pm Q$。

(6)时代讨论。吕梁群的时代争议较大，它与界河口岩群互不接触，在岚县岚城镇北东、宗家沟北西及杨家峪南均可见到它被古元古界岚河群角度不整合覆盖，前人（徐朝雷等，1990）根据上述接触关系并结合它与五台山区的五台岩群在岩性组合上具有一定的相似性，从而认为其时代为新太古代晚期。吕梁群的同位素年龄值较少，张其春（1988）在近周营组变基性火山岩中获得Sm-Nd全岩等时线年龄为$(2469\pm150)\text{Ma}$，可能反映了吕梁群的成生年龄，因此将吕梁群划归古元古代。于津海等（1997）用单颗粒锆石对近周营组变质玄武岩和杜家沟变质流纹岩进行年代学研究，并根据吕梁群的火山岩具双峰式特点，形成于大陆裂谷环境，它们应同时形成，因此，把两件样品的6个锆石点投影到同一个曲线图上，获得了$(2097\pm29)\text{Ma}$的年龄值，并认为张其春等获得的Sm-Nd全岩等时线年龄值为一种混合平均年龄，不能代表其岩石的形成年龄。耿元生（2000）在测区南部娄烦县盖家庄乡京家岔村东近周营组的黑云变粒岩中测得了锆石U-Pb年龄值为$(2360\pm95)\text{Ma}$。侵入于吕梁群，被岚河群不整合覆盖的盖家庄花岗质片麻岩在1：25万岢岚县幅调查时测得其单颗粒锆石年龄为$(2214\pm11)\text{Ma}$。本书将$(2360\pm95)\text{Ma}$作为吕梁群的形成年龄，$(2214\pm11)\text{Ma}$可能为其变质年龄。

综合上述，目前已获得的年代学数据和其物质建造与五台区的五台岩群存在着一定的差别[五台岩群的变质铁矿类型以阿尔戈马型为主，而吕梁群中铁矿类型以苏必利尔型为主（沈保丰，2005）]，将吕梁群的时代确定为古元古代。

3. 古元古代晚期变质相(相系)

(1)低角闪岩相十字石-蓝晶石带。该带分布于太行山中北段上社—御枣口一带滹沱系七东山组中，以十字石、蓝晶石共生组合为特征变质岩石类型有二云石英片岩、变粒岩、片麻岩、斜长角闪岩、铁英岩等。矿物共生组合：$St+Alm+Ky+Ms+Bi+Pl+Q$、$Alm+Ky+Bi+Pl+Q$、$Alm+Hb+Pl$、$Hb+Mt+Q$。形成该带矿物组合的变质反应为：

$Ch+Ms=St+Bi+Q+H_2O$

$(p_{H_2O}=0.4\sim0.7\text{GPa}; t=540\sim565\pm15℃;$ 霍斯契克，1969)

$St+Ms+Q=Ky/Sill+Alm+Bi+H_2O$ 或 $St+Ms+Q=Ky/Sill+Bi+H_2O$

$(p_{H_2O}=0.2\sim0.55\text{GPa}; t=575\sim675\pm15℃;$ 霍斯契克，1969)。

(2)高绿片岩相铁铝榴石带。该带分布于太行山中北段七东山以西和五台山南缘白云寺—石咀一带的滹沱系中及吕梁山区刘家圪台以南野鸡山群中，以出现铁铝榴石及变质基性岩中阳起石种属变为铁镁质普通角闪石，斜长石牌号增大，出现An>17的更长石，普通角闪石和An>17的斜长石的出现为标志。变质岩石类型有变粒岩、片岩、斜长角闪岩、角闪大理岩等。矿物组合：$Hb+Pl(An>17)+Q$、$Alm+Bi+Pl+Q$、$Bi+Ms+Pl+Q$、$Alm+Hb+Pl$、$Hb+Pl(An>17)+Ep+Q\pm Bit$、$Cc+Hb\pm Di$等。

(3)低绿片岩相绿泥石-绢云母带。该带主要分布于五台山南缘大部分滹沱系出露区及吕梁山区芦草沟—程道沟一带，乱石村—宝塔山一带及凤子山、黑茶山等地的岚河群、野鸡山群、黑茶山群分布区。

典型的矿物共生组合:变质泥质-长英岩中为 Ser+Chl+Ab+Q、Ser+Chl+Ab+Mi+Q、Bit+Ser+Chl+Q、Cht+Chl+Ser+Q、Bit+Ser+Chl+Ep+Ab+Q;变质基性岩(斜长角闪岩)中为 Act+Chl+Ab+Cc、Chl+Ab+Q、Chl+Act+Pl+Ser+Q、钙质岩中为 Cc+Dol+Q、Cc+Bit+Q 等。变质岩石类型有变质砾岩、变质砂岩、浅粒岩、石英岩、大理岩、板岩、千枚岩、变质基性岩等。

(4)亚绿片岩相。该岩相主要为分布于吕梁山区关帝山序列、芦芽山序列、大端地序列的中酸性—酸性侵入岩和五台山区平型关、大洼梁变质花岗岩。

岩石不具岩石变形特征,呈块状构造,原生结构构造明显。仅在岩石薄片中见有黑云母边缘有退变的绿泥石。

(5)时代讨论。滹沱群地质研究至今已有百余年的历史,积累了大量的同位素年龄数据。综观这些数据,运用的测试方法较多,年龄数值差别较大,近几年来运用锆石 U-Pb 法取得了较为可信的结果。取自铁堡和口泉村谷泉山组石英岩中单颗粒碎屑锆石 U-Pb 年龄为(2510 ± 36)Ma 和(2486 ± 14)Ma(王凯怡,2000);在定襄河边河边村组变质基性火山岩中获得 Sm-Nd 全岩等时线年龄为(2322 ± 31)Ma,常规锆石 U-Pb 年龄为(2358 ± 96)Ma(白瑾,1992),二者比较接近,基本上反映了变质基性火山岩形成年龄;在刘定寺青石村组变质玄武岩中单颗粒锆石 U-Pb 年龄为(2366 ± 103)Ma(伍家善,1986)和(2358 ± 8)Ma(王汝铮,1992),获得 Sm-Nd 全岩等时线年龄为(2369 ± 30)Ma。同时区内侵入于滹沱群的花岗岩体同位素年龄大都集中在 2200~1800Ma 之间,1:25 万忻州市幅地质调查在定襄县向阳村北侵入滹沱群地层的凤凰山岩体中取得的锆石 U-Pb 同位素年龄为(1759 ± 12)Ma,这一年龄应为吕梁运动变质作用和岩浆活动的反映,因此滹沱群上限年龄应大于 1759Ma。据此认为滹沱群下限为 2350Ma,上限为 1800Ma。

吕梁山区前寒武纪地层研究开展较晚,地质研究程度相对较低,岚河群与黑茶山群目前尚无同位素年龄值,仅有耿元生等在岚县坪上村西北的野鸡山群白龙山组中所取样品测得的年龄值为(2124 ± 38)Ma,代表白龙山组火山岩的形成时代,所以将野鸡山群划归古元古代。因岚河群、黑茶山群变质程度与野鸡山群相当,三者在形成时代上具可对比性,所以将三者均划归古元古界。考虑到芦芽山岩体同位素 U-Pb 年龄值为(1841 ± 47)Ma(耿元生,2000),侵入于野鸡山群青杨树湾组长石石英岩中的大端地序列的芦草沟岩体,单元单颗粒锆石年龄为(1739 ± 20)Ma。认为(2124 ± 38)Ma 可作为岚河群、黑茶山群、野鸡山群的形成年龄,(1841 ± 47)~(1739 ± 20)Ma 作为其变质年龄。

3.4.3.3 阜平-赞皇-中条陆块变质区的变质相(相系)及变质时代

本区的区域变质作用明显可辨认出 3 期。新太古代变质程度为高角闪岩相—低角闪岩相;古元古代早期基本上属于角闪岩相—绿片岩相,晚期属于低角闪岩相—低绿片岩相。

1. 新太古代变质相(相系)

1)高角闪岩相

(1)夕线石+钾长石带。分布于太行山北段阜平岩群(包含有宋家口岩组、南营岩组、团泊口岩组、榆林坪岩组)、坊里、龙泉关 TTG 组合分布区,太行山南段的赞皇岩群、上八里片麻岩出露区、霍山区霍山表壳岩、正南沟片麻岩、黄梁片麻岩分布区,中条山区西姚片麻岩、寨子片麻岩、柴家窑表壳岩分布区。以泥质岩中出现夕线石+钾长石、刚玉+钾长石,基性岩中出现透辉石+方柱石+石榴石组合,硅铁质岩中出现角闪石+透辉石组合,钙质岩中出现镁橄榄石+方柱石+透辉石+钙铝榴石组合为特征。主要变质岩石类型有含夕线石石英球二长片麻岩、透辉石榴方柱石斜长角闪岩、变粒岩、透辉铁英岩、橄榄透辉大理岩等,包含有宋家口岩组、南营岩组、团泊口岩组、榆林坪岩组。典型的矿物组合:基性变质岩中为 Pl+Hb±Bi±Q、Pl+Hb+Di+Bi±Q、Pl+Hb+Alm±Bi±Q、Pl+Hb+Di+Alm±Bi±Q;泥质变质岩中为 Pl±Q+Kf+Alm+Di+Hb+Bi、Sill+Kf+Bi+Cor+Pl+Q、Alm+Bi+Pl+Sill+Q;钙质变质岩中为 Di+Cc+Col、Fo+Di+Scp+Cc、Fo+Ph+Cc+Gro、Di+Fo+Cc；硅铁质变质岩中为 Di+Hb+Mt+Q、Di+Alm+Mt+Q。

形成该变质相的变质反应为[温克勒(1975)]：

1Di+3Col=2Fo+4Cc+2CO_2、3Di+5Cc=2Fo+11Di+5CO_2+3H_2O

(反应条件：$t=700℃$，$p=0.9GPa$)

另据埃万斯(1965)有：

Ms=Cor+Kf+H_2O

($t=700\sim720℃$，$p=0.6\sim1.0GPa$)

Ms+Q=Kf+Sill+H_2O

(Sill+Kf 组合形成的温度大于 690℃，压力为 $0.4\sim0.9GPa$)

(2)角闪石-斜长石带。该带分布于磨儿圪塔、侯家圪塔以北东头坡—横岭底以南的北峪片麻岩、东沟片麻岩及其间的冷口岩组包体的出露范围，以及该类片麻岩在测区内零星分布区内。矿物共生组合角闪石和斜长石共生，变质程度明显高于北部的该类片麻岩内冷口岩组包体，结合前人的研究成果将它划归为高角闪岩相角闪石-斜长石带。矿物共生组合：Hb+Alm+Pl+Q、Hb+Pl+Q。

2）低角闪岩相

该岩相分布于中条山区东头坡、年家坡以北地区的变质超基性岩—基性岩和二长花岗质片麻岩中，太行山北段蔡树庄-车轮二长质片麻岩分布区，太行山南段、霍山区变质基性—超基性侵入岩和二长片麻岩分布区。矿物共生组合角闪石和钠长石共生，变质程度明显低于中南部的各类片麻岩及其包体，根据野外调查和赵风清(2006)资料，将它归为低角闪岩相角闪石-钠长石带。矿物共生组合：Hb+Ab+Q。

3）时代讨论

阜平岩群已取得同位素测年数据有：取自南邻阜平大柳树南营岩组的斜长角闪岩、角闪二辉麻粒岩Sm-Nd 等时线年龄(2790±171)Ma(张宗清，1991)；取自榆林坪岩组中的单颗粒锆石离子探针质谱年龄有 3 组数据，分别为(2763±10)Ma、(2660±7)Ma、(2534±10)Ma(王凯怡，2000)。结合阜平地区取得阜平岩群的年龄数据，推断(2790±171)Ma 为阜平岩群的物源区年龄，2660Ma 为其形成年龄，2534Ma 可能反映了后期的变质重熔事件年龄。

柴家窑表壳岩被西姚片麻岩、寨子片麻岩侵入，表明其形成应早于该片麻岩。而西姚片麻岩同位素年龄为(2507±26)Ma、(2618±26)Ma，寨子片麻岩常规锆石 U-Pb 法年龄值为(2532±32)Ma。1：25 万侯马幅取自西姚片麻岩的常规锆石 U-Pb 法年龄值为(2470±47)Ma，其年龄值偏小可能是后期热构造事件影响的结果。

Kroner 等(1989)采用单颗粒锆石 Pb 蒸发法测定了采自冷口变质英安质凝灰岩中的自型锆石，根据获得的 153 个 $^{207}Pb/^{206}Pb$ 比值，求得的 $^{207}Pb/^{206}Pb$ 平均年龄为(2521±3)Ma；赵风清等(1990)使用全岩 Sm-Nd 等时线、全岩 Rb-Sr 等时线以及单颗粒锆石 U-Pb 法对冷口变质火山岩时代进行研究，获得的 8 个火山岩样品的 Sm-Nd 等时线年龄为(2497±51)Ma。使用同样样品进行全岩 Rb-Sr 等时线测定，获得年龄为(2440±43)Ma；赵风清与李惠民(2006)采用单颗粒锆石 U-Pb 法和 SHRIMP 测年方法对英安质凝灰岩开展测年研究，获得的 $^{207}Pb/^{206}Pb$ 加权平均年龄分别为(2360±62)Ma(2σ)和(2333±5)Ma(2σ)。

综上所述，(2618±26)~(2521±3)Ma 的年龄值可能为柴家窑表壳岩、冷口表壳岩、西姚片麻岩、寨子片麻岩的形成年龄，(2507±26)~(2440±43)Ma 的年龄值应为本期变质年龄，此外，七峪变质基性侵入岩已获得常规锆石 U-Pb 法年龄值为(2537±67)Ma，可能为形成年龄。东沟片麻岩已获得常规锆石 U-Pb 法年龄值为(2480±45)Ma；北峪片麻岩已获得单颗粒锆石 U-Pb 法年龄值为(2405±22)Ma(2σ)(赵风清，2006)；横岭关片麻岩获得常规锆石 U-Pb 法年龄值为(2488±33)Ma。(2488±33)~(2480±45)Ma 为该期片麻岩的结晶年龄，均在 2500Ma 左右，也说明这一变质构造事件的存在。

(2360±62)Ma(2σ)和(2333±5)Ma(2σ)反映古元古代早期的岩浆热事件。

2. 古元古代早期变质相(相系)

古元古代早期变质相分布于中条山区横岭关—铜矿峪一带，以及上玉坡-胡家峪短轴背斜核部的一部分，以变质泥质岩中标志矿物的首次出现为依据，按空间位置的展布，将绛县群由西向东划分为蓝晶石带、黑云母带、十字石带、石榴石带和黑云母-绿泥石带。

1)低角闪岩相

(1)蓝晶石带：沿小沟、韩家沟、关上街、寺沟一线呈北东-南西向展布，该变质带西侧以断层与涑水表壳岩高角闪岩相邻，东侧为黑云母带，为狭窄的变质带。变质岩石组合主要为绛县群横岭关亚群平头岭组的白云母石英片岩、石榴白云母片岩、石英岩等。主要矿物共生组合：Alm+St+Bit+Ky+Ms+Q、Alm+Bit+Ms+St+Q+Pl、Ky+Bit+Ms+Q。

(2)十字石带：分布于黑云母带东侧，沿新庄、横岭关、东坡、上天井至上阳一线，主要变质岩组合为绛县群横岭关亚群铜凹组一至四段的白云母石英片岩、二云母片岩、十字石石榴白云母片岩、含碳质白云片岩等。主要矿物共生组合：Alm+Bit+St+Ms+Q、Alm+St+Ms+Q、Ms+Q±Bit±C。

2)高绿片岩相

石榴石带：分布于十字石东侧的道士窑、宝滩、园谷炉顶一带，主要变质岩石组合为绛县群横岭关亚群铜凹组四段与铜矿峪亚群的后山村组、园头山组以及分布于上玉坡-胡家峪短轴背斜核部的铜矿峪亚群的竖井沟组、西井沟组的白云母石英片岩、石英岩、绢英片岩、绢英岩、方柱黑云角闪片岩、黑云片岩、变质流纹岩等。主要矿物共生组合：Alm+Bit+Ms(Ser)+Q、Alm+Cht+Ms(Ser)+Q、Scp+Bit+Hb+Q。

3)低绿片岩相

(1)黑云母带：分布于蓝晶石带东侧，沿楼房底、横岭庄、东坡一线展布，主要变质岩组合为白(绢)云石英片岩、二云母片岩、含碳质白云片岩等。主要矿物共生组合：Bit+Ms+Q±Pl、Ms+Q+C。

(2)黑云母-绿泥石带：分布于石榴石带东侧，主要地层单元为绛县群铜矿峪亚群竖井沟、西井沟组、骆驼峰组，主要变质岩组合为绿泥黑云片岩、方柱黑云片岩、变质流纹岩、变流纹凝灰岩、绢英片岩、石英岩等。主要矿物共生组合：Cht+Chl+Ser+Q、Bit+Chl+Ser+Q。

4)时代讨论

对绛县群变质火山岩的年代学研究已经尝试性使用各种测年方法，一种观点根据测年结果认为铜矿峪组火山岩的时代为2200～2100Ma(孙大中等，1991，1993)，另一些学者根据测年结果中存在太古代年龄信息，将其时代划归为新太古代(徐朝雷，1993；白瑾等，1997)。而最近赵风清等(2006)从获得的SHRIMP测年数据中发现，绛县群变质火山岩的锆石是比较复杂的，反映在获得的锆石年龄信息上，存在多组年龄信息，因此制约铜矿峪组火山岩成岩年龄解释的症结不是年代数据的解读，而是对锆石成因矿物学研究。鉴于此，他又重新采集样品，并分别对不同类型锆石开展SHRIMP微区测年研究，最终由9颗锆石SHRIMP测年，获得的$^{207}Pb/^{206}Pb$加权平均年龄为$(2273.4±13.7)Ma(1\sigma)$，应为绛县群变质火山岩的结晶年龄。故将其时代定为古元古代早期。

3. 古元古代中期变质相(相系)

古元古代中期变质相分布于中条山区涑水杂岩高角闪岩相东侧的上玉坡-胡家峪短轴背斜构造的东西两翼及南北两端的延伸部分。根据变质泥质岩中标志矿物的首次出现为依据，将中条群划分为十字石带、石榴石带、黑云母带3个变质带。

1)低角闪岩相

十字石带：分布于上玉坡-胡家峪短轴背斜北端的闫家池一带之南的中条群篦子沟组地层分布区及架桑西簸箕圪塔之南的中条群陈家山组地层分布区，主要变质岩组合为二云片岩、绢云片岩、十字石榴绢云片岩、石榴二云片岩、石英岩夹大理岩等。主要矿物共生组合：St+Bit+Ms+Pl+Q、St+Alm+

Bit+Ms+Pl+Q、Bit+Ms+Q+Pl±Ky。

石榴石带：分布于上玉坡-胡家峪短轴背斜东西两翼及南端的中条群余元下组、余家山组和铜矿峪东北端中条群篦子沟组变质地层分布区。主要变质岩石组合为(方柱石)白云石大理岩、碳质绢云片岩、二云片岩、含榴绢云片岩、石英岩等。主要矿物共生组合：Alm+Bit+Ms+Q、Alm+Bit+Ms+Pl+Q、Alm+Bi±Chl、Cc+Bit±Scp。

2）低绿片岩相

黑云母带：分布于上玉坡-胡家峪短轴背斜东西两翼及南端的中条群界牌梁组、龙峪组、温峪组、武家坪组以及铜矿峪东北一带的中条群龙峪组、余家山组变质地层分布区。主要变质岩石组合为变质砾岩、大理岩、钙质绢英片岩、绢云石英片岩、石英岩等。主要矿物共生组合：Ser+Ab+Q±Chl、Bit+Ms+Q±Pl±Chl、Cc+Q±Tr+Scp。

宋家山群低绿片岩相分布于"同善天窗"西部和下庄、梁王脚一带的宋家山群中，主要变质岩组合为绢云母片岩、绢云斜长石英片岩、长石石英岩、大理岩、变质基性火山岩等。主要矿物共生组合：Pl+Bit+Chl+Q、Pl+Bit+Ser+Q、Cc+Tr、Ab+Tr+Chl。

甘陶河群从其变质岩石的矿物共生组合来看，在变质玄武岩中常见有次生的绿帘石和绿泥石；而变质砂泥质岩石仅变质成为千枚状绢云片岩、板岩及含绢云长石石英砂岩等，且出现较多的变质矿物多为绿泥石和绢云母，故可认定其变质程度仅应属低绿片岩相。由于缺乏测试资料，故目前尚难判断其具体的形成温压条件。

3）变质时代讨论

中条群在区域上以角度不整合覆盖于绛县群之上，赵风清等(2006)在垣曲金古洞篦子沟组底部含磁铁矿的变质火山岩取样，使用全岩 Rb-Sr 等时线方法测年，获得的年龄为(2088 ± 58)Ma(2σ)(9个岩石样品)，其中5个全岩样品 Sm-Nd 等时线年龄为(2216 ± 39)Ma(2σ)。使用单颗粒锆石 Pb 蒸发法共测定360组^{207}Pb/^{206}Pb 比值，获得的年龄为(2104 ± 5)Ma(1σ)，采用同一样品锆石进行单颗粒锆石 U-Pb 法测定，获得的4颗锆石^{207}Pb/^{206}Pb 加权平均年龄为(2059 ± 5)Ma(2σ)。从统计角度看，2059Ma 应代表中条群火山岩的形成时代，即古元古代。

甘陶河群的形成时代，根据其与下伏许亭变斑状花岗岩之间存在着明显的侵蚀间断，同时又具轻微变质来看，U-Pb 年龄$1859\sim1740$Ma。其形成时代应属古元古代晚期。

4. 低—亚绿片岩相

担山石群低—亚绿片岩相(绿泥石-绢云母带)分布于测区内西峰山—白虎山—桑加—北上坪一带的担山石群。其原岩主要为各种碎屑沉积岩，常见的变质岩石为变质砾岩、变质砂岩和千糜状绢英岩。变质矿物粒度普遍细小，绢云母大量出现。在变质碎屑岩中，保留有较多的原岩沉积的结构和构造。常见矿物组合：Ser+Chl+Q。

不整合在担山石群之上的西阳河群安山岩中单颗粒锆石离子质谱法年龄 1840Ma，担山石群形成时代应大于 1840Ma。

5. 绛县期、中条期变质作用的温压条件

(1)绛县群、中条群低角闪岩相十字石-蓝晶石带温压条件。绛县群、中条群较高级的低角闪岩相变质岩中以出现十字石为特征，但从未见夕线石+钾长石矿物组合和混合岩化现象，所以绛县群、中条群的十字石带或十字石-蓝晶石带最高温度为$620\sim660$℃，该带的最低温度为560℃左右。由上所述，绛县群、中条群变质地层的十字石带或十字石-蓝晶石带的变质温度应为$560\sim640$℃。利用石榴石-黑云母矿物对温压计算，变质温度为$507\sim588$℃，平均556℃。

据 Hoschk(1969)，形成十字石的反应为：

白云母＋绿泥石＝十字石＋黑云母＋石英＋H_2O

$(0.4GPa,540\pm15℃;0.7GPa,650\pm15℃)$

(2) 县群、中条群高绿片岩相石榴石带温压条件。绛县群、中条群的高绿片岩石榴石带以变质泥岩中出现铁铝榴石和变质基性岩中出现角闪石和 An>17 的斜长石开始,以出现十字石结束,所以该带的变质温度范围为 500～560℃。石榴石-黑云母矿物对温压计算,变质温度为 454～551℃,平均 511℃,斜长石-角闪石矿物对温压计算结果为 508℃。

(3) 绛县群、中条群、宋家山群低绿片岩相黑云母-绿泥石带温压条件。绛县群、宋家山群的黑云母-绿泥石带及黑云母带以出现黑云母开始,以出现铁铝榴石结束,由于测区中低级变质岩石中常有硬绿泥石出现,并出现硬绿泥石为石榴石变斑晶中的残留包体,Hoschk(1969)、Gungwy(1969)等研究认为,富铁硬绿泥石按照下列反应形成于绿片岩相刚开始的区域变质岩中:

叶蜡石+铁绿泥石=硬绿泥石+H_2O+O_2↑

据温克勒(1976)资料,硬水铝石脱水反映的平衡温度为 375～400℃。综上所述,绛县群、宋家山群、中条群低绿片岩相黑云母或黑云母绿泥石带的温度范围在 400～500℃。利用 5 个角闪石-斜长石矿物对温压计算,变质温度为 450～480℃,两个二长石矿物对温压计算结果为 425～449℃。

(4) 担山石群亚绿片岩绿泥石-绢云母带温压条件。担山石群的变质条件与前述低绿片岩相的温度条件相当或略低。

3.4.4 变质作用、构造环境及其演化

根据变质作用类型的不同,山西省的变质作用可分为区域变质作用、混合岩化作用、动力变质作用、接触变质作用四大类。

3.4.4.1 区域变质作用、构造环境及其演化

区域变质作用是内最常见的变质作用,广泛发育在前寒武纪结晶基底,具有一定的区域性。

1. 大同-恒山古弧盆系变质区

本区的区域变质作用明显可辨认出 3 期。新太古代早期变质程度为麻粒岩相—高角闪岩相,新太古代晚期属于麻粒岩相—高角闪岩相,古元古代属于低角闪岩相—亚绿片岩相。

1) 新太古代早期集宁岩群、阳高表壳岩、董庄表壳岩和葛胡窑、土岭片麻岩套

(1) 集宁岩群。分布于大同市古店镇北西、右玉县威远镇和平鲁区下水头一带,该群由 3 个岩组组成,底部为右所堡岩组,岩性为大理岩夹变质基性火山岩;中部为黄土窑岩组,岩性为石榴石英岩、石英片岩、石墨片岩夹大理岩、夕线透辉变粒岩、石墨黑云硅线石榴钾长片麻岩;上部为沙渠村岩组,岩性为石榴夕线浅粒岩、石英岩、石榴夕线黑云钾长片麻岩夹大理岩。变质程度达麻粒岩相,其原岩为碎屑岩-碳酸盐岩-基性火山岩建造。集宁岩群的总体形成环境类似于弧后盆地陆缘浅水环境。早期地壳活动性相对较强,碎屑岩类沉积堆积速度较快,成熟度较差,并伴有张裂性质的中基性火山岩活动,中晚期处于非常稳定的广阔浅海甚至半封闭海湾环境,形成碳酸盐岩台地沉积和富铝的泥质沉积岩(形成本区的孔兹岩系)。

(2) 阳高表壳岩。岩性为磁铁石英岩、斜长二辉麻粒岩、紫苏角闪岩、角闪二辉石岩等,呈包体、构造透镜体顺围岩片麻理方向断续展布于葛胡窑片麻岩中,变质程度达麻粒岩相,属变质基性火山岩-磁铁石英岩组合,形成环境类似于弧后盆地。

(3) 董庄表壳岩。董庄表壳岩主要以构造片体残存于恒山东部乔沟、林场、寺注等地片麻岩穹隆近核部,此外尚见呈透镜状、椭圆状的包体形态往往呈带状分布于土岭片麻岩中。主要岩石类型有含榴黑

云斜长片麻岩、条带状角闪变粒岩、石榴黑云变粒岩、石榴斜长二辉石岩、斜长角闪岩、二辉铁英岩。变质程度达麻粒岩相，属强烈活动的构造环境下形成的镁铁质火山岩-杂砂岩组合。由于遭受强烈的变质构造分异作用、深熔作用改造，浅色长英质条带发育，褶皱形态复杂多样，与恒山灰色片麻岩间往往无明显的分界线。斜长角闪岩、石榴斜长二辉石岩及二辉铁英岩等被拉断呈包体状断续分布，变粒岩则横向上常渐变为条带状片麻岩，其层序难以恢复。形成环境类似于弧后盆地。

(4) 葛胡窑、土岭片麻岩套。葛胡窑、土岭片麻岩套主要岩性为二辉斜长麻粒岩、黑云紫苏斜长片麻岩、黑云角闪二辉斜长片麻岩、含紫苏黑云斜长片麻岩、石榴紫苏黑云斜长片麻岩等，原岩以石英闪长岩-英云闪长岩为主，少量为奥长花岗岩和花岗闪长岩，既具有太古宙 TTG 岩石组合的地化特征，又具有埃达克岩的地化特征，无论从其岩石组合特征来看还是从其地球化学特征来看，均显示出岛弧岩浆岩的特征，另外，其具有埃达克岩的特征，也常被作为鉴别消减带的一项岩浆岩标志(Bourdon et al.，2003)。

邓晋福(2010)在基于实验岩石学成果的基础上，提出与洋俯冲有关的两类典型火成岩类：楔形地幔在含水条件下橄榄岩局部熔融产生的高镁安山岩/闪长岩类(HMA)和俯冲洋壳局部熔融岩浆与地幔楔相互作用产生的镁安山岩/闪长岩类(MA)，并指出 HMA 和 MA 并不是某一种具体的岩石，实际上相当于岩石系列的名称，提出了其识别方法。葛胡窑、土岭片麻岩新太古代片麻岩的样点均显示了 MA 的特征，说明它可能形成于与洋俯冲有关的构造环境中。

2) 新太古代晚期上深井、于家窑变质深成侵入岩

上深井黑云斜长片麻岩：分布于大同县北东—阳高县南东的基岩山区，可见它侵入于葛胡窑片麻岩中，并含葛胡窑片麻岩的捕虏体，该片麻岩被于家窑黑云二长片麻岩侵入。该片麻岩中多见变质基性岩脉体呈透镜状成群分布。其主要岩性为灰白色黑云角闪斜长片麻岩，其暗色矿物以角闪石为主，次为黑云母，基本不含辉石，具中细粒变晶结构，总体上条带状构造、片麻状构造极为发育，发育紧闭小型褶皱，仅局部具弱片麻状构造，经历了麻粒岩相条件下的变形变质作用。

于家窑黑云二长片麻岩：分布于大同古店、阳高县于家窑一带，侵入于上深井黑云斜长片麻岩中，从而使上深井黑云斜长片麻岩中发育有大量肉红色条带。该片麻岩中同样含有大量成群分布的变质基性岩脉体群，多呈透镜状分布。其岩石外貌具特征的肉红色，中粒花岗变晶结构，片麻状构造发育。岩石暗色矿物以角闪石为主，黑云母次之。据其岩石化学成分，其原岩与花岗岩类相当，经历了麻粒岩相条件下的变形变质作用。

上述两个片麻岩体共同组成了桑干新太古代片麻岩带，其夹持于北部大同-阳高麻粒岩带与南部恒山片麻岩带之间，从构造位置上反映它可能形成于碰撞构造环境中。

结合其地球化学特征分析，上深井、于家窑变质深成侵入岩形成于与俯冲有关的火山弧构造环境中，从早到晚由钙碱性系列向高钾钙碱性系列演化反映由俯冲向碰撞环境转换的可能，或者说从早到晚有可能从火山弧向陆缘弧演化的趋势。

3) 大同-恒山古弧盆系变质区地质演化

(1) 新太古代早期古陆核增生期(2700～2600Ma)。大同-恒山地区古老的表壳岩，大致形成于2700～2600Ma之间，但它们的基性火山岩、杂砂岩组合和源区的差异，反映没有一个共同的基底，可能为一些小规模原始陆核散布在更为广阔的区域内(白瑾，1993)。其中大规模的类 TTG 质岩浆活动(葛胡窑片麻岩、义合片麻岩、紫苏花岗岩、峨沟片麻岩、恒山地区新太古代片麻岩等)携带大量地幔超基性—基性岩的深源包体侵位，构成了早前寒武纪克拉通史上最重要的造壳期，可能是古老地壳形成、增生的反映，总体呈现出了全活动的构造机制。2600Ma 左右发生的阜平运动，产生了紧闭褶皱。由于当时地壳较薄、地热梯度较高，可能经历了多次隆起、下沉，伴随有麻粒岩相变质。

(2) 新太古代晚期五台运动阶段(2600～2500Ma)。新太古代晚期早阶段，超基性-基性侵入岩、上深井、于家窑中酸性侵入岩相继侵入，大同微地块与恒山微地块焊接在一起，发生了角闪岩相的区域低温动力变质作用。至此，本区基本形成了统一的结晶基底。

2. 五台-界河口新太古代弧盆系变质区

本区的区域变质作用明显可辨认出3期。新太古代变质程度为麻粒岩相—低绿片岩相;古元古代早期基本上属于角闪岩相—绿片岩相,晚期属于低角闪岩相—低绿片岩相。

1) 新太古代界河口岩群和盘道底、尧宽片麻岩套

(1) 界河岩群。界河口岩群包括园子坪岩组、阳坪上岩组、贺家湾岩组,岩石组合为一套含石墨大理岩、含夕线二云片岩、二云变粒岩、斜长角闪岩、石英岩等。其下部为园子坪斜长角闪岩-石英岩组合,中上部为阳坪上、贺家湾大理岩-变粒岩-片岩组合。该套岩石虽然经过高角闪岩相—麻粒岩相的变形变质作用改造,但原始沉积特征明显,原岩为基性火山岩、碎屑岩、碳酸盐岩。

园子坪岩组是界河口岩群的重要组成部分,界河口岩群的岩石组合为一套富铝的含榴夕线二云片岩、石墨大理岩、石英岩、斜长角闪岩等组合,结合其岩石地球化学特征分析,其形成环境类似于弧后盆地。

(2) 盘道底、尧宽片麻岩套。该期变质深成侵入体主要有西湾片麻岩、恶虎滩片麻岩、高家湾片麻岩、尧宽片麻岩、盘道底片麻岩及陈家庄片麻岩、山神坡片麻岩等。该套灰色片麻岩明显经历了中—深层次的高塑性环境下的变形变质改造(高角闪岩相),其岩石类型复杂,广泛发育有深熔条带。岩石普遍具粒状变晶结构,条带状、片麻状构造,并常具交代结构。岩石化学成分投图投于英云闪长岩、花岗闪长岩、奥长花岗岩区,属TTG岩石组合;综合其区域沉积组合与地球化学特征分析,其形成环境为岩浆弧环境。

2) 新太古代五台岩群和北台、义兴寨岩浆岩带

(1) 五台岩群。主要由五台岩群石咀亚岩群、台怀亚岩群及高凡亚岩群组成。石咀亚岩群主要由绿片岩相—角闪岩相的基性火山岩夹磁铁石英岩、变粒岩及富铝片岩所构成,包括角闪岩相的金岗库组、庄旺组、文溪组和绿片岩相的辛庄组、柏枝岩组,其中金岗库组、文溪组、柏枝岩组是鞍山式铁矿赋存层位。台怀亚岩群主要由绿片岩相—(低)角闪岩相的底部(不厚的)变碎屑岩、中部富变基性的火山岩及上部变酸性火山岩系组成,包括绿片岩相的芦嘴头组、鸿门岩组和(低)角闪岩相的麻子山组、老潭沟组、滑车岭组。五台岩群石咀亚岩群和台怀亚岩群大部分经历了绿片岩相—角闪岩相的变质,原岩结构、构造保留较多,可见到变余结构,常见的有变余辉绿结构、变余交织结构、变余斑状结构和变余杏仁构造等,在塔儿坪一带,柏枝岩岩组中发育典型的变形枕状构造。

五台岩群金岗库岩组下部富铝岩段反映属大陆边缘沉积环境。上部含铁岩段,由斜长角闪岩、角闪变粒岩夹条带状铁英岩组成。原岩为拉斑玄武岩,环境判别图解主要显示为类似于洋中脊的弧后盆地或洋岛拉斑玄武岩。该岩组中许多强烈变形的超基性岩,呈似层状、透镜状平行造山带成群产出,类似于玄武质科马提岩,许多学者认为这些超基性岩无论是侵入成因还是喷出成因,它形成的初始地质背景是洋壳。柏枝岩岩组/文溪岩组:由绿泥片岩、绢云绿泥片夹条带状铁英岩及少量绢英片岩或斜长角闪岩、角闪片岩、角闪变粒岩夹条带状铁英岩组成。绿泥片岩中发育有变余杏仁、枕状构造,原岩是以熔岩为主的拉斑玄武岩,形成于岛弧环境。鸿门岩岩组/老潭沟岩组,由绿泥片岩、绿泥钠长片岩及绢英片岩或斜长角闪岩、角闪片岩组成。具变余斑晶、交织网状结构和变余杏仁构造,形成于岛弧环境。芦咀头岩组,由绢英片岩、绢云长石片岩、浅粒岩组成,具变余斑晶、熔蚀结构和流动构造,原岩为一套流纹岩,属钙碱性火山岩系列。据上所述,结合火山岩微量、稀土配分型式、构造环境判别图解,认为五台岩群石咀亚岩群、台怀亚岩群主体形成于岛弧环境。

高凡亚岩群角度不整合于石咀亚岩群、台怀亚岩群和北台片麻岩之上,被滹沱群不整合覆盖。由石英岩、变余粉砂岩、千枚岩、黑色板岩和其上的绿泥片岩组成的复理石建造,具鲍马序列特征,以较高的$\Sigma REE(202.18 \times 10^{-6})$、铕负异常$(Eu/Eu* = 0.6)$和$LREE/HREE = 7.31$为特征,指示蚀源区大面积花岗岩的存在,属浊流沉积,为碰撞后裂谷环境。

(2) 北台、义兴寨岩浆岩带。主要有义兴寨片麻岩、石佛片麻岩、北台片麻岩光明寺片麻岩等,主要

岩性有角闪斜长片麻岩、角闪黑云斜长片麻岩、黑云斜长片麻岩、黑云绿泥斜长片麻岩，具中粗粒花岗变晶结构，以片麻状构造为主。北台片麻岩、光明寺岩体，岩体内部含大量斜长角闪岩、绿泥片岩夹铁英岩的捕虏体。其原岩为英云闪长岩和奥长花岗岩，属TTG岩石组合；综合区域沉积组合和其地球化学特征，其形成环境应为岛弧花岗岩、大陆弧花岗岩。

（3）峨口、王家会片麻状花岗岩带。主要有峨口片麻岩，王家会片麻岩、兰芝山片麻岩、蔡树庄片麻岩、岗南片麻岩及青崖、车轮变质花岗岩。其原岩为花岗岩-二长花岗岩-正长花岗岩组合（GMS），经构造环境判别认为其形成于后碰撞构造环境。

3）五台-界河口新太古代弧盆系变质区地质演化

（1）新太古代五台运动阶段（古陆核增生阶段2650～2600Ma）。横切阜平—五台山—恒山地区的区域重力场和磁场特征均显示为五台山花岗绿岩带形成于一个活动构造盆地中，总体为一北东东向平稳的负磁场和重力低值区，斜置于华北陆台中部太行山地壳厚度急剧变化的梯度带上。发育在区内龙泉关和恒山南部的两条北东—北东东向巨型伸展型韧性剪切带控制了这个"五台盆地"的构造边界。南北两侧虽都经历了基本一致的变形变质作用，但其地球物理场和沉积作用的差异，指示两侧陆块可能不是一个整体裂陷而成。五台岩群金岗库岩组下部的富铝片岩，反映它处于活动型大陆边缘环境，而后持续的拉张伸展导致地幔岩浆上涌，同时盆地地壳进一步变薄、裂解，形成大洋盆地。处于强烈盆地扩张期，沿盆地边缘形成伸展型近水平韧性剪切带，导致阜平、恒山片麻岩从地壳深部隆升，形成片麻岩穹隆。伴随阜平岩群及灰色片麻岩发生了角闪岩相变质。同时盆地地壳进一步裂解，形成了金岗库-庄旺岩组以拉斑玄武岩为主体的基性—酸性火山喷发，它们的间歇性活动造成喷发和少量的沉积作用周期性发生，伴随基性岩席扩张侵位。在伸展作用下，绿岩层沿两侧陆块边缘滑脱形成剥离断层。金岗库岩组基性火山岩地化特征显示，该类基性火山岩部分为洋脊玄武岩，部分为岛弧型玄武岩少部分为裂谷型玄武岩。台怀亚群以镁铁质—长英质火山沉积为主，含少量碎屑岩沉积和BIF，下部柏枝岩组以拉斑玄武岩为主，上部鸿门岩组的大量中性—基性火山岩显著富钠，逐渐转化为钙碱性玄武岩系列，绿岩系岩石化学资料表明，它们大多属于钙碱性火山岩系列。投点落入岛弧拉斑玄武岩、钙碱性玄武岩及橄榄玄武岩区及其边缘，可能具火山弧或岛弧性质。同时，界河口弧后盆地内沉积了界河口岩群，包括碎屑岩、碳酸盐岩、泥质岩，并有少量的基性火山喷发和超镁铁质岩侵入。稍晚为以石佛、龙泉关、北台、尧宽为代表的具岛弧型特点的花岗岩侵入。从碱质及基性火山岩类型上反映由石咀亚岩群至台怀亚岩群、界河口岩群海盆逐渐缩小，地壳由洋壳向陆壳转化的特征。五台晚期造山作用发生在高凡亚岩群沉积之前的2530Ma左右，在北北西—南南东向的区域水平侧向挤压应力作用下，盆地发生了剧烈收缩，随挤压作用的持续，发生了大规模的同斜-平卧褶皱和推覆型韧性剪切带，石咀亚岩群、台怀亚岩群产生了绿片岩相—角闪岩相的区域低温动力变质作用，界河口岩群发生深层次的构造变形及高角闪岩相—麻粒岩相的变质作用，伴随有峨口、王家会、青崖、车轮钙碱性岩浆活动，以富钾为特征。随后，高凡碰撞后裂谷形成，沉积了高凡亚岩群浊积岩复理石建造，伴随有少量的基性火山活动和辉长辉绿岩床的侵入。五台晚期强大的挤压应力作用使形成于早期的阜平片麻岩穹隆渐趋定向，褶皱更加紧闭。五台山中央推覆型韧性剪切带是南北两个巨型岩片的拼合带，最终导致恒山陆块与阜平陆块碰撞在一起。五台运动结束于2500Ma左右，最终封闭了五台构造盆地，形成了华北克拉通统一大陆。

3. 阜平-赞皇-中条陆块变质区

本区的区域变质作用明显可辨认出3期。新太古代变质程度为高角闪岩相—低角闪岩相，古元古代早期基本上属于角闪岩相—绿片岩相，晚期属于低角闪岩相—低绿片岩相。

1）新太古代早期表壳岩和TTG片麻岩套

本区新太古代早期表壳岩包括分布于太行山北段阜平岩群，太行山南段的赞皇岩群，霍山区霍山表壳岩，中条山区柴家窑、冷口表壳岩。TTG片麻岩套包括分布于太行山北段的坊里、龙泉关片麻岩，太行山南段的上八里片麻岩，霍山区正南沟片麻岩、黄梁片麻岩及中条山区西姚片麻岩、寨子片麻岩等。

(1)表壳岩。阜平岩群自下而上为团泊口岩组浅粒岩、钙硅酸盐岩、大理岩;南营岩组角闪黑云斜长片麻岩、黑云斜长变粒岩夹角闪斜长变粒岩、斜长角闪岩、铁英岩;宋家口岩组浅粒岩、细粒片麻岩、斜长角闪岩、钙硅酸盐岩、大理岩;榆林坪岩组石榴镁铁闪石片岩斜长角闪岩夹铁英岩、中细粒黑云斜长片麻岩、黑云变粒岩。阜平岩群局部具变余砂状结构,变余韵律层理,也可见石榴子石具"白眼圈"结构。形成环境为弧后盆地。

赞皇岩群原岩为一套沉积碎屑岩、泥质岩、碳酸盐岩夹火山岩建造,由于各岩组原岩类型和变质程度的差异,形成了不同类型的变质岩石组合。主要岩性有(含石榴、夕线)黑(二)云斜长片麻岩、(石榴、二云、长石)石英片岩(浅粒岩)、(黑云)角闪斜长片麻岩、黑云变粒岩、角闪变粒岩、(含榴)透辉斜长角闪岩、少量条带状铁英岩、蓝晶石黑云斜长片麻岩、大理岩等。个别地段保留有变余结构、构造,总体为以沉积-火山岩为主的变质构造岩石地层组合,遭受了高角闪岩相(局部麻粒岩相)变质和后期构造、深熔作用改造,各岩组相对层序不清,原始层序不易恢复。

霍山表壳岩以构造片体和大小不等的包体,残存于新太古代五台期正南沟英云闪长质片麻岩、黄梁奥长花岗质片麻岩中。主要岩性由含石榴石英岩、含石榴夕线二云石英片岩、含石榴夕线石墨二云片岩、含石榴夕线石英片岩、含石榴二云石英片岩、含石榴黑云变粒岩、透辉斜长角闪岩组成。原岩为一套富硅、铝的碎屑岩-黏土岩沉积夹基性火山岩建造。该套岩石经历了高角闪岩相—麻粒岩相条件下的变形变质及强烈的混合岩化作用,顶底不清,原始层序无法恢复。

柴家窑表壳岩呈规模不等的包体、构造片体分布于西姚片麻岩中,被西姚片麻岩侵入。由于其露头零星,大多规模较小,各地残留岩性亦不同。北东部西姚片麻岩中多为斜长角闪岩夹少量黑云母片岩,规模稍大;南晋一带为黑云变粒岩夹少量角闪变粒岩及斜长角闪岩,此时与西姚片麻岩较难区分;南东部青山村旁为条带状石英岩;东部"同善天窗"虎坪一带则为铁英岩、角闪片岩等。岩石具条带状、条纹状构造。

冷口表壳岩被寨子片麻岩侵入,岩性主要由黑云斜长阳起片岩、(石榴方柱)黑云片岩、角闪黑云片岩、角闪片岩、斜长角闪岩、黑云变粒岩、变凝灰角砾岩、铁英岩等组成。该套火山岩变形变质强烈,顶底不清,原始层序无法恢复。

上述表壳岩根据其岩石组合、地质产出特征及与具岩浆弧性质的TTG片麻岩伴生的特点来看,可能形成于弧后盆地沉积环境。

(2)TTG片麻岩套。太行山北段的大石峪片麻岩、坊里片麻岩、南天门片麻岩、龙泉关片麻岩,明显经历了中深层次的高塑性环境下的变形变质改造,其岩石类型复杂,广泛发育有深熔条带。岩石普遍具粒状变晶结构,条带状、片麻状构造。结合其与阜平岩群的接触关系以及产状分析,其形成似源于陆壳部分熔融和交代,其出露范围大致相当于岩浆起源的原地或半原地。岩石化学成分投图投于英云闪长岩、花岗闪长岩、奥长花岗岩区,属TTG岩石组合,综合其地球化学特征和区域沉积组合,其形成环境应为岛弧花岗岩。

太行山南段的上八里片麻岩及霍山区正南沟片麻岩、黄梁片麻岩,经历了高角闪岩相变质和深熔作用改造,其原岩为英云闪长岩、花岗闪长岩、奥长花岗岩。

中条山区的西姚片麻岩、寨子片麻岩,经历了中—深层次的高塑性环境下的变形变质改造(高角闪岩相),其岩石类型复杂,广泛发育有深熔条带。岩石化学成分显示其原岩为英云闪长岩、花岗闪长岩、奥长花岗岩区,属TTG岩石组合,可能形成于岩浆弧环境。

2)新太古代晚期变质深成侵入岩

新太古代晚期变质深成侵入岩有区内广泛分布的变质超基性岩、变质基性岩,有分布于太行山区的蔡树庄、岗南片麻岩和青崖、车轮变质花岗岩,有霍山区的南寨片麻岩及中条山区的东沟片麻岩、北峪片麻岩及横岭关片麻岩等。经历了角闪岩相的变质作用,以片麻状构造为主。变质超基性岩、变质基性岩与五台山区分布于五台岩群中的变质超基性岩、变质基性岩相当,东沟片麻岩、北峪片麻岩与五台山区北台片麻岩类似,其原岩为英云闪长岩、花岗闪长岩和奥长花岗岩,构造环境判别为岛弧花岗岩、火山弧花岗岩。横岭关片麻岩、蔡树庄、岗南片麻岩和青崖、车轮变质花岗岩与五台山区峨口片麻岩、王家会片麻岩相当,其原岩为花岗岩-二长花岗岩组合,具后碰撞花岗岩特征。

3)阜平-赞皇-中条陆块变质区地质演化

(1)新太古代早期(古陆核增生阶段 2700~2600Ma)。从新太古代表壳岩的岩石成分、组合及原岩性质来看,表明此前华北陆块已有岛链状初始古陆核,其形成时间为 2700~2600Ma(伍家善等,1991),同位素年代信息表明,经历了沉积作用、变质作用、变形作用与岩浆活动等一系列地质作用的演化过程。在原始地壳浅水盆地环境形成了以外生沉积作用为主的古隆起边缘沉积表壳岩,沉积作用初期基底隆起速度快,在沉积大量陆源碎屑岩的同时,隆起的边界发生断裂,下部基性火山岩的稀土特征模式,以轻稀土富集为特征,反映它们形成于大陆(陆核)边缘构造环境的拉斑-钙碱性的基性火山岩,古隆起不断上升地壳活动逐步稳定,形成了一套陆源碎屑沉积,之后地壳活动性逐步趋于稳定,形成了富铝质岩及碳酸盐岩建造。在 2600Ma 左右,沉积作用减弱或结束,发生阜平运动,产生构造挤压,地壳垂向增厚发生强烈的变质、变形作用。变质作用高峰期,形成大量的 TTG 型岩浆岩产上侵。在区域递进变形作用高峰期达到中高温变质条件,岩石普遍发生高角闪岩相(局部达麻粒岩相变质)变质。在中高级变质变形环境中,混合岩化作用强烈,岩层熔融形成原地或半原地变质深成岩(深熔片麻岩)。

(2)新太古代晚期(五台运动阶段 2600~2500Ma)。新太古代晚期早阶段,在伸张体制下,五台山区岛弧盆地中沉积了五台岩群,本区未见有同期相应地层的存在。在 2530Ma 左右,构造体制发生转换,在北北西-南南东向的区域水平侧向挤压应力作用下,超基性—基性岩浆及 TTG 质花岗岩浆先后侵入,构成与板块附冲相关的岩浆弧。随着挤压作用的持续,发生碰撞造山,超基性—基性岩及 TTG 质侵入岩埋深变质,横岭关、蔡树庄、岗南片麻岩和青崖、车轮变质花岗岩后造山花岗岩侵位,并发生角闪岩相的变质作用。

4. 晋冀陆块变质区

1)吕梁裂谷变质地带

吕梁裂谷变质地质地带只包括吕梁群 1 个变质单元,吕梁群又可划分为 3 个岩石组合,即袁家村磁铁石英岩-片岩-千枚岩组合、裴家庄石英岩-变质粉砂岩-千枚岩组合、近周营-杜家沟斜长角闪岩-变质流纹岩组合。袁家村组具条带状、豆状、纹层状、鲕状、交错层等原生沉积构造其原岩下部以含碳质泥岩为主,中间夹有数层分选性较好的席状砂体,代表一种浅海陆棚环境;上部含铁建造总体形成于潟湖环境。磁(赤)铁石英岩等氧化物相形成于靠陆一侧的潟湖海滩环境。裴家庄组以顶、底和中间发育 3 层石英岩为特征,具冲洗层理、波痕及粒序层理等原生沉积构造,局部发育砂纹层理、水平层理等沉积构造,显示海水经过两次大的海进和海退,总体上显示为滨岸—浅海陆棚沉积。近周营组和杜家沟组分别为基性火山岩和流纹岩,变余气孔、杏仁构造、变余流纹构造明显。

综合分析认为,吕梁群近周营组火山岩喷溢发生在板块内裂谷构造环境,具有裂谷初始阶段板内拉开向裂陷槽水盆地转变的火山-沉积特点。再结合其常量元素、微量元素及稀土元素特征可推断吕梁群火山岩具独特的喷发环境,即它产于拉张环境的浅海盆地-裂谷(裂陷槽)中,是裂谷强烈拉张的反映。上述认识与于津海(1997)认为的"形成于大陆边缘的裂谷环境"、耿元生(2003)提出的"板内或大陆裂谷环境"基本相似。

2)赤坚岭岩碰撞型岩浆弧

前人称之为赤坚岭杂岩带,展布于山西省西部吕梁山脉,呈近南北向延伸,贯穿吕梁山脉。主要由恶虎滩片麻岩、高家湾片麻岩、峪口、交楼神二长片麻岩、盖家庄、弓阳镇、下李花岗质片麻岩,北岔变质长石斑岩、磨地湾变质花岗斑岩等组成。其原岩为二长闪长岩-二长岩-石英二长岩-花岗岩组合(GMS),同属于高钾钙碱性—钾玄岩系列,为高钾和钾玄岩质花岗岩组合类型,表明它形成于较为成熟的大陆地壳环境中;其微量元素及稀土元素的共同特征表明,吕梁地区古元古代变质中酸性侵入岩近于同时形成于同一构造环境中,具有同源演化的可能,其岩石组合特征表明其可能形成于同碰撞—后碰撞的构造环境中。结合区内23亿左右吕梁群近周营组变质基性火山岩形成于拉张裂谷的构造环境中,也可以证明区内在21亿年左右处于拉张-挤压转换阶段或碰撞挤压阶段。

3) 岚河-野鸡山-黑茶山裂谷盆地变质地带

岚河群、野鸡山群、黑茶山群前人曾认为是上下叠置关系。1:25万岢岚幅调查表明是侧向相变关系。其中岚河群为一套经历了中浅变质的陆源碎屑岩-碳酸盐岩-火山岩建造,局部地段可见其不整合于吕梁群之上。野鸡山群为一套陆源碎屑岩-火山岩建造。其西侧与界河口群呈韧性剪切带接触,东侧可见其不整合于新堡片麻岩(原赤坚岭杂岩)之上。黑茶山群为一套强变形的粗碎屑岩。

野鸡山群中发育有交错层理、粒序层,在程道沟组中粒序层理、砂纹交错层理等沉积构造,总体沉积环境为浅海滨岸环境。结合其地球化学特征、地质背景、沉积特征和构造控制因素,综合分析,认为形成于陆缘裂谷环境。

4) 滹沱裂谷变质地带

滹沱裂谷变质地带由豆村亚群、东冶亚群及郭家寨亚群组成。豆村亚群主要出露于五台山南坡滹沱复向斜的北翼,滹沱中央大断裂的北侧。地层由北向南依次出露以变质砾岩为主的四集庄组,以石英岩为主的寿阳山组,千枚岩夹含砂大理岩为主的木山岭组,之上为谷泉山组的钙质长石石英岩,盘道岭组、神仙垴组的条带状千枚岩和厚层结晶白云岩,南大贤组的硅质结晶白云岩。东冶亚群位于滹沱复向斜的南翼,滹沱中央大断裂的南侧,南部被沉积盖层不整合覆盖。其岩性以白云岩为主,次为千枚岩、长石石英岩,局部夹玄武岩。总体变质程度为绿片岩相,在东部刘定寺、小插箭、白头庵等地变质程度达低角闪岩相。其上被郭家寨亚群以角度不整合覆盖。包括青石村组、纹山组、河边村组、建安村组、大关山组、槐荫村组、北大兴组、天蓬垴组共8个组级岩石地层单位。滹沱群中原生结构构造保留完好,有块状层理、大型板状、楔状交错层理,水平层理、沙纹层理、波痕、泥裂、石盐假晶等,此外叠层石发育。为滨海—浅海相的陆源碎屑岩及碳酸盐岩,属陆内裂谷构造环境。

5) 甘陶河裂谷变质地带

甘陶河群出露于本区东部太行山南段晋冀交界地带的赞皇古陆核西北部边缘,是一套低绿片岩相变质的碎屑岩-碳酸盐岩-火山岩建造。其下部以浅红、肉红色长石石英砂岩为主(时含砾石)夹砂质板岩,底部有不稳定的砾岩层;上部以变质玄武岩(包括玄武质角砾岩、集块岩)为主,夹多层砂岩、砂质板岩及凝灰质板岩。在上部层位中普遍见黄铁矿化、黄铜矿化及硅化等矿化蚀变现象,是黄铜矿化的主要含矿层位。中部为变玄武岩前人大都称为安山岩,根据大量岩石化学分析数值,投影于李兆鼐的火山岩化学定量分类图解中,均落于玄武岩区及碱性玄武岩区,故重新定名为玄武岩,包括玄武质角砾岩及集块岩,上部以砂岩、板岩为主,夹玄武岩及薄层白云岩、含砂泥质白云岩。该套地层形成于陆内裂谷环境。

6) 中条-绛县裂谷变质地带

中条-绛县裂谷变质地带为一套经历了中—低级变质作用的复理石式碎屑岩-泥质岩和火山沉积建造。绛县群下部为横岭关亚群,上部为铜矿峪亚群,二者为角度不整合接触关系。横岭关亚群主要岩性为石英岩、绢云石英片岩、绢云片岩等;铜矿峪亚群下部为变质砾岩、石英岩、绢云石英片岩、绢云片岩等,中上部为变质流纹质凝灰角砾岩、变流纹岩、变质玄武岩,顶部为变质流纹岩夹砾岩、石英岩、绢云石英片岩。可见粒序层交错层、波痕及泥裂等沉积构造。形成于陆缘裂谷环境。

中条群由宋家山群和银鱼沟群组成,分别分布于中条山脉、垣曲县同善镇北、蟒河镇西南。中条群与下伏绛县群、片麻杂岩为沉积不整合接触,被上覆担山石群角度不整合覆盖,其顶、底不整合界线被后期构造改造为顺层韧性剪切断层接触。中条群下部为石英岩、片岩,中部为大理岩夹少量片岩、斜长角闪岩,上部为石英岩、片岩等。宋家山群由绛道沟组和大梨沟组组成,绛道沟组为长石石英岩、绢英片岩、大理岩夹斜长角闪岩;大梨沟组为含砾绢英岩、绢英岩夹绢云片岩、大理岩。银鱼沟群由幸福园组和赤山沟组组成,幸福园组为变质(砂)砾岩、变质长石石英砂岩、千枚岩、钙质片岩或绢云石英片岩;赤山沟组为千枚岩夹绢云石英片岩、变质石英砂岩、绿泥片岩、片状斜长角闪岩。原生沉积构造发育。形成于陆缘裂谷环境。

7) 郭家寨压陷盆地变质地带

郭家寨亚群位于滹沱复向斜的槽部，自成不完整的、轴面向北倾的向斜。它显示反旋回特征，为滹沱群主体褶皱回返后沉积的山间磨拉石建造。底部为呈漏斗状分布以白云石硅质角砾岩为主的红石头组，下部以板岩为主的西河里组，中部以长石石英岩、含砾石英岩为主的黑山背组，上部以白云岩胶结变质砾岩为主的雕王山组。南部不整合覆盖于褶皱的东冶亚群之上，北部以断层与豆村亚群相接触。其上被长城系常州沟组呈平行不整合覆盖。郭家寨亚群是滹沱海盆褶皱隆起过程中形成的内陆压陷盆地沉积物。西河里组底部具底砾岩，其上沉积了紫红色泥质岩、砂质泥岩、细砂岩，层面上具泥裂、雹痕，砂岩中具交错层，为陆相湖泊沉积。黑山背组以粗粒含砾石英岩为主，交错层、波痕、巨型斜层理等沉积构造，显示了典型的山间急流特征。雕王山组以白云岩砾石为主的砾岩，是山麓冲积扇的筛积物。郭家寨亚群形成于陆内压陷盆地环境。

8) 担山石陆内盆地变质地带

担山石群与上覆熊耳群呈角度不整合接触关系，与下伏中条群多呈构造接触，局部呈角度不整合接触。担山石群为一套轻微变质的碎屑岩沉积，属磨拉石建造。自下而上划分为3个岩性组：周家沟组为变质砾岩、变铁质石英岩，西峰山组为石英岩，沙金河变质砾岩夹砂质板岩、石英岩。总体为变质砾岩-石英岩-板岩组合，形成于陆内盆地环境。

9) 后造山岩浆杂岩变质地带

后造山岩浆杂岩变质地带是指广泛分布于山西省变质岩区形成于吕梁运动末期、经历了绿片岩相变质作用的岩浆杂岩，主要分布于大同—天镇一带、恒山-云中山区、五台山区、吕梁山区、霍山区、太行山区、中条山区，可划分为4个亚相，即大同-恒山后造山岩浆杂岩亚相、平型关—大洼梁后造山岩浆杂岩亚相、云中山-关帝山-芦芽山后造山岩浆杂岩亚相和中条山后造山岩浆杂岩亚相。此类岩浆岩以变质花岗岩类为主，与围岩具明显侵入的侵入接触关系，岩石经历了绿片岩相的变质作用改造，变形程度较低，只发育有弱的片麻状构造，保留有典型的花岗岩类的岩石外貌，说明它经历了造山作用晚期的改造，故从宏观特征上判断属于后造山花岗岩类。

(1) 大同-恒山后造山岩浆杂岩亚相。大同-恒山后造山岩浆杂岩亚相主要变质单元有石榴二辉麻粒岩、变质辉绿岩、变质辉石正长岩、凌云口变质花岗岩、变质二长花岗岩、变质正长花岗岩等，大同—阳高地区以变质辉石二长岩和恒山地区的凌云口变质花岗岩为代表。片麻理不发育，变形较弱，显示它形成于后造山伸展构造环境。

(2) 平型关、大洼梁变质花岗岩系列。其分布于五台山区，主要有平型关岩体、大洼梁岩体、均才岩体、贾家峪岩体、凤凰山岩体、水峪岩体等，岩性以变质黑云二长花岗岩、变质正长花岗岩为主。岩石多呈浅肉红色、肉红色，中细—中粒花岗变晶结构、中细粒变余花岗结构，弱片麻状—近块状构造。侵入最新地层为滹沱群东冶亚群大关山组。岩石均具富碱、钾高钠低之特征，为高钾钙碱性系列，形成于后造山构造环境。

(3) 关帝山-芦芽山变质花岗岩系列。关帝山-芦芽山后造山花岗岩带亚相由关帝山序列、芦芽山序列、大端地序列组成。这3个岩浆序列的岩浆岩主体分别分布于关帝山区、芦芽山区、云中山区，岩性特征也有很大差异。关帝山序列主要为中粗粒—中细粒黑云母花岗岩；芦芽山序列主要为细粒紫苏石英闪长岩、巨斑状紫苏石英二长闪长岩、巨斑状（紫苏）石英二长岩；大端地序列主要为巨—粗粒黑云母花岗岩、似斑状黑云母花岗岩。岩石均具富碱、钾高钠低之特征，属高钾钙碱性系列。形成于后造山构造环境。

(4) 中条山后造山岩浆杂岩亚相。其主要包括太岳山区的腰庄变质花岗岩、晋西南的石马沟变质花岗岩和中条山区的烟庄变质花岗岩等，主体岩性为肉红色中细粒黑云母花岗岩和含微斜长石斑晶的似斑状花岗岩，块状构造，形成于后造山构造环境。

10）右玉碰撞型岩浆杂岩变质地带

该变质地带分布于山西省西北部，主要变质地质单元包括一套以强过铝的花岗岩类为主的变质深成岩。其岩石类型多样，包括变质辉长-闪长岩、变质石榴花岗闪长岩、变质石榴堇青石二长花岗岩、变质石榴白岗岩等，岩石中普遍富含石榴子石、堇青石，为典型的强过铝花岗岩类，故主体上为碰撞过程中集宁岩群重熔形成的强过铝花岗岩类。

11）晋冀陆块区地质演化

（1）古元古代早期陆内裂陷与褶皱阶段（2500～2100Ma）。五台运动之后，构造体制发生了明显转折，晋冀陆块已基本形成。由于重力均衡或是俯冲板片的拆沉作用，发生了伸展作用，发生了由熔融流动-超塑性剪切流变作用，阜平、恒山陆块隆升，导致麻粒岩相、高角闪岩相至绿片岩相的一系列构造形迹出现在相同和水平尺度上。恒山片麻岩中广泛发育的淡色脉体和肉红色脉体单颗粒锆石 U-Pb 年龄分别 2480Ma 和 2415Ma，反映其伸展抬升时冷凝结晶的年龄。

吕梁山区在地幔热羽作用下，造成克拉通基底地壳断裂，地幔隆升，地壳减薄，开始形成吕梁群大陆裂谷（裂陷槽）的雏形。吕梁裂谷下部沉积了陆源碎屑为主的泥砂质沉积及潟湖环境的近似苏必利尔湖型的含铁建造（袁家村组上部）。之后，在滨海—浅海陆棚环境下沉积了以泥砂质为主的裴家庄组陆源碎屑岩建造。在 2360～2350Ma 裂谷伸展作用达到顶峰，形成基性（近周营组）—酸性（区域上杜家沟变质流纹岩）双峰式火山喷发。之后构造体制发生转换，在 2200Ma 左右，在北北西-南南东向的区域水平侧向挤压应力作用下，吕梁群盆地发生了剧烈收缩，随挤压作用的持续，发生了大规模的同斜-平卧褶皱，吕梁群整体倒转，并伴随有碰撞型岩浆弧高钾钙碱性钾玄岩系列中酸性岩浆侵入（正道片麻岩、雷家沟片麻岩、交楼申片麻岩等），发生绿片岩相—角闪岩相变质，中酸性侵入体中形成了片麻理、条带面理等定向构造。

（2）古元古代晚期陆内裂陷与褶皱造山阶段（2100～1800Ma）。古元古代晚期早阶段，已具刚性特征的晋冀陆块，在拉张应力作用下再次形成滹沱纪裂陷槽雏形。在北西-南东向伸展拉张应力作用下，形成盆缘断裂。

五中山区展布于殷家会—官地—智存沟—西台一线，以北的花岗绿岩带刚性地块处于隆升状态，而以南则下陷，形成裂谷雏形。滹沱群豆村亚群的粗碎屑岩沿断裂带断续分布。该断裂不仅控制了滹沱盆地的边界，而且控制了滹沱群地层岩性、岩相的展布。在海槽早期张裂阶段（刘定寺火山岩喷发前），盆地边缘由一系列冲积扇体系的砾岩和砂岩充填，盆地中心则沉积了滨海相的谷泉山组、以泥砂岩为主的青石村组及以碎屑岩-碳酸盐岩为主的七东山组。张裂中期（刘定寺火山岩和马头口火山岩喷发期），盆地边缘沉积了冲积扇-扇三角洲体系的砾岩、砂岩，盆地中心则沉积了滨海—浅海相的陆源碎屑岩及碳酸盐岩。基底断裂的强烈活动造成两期多次基性火山岩喷发，伴随有基性岩床、岩墙及变质奥长花岗岩、变质斑状黑云母花岗岩的侵位。

吕梁山区则以野鸡山为沉积中心，接受了滹沱系野鸡山群、岚河群、黑查山群的沉积，并在中浅层次下拉张作用表现为形成一系列北东东向的伸展型韧性剪切带。在早期阶段（白龙山组火山岩喷发前），盆地边缘由一系列冲积扇体系的砾岩和砂岩充填，盆地中心则沉积了滨浅海相以碎屑岩为主的青杨树湾组及以碎屑岩-碳酸盐岩为主的前马宗组、两角村组。张裂中期，基性火山喷发形成白龙山组，盆地边缘沉积了冲积扇-扇三角洲体系的砾岩、砂岩，盆地中心则沉积了滨海—浅海相的陆源碎屑岩及碳酸盐岩。

之后盆地开始逐渐萎缩，水体逐渐变浅，陆源碎屑物的含量逐渐增多。

古元古代晚期晚阶段造山作用发生在郭家寨亚群沉积之前的 1950Ma 左右在北西-南东挤压作用下，盆地发生了剧烈收缩，随挤压作用的持续，使得滹沱、野鸡山海盆逐渐隆起，郭家寨亚群反旋回磨拉石建造，即为其隆起过程中的沉积物。形成了一系列北东向同斜紧闭褶皱及脆-韧性冲断构造，伴随有中酸性岩浆的侵入，云中山、芦芽山、关帝山、平型关-大洼梁等岩浆岩序列形成，发生区域绿片岩相—低绿片岩相低温动力变质作用。对下伏花岗绿岩带产生了十分显著的叠加改造。在五台山东部形成一系列构造片体,呈叠瓦状由北西向南东推覆在滹沱群之上。于龙泉关五台早期韧性剪切带中叠加了该期韧性剪切作用,使前期褶皱被剪切拖拽成北东走向。古元古代阶段是从太古宙脆塑性地壳向中新元古代刚性地壳转化的地质历史时期,反映了早期克拉通的裂陷解体和再次克拉通化的历史过程。吕梁运动结束于1800Ma左右,使破裂的太古宙克拉通焊接在一起,导致地壳垂向加厚和刚性增强。至此,华北陆块进入稳定发展时期。

中条山区在五台运动之后,构造体制发生了明显转折,太古宙克拉通已基本形成。从古元古代始,大规模的岩浆活动已基本结束。在伸展作用下,区内形成陆缘裂谷盆地,开始了绛县群滨海相碎屑岩-泥质岩-火山岩的沉积。之后构造体制发生转换,在2100Ma左右,在北北西—南南东向的区域水平侧向挤压应力作用下,绛县群盆地发生了剧烈收缩,随挤压作用的持续,绛县群发生褶皱,并伴随中酸性岩浆侵入(安子坪片麻状花岗岩),发生低绿片岩相—低角闪岩相变质,中酸性侵入体中形成了弱片麻状构造。

古元古代晚期,已初具刚性特征的华北大陆,在拉张应力作用下再次形成滹沱纪裂陷槽雏形。拉张作用在浅表层次下表现为中条群及与中条群侧向相变的宋家山群、银鱼沟群的沉积作用。在早期阶段(界牌梁组—龙峪组—余元下组)和中期阶段(篦子沟组—余家山组),分别为碎屑岩-泥质岩-碳酸盐岩组成,其沉积环境为陆相—滨海相—浅海相,为两个海浸体系域-高水位体系域的沉积,构成两个大的海侵-海退旋回。至晚期阶段(温峪组、吴家坪组、陈家山组)海水退却,形成一套潮坪、潟湖相泥质岩至中碎屑岩的沉积。并使中条群、绛县群内部产生了左行走滑之倾竖褶皱。

吕梁晚期造山作用发生在担山石群之前的1950Ma左右。在北西-南东挤压作用下,盆地发生了剧烈收缩,中条群、宋家山群、银鱼沟群发生褶皱,形成线状-短轴褶皱构造,使中条群、绛县群隆起,低凹处沉积了担山石群反旋回磨拉石组沉积建造。随挤压作用的持续形成了一系列北东向同斜紧闭褶皱及脆-韧性冲断构造,伴随有烟庄变质花岗岩的侵入,发生区域绿片岩相—低绿片岩相低温动力变质作用。

由此来看,山西省古元古代从构造运动的角度看,不同山区具有可对比性,其中吕梁山区的吕梁群可与中条山区的绛县群对比,野鸡山群(岚河群、黑茶山群)可与中条群(宋家山群、银鱼沟群)对比,而五台山区的郭家寨群可与中条山区的担山石群对比。

3.4.4.2 动力变质作用及其构造环境、演化

断裂构造由浅到深,其变形为脆性—韧性—超塑性流变变化,产状为陡—缓—水平剪切。在地壳表部是属脆性变形,其形成的构造岩是角砾岩、构造透镜体、断层泥及碎裂岩系。地壳浅中部(绿片岩相、角闪岩相)为脆韧性至韧性变形,岩石主要以矿物晶体的塑性变形为主要表现形式。矿物显著压扁、拉长而具定向组构。如长石、石英呈透镜状、眼球状、拔丝状等。变形产物为糜棱岩系及构造片岩类。断裂进入到地壳中深部(高角闪岩相、麻粒岩相)时,岩石以超塑性剪切流变、变质构造分异为主要特征,而形成条纹状、条带状岩石。

实验和地质观察表明,作为地壳常见矿物的石英和长石,分别在300℃、深11km和450℃、深22km由脆性变形转变为塑性变形,角闪石600～750℃产生扭折带,800℃产生(100)面滑移。显然岩石在300～450℃区间石英为塑性变形,长石为脆性变形。所以该区间内形成的糜棱岩中,石英被压扁、拉长而显著定向,长石则发生破碎呈碎斑出现。在450～600℃区间,长石、石英均已塑性变形,而角闪石仍处于脆性变形状态,由于角闪石出现退变质,由链状结构向层状结构的黑云母转化来释放应力,野外一般看不到角闪石的碎斑。但温度大于600℃时,角闪石处于塑性变形状态,中酸性岩石开始部分熔融(630℃、$H_2O\ 5\%$;$p=5kbar$),岩石变形以超塑性剪切流变为主,平行叶理的长英质脉体的广泛发育成为重要的指相标志。此时辉石(紫苏辉石、透辉石)明显为脆性变形,表现为粒化定向,构成常见的辉石链结构。

高角闪岩相—麻粒岩相条件下动力变质作用:主要发育于新太古代早期的表壳岩和片麻岩分布区。强变形带主要表现为角闪石为塑性变形,并主动定向。岩石中条带状构造发育,出现了大量平行剪切面

理的浅红色长英质条带、灰白色长英质条带。变形岩石由于高温高压环境，它的性质类似黏塑性体和黏性流体，常常是以复杂的柔流褶皱为特色，重结晶作用极为显著。由于矿物的重结晶作用易于在同种矿物表面形成并稳定存在，故而使浅暗色矿物分离形成条带状构造。暗色条带一般由紫苏辉石、透辉石、褐色角闪石、褐红色黑云母组成，浅色条带由斜长石、石英组成。辉石被粒化、布丁化构成辉石链。被粒化的紫苏辉石两端依次出现透辉石，角闪石。这是由于紫苏辉石矿物边界上应力集中不易释放，呈单链的紫苏辉石只能通过转化为双链结构的角闪石来体现变形（尼可拉斯，1985），而并非变质作用条件退变到了角闪岩相。透入性的浅色条带由长石、石英构成。

高绿片岩相—角闪岩相条件下的动力变质作用：主要发育于新太古代晚期的变质岩分布区。强变形带主要表现为石英、长石均呈塑性变形。长英质岩石发生显著的静态重结晶，形成多晶石英条带；钾长石发生动态重结晶，形成核幔构造。钾长石边缘可见出溶条纹构造和蠕英石，暗色矿物由链状结构向层状结构转化，在强变形带中得以保留，长石、石英发生溶解，并携带角闪石转变为黑云母时析出的钙质向张性环境的迁移，形成变斑晶和同构造分异脉体。此时斜长角闪岩在强变形带中变成黑云片岩。

低绿片岩相—绿片岩相条件下的动力变质作用：主要发育于古元古代变质岩分布区和新太古代晚期的绿片岩相变质岩分布区。强变形带主要表现为石英发生塑性变形，长石在变形中以脆性破裂为主，成为碎斑。钾长石在水的参与下发生反应形成绢云母和石英。黑云母退变为绿泥石，并保留于强变形带中，石英易于溶解，充填于张裂隙中，形成变斑晶和同构造分异脉体。此时花岗质岩石、长石石英岩等在强变形带中变成绢英片岩。

3.4.4.3 接触变质作用

1. 热接触变质作用

热接触变质作用一般发生在岩体大面积出露区，影响范围大小不等，影响大者范围可达几千米，变质程度可达角闪石角岩相，小者数米，出现角岩、角岩化，甚至仅出现烘烤现象，其中以关帝山区最发育。在吕梁群出露区的南部，由于有大量古元古代晚期花岗岩侵入，使吕梁群在区域浅变质的基础上，又叠加了后期热接触变质作用，从而出现了红柱石等高温接触变质矿物，至于铁铝榴石是否也是由接触作用产生的，是值得今后注意研究的问题。

2. 接触交代变质作用

接触交代变质现象在太行山及吕梁山地区比较发育，主要有古元古代变质花岗岩、伟晶岩与界河口岩群接触带形成铅、锌矿床，中生代岩体与其围岩（沉积岩）接触部位形成夕卡岩及其规模不等的铁夕卡岩型矿床。接触交代变质作用形成的岩石除夕卡岩外，还有各种类型的蚀变岩，如与金矿化的密切的黄铁绢英岩化，镁铁质岩普遍具有的绿泥石化、超镁铁质岩石普遍具有的蛇纹石化和滑石化等。

3.4.4.4 混合岩化作用及其构造环境、演化

混合岩化作用是介于变质作用（狭义）和典型的岩浆作用之间的一种地质作用。程裕淇（1982）将混合岩化作用分为区域混合岩化作用、断裂混合岩化作用和边缘混合岩化作用。阜平、恒山地区主要是区域混合岩化作用。区域混合岩化作用正在区域变质作用的基础上进一步发展的结果。在区域变质作用的后期，地壳内部热流继续升高所产生的深部热液和重熔的熔浆，与已变质的岩石进行广泛的交代作用，交代结晶作用，贯入作用，从而使原有岩石改造成为一种外貌介于酸性（部分中酸性）深成岩与正常变质岩之间的成分不均匀的，形态多样的中粗粒岩石，这种转化的全过程，称为区域混合岩化作用。

有关混合岩和混合岩化作用的概念以及成因等半个多世纪以来一直是个争论的问题。依据程裕淇

(1987)的意见:主要是强调交代作用和熔融(深熔)作用两种方式形成混合岩。本次对阜平、恒山地区的工作主要限于变质作用过程中所发生的局部熔融重结晶现象,在岩石原有的变质变形组构和矿物基体上出现的,如长石、石英及少量铁镁矿物(有时不存在)组成的脉状体或团块,认为是属于混合岩化作用所形成的。混合岩化作用与变质作用关系密切,基本上是同时(略晚)发生的。本区的麻粒岩相和角闪岩相变质作用均伴有不同程度的混合岩化现象。

1. 区域混合岩化作用期次的划分

根据基体与脉体的特征及其区域变质作用的联系,将本区混合岩化作用划分为两期:新太古代早期麻粒岩相条件下的混合岩化作用和新太古代晚期角闪岩相条件下的混合岩化作用。

2. 新太古代早期麻粒岩相条件下的混合岩化作用

1)宏观特征

本期混合岩化作用发生于新太古代早期,主要出露于新太古代早期变质作用形成的主麻粒岩相—高角闪岩相区。发育的构造部位主要强变形的区域,在此处脉体质量分数较高,常为15%～30%,局部达50%,这可能是因为构造发育处易导致流体的流动或渗透,为流体提供了通道所致。

本期混合岩化脉体成分主要为斜长石、石英及微斜长石,还有少量的角闪石、磁铁矿、黑云母等。矿物集合体以条痕状、条带状、条纹状、肠状为主,少眼球状。脉体产状与基体片麻理基本一致,且较连续,脉体规模小,一般脉宽几厘米,脉长2～5cm,脉体较密集,塑性变形强烈,脉体与基体片麻理一起呈柔皱状,脉体可保持宽度稳定,局部地段浅暗色条带相间分布呈似层状、脉体在三维空间是孤立的,即为无根脉体。脉体与基体界限基本清楚,但各矿物含量,粒度为渐变过渡。

在相同构造部位混合岩化发育的地方,原岩成分不同则混合岩化的程度是不同的:①在长英质变质岩中较发育,脉体含量明显高于基性变质岩、钙质、泥质和硅铁质变质岩,而且在长英质变质岩中,矿物成分越接近于花岗岩其混合岩化程度越高,这可能与岩石的重熔最低温度有关,成分越接近花岗岩,同温压条件下,越易重熔。②混合岩化在薄层与厚层、互层与致密岩石中的发育程度也有差别,在前者中均较后者发育,这可能与岩石密度有关,密度越大,混合岩化越难,密度越小,越易流体渗透,越易发生混合岩化。

2)显微特征

本期混合岩中常见交代不明显的初融结构:①缝合线结构,石英、斜长石中常见呈缝合线状接触;②较粗大颗粒的长石之间,有石英、斜长石的微粒交生;③粒度加粗,长英质条纹变宽;④斜长角闪岩香肠体两体或一侧,有白色细粒斜长石边。

本期混合岩中,常发育交代结构,钾质交代普遍,硅质交代少见。常见的交代结构有钾长石交代斜长石的结构:交代蚕蚀、交代港湾、交代岛状、交代净边、交代蠕英、交代补块、交代条纹等;石英交代斜长石、角闪石、黑云母的交代结构:交代穿孔、交代次变边;钠长石交代钾长石结构:铰链结构等。

3)化学成分特征

基体与脉体代学成分既有相似之处,又有区别,脉体中斜长石牌号比基体略低,反映脉体中斜长石中有Na_2O带入,有CaO的带出,有的脉体中斜长石牌号$An=22$,基体中$An=24$。脉体中角闪石Na_2O质量分数略高,反映了脉体角闪石中有Na_2O带入的现象。脉体中磁铁矿中SiO_2和稀土质量分数比基体中的略低,但其稀土配分模式基本一致,这反映脉体中有Al_2O_3、Na_2O、K_2O的带入和CaO的带出。

综上所述,反映了本期混合岩化作用深熔作用为主,属原地—半原地型,有些交化结构不明显,可能与变质分异作用有关。

3. 新太古代晚期角闪岩相条件下的混合岩化作用

1)宏观特征

本期混合岩化作用发生于五台晚期区域变质作用期,出露于五台期变质的低角闪岩相区,空间上叠加于阜平期变质岩和早期混合岩化岩石之上。

本期混合岩化发育的构造部位:强混合岩化主要分布于片麻岩区,弱混合岩化分布于表壳岩中。强混合岩化作用常与构造活动有关。

本期混合岩体成分主要为微斜长石和石英,还有少量的黑云母、磁铁矿、斜长石等。矿物粒度较粗,集合体的断续条带状、囊状、眼球状为主,与基体边界关系截然,脉体规模在表壳岩中较小,在变质深成岩中较粗大,一般宽0.5mm～1.0cm,长5mm至十几米,脉体局部呈密集的网状,常切穿基体片麻理和早期混合脉体。有少量混合脉体呈细条纹状与片麻理基本一致。

2) 显微特征

脉体常具伟晶结构(边部细粒伟晶结构)。以钾质交代为主,硅质交代次之。

基体及交代结构有交代蚕蚀、交代港湾、交代蠕英、交代净边、交代补块、交代条纹、交代假象、残余弧岛、石英穿孔等,在钾长浅粒岩、变粒岩中还可见到铰链结构。

斜长石牌号,基体中比脉体中的要稍高一些,基体中的斜长石一般为更钠长石,An＝20～22,脉体中的斜长石一般为更长石,An＝18～20,显示脉体中斜长石中有Na_2O的带入和CaO的带出。

综上所述,本期混合岩化作用以注入成因为主,明显受构造控制。金岗库岩组、庄旺岩组、芦咀头岩组中也可见到部分熔融及变质分异成因的混合化作用形成的各类岩石。

4. 混合岩化作用的温压条件及其演化

以部分熔融作用为主的混合岩化作用,其温压条件主要是岩石的熔融条件。实验岩石学证明,在水压0.5GPa,温度640～720℃范围内,长英质组分和相当于闪长岩的组分便开始熔融(Tohennes and Genle,1982);斯托尔(Stenhl,1962),冯·普顿和赫勒(Vonplaten and Houel,1966)对片麻岩[成分:Q 28%,Pl(An＝29)40%,Or 10%,Bi 22%]的熔融实验表明,在温度为(670±5)℃,压力为0.2GPa时,便开始熔融,(685±15)℃熔融量为14%。花岗质岩石的始融曲线显示最低熔融烛度为610℃,压力为0.7GPa(Luth,Jahns and Tuttle,1964),并且显示压力越高,初熔温度越低,压力越低,初始温度越高,以上说明,混合岩化作用的最低温度为610℃左右,压力为0.7GPa左右。

(1)本区早期混合岩化作用发生于新太古代早期区域变质作用的高角闪岩相-麻粒岩相变质温压条件下,其温度在650℃以上,最高达850℃,压力为0.4～0.8GPa,已达到混合岩化作用的温压条件,因而在阜平岩群广泛发育混合岩化的岩石。在结构方面,古成体(基体)具鳞片花岗变晶结构等变晶结构和交代结构,往往强面理化;新成体和片麻状花岗岩通常具半自形粒状结构等熔体结晶结构和交代结构,定向性较古成体弱。混合岩中交代结构常常是部分熔融的结构证据:古成体中交代结构往往是部分熔融结构,而新成体和片麻状花岗岩中的交代结构往往是熔融残留结构面理发育的片岩、片麻岩,随着混合岩化增强,出现眼球状混合岩→条带状混合岩→云染状混合岩的岩石系列;弱面理化的斜长角闪岩,随着混合岩化增强,则出现细脉状混合岩→角砾状混合岩→云染状混合岩的岩石系列。

(2)本区晚期混合岩化作用发生于新太古代晚期区域变质作用的角闪岩相变质条件下,其温度为550～650℃,压力为0.4～0.8GPa,部分已达到混合岩化作用的温压条件,因而在低角闪岩相的较高部分(600～650℃),混合岩化作用可见,但不发育,在低角闪岩相的较低温部分(550～600℃),基本上无混合岩化发生(除断裂和岩体周围)。事实上,五台岩群低角闪岩相变质的金岗库岩组、庄旺岩组混合岩化作用都比较微弱,而阜平岩群低角闪岩相变质的榆林坪岩组混合岩化作用较强,这说明五台晚期混合岩化作用对阜平岩群产生进一步的叠加作用。

5. 主要变质作用期次

山西省变质岩经历了复杂多期的变质和变形作用,前人已做过大量研究工作。由于各地区变质岩石所处的大地构造位置不同,形成时代不同,经历的构造条件不同,各地的物理化学条件不同,以及原岩建造不同,造成了复杂多变的变质岩岩貌。按照变质作用发生的时代可划分为新太古代早期、新太古代晚期、古元古代早期和古元古代晚期4个期。

（1）新太古代早期（古陆核增生阶段 2700~2600Ma）：主要有阜岩群和集宁岩群、赞皇岩群、董庄表壳岩、霍山表壳岩、柴家窑表壳岩及同期片麻岩套等经历中压麻粒岩相—高角闪岩相变质作用。

（2）新太古代晚期（五台运动阶段 2600~2500Ma）：主要有界河口岩群、五台岩群（Ar_3^1）和北台片麻岩、石佛片麻岩、义兴寨片麻岩、陈家庄片麻岩等，为中压绿片岩相—角闪岩相（局部麻粒岩相）变质作用。

（3）古元古代吕梁早期（2500~2350Ma）：主要有吕梁群、绛县群及峪口片麻岩、交楼神片麻岩、盖家庄片麻状花岗岩、安子坪片麻状花岗岩。低绿片岩相—低角闪岩相变质作用。

（4）古元古代吕梁晚期（2350~1800Ma）：主要有滹沱群、甘陶河群、岚河群、野鸡山群、黑查山群、中条群、宋家山群、银鱼沟群、担山石群及变质花岗岩系列绿片岩相—低绿片岩相变质作用。

3.4.5 变质岩岩石构造组合与成矿关系

3.4.5.1 新太古代变质岩岩石构造组合与成矿关系

新太古代变质岩岩石构造组合中矿产主要有铁、金、铅、金红石、石墨、石棉等。

1. 大同-桑干古弧盆系变质基性火山岩-磁铁石英岩组合与铁矿（Ar_3）

该岩石构造组合是新太古代沉积变质型铁矿的含矿层位之一，南西起于怀仁县禅房，经阳高、天镇延出省界，称为阳高-天镇矿带。它主要产于阳高表壳中的磁铁石英岩中，由于深熔作用，其围岩片麻岩中有磁铁矿分布，而成为片麻岩型铁矿。该带均属矿点，变质程度高，含矿层一般较薄，延伸不远，规模小。

2. 赞皇古弧盆系变粒岩-片岩夹磁铁石英岩-斜长角闪岩组合与铁矿（Ar_3）

该岩石构造组合主要赋存于左权县栗城、黎城县西井一带的赞皇岩群石家栏岩组上部层位中，属沉积变质型铁矿（鞍山式铁矿），已知有中型矿床4个、小型矿床4个。含矿层以含铁闪石的条带状铁英岩为主，含矿层位、矿体厚度较稳定，一般厚度为5~35m，矿体围岩为斜长角闪岩，呈层状、似层状、透镜状产出，矿石品位：TFe 质量分数在20%~30%之间，部分可达到35%以上。此外，放甲铺岩组和北赛岩组也有含铁层位，含矿层以磁铁角闪岩为主，沿走向厚度不稳定，呈透镜状断续产出，矿石品位也较低，矿石成分除磁铁矿外，含有较多的镁铁闪石、透闪石、透辉石和石榴石，TFe 质量分数一般在10%~15%之间。

黎城县小寨中型矿床：矿体赋存于赞皇岩群石家栏岩组上部层位的斜长角闪岩中。共有铁矿体13个，其中1号主矿体沿走向长2700m，沿倾向宽30~50m，平均厚度为5.71m。倾角为80°左右，矿体呈层状、似层状产出，矿石为柱粒状变晶结构，条纹状、条带状构造。矿石成分以磁铁矿为主，次为赤铁矿、镁铁闪石等。矿石品位：TFe 质量分数为35.17%、S 质量分数为0.155%、P 质量分数为0.049%。经详查查明的矿石资源储量为5 363.6万t。

左权县蒿场-连麻沟中型矿床：矿体主要赋存于赞皇岩群石家栏岩组斜长角闪岩中，另在含石榴角闪变粒岩中也有少量分布。共有铁矿体14个，其中4号主矿体规模最大，沿走向长1700m，沿倾向宽1400m，厚度为19~42m，倾角在28°~80°之间。矿体埋深100m，呈层状、似层状、透镜状产出，矿石为柱粒状变晶结构，条带状构造。矿石成分以磁铁矿为主，次为赤铁矿等。矿石品位：TFe 质量分数为30.89%、S 质量分数为0.06%、P 质量分数为0.065%。经详查查明的矿石资源储量为2 378.5万t。

3. 涑水古弧盆系斜长角闪岩-变粒岩-磁铁石英岩组合与铁矿(Ar_3)

该岩石构造组合分布于中条山北麓，呈北东向展布，柴家窑表壳岩和冷口表壳岩中不同程度地赋存有磁铁石英岩，柴家窑表壳岩中磁铁石英岩较多且较厚，延伸较长，在盐池南部多者达3~5层，单层厚0.5~2m。

4. 阜平古弧盆系斜长角闪岩-变粒岩-大理岩-磁铁石英岩组合与铁矿(Ar_3)

该岩石构造组合产出层位主要为阜平岩群南营岩组、榆林坪岩组，含铁岩段中含矿岩系由黑云斜长片麻岩、角闪斜长变粒岩、斜长角闪岩、铁英岩组成。铁英岩多呈层状、似层状、透镜状、扁豆状，层数1~3层，长数十米至几千米，矿石自然类型可分为磁铁-角闪-石英型，赤铁-角闪石英型。矿物成分由磁铁矿、赤铁矿、镜铁矿、石英、角闪石、黑云母等组成，矿石全铁质量分数一般为20%~40%。区内规模较大者为产于榆林坪岩组的马中铁矿区，顺层断续分布在罗圈、八里沟、吨头、四角坑一带，延长14km，共计220个矿体。其中马中-东庄矿带为最大，长4000m，宽1~2m，最宽3.9m，全铁质量分数最高53.17%，最低10%，一般30%~40%。

5. 五台岩浆弧相斜长角闪岩(绿泥片岩)-富铝片岩(绢云片岩)-磁铁石英岩组合与铁矿(Ar_3)

该岩石构造组合属阿尔戈马型太古宙条带状硅铁建造，产出层位为五台岩群金岗库岩组和文溪岩组、柏枝岩岩组。在空间上受构造和岩层层位控制，呈北东东向带状展布，硅铁建造沿每个矿带断续产出，分段集中，形成一系列规模大小不等的铁矿床或矿点。赋存于石咀岛弧亚相中的金岗库岩组硅铁建造为斜长角闪岩-富铝片岩-磁铁石英岩组合，在五台山区包括两个矿带。北带位于五台山北麓，区内长约20km，宽约1km，包括时子、黑山庄、郭家庄、皇家庄、白峪里等大中型铁矿床。南带位于五台山南部区内长约20km，宽约0.2~1km，包括石咀、金岗库、蒿地堂、西沟、桥儿沟等中小型矿床。赋存于台怀岛弧亚相中的文溪岩组/柏枝岩岩组硅铁建造为绿泥片岩-绢云片岩-磁铁石英岩组合，分布于鸿门岩向斜的两翼，区内长约80km，宽15~20km，规模较大，从东到西包括文溪、山家、柏枝岩、大明烟、板峪、山羊坪等大、中型铁矿床。含矿岩石为条带状铁英岩，矿体围岩为绿片岩相—角闪岩相变质的基性火山岩，矿体呈多层位产出，一般长数百米至千余米，厚数米至十余米。矿石呈条带状构造、变余砂状结构、半自形粒状变晶结构。矿石矿物主要为磁铁矿，次为赤铁矿、褐铁矿、少量黄铁矿、毒砂等，脉石矿物主要为石英，次为角闪石或绿泥石及少量碳酸盐矿物等，矿石类型因变质程度不同可分为角闪石型、绿泥石型。矿石品位:TFe 30%~36%，SFe 28%~34%，矿石品位较低，磁铁矿粒度细，选矿较复杂。山羊坪铁矿为区内大型矿山，1977年始由太原钢铁公司露天开采，设计能力400t/a。近年来在柏枝岩、板岩铁矿中发现有金矿点或金矿化，部分被当地广为开采。

6. 界河口弧盆系大理岩-变粒岩-片岩组合与铅矿(Ar_3)

山西已探明小型矿床(1958年)1个，分布于吕梁山区交城县西榆皮一带，面积约2.5km²。该铅矿赋存于片麻岩与界河口岩群斜长角闪岩、变质伟晶岩接触带上，属岩浆期后接触交代夕卡岩型矿床，其被吕梁期黑云母花岗岩切穿。共有矿体52个，累计探明铅矿石表内储量C级1 383.5万t，D级251.6万t。伴生矿产储量为铜115t，锌483t。矿石组分平均质量分数:Pb 2.5%，Zn 0.26%，Cu 0.062%，Ag 0.001%。该矿体赋存于长1km、宽300m，总体走向北东东、倾向北北西的矿化带中，带中岩石类型较复杂，其中与成矿关系密切的夕卡岩产出较多，主要分布在矿化带南、北两侧。根据矿物组合夕卡岩可细分为:①石榴石透辉石夕卡岩，常形成富矿体;②石榴石石英夕卡岩，矿化偏贫，但较均匀;③绿色夕卡岩，矿物成分以透辉石为主，并有少量黑云母、绿帘帘石、角闪石等，矿化较弱;④含石墨透辉石夕卡岩，矿化较弱。矿化带南、北两侧矿化较强，中间矿化弱，形成南、北两个狭长矿带，与夕卡岩带紧伴生。矿体形态为宽脉状、透镜状、豆荚状，矿石类型以致密块状和角砾状硫化物型为主。矿石矿物以方铅矿和磁黄铁矿为主,次为闪锌矿、黄铁矿、黄铜矿及自然银等。铅为主要成矿元素,伴生锌、铜、银等有益元素。铅的富集主要受层间裂隙及断裂构造控制,在断裂构造发育或近矿围岩产状突变处矿化较好,易形成高品位矿石。矿体的品位与厚度呈正相关。与成矿有关的围岩蚀变除夕卡岩化外,还有磁铁矿化、黄铁矿化、硅化、方解石化和褐铁矿化等。

7. 五台岩浆弧相斜长角闪岩(绿泥片岩)-富铝片岩(绢云片岩)-磁铁石英岩组合与金矿(Ar_3)

五台岩浆弧相斜长角闪岩(绿泥片岩)-富铝片岩(绢云片岩)-磁铁石英岩组合中包括硅铁建造型金矿和韧性剪切带型金矿2种类型金矿。

(1)硅铁建造型金矿:区内硅铁建造型金矿主要产于五台山区的绿岩带铁建造中,也是我国重要的太古宙铁建造型金矿,赋存于五台岩群金岗库岩组和柏枝岩岩组的条带状铁建造中,金岗库岩组中有皇家庄金矿,柏枝岩岩组中有殿头、芦咀头、大明烟、令狐等金矿。殿头金矿赋存于磁铁石英岩中,现已发现4个矿体,中其Ⅰ、Ⅲ矿体规模较大,Ⅰ矿体长285m,厚0.5~2.0m,矿石品位$(4.77~21.35)\times10^{-6}$,平均$8.93\times10^{-6}$,Ⅲ矿体长245m,平均厚2.2m,矿石品位平均$7.2\times10^{-6}$。矿石类型主要为含金磁铁石英岩,围岩蚀变为碳酸盐化、硅化、黄铁矿化和绢云母化等,铁建造中Au、Ag、Cu异常吻合较好。阜平岩群南营岩组、榆林坪岩组中的含铁建造,仅有金矿化,无工业意义。

(2)韧性剪切带型金矿:区内该类金矿(化)主要分布于东腰庄,岭底、代银掌、崔家庄等地。矿化赋存于芦咀头岩组及鸿门岩岩组的绿泥片岩、绢英片岩经韧性剪切变形的糜棱片岩带内,东腰庄金矿,受五台期"之"字形韧性剪切带李家庄-大草坪段控制,矿区共有3条含矿带,自北而南为Ⅲ、Ⅰ、Ⅱ含矿带,其中Ⅰ矿带中Ⅰ矿体含矿较好,控制长507m,厚0.5~15.8m,平均厚5.67m,矿石以绢云钠长(石英、钠长绿泥)片岩型为主,矿石蚀变以黄铁矿化、硅化、碳酸盐化、绢云母化为主,矿石品位$(1.00~32.76)\times10^{-6}$,平均$3.34\times10^{-6}$。Ⅱ矿体赋存于Ⅲ矿带内,长约100m,平均厚1.86m,金品位3×10^{-6},矿石主要载金矿物为黄铁矿,次为石英,自然金粒度为0.001~0.015mm,矿石品位与黄铁矿质量分数分布形态有关。代银掌,岭底金矿与东腰庄金矿受同一条剪切带控制。含矿带赋存于芦咀头岩组中,绢英片岩强烈片理化和碳酸盐化,并遭受强烈韧性变形,含矿带特征以石英脉、碳酸盐化石英脉密集为主,矿化带东西长1500m,厚7~32m,地表共见4层矿,含金$(1.2~5.84)\times10^{-6}$,最高达70.3×10^{-6},单层矿体厚1~2.5m。

8. 五台岩浆弧相变质超基性岩-基性岩组合与金红石、石棉矿产(Ar_3)

五台岩浆弧相变质超基性岩-基性岩组合中的金红石、石棉矿产,主要分布在恒山、五台山地区的变质超基性岩。

1)变质超基性岩-基性岩组合与金红石矿产(Ar_3)

变质超基性岩-基性岩组合的金红石矿产均产于五台期变质超基性岩中。代县碾子沟金红石矿床,含矿岩石为阳起透闪岩,含矿带长11km,其中Ⅰ号矿体最大,长1700m,宽44m,延伸400~500m。金红石在矿石中呈半自形粒状镶嵌于透闪石之间;粒度为0.1~0.5mm,最大为1mm。与钛铁矿、磁铁矿紧密共生,当金红石质量分数较高时,金红石为稠密的浸染状、条带状、脉状以至团块产出。矿石TiO_2平均品位2.2%,最高达13%以上,属大型低品位矿床,目前由代县金红石矿小规模露天开采。

2)变质超基性岩-基性岩组合与石棉矿产(Ar_3)

变质超基性岩-基性岩组合的石棉矿分布于五台山区五台岩群及其花岗质片麻岩中,属变质超基性岩型石棉多为直闪石石棉。属于这一类型的有灵丘县下关青羊口矿区,代县滩上化咀及繁峙县庄旺乡口泉、光峪堡乡大要瓜等矿点。该类石棉硬而脆,不易分裂,纤维易折断。与矿粉混杂不易分离,但耐酸、耐碱性良好,耐酸性为3.53%~15.77%,个别22.84%,耐碱性为0.28%~15.77%,个别为7.85%~7.94%。

9. 界河口弧盆系大理岩-变粒岩-片岩组合与石棉矿产（Ar_3）

界河口弧盆系大理岩-变粒岩-片岩组合的石棉产于新太古界界河口岩群长树山大理岩内，石棉脉与大理岩层理一致。长树山大理岩中部层位是蛇纹石石棉的主要含矿层，有 5 个矿段，22 个矿化点，144 个矿体，矿体一般长 70～250m，厚 0.5～2m，含棉率为 1.1%～10%，纤维最长可达 20～30mm，一般 3～4mm。前人认为其与岩浆侵入及构造裂隙有关，野外地质调查表明，这其实是区域变质。长树山大理岩其实原岩是含燧石条带和结核的白云岩，野外见到结核分 3 个层圈，外层为蛇纹石，中间为石英质，内核有变余的燧石。大理岩中的蛇纹石、橄榄石是燧石与白云石变质反应形成的。

10. 涞水古岩浆弧亚相横岭关二长花岗质片麻岩组合与蛭石矿（Ar_3）

涞水古岩浆弧亚相横岭关二长花岗质片麻岩组合中的蛭石矿体主要分布于变质地层与片麻岩、变质花岗岩的接触带，为区域变质-热接触交代型，因而涉及的岩石组合类型也较多。其中以夏县南师蛭石矿床最具代表性。

夏县南师蛭石矿床矿赋存于横岭关片麻岩中，成矿原岩主要为基性—超基性火山岩，次为呈包体产出的黑云变粒岩、黑云角闪片岩、黑云斜长阳起片岩、蛭石片岩，成因与岩浆活动、区域动力变质作用、热液蚀变及风化作用有关。因横岭关二长花岗岩侵入引起基性—超基性岩发生变质（黑云斜长阳起片岩、蛭石片岩）形成。

矿区内共圈出 3 条矿体：Ⅰ号矿体长约 550m，最大厚度 35.4m，最小厚度 7.00m，平均厚度 19.5m；Ⅱ号矿体长约 400m，最大厚度 13.6m，最小厚度 5m，平均厚度 10.9m；Ⅲ号矿体长约 800m，最大厚度 62.1m，最小厚度 3.6m，平均厚度 35.17m，呈似层状产出，围岩主要为黑云二长片麻岩，局部地段出现黑云角闪片岩。矿体与围岩界线清楚，产状变化较大，倾向南西，倾角 20°～75°。

矿石矿物成分：矿石矿物为蛭石，质量分数 50%～70%，脉石矿物为阳起石（15%～30%）、斜长石（15%～20%）。化学成分与玄武质科马提岩成分接近，反映其原岩为基性—超基性火山岩，氧化钾质量分数较高，可能系黑云母（蛭石）化的结果。

矿石具鳞片变晶结构，眼球状或条痕状构造。蛭石呈叶片状、弯曲叶片状，片度一般为 2～3mm。个别可达 0.5～1cm。单晶厚度 0.2～0.3mm，最大可达 0.55mm，多为片状集合体，具定向排列。

矿石膨胀倍数一般为 2～3 倍，个别可达 5.59 倍。蛭石晶体鳞片一般为 2～3mm，经焙烧后颜色由褐黄色变为银白色，容重小于 0.2t/m³，含矿率为 60%左右，属Ⅲ级蛭石矿石。矿石质量沿矿体走向和倾向均变化不大。质量达Ⅲ级品，共求得储量（333?）571.8 万 t，为一特大型蛭石矿床。

11. 界河口弧盆系大理岩-变粒岩-片岩组合与石墨（Ar_3）

吕梁山区界河口弧盆系大理岩-变粒岩-片岩组合已知有兴县店则上石墨大型矿床、兴县张家圪台石墨矿各 1 处，为变质矿床。

（1）兴县店则上石墨矿床：经普查已查明石墨资源储量 124.43 万 t，为一大型晶质石墨矿床。矿体赋存于界河口岩群含石墨片岩和含石墨大理岩中，呈似层状，产状 320°∠60°～70°。共有 4 个矿体，长 100～262m，平均厚度 2～14m。石墨多为晶质鳞片状，直径 2～3mm。各矿体固定碳平均质量分数为 2.84%～4.59%。

（2）兴县张家圪台石墨矿：成因类型与前者相同，亦赋存于界河口岩群内，含矿岩石为石墨片麻岩。经预查，含矿层总厚度约 28.5m，推测长度约 500m。石墨质量分数一般 5%～10%，最高可达 10%～15%。

12. 右玉古弧后盆地亚相与石墨（Ar_3）

矿体赋存于新太古界集宁岩群中，含矿带由内蒙蛤蟆石沟向南经宏赐堡、六亩地、七里村至鸡窝涧，长约 20km。其中大同宏赐堡矿区规模最大。矿区分 5 个矿带，其中Ⅰ矿带最大，南北长达 3000m，平均厚70~80m。以 I_1 及 I_2 矿为最大，I_1 矿体长850m，厚21m，I_2 矿体长950m，厚31m，延深100~200m。含矿层为主要为石墨片麻岩，次为大理岩。矿区石墨平均含碳质量分数为3%~4%，最高10%，最低0.5%，极个别达17%。品位有由北向南，地表向深部变低的趋势，经选矿后精矿品位平均可达82%~95%。该矿床属晶质鳞片状石墨，层位稳定，规模大，选矿性能好，适于露天开采，交通便利，经济价值较高。

3.4.5.2 古元古代变质岩岩石构造组合与成矿关系

1. 吕梁裂谷相磁铁石英岩-片岩-千枚岩组合与铁矿（Pt_1）

吕梁裂谷相磁铁石英岩-片岩-千枚岩组合中铁矿产出于吕梁群袁家村组中，已知有大型矿床5处，中型矿床2处，矿点近30处。分布于从北部的袁家村至南部的寺头尖山，再向东拐至东水沟，呈"L"形展布，断续延长大于23km。经详查或勘探，共查明铁矿资源储量200 469.1万t，其中大型矿床有岚县袁家村(121 866.3万t)、娄烦县尖山(14 969.2万t)、尖山东矿(20 662.0万t)、娄烦县狐姑山(18 292万t)、狐姑山深部(13 879.7万t)；中型矿床有岚县碾沟宁家湾(8 603.9万t)、娄烦东水沟(1171万t)。现以袁村铁矿及尖山铁矿为例简述如下。

(1)袁家村铁矿区：位于岚县城118°方向14km处。从20世纪50年代至20世纪70年代先后进行过3次勘探，查明资源储量121 866.3万t。铁矿分布在南北长6km，宽0.4~1.5km范围内，共20个大小不等的矿床(点)，成因类型为沉积变质型铁矿。共有3个矿带，含15个矿体，其中以10号矿体最大，Ⅰ号、Ⅱ号矿体次之。矿体呈似层状、透镜状、条带状。10号主矿体分布于矿区中部，为一巨大扁豆体，长2600m，平均厚度154.6m，延深140~830m，其储量占矿区总储量的59.5%。Ⅱ号矿体分布于矿区中部，长2500m，为一系列平行扁豆体组成的复合矿体，平均厚42.6m，延深150~850m。Ⅰ号矿体分布于矿区的西侧，呈似层状，长1375m，平均厚84.7m，延深425~650m。Ⅱ号和Ⅰ号矿体的储量占矿区总储量的28.6%。铁矿石为贫铁矿，矿区平均品位为TFe 33.09%，SFe 30.79%。矿区氧化矿石占总储量的49.3%，以石英型(镜铁矿、赤铁矿、假象赤铁矿)矿石为主，次为闪石型(假象赤铁矿)铁矿。原生矿石占总储量的50.7%，有石英型(磁铁)和闪石型(磁铁)两种矿石。矿石中有害组分磷0.03%~0.08%，硫0.01%~0.12%，砷0.003%，均很低，造渣组分SiO_2 40%~50%，Al_2O_3 0.87%，CaO 1.44%，属酸性矿石。个别含伴生金$(0.08~1.25)\times10^{-6}$。矿石中金属矿物有磁铁矿、赤铁矿(假象赤铁矿)、镜铁矿、菱铁矿、黄铁矿、褐铁矿；脉石矿物有石英、镁铁闪石、铁滑石、铁黑硬绿泥石、黑云母、阳起石、绿泥石、铁白云石、方解石等。不同的矿石类型，其矿物组合也各异。

矿石为微粒嵌布的磁铁、赤铁矿石，75%~80%粒度小于0.043mm，为难选矿石，经多次选矿试验，最终于1981年地矿部矿产综合利用研究所采用"磁载体重法"选矿试验，提高了铁精矿品位(多数为TFe 66.39%~68.0%)，铁的回收率TFe 72.53%~86.27%，降低了磨矿细度，显著改善了选矿技术经济指标。

(2)寺头尖山铁矿区：位于娄烦县城260°方向19km处。先后于1959年、1977年两次提交勘探报告，查明铁矿石储量14 969.2万t。铁矿赋存于吕梁群袁家村组的中部，主要由一向形构造组成，有两个矿体。下部矿体(1号)长约900m，厚度24~170m，平均含TFe 33.88%，S 31.02%；上部矿体(2号)长约1000m，厚度70~233m，矿体呈层状或似层状，倾角60°~80°，平均含TFe 34.85%，S 32.41%。矿石类型以磁铁石英岩型为主，赤铁石英岩型很少。磁铁石英岩型大多为贫矿，含TFe一般为31%~32%，其中有1%的富矿含TFe 52%~56%。赤铁石英岩型的贫矿含TFe 25%~37%，富矿含TFe 52%~57%。矿石中金属矿物以磁铁矿为主，次为赤铁矿(假象赤铁矿)、褐铁矿，极少量黄铁矿；脉石矿物主要为石英，次为透闪石、云母、铁闪石、绿泥石、阳起石、方解石、磷灰石等。全矿区平均品位TFe 35.31%，SFe 32.97%，S、P均低，属酸性矿石。矿石中磁铁矿粒度0.02~0.2mm，石英粒度0.02~

0.15mm。磁铁矿呈自形半自形粒状。矿石可选性：矿石破碎200目的粒度（占89.8%），在水速7.82mm/s和400奥斯特强度的磁选机，经脱水-磁选后，其精矿品位达66.48%，回收率86.63%，尾矿品位8.27%，属易选矿石。

2. 中条-绛县裂谷相变质岩构造组合与铜矿（Pt_1）

中条山区铜矿类型较多，中条山区从新太古代的"涑水杂岩"至古元古代的中条群，几乎所有的早前寒武纪大套岩层中都有相当规模的铜矿床或矿化，但重要的铜矿床均产出于古元古代活动带中，不仅是层控的，而且也是时控的。中条山区铜矿床按成因可分为火山-次火山气液再造型、沉积变质型、层控热液型及热液脉型4种铜矿床，代表性矿床有铜矿峪、篦子沟、胡家峪、横岭关、落家河等矿床。

1）中条-绛县裂谷相变质基性火山岩-酸性火山岩-碎屑岩组合（Pt_1）

变质基性火山岩-酸性火山岩-碎屑岩组合的铜矿床以铜矿峪铜矿床为代表，其含矿岩系为骆驼峰组碎屑-火山岩系，经变质后形成绢英岩、绢英片岩、（电气）石英岩、石英晶屑凝灰岩等，构成一紧闭倒转同斜-半开阔的复式向斜，有较小规模变辉长辉绿岩、花斑英安岩和石英斑岩、石英二长斑岩侵入，属次火山—火山气液再造型。

经勘探已知矿体339个。主矿体有1、2、3、4、5号矿体。其中5、4号矿体最大，储量占整个矿床储量的85%以上。5号矿体产于变晶屑凝灰岩、绢英岩、变石英斑岩、石英岩中，走向长1100余米，控制标高575m以下，向下继续延伸，向北西方向侧伏。矿体呈似层状，最厚处在200m以上。4号矿体位于5号矿体之上，与之相平行，为一隐伏矿体，产于变晶屑凝灰岩、绢云石英岩、变辉长绿岩中。矿体长840m，沿倾向延深大于830m，倾角40°左右，向北西侧伏，侧伏角22°，形状与5矿体相似，最厚处超过200m。

矿石分细脉浸染型、脉型两种。矿石矿物以黄铁矿、黄铜矿、斑铜矿、辉钼矿、辉钴矿等为主。脉石矿物主要有石英、绢云母、方解石、电气石、绿泥石、钠长石、黑云母等。有益元素以铜为主，伴有钴、钼、金，铜平均品位为0.68%，钴平均0.0072%，钼平均0.003%，金平均0.06×10^{-6}。围岩蚀变强烈，主要有硅化、绢云母化、黑云母化、角闪石化、绿泥石化、电气石化、碳酸盐化、重晶石化、方柱石化、钠长石化等。

由于矿床呈似层状而非岩株状，主要容矿岩石是变晶屑凝灰岩而非斑岩，与变泥质碎屑岩-绢英岩、绢英片岩呈渐变接触关系，次要容矿岩石为变石英斑岩，含矿岩系和容矿岩石都遭受了绿片岩相—低角闪岩相区域变质作用，围岩蚀变主要反映原岩成分的控制，缺乏清晰的蚀变分带，因此矿床的形成应主要与火山作用，其次与次火山作用有关，火山、次火山作用后期及变质作用形成的气液对成矿物质起搬运与富集作用，并对原矿层进行改造。因此矿床应属古元古代次火山—火山气液改造型。

2）中条-绛县裂谷相石英岩-片岩-大理岩（斜长角闪岩）组合（Pt_1）

石英岩-片岩-大理岩（斜长角闪岩）组合铜矿床为传统所称的胡-篦型矿床，属远火山-沉积变质型。

矿体分布在上玉坡-胡家峪背斜东翼，主要赋存于中条群篦子沟组地层中，部分在余元下组和余家山组中，从北至南，含矿层位有逐渐上移、品位逐渐变贫的趋向。矿体规模小、中型，累计探明储量占中条地区的20%左右，含铜品位较富，在1%以上，伴生Co、Mo、Au、Ag可综合利用。代表性矿床有篦芋沟、桐木沟、胡家峪等中型铜矿床。

篦子沟铜矿床：该类铜矿中最大的一个，共圈定矿体205个，其中2号矿体最大，占储量的83%左右，其走向长500m，倾向长1000余米，平均厚27.2m，最厚77.1m，平均品位1.66%。走向北西，倾向北东，倾角30°～40°。矿体赋存在余元下组白云石大理岩和篦子沟组碳质片岩之间断裂接触带及其变形形成的北西向斜核部及一背斜轴部，呈不规则板柱状体。

桐木沟铜矿床：位于篦子沟矿床南，共圈出矿体93个，3号矿体最大，占储量的73%，走向20°，倾向南东，倾角50°，走向长300m，倾向长900m，平均厚8m，最厚23m，平均品位1.15%。矿体呈较规则的板状体，赋存于余元下组白云石大理岩与篦子沟组碳质黑色片岩断裂接触带上。

胡家峪铜矿床：位于上玉坡-胡家峪背斜南倾伏端西侧的西沟向斜中，共圈出矿体167条，其中3、5、7号最大，储量占99%，平均品位1.07%。3、5号矿体勘探时为两个矿体，位于西沟向斜东翼之余家山组白云石大理岩与篦子沟组碳质黑色片岩断裂接触带及其附近褶皱转折端部位。矿体平面上呈马鞍状，垂向上沿褶皱枢纽为一富矿柱，走向长300m，倾向延伸在600m以上。7号矿体呈似层状。

3. 中条-绛县裂谷相石英岩-云母片岩组合与铜矿（Pt_1）

中条-绛县裂谷相石英岩-云母片岩组合的铜矿床为通常所称的横岭关型铜矿床，属沉积变质型。

横岭关型铜矿床分布在绛县的庙圪瘩—横岭关—柴家峪一带，呈北东向分布。已知有凉水泉中型铜矿床和铜凹、山神庙、庙圪瘩、东沟、五里墩、九沟岭、胆矾沟、八宝滩、老豹窝等小型铜矿床（矿点）。矿床赋存在横岭关亚群中，有3个含矿层位，含矿岩石自下而上分别为石墨绢云片岩、石榴二云片岩、十字石榴二云片岩，矿体呈似层状、透镜状、扁豆状，产状和围岩一致，多赋存在次级背斜的轴部及两翼。矿体规模较小，走向多为北东，倾向北西，有时倾向南东。矿石主要为细脉状和浸染状，亦有团块状及晶洞构造。主要矿石矿物为黄铜矿和黄铁矿。围岩蚀变主要为硅化、碳酸盐化、黑云母化、绿泥石化和电气石化等。矿石中铜品位较低，多数在1%以下。

4. 中条-绛县裂谷相石英岩-云母片岩-大理岩（斜长角闪岩）组合与铜矿（Pt_1）

中条-绛县裂谷相石英岩-云母片岩-大理岩（斜长角闪岩）组合中包括2种类型铜矿，即火山沉积-再造铜矿床和层控热液型铜矿床。

1）中条-绛县裂谷相石英岩-云母片岩-大理岩（斜长角闪岩）组合与火山沉积-再造铜矿床

中条-绛县裂谷相石英岩-云母片岩-大理岩（斜长角闪岩）组合中火山沉积-再造铜矿床以落家河（型）铜矿床为代表。矿床分布于落家河构造-剥蚀天窗内，赋存于宋家山群绿泥片岩、石墨片岩层内，地表见有零星铜矿露头，总体为一隐伏矿床，被北西向断裂分割成3个矿带。矿体基本全部分布在Ⅰ、Ⅱ矿带内。Ⅰ矿带有矿体57个，1号矿体规模最大，其走向北东，倾角50°～70°，呈似层状，沿走向为波状起伏，倾向上有分叉，矿体长595m，最大延深505m，厚度0.92～49.05m，平均14.13m，铜品位0.3%～2.5%，平均1.09%。Ⅱ矿带6个矿体中以25号规模最大，长420m，延深600m，厚度0.87～22.47m，平均8.3m，平均铜品位1.067%。矿石主要有稀疏浸染状、细脉（条带）状和团块状。矿石矿物以黄铜矿、黄铁矿为主，脉石矿物以绿泥石、石英、方解石、绢云母等为主，并常见石墨。围岩蚀变主要有石墨化、绿泥石化、黑云母化、电气石化、绿帘石化、硅化、绢云母化、钠化、钾化、碳酸盐化和黄铁矿化。

2）中条-绛县裂谷相石英岩-云母片岩-大理岩（斜长角闪岩）组合与层控热液型铜矿床

中条-绛县裂谷相石英岩-云母片岩-大理岩（斜长角闪岩）组合中的火山沉积-再造铜矿床主要有虎坪、篦笆沟铜矿床。

虎坪铜矿床：位于同善天窗内，分东（硐口岭）、西（西坡岭）两矿带。西坡岭矿带主要产于宋家山群石英岩中，即篦笆沟型铜矿床。硐口岭带产于涑水杂岩黑云角闪片岩中，为虎坪型矿床，已探明矿体55个。矿体呈豆荚状或条带状，产状与围岩近一致。1～5号矿体为主要矿体。以3号矿最大，近东西向延长400m，最大延深350m，最厚24m，其储量占全区铜矿总储量的71%。矿石呈散点浸染状、细脉浸染状，主要矿石矿物为黄铜矿、斑铜矿、黄铁矿等，平均铜品位0.64%、钴0.01%～0.001%、铬0.01%～0.001%、镍0.01%～0.001%、镓0.0026%。矿体沿走向品位变化不大，沿倾向有变贫趋势。围岩蚀变主要有黑云母化、碳酸盐化、角闪石化和绿泥石，还见绢云母化、绿帘石化、白云母化和电气石化。成矿时代为中条晚期，矿床属中—高温热液浸染型层控铜矿床。

篦笆沟铜矿床：位于同善天窗内，产在宋家山群石英岩中，矿体顶底板均为绢云石英片岩。矿区有两个矿带。Ⅰ矿带位于复式向斜南东翼，全长7800m，宽5～10m，有13个矿体。其中7号矿体最大，长300m，最厚12.6m，平均厚度6.5m。该矿含铜0.3%～1.61%，平均0.49%。Ⅱ矿带位于复式向斜北西翼，长250m，宽5m～10m，共3个矿体。其中2号矿体规模最大，长50m，厚3.6m左右。全矿带铜品位0.3%~3.96%,平均0.91%。全区主矿体平均品位0.67%。矿体多呈扁豆状、透镜状,产状与围岩一致。矿石呈浸染状,部分呈团块状、脉状,主要矿石矿物为黄铜矿、黄铁矿,次为磁黄铁矿、磁铁矿。矿体附近见绢云母化、硅化、黑云母化及碳酸盐化。矿床属热液再造砂岩型铜矿床。

5. 甘陶河裂谷相变质砂岩-白云岩-安山岩组合与锌矿(Pt_1)

甘陶河裂谷相变质砂岩-白云岩-安山岩组合中锌矿主要赋存于甘陶河群下南寺组,含矿层出露长度约6000m,厚16~78m,平均厚52.5m,平均含Zn 1.27%,呈南北向延伸,倾向260°~280°,倾角53°~60°。北段含矿性较好,向南逐渐变薄、变贫,共圈出7个矿体,其中以2、3、4号矿体为主。2号矿体长200m,厚2m,含Zn 1.02%。3号矿体长180m,厚2~9.5m,含Zn 1.11%。4号矿体长820m,厚13.6m,含Zn 1.3%。矿体主要呈层状、似层状、透镜状。矿石中主要金属矿物有黄铁矿、闪锌矿、黄铜矿、方铅矿、磁铁矿,其次为辉铜矿、斑铜矿、黝铜矿、毒砂等。矿石主要呈星散状和浸染状构造。成因类型为沉积变质-后期热液改造型。

6. 滹沱裂谷相变质砾岩-泥砂岩-大理岩组合与金矿(Pt_1)

滹沱裂谷相变质砾岩-泥砂岩-大理岩组合的金矿主要赋存于滹沱系四集庄组砾岩中,受层位控制明显,为变质砾岩型金矿。现已发现10余处金矿床、金矿(化)点,包括五台西山金矿(白云、七图)及西山底、阳白、上金山、小宽滩、红表、天池沟、东山底、康家湾-龙巴、张仙堡、殿头-西集庄、马桥、小中咀等金矿(化)点。西山金矿区矿体赋存于倒转背斜转折端,地表工程控制金矿体390m,一般厚0.3~3.9m,平均厚2m,矿体呈透镜状。金品位$(3~10)\times10^{-6}$,平均8×10^{-6},金矿石为含石英细脉的蚀变岩及贫硫化物的石英脉,蚀变岩石矿物主要为黄铁矿、磁铁矿、黄铜矿和自然金,黄铁矿为主要载金矿物,自然金以中粗粒为主,粒径0.05~0.4mm。贫硫化物石英脉,黄铁矿含量极低,自然金呈粒间金,粒度粗,含金品位一般较高,但不稳定。该类金矿的发现,为古元古代沉积盆地找金提供了重要的找矿线索。

7. 滹沱裂谷相变质碎屑岩-白云岩-玄武岩组合与磷矿(Pt_1)

滹沱裂谷相变质碎屑岩-白云岩-玄武岩组合的磷矿位于盂县东北部南梁磷矿为磷块岩矿,磷矿层位于七东山组顶部,矿体呈似层状,透镜状,厚度一般小于10m,最厚约40m,矿石类型为3种:①磷质角砾岩型;②含砾细粒磷块岩型;③铁质含磷角砾岩型。其中含砾细粒磷块岩型矿石含磷高,$w(P_2O_5)$一般大于8%,最高达22.6%,为构成工业磷矿体的主要部分,在含矿层中下部富集成矿。山西省地质局216地质队1976年对该区进行了初查,提交一般品位磷矿石储量(E级)40 870t[$w(P_2O_5)$平均11.78%],低品位磷矿的矿石储量54 700t[$w(P_2O_5)$平均4.55%],为小型低品位磷块岩型磷矿。虽然矿石品位低,储量少,但矿石中有效磷含量高,可直接研磨成磷矿粉使用,矿体大都裸露地表,便于露天开采。

8. 滹沱裂谷相变质辉长岩-辉绿岩-辉石闪长岩组合与磷矿(Pt_1)

滹沱裂谷相变质辉长岩-辉绿岩-辉石闪长岩组合与磷矿产出于平型关、白岸台一带,呈脉状、透镜状产于吕梁期变质云煌岩中。大小矿体共32个,其中3、16、18号矿体规模较大。矿石类型为含磷辉石正长黑云母片岩,属正变质磷灰石矿床。矿石矿物为磷灰石,含量4%~15%,回收率93.7%,精矿P_2O_5品位34.15%。探明磷矿储量34 485.7万t,折合标矿3 288.3万t,为大型低品位磷矿床。

9. 郭家寨陆内盆地相变质碎屑岩-白云岩-玄武岩组合与磷矿(Pt_1)

郭家寨陆内盆地相变质碎屑岩-白云岩-玄武岩组合的磷矿赋存于滹沱系郭家寨群中,西起原平县尧岩山,东至五台县阁子岭,断续分布长20km,南北宽50~240m,包括11处矿点,矿化点5处,组成该矿化带各个矿点的矿层,均以孤立的顶盖式覆于东冶群之上,含矿岩石主要为红石头组含铁硅质砾岩、矿体规模大者长300m,厚3~5m,小者长60m,厚0.8~3m,矿体形态呈透镜状、似层状,矿石组分为细晶磷灰石,胶磷矿与方解石、铁质、硅质等以胶结物形式赋存。矿石类型有赤铁磷灰岩(含 P_2O_5 1.03%~30.92%)、赤铁硅质磷灰岩(含 P_2O_5 1.38%~28.63%)、硅质磷灰岩(含 P_2O_5 1.37%~29.77%)、角砾状磷灰岩(含 P_2O_5 1.0%~30.0%)。分布于忻县白家山一带的磷矿赋存于东冶群北大兴组中,共圈出两个矿带和两个矿化带,矿体长10~500m,宽2~4m,含 P_2O_5 热液交代-充填型白云石大理岩。

10. 后造山岩浆杂岩相变质黑云母花岗岩组合与云母(Pt_1)

后造山岩浆杂岩相变质黑云母花岗岩组合的云母为山西省内分布较广泛的矿产之一,主要分布于云中山地区、五台山地区,产于变质结晶基底中,为花岗伟晶岩型。

云中山区已知白云母矿产地共计12处,其中小型矿床3处,它们是静乐县范家沟(资源储量118.5t)、静乐县杀虎沟(126t)、兴县小坪头(55.3t);其余9处为矿点,它们是忻州寺坪柴家庄、宁武县石板桥、静乐县大会村、静乐县里福沟、静乐县固镇(15t)、阳曲县郑家梁、阳曲县箭杆村、兴县阳崖上、兴县段家湾。其中杀虎沟、郑家梁、小坪头还伴生有稀有金属。

白云母均产于花岗伟晶岩中,各矿床、点内含白云母花岗伟晶岩多在1~10条之间,少数为十几条,个别达72~104条。长度多为30~300m,最长达625m;厚度一般在几米到30m之间,最厚可达50m。含白云母伟晶岩一般分带较好,可分外侧带、边缘带、中间带、内核带和窝状构造等,分别发育细晶结构、文象结构、变文象结构、石英核心和交代结构等。

白云母矿体分布于伟晶岩脉的不同部位,呈带状、透镜状、巢状、脉状、星散状等。矿床中的矿体长30~69.5m,厚度3.39~8m不等。白云母为棕褐色、淡绿色,薄片为无色透明,部分斑点较多,节理揉褶发育,片度大者大于100cm²,一般20~60cm²,小者几平方厘米。含矿率一般为10~30kg/m³,高者可达387.7kg/m³。剥分率一般10%~25%。矿床中的白云母品位低者约10kg cm²/m³,高者可达694.9 kg cm²/m³。矿点一般均较低。

白云母矿床成因可分原生(伟晶期)和后生(交代期)两类,原生白云母(伟晶期)矿以忻州范家沟白云母矿为代表,后生白云母(交代期)矿以静乐县杀虎沟白云母矿为代表。

另外,五台山区内白云母产于庄旺—桥儿沟一带的吕梁期伟晶岩中,具有工业价值的矿脉有11条,矿体在平面上呈豆荚状,长138~340m,宽1.8~12m,其中以7、8号脉白云母含量较高,出成率15%~20%。从11条具工业价值的矿脉34个块段统计,含矿率大于4cm²的为8~10kg/m³,2~4cm²的为3~4kg/m³。工业原料白云母储量2462t,其中工业储量1381t。该矿由当地手工开采至今,部分矿脉伴生稀有金属矿物绿柱石、锂云母、铌铁矿、铌、钽、铀矿及黄玉等,应注意综合利用。

11. 后造山岩浆杂岩相变质黑云母花岗岩组合与水晶(Pt_1)

后造山岩浆杂岩相变质黑云母花岗岩组合的水晶在吕梁山区内已知有压电水晶中型矿床1个、矿点矿化点3个,熔炼水晶中型矿床1个、小型矿床1个。

静乐县大地沟压电水晶、熔炼水晶矿床:位于静乐县北东35km,为产于云中山岩体中的石英脉型水晶矿床。经详查,求得资源储量压电水晶为366kg,熔炼水晶为28t,压电水晶、熔炼水晶均为中型矿床。含晶石英脉共4条,以4号脉为主,呈不规则状,长90m,宽41m。1、2号脉呈蝌蚪状。脉内晶洞可分3类:残留式,仅头部透明,所产压电晶体仅占总量9%;溶解式,晶洞形状不规则,规模大,最大体积2.56m³,采出晶体1.8t,压电晶体占总量的68%;残留-溶解式,最大晶洞呈椭球状、筒状、不规则状,规模中等,一般在50×40×30(cm)以上,最大晶洞采出晶体993kg,含压电晶体占总量23%。水晶晶体以柱状为主,短柱状次之,对径以2~4cm为主,最大晶体对径12cm,长50cm,重14kg。水晶缺点有道芬双晶、巴西双晶、裂隙等,平均品位压电水晶对径大于1.2cm者为1.93g/m³,大于0.8cm者为3.28g/m³;熔炼水晶为376g/m³,含 SiO_2 99.05%。

五台山区东南部矿点较多,伟晶岩型水晶分布于五开掌、肖家汇、青家岔及神仙洞—营洞一带,围岩为片麻状花岗岩。伟晶岩呈不规则脉状，团块状，方位不定，一般宽2～5m，长10余米，最宽十几米，晶洞发育于分带伟晶岩的核心部分，在无分带伟晶岩中为不规则残留晶洞，晶洞一般宽10～30cm，晶体为六方棱状，宝塔状，簇状，多数为浑浊—半透明，颜色多为紫色，少数为烟色，次生裂隙较多，有气态包体，少见褐铁矿包体。晶体一般直径1～4cm，长1～15cm。无分带型伟晶岩中的水晶较小，多呈晶簇状产生于洞壁部。

12. 后造山岩浆杂岩相变质黑云母花岗岩组合与钾长石、蛭石（Pt_1）

1）后杂岩相造山岩浆变质黑云母花岗岩组合与钾长石（Pt_1）

后造山岩浆杂岩相变质黑云母花岗岩组合的钾长石矿主要为伟晶岩型矿床，分布于龙泉关韧性剪切带内上社—屋腔段。带内吕梁期伟晶岩脉发育，呈网脉或单脉状，局部富集成伟晶岩带，长者200m，厚几米至十几米，沿围岩片麻理或节理侵入，矿体赋存于结构较简单，分带好的伟晶岩脉中。矿脉分为石英核带、中间带和外侧带。上社长石矿，研究程度较高，较好矿脉35条，规模大者矿脉长150～250m，小者矿脉长30～40m，宽6～8m，矿脉呈肉红色—浅肉红色，据结构可分为：粗大粒状结构，含长石75%～80%，石英20%～25%，黑云母2%～3%；块状结构，含长石80%，石英20%；巨块状结构，长石90%，石英10%，黑云母少见；花岗结构，长石70%，石英25%；黑云母5%～10%（仅见1条）；细晶结构，长石75%，石英25%。矿石平均化学成分K_2O 6%，Na_2O 2%，SiO_2 70%，Al_2O_3 15%。保有储量36.4万t，已达中型矿床。随着陶瓷工业的发展，岩浆岩型富钾型岩石已广泛用作陶瓷原料。

2）后造山岩浆杂岩相关帝山变质黑云母花岗岩组合与蛭石矿（Pt_1）

后造山岩浆杂岩相关帝山变质黑云母花岗岩组合与蛭石矿位于交城县东坡底乡逯家岩东500m沟中。出露岩性为新太古代界河口岩群大理岩，古元古代变质黑云母花岗岩。大理岩地层产状为110°∠35°。变质黑云母花岗岩中含有较多大理岩捕虏体，接触变质现象发育。

蛭石矿即产于灰白色变质黑云母花岗岩与大理岩捕虏体的接触带，接触带有黑色角闪岩，角闪岩走向北东，宽约10m，可见长50m，其余被残坡积覆盖，产状100°∠75°；黑色角闪岩中部有条带状透闪大理岩、钙硅酸盐岩（夕卡岩）。变质黑云母花岗岩与角闪岩接触带有宽2m，长约10m的蛭石矿脉。蛭石片度5mm^2，最大3.0cm^2，加热体积膨胀5～8倍。有时可见直闪石伟晶结合体，呈束状、放射状，此外透闪石化、绿帘石化及蛇纹石化比较发育。

3.5 大型变形构造

山西在复杂而漫长的地质构造发展史中，经历了新太古代陆壳形成和增生，古元古代拼合固结，中、新元古代伸展及古生代陆表海盆地演化阶段，自海西运动以来，开始了由中亚—特提斯构造域向滨太平洋构造域转化阶段。中、新生代是区内滨太平洋构造体系强烈活动阶段，致使发生地幔置换作用与中、新生代岩石圈减薄，形成以太行山重力梯带为界的山西黄土高原，其地壳结构、表层构造和现代盆岭构造地貌等与中国东部中、新生代形成的构造格局一致。由一系列呈北东向斜列的褶皱、逆冲推覆构造带和新生代贯穿山西南北呈北东向斜列的山西地堑系与山脉隆起，构成中、新生代板内造山带。在这一大的构造背景下，山西大型变形构造发育，发育了新太古代五台期—古元古代吕梁期大型韧性变形构造、中生代燕山期大型逆掩-逆冲构造和上叠的新生代构造盆地等。

3.5.1 大型变形构造划分及特征

根据主构造期的力学性质和变形深度或剥蚀深度等原则划分如下三大类、6种类型：挤压型，新太古代—古元古代3个大型逆掩推覆构造(韧性)、2个中生代大型逆掩推覆构造(脆性)、4个中生代大型逆冲断裂构造(脆性)、1个中生代大型逆冲叠瓦构造(脆性);拉张型,1个中生代大型地堑-地垒构造;张剪型,1个新生代大型右行斜滑构造。大型变形构造划分见表3-5-1。

表 3-5-1　山西省大型变形构造划分表

形成时代	大类	类型	名称
新生代	张剪型	右行斜滑构造	山西地堑系
中生代	拉张型	地堑-地垒构造	唐河地堑-地垒构造
中生代	挤压型	逆冲叠瓦构造	沁水逆冲叠瓦构造
中生代	挤压型	逆冲断裂构造	太行山逆冲断裂构造
中生代	挤压型	逆冲断裂构造	狐堰山-太岳山逆冲断裂构造
中生代	挤压型	逆冲断裂构造	宁武-静乐逆冲断裂构造
中生代	挤压型	逆冲断裂构造	离石逆冲断裂构造
中生代	挤压型	逆掩推覆构造(脆性)	系舟山逆掩推覆构造
中生代	挤压型	逆掩推覆构造(脆性)	鹅毛口逆掩推覆构造
古元古代	挤压型	逆掩推覆构造(韧性)	中条山逆掩推覆构造
新太古代	挤压型	逆掩推覆构造(韧性)	五台山"之"字形逆掩推覆构造
新太古代	挤压型	逆掩推覆构造(韧性)	龙泉关逆掩推覆构造
新太古代	挤压型	逆掩推覆构造(韧性)	白蟒神逆掩推覆构造

3.5.1.1　大型逆掩推覆构造(韧性)

根据山西省的大型韧性变形构造根据所处的大地构造位置、发生变形的时间、变形模式等,划分为恒山地区白蟒神逆掩推覆构造(韧性)、太行山北段龙泉关逆掩推覆构造(韧性)、五台山地区五台山"之"字形逆掩推覆构造(韧性)和中条山地区中条山逆掩推覆构造(韧性)。

1. 恒山地区白蟒神逆掩推覆构造(韧性)

恒山地区白蟒神逆掩推覆构造,以强烈韧性变形为主,主要发生在新太古代五台晚期,发生在恒山地区新太古代阜平期土岭片麻岩与五台岩群金岗库岩组之间,形成了大量规模巨大的逆掩推覆型韧性剪切带,构成了岩片叠覆构造格局。五台晚期晚阶段再次活动向南正滑,并受古元古代吕梁期构造叠加,在恒山西部雁门关一带形成北东向褶皱。

2. 太行山北段龙泉关逆掩推覆构造(韧性)

太行山北段龙泉关逆掩推覆构造主要发生在新太古代五台晚期,在太行山北段地区新太古代阜平岩群及其片麻岩与五台岩群金岗库岩组之间,形成了规模巨大的北东向逆掩推覆型韧性剪切带,构成了太行山北段基底以韧性剪切变形带呈网结状、穹隆状及岩片叠覆构造格局,主要构造形迹分为挤压流动构造、片麻状穹隆构造、逆冲构造、眼球构造。由韧性剪切带控制的基底构造线的展布总体构成了"帚"状构造形态,显示了多期多相构造叠加特征,五台晚期晚阶段再次活动向北正滑,古元古代吕梁期再次活动向南逆冲。

3. 五台山地区五台山"之"字形逆掩推覆构造(韧性)

五台山地区五台山"之"字形逆掩推覆构造规模宏大,十分醒目,呈"之"字形贯穿于整个五台山花岗绿岩带,它是五台山花岗绿岩带南、北两个巨型岩片的分界构造。

北部岩片包括恒山金岗库岩组在内,由角闪岩相变质的石咀亚岩群及大面积分布的北台片麻岩和同造山期王家会、峨口变质花岗岩组成;南部岩片以韧性剪切带为界由东部角闪岩相—高绿片岩相变质的石咀亚群和西部低绿片岩相的台怀亚岩群、高凡亚岩群组成,岩浆活动相对较弱,主要为石佛片麻岩、光明寺奥长花岗岩。

强变形带宽度一般在 30～500m 之间,排除吕梁期构造叠加的影响,主剪切面走向在 70°～80°之间,倾向北西,倾角较缓,与南北两个岩片的构造方向一致。在九枝树以东,北台片麻岩、义兴寨片麻岩直接覆于石咀亚岩群文溪岩组及老潭沟岩组之上;九枝树以西北台片麻岩覆于台怀亚岩群柏枝岩岩组之上,下盘产生了鸿门岩倒转向斜,宽滩以西庄旺岩组、金岗库岩组覆于柏枝岩岩组之上。

4. 中条山逆掩推覆构造(韧性)

中条山逆掩推覆构造主要由平头岭、泗交、沙金河、篦子沟等逆掩推覆型韧性剪切带组成,主体呈北东向产出于绛县群底部与横岭关片麻岩以及中条群余家山组大理岩与担山石群砾岩的接触界面上。这些逆掩推覆型韧性剪切带基本平行分布,倾向南东或北西,倾角 20°～40°不等,伴随发育一系列的褶皱。

绛县群、中条群及宋家山群、担山石群的构造变形特征较为相似,均为在北西-南东向挤压应力作用下,形成了一系列的线状褶皱、逆冲岩片。绛县群的褶皱构造是多期次的构造作用下形成的。其总体特征是一系列背斜与向斜相间产出的线状-短轴褶皱,其翼部局部产生了强烈的冲断作用,使其间褶皱形态保存不完整,处于北东部之横岭关亚群褶皱较为紧闭且一翼倒转,为同斜紧闭倒转褶皱,轴面倾向北西。

横岭关同斜倒转向斜褶皱内部保留的大量原生构造,确定地层层序,并通过一系列构造剖面恢复确定的。其北西翼石羊山—五里墩一带,地层层序总体倒转,倾向北西,横剖面上局部具"S"形小褶皱,其南翼地层倾向北西,总体显示正常层序,并与北西翼对称出露了铜凹组、平头岭组石英岩及横岭关片麻岩,石英岩变余构造(交错层、粒级序)指向清楚,应为该向斜构造南东侧之背斜核部。综观该向斜构造,褶皱较为紧闭,为一同斜紧闭倒转向斜褶皱。

上玉坡-胡家峪背斜两翼上分布有次一级的路家沟向斜、西沟向斜等。其轴向均呈近南北向,两端分别向北东南西弯曲,略显"S"形。出露长约 15km,宽约 5km。背斜两翼主体由中条群构成,核部为绛县群和涑水期北峪奥长花岗片麻岩。南北倾伏端常可见"裙边状"的次级褶皱构造,东翼经勘探亦发现有几个"褶皱鼻"。在这些次级"褶皱鼻"部位往往都是胡-篦型铜矿赋存的有利部位,如刘庄冶、篦子沟、桐木沟、店头及老宝滩等矿体都受此构造部位控制。

3.5.1.2 大型逆掩推覆构造(脆性)

山西的大型逆掩推覆构造(脆性)形成于中生代燕山期,由鹅毛口、系舟山两个大型逆掩推覆构造组成。在复向斜的一翼形成多条近于相互平行展布的逆冲断层组成,总体呈 30°～40°方向延伸。

3.5.1.3 大型逆冲断裂构造

山西的大型逆冲断裂构造亦形成于中生代燕山期,由宁武-静乐、狐堰山-太岳山、离石、太行山 4 个大型逆冲断裂构造组成。其中宁武-静乐、狐堰山-太岳山大型逆冲断裂构造发育在区域性复向斜的两翼,以发育对冲式逆冲断裂组合为显著特征。离石、太行山大型逆冲断裂构造发育在构造单元边界两侧,形成一系列的呈羽状斜裂分布的断裂组合及伴随褶皱。

3.5.1.4 大型地堑-地垒构造

大型地堑-地垒构造展布于测区内恒山东段,对区内现今构造格局具有显著的影响,西至唐河断裂,东至坟台沟断裂,横跨幅度达20～25km,内部由一系列的北西向和北东向断层共轭产出,总体呈北西-南东向斜贯恒山、五台山东部。早期活动控制了火山盆地的形成与发展,晚期活动均为高角度正断层,具强烈的改造作用。断层走向一般300°～330°,规模大小不等,断面倾向不一,构成一系列地堑、地垒式断裂组合。

3.5.1.5 大型右行斜滑构造

山西的大型右行斜滑构造亦称山西地堑系、汾渭裂谷带,形成于古近纪古新世—渐新世,结构较为复杂,叠加在山西板内造山带不同构造单元之上。自北而南由大同、忻定、晋中、临汾—运城、芮城等北东向裂谷盆地组成,呈北北东向斜列展布。各个盆地均以隆起相隔,四周被盆缘断裂围限,山体隆升形成多级夷平面,盆地下陷接受巨厚的沉积,形成显著的盆岭构造格局。各盆地内部受断裂控制的各断块抬升、下沉具有不均一性,以掀斜的箕状盆地不对称形态为特征,由断阶、陷隆、凹陷等次级构造单元组成。单个盆地走向一般为北东向,其晋中盆地两侧太原西山东侧与沁水板拗西侧地层以及忻定盆地两侧五台山与云中山区早前寒武纪变质岩大致可以对接,反映盆地由张裂向两侧扩展并下陷形成。整个裂谷带主体走向为北北东向,其莫霍面也呈北北东向带状隆起,北段忻定、大同盆地向东偏转至北东—北东东向,南段临汾—运城盆地向西偏转至北东—北东东向,总体呈"S"形展布,指示盆地和两侧高原山地均发生过右行旋转。

由地质和地球物理资料所反映的构造特征,以临汾盆地为例建立起的地壳断面模式,反映了汾渭裂谷带及两侧高原山体地壳结构的总体特征。控制盆地形成与发展的盆缘断裂呈铲式向下延伸至低速高导层消失、滑脱,使上地壳加厚。其形成过程是在新生代喜马拉雅运动以来,以北东—北北东向断裂的差异性升降为主导运动形式,致使整体高原山地隆升遭受剥蚀和盆地下陷接受沉积,构成完整的山麓冲洪积体系。各盆地是在边张裂、边陷落、边接受了巨厚的河湖相—河流相松散堆积物,伴随有古近纪金伯利岩、似金伯利岩体群和始新世—渐新世、上新世、晚更新世3次基性火山喷发等岩浆活动,具有陆内裂谷的性质,与两侧隆升的高原山地共同构成了新生代重造山的伸展型陆内造山带。经历了始新世—晚更新世的全盛期,尽管盆地边界断裂和近代地震活动记录至今仍在活动,但已开始走向衰亡。

新生代喜马拉雅运动以来,汾渭裂谷带与两侧高原山地间,除南部芮城裂谷盆地古近纪末和新近纪末经历了两次水平挤压作用外,其余各盆地边界及盆内深大断裂均表现为张性或张扭性正断层性质,以其强烈的垂直差异性升降运动,控制着盆地下陷和两侧隆起高原山地的形成,同时汾渭裂谷带亦是呈北北东向展布北东向斜列的"S"形右旋剪切拉张带。

3.5.2 大型变形构与成矿关系

3.5.2.1 新太古代大型逆掩推覆构造(韧性)与成矿关系

新太古代大型逆掩推覆构造分布于恒山—五台山地区及太行山北段,自北向南分别为白蟒神逆掩推覆构造、五台山"之"字形逆掩推覆构造、龙泉关逆掩推覆构造。它们均以强烈韧性变形主要发生在新太古代五台晚期造山运动过程,伴随有强烈的紧闭褶皱、绿片岩相—角闪岩相变质,形成有变质沉积铁矿和硅铁建造型、韧性剪切带型金矿。

1. 新太古代大型逆掩推覆构造（韧性）与变质沉积铁矿（Ar_3）

新太古代大型逆掩推覆构造的韧性剪切变形伴随的绿片岩相—角闪岩相变质，形成阿尔戈马型新太古代条带状硅铁变质建造，产出层位为五台岩群角闪岩相变质的金岗库岩组和文溪岩组、绿片岩相的柏枝岩岩组。在空间上受构造和岩层层位控制，呈北东东向带状展布，硅铁建造沿每个矿带断续产出，分段集中，形成一系列规模大小不等的铁矿床。

赋存于石咀岛弧亚相中的金岗库岩组硅铁建造为斜长角闪岩-富铝片岩-磁铁石英岩组合，在五台山区包括两个矿带。北带位于五台山北麓，区内长约20km，宽约1km，包括时子、黑山庄、郭家庄、皇家庄、白峪里等大中型铁矿床。南带位于五台山南部区内长约20km，宽0.2~1km，包括石咀、金岗库、蒿地堂、西沟、桥儿沟等中小型矿床。

赋存于台怀岛弧亚相中的文溪岩组、柏枝岩岩组硅铁建造为绿泥片岩-绢云片岩-磁铁石英岩组合，分布于鸿门岩向斜的两翼，长约80km，宽15~20km，规模较大，从东到西包括文溪、山家、柏枝岩、大明烟、板峪、山羊坪等大、中型铁矿床。含矿岩石为条带状铁英岩，矿体围岩为绿片岩相—角闪岩相变质的基性火山岩，矿体呈多层位产出。

2. 新太古代大型逆掩推覆构造（韧性）与金矿（Ar_3）

五台山区新太古代大型逆掩推覆构造（韧性）及其分支构造的韧性剪切变形伴随的绿片岩相—角闪岩相变质形成的金矿，包括硅铁建造型、韧性剪切带型两种类型金矿。

硅铁建造型金矿：区内硅铁建造型金矿主要产于五台山区的绿岩带铁建造中，也是我国重要的太古宙铁建造型金矿，赋存于五台岩群金岗库岩组和柏枝岩岩组的条带状铁建造中，金岗库岩组中有皇家庄金矿，柏枝岩岩组中有殿头、芦咀头、大明烟、令狐等金矿。殿头金矿赋存于磁铁石英岩中现已发现4个矿体，其中Ⅰ、Ⅲ矿体规模较大，Ⅰ矿体长285m，厚0.5~2.0m，矿石品位$(4.77~21.35)\times10^{-6}$，平均$8.93\times10^{-6}$；Ⅲ矿体长245m，平均厚2.2m，矿石品位平均$7.2\times10^{-6}$。矿石类型主要为含金磁铁石英岩，围岩蚀变为碳酸盐化、硅化、黄铁矿化和绢云母化等，铁建造中Au、Ag、Cu异常吻合较好。

韧性剪切带型金矿：区内该类金矿主要分布于东腰庄、岭底、代银掌、崔家庄等地。矿化赋存于芦咀头岩组及鸿门岩岩组的绿泥片岩、绢英片岩经韧性剪切变形的糜棱片岩带内，东腰庄金矿，受五台期"之"字形韧性剪切带李家庄-大草坪段控制，矿区共有3条含矿带，自北而南为Ⅲ、Ⅰ、Ⅱ含矿带。其中Ⅰ矿带中Ⅰ矿体含矿较好，控制长507m，厚0.5~15.8m，平均厚5.67m，矿石以绢云钠长（石英、钠长绿泥）片岩型为主，矿石蚀变以黄铁矿化、硅化、碳酸盐化、绢云母化为主，矿石品位$(1.00~32.76)\times10^{-6}$，平均$3.34\times10^{-6}$。Ⅱ矿体赋存于Ⅲ矿带内，长约100m，平均厚1.86m，金品位3×10^{-6}，矿石主要载金矿物为黄铁矿，次为石英，自然金粒度为0.001~0.015mm，矿石品位与黄铁矿含量分布形态有关。代银掌、岭底金矿与东腰庄金矿受同一条剪切带控制。含矿带赋存于芦咀头岩组中，绢英片岩强烈片理化和碳酸盐化，并遭受强烈韧性变形，含矿带特征以石英脉、碳酸盐化石英脉密集为主，矿化带东西长1500m，厚7~32m，地表共见4层矿，含金$(1.2~5.84)\times10^{-6}$，最高达70.3×10^{-6}，单层矿体厚1~2.5m。

3.5.2.2 古元古代中条山大型逆掩推覆构造（韧性）与铜矿成矿关系

与古元古代中条山大型逆掩推覆构造（韧性）伴随形成的上玉坡-胡家峪背斜，两翼分布有次一级的路家沟向斜、西沟向斜等。其轴向均呈近南北向，两端分别向北东、南西弯曲，略显"S"形。出露长约15km，宽约5km。背斜两翼主体由中条群构成，核部为绛县群和涑水期北峪奥长花岗片麻岩。南北倾伏端常可见"裙边状"的次级褶皱构造，东翼经勘探亦发现有几个"褶皱鼻"。在这些次级"褶皱鼻"部位往往都是胡-篦型铜矿赋存的有利部位，如刘庄冶、篦子沟、桐木沟、店头及老宝滩等矿体都受此构造部位控制。

3.5.2.3 中生代燕山期大型地堑-地垒构造与铜矿成矿关系

中生代燕山期唐河大型地堑-地垒构造位于恒山东段及灵丘南山、北山一带,总体呈北西向带状产出,西至唐河断裂,东至孙家庄断裂,横跨幅度达20～25km。早期活动在内部由一系列的北西和北东东向断层共轭产出,晚期活动均为高角度的正断层,其规模大小不等,断层走向一般为300°～330°,断面倾向不一,最终形成一系列地堑、地垒式断裂组合。

早期活动的北西和北东东向共轭断层控制了中生代侏罗纪—白垩纪火山盆地的形成与发展,形成了中生代塔地、浑源火山岩盆地中土城子组彭头沟段同碰撞高钾和钾玄质火山岩组合的沸石、膨润土矿产;塔地、浑源、太白维山火山盆地中张家口组向阳村段同碰撞钾质和超钾质火山岩组合的沸石、膨润土珍珠岩矿产。

晚期活动均为北西向高角度的正断层构成一系列地堑、地垒式断裂组合。断裂带内北西向正断层是早白垩世中酸性侵入岩的主要通道,是重要的金及多金属成矿区段。小窝单、岔口一带形成有以爆发角砾岩为中心呈环带状分布的金矿化带和化探异常,属次火山岩型金矿。

3.5.2.4 新生代大型右行斜滑构造与沉积、火山-沉积矿产成矿关系

山西的大型右行斜滑构造亦称山西地堑系、汾渭裂谷带,形成于古近纪古新世—渐新世,其结构较为复杂,叠加在不同的构造单元之上。自北而南由大同、忻定、晋中、临汾-运城、芮城等北东向裂谷盆地组成,呈北北东向斜列展布。各个盆地均以隆起相隔,四周被盆缘断裂围限,山体隆升形成多级夷平面,盆地下陷接受巨厚的湖相—河流相沉积,伴随有始新世—渐新世、中新世、晚更新世三次玄武岩喷溢。形成的矿床成矿系列主要为与沉积、火山-沉积作用有关的陆相矿床成矿系列类型,主要矿产:湖相沉积为盐、碱、硝、石膏、褐煤,赋存在临汾-运城盆地南部运城盐湖四周湖相砂砾岩-泥岩-白云岩建造构造组合中;河流相沉积为泥炭、砂金,赋存在各大山区到盆地的主要河流出口处的河流相碎屑岩建造构造组合中;火山相沉积的为铸石、浮石等,赋存在繁峙组大陆裂谷碱性橄榄玄武岩-拉斑玄武岩组合和峙峪组册田玄武岩、雪花山组及汉诺坝组稳定陆块大陆溢流玄武岩组合中。

3.6 大地构造相与大地构造分区

3.6.1 大地构造相划分

3.6.1.1 划分原则

山西省地处华北陆块,其经历了早期陆核形成,新太古代—元古宙的洋陆转换、增生、碰撞聚集形成稳定陆块(即基底形成阶段),其后产生碰撞后裂谷事件(华北长城纪裂谷事件),尔后经碎屑岩"填平补齐"进入陆架碳酸盐岩台地稳定的地壳构造单元。本书在采用全国项目办推荐的大地构造相体系分类分级划分方案(21个相、47个亚相)的基础上根据山西省早前寒武纪与中元古代以来具有截然不同的演化特征的实际情况进行了部分调整,对早前寒武纪的划分参照造山带相系的划分方案(因如果按照全国项目办的划分方案,则太过笼统,并对古元古代叠加构造无法表示),这样做的目的,一方面在全面反映

山西省早前寒武纪研究程度的同时加强对早前寒武纪的研究工作,另一方面本省有大量的矿产资源赋存其中,对其进行详细划分有助于矿产预测中对矿产形成的大地构造环境进行较详细研究。

根据山西省构造格局及演化特点,在3个构造阶段和Ⅰ—Ⅴ构造单元划分的原则下进行。

3个构造阶段如下。

(1)基底形成阶段分为3期,主要表现为造山运动,分别为阜平运动、五台运动、吕梁运动。

(2)盖层形成和发展阶段分为5期,主要表现为升降运动。

(3)板内叠加造山演化阶段。①陆相盆地演化阶段:印支期,三叠纪,印支运动,在山西省表现并不明显。②板内造山活动阶段:燕山期,侏罗纪—白垩纪,燕山运动,在山西省表现并不明显。③断陷-隆升阶段:古近纪—第四纪,喜马拉雅运动,在山西省表现较为明显。

3.6.1.2 山西省的大地构造相划分

根据上述大地构造相划分思路与原则,提出山西省大地构造相的初步划分方案如下(表3-6-1,图3-6-1),其中一级单元1个,为华北陆块区(编号为Ⅱ);二级单元5个;三级单元30个;四级单元46个。

3.6.2 大地构造分区

3.6.2.1 山西省的大地构造分区

按照板块构造理论,山西省位于华北陆块区的中部,南北界于秦祁昆造山系和兴蒙造山系之间,经历了早期陆核形成,新太古代—元古宙的洋陆转换、增生、碰撞聚集形成稳定陆块,中元古代产生碰撞后裂谷事件,之后进入陆架碳酸盐岩台地稳定的地壳构造单元。中、新生代在克拉通基础上发生了强烈的陆内造山作用,形成了山西省黄土高原-山脉系统,有著名的五台山、恒山、太行山、吕梁山、中条山等山脉。

本次工作根据全国项目办推荐的大地构造相体系分类分级划分方案,山西省大地构造分区划分方案如下(表3-6-2,图3-6-1),需要说明的是,本次大地构造分区划分的构造单元代表"相"的含义,即构造单元并非当时所处的空间位置,而是构造环境的产物。其中一级单元1个,为华北陆块区;二级单元5个;三级单元29个。山西省地质构造格架主要是早前寒武纪陆块拼贴、晋宁期—印支期的"开""合",与燕山期以来现代板块活动的综合结果。一定地域内,不同时期板块构造运动所形成的构造单元之间往往相互叠置,二级单元中,大同-恒山地块($Ⅱ_1$)、五台-界河口新太古代弧盆系($Ⅱ_2$)和阜平-赞皇-中条地块($Ⅱ_3$)形成时代为新太古代,主要分布于山西省各大山系中;晋冀地块叠加裂谷盆地($Ⅱ_4$)形成时代为古元古代,代表古元古代的两次裂解事件;晋冀陆块($Ⅱ_5$)是山西省的主体构造单元,为中元古代以来盖层形成发展和板内叠加造山演化的产物。

3.6.2.2 构造分区基本特征

1. 大同-恒山新太古代地块($Ⅱ_1$)

大同-恒山新太古代地块分布于山西省北部大同—恒山一带,形成时代为新太古代,可划分出3个三级单元,分别为右玉古弧后盆地[$Ⅱ_1^1$GHHP(Ar_3)]、大同-桑干古弧盆系[$Ⅱ_1^2$GHP(Ar_3)]、恒山古弧盆系[$Ⅱ_1^3$GHP(Ar_3)],各单元之间均以韧性剪切带为界。

表 3-6-1　山西省大地构造相划分简表

一级相系	二级大相	三级		
		相		
		名称	构造相简图上代号	主图上代号
Ⅱ 华北陆块区	Ⅱ$_5$ 晋冀陆块大相	汉高山-熊尔(豫陕)裂谷相(Pt_2)	Ⅱ$_5^1$LG(Pt_2)	Ⅱ$_5^2$LG(Pt_2)
		晋冀陆表海盆地相(Pt_{2-3})	Ⅱ$_5^2$LBHP(Pt_{2-3})	Ⅱ$_5^3$LBHP(Pt_{2-3})
		晋冀鲁豫陆表海盆地相(ϵ_{1-2})	Ⅱ$_5^3$LBH(ϵ_{1-2})	Ⅱ$_5^4$LBH(ϵ_{1-2})
		晋冀鲁豫碳酸盐岩台地相(ϵ_2-O_3)	Ⅱ$_5^4$TSTD(ϵ_2-O_3)	Ⅱ$_5^5$TSTD(ϵ_2-O_3)
		山西陆表海盆地相(C_2-P_1)	Ⅱ$_5^5$LBPD(C_2-P_1)	Ⅱ$_5^6$LBPD(C_2-P_1)
		宁武-鄂尔多斯-沁水陆内盆地相(P_2-T_3)	Ⅱ$_5^6$LNPD(P_2-T_3)	Ⅱ$_5^7$LNPD(P_2-T_3)
		大同-宁武-沁水陆内盆地相(J)	Ⅱ$_5^7$LNPD(J)	Ⅱ$_5^8$LNPD(J)
		灵丘陆内盆地相(J—K)	Ⅱ$_5^8$LNPD(J—K)	Ⅱ$_5^9$LNPD(J—K)
		左云-阳高陆内盆地相(K)	Ⅱ$_5^9$LNPD(K)	Ⅱ$_5^{10}$LNPD(K)
		汾渭陆内盆地相(汾渭裂谷)(E—Q)	Ⅱ$_5^{10}$LNPD(E—Q)	Ⅱ$_5^{11}$LNPD(E—Q)
		山西陆内山间盆地相(N—Q)	Ⅱ$_5^{11}$LNPD(N—Q)	Ⅱ$_5^{12}$LNPD(N—Q)
	Ⅱ$_4$ 晋冀地块叠加裂谷盆地大相	吕梁裂谷相(Pt_1)	Ⅱ$_4^1$LG(Pt_1)	Ⅱ$_4^1$LG(Pt_1)
		岚河-野鸡山-黑茶山裂谷相(Pt_1)	Ⅱ$_4^2$LG(Pt_1)	Ⅱ$_4^2$LG(Pt_1)
		滹沱裂谷相(Pt_1)	Ⅱ$_4^3$LG(Pt_1)	Ⅱ$_4^3$LG(Pt_1)
		甘陶河裂谷相(Pt_1)	Ⅱ$_4^4$LG(Pt_1)	Ⅱ$_4^4$LG(Pt_1)
		中条裂谷相(Pt_1)	Ⅱ$_4^5$LG(Pt_1)	Ⅱ$_4^5$LG(Pt_1)
		郭家寨陆内盆地相(Pt_1)	Ⅱ$_4^6$LNPD(Pt_1)	Ⅱ$_4^6$LNPD(Pt_1)
		担山石陆内盆地相(Pt_1)	Ⅱ$_4^7$LNPD(Pt_1)	Ⅱ$_4^7$LNPD(Pt_1)
		后造山岩浆杂岩(Pt_1)	Ⅱ$_4^8$HZSY(Pt_1)	Ⅱ$_4^8$HZSY(Pt_1)
	Ⅱ$_3$ 阜平-赞皇-中条地块大相	阜平古弧盆系相(Ar_3)	Ⅱ$_3^1$GHP(Ar_3)	Ⅱ$_3^1$GHP(Ar_3)
		赞皇古弧盆系相(Ar_3)	Ⅱ$_3^2$GHP(Ar_3)	Ⅱ$_3^2$GHP(Ar_3)
		霍山古弧盆系相(Ar_3)	Ⅱ$_3^3$GHP(Ar_3)	Ⅱ$_3^3$GHP(Ar_3)
		涞水古弧盆系相(Ar_3)	Ⅱ$_3^4$GHP(Ar_3)	Ⅱ$_3^4$GHP(Ar_3)
		稷山古弧盆系变质地带(Ar_3)	Ⅱ$_3^5$GHP(Ar_3)	Ⅱ$_3^5$GHP(Ar_3)
	Ⅱ$_2$ 五台-界河口新太古代弧盆系大相	五台岩浆弧相(Ar_3)	Ⅱ$_2^1$YJH(Ar_3)	Ⅱ$_2^1$YJH(Ar_3)
		高凡碰撞后裂谷相(Ar_3)	Ⅱ$_2^2$PZLG(Ar_3)	Ⅱ$_2^2$PZLG(Ar_3)
		界河口古弧盆系相(Ar_3)	Ⅱ$_2^3$HP(Ar_3)	Ⅱ$_2^3$HP(Ar_3)
	Ⅱ$_1$ 大同-恒山地块大相	右玉古弧后盆地相(Ar_3)	Ⅱ$_1^1$GHHP(Ar_3)	Ⅱ$_1^1$GHHP(Ar_3)
		大同-桑干古弧盆系相(Ar_3)	Ⅱ$_1^2$GHP(Ar_3)	Ⅱ$_1^2$GHP(Ar_3)
		恒山古弧盆系相(Ar_3)	Ⅱ$_1^3$GHP(Ar_3)	Ⅱ$_1^3$GHP(Ar_3)

第 3 章 成矿地质背景

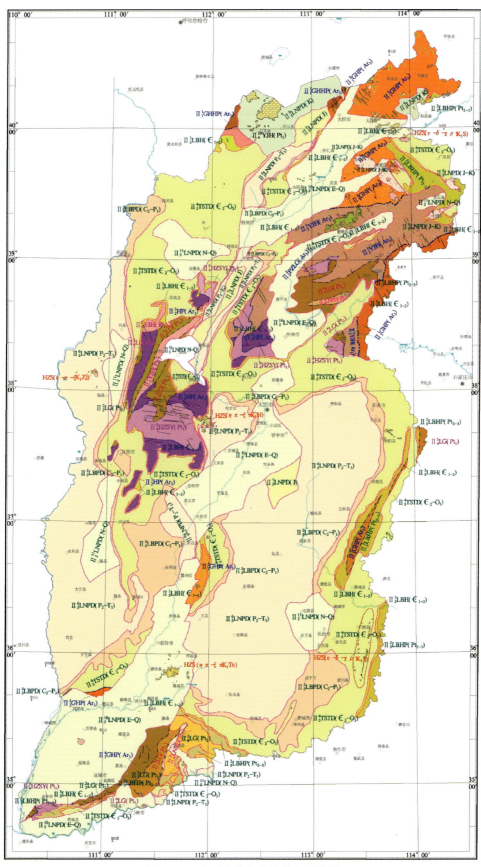

图 3-6-1 山西省综合大地构造相简图

表 3-6-2 山西省大地构造单元划分简表

一级单元	二级单元	三级单元	
		名称	代号
II 华北陆块区	II$_5$ 晋冀陆块	汉高山-熊尔(豫陕)裂谷(Pt_2)	II$_5^1$LG(Pt_2)
		晋冀陆表海盆地(Pt_{2-3})	II$_5^2$LBHP(Pt_{2-3})
		晋冀鲁豫陆表海盆地($\in_{1-2}$)	II$_5^3$LBH($\in_{1-2}$)
		晋冀鲁豫碳酸盐岩台地($\in_2$—O_3)	II$_5^4$TSTD($\in_2$—O_3)
		山西陆表海盆地(C_2—P_1)	II$_5^5$LBPD(C_2—P_1)
		宁武-鄂尔多斯-沁水陆内盆地(P_2—T_3)	II$_5^6$LNPD(P_2—T_3)
		大同-宁武-沁水陆内盆地(J)	II$_5^7$LNPD(J)
		灵丘陆内盆地(J—K)	II$_5^8$LNPD(J—K)
		左云-阳高陆内盆地(K)	II$_5^9$LNPD(K)
		汾渭陆内盆地(汾渭裂谷)(E—Q)	II$_5^{10}$LNPD(E—Q)
		山西陆内山间盆地(N—Q)	II$_5^{11}$LNPD(N—Q)
	II$_4$ 晋冀地块叠加裂谷盆地	吕梁裂谷(Pt_1)	II$_4^1$LG(Pt_1)
		岚河-野鸡山-黑茶山裂谷(Pt_1)	II$_4^2$LG(Pt_1)
		滹沱裂谷(Pt_1)	II$_4^3$LG(Pt_1)
		甘陶河裂谷(Pt_1)	II$_4^4$LG(Pt_1)
		中条裂谷(Pt_1)	II$_4^5$LG(Pt_1)
		郭家寨陆内盆地(Pt_1)	II$_4^6$LNPD(Pt_1)
		担山石陆内盆地(Pt_1)	II$_4^7$LNPD(Pt_1)
		后造山岩浆杂岩(Pt_1)	II$_4^8$HZSY(Pt_1)
	II$_3$ 阜平-赞皇-中条地块	阜平古弧盆系(Ar_3)	II$_3^1$GHP(Ar_3)
		赞皇古弧盆系(Ar_3)	II$_3^2$GHP(Ar_3)
		霍山古弧盆系(Ar_3)	II$_3^3$GHP(Ar_3)
		涞水古弧盆系(Ar_3)	II$_3^4$GHP(Ar_3)
		稷山古弧盆系(Ar_3)	II$_3^5$GHP(Ar_3)
	II$_2$ 五台-界河口新太古代弧盆系	五台岩浆弧(Ar_3)	II$_2^1$YJH(Ar_3)
		高凡碰撞后裂谷(Ar_3)	II$_2^2$PZLG(Ar_3)
		界河口古弧盆系(Ar_3)	II$_2^3$HP(Ar_3)
	II$_1$ 大同-恒山地块	右玉古弧后盆地(Ar_3)	II$_1^1$GHHP(Ar_3)
		大同-桑干古弧盆系(Ar_3)	II$_1^2$GHP(Ar_3)
		恒山古弧盆系(Ar_3)	II$_1^3$GHP(Ar_3)

(1)右玉古弧后盆地[II$_1^1$GHHP(Ar_3)]。分布于山西省西北部的右玉县北,岩石构造组合为集宁孔兹岩系,岩石组成为一套黑云夕线石榴钾长片麻岩与(含)石榴夕线钾长变粒岩、石榴长石石英岩等互层为主夹夕线黑云石榴钾长片麻岩、黑云斜长变粒岩、大理岩、石墨等。

(2)大同-桑干古弧盆系[II$_1^2$GHP(Ar_3)]。分布于大同—阳高一带的桑干河两岸,可划分为 3 个四级单元,各单元间以韧性剪切带或侵入接触界线为界。

①大同-阳高古岩浆弧[II$_1^{2-1}$gyjh(Ar_3)]。主要分布于大同—阳高一线以北地区,为 TTG 质片麻岩

组合,主要由中酸性—酸性片麻岩和麻粒岩组成,变质程度达麻粒岩相,总体上显示为奥长花岗岩的演化趋势。

②大同-阳高古弧后盆地[II_1^{2-2}ghhp(Ar_3)]。零星分布于大同—阳高一线以北地区,为变质基性火山岩-磁铁石英岩组合。

③桑干古岩浆弧[II_1^{2-3}gyjh(Ar_3)]。分布于桑干河两岸,由英云闪长质-花岗闪长质-二长花岗岩组合和孔兹岩系组合构成。主要由黑云斜长片麻岩、黑云角闪二长片麻岩、大理岩和变质基性岩组成。

(3)恒山古弧盆系[II_1^3GHP(Ar_3)]。分布于恒山地区,可划分为2个四级单元,分别为恒山古岩浆弧[II_1^{3-1}gyjh(Ar_3)]和恒山古弧后盆地[II_1^{3-2}gyjh(Ar_3)],各单元间为侵入接触关系。

①恒山古岩浆弧[II_1^{3-1}gyjh(Ar_3)]。构成恒山古弧盆系的主体部分,包括变质超基性岩-基性岩组合(Ar_3)和土岭TTG组合(Ar_3),土岭TTG组合由角闪斜长片麻岩、含黑云角闪斜长片麻岩组成。

②恒山古弧后盆地[II_1^{3-2}gyjh(Ar_3)]。在恒山地区出露零星,多呈透镜状分布于恒山古岩浆弧内,由牛还斜长角闪岩-黑云变粒岩-磁铁石英岩组合(Ar_3)和董庄基性麻粒岩-花岗片麻岩组合(Ar_3)组成。其变质程度达麻粒岩相。

2. 五台-界河口新太古代弧盆系(II_2)

五台-界河口新太古代弧盆系构成山西省早前寒武纪变质岩系的主体部分,与大同-恒山新太古代地块以白马石韧性剪切带为界。总体上呈北东向展布,可进一步划分出3个三级单元。

1. 五台岩浆弧[II_2^1YJH(Ar_3)]

五台岩浆弧是构成五台山变质岩系的主要部分,可进一步划分为石咀岛弧、北台-义兴寨俯冲期岩浆杂岩、台怀岛弧和峨口后碰撞岩浆杂岩4个四级单元。

(1)石咀岛弧[II_2^{1-1}dh(Ar_3)]。分布于恒山南坡及五台山中部和南北两侧,为斜长角闪岩-富铝片岩-磁铁石英岩组合(Ar_3),包括石咀亚岩群金岗库岩组、庄旺岩组、文溪岩组、老潭沟岩组、滑车岭岩组,由变质基性火山岩、二云石英片岩、黑云变粒岩夹磁铁石英岩组成,原岩相当于基性火山岩夹富铝泥砂质沉积岩和中酸性、酸性火山岩,也有人认为该亚岩群的火山岩具双峰式的特点。其变质程度南北不一致,高角闪岩相—绿片岩相,是山西省重要的沉积变质型铁矿、绿岩金矿的含矿层位。

(2)北台-义兴寨俯冲期岩浆杂岩[II_2^{1-2}fcy(Ar_3)]。分布于五台岩浆弧的核心地带,属于奥长花岗岩系,原岩具较为典型的TTG岩石组合特征,与石咀亚岩群为侵入接触关系。

(3)台怀岛弧[II_2^{1-3}dh(Ar_3)]。是五台岩浆弧另一重要组成部分,为台怀绿泥片岩-绢云片岩-磁铁石英岩组合(Ar_3),包括台怀亚岩群柏枝岩岩组、芦咀头岩组和鸿门岩组,其主要组成岩石为绿泥片岩、绢云石英片岩等,原岩相当于一套变质基性火山岩。火山岩地球化学特征以拉斑玄武岩为主,次为碱性玄武岩,形成于岛弧环境。

(4)峨口后碰撞岩浆杂岩[II_2^{1-4}hpzy(Ar_3)]。为一套侵入于灰色片麻岩中的红色片麻岩,主要岩性为黑云二长片麻岩,包括峨口岩体、王家会岩体、兰芝山岩体,具有钙碱性岩的演化趋势。

2. 高凡碰撞后裂谷[II_2^2PZLG(Ar_3)]

高凡碰撞后裂谷仅分布于五台山区西南部的洪寺—磨河—殷家会一带,总面积约180 km^2,由高凡变质砂岩-板岩-千枚岩组合(Ar_3)和变质超基性岩-基性岩组合(Ar_3)组成。其中高凡变质砂岩-板岩-千枚岩组合构成高凡亚群,为一套浅变质的泥质岩、砂质岩交互组成的浊流建造,底部为陆源碎屑岩,顶部为基性火山岩,变质程度达绿片岩相。高凡亚群呈构造不整合覆于石咀亚岩群、台怀亚岩群不同层位之上,其东南被四集庄组呈角度不整合覆盖,北西部被韧性剪切带破坏。变质超基性岩-基性岩组合与高凡变质砂岩-板岩-千枚岩组合同期异相,代表着一套拉张环境的基性—超基性岩组合。形成于碰撞后裂谷环境。

3. 界河口古弧盆系[Ⅱ₂³HP(Ar₃)]

界河口古弧盆系分布于吕梁山区和云中山区南段,可划分为 2 个四级单元,分别为界河口俯冲期岩浆杂岩和界河口弧后盆地。

(1)界河口俯冲期岩浆杂岩[Ⅱ₂^{3-1}fcy(Ar₃)]。分布于吕梁山区,出露较少,划分为盘道底、尧宽 TTG 组合(Ar₃)和程家庄、山神坡 TTG 组合(Ar₃)。根据少量的岩石化学判别,该片麻岩组合具奥长花岗岩的演化趋势,属 TTG 组合。

(2)界河口弧后盆地[Ⅱ₂^{3-2}hhp(Ar₃)]。分布于云中山南段和吕梁山区的西南段,可划分为 3 个变质构造岩石组合:变质超基性岩-基性岩组合(Ar₃),阳坪上、贺家湾大理岩-变粒岩-片岩组合(Ar₃)和园子坪斜长角闪岩-石英岩组合(Ar₃)。其中后 2 个组合构成吕梁山区界河口岩群,界河口岩群原岩总体为基性火山岩、富铝泥砂质沉积岩和大理岩,阳坪上、贺家湾大理岩-变粒岩-片岩组合(Ar₃)中赋存有石墨矿。变质超基性岩-基性岩组合侵入于界河口岩群中。

4. 阜平-赞皇-中条地块(Ⅱ₃)

零星分布于山西省太行山中、霍山、稷山和中条山区,为新太古代早期或前新太古代形成的微陆核,在太行山中北段与五台-界河口新太古代弧盆系以龙泉关韧性剪切带为界。划分为 5 个三级单元。

(1)阜平古弧盆系[Ⅱ₃¹GHP(Ar₃)]。分布于太行山中北段的阜平地区,与五台-界河口新太古代弧盆系五台岩浆弧以龙泉关韧性剪切带为界。可划分为 2 个四级单元。

①阜平古岩浆弧[Ⅱ₃^{1-1}gyjh(Ar₃)]。分布于滹沱河两岸,可划分为 2 个变质构造岩石组合,分别为青崖、岗南后碰撞变质花岗岩-二长花岗岩组合(Ar₃)和坊里、龙泉关 TTG 组合(Ar₃),变质程度达高角闪岩相,其中前者侵入于后者。岩石化学资料表明,青崖、岗南后碰撞变质花岗岩-二长花岗岩组合岩性为片麻状花岗岩、黑云二长片麻岩等,为高钾钙碱性系列;坊里、龙泉关 TTG 组合的岩性以黑云斜长片麻岩为主,属奥长花岗岩系列。

②阜平古弧后盆地[Ⅱ₃^{1-2}ghhp(Ar₃)]。与阜平古岩浆弧分布区域基本一致,其组成岩性极为复杂,归并为阜平斜长角闪岩-变粒岩-大理岩-磁铁石英岩组合(Ar₃),由变质基性火山岩、角闪磁铁石英岩、变粒岩、大理岩、富铝片岩等组成。

(2)赞皇古弧盆系[Ⅱ₃²GHP(Ar₃)]。分布于太行山中南段,主体位于河北省境内,由石家栏变粒岩-磁铁石英岩-斜长角闪岩组合(Ar₃)构成。

(3)霍山古弧盆系[Ⅱ₃³GHP(Ar₃)]。分布于山西省中南部的霍山地区,出露孤立,四周被新生界掩盖或被古生代地层角度不整合覆盖。可划分出 2 个四级单元,为霍山古岩浆弧和霍山古弧后盆地。

①霍山古岩浆弧[Ⅱ₃^{3-1}gyjh(Ar₃)]。是该主体构成部分,可划分为变质超基性岩-基性岩组合(Ar₃)和霍山 TTG 质片麻岩组合(Ar₃)。区内研究程度偏低,从已有的岩石化学资料来看,片麻岩具有 TTG 质片麻岩组合的特点。

②霍山古弧后盆地[Ⅱ₃^{3-2}ghhp(Ar₃)]。零星分布于霍山古岩浆弧中,多呈透镜状包体出露,由霍山石英岩-变粒岩-斜长角闪岩组合(Ar₃)构成,主要岩性由含石榴石英岩、含石榴夕线二云石英片岩、含石榴夕线石墨二云片岩、含石榴夕线石英片岩、含石榴二云石英片岩、含石榴黑云变粒岩、透辉斜长角闪岩组成。原岩为一套富硅、铝的碎屑岩-黏土岩沉积夹基性火山岩建造。变质程度达高角闪岩相。

(4)涑水古弧盆系[Ⅱ₃⁴GHP(Ar₃)]。分布于中条山区,由 2 个四级单元组成,分别为涑水古岩浆弧和涑水古弧后盆地。

①涑水古岩浆弧[Ⅱ₃^{4-1}gyjh(Ar₃)]。是构成涑水古弧盆系的主体部分,可划分出横岭关二长花岗质片麻岩组合(Ar₃)、东沟 TTG 质片麻岩组合(Ar₃)、变质超基性岩-基性岩组合(Ar₃)和西姚、寨子 TTG 质片麻岩组合(Ar₃)。

②涑水古弧后盆地[Ⅱ₃^{4-2}ghhp(Ar₃)]。由冷口、柴家窑斜长角闪岩-变粒岩-磁铁石英岩组合(Ar₃)

构成,分别称为冷口表壳岩和柴家窑表壳岩,其中冷口表壳岩主要岩性由黑云斜长阳起片岩、(石榴方柱)黑云片岩、角闪黑云片岩、角闪片岩、斜长角闪岩、黑云变粒岩、变凝灰角砾岩、铁英岩等组成,原岩为一套基性及酸性(英安质)火山岩建造;柴家窑表壳岩由石英岩、长石石英岩、云母石英片岩组成。

(5)稷山古弧盆系[$II_3^5GHP(Ar_3)$]。分布于吕梁山南段,由二长花岗质片麻岩组合(Ar_3)、西姚、寨子TTG质片麻岩组合(Ar_3)构成。该区研究程度偏低,无系统的岩石化学、地球化学和同位素测年资料。

5. 晋冀地块叠加裂谷盆地(II_4)

五台运动形成了山西省初步的大陆地块构造格局,但这种地块的构造格局并不稳定,在古元古代又经历了两次裂解事件,统称为晋冀地块叠加裂谷盆地。

(1)吕梁裂谷[$II_4^1 LG(Pt_1)$]。分布于吕梁山区娄烦县近周营—皇姑山—罗家岔一带,呈北北东向"S"形展布。可划分出3个变质岩石构造组合,分别为近周营-杜家沟斜长角闪岩-变质流纹岩组合(Pt_1)、裴家庄石英岩-变质粉砂岩-千枚岩组合(Pt_1)、袁家村磁铁石英岩-片岩-千枚岩组合(Pt_1)。其中袁家村磁铁石英岩-片岩-千枚岩组合是山西省另一重要的变质沉积型铁矿的重要含矿层位。通过对吕梁群近周营组中变质基性火山岩微量元素构造判别,其形成于大陆边缘裂谷的环境。

(2)岚河-野鸡山-黑茶山裂谷[$II_4^2 LG(Pt_1)$]。分布于吕梁山区,可划分为2个四级单元,分别为吕梁伸展型岩浆岩[$II_4^{2-1} szy(Pt_1)$]和岚河-野鸡山-黑茶山陆缘裂谷盆地[$II_4^{2-2} lylg(Pt_1)$]。

①吕梁伸展型岩浆岩[$II_4^{2-1} szy(Pt_1)$]。主体分布于吕梁裂谷和岚河-野鸡山-黑茶山裂谷之间,总体上北北东向带状展布,由恶虎滩、盖家庄、磨地湾等花岗闪长质-石英二长质-花岗质片麻岩组合(Pt_1)构成,侵入于界河岩群和吕梁群中。

②岚河-野鸡山-黑茶山陆缘裂谷盆地[$II_4^{2-2} lylg(Pt_1)$]。分布于吕梁山的核心地带,由东向西分别为岚河群、野鸡山群和黑茶山群构成,3个群为侧向相变关系,其中岚河群和黑茶山群处于盆地的边缘,野鸡山群位于盆地的中部。可划分为5个岩石组合,即青杨树湾变质砾岩-变质砂岩-千枚岩组合、两角村大理岩组合、白龙山斜长角闪岩-角闪变粒岩组合、程道沟石英岩-大理岩组合和变质辉绿岩组合。

(3)滹沱裂谷[$II_4^3 LG(Pt_1)$]。分布于五台山的南坡,总体呈北东向展布,其空间展布受控于五台山中央"之"字形韧性剪切带的控制(仅分布于其南侧),与五台岩浆弧呈度不整合接触关系。由3个岩石组合构成,即豆村变质砾岩-泥砂岩-大理岩夹火山岩组合、东冶变质碎屑岩-白云岩-玄武岩组合和变质辉长岩-变质辉绿岩-变质辉石闪长岩组合。

滹沱陆缘裂谷主要由滹沱群豆村亚群、东冶亚群及侵入其中的变质基性侵入岩组成。豆村亚群主要出露于五台山南坡滹沱复向斜的北翼,滹沱中央大断裂的北侧。西起原平野庄,向东经士集村、南台至白头庵、大甘河等地,地层由北向南依次出露以变质砾岩为主的四集庄组,石英岩为主的寿阳山组,千枚岩夹含砂大理岩为主的木山岭组,之上为谷泉山组的钙质长石石英岩,盘道岭组、神仙垴组的条带状千枚岩和厚层结晶白云岩,硅质结晶白云岩的南大贤组。东冶亚群位于滹沱复向斜的南翼,滹沱中央大断裂的南侧,南部被沉积盖层不整合覆盖。主要分布于纹山—大关山、马鞍山、刘定寺、殊宫寺、小插箭、白头庵等地。其岩性以白云岩为主,次为千枚岩、长石石英岩,局部夹玄武岩。总体变质程度为绿片岩相,在东部刘定寺、小插箭、白头庵等地变质程度达低角闪岩相。其上被郭家寨亚群以角度不整合覆盖。包括青石村组、纹山组、河边村组、建安村组、大关山组、槐荫村组、北大兴组、天蓬垴组共8个组级岩石地层单位。滹沱群中原生结构构造保留完好,有块状层理、大型板状、楔状交错层理、水平层理、沙纹层理、波痕、泥裂、石盐假晶等,此外叠层石发育。

变质基性侵入岩有变质辉长苏长岩、片麻状辉长辉绿岩、变质辉绿岩、变质辉石闪长岩等,侵入体众多,呈岩床、岩株、岩脉(墙)状侵入滹沱群豆村亚群、东冶亚群。

(4)甘陶河裂谷[$\mathrm{II}_4^4\mathrm{LG(Pt_1)}$]。甘陶河陆内裂谷位于太行山南段弧盆系北部,呈北北东向展布。主要由滹沱群甘陶河亚群构成,为一套浅变质的碎屑岩夹变质玄武岩、白云岩。其与下伏新太古代片麻岩和上覆长城系均为角度不整合接触。其形成时代与滹沱群相当,构造环境为陆内裂谷。

(5)中条裂谷[$\mathrm{II}_4^5\mathrm{LG(Pt_1)}$]。中条裂谷分布于山西省南部的中条山地区,是我国重要的铜矿产区,研究程度较高,可划分为2个四级单元:中条山陆缘裂谷盆地和绛县陆缘裂谷盆地。

①绛县陆缘裂谷盆地[$\mathrm{II}_4^{5-1}\mathrm{lylg(Pt_1)}$]。绛县陆缘裂谷盆地由绛县群组成,分布于中条山北西坡的下天井—横岭关—马坡和黑崖底—铜矿峪一带,其次在上玉坡-胡家峪"短轴背斜"区亦有出露,为一套经历了中—低级变质作用的复理石式碎屑岩-泥质岩和火山沉积建造。主体呈北东-南西向展布,与北西侧片麻岩及南东侧中条群以构造接触。绛县陆缘裂谷盆地可分为3个岩石组合,即横岭关石英岩-云母片岩组合、铜矿峪石英岩-砾岩-片岩组合和铜矿峪变质基性火山岩-酸性火山岩-碎屑岩组合。

②中条山陆缘裂谷盆地[$\mathrm{II}_4^{5-2}\mathrm{lylg(Pt_1)}$]。中条山陆缘裂谷盆地由中条群、宋家山群和银鱼沟群组成。分别分布于中条山脉、垣曲县同善镇北、蟒河镇西南。中条群自下而上划分为8个岩性组:界牌梁组、龙峪组、余元下组、篦子沟组、余家山组、温峪组、武家坪组和陈家山组。与下伏绛县群、片麻杂岩为沉积不整合接触,被上覆担山石群角度不整合覆盖,其顶底不整合界线被后期构造改造为顺层韧性剪切断层接触。根据其变质建造组合特点可划分出4个岩石组合,即中条山石英岩-片岩-大理岩(斜长角闪岩)组合、宋家山石英岩-片岩-大理岩(斜长角闪岩)组合、银鱼沟变质砾岩-石英岩-片岩组合、变质基性岩组合。中条群主体为变质泥岩、泥砂质岩石和碳酸盐岩,以出现大量大理岩和含碳岩石为特征,整体属于陆源-碳酸盐岩沉积变质建造,为潮坪-浅海相沉积,局部时段存在封闭—半封闭的盆地沉积。中条群变质火山岩发育较弱,具拉斑玄武岩系列的特点,为富钠低钾拉斑玄武岩。宋家山群变质火山岩以变质基性岩、中性岩为主,有少量的变质酸性火山岩,为碱性或偏碱性玄武岩,显示了裂谷环境玄武岩的岩石组合特征。

(6)郭家寨陆内盆地[$\mathrm{II}_4^6\mathrm{LNPD(Pt_1)}$]。分布于五台县尧岩山、雕王山、文昌山、阁子岭一带,主要由滹沱群郭家寨亚群组成,为变质砾岩-砂岩-板岩组合,具示反旋回特征,属山间磨拉石建造。底部为呈漏斗状分布以白云石硅质角砾岩为主的红石头组,下部以板岩为主的西河里组,中部以长石石英岩、含砾石英岩为主的黑山背组,上部以白云岩胶结变质砾岩为主的雕王山组。南部不整合覆盖于褶皱了的东冶亚群之上,北部以断层与豆村亚群相接触。其上被长城系常州沟组呈沉积不整合覆盖。郭家寨亚群是滹沱海盆褶皱隆起过程中形成的陆内压陷盆地沉积物。

(7)担山石陆内盆地[$\mathrm{II}_4^7\mathrm{LNPD(Pt_1)}$]。北起西井沟,向南经西峰山、周家沟、担山石延至南上坪,呈南北狭长带状展布。与其上覆地层呈角度不整合接触关系,与下伏地层多呈构造接触,局部呈角度不整合接触。由担山石群组成,担山石群为一套轻微变质的碎屑岩沉积,属磨拉石建造。自下而上划分为3个岩性组:周家沟组、西峰山组和沙金河组。周家沟组为变质砾岩、变铁质石英岩,西峰山组为石英岩,沙金河组变质砾岩夹砂质板岩、石英岩。担山石群形成于中条裂谷盆地闭合过程中形成的陆内压陷盆地环境。

(8)后造山岩浆杂岩[$\mathrm{II}_4^8\mathrm{HZSY(Pt_1)}$]。根据其分布地域不同可划分为4个四级单元,即大同-恒山后造山岩浆杂岩、平型关-大洼梁后造山岩浆杂岩、云中山-关帝山-芦芽山后造山岩浆杂岩和中条山后造山岩浆杂岩。

①大同-恒山后造山岩浆杂岩:分布于右玉—大同—天镇和恒山-云中山区一带,主要变质单元有石榴二辉麻粒岩、变质辉绿岩、变质辉石正长岩、凌云口变质花岗岩、变质正长花岗岩等,包含4个岩石组合,即变质基性组合、变质强过铝(A型)花岗岩组合、变质辉绿岩-辉石正长岩组合和凌云口变质花岗岩组合。

②平型关-大洼梁后造山岩浆杂岩:分布于五台山区、霍山和太行山区,由变质酸性侵入岩组成,主要有平型关岩体、大洼梁岩体、均才岩体、贾家峪岩体、凤凰山岩体、水峪岩体等,岩性以变质黑云二长花岗岩、变质正长花岗岩为主。岩石多呈浅肉红色、肉红色,中细—中粒花岗变晶结构、中细粒变余花岗结构,弱片麻状—近块状构造。侵入最新地层为滹沱群东冶亚群大关山组。

③云中山-关帝山-芦芽山后造山岩浆杂岩：主要分布于吕梁山区，由关帝山序列、芦芽山序列、云中山序列组成，这3个岩浆序列的岩浆岩主体分别分布于关帝山区、芦芽山区、云中山区，岩性特征也有很大差异。关帝山序列主要为中粗—中细粒黑云母花岗岩；芦芽山序列主要为细粒紫苏石英闪长岩、巨斑状紫苏石英二长闪长岩、巨斑状（紫苏）石英二长岩；云中山序列主要为巨—粗粒黑云母花岗岩、似斑状黑云母花岗岩。

中条山后造山岩浆杂岩：主要分布于中条山区，主要有烟庄变质花岗岩、变质花岗闪长斑岩等。

6. 晋冀陆块（II_5）

吕梁运动以后，各微陆块完全拼接在一起，形成了统一的结晶基底，在以后的地质历史演化过程中具有相似的演化历程，为此划分出二级构造单元，即晋冀陆块，在此基础上，进一步划分出11个三级大地构造单元。现分述如下。

(1) 汉高山-熊尔（豫陕）裂谷 [$II_5^1 LG(Pt_2)$]。分布于吕梁山区和中条山区，是早前寒武纪褶皱基底之上的第一套基本未经变质的基性—中性—酸性火山喷发流和具沉积盖层性质的河流相—滨海相陆源碎屑岩沉积。进一步划分为熊尔（豫陕）陆内裂谷和汉高山陆内裂谷。

①汉高山陆内裂谷。分布于吕梁山区的方山县西汉高山、古交市西镇城底镇小两岭一带，由长城系下统汉高山群及小两岭组构成，可划分出两个岩石构造组合，即下部的滨浅海砂岩粉砂岩泥岩组合和上部的双峰式火山岩。

②熊尔（豫陕）陆内裂谷。分布于山西省南部中条山区的南麓，由熊尔群构成，熊耳群不整合覆盖在担山石群之上，为稳定的盖层沉积，可划分为河流相砾岩-粉砂岩泥岩组合和双峰式火山岩组合。发育大量未变质的中基性火山岩和少量的酸性火山岩，火山岩可划分为大陆板内裂谷、大陆板内裂谷玄武安山岩-碎屑岩组合和大陆板内裂谷流纹岩-英安岩组合。

在上述裂谷盆地沉积的同时，这种中元古代的裂解作用，在山西省早前寒武纪变质基底上也有表现，就是形成了大量的基性墙和双峰式岩墙，在晋北地区以北向为主，在吕梁山区则表现为北西西向近东西向的双峰式岩墙。

(2) 晋冀陆表海盆地 [$II_5^2 LBHP(Pt_{2-3})$]。分布于山西省南部的中条山区、东部太行山区和东北部的灵丘、天镇地区，根据其形成时代、物质组成和分布地区的不同可划分为3个四级单元。分别为垣曲碎屑岩陆表海、左权-平顺碎屑岩陆表海、天镇-灵丘碳酸盐岩陆表海和灵丘碎屑岩陆表海。另外在侵入岩方面有少量的辉绿岩墙侵入。

①垣曲碎屑岩陆表海。分布于山西省南部中条山区的垣曲县一带，构成该的岩石地层单位为汝阳群，角度不整合或局部为平行不整合于熊尔群之上，其上被寒武系平行不整合覆盖，主要岩性为一套底部含砾向上变浅的陆源碎屑岩，可划分出陆表海砂泥岩组合1个构造岩石组合单位。

②左权-平顺碎屑岩陆表海。分布于山西省东部太行山区的左权—平顺一带，角度不整合于早前寒武纪变质基底之上，上被寒武纪平行不整合掩盖。总体上呈狭长的带状北北东向展布。构成该的岩石地层有长城纪大河组、赵家庄组、常州沟组、串岭沟组和大红峪组，总体上岩性以陆源碎屑岩为主，顶部见少量白云岩，可划分为陆表海砂泥岩1个岩石构造组合。在平顺一带常州沟组的页岩中含钾较高，可形成含钾矿床。

③天镇-灵丘碳酸盐岩陆表海。分布于山西省东北部的天镇、浑源、灵丘一带，出露面积较大，角度不整合在早前寒武纪变质基底之上，上被或被灵丘碎屑岩陆表海覆盖或被寒武纪地层覆盖。构成该的岩石地层单位有高于庄组、杨庄组、雾迷山组，可归并为1个岩石构造组合，为陆表海白云岩组合。在天镇地区该组合保存不全，仅保留有高于庄组的层位。

④灵丘碎屑岩陆表海。零星分布于山西省东北部的灵丘县一带，时代为新元古代，与下伏中元古代平行不整合接触，由砾岩铁质岩组合构成，是山西省又一含铁层位。其岩石组合为燧石质角砾岩、铁质砂岩等。

(3)晋冀鲁豫陆表海盆地[$II_5^3LBH(\epsilon_{1-2})$]。新元古代青白口纪末,本区上升海水退却,接受剥蚀,到古生代寒武纪早世地壳开始下沉,首先在山西省的南部开始接受新的沉积,形成了一套下部为陆源碎屑岩上部为白云岩的沉积岩组合,并由此逐渐向北扩展,形成了晋冀鲁豫陆表海盆地。为碎屑岩陆表海,由陆表海陆源碎屑岩-白云岩组合构成。总体上为一套紫红色泥页岩夹白云岩、灰岩、泥灰岩的沉积建造。在早中寒武世形成的陆表海盆地在山西省乃至华北大部分地区变化较小,故将它划分为同一个构造单元。

(4)晋冀鲁豫碳酸盐岩台地[$II_5^4TSTD(\epsilon_2—O_3)$]。分布范围较遍布全省,为碳酸盐岩台地沉积,岩性以灰岩为主,夹白云岩,包括张夏组、崮山组、炒米店组、冶里组、亮甲山组、三山子组、马家沟组等岩石地层单位。在该内各地沉积物具有大同小异的特征,厚度上变化规律不明显。其岩石构造组合可划分为白云岩组合、灰岩-白云岩组合、灰岩组合,各组合在空间分布上的不同与后期白云岩化有关,即山西大致从N38°向南三山子组白云岩层位逐渐降低。

(5)山西陆表海盆地[$II_5^5LBPD(C_2—P_1)$]。分布范围较为广泛,为海陆交互陆表海,包括太原组、山西组。初始沉积铝土、铁质岩系,形成了山西省分布广泛的铝土矿、山西式铁矿、硫铁矿等矿产资源,随后沉积有泥页岩、细碎屑岩夹3~5层海相灰岩和煤层(线),含海相生物化石,形成海、陆交互相的地层结构。进入早二叠世,海水逐渐退去,形成了山西组含煤碎屑岩组合。

(6)宁武-鄂尔多斯-沁水陆内盆地[$II_5^6LNPD(P_2—T_3)$]。分布范围较遍布全省,陆相红色碎屑岩建造,为河湖相砂砾岩、粉砂岩、泥岩组合,曲流河—辫状河的沉积环境。

此时期内山西省北部大同地区和南部的中条山区分布有少量碰撞-后碰撞型花岗岩,为正长斑岩-石英斑岩-钠长斑岩和青尖坡碱长花岗岩-石英碱长正长岩组合和花岗岩组合,这些花岗岩的侵入可能与南北两侧板块碰撞作用有关。

(7)大同-宁武-沁水陆内盆地[$II_5^7LNPD(J)$]。分布于山西省北部大同和中北部宁武盆地内,在沁水盆地内也有少量残留。说明此时仍为一连通的陆内坳陷盆地,但盆地范围已大大缩小。为河湖相含煤碎屑岩组合,是山西省另一重要的含煤组合。

(8)灵丘陆内盆地[$II_5^8LNPD(J—K)$]。分布于山西省东北部的灵丘一带,为陆内火山断陷盆地。盆地形态已遭后期改造破坏,现今呈带状北西向展布,与基底岩系多呈断层接触。包括下花园组河湖相含煤碎屑岩组合、九龙山组和髫髻山组湖相三角洲砂砾岩夹火山岩沉积建造、土城子组冲积扇砂砾岩组合、张家口组同碰撞钾质和超钾质火山岩组合、大北沟组湖泊泥岩-粉砂岩组合、义县底部河湖相含煤碎屑岩组合、义县下部湖泊泥岩-粉砂岩夹火山岩组合和义县组钾质火山岩组合、左云组河流泥岩-粉砂岩组合和冲积扇砾岩组合。在该单元内分布有银、锰、铜等矿产资源。

此时期也是山西省重要的岩浆活动期和成矿期,在太行山北中段分布有陆缘火山岩浆弧(J_3),在阳高一带分布有燕山陆缘岩浆弧(J_2),在右玉一带分布有北东向的岩浆弧(J_3),临汾塔儿山-二峰山岩浆弧(K_1)和山太行山中南段陆缘岩浆弧(K_1)等侵入岩段,形成了山西省极为重要的铁、铜、金、银等矿产资源。

(9)左云-阳高陆内盆地[$II_5^9LNPD(K)$]。仅分布于山西省西北部的左云、右玉、阳高、天镇一带,为一陆内坳陷盆地,其沉积物组合可划分为河流泥岩-粉砂岩组合、冲积扇砂砾岩组合、湖泊泥岩-粉砂岩组合,包括左云组和助马堡组。

(10)汾渭陆内盆地(汾渭裂谷)[$II_5^{10}LNPD(E—Q)$]。山西省在新生代以来,出现了裂解扩张事件,形成了史称的山西地堑系、汾渭裂谷带,活动时代始于古近纪古新世—渐新世,叠加在山西板内造山带不同构造单元之上。自北而南由大同、忻定、晋中、临汾-运城、芮城等北东向裂谷盆地组成,呈北北东向斜列展布。各个盆地均以隆起相隔,四周被盆缘断裂围限,山体隆升形成多级夷平面,盆地下陷接受巨厚的沉积,形成显著的盆岭构造格局。各盆地内部受断裂控制的各断块抬升、下沉具有不均一性,以掀斜的箕状盆地不对称形态为特征,由断阶、陷隆、凹陷等次级构造单元组成。单个盆地走向一般为北东向,盆地由张裂向两侧扩展并下陷形成。整个裂谷带主体走向为北北东向,其莫霍面也呈北北东向带状隆起,北段忻定、大同盆地向东偏转至北东—北东东向,南段临汾-运城盆地向西偏转至北东—北东东向,总体呈"S"形展布,指示盆地和两侧高原山地均发生过右行旋转。

各盆地是在边张裂、边陷落、边接受了巨厚的河湖相—河流相松散堆积物,与两侧隆升的高原山地共同构成了新生代的伸展型陆内造山带。经历了始新世—晚更新世的全盛期,尽管盆地边界断裂和近代地震活动记录表明其至今仍在活动,但已开始走向衰亡。

新生代喜马拉雅运动以来,汾渭裂谷带与两侧高原山地间,除南部芮城裂谷盆地古近纪末和新近纪末经历了两次水平挤压作用外,其余各盆地边界及盆内深大断裂均表现为张性或张扭性正断层性质,以其强烈的垂直差异性升降运动,控制着盆地下陷和两侧隆起高原山地的形成,同时汾渭裂谷带亦是呈北北东向展布北东向斜列的"S"形右旋剪切拉张带。

在盆地活动的同时伴随有古近纪金伯利岩、似金伯利岩体群和始新世—渐新世、上新世、晚更新世3次基性火山喷发等岩浆活动,形成了相应火山岩构造岩石组合和侵入岩石构造组合。

(11)山西陆内山间盆地[Ⅱ$_{15}^{11}$LNPD(N—Q)]。分布于山西省各大山区的山间盆地,盆地内河湖相、风积成因的黄土堆积发育。

3.6.3 大地构造阶段划分及其演化

山西省的大地构造位置位于华北陆块区中部,不同的构造层出现的地质事件,反映经历了不同的大地构造演化。各构造单元的时空分布、地质矿产特征、地球物理场特征及年代学信息的综合分析研究,对合理划分山西大地构造运动序列打下了基础。其构造运动序列以各构造岩浆旋回中地层、岩石学、构造环境、构造热事件及形成的构造样式为依据,可概括为太古宙—古元古代克拉通变质基底形成、中元古代—古生代沉积盖层形成与发展、中—新生代滨太平洋叠加造山和新生代汾渭裂谷带与黄土高原形成阶段四大构造岩浆演化阶段。

3.6.3.1 新太古代—古元古代克拉通变质基底形成阶段

1. 新太古代阜平期陆壳增生发展期(2700～2600Ma)

山西各山区最古老的表壳岩组合,大致形成于新太古代2700～2600Ma之间,总体为一套基性火山岩、杂砂岩-碳酸盐岩组合。其中大规模的英云闪长质-奥长花岗质岩浆活动携带大量地幔超基性—基性岩的深源包体和基性火山岩喷发,构成了早前寒武纪克拉通史上最重要的造壳期,是古老陆壳形成、增生的反映。由于当时地壳较薄,地热梯度较高,呈现出全活动的构造机制,可能经历了隆起剥蚀和下沉接受泥砂质及碳酸盐岩沉积。2600Ma左右发生的阜平运动,产生了紧闭褶皱,伴随角闪岩相—麻粒岩相变质,形成由TTG灰色片麻岩套和集宁岩群、阜平岩群及相当地层组成的桑干河-恒山、阜平-晋南两个古陆壳,大同、吕梁山形成受变质的石墨矿床成矿系列。

2. 五台弧盆系沉积与碰撞造山期(2600～2500Ma)

阜平运动之后,山西境内的构造格局为桑干河-恒山和阜平-晋南两个古陆块,中间为五台洋盆。

2600～2550Ma间,早期在桑干河-恒山和阜平-晋南两个古陆块的边缘沉积了五台岩群金岗库岩组下部的富铝泥砂质岩,由于洋壳俯冲,洋盆消减逐渐转化为岛弧环境。五台山区形成了以金岗库岩组、庄旺岩组、文溪岩组、柏枝岩岩组、鸿门岩岩组为主体的岛弧型拉斑玄武岩、英安岩、流纹岩等钙碱性火山岩及条带状铁英岩,义兴寨、石佛、北台、光明寺等英云闪长质—花岗闪长质—奥长花岗质等钠质花岗岩侵入,同时在弧后盆地中沉积了界河口岩群。

2550～2530Ma间,在北西-南东向水平挤压应力作用下,产生了大规模的紧闭褶皱和冲断构造,桑干河-恒山、阜平-晋南两个古陆块碰撞在一起,晋冀陆块初步形成,并伴随低绿片岩相—角闪岩相变质和碰撞-后碰撞型花岗岩侵入。

2530~2500Ma间,碰撞后裂谷盆地的高凡亚群沉积,褶皱,最终导致盆地封闭。

五台山区以逆冲推覆型五台山中央韧性剪切带为界,北部北台-朱家坊构造岩片以正扇型复背斜和平行褶皱轴面的片麻理、片理,构成一个北北东向巨型陡立劈理带,逆冲于南部庄旺-银厂、太平沟-岩头岩片之上,兰芝山、独峪、峨口、王家会等同造山钙碱性花岗岩侵位。邻近主冲断面下盘构成东部紧闭倒转、西部相对开阔的鸿门岩向斜,太平沟-岩头岩片柏枝岩岩组、鸿门岩岩组夹持于两条韧性剪切带之间,构成逆冲楔,接受低绿片岩相变质,形成 Chl-Ser 带和 Bi-Chl 带。庄旺-银厂和北台-朱家坊两构造岩片俯冲相对较深,接受高绿片岩相—角闪岩相变质,形成 Alm 带、Sill 带和 St-Ky 带。由于褶皱加厚和变质热液活动,使原有含矿层或矿化层更加富集,形成受变质 S、V、Ti 和 Au、Cu、Fe 矿床成矿系列及蓝晶石、石榴子石、蛭石、花岗石、绢(白)云母等变质矿产。

3. 裂谷沉积与陆内造山期(2500~1800Ma)

五台运动之后,华北陆块的早前寒武纪变质结晶基底已初具克拉通化,古元古代吕梁期伊始,构造体制发生了明显分异,出现活动带与刚性地块并存的构造格局。吕梁早期早阶段形成了绛县、吕梁两个裂谷盆地,沉积了巨厚的碎屑岩-碳酸盐岩及基性—酸性火山岩,晚期陆内造山作用形成倒扇形褶皱、冲断构造,裂谷盆地闭合。吕梁晚期早阶段形成了滹沱、岚河、中条、七东山、甘陶河等陆缘裂谷,沉积了巨厚的碎屑岩-碳酸盐岩及基性—酸性火山岩,吕梁晚期陆内造山作用形成倒扇形褶皱、冲断构造、导致盆地封闭,伴随有基性岩墙、同造山和后造山钙碱性花岗岩侵位,发生了区域动力低温变质作用,记录了华北早前寒武纪克拉通史上最后一次构造热事件,对下伏太古宙变质地体亦有十分显著的构造叠加改造。

2500~2150Ma间,五台山区沉积了滹沱群,形成了一套巨厚的碎屑岩-碳酸盐岩及基性—酸性火山岩。吕梁山区沉积了吕梁群,形成了泥砂质-基性火山岩建造和含豆状、鲕状赤铁矿的苏必利尔型铁建造;中条山区沉积了绛县群,形成了下部泥质—半泥质沉积和上部双峰式富钾拉斑玄武岩-流纹岩喷发及泥砂质沉积,伴随中浅成基性岩床和北峪花岗岩及铜矿峪石英二长斑岩侵入,形成了横岭关式 Cu 矿源层和铜矿峪式 Cu、Au 矿床。

2150~2100Ma间,在北西-南东向水平挤压作用下,形成北东—北北东向褶皱、冲断构造、平行褶皱轴面的透入性片理,各裂陷槽发生了剧烈收缩,导致各个裂陷槽最终封闭,破裂的新太古代克拉通陆壳焊接在一起,伴随低绿片岩相—低角闪岩相变质。

吕梁山区以寺头、神堂沟两条冲断构造,分别向西逆冲推覆形成吕梁群内部褶皱构造和片理十分发育的倒转层序,后碰幢交楼申、盖家庄等花岗岩侵位,形成横切地层走向的绿片岩相—低角闪岩相递增变质带,自北向南依次形成 Chl 带、Bi 带、Alm 带、St-Ky 带和 Sill 带。使苏必利尔型袁家村式、尖山式铁矿更加富集和褶皱加厚。

中条山区绛县群形成了一系列北东向密集的片理带和同斜倒转褶皱,后碰撞花岗斑岩侵位,发生了低绿片岩相—低角闪岩相变质,形成 Chl 带、Bi 带、Alm 带和 St-Ky 带。变质热液活动使原有横岭关式 Cu 矿源层和铜矿峪式斑岩型 Cu、Au 矿床进一步富集,形成受变质热液叠加层控 Cu、Co、Ni 和受变质斑岩型 Cu、Au、Mo、Co 等矿床成矿系列。

2100~1950Ma间,在伸展构造体制下,在北西-南东向的拉张作用下,初具规模的克拉通陆壳再次破裂,靠近断裂的一侧快速堆积了一套巨厚的山前冲洪积扇裙,在滹沱、岚河、中条 3 个裂谷盆地的底部,分别形成四集庄组、前马宗组下部和界牌梁组来自下伏已变形变质的、分选性差的砾岩、砂砾岩及砂岩、泥岩沉积,五台山区形成砾岩型金矿化。由于持续的伸展作用,裂谷盆地进一步拉张形成一套以滨岸沙坝相—潮坪相红色泥质岩和含藻富镁碳酸盐岩为主体的海进序列沉积,此时蓝绿藻开始繁殖,形成叠层石白云岩组合。并在部分熔融作用下产生分异岩浆,沿深大断裂上升,导致各裂谷盆地中及边缘均有基性火山岩喷发和具冷凝边的基性岩床侵入,五台山区亦有大洼梁钠长花岗斑岩侵入,中条裂陷槽有少量流纹岩等酸性火山岩喷发。同时形成了与岩浆和沉积作用有关的矿床成矿系列,滹沱、岚河裂谷盆地由小型铁、锰矿床及大型白云岩矿床构成与海相沉积 Fe、Mn、胶磷矿、白云岩矿床成矿系列,中条裂谷盆地在基性岩床侵位和碳质泥岩沉积的同时,形成胡-篦式层控 Cu、Au 矿床。

1950~1800Ma 间,在北西-南东向水平挤压作用下,形成北东—北东东向褶皱、冲断构造、平行褶皱轴面的透入性片理,各裂谷盆地发生了剧烈收缩,沉积了反旋回磨拉石建造和煌斑岩、钙碱性花岗岩侵位,伴随低绿片岩相—低角闪岩相变质,导致各个裂陷槽最终封闭,破裂的新太古代克拉通陆壳焊接在一起,最终形成华北统一的早前寒武纪克拉通,构成华北板块沉积盖层的变质结晶基底。

滹沱裂谷盆地形成一个巨大的向北东扬起的倒扇形复向斜,其内部发育一系列平行褶皱轴面的逆冲型韧—脆性剪切带,构成北东向线型褶皱、冲断构造带。盆地发生了北西-南东水平方向的剧烈收缩,沉积了郭家寨亚群反旋回磨拉石建造和铁、磷灰石矿床成矿系列,呈角度不整合在东冶亚群之上,伴随有平型关序列钙碱性花岗岩侵入和低绿片岩相—低角闪岩相变质,形成 Chl-Ser 带、Alm 带和 St-Ky 带。七图、狐狸山等地形成与韧—脆性剪切带有关的构造-变质热液 Au、Cu 矿床成矿系列,平型关、朴子沟等地形成与变质煌斑岩有关的磷灰石矿床成矿系列。河边、东冶形成沉积变质板石矿床。

岚河裂谷盆地的收缩期,沉积了由粗碎屑岩组成的黑茶山群,其构造变形表现为一系列北北东向线型紧闭褶皱和冲断构造,形成以大蛇头和后马宗两条逆冲推覆型韧—脆性剪切带,将岚河群、野鸡山群和黑茶山群分隔成 3 个自成向斜的构造片体。伴随有关帝山后造山花岗岩侵入。岚河群发生了低绿片岩相变质,形成 Bi-Chl 带;野鸡山群发生了低角闪岩相变质,形成 Alm 带。形成与花岗岩有关的 W、Sn、Mo、稀土、稀有、Zn 矿床成矿系列。

中条裂谷盆地亦形成一个北东向倒扇形复向斜,并发育一系列平行褶皱轴面逆冲型韧-脆性剪切带,伴随褶皱、冲断构造,盆地发生收缩,沉积了呈角度不整合在中条群之上的担山石群反旋回磨拉石建造。发生低绿片岩相—低角闪岩相变质,形成 Bi-Chl 带、Alm 带和 St 带。变形、变质使胡-篦式、横岭关式铜矿床更加富集,形成脉状铜矿体,构成受变质层控 Cu、Au、Co、Mo、Ag 矿床成矿系列。

3.6.3.2 中元古代—古生代沉积盖层形成与发展阶段

经过 1800Ma 前的吕梁运动之后,华北板块早前寒武纪变质结晶基底完全固结。中元古代伊始,早前寒武纪克拉通陆壳再次破裂,形成中—新元古代坳拉槽逐渐向稳定的盖层沉积转化。至古生代结束,未发生广泛和强烈的造山运动,呈现以刚性陆壳差异性和整体升降的构造格局。经历了中—新元古代沉积盖层形成和古生代沉积盖层稳定发展两个阶段。

1. 中—新元古代沉积盖层形成阶段(1800~542Ma)

进入中—新元古代转入相对稳定的盖层沉积阶段,基底为华北统一的早前寒武纪克拉通陆壳,当时由于陆壳较薄和不均一而具相当的活动性,总体处于伸展构造环境,形成了山西中南部熊耳-汉高坳拉槽和东部的燕辽坳拉槽,二者均经历了初始裂陷、区域性沉降和广阔盆地形成后中途夭折,显示了坳拉槽特征,接受长城纪—青白口纪厚度巨大的火山岩-浅海碎屑岩-碳酸盐岩沉积和震旦纪冰期堆积。

1)中元古代长城纪—新元古代青白口纪坳拉槽沉积阶段(1800~800Ma)

(1)长城纪。首先在山西南部中条山和王屋山之间呈东西向裂开,向北一支受东西两侧断裂所限呈楔状插入吕梁汉高山一带,形成熊耳-汉高坳拉槽雏形,沉积了大古石组紫红色、黄绿色河湖相砂砾岩-砂岩-粉砂质泥岩,呈角度不整合在早前寒武纪变质结晶基底之上。在地幔热羽作用下,随着地壳拉张作用增强,地壳进一步变薄,上地幔上隆,沿深大断裂岩浆上涌,喷发了熊耳群许山组辉石安山岩-安山岩、鸡蛋坪组英安质流纹岩-流纹岩、马家河组辉石安山岩-安山岩和汉高山群小两岭安山岩组合。之后海水自秦岭海槽向北流注,在中条山区沉积了汝阳群云梦山组海湾三角洲相石英砂岩夹页岩、白草坪组潮间潟湖相紫红色石英砂岩和灰绿色—灰黑色泥岩、北大尖组浅海陆棚相白云质砂岩-黑色页岩-含藻硅质白云岩、崔庄组滞流海湾潟湖相含铁质结核黑色—杂色页岩、洛峪口组浅海潮坪相含藻碳酸盐岩沉积。

太行山和五台山—恒山以东，在北东向槽形盆地内，受北西、北东向两组断裂控制，不整合界面频繁发生，形成自南向北超覆沉积。仅在五台山西南部及以南太行山区，形成大河组—赵家庄组的一套紫红色滨岸石英砂岩-潮间泥坪相泥岩夹含藻碳酸盐岩沉积，呈角度不整合在早前寒武纪变质结晶基底之上；常州沟组—串岭沟组主体为一套河口三角洲相石英砂岩—潮间潟湖相灰绿色、黑色页岩夹石英砂岩、赤铁矿层及含藻碳酸盐岩，呈角度不整合在早前寒武纪变质结晶基底之上或整合于赵家庄组之上，形成叠层石白云岩组合和浅海相沉积 Fe、P、硅石、富钾岩石矿床成矿系列。串岭沟末期，因"兴城上升"缺失团山子组。进入高于庄时期海侵时，海水进入晋东北地区的五台耿镇以北、繁峙冻冷沟—应县白蟒神以东，形成开阔的陆表海碳酸盐岩台地，接受高于庄组滨岸砂坪相石英砂岩-潮间台坪相含藻碳酸盐岩-台地边缘斜坡潮下高能带藻礁碳酸盐岩-缓坡台地碳酸盐岩沉积，呈角度不整合在早前寒武纪变质结晶基底之上。构成该区第一个沉积盖层，缺失大红峪组及之下的所有地层，但广泛发育在该区被高于庄组覆盖的辉绿岩墙，记录了与大红峪期同时的一次拉伸裂解事件。整个高于庄期，蓝绿藻兴盛，在广泛的富镁碳酸盐岩沉积的同时，形成了叠层石白云岩组合，并形成繁峙拖房沟层控 Au、Ag 矿床成矿系列和浑源正沟与中元古代辉绿岩有关的花岗石矿床成矿系列。高于庄组沉积之后，再次整体上升（杨庄上升），海水向东退去。

(2)蓟县纪。受蓟县上升的影响，山西仅在灵丘北山一带，沉积了杨庄组紫红色含粉砂泥晶碳酸盐岩、潟湖相蒸发岩建造。进入雾迷山期再次发生海侵，形成缓坡型碳酸盐岩台地，沉积了雾迷山组滨岸石英砂岩-潮间砾屑碳酸盐岩-潮下纹层状泥晶碳酸盐岩，当杨庄组缺失时，呈平行不整合超覆在高于庄组之上，并形成叠层石白云岩组合。雾迷山组沉积之后，由于芹峪上升，山西不接受沉积，缺失洪水庄组—铁岭组。

(3)青白口纪。受芹峪上升的影响，青白口早期山西一直处于长期地壳上升的构造兼并期，高于庄组、雾迷山组经历了长时期风化、剥蚀及准平原化过程，侵入于高于庄组并被寒武系覆盖的北西向辉绿岩墙，记录了该时期曾发生过地壳拉伸裂解事件。进入中晚期，方在晋东北快速堆积了望狐组一套无组构、成分单一的滨岸残积-冲积扇燧石角砾岩。呈平行不整合在高于庄组或雾迷山组之上，之上沉积了云彩岭组三角洲前缘砂坝相铁质石英砂岩组合，并形成了广灵式铁矿。望狐组—云彩岭组沉积之后，经晋宁运动，山西省大部分地区均上升为陆，不再接受沉积。

2)新元古代震旦纪冰期阶段(800～543Ma)

经晋宁运动之后，整个山西再次上升为陆，缺失早震旦世沉积。进入晚震旦纪，形成了山岳冰川，在山西南部中条山区的寒武系之下，零星保存了罗圈组复成分的砾岩、含砾泥岩等冰川堆积的记录。

2. 古生代—中生代中三叠世沉积盖层稳定发展阶段(543～250Ma)

山西自晋宁运动整体上升为陆后，长期遭受侵蚀、剥蚀，业已准平原化。进入古生代寒武纪开始沉降，海水自南向北流注，形成早古生代寒武纪—奥陶纪陆表海沉积。晚奥陶世末期—中石炭世，与整个华北地区一样，经加里东运动，再次整体上升，缺失志留系—泥盆系及中—晚石炭系，至晚石炭纪晚期才开始沉降，形成石炭纪—二叠纪海陆交互相—陆相盆地沉积。三叠纪为大型内陆箕状坳陷盆地。

1)早古生代寒武纪—奥陶纪沉积阶段(543～320Ma)

山西的寒武纪—奥陶纪沉积，均属相对稳定的陆表海碎屑岩-碳酸盐岩建造，构造运动以整体沉降—隆升为主要表现形式，经历了由区域性缓坡→碳酸盐岩台地→台地前缘斜坡→局限海碳酸盐岩台地的形成、发展及消亡过程。

(1)早寒武世沧浪铺期—中寒武世毛庄期区域性缓坡。沧浪铺期海水首先到达山西南部中条山西南段，沉积了辛集组潮间泥坪相下部胶磷矿胶结砾岩、砂岩、页岩和上部砖红色含食盐假晶的富镁碳酸盐岩，形成海相化学沉积胶磷矿床系列。龙王庙期，海水向北推进至临汾、太行山中南段长治一线，沉积了朱砂洞组下部潮间泥坪相砖红色含食盐假晶的泥质白云岩、泥灰岩、泥砂岩，上部潮下云灰坪青灰色白云岩，局部为潮上潟湖环境，形成薄的石膏层。此时，海水生物活动以 Redichia 属三叶虫为主。

进入中寒武世毛庄期，海水向北、向西大规模海侵，淹没了山西除吕梁古陆以外的广大区域，该时期以不均衡沉降为主，在略有起伏的准平原之上发育了一套潮坪相红色蒸发盐岩建造，在毛庄期以前被海水淹没的中条山—太行山中南段，海水较深，沉积了馒头组一段潮间—潮下潟湖相含食盐假晶的页岩、灰岩夹泥灰岩；向北太行山中北段—五台山—广灵及大同玉龙洞一带，馒头组一段沉积为砖红色砂砾岩、泥岩、泥质白云岩、白云质泥灰岩，亦含食盐假晶，属潮间堤坝—潮下潟湖相；向西太原以北的晋西北地区，处于潮间潟湖环境，沉积了馒头组一段紫红色和砖红色含食盐假晶的泥岩、泥灰岩、泥质白云岩，继续向西至吕梁古陆边缘，处于潮上沙坝—沙坪环境，来自古陆的碎屑经反复淘洗，沉积了霍山组纯净的席状石英砂岩。

(2) 中寒武世徐庄期—张夏期碳酸盐台地形成、发展。该阶段海侵范围继续扩大，吕梁古陆退缩至离石以西，地壳运动以不均衡沉降→稳定沉降→缓慢抬升，引起以脉冲式海侵→高频振荡→缓慢回落的海平面变化，构成了山西早古生代碳酸盐岩台地一个完整的形成与发展过程。

徐庄早期，处于潮上—潮间沙、泥坪环境，沉积了馒头组二段紫红色泥岩、石英砂岩，气候依然炎热，晶出食盐假晶，时有脉冲式向北、向西海侵，沉积了上部生物碎屑灰岩、薄板状亮晶灰岩，碳酸盐岩台地逐渐形成。但在中条山、太行山中南段海水较深，为潮间潟湖相。馒头组二段为紫红色泥岩、生物碎屑灰岩、鲕粒灰岩，靠近吕梁古陆一侧滨岸地带，沉积了霍山组石英砂岩。徐庄晚期，海水进一步加深，主体处于碳酸盐岩台地边缘潮间—潮下高能浅滩及潮间潟湖环境，沉积了张夏组一段厚层状鲕粒灰岩、生物碎屑灰岩及薄层泥质条带灰岩。靠近吕梁古陆一侧局部形成岛状海湾，沉积了碾沟砾岩。徐庄期三叶虫已大为繁盛，进入张夏早、中期，已形成的碳酸盐岩台地进入成熟期，总体处于潮下浅滩高能与潮下低能交替的沉积环境，相间沉积了张夏组中下部鲕粒灰岩、生物碎屑灰岩和薄板状灰岩、灰绿色钙质页岩。张夏晚期，山西南部中条山—吕梁山南端海水开始咸化，产生准同生白云石化，各地均出现亮晶鲕粒灰岩、内碎屑灰岩、生物碎屑灰岩的白云石化。整个张夏期，三叶虫繁殖达到顶峰。

(3) 晚寒武世崮山期—早奥陶世道保湾期碳酸盐岩台地前缘斜坡形成及消亡。晚寒武世崮山期山西南部已普遍抬升，处于潮间潟湖与台地前缘斜坡潮下低能交替环境，沉积了三山子组下部薄层状泥质白云岩、鲕粒白云岩、白云质灰岩。但在山西中北部吕梁山、云中山、五台山、恒山及太行山北段，以大幅度地面沉降造成海平面快速上升，处于台地前缘斜坡带潮下低能环境，沉积了崮山组下部重力滑动构造及生物丘发育的薄层状泥晶灰岩、生物碎屑灰岩、藻礁灰岩、黄绿色页岩。长山期风暴作用时有发生，形成山西中北部崮山组上部普遍发育以砾屑灰岩和中南部三山子组中下部砾屑白云岩为主的风暴碎屑流沉积。进入凤山期，受总体地壳上升构造环境的影响，山西境内海平面大幅度整体回落，中南部沉积了三山子组中部潮间高能咸化环境的砾屑白云岩、泥质白云岩，中北部云中山、五台山、恒山沉积了炒米店组潮下低能环境的厚层含藻泥晶灰岩、藻礁灰岩及薄层灰岩夹层，构成了碳酸盐岩台地上的生物建隆。

早奥陶世新厂期—道保湾期，是怀远运动的主要表现时期，呈现为南强北弱总体上升的构造运动特征，晋东北五台山-恒山区海水较深，沉积了潮下低能—潮间台坪环境的冶里组薄层状灰岩、砾屑灰岩夹灰绿色含笔石页岩和亮甲山组燧石条带、结核泥晶灰岩、砾屑灰岩、白云质灰岩，除此之外的其他地区，随着持续的抬升均处于咸化海环境，形成三山子组上部潮间—潮上云坪环境下暴露标志发育的纹层状粉—细晶白云岩、砂砾屑白云岩。新厂期，三叶虫衰减。最终以怀远运动结束上升为陆，山西早古生代开阔陆表海碳酸盐岩台地消亡。

(4) 中奥陶世大湾期—晚奥陶世艾家山期局限海碳酸盐岩台地形成、发展及消亡。经怀远运动山西整体上升为陆之后，进入中奥陶世，海水自北东向南西又覆盖了整个山西，造就了中—晚奥陶世马家沟组的广泛分布，其垂向上地层层序以一、三、五段白云岩与二、四、六段灰岩成对交替发育，反映该阶段地壳运动以周期性垂直升降，造成频繁的海进、海退更迭，整体具局限海碳酸盐岩台地沉积特征。

中奥陶世大湾期,海水初侵,早期沉积了马家沟一段潮上泥云坪相含粉砂的纹层状泥质白云岩、泥灰岩、白云质页岩,局部相对凹陷地带为潮上膏云坪环境,形成石膏沉积。其底部时有滨岸石英砂、砂砾石沉积,呈平行不整合在三山子组之上;中期海水加深,沉积了马家沟组二段中下部局限海潮间泥坪相中厚层泥晶灰岩。晚期开始地壳抬升,交替沉积了二段上部潮间—潮上泥云坪相泥晶灰岩和泥质白云岩。道保湾早期处于潮上膏云坪环境,沉积了马家沟组三段含膏溶角砾岩的泥灰岩、泥质白云岩和石膏层。晚期海水加深,沉积了马家沟组四段潮间—潮上泥坪相泥晶灰岩、云斑灰岩。

进入晚奥陶世艾家山期,早期再次处于潮上膏云坪环境,沉积了马家沟组五段薄层状泥质白云岩、膏溶角砾岩。晚期海水达到奥陶纪以来的高峰,沉积了马家沟组六段厚层状泥晶灰岩、生物碎屑灰岩。整个中—晚奥陶世,三叶虫仅有残存种属,头足类则更繁盛。马家沟组沉积之后,由于加里东运动影响,形成晋冀鲁豫上升,使山西早古生代地壳抬升为陆,长期受侵蚀、剥蚀而未接受沉积。

2)晚古生代石炭纪—二叠纪潟湖-海陆交互相-大陆冲积平原沉积阶段(320～250Ma)

早古生代由于加里东运动,造成晋冀鲁豫整体上升,山西不但缺失晚奥陶世钱塘江期的沉积,而且缺失了整个志留纪—泥盆纪和早—中石炭世的沉积。这期间经长期侵蚀、剥蚀,业已准平原化,形成奥陶系顶部古风化壳,自晚石炭世开始,海水由东进入山西,从晚石炭世—晚二叠世经历了潟湖→海陆交互相碳酸盐岩台地、三角洲→大陆冲积平原沉积体系转换。

(1)晚石炭世本溪期喀斯特洼地-潟湖沉积。晋冀鲁豫上升为陆后,早古生代奥陶纪碳酸盐岩遭受了风化剥蚀及红土化过程,形成了丰富的铁、铝质风化壳残积物。进入晚石炭世本溪期,山西总体为平缓而略向东倾斜的奥陶系古侵蚀残丘喀斯特地貌,海侵迅速使山西全境处于有障壁的滨岸潟湖环境,沉积了太原组下部湖田段富有特色的华北型铁铝建造和北部低隆边缘的滨岸砾岩。形成山西式铁矿、硫铁矿、铝土矿,构成石炭纪铁铝岩段的Fe、硫铁矿和Al、稀有、稀土、黏土矿、Ga、Ge、铁矾土两个矿床成矿系列。

(2)晚石炭世晋祠期—早二叠世太原期海陆交互相沉积。晚石炭世晋祠期,山西依然继承了本溪期北东部低、南西部高的古地貌,自北东向南西发生海侵时,山西处于海陆交互相碳酸盐岩台坪—三角洲前缘沙坝、湖沼环境。首次海侵仅到达离石、汾阳、太原、五台一线,沉积了太原组底部含 $Montiparus$、$Lembonopticatus$ 蜓群碳酸盐岩台坪相的无名灰岩、畔沟灰岩。之后海水退去,沉积了太原组下部三角洲前缘沙坝相—湖沼相晋祠砂岩和灰黑色泥岩、粉砂质泥岩和薄煤层。第二次海侵向南东推进至山西中南部乡宁、沁水一线,沉积了富含 $T.\ Simplex$ 蜓群的碳酸盐岩台坪相吴家峪灰岩、扒楼沟灰岩、后寺灰岩。

进入早二叠世太原早期,由于古亚洲洋消减向南俯冲,山西北部逐渐抬升,在吴家峪灰岩沉积之后,山西形成了一个开阔平坦的三角洲平原河流—湖沼环境,开始进入山西重要的成煤期,第三次海侵覆盖了山西全部,沉积了以 $Pseudoschwagrininac$ 蜓类为标志的碳酸盐岩台坪相庙沟-毛儿沟灰岩、松窑沟灰岩,最终导致晋祠期北东低、南西高的古地貌发生根本性变化,至此与华北地区一样,山西呈现出北高南低的古地貌格局,开始形成由南往北的海侵,沉积了太原组中部三角洲平原河流相—湖沼相石英砂岩、灰黑色泥岩、粉砂质泥岩、煤层和大同以南的碳酸盐岩台坪灰岩。而后山西基本处于三角洲平原河流相—湖沼相与碳酸盐岩台坪海陆交互环境。其中重要的海侵形成碳酸盐岩台坪事件出现了5次,并一次比一次向南缩小,沉积了太原组上部斜道灰岩、老金沟灰岩及崇福寺灰岩和东大窑灰岩、红矾沟灰岩及滩上灰岩、柳子沟灰岩、毛古掌灰岩。南部海退期和北部沉积了三角洲平原河流相—湖沼相北岔沟砂岩、灰黑色泥岩、粉砂质泥岩、煤层。

太原晚期,海侵进一步向南退缩至中条山南段长治—陵川一带,沉积了太原组顶部碳酸盐岩台地相附城灰岩、舌形贝页岩、山后灰岩、燧石层和三角洲平原河流相—湖沼相砂岩、灰黑色泥岩、粉砂质泥岩、煤层。其他地区沉积了古植物发育的山西组河控三角洲平原河流沙坝相—湖沼相砂岩、粉砂岩、粉砂质泥岩、灰黑色泥岩、煤层。完全进入陆相环境,三角洲体系趋于消亡。至此,在山西各地太原组、山西组中形成了三角洲平原湖沼相煤、高岭土、硫铁矿矿床成矿系列。

(3)中、晚二叠世大陆冲积平原沉积。由于海西运动,使古亚洲洋持续向南俯冲,山西北部抬升,使早二叠世太原晚期海水逐渐向南退去。至中、晚二叠世,已由三角洲平原河流—湖沼环境转变为以河流沉积体系占主导地位的大陆冲积平原环境,形成石盒子组—孙家沟组一套灰绿色—紫红色河流相碎屑岩建造,经历了由曲流河—辫状河的沉积体系转换过程。

中二叠世早期,以温暖湿润气候条件的大陆冲积平原曲流河道—河漫滩冲积及泛滥盆地环境下,沉积了骆驼脖子段河道—河漫滩冲积砂岩、灰黑色砂质泥岩和泛滥盆地湖沼相碳质泥岩、煤线;化客头段河漫滩相冲积灰绿色砂岩间夹牛轭湖沉积灰绿色泥岩;天龙寺段湖相黄绿色、紫红色泥岩夹紫斑铝土质泥岩(桃花泥岩)、锰-铁质岩和河道相—河漫滩相灰绿色砂岩、粉砂质泥岩,构成锰、煤、黏土矿床成矿系列。

中二叠世晚期侵蚀作用显著增强,形成以干旱气候条件的大陆冲积平原辫状河河道—河漫滩冲积环境,沉积了神岩段一套二元结构发育的河漫滩相巧克力色、灰紫色、暗紫色泥岩,粉砂质泥岩和河道相灰黄色含砾砂岩、砂岩;平顶山段沉积时砂体显著增多,主体为一套河道相灰绿色、灰黄色含砾中粗粒长石岩屑杂砂岩,间夹河漫滩相灰紫色、暗紫红色泥岩。

进入晚二叠世孙家沟早期,海西运动使古亚洲洋受挤压闭合,山西绝大部分仍继承了早二叠晚期大陆冲积平原辫状河冲积环境,沉积了孙家沟组下部辫状河河道相含砾中粗粒长石石英砂岩和河漫滩相砖红色泥岩、粉砂质泥岩;晚期太原以南在河流网的低洼地带湖泊发育,垣曲、高平等地形成含灰岩团块的紫红色泥岩、薄层状灰岩、泥灰岩及黄绿色长石石英砂岩沉积;乡宁小滩村附近形成紫红色泥岩、白云质灰岩夹薄层石膏沉积。

3)早三叠世大龙口期—铜川期大陆冲积平原辫状河—湖相沉积阶段

(1)早三叠世大龙口期—和尚沟期辫状河心滩—曲流河泛滥盆地沉积。晚二叠世孙家沟组沉积之后,晋东北五台山—恒山—大同—左云以东隆起,缺失三叠系沉积,中南部则继承了干旱气候条件的大陆冲积平原特征。大龙口期形成了刘家沟组辫状河心滩沉积的紫红色长石砂岩夹粉砂岩间夹泛滥盆地沉积的紫红色砂质泥岩。和尚沟期由辫状河发展为曲流河泛滥盆地环境,沉积了和尚沟组紫红色、砖红色薄层状砂质泥岩,泥质粉砂岩和心滩沉积的长石砂岩、灰紫色泥钙质泥砾岩。

(2)中三叠世二马营期辫状河心滩—泛滥盆地河湖相沉积。进入中三叠世二马营期,北部宁武—静乐一带曾一度上升,又恢复了大陆冲积平原辫状河环境,形成二马营组心滩沉积的灰绿色、灰黄色含泥砾中、粗粒长石砂岩及河漫滩沉积的紫红色粉砂岩和砂质泥岩。中南部临县—吉县和榆社—沁水地区相对下沉,地形坡度变小,形成二马营组下部辫状河心滩沉积的灰绿色长石砂岩和上部泛滥盆地河湖相紫红色粉砂岩、砂质泥岩。整个二马营期,气候条件逐渐变得湿润温暖,形成了 *Neocalamites Shanxiensis* 植物化石组合和中国肯氏兽动物群。

(3)中三叠世铜川期河湖相—湖泊相沉积。进入中三叠世铜川期,内陆坳陷盆地进一步沉降,地形坡度进一步减小,气候继续向温暖湿润发展,发育植物群、瓣鳃类、昆虫,在广阔的冲积平原上形成了大型内陆淡水湖泊。早期处于河湖交替环境,沉积了延长组一段灰绿色细粒长石砂岩、灰绿色—灰紫色粉砂岩、砂质泥岩、含灰质结核泥岩。随着盆地不均衡振荡下沉,进一步演化为大型湖泊环境,普遍接受湖相沉积,形成延长组二段黄绿色、灰绿色细粒长石砂岩、灰黑色—灰绿色含黄铁矿及钙质砂岩结核的砂质泥岩、泥岩。延长组二、三段的下部在宁武—静乐和榆社—武乡等地间夹有河流相心滩、边滩沉积的细粒长石砂岩、粉砂岩。在延长组三段沉积时,榆社—沁水和石楼—吉县等地局部出现沼泽环境,沉积了灰色细砂岩、粉砂岩,含植物炭化碎片的灰黑色砂质泥岩、碳质泥岩、煤线及黏土岩等。

3.6.3.3 中生代—新生代滨太平洋叠加造山阶段

经中元古代—古生代相对稳定的盖层沉积之后,进入中生代晚三叠世以来,形成中国东部宽阔的陆缘活化带。以大兴安岭-太行山-武陵山重力梯度带为界的山西黄土高原，其地壳结构、浅成构造和现代盆岭构造地貌等与中国东部中、新生代形成的构造格局一致。一系列呈北东向斜列的褶皱、逆冲推覆构造带和新生代贯穿山西南北呈北东向斜列的裂谷盆地与山脉隆起构成中、新生代陆内造山带，经历了燕山期和喜马拉雅期的构造序列演化。

1. 晚三叠纪沉积与陆内造山阶段（250～205Ma）

进入晚三叠世，发生了近东西向挤压的陆内造山运动，促使三叠纪大型内陆坳陷盆地上升萎缩，进入中、新生代西滨太平洋陆缘活化的始造山阶段。山西大部分地区逐渐上升为陆遭受侵蚀、剥蚀，仅在西南部大宁—吉县一带处于大陆冲积平原河流环境，形成了延长组四段辫状河心滩沉积的黄绿色—黄色巨厚层状中细粒长石砂岩和河漫滩沉积的灰黑—灰绿色泥岩及砂质泥岩薄层或透镜体。随着持续的近东西向挤压作用增强，内陆盆地消亡，形成贯穿山西南北的开阔褶皱和大型挠曲、断层带，伴随有碱性、偏碱性橄榄辉长岩-霞石正长岩-石英二长岩和中酸性岩株、岩床、岩脉侵入，形成与三叠纪中酸性超浅成侵入岩有关的Au、Ag、Cu、Pb、Zn矿床成矿系列。自东向西形成呈南北向的沁水向斜坳陷、太岳山-狐偃山背斜隆起和鄂尔多斯向斜坳陷。构成呈南北向展布、东西向坳隆相间的陆内造山带构造格局。

2. 侏罗纪—白垩纪沉积与陆内造山阶段（205～65Ma）

晚三叠纪大型内陆坳陷盆地褶皱隆起消亡之后，进入侏罗纪—白垩纪，构造-岩浆活动频繁发生，山西自寒武纪以来统一而稳定的古地理、地貌景观已分化瓦解。与中国东部中、新生代陆缘活化带为一体，以强烈的伸展→挤压交替→山体隆升为特征，形成显著的新生性陆相挤压型聚煤盆地、伸展型断陷盆地和火山断陷盆地，伴随有碱性、偏碱性和中酸性岩体侵位，特别是广泛发育的义县组沉积之前的晚侏罗世北北东向褶皱和逆冲推覆构造带，具有明显的陆内带造山特征，进入白垩纪演变为以伸展作用为主导的运动形式，导致北西向、北东向断裂复活，山体隆升形成断块山，构成中、新生代西滨太平洋陆缘活化期。

1）早侏罗世—中侏罗世断陷盆地—聚煤盆地形成、发展、消亡阶段

早侏罗世早期，山西一直处于隆起的侵蚀、剥蚀状态未接受沉积。进入早侏罗世晚期永定庄期，山西北部云岗、宁武一带，在伸展构造机制下地壳破裂，形成短轴山间断陷盆地，接受永定庄组杂色河湖相砂砾岩、含砾砂岩、粉砂岩、粉砂质泥岩，宁武一带喷发了中酸性火山岩，呈角度不整合在三叠系、二叠系或石炭系之上，形成了植物组合和双壳类组合。

中侏罗世大同期，在北西-南东向挤压作用下，山西北部形成北北东向展布的、隆坳相间的构造格局，云岗、宁武和广灵北一带形成聚煤构造盆地，上叠在永定庄期断陷盆地之上。早期沉积了大同组中、下部河流—湖沼交互相的灰白色、灰黄色长石石英杂砂岩、岩屑杂砂岩、粉砂岩、灰色—灰绿色粉砂质泥岩、黑色泥岩夹煤层及淡水灰岩结核、透镜体。随着挤压作用增强，形成同沉积微型波状褶皱和压扭性小断裂，盆地进一步下沉，构成主要成煤期。形成了侏罗世煤系地层中的煤、Ga、Ge、铁矾土矿床成矿系列；晚期挤压作用减弱湖盆开始萎缩，沉积了大同组上部浅湖—湖泊三角洲相灰白—灰红色细粒长石石英砂岩、薄层粉砂岩、砂质泥岩及薄煤层（线）。

进入云岗—天池河期，已转变为曲流河相—辫状河弱相—强氧化环境，在除天镇、阳高外的山西各地坳陷区，早期沉积了云岗组下部曲流河相—浅湖相灰黄色—灰绿夹紫色长石石英砂岩、粉砂岩、粉砂质泥岩和上部辫状河心滩相—河漫滩相灰绿色长石砂岩、紫红色粉砂质泥岩、泥岩；晚期进入强氧化环境，沉积了天池河组辫状河心滩相—河漫滩相紫红色、砖红色长石砂岩、粉砂岩、粉砂质泥岩、钙质泥岩。

2）中侏罗世末—早白垩世火山断陷盆地

进入中侏罗世末—晚侏罗世，山西整体处于地壳拉伸期，产生了北西向和北东向两组切穿岩石圈的深大断裂，晋东北地区岩浆上涌，形成了四周被深大断裂围限的浑源、灵丘两个断陷火山盆地。形成以红色为主的火山-沉积岩堆积于盆地中，经历了幼年期—壮年期—衰弱期连续发展的火山活动-沉积

过程。

髫髻山期浑源盆地北部受北西向、北东向断裂影响开始下沉,沉积了髫髻山组下部冲洪积扇状紫红色砾岩,由于深大断裂持续活动,导致中基性岩浆喷溢,形成火山活动幼年期的髫髻山组上部玄武安山岩。

晚侏罗世土城子期,浑源盆地岔口—打虎沟间形成锥状火山喷发,在近火山口处堆积了巨厚的喷发相酸性熔岩和火山碎屑岩,远离火山口低洼地带形成河湖相火山碎屑沉积岩。灵丘盆地南部沉积了以冲洪积砾岩为主扇状粗碎屑岩。火山停止期,形成了岔口火山颈,伴随有六棱山超单元花岗岩和岔口超单元与火山岩有关的浅成、超浅成中酸性侵入岩。

进入早白垩世张家口期,在浑源、灵丘盆地中以中心式喷溢与喷发交替进行,并由中基性→安山质→流纹质→粗面质分异演化,其分布广且厚度大。进入火山活动壮年期,早期形成张家口组下部紫红色砂质泥岩及大量的呈韵律式喷发喷溢的玄武安山岩、粗安岩及火山角砾熔岩;晚期形成张家口组上部凝灰质砂砾岩、英安质凝灰角砾岩、流纹岩、粗面岩及凝灰质角砾熔岩,远离火山口的小女沟、石墙子村南形成河湖相紫红色岩屑砾岩、粉砂岩、泥岩。火山停止期形成了义兴寨、小窝单、羊头崖、太白维山、塔地等火山颈。伴随有灵丘超单元与火山岩有关的浅成、超浅成中酸性复式岩体、次火山岩和紫金山碱性杂岩体侵位。

大北沟期火山活动减弱,仅在浑源盆地孟家窑、柴春、野西沟等地次级盆地中以裂隙式火山喷发为主,早期形成大北沟组下部河湖相暗紫红色砂岩、砂质泥岩和喷发相粗安质角砾熔岩、粗安岩;晚期形成大北沟组上部河湖相紫红色—浅灰绿色砾岩、砂质泥岩和喷发相流纹质角砾熔岩。

整个中侏罗世末—早白垩世断陷盆地火山喷发-沉积期间,还形成了火山沉积相珍珠岩、膨润土、沸石矿床成矿系列、与中酸性次火山岩和浅成、超浅成复式岩体有关的 Fe、Cu、Au、Ag、多金属矿床成矿系列。

3)早白垩世早期陆内造山

早白垩世义县组沉积之前,亚洲与西太平洋古陆间发生强烈的斜向碰撞,山西境内受此影响在北西-南东向水平挤压作用下,以山西地块为主体,形成广为发育的呈北北东向斜列的褶皱和逆冲推覆构造带,自北向南分别由五寨-云岗复向斜、五台山-吕梁山复背斜、汾西-尉庄复向斜、霍山-中条山复背斜、沁水复向斜、太行山复背斜等组成,逆冲推覆构造以平行褶皱轴的对冲式逆掩、逆冲断层组合,发育在复向斜或次级向斜的两翼。完成了其构造线方向由近东西向向北北东向的构造动力体制的彻底转换。

3. 早白垩世地壳主体伸展隆升阶段

晚侏罗世末期,山西大地构造演化进入强烈的挤压造山后应力松弛伸展期,特别是早白垩世晚期以来,其沉积组合在垂向上砾岩-泥岩交替发育,指示山体经历了周期性快速隆升和剥蚀夷平过程。先存北西向和北东向断裂复活,玄武质、流纹质火山喷发和钙碱性花岗岩浆侵位,导致地壳整体隆升。西安里、狐偃山、塔儿山—二峰山碱性,偏碱性和中酸性岩浆沿断裂侵位。形成与中生代碱性、偏碱性侵入岩有关的 Fe、Cu、Au、Mo、Ag 和碱性次火山岩中的富钾岩石、磷灰石矿床成矿系列。

1)早白垩世晚期—晚白垩世早期地壳伸展期

经燕山运动陆内挤压造山之后,山西大部分地区褶皱隆起遭受侵蚀、剥蚀。进入早白垩世早期,在伸展构造机制下,仅在晋东北中庄铺、西柏林、阳高等地形成伸展型断陷盆地,接受呈角度不整合在中、晚侏罗世火山岩之上的义县组沉积,早期形成义县组下部河湖相灰黑色砾岩、砂岩、灰绿色—灰黄色泥岩、碳质泥岩夹煤线(层)及淡水灰岩。中期形成义县组中部河流相灰红色—紫红色砾岩夹砂质泥岩;晚期形成义县组上部河湖相紫红色砂质泥岩夹砂砾岩,先后亦有玄武岩浆喷溢和流纹质角砾凝灰岩、火山角砾岩、流纹岩喷发及中酸性脉岩侵位,形成白垩纪火山沉积相珍珠岩矿床成矿系列。义县组沉积之后,再次形成挤压构造应力场,但已明显减弱,仅使义县组形成开阔平缓的褶皱。

早白垩世晚期伸展作用显著增强,伸展型断陷盆地向北扩展至大同东西两侧。早白垩世晚期沉积了左云组一套山前冲洪积扇—洪泛盆地相灰红色砾岩、砂岩和砖红色砂质泥岩、泥岩，呈角度不整合在义县组或下伏不同层位之上。

晚白垩世早期沉积了助马堡组河湖相灰黄色—灰红色长石石英砂岩、粉砂岩和灰红色—紫红色砂质泥岩、泥岩及泥灰岩透镜体。伴随有铁瓦殿、黄土坡超单元壳源型黑云母花岗岩侵位，形成与花岗岩浆晚期热液有关的 Nb、Ta、Rb、Li、Eu、水晶矿床成矿系列。

3) 晚白垩世末期山体整体隆升期

晚白垩世末期，在持续的岩石圈不均衡调整作用下，导致先存北西向和北东向断裂复活，发生山体整体隆升不再接受沉积，形成一系列北西向和北东向地堑、地垒式断裂组合，构成燕山运动最晚一期构造形迹，除沿断裂有少量中酸性岩脉侵入外，切割了白垩纪及之前的所有地质体。

3.6.3.4 新生代汾渭裂谷带与黄土高原形成阶段（65Ma 至今）

进入新生代以来，山西的喜马拉雅运动，总体是在伸展构造背景下发生隆升、裂陷，伴随古近纪末和新近纪末两次挤压作用，以继承性断裂活动和地壳间歇性抬升为主导运动形式。造就了贯穿山西地块南北的汾渭裂谷带和两侧山体整体抬升，以及山体遭受剥蚀、盆地接受沉积的完整的山麓河湖冲洪积体系，形成现今黄土高原盆岭构造景观和河流网格局。

1. 古近纪古新世—渐新世汾渭裂谷带形成阶段

1) 古新世—始新世早期

燕山运动之后，古新世早期山西地块仍整体处于隆起状态，遭受剥蚀、夷平作用，北台夷平面形成。古新世晚期—始新世早期上地幔开始上隆，在燕山期区域性背斜隆起区产生了一系列呈北东向斜列的剪切拉张带。南部芮城、平陆、垣曲一带首先裂开，灵宝、渭南盆地一起积水形成"古三门湖"，沉积了门里组下部河流相砖红色—紫红色砾岩、含砾砂岩、砂质泥岩、泥岩和上部湖相紫红色—灰绿色泥岩、泥质白云岩、泥灰岩、薄层石膏。

2) 始新世晚期—渐新世

汾渭裂谷带全面裂开，山西形成一系列呈北东向斜列的裂谷盆地雏形。在南部芮城裂谷盆地中，始新世沉积了坡底组下部河湖相砖红色砾岩、中粗粒砂岩、砂质泥岩、泥岩。渐新世早期沉积了小安组下部河湖相浅灰色—浅紫红色砾岩、含砾砂岩、灰绿色砂质泥岩、泥灰岩、薄层石膏和上部湖沼相灰绿色—紫红色泥岩、泥质白云岩夹碳质泥岩、褐煤层，形成了新生代早期石膏、褐煤矿产。渐新世晚期地壳开始上升，沉积了刘林河组下部河湖相褐红色—浅红色含砾砂岩、浅紫色—黄绿色砂质泥岩夹白云质泥灰岩和上部河流相紫红色砂砾岩、砾岩、砂质泥岩、泥岩。

北部大同、忻定裂谷盆地中亦形成湖盆，沉积了繁峙组底部含砾黏土、黏土、褐煤层，之后沿深大断裂基性岩浆上涌喷溢，形成始新世—渐新世繁峙玄武岩层状熔岩流，间断期形成 T、W、Y、R 橘黄色—紫红色黏土质风化面。深大断裂两侧山区，形成超浅成玄武岩脉和应县庙沟金伯利岩。

渐新世末期，发生北西-南东向水平挤压作用，芮城裂谷盆地的古近纪地层发生压扭性断层、褶皱。

2. 新近纪中新世—上新世汾渭裂谷带发展阶段

在渐新世末褶皱隆起的基础上，形成唐县期夷平面和玄武岩台地，上地幔进一步上隆，大同、忻定、晋中、临汾-运城、芮城裂谷盆地边界断裂活动加剧，以盆地下陷向箕形发展、山体隆升和广灵、灵丘、盂县、阳泉、长治、晋城、岚县及吕梁山西部河东地区山间盆地形成为特征，进入构造-岩浆活动全盛期。

中新世初期，山西北部右玉、大同镇川堡、天镇将军庙一带基性火山喷发形成汉诺坝玄武岩；中新世晚期，太行山平定、昔阳、左权一带山间盆地边缘基性火山喷发形成雪花山玄武岩。

进入上新世，各裂谷盆地进一步下陷积水成湖，并向箕形发展。上新世早期在大同盆地中沉积了寇寨组湖相灰绿色泥岩、砂质泥岩、粉砂质泥岩、泥岩、泥灰岩和南榆林组河湖相灰色—灰绿色细、中、粗粒砂岩，粉砂岩，棕褐色泥岩，泥灰岩；忻定盆地及以南晋中、临汾-运城盆地中沉积了下土河组河湖相棕褐色砾石层、砂层，灰褐色—棕红色黏土、亚黏土和小白组湖相灰色—灰绿色黏土夹细砂、砂砾层；盆缘及山间盆地中沉积了保德组河湖相红色的砾岩、黏土、亚黏土；裂谷盆地两侧局部山间盆地中积水成湖，保持了湖相沉积；吕梁山区河曲、保德、忻州南坛、蒲县薛关及新绛等地沉积了芦子沟组杂色砂砾石层、细砂层和灰绿色—黑灰色黏土、亚黏土、泥灰岩，晋东南一带沉积了任家垴组紫色黏土、粉砂土、砂土、混杂砂砾、块石和张村组灰绿色黏土夹砂层、泥灰岩及大墙组鲜红色黏土、粉砂质黏土层。形成了冀家沟和安乐三趾马动物群。上新世晚期，产生了北西-南东向水平挤压作用，芮城盆地上新世地层形成褶皱、断层，除北部大同盆地保持了连续的湖相沉积外，其他盆地下陷强度变缓，普遍在盆缘及山间盆地中形成静乐组含贺丰三趾马动物群的深红色—褐红色残积黏土。

3. 第四纪更新世—全新世汾渭裂谷带走向消亡与黄土高原形成阶段

1）早更新世

经上新世晚期的挤压作用，早更新世各裂谷盆地因抬升湖水面积已明显发生萎缩。盆地中心沉积了泥河湾组下部湖相褐灰色—灰绿色黏土、粉砂质黏土、粉砂层及泥灰岩，盆缘浅水区沉积了下部大沟组河湖相灰紫色—灰绿色黏土、砂质黏土、砂层、砾石层和上部木瓜组河流相灰黄色—棕褐色砂砾石层、砂层、亚黏土；山间盆地区堆积了午城组棕黄—棕褐色亚砂土、亚黏土夹棕红色古土壤及钙质结核层，位于黄土高原梁、塬、峁土状堆积的下部。晋东南榆社、沁县等地山间盆地积水成湖，沉积了下部楼则峪组湖相锈黄色砂层、紫色钙质黏土、黏土、泥灰岩和上部小常组灰绿色—紫红色黏土、亚黏土、泥灰岩及粉细砂层。南部芮城盆地中亦出现西侯度古文化层。

2）中更新世

山西地块进一步整体隆升，盆地整体下陷幅度减小，以盆地内部的块段活动为主，形成陷隆与凹陷，再由于气候的变迁，各裂谷盆地中湖泊进入消亡期的不稳定状态，湖水变浅且水位频繁变动。大同盆地中湖水较深，连续沉积了泥河湾组中部河湖相灰绿色黏土、粉细砂层及泥灰岩，以南诸盆地沉积了汾河组河湖相浅灰色—灰黄色含砾细、中砂、粉砂层和黏土层及泥炭，临汾-运城盆地亦因稷王山陷隆，迫使古汾河改道，运城与临汾分离，运城盆地湖泊进入萎缩状态开始形成蒸发盐岩类沉积。盆缘发育了匼河组河流相砂砾石层、砂层和亚砂土，构成Ⅳ级河流阶地堆积。两侧山间盆地中则形成了离石组棕黄色亚黏土夹多层古土壤条带及钙质结核层，位于黄土高原梁、塬、峁土状堆积的中部，并形成了南部芮城盆地中匼河古文化层和中更新世动物群。

3）晚更新世

进入晚更新世，转化为干旱强季风的古气候环境，盆缘和山间盆地及山区中，堆积了马兰组灰黄色风积黄土夹棕红色—灰黑色古土壤层，位于黄土高原梁、塬、峁土状堆积的上部，构成了Ⅲ级河流阶地，含马兰期哺乳动物组合。

除大同、运城盆地外各裂谷盆地的湖泊已消亡。运城盆地进入盐类矿床的主要成矿期。大同盆地湖水亦明显变浅，早期形成了泥河湾组上部含许家窑文化层的河湖相灰绿色—灰褐色黏土、粉砂质黏土和粉砂、细砂层沉积，含许家窑动物群；晚期在河流阶地上亦有册田、阁老山基性火山岩喷发，间夹河流相砂、粉砂、黏土沉积，形成大同火山群。其他各裂谷盆地，早期形成了丁村组含丁村古文化层的河流相砂砾石和粉砂、亚砂土层；晚期形成了含下川和峙峪文化层的河流相冲洪积砂砾石、砂、亚砂土层和间夹牛轭湖相灰绿色黏土沉积，构成各盆地和山区主要河流的Ⅱ级阶地。

4）全新世

在晚更新世形成河流阶地的基础上，各裂谷盆地进一步形成开阔平坦的冲积平原和河流网，两侧山体仍处于间歇性上升状态。各裂谷盆地由于边界断裂的持续活动，导致两侧山体继续抬升，最早形成的北台夷平面被抬升到海拔3061m，形成各山区广泛发育的河流砂金矿床。同时在盆缘山前地带形成了自晚更新世以来的含鹅毛口古文化层的冲洪积扇裙。除运城盆地局部保持了湖泊相接受蒸发岩沉积形成盐类矿床外，大同、忻定、晋中盆地中，相继形成含选仁古文化层的选仁组河流相砂砾石、砂、粉细砂层、粉砂土、碳质淤泥层的Ⅱ级河流阶地堆积和沱阳组河床河漫滩相砾石、砂、粉细砂、淤泥层。尽管各盆地中全新世断裂活动证据和现代地震活动记录表明山西地块仍处于盆地下降、两侧山体上升状态，其汾渭裂谷带已进入逐渐消亡期。

3.6.4 大地构造相与成矿关系

大地构造相是一定地质时代（构造旋回）的产物。因此，在某种程度上它与岩石地层单元有着对应关系，从山西省大地构造相划分的命名后面都加注地层代号就表明这一点。在表3-6-1中划分出5个大相：Ⅱ$_1$ 大同-恒山地块、Ⅱ$_2$ 五台-界河口新太古代弧盆系大相、Ⅱ$_3$ 阜平-赞皇-中条地块大相、Ⅱ$_4$ 晋冀地块叠加裂谷盆地大相、Ⅱ$_5$ 晋冀陆块大相，其下包含30个Ⅲ级单元——相。但从成矿的角度讲，在这里忽视了太行山燕山期构造岩浆活动的归属，它们是山西省重要的铁、铜、金、银成矿要素。经补充，下面将大地构造相与主要矿产的成生对应关系概略地做一表述（重要矿产加粗表示）：

右玉古弧后盆地相（Ar_3）
大同-桑干古弧盆系相（Ar_3）：铁、石墨
恒山古弧盆系相（Ar_3）
阜平古弧盆系相（Ar_3）
赞皇古弧盆系相（Ar_3）：铁、金红石、磷灰石
霍山古弧盆系相（Ar_3）
涞水古弧盆系相（Ar_3）：铜、金、铁
稷山古弧盆系变质地带（Ar_3）
五台岩浆弧相（Ar_3）：铁、金、铜、钼、金红石、磷灰石、硫铁矿
高凡碰撞后裂谷相（Ar_3）
界河口古弧盆系相（Ar_3）
吕梁裂谷相（Pt_1）：铁
岚河-野鸡山-黑茶山裂谷相（Pt_1）
滹沱裂谷相（Pt_1）：铁、金、磷
甘陶河裂谷相（Pt_1）
中条裂谷相（Pt_1）：铜、金
郭家寨陆内盆地相（Pt_1）
担山石陆内盆地相（Pt_1）
后造山岩浆杂岩相（Pt_1）
汉高山-熊尔（豫陕）裂谷相（Pt_2）
晋冀陆表海盆地相（Pt_{2-3}）：铁矿、冶镁白云岩、含钾岩石
晋冀鲁豫陆表海盆地相（ϵ_{1-2}）：磷
晋冀鲁豫碳酸盐岩台地相（$\epsilon_2—O_3$）：石膏、重晶石、白云岩、石灰岩
山西陆表海盆地相（$C_2—P_1$）：**煤**、**铝土矿**、稀有-稀土矿、硫铁矿、锰铁矿、黏土矿
宁武-鄂尔多斯-沁水陆内盆地相（$P_2—T_3$）：**煤**、锰铁矿、硫铁矿
大同-宁武-沁水陆内盆地相（J）：**煤**、镓、锗
灵丘陆内盆地（及太行山北段陆缘岩浆弧）相（J—K）：膨润土、珍珠岩、沸石、银、锰、铜、金、铅-锌
太行山中南段陆缘岩浆弧相（K_1）：铁、铜、金、银

临汾塔儿山-太原狐偃山陆缘岩浆弧相(K_1):铁、铜、金、银

左云-阳高陆内盆地相(K)

汾渭陆内盆地相(汾渭裂谷)(E—Q):芒硝、白钠镁矾、石盐

山西陆内山间盆地相(N—Q):砂金

3.6.5 关键地质问题的讨论

山西省经过近50年的基础地质调查工作和各类科研工作,取得了一系列重要的调查成果,但由于当时的认识、理论、工作方法与技术水平的限制,加之地质科研缺乏系统性和区域性,故山西省一些重大地质问题依然存在。特别是本次编图以板块构造学说为指导,以研究大陆块体离散、会聚、碰撞、造山的大陆动力学过程为主线,这种全新的编图思路对山西省来说也是首次,加之编图者的知识与理论水平,在认识这些关键地质问题时难免存在着偏差,虽然通过一年多的努力,现将山西省的大地构造相图编制完成,但一些关键地质问题仍然存在,只不过在编图过程中采用了一些倾向性认识,现对这些问题说明如下。

3.6.5.1 早前寒武纪大地构造单元的划分问题

自从将板块构造理论引入研究大陆造山带以来,华北地块前寒武纪构造演化的研究目前受到国内外学者的空前重视,发表的大量文献将研究的重点聚焦于新太古代—古元古代构造格局的划分、吕梁运动构造-热事件的性质与时限等地质问题。而这些认识及进展与本区的早前寒武纪变质基底的构造单元和演化的认识密切相关。

李江海等(2000,2002)依据区域构造分析及同位素年代学数据库,将华北克拉通变质基底区划为以下构造单元:①鄂尔多斯陆块新太古代被动边缘沉积;②恒山-承德太古代末期构造带;③太古代末期五台-登封岛弧带杂岩及构造缝合带;④鲁西-冀东-辽吉新太古代活动大陆边缘岩浆杂岩带;⑤胶辽陆块;⑥冀北-固阳古元古代初造山带及内蒙-冀东再造麻粒岩相带;⑦吕梁-中条古元古代裂谷带;⑧辽南古元古代裂谷带。

赵国春等(1999)将华北地区早前寒武纪构造划分为西部地块、东部地块和中部碰撞带,2002年在《华北克拉通基底构造单元特征及早元古代拼合》一文中认为"华北克拉通基底可分为东部陆块、西部陆块和中带。西部陆块是由其南部的鄂尔多斯陆块和北部的阴山陆块沿华北西部孔兹岩带在早元古代(约1.9Ga)碰撞对接而成。在约1.85Ga,西部陆块与东部陆块沿中部带发生碰撞拼合而形成现今的华北克拉通统一结晶基底"。2005年将西部地块进一步划分为阴山地块、鄂尔多斯地块与中部的孔兹岩带,并认为在1850Ma以前,东部地块与西部地块之间发育古老洋盆,西部地块东缘为被动大陆边缘,东部地块西缘为活动大陆边缘。在被动大陆边缘之上沉积了类似古元古代孔兹岩类沉积物,在活动大陆边缘形成包括TTG、岛弧火山岩,甚至具有洋壳特点的镁铁质—超镁铁质岩石,洋盆消减方向为由西向东。1850Ma,洋盆彻底消减,导致陆-陆碰撞。

Kusky(2003,2007)对华北构造单元划分承袭东部地块、西部地块和中部造山带的构造格局,与赵国春等模式区别之处在于Kusky认为东部地块与西部地块在2.5Ga时以弧-陆形式会聚,伴随造山过程东部地块形成青龙前陆盆地,而西部地块则遭受麻粒岩相变质。造山之后很快发生伸展作用,有大量岩墙群和盆地形成,北段伸展成洋盆,2.3Ga与北部地块发生碰撞,形成长达1400km的内蒙-冀北古元古代造山带。

从上面的讨论可知对华北地块前寒武纪构造演化认识是长期争论的地质问题,一些学者根据SHRIMP测年资料研究提出华北地块只存在1.85~1.8Ga变质锆石年龄,提出华北地块是通过吕梁运

动碰撞造山事件拼合的,不存在时代更老的造山事件(Zhao,1998,1999,2001,2005;Kroner,2002,2005;Wilde,2002,2005),也有相当数量学者根据不同时代变质基底在岩石组合、变质作用、构造样式差异,认为华北很可能存在 2.5Ga(Zhai,2001,2005;李江海,1997,2000)甚至 2.3Ga 的造山事件(赵宗溥,1993)。

太古代末期 2500Ma 前后是华北地块前寒武纪地质演化一个重要的阶段,是地壳巨量增生的一个重要的阶段,存在大量的以 TTG 和绿岩带为代表的巨量地幔物质添加(Zhao,1999,2000,2002,2005;Wu,2005;Wilde,2002,2005;Kroner,2001,2002,2005)。这一现象在华北地块中部造山带、华北地块南缘、华北地块北缘大青山地区和冀东地区均有十分明显的显示,表明太古代末期 2500Ma 前后在一个狭小时间段内华北地块存在巨量地壳添加。

从上面的讨论中可知不仅对五台运动提出了不同的认识,对吕梁运动的性质和时限也提出了不同的观点。李江海等(2000)提出了古元古代末期不存在造山事件,"吕梁运动"的实质为华北克拉通古元古代末期(1.90～1.70Ga)经历的伸展构造热事件的综合记录。翟明国等(2000,2001)提出 2000～1700Ma 的构造事件以伸展运动为主,代表了地壳减薄、热松弛引起的伸展塌陷过程。赵国春等(2002)则认为吕梁运动是华北地块前寒武纪一次主要的造山事件,在约 1.85Ga,西部陆块与东部陆块沿中部带发生碰撞拼合而形成现今的华北克拉通统一的变质结晶基底。

就山西省来看,早前寒武纪变质岩系主要分布在晋北大同、阳高、恒山、五台山、吕梁山、太行山、霍山、中条山等地区。其中相对而言,五台山区研究程度较高,但也存在着一些不平衡的问题,如测年数据较多,而一些重要的岩石化学、地球化学资料不多,根据有限的资料我们本次编图更加强调五台运动的重要性,认为华北陆块初步形成于五台运动,吕梁运动虽然在区内留下深刻的印记(如大量出现的 18 亿年左右的变质年龄),但在山西省并没有认识出具有重要构造分区意义的结合带或造山带。

(1)本次编图以实际资料为基础,几经反复,最早根据有关学者提出的西部陆块、东部陆块和中部带的宏观框架进行编图提出了吕梁结合带的认识,但随着研究的深入,又逐步放弃了以上思路,基于以下几点考虑。①从山西省现有资料来看,所谓的西部陆块在山西省并没有实体分布或出露。②依据碎屑锆石年龄推测的界河口岩群、集宁岩群等具有孔兹岩性质的表壳岩的形成于古元古代的认识,目前看来还存在众多难以解释的问题,如它与新太古代片麻岩的空间配置关系为构造模式的解释不易理解。并且碎屑锆石的年龄明显小于其中的变质基性岩的锆石年龄。③对界河口岩群、集宁岩群等具有孔兹岩性质的表壳岩有些学者提出了形成于被动大陆边缘构造环境的认识,那么必然存在一个大型陆块,但这一陆块的特征如何,推测得多,实际资料少。

基于以上考虑,故本次编图基本采用了传统认识,处理为新太古代弧后盆地的构造环境。

(2)关于本次编图提出的大同-恒山地块和阜平-赞皇-中条地块通过五台新太古代弧盆系结合在一起形成统一的华北陆块的认识,存在着如下关键问题。大同一带的变质岩系前人认为其时代为中太古代或更老,但近年来开展的同位素年代学研究表明,其主体仍然为形成于 25 亿年左右的 TTG 岩系,同样恒山地区已积累的同位素年龄资料表明其也为形成于 25 亿年左右的 TTG 岩系。阜平、赞皇、中条地区的变质岩系,目前也没有获得可靠的时代属于中太古代的年龄数据,但其在物质建造上南北两侧与五台地区存在较明显的差异,故从实用的角度出发,有必要将它们进行区分,但南北两侧微陆块形成的时代与五台弧盆沟体系的形成时代近乎同期或者说时间相差不大,采用板块构造理论不易理解与接受,故五台山南北两侧陆块的形成和拼合时代今后进一步探讨的空间还十分广阔。

(3)对山西省吕梁山区古元古代钙碱性—高钾钙碱性片麻岩的大地构造相的归属问题仍值得研究。吕梁山区相对五台山区而言研究程度偏低,但近年来有些学者将目光投向了吕梁山区,获得了一大批高精度的单颗粒锆石 U-Pb 年龄,从而初步勾画出一个年龄集中于 21 亿年左右北北东向呈带状展布的岩浆岩带,但对于该带形成的大地构造相的认识还存在着问题,是吕梁裂谷盆地闭合期的岩浆活动还是岚河-野鸡山-黑茶山裂谷盆地拉张期的岩浆活动不易判别,并本次全国项目办提出的大地构造划分方案体系并没有裂谷盆地闭合期的岩浆岩的大地构造相归属,本书在编图时将其暂处理为吕梁裂谷盆地闭合期的岩浆活动。

（4）关于早前寒武纪的划分对比。从变质地体中认别出经过变质变形作用改造的，以变质岩岩貌出现的变质深成岩，是近年来变质岩研究的新进展之一。由于对工作方法不很成熟，各家掌握的划分标准不尽一致，建立了名称繁多的片麻岩填图单位，这样就存在将 TTG 岩系扩大化、不同片麻岩填图单位不易对比等问题。通过这次工作，虽然进行了部分统一对比工作，但由于本次工作无实物工作，故仍然难以解决所有问题，需要在下一步工作中注意。

（5）关于五台山区高凡亚群的时代问题。高凡亚群与石咀、台怀亚群间的接触关系通过近年来的调查发现，多数地段为韧性断层接触，从而对前人认为的二者间呈角度不整合接触的认识提出了疑问，由此引发的思考是高凡亚群的时代问题，从岩石构造组合的特征来看，除与吕梁山区的吕梁群在磁铁石英岩的发育上存在较大的差异外，其余基本相似，二者是否是同时异相的产物，值得研究。另外高凡亚群中岩性组合为绿泥片岩的鹊口前组是否归属于高凡亚群也值得考虑。近年来有学者根据高凡亚群底部石英岩的碎屑锆石年龄提出高凡亚群时代为古元古代的认识，但缺乏地质关系的支持。

（6）关于对右玉一带变质强过铝花岗岩的构造意义的认识。山西省西北部右玉一带发育有大量的强过程花岗岩类，该带向北东延伸可与内蒙古凉城—丰镇—集宁—兴和一带的强过铝花岗岩带相连，近年来的 1∶25 万和 1∶5 万区调工作表明，其年龄为 19 亿年左右，时代归古元古代，其成因与集宁岩群的重熔有关，由此看来，山西省北部与内蒙古阴山地区之间存在一个古元古代的碰撞型岩浆弧，但缺乏造山带其他相应的物质组成。

（7）对再造杂岩带（或对高压麻粒岩带）的认识问题。在大同—恒山地区从西向东呈北东—近东西向带状展布有一条高压麻粒岩带，向东延入河北省境内，其表现形式为在中深层次下强烈构造变形的具 TTG 性质的片麻岩中存在有呈透镜状展布的石榴二辉麻粒岩，在山西省内展布宽达上百千米，大量的研究表明它属于原岩为基性岩在高压环境下形成的基性麻粒岩，大量的同位素测年成果表明，其形成时代为古元古代，据此有些学者将该带称为古元古代再造杂岩带或古元古代结合带，但对该带的认识区调工作还停留于描述阶段，对其空间展布是带状还是面状还存在不同的认识，对其成因机制、代表的构造意义尚存在争议。本次编图认为该带更具有面状展布的特点，是它处于地壳深处压力加大的表现，可能不具有代表碰撞挤压构造带的构造意义，故本次编图未将其作为大地构造相分区的界线。

3.6.5.2 对于中生代岩浆岩大地构造相的判别与表示问题

燕山期是山西省一个重要的成矿期，如何运用板块构造理论对山西省燕山期的大地构造进行合理划分，正确认识该期岩浆活动与构造运动的关系也是本次工作存在的关键地质问题之一。

从目前已有资料来看，山西省中生代岩浆活动主要在侏罗纪和白垩纪，但前人所进行的年代学研究多为 K-Ar 法，误差较大，加之根据地质依据确定的形成时代总是不够准确，故山西省中生代侵入岩的研究还值得进行。

对于其形成的构造环境，本次编图在收集前人资料的基础上开展了大量的研究工作，在统一校正其岩石名称的前提下进行岩石构造组合的划分，并采用多种方法进行构造环境的判别，所得出的结论令人难以理解，如碰撞环境下的花岗岩类组合，如何与区域构造演化相配套？如将灵丘火山断陷盆地内的侏罗纪—白垩纪火山岩的构造环境判别为同碰撞环境，也无法理解，并且与根据沉积岩的岩石构造组合与变形构造确定的大地构造环境相矛盾。

山西省自中元古代以来，长期处于板内构造环境，岩浆活动弱，进入中生代以来，形成了一些零星分布的侵入体，其动力学机制与板块构造关系如何，是否与地幔柱活动有关，依据其岩石构造组合确定的大地构造相，由于其分布零星，且为叠加构造相，如何在综合大地构造相图上进行合理表达？本书采用的方法是依据地质实体进行以岩石构造组合的形式进行了表达，并没有进行大地构造相的圈定。

第4章 区域地球物理、地球化学、遥感、自然重砂的地质解释

4.1 省级重力资料的地质解释

4.1.1 区域重力场特征

4.1.1.1 解释成果利用以往资料情况

本次主要收集利用了1982—1996年全省的重力和以重力为主的综合研究项目成果资料,进行了查阅和对比分析。本次研究工作充分注意了所收集的研究成果,经与本次初步研究成果对比后,基本吻合的直接利用,部分依据新资料和新认识进行了补充和必要的修正,并在已有的研究成果基础上进一步进行了综合研究,提出了一些新的分析研究成果,主要包括断裂的识别划分、局部异常性质及其分带的研究、区域构造格架及矿产分布规律等方面。

目前的1:50万的重力数据(其中包含1:20万的重力数据)是本次工作利用的主要数据成果。同时参考以往区域重力资料研究取得的主要成果:

(1) 分离了奥陶系侵蚀面上部浅部重力异常,反演了中地壳下界面和莫霍面深度。结合人工地震测深资料而绘制全省莫霍面埋深图38.5~44.5km,而且验证了山西地垒系与上地幔隆起相对应。

(2) 山西省内中生代岩浆岩(侵入岩和火山岩)与深断裂和莫霍面陡坡带存在有关,多组深断裂交会处岩浆活动剧烈。

(3) 中酸性岩体(侵入体)引起重力低是内生矿、铁矿、多金属矿有利地段。除北东东走向的深断裂外,还存在北西向的断裂具控岩控矿作用,本次共划出断裂36条,其中11条为推断断裂。

4.1.1.2 区域重力场特征

全省可分4个大区,即东北部大区、西北部大区、东南部大区和西南部大区。

东北部大区布格重力异常复杂:N 38°以北地区,最北部内蒙地轴的右玉-天镇隆起带,总体显示重力高值带;大同盆地、桑干河盆地、浑河盆地凹陷带,显示重力低值带;恒山隆起带和冀西断拱显示重力高值带;滹沱河及唐河凹陷带显示重力低值带。五台山、系舟山、七东山隆起带显示重力高值带。三隆两坳,重力对应三高两低。该区隆起幅度大,把上古生界全部剥蚀殆尽,使五台山-恒山古老变质岩裸露地表。本区沉积变质型铁矿和金矿、铜、钼矿等星罗棋布。

西北部大区布格重力异常较复杂：N38°以北地区，最北部内蒙地轴隆起带显示重力高值带，往南是云岗-平朔煤盆地，重力显示中等和低值区，再往南是宁武-静乐煤盆地，显示重力极低值带。这两个煤盆地显示陆块特征，重力异常呈面形异常，但有一定走向。其西侧是芦芽山、吕梁山隆起带，显示重力高值带，强度变化大，近南北走向，延伸长（造山带）。其西部偏关台坪和河东煤盆地显示重力低值带。该大区有较多的沉降区，保存了上古生界煤系地层和石炭系、二叠系大煤田。该大区显示了与东北部大区有大的区别。大区内上古生界煤田有大同煤田、平朔煤田、宁武-静乐煤田、河东煤田等。

东南部大区（N38°以南）重力场异常简单：其东部是太行山隆起带显示强大的重力梯度带。其最南部受中条地幔热柱影响而显示重力高。在强大的梯度带西侧处于沁水盆地的中心部位，有一个北北东向的重力低值带封闭区，就是整个沁水煤盆地。该区显示陆块体特征，重力异常强度变化不大（盆地中心）。

西南部大区布格重力异常复杂：主要是西南端角豫西断隆的中条山断拱，显示重力高值带。有中条山、稷王山、孤山、大凝山一代的隆起带，显示重力高值区。其北侧的河东煤田的中南部区显示重力低值带。汾西台凹显示重力低和相对高值区。中条山隆起带古生界只在边缘分布，上古生界剥蚀殆尽。中太古界、上太古界、古元古界裸露地表，显示重力高值带。布格重力异常显示造山带异常特征，强度变化大，呈带状，重力高值带和低值带平行分布，延伸非常长。剩余异常也呈长条状，局部如垣曲一带，剩余重力异常呈面形异常，走向不明，强度变化小等特点。

4.1.2 区域地质解释

4.1.2.1 深部构造格架

36条主要断裂组成了山西省深部构造格架。

(1) 临县—太原—阳泉东西向南北构造分异带对山西省构造格局有一定的控制作用，该带对中生代后期的构造运动创造了边界条件。

(2) 壳型深断裂和较大规模北东向的基底断裂形成较早，一般可推到五台期，后来，虽经过多期改造，但基本保留了北东向这一主构造线的方向，为山西台隆内的北东向构造体系奠定了基础。

(3) 北西向基底断裂一般是在吕梁期发生发展的，因此，与新构造运动形成"X"形结构的构造格局。由此可以说明山西省内北西向构造是主要的控岩构造，而北东向构造次之。

4.1.2.2 断裂构造解释举例

重要的大断裂分述如下。

1. 离石大断裂

该断裂（带）为山西断块与鄂尔多斯断块之分界线。全长400多千米。断裂共分北、中、南3段。北段：从偏关县城东至兴县交娄申断裂为隐伏地段。北段表现为一系列雁行式排列的逆冲断层。断面西倾，倾角60°～80°，西盘向东盘逆冲。中段：从交娄申向南经黑茶山、汉高山以东至方山县峪口西至离石县马头山东侧、中阳金罗、石楼介板沟、隰县五鹿山西侧。地表断续可见。西盘上升，东盘下降，断面倾向时东时西，可见片理化带、糜棱岩化带构造透镜体。南段：蒲县黑龙关西至临汾县峪里至襄汾古城至礼元而隐伏，向南延伸。也有的认为是从峪里延伸至乡宁东至陕西省。该断裂带总体呈南北走向，被它切割地层从前长城系直至三叠系。南段：在沟谷中可见主断层东倾，倾角45°～70°，断层东盘前长城系逆冲于西盘的奥陶系之上。地层直立或侧转，沿大断裂有五台期超基性岩分布，有滹沱期基性的火山岩分布，并有中生代碱性岩和金伯利岩出现，故应属岩石圈断裂。

2. 口泉大断裂

该断裂南起山阴上神泉经大同市口泉至镇川堡长 100 多千米，总体走向 NE30°，断裂多期活动，中生代断裂呈雁行式斜列逆冲断层组。断裂面倾向南东，东盘的老地层逆冲到西盘寒武系、奥陶系、石炭系、二叠系、侏罗系不同的层位之上，断距约 2000m。新生代应力方向变为拉伸，成正断层。正断层断距约 2000m。它是云岗块坳与桑干河新裂陷边界，属基底断裂。

3. 唐河断裂

它是山西省东北部一条重要断裂，其北起浑源县城南芦子洼、经过中庄辅的龙咀铺、王庄铺、灵丘小寨冉庄至下关延入河北省，省内长 80km，走向北西，表现为一个扭性正断裂，断面倾向北东，南西盘上升，北东盘下降。北东盘为长城系至上侏罗统和白垩系，断距 1000m 以上。中段冉庄段为南北走向，断面倾向东，燕山期冉庄花岗岩体是南北走向带状。南段西庄以南，断面倾向北东，倾角 35°～70°，断层两侧均为五台群变质岩。北东盘局部有高于庄组白云岩，说明北东盘下降。应属基底断裂。该断裂为燕山断块与吕梁-太行断块的分界断裂。

4. 交城大断裂

交城大断裂位于山西中部，西南起于汾阳县向阳村，沿文水县城、交城县城、清徐县城，太原市北格村北经坪头至盂县兴道延至河北省。长 180km，总体走向 NE55°，断裂多期活动，断裂东部段，断面倾向北西，倾角 60°～70°，北西盘向东南盘逆冲，太古宇逆冲到古生界之上，寒武系倒转。沿断裂带有中生代燕山期偏碱性中基性侵入岩体，该断裂为五台山块断与沁水块坳的分界断裂。新生代为晋中盆地北界，中生代有基性—中性侵入岩分布于断裂带上，属于基底断裂。

5. 霍山大断裂

霍山大断裂位于霍山西侧，从义棠至三泉，从灵石峪口、军寨至洪洞广胜寺直至浮山县，长 90km，多期活动。主断面倾向东，太岳山群逆冲到西盘的奥陶系之上。断距 1000 多米，东盘上升，它是吕梁块坳与沁水断块分界断裂。

6. 中条山山前断裂

该断裂位于中条山西北坡，呈向南突出的弧形，全长 120km，从永济县至解州—运城—夏县—绛县陈村。走向由北东东转为北东，断面倾向北西，断面上有擦痕，沿断裂带有片理化带、破碎带等。为北西盘向南东盘逆冲断裂。沿断裂分布老的岩浆岩体、中生代花岗闪长岩体，如蚕坊岩体相家窑花岗闪长岩体等。依据两侧地层对比认为该断裂晚元古代以前已存在，中生代活动强烈。新生代应力场反向为拉张成为运城新裂陷的南缘断裂。运城新裂陷落差下降 5000m。它是豫皖断块与鄂尔多斯断块分界断裂，推断为壳断裂。

7. 太行大断裂

该断裂又称晋获断裂，北起河北省的获鹿至山西省晋城，位于山西东缘太行山中、南段，始于平定县营庄，经和顺松烟、左权拐儿，黎城西井，长治市壶口，高平县城至晋城南岭长约 320km，宽 2～6km，北端延伸河北省境内，走向 NE10°～25°，主体为一束平行断裂带，断裂切割五台岩群、长城系、寒武系、奥陶系，局部影响石炭系、二叠系。

断裂北段断面西倾，倾角 30°～50°，西盘向东盘逆冲。断距 100～1000m 不等。断裂中段，断面倾向北西，倾角 45°～70°为逆冲断裂。形成叠瓦状构造。断裂南段（松烟—柏官庄），断面倾向北西，倾角 40°～60°，西盘上升，东盘下降，逆冲断裂断距 500～700m，断裂南段局部被新生界覆盖，长治南以褶皱形式出现,背斜东南翼侧转。该断裂是沁水块坳和太行山块隆分界。

8. 横河断裂

横河断裂位于翼城县二曲经沁水县西闫,阳城县横河向东南沿入河南省境内。省内长 70km,总体呈北西-南东走向,二曲段断层面倾向南,倾角 45°～70°,北盘与南盘之落差 1000m。西闫段断面倾向北东,倾角 70°,表现为北东盘下降,南西盘上升正断层,断距 200m。横河段,断面倾向南西,倾角 15°～40°,南西盘向北东盘逆冲。局部形成飞来峰。该段岩层具片理化,可见挤压透镜体,断层泥、断面擦痕发育。该断裂是沁水断坳与豫皖断块分界断裂。

4.1.2.3 全省布格重力异常特征及地质解释

在山西省 1∶50 万布格重力异常平面等值线图上共划分了 64 个异常,其中 30 个重力低、34 个重力高,详见表 4-1-1。

表 4-1-1 布格重力异常表

顺序号	重力高/低	异常位置经度	异常位置纬度	异常形状	异常走向
1	－	E112°27′13.54″	N40°10′03.40″	等轴状	
2	＋	E113°03′14.20″	N40°09′45.66″	带状	NEE
3	＋	E112°08′49.34″	N39°53′38.12″	梅花状	
4	＋	E112°35′13.05″	N39°30′54.52″	带状	NEE
5	－	E113°09′27.76″	N39°57′04.56″	带状	NNE
6	－	E113°44′21.41″	N39°57′29.69″	带状	NEE
7	－	E114°08′34.93″	N40°30′04.27″	等轴状	
8	＋	E114°16′50.74″	N40°16′06.27″	长带状	NEE
9	＋	E113°55′05.85″	N40°21′45.92″	豆状	EW
10	＋	E113°30′44.88″	N40°13′58.86″	葫芦状	EW
11	＋	E114°03′45.02″	N39°51′43.57″		EW
12	－	E112°55′57.58″	N39°24′03.66″	宽带状	NE
13	＋	E112°14′17.05″	N39°27′19.34″	带状	NE
14	－	E111°33′12.30″	N39°18′02.15″	葫芦状	NE
15	－	E111°14′51.26″	N39°20′24.16″	豆状	NWW
16	＋	E114°10′52.20″	N39°34′39.13″	长带状	NW
17	－	E114°19′38.67″	N39°44′04.50″	带状	EW
18	－	E114°27′00.23″	N39°34′10.25″	等轴状	
19	＋	E113°04′36.82″	N39°15′38.31″	带状	NE
20	－	E113°20′41.13″	N39°10′58.22″	带状	NE
21	＋	E114°16′23.07″	N39°13′07.65″	宽带状	NNE
22	－	E113°10′25.94″	N38°56′48.68″	葫芦状	
23	－	E113°41′20.73″	N38°57′19.60″	等轴状	
24	＋	E113°16′09.87″	N38°40′58.48″	环状	
25	－	E112°51′31.67″	N38°27′59.34″	三角状	NE

续表 4-1-1

顺序号	重力高/低	异常位置经度	异常位置纬度	异常形状	异常走向
26	—	E112°09′02.86″	N38°41′48.31″	宽带状	NNE
27	+	E112°00′30.23″	N38°52′31.31″	带状	NE
28	—	E111°43′29.18″	N38°44′46.70″	串珠状	NE
29	+	E111°20′44.00″	N38°36′02.06″	宽带状	SN
30	—	E111°19′46.08″	N38°44′34.86″	带状	SN
31	+	E110°52′31.11″	N38°08′02.12″	等轴状	
32	+	E111°24′15.31″	N38°15′06.58″	长带状	NNE
33	+	E111°37′55.15″	N38°08′43.17″	梭状	SN
34	—	E111°27′17.15″	N38°08′26.98″	带状	SN
35	+	E112°10′47.20″	N37°43′00.99″	宽带状	NE
36	+	E113°05′07.14″	N38°08′28.48″	宽带状	NE
37	+	E113°10′32.37″	N37°32′05.32″	带状	EW
38	+	E113°42′33.94″	N37°30′47.07″	宽大带状	NNE
39	—	E112°16′12.67″	N37°28′11.24″	宽大带状	NE
40	+	E112°20′58.59″	N37°18′37.14″	等轴状	
41	—	E112°49′40.33″	N36°50′25.68″	长带状	NE
42	—	E112°16′02.29″	N36°53′20.70″	带状	NE
43	+	E112°00′33.34″	N36°37′36.34″	带状	SN
44	+	E111°37′35.14″	N36°54′50.83″	椭圆状	NE
45	+	E111°23′24.71″	N37°06′46.98″	椭圆状	NE
46	+	E110°59′33.76″	N37°21′27.31″	长条状	SN
47	—	E111°02′17.57″	N36°41′52.54″	等轴状	
48	+	E111°14′58.82″	N36°39′14.37″	豆状	SN
49	+	E111°30′08.95″	N36°30′12.25″	带状	NNE
50	—	E111°38′18.26″	N36°10′53.24″	宽带状	NNE
51	+	E112°24′09.58″	N36°25′12.41″	木楔状	NNE
52	—	E113°03′07.68″	N36°05′14.67″	扁豆状	SN
53	—	E113°25′40.27″	N36°39′57.81″	窄带状	NNE
54	+	E113°24′42.14″	N35°59′25.83″	带状	NNE
55	—	E112°56′18.71″	N35°36′17.57″	豆状	
56	+	E112°22′37.24″	N35°26′48.85″	宽带状	EW
57	+	E111°24′08.00″	N34°59′14.50″	宽带状	NE
58	—	E111°38′32.09″	N35°49′39.21″	等轴状	SN
59	+	E111°00′17.05″	N35°45′55.15″	方块状	EW
60	—	E110°40′21.39″	N35°32′28.66″	长条状	EW
61	+	E110°53′54.63″	N35°17′49.58″	宽带状	NE
62	—	E110°44′52.82″	N35°00′34.60″	宽带状	NEE
63	—	E110°39′02.10″	N34°37′04.35″	宽带状	NEE
64	—	E111°55′20.87″	N35°08′35.64″	等轴状	SN

山西省中部地区,佳县—太原—阳泉一线划分成南部、北部两区,从山西省中间新生代地堑系又分东西共4个区域场区,即东北部大区、西北部大区、东南部大区和西南部大区。

东北部大区布格重力异常复杂:N 38°以北地区,北部内蒙地轴的右玉-天镇隆起带,总体显示重力高值带;大同盆地、桑干河盆地、浑河盆地凹陷带,显示重力低值带;恒山隆起带和冀西断拱显示重力高值带;滹沱河及唐河凹陷带显示重力低值带。五台山系舟山、七东山隆起带显示重力高值带。三隆两坳,重力对应三高两低。该区隆起幅度大,上古生界剥蚀殆尽,使五台山-恒山古老变质岩裸露地表。变质沉积铁矿和金矿、铜、钼矿等星罗棋布。

西北部大区布格重力异常较复杂:N 38°以北地区,北部内蒙地轴隆起带显示重力高值带。往南是云岗-平朔煤盆地,重力显示中等和低值区。再往南是宁武-静乐煤盆地,显示重力极低值带。其西侧是芦芽山、吕梁山隆起带,显示重力高值带,其西部偏关台坪和河东煤盆地显示重力低值带。该大区是沉降区,保存了上古生界煤系地层即(石炭系、二叠系)大煤田。该大区显示了与东北部大区有大的区别。大区内上古生界煤田有大同煤田、平朔煤田、武宁-静乐煤田、河东煤田等。

东南部大区(N38°以南)重力场异常简单:东部是太行山隆起带显示强大的重力梯度带。山西省最南部受中条地幔热柱影响而显示重力高。在梯度带西侧处于沁水盆地的中心部位,有一个北北东向的重力低值带封闭区,就是整个沁水煤盆地。

西南部大区布格重力异常复杂:主要是西南端的中条山隆起带,显示重力高值带。秸王山、孤山、大凝山一代的隆起带,显示重力高值区。其北侧的河东煤田的中南区显示重力低值带。汾西煤田显示重力低和相对高值区。中条山隆起带古生界只在边缘分布,上古生界剥蚀殆尽。中太大界、上古生界、古元古界裸露地表,显示重力高值带。

另外,山西省中部新生代地堑系从北到南雁行排列,有大同-桑干盆地、滹沱-忻定盆地、晋中盆地、临汾盆地、运城-侯马盆地,新生代断陷盆地都是重力低,重力异常为$-128\times10^{-5}\sim-138\times10^{-5}\,\mathrm{m/s^2}$,甚至到$-148\times10^{-5}\,\mathrm{m/s^2}$,是由新生界引起的。

山西省东部太行山强大的重力梯度带,布格异常$-58\times10^{-5}\sim-98\times10^{-5}\,\mathrm{m/s^2}$,梯度大,仅50km宽,从-58mGal就降到-98mGal,这个梯度带从阜平到晋城市数百千米,与河南省洛阳重力高连为一体,是莫霍面陡降的陡坡带。山西省西部吕梁山西、鄂尔多斯河东一带,近南北走向的弱的重力梯度带,布格重力异常值是-138mGal降到-148mGal,它反映鄂尔多斯断陷东坡基底下降,地壳增厚到44km的结果。太行山重力梯度带和鄂尔多斯河东重力梯度带是山西断隆带整体隆起结果。

山西省北部右玉-大同-阳高-天镇近东西向重力异常带,布格重力值从-108mGal到-118mGal(新生代断陷影响除外)反映了内蒙地轴在省内的地质构造特征。

山西省南部的晋城市到运城市近东西走向或北东东走向重力异常带,布格重力异常值从-68mGal降到-98mGal,它反映了豫西断隆在省内的地质构造特征。

根据地震测深资料和重力剖面定量计算结果,山西省上地壳厚10~15km,中地壳厚10~13km,下地壳厚14~17km。并具有明显的陆壳型成层结构特征。从山西省莫霍面形态看,山西北部深部构造认为是五寨-兴县上地幔凹陷区。五台-盂县上地幔斜坡带。吕梁山中北段和恒山、五台山呈北东走向的上地幔凹陷带。

山西省南部区,深部构造计算认为太原-临汾上地幔隆起区、方山-乡宁上地幔斜坡带、阳泉-沁水上地幔缓坡带。永济-运城上地幔隆起区(以上资料是收集1:50万重力报告)。总之全省地壳厚总趋势南薄北厚,东薄西厚。在这一背景中分布北东向、北北东向隆起带和坳陷带,隆起坳陷幅度为1~2km左右。

4.1.2.4 全省剩余重力异常特征及其地质解释

1. 剩余重力异常分布及其地质解释

山西省局部重力高 40 个和局部重力低 41 个，都是浅部地质体的反映。有的呈带状平行出现，有的呈块状也是伴生出现，重力高或重力低大致呈低幅值、小型带状分布（除去新生代地堑系之四周而产生的重力高之外）远离新生代地堑系的，是高、低相间出现之特征。它反映了浅部地质建造和地质构造之特征，详见表 4-1-2。

表 4-1-2　剩余重力异常表

剩余异常编号	异常形状	异常走向	异常面积/km²	异常强度/mGal	异常长度/km	推断意见	地检结果	异常类别
G 晋-1	长条状	NE	1 018.301 458	19	80	老地层	（中型铝矿）	乙
G 晋-2	长条状	NE	1 405.924 708	13	50	老地层相对隆起	相对隆起	丁
L 晋-3	椭圆	NW	999.725 85	−13	45	地表出露第三纪玄武岩（推断由隐状花岗岩引起）		丁
G 晋-4	不规则形	不明	943.159 755	7	40	老地层相对隆起	相对隆起	丁
L 晋-5	长条状	NE	1 189.970 333	−22	100	新生代盆地	（大同盆地）	丁
G 晋-6	不规则形	NE	2 244.590 228	9	100	老地层相对隆起	相对隆起	丁
G 晋-7	长条状	NE	1 685.984 338	18	80	老地层	相对隆起	丁
L 晋-8	长条状	NE	1 320.303 103	−15	50	新生代小盆地	天镇-阳高小盆地	丁
L 晋-9	长条状	NE	3 218.779 558	−20	130	新生代盆地	（应县南盆地）	丁
G 晋-10	长条状	NE	1 288.428 135	15	75	老地层	有铁矿（赤铁矿预湖区）（望狐）	甲
G 晋-11	长条状	NE	5800	17	190	老地层（恒山杂言）	（义兴寨金矿）与断层有铁矿有关	甲
G 晋-12	不规则	NNE	1 292.968 3	11	50	老地层相对隆起		丁
G 晋-13	不规则	NW	2 565.810 955	6	40	基底隆起		丁
G 晋-14	长条状	EW	2 476.685 428	4	50	基底相对隆起	（河保兴县）有铝矿	乙
L 晋-15	不规则	NE	3 865.284 405	−4	100	基底陷落	煤盆地	乙
L 晋-16	长条状	NE	1 292.968 3	−6	80	基底坳陷	岢岚凹陷	丁
G 晋-17	长条状	NE	3 217.5	10	150	表地层出露（隆起）	（河保兴县）有铝矿	乙
L 晋-18	长条状	NE	3 208.779 558	−8	90	宁武盆地（煤盆地）		乙
L 晋-19	长条状	NEE	3 218.779 558	−20	150	新生代断陷盆地	有金矿与断层有关	甲
G 晋-20	长条状	NEE	3 468.779 558	20	160	老地层（隆起）	五台山铁矿区	甲
G 晋-21	长条状	NE	2 476.685 428	16	70	基底隆起	有铁矿	甲
L 晋-22	长条状	NNE	990.674 171	−12	50	新陷盆地	原平小盆地（有盐硝）	丁
L 晋-23	长条状	NE	999.5	−6	50	坳陷	有铁矿	甲
G 晋-24	长条状	NE	1 000.5	8	50	台山隆起带		丁

续表 4-1-2

剩余异常编号	异常形状	异常走向	异常面积/km²	异常强度/mGal	异常长度/km	推断意见	地检结果	异常类别
L 晋-25	长条状	NEE	2 476.685 428	−16	100	忻定盆地	东侧异常梯度只有铁矿	甲
L 晋-26	等轴状	不明显	500.25	−14	20	性质不明（可能是岩体引起）		丁
G 晋-27	等轴状		411.25	10	20	紫金山岩体	正长岩＝长岩（杂岩体）	丁
G 晋-28	长条状	NE	1 292.968 3	16	120	吕梁山隆起带	有鞍山式铁矿（表示村）	甲
L 晋-29	长条状	近 EW	1300	−6	80	基底相对坳陷		丁
G 晋-30	长条状	NE	2 476.685 428	12	60	隆起带		丁
L 晋-31	长条状	NE	2 476.685 428	−5	60	基底相对坳陷	南部有铝矿	乙
L 晋-32	长条状	NNE	468.630 95	−8	180	河东煤盆地	有煤、铝矿	甲
L 晋-33	长条状	NE	1 099.698 435	−3	60	相对坳陷	有煤、铝矿	乙
G 晋-34	长条状	近 SN	1050	5	50	吕梁山隆起带	带的东侧边部有铝矿	乙
L 晋-35	长条状	NE	3 356.25	−8	150	片麻状花岗岩	岩体	丁
G 晋-36	长条状	NE	4575	14	130	隆起带（老地层出露）	（狐堰山铁矿）	甲
L 晋-37	条带状		4400	−15	110	（晋中盆地）		丁
G 晋-38	不规则	不明显	16 425	8	40	基底相对隆起（太原东山）		丁
L 晋-39	等轴状	不明显	2831	−4	35	坳陷	有大型铝矿	甲
G 晋-40	长条状	NW	3 218.779 558	10	120	相对隆起带	有铁矿、铝矿	甲
L 晋-41	长条状	近 SN	795	−5	80	相对坳陷（煤矿成矿区）		乙
L 晋-42	条带状	近 SN	1 585.25	−8	100	坳陷		丁
L 晋-43	条带状	近 SN	1 636.25	8	110	相对隆起带	有铝矿	甲
L 晋-44	长条状	NE	780.75	−7	78	相对坳陷	有铝矿（大型）	甲
G 晋-45	长条状	NE	800	10	50	相对隆起		丁
G 晋-46	长条状	NE	4 421.75	8	170	隆起带	有小型铝矿	乙
L 晋-47	长条状	近 SN	943.159 755	−4	100	相对坳陷	有铝矿	甲
G 晋-48	长条状	近 SN	1 037.475 731	3	100	相对隆起带		丁
L 晋-49	长条状	NNE	3 631.165 057	−4	200	相对坳陷	性质不明	丙
L 晋-50	不规则	不明	3850	−4	35	相对坳陷		丁
G 晋-51	长条状	NNE	4000	12	180	太行山山顶（隆起带）	有大型铝矿和铁矿	甲
L 晋-52	长条状	NNE	3 213.25	−8	120	坳陷		丁
L 晋-53	长条状	近 SN	3300	−7	800	相对坳陷		丙
G 晋-54	长条状	近 SN	663.5	3	35	相对隆起	有煤	乙
L 晋-55	等轴状	不明显	162.5	−3	10	坳陷	有煤	乙
G 晋-56	方形	不明显	69.5	7	10	隆起		丁
G 晋-57	长条状	SN	8633	8	60	隆起带		丁

续表 4-1-2

剩余异常编号	异常形状	异常走向	异常面积/km²	异常强度/mGal	异常长度/km	推断意见	地检结果	异常类别
G 晋-58	长条状	NE	4 557.75	8	120	隆起带(龙门山—马头山)	有煤	乙
L 晋-59	长条状	近 SN	4 421.5	−17	140	临汾-洪洞(新生代盆地)		丁
G 晋-60	等轴状	不明显	1 037.475 731	5	40	隆起带(老地层)		丁
G 晋-61	不规则	不明显	500	3	30	相对隆起	有煤	乙
L 晋-62	椭圆	近 SN	550	−10	30	坳陷	有煤	乙
L 晋-63	长条状	NE	4125	−2	120	相对坳陷	有铁	甲
G 晋-64	不规则	不明显	3078	4	150	相对隆起		丁
L 晋-65	不规则	近 SN	780.75	−4	90	相对坳陷	有煤	乙
L 晋-66	椭圆状	不明显	716.25	−5	35	相对坳陷		丁
G 晋-67	长条状	NE	676	12	50	隆起带(老地层)	有铁矿(热液型)	甲
G 晋-68	长条状	NNE	705.25	9	50	相对隆起带	有铁矿(热液型)	甲
L 晋-69	椭圆状	NNE	502.75	−10	35	塔儿山-二峰山岩体	铁矿区	甲
L 晋-70	条带状	NE	5750	−6	75	相对坳陷		丁
G 晋-71	长条状	NE	2 776.662 319	6	75	相对隆起	有煤	乙
G 晋-72	长条状	NEE	3 018.111 216	5	95	相对隆起		丁
L 晋-73	条带状	近 EW	3 772.639 02	−16	100	河津-侯马盆地		丁
G 晋-74	长条状	NE	1 886.319 51	13	120	相对隆起带		丁
L 晋-75	长条状	NE	3 772.639 02	−20	150	运城盆地(断陷)	有盐池	乙
G 晋-76	长条状	NE	4 149.902 922	15	200	中条山隆起带	有铜、金、铁	甲
L 晋-77	长条状	近 EW	1 509.055 608	−17	100	芮城南-三门峡盆地		丁
L 晋-78	长条状	近 SN	400.4	−4	30	相对坳陷	有铝(大型)	甲
L 晋-79	长条状	近 EW	500.5	−13	25	相对坳陷		丁
L 晋-80	椭圆状	NE	502.75	−2	25	相对坳陷		丁
G 晋-81	等轴状		499.862 925	11	20	相对隆起		丁

2. 部分局部重力异常详解

(1)L-晋-08:天镇—阳高重力低。地处内蒙地轴南缘,山西地堑系北端。异常中心第四系黄土覆盖,北部山区出露集宁群地层。异常与第四系沉积物范围基本吻合,主要反映了新生界沉积厚度的变化特征。异常由第四系沉积和中生代中酸性侵入岩引起。

(2)G-晋-07:大同采凉山重力高。鹅毛口断裂东侧,中心出露集宁群地层,周围新生界覆盖。主要由集宁群高密度层引起,边缘等值线与上述地层出露范围吻合较好,Δg 等值线明显受其控制。

(3)G-晋-02:云岗—平鲁重力高。鹅毛口断裂西北侧,云岗-平鲁向斜主体部位,极大值处出露集宁群,主体部位出露白垩系、侏罗系。主要反映了沉积盖层厚度变化特征,即低密度的白垩系由东向西逐渐变厚,也就是说高密度的太古宇集宁群埋深由东向西逐渐加大。此外,可能还反映了集宁群地层密度由东至西减小的横向不均匀。

(4)L-晋-03:右玉重力低。右玉向斜,地表出露白垩系,东部有新生代玄武岩,西侧见有太古宙地层。重力异常解释：①白垩系地层与基底密度差引起；②白垩系、花岗岩与基底密度差的综合反映。

(5)L-晋-18：宁武—静乐重力低。异常位于宁静盆地，其中心与盆地中心吻合，出露侏罗系，两侧出露三叠系—寒武系。典型的向斜盆地异常，主要由沉积盖层低密度及厚度变化引起，除此还包含深部莫霍面凹陷因素。

(6)G-晋-01：云岗—平鲁重力高。鹅毛口断裂西北侧，云岗-平鲁向斜主体部位，极大值处出露集宁群，主体部位出露白垩系、侏罗系。主要反映了沉积盖层厚度变化特征，即低密度的白垩系地层由东向西逐渐变厚，也就是说高密度的太古宇集宁群埋深由东向西逐渐加大。除此，可能还反映了集宁群密度由东至西减小的横向不均匀。

(7)L-晋-09：桑干盆地重力低，由3个低值区组成。桑干断陷盆地主体部分为第四系沉积物覆盖。由新生界低密度沉积物引起，其厚度各处不一，由北向南加厚，最深处在滋润—山阴城之间，约3000m，次为口泉东侧，约1500m。

(8)G-晋-11：恒山重力高。桑干断陷与滹沱断陷之间，统称恒山隆起，主要地层石咀群、恒山杂岩根据异常形态及展布范围，重力高异常由恒山隆起引起。

(9)L-晋-19：滹沱河重力低。异常中心位于滹沱河，地表新生界覆盖，北为恒山，南为五台山。由滹沱河断陷的低密度沉积物引起，沉积中心有3个，即代县、繁峙、大营，最深处为代县，约1800m。

(10)L-晋-26：伯强—古花岩重力低。地表可见五台超群及寒武系、奥陶系，南部负极值处见燕山期花岗岩露头。推断为燕山期酸性岩体引起，有一定找矿意义。

(11)L-晋-25：忻州—定襄重力低。忻定盆地主体，第四系沉积物覆盖，东、南部为基岩出露区。为忻定盆地新生代低密度沉积物引起，中心位于定襄南，厚度500~1000m。

(12)L-晋-28：晋中盆地重力低。晋中断陷盆地主体，周边受断裂控制，地表为第四系所覆盖。为晋中断陷盆地引起，两侧梯级带由相应的断裂引起。沉积中心位于清徐县西谷，据地震资料新生界厚度约2600m。

(13)L-晋-53：长治重力低。沁水凹陷中部，地表北部新生界地层覆盖，南部除新生界零星出露石炭系、二叠系。异常强度不大，相对异常$-5\times10^5\,\mathrm{m/s^2}$，故推断由厚度有限的新生界沉积物引起。沉积厚度一般在数百米之内。

(14)G-晋-43,G晋-45：中阳—灵石重力高。边缘为不同方向的断裂，地表为二叠系、石炭系、奥陶系。地表地质因素不能引起该异常，由结晶基底内部密度不均匀的高密度体局部隆起引起。

(15)G晋-58：洪洞县三交河重力高。近邻临汾盆地，出露地层二叠系—寒武系，相对于东侧临汾盆地隆起引起。

(16)L晋-59：临汾重力低。异常范围和临汾盆地基本一致，地表第四系沉积物覆盖，为临汾断陷盆地引起，两侧梯级带反映了相应的断裂。沉积中心在甘亭，据地震资料，沉积厚度约2200m。

(17)G-晋-67：乡宁—襄汾重力高。异常位于汾河北岸，中心南缘出露涑水群地层，往北依次为寒武系—新生界，由涑水群—奥陶系局部隆起引起。

(18)G-晋-27：紫金山重力高。异常中心出露紫金山岩体，边缘被新生界地层覆盖，紫金山岩体与新生界及三叠系密度差引起。异常反映了岩体顶面隆起特征，岩体规模远大于出露范围。

(19)L-晋-73：河津—侯马重力低。异常中心为汾河谷地，地表新生界覆盖。反映了汾河谷地的轮廓及低密度物质的分布状态，其底界面由东向西逐渐加深，呈阶地形式。

(20)G-晋-74：稷王山重力高。中心出露太古宇片麻岩西部为寒武系、奥陶系，构造上统称峨眉隆起。由运城-临汾盆地内部的局部隆起——峨眉隆起引起，异常反映了隆起的基本形态。

(21)L-晋-75：运城盆地重力低。南为中条山隆起，北为峨眉隆起地表为第四系沉积物。由新生界低密度沉积物引起，反映了运城断陷的基本轮廓，两侧梯级带为断裂引起，沉积中心在运城—安邑，据地震资料，新生界厚约5000m。

(22)G-晋-76：中条山重力高。中心为寒武系、奥陶系、绝大部分地区出露古元古界、太古宇。异常主要反映了古元古界—太古宇的隆起特征及范围。

(23)L-晋-79：同善南重力低。异常中心新生界地层覆盖，边缘元古宇—古生界下三叠统零星出露。主要由新生界低密度物质引起，不排除有低密度中酸性侵入岩与新生界综合引起的可能。

4.2 省级磁测资料地质解释

4.2.1 区域磁场特征

4.2.1.1 汇总研究所用资料情况

对2007年以来收集和研究形成的资料进行了全面的清理、整理及分类，形成了一套完整的技术资料（表4-2-1）。

(1)本次全面系统收集山西省1∶20万航磁网格数据，有航磁剖面资料14份（比例尺从1∶2.5万到1∶10万不等），并对航磁数据进行数据库建设和维护工作。

(2)收集了山西省的相关磁性资料，对地磁数据进行扫描、矢量化及入库工作，收集相关的航磁报告和异常查证报告等，共计120余份。

表4-2-1 山西省航磁剖面资料列表

档案号	测区名称	备注
7091_LL.XYZ	额尔多斯及周围AB	14ab
7110_LL.XYZ	山西高原	1
7158_LL.XYZ	呼和浩特大同B	2
7168_LL.XYZ	陕西渭北B	3
7169_LL.XYZ	陕甘宁	4
7172_LL.XYZ	太原沁水	5
7219_LL.XYZ	河南新乡地区B	6
7246_LL.XYZ	晋西北地区	7
7247_LL.XYZ	山西临汾	8
7342_LL.XYZ	山西中条山	9
7382_LL.XYZ	河北大河南地区	10
7383_LL.XYZ	晋五台-冀团泊口	11
7386_LL.XYZ	山西中条山北段	12
7398_LL.XYZ	山西代县河北灵丘	13

4.2.1.2 区域磁场特征及分区

统观中国航磁ΔT异常图（1∶100万），山西省以北的东胜、呼和浩特、集宁一带，磁场以北东走向为特征,与天山-阴山纬向构造特征相一致;山西省以南的西安、南阳一带,磁场走向近东西向,与秦岭纬向构造体系特征相同。山西省内的磁场以北东走向为特点,显然它是处于两个纬向构造体系之间的一个独特的磁场区。由山西省航磁化极等值线图可见,省内以 200~300nT 相对平稳的正磁场为主体,在正磁场间穿插了一些北东向的带状负异常,将正磁场分割成范围宽阔,走向北东、正负相间的异常带。在宽缓的正负背景场上又叠加了一些局部高值异常和负异常。此处在中部地区,北东向的负异常与北西向负异常带叠加,构成了极不规则的近东西向展布的异常带。

根据省内的磁场展布特征,将其划分成 7 个磁场大区,部分大区可分为若干个亚区。这 7 个大区分别是丰镇-右玉-偏关-保德平稳的负磁场区,天镇-朔县-兴县升高的正磁场区,灵丘-五台-离石-石楼降低的负磁场区,阜平-盂县的正磁场区,介休-永济升高的正磁场区,垣曲-安泽-和顺的负磁场区,武乡-阳城-新乡低缓的正磁场区。

4.2.1.3 磁异常区的地质解释

由磁参数特征分析可知,沉积盖层(古生界—新生界)磁性极弱,可视为"无磁性"。前寒武系(结晶基底)具有磁性,而不同时代的地层之间又有明显的磁性差异。

正如磁参数特征分析所指出,前寒武诸种结晶岩系中,以中太古界磁性最强,磁化率值为 $(120\sim880)\times10^{-6}4\pi SI$,与新太古界相比,可产生 50~300nT 的磁场差。与地质图对比可见,集宁群(阳高、天镇一带)、界河口群、涑水群、霍县群、太岳山群及阜平超群出露区皆对应为正磁场,强度一般 200~500nT。据此认为,大面积的正磁场区,如前磁场分区中的 2、4、5、7 四个磁场区,其对应结晶基底应为中太古界。其中,2、5 两个区,异常值相对较高,极大值可达 500~700nT;而 4、7 两个磁场区,异常值相对较弱,极大值仅为 200~300nT。这可能是前者的中太界其原岩成分是基性火山岩居多,故磁性相对高,而后者的中太古界,其原岩中的基性火山岩的成分减少,而沉积岩成分增多致使磁性相对弱些,如阜平超群中大理岩层厚而多就是佐证。

磁参数特征分析还指出,古元古界、新太古界磁性较弱(磁铁石英岩层、野鸡山群变基性火山岩除外),其磁化率值一般为 $(30\sim60)\times10^{-6}4\pi SI$,仅吕梁超群的磁化率值稍高,为 $140\times10^{-6}4\pi SI$,与中太古界磁化率相比,一般低一个数量级,山西省弱磁性的古元古界、新太古界,均对应降低的负磁场。与地质图对比可知,五台山区的五台超群、滹沱超群分布区,中条山区的绛县超群、中条超群分布区及太行山南段的桐峪组地层和甘陶河群分布区,均为降低的负磁场,场值一般为 -200~-100nT。由此可以推测,区域负磁场如 3、6 两个磁场区,其结晶基底应为古元古界或新太古界的反映。

下面对 7 个磁场区分别进行简要的解释。

1. 丰镇-右玉-偏关-保德平稳的负磁场区

范围宽阔独具特点的负磁场区,延入内蒙省自治区境内,该区磁场极为平稳,东南部以密集的磁力梯级带与正磁场区隔开,在省界及其以北出现近东西走向的局部异常。

区内大部分地区被古生界、中生界覆盖,仅在威远堡一带有变质程度较深的变质岩出露,地质上将威远堡一带出露的变质岩与大同—天镇一带分布的变质岩厘定为集宁群,属中太古代。大同—天镇一带的集宁群具有较强的磁性,在航磁图上显示为 300~500nT 的场值,而威远堡一带的"集宁群"仅反映 -100nT 的稳定磁场,全区磁场基本稳定,可以认为该结晶基底就是威远堡已出露的所谓集宁群。经物性测定,这里的集宁群岩石磁化率值最高的为 $22\times10^{-6}4\pi SI$,另外从该区的磁场特征可以判断其结晶基底是弱磁性的,与大同—天镇一带出露的集宁群的磁性特征是截然不同的,它们应分属两套地层。

该区南东侧的磁力梯级带的是反映那里存在一个古老的深大断裂,它是两种变质岩的分界线。根据航磁资料分析,将威远堡出露的变质岩与大同—天镇一带的变质岩都定为集宁群是不妥的。对于这一问题,我们有两种看法:

(1)认为本区的结晶基底与五台超群的砾性方面是相当的,因而可以判断该区的变质岩属新太古界。

(2)地质文献上记载,威远堡一带变质岩变质相较深,属高级角闪岩相和麻粒岩相,即它应属中太古代,如其时代归属确为中太古代,那么它应当与大同—天镇一带的中太古界有截然不同的生成环境,它可能主要由副变质岩组成,即有可能是由构造变动自远处"推"来的。否则该区的结晶基底与大同—天镇之间的集宁群之间只有一条断裂相隔,两者磁性差异如此悬殊是不多见的,有待今后继续研究。

2. 天镇-朔县-兴县升高的正磁场区

该区的结晶基底为中太古界,它系古裂谷北西侧的一个地垒,沿北东-南西向展布,长100多千米,磁场强度200~500nT。依磁场特征可分为3个亚区,即天镇-应县磁场亚区、应县-五寨磁场亚区、五寨-临县磁场亚区。下面分述如下。

1)天镇-应县磁场亚区

该区以高频正磁场为主,同时发育有北东、北西向的局部负异常,以致全区磁场面貌零乱。

该亚区中部为新生代桑干断陷,南北两侧结晶基底广泛出露,天镇—阳高一带为集宁群,恒山一带出露恒山杂岩。集宁群、恒山杂岩的磁性都很强,应属同一时代(中太古代)地层。

该亚区磁场零乱,究其原因,一方面是集宁群、恒山杂岩磁性不均匀(磁场波动多变亦显示了浅源场的特点);另一方面是受中、新生代的构造运动影响,将中太古界切割成许多大小不等的块体。在陷落的块体上则反映磁力低或呈负异常。区内狭长的负异常带都是中、新生代深断陷的反映。如恒山、唐河一带北西向的负异常为中生代断陷的反映,断陷向东延展至省界,进入五台超群中。由于两侧地层磁性弱,桑干河一带、大同—怀仁间、阳高—天镇间的北东向负异常带,均为新生代汾渭裂谷系中深断凹的反映,可见桑干断陷内南、北两侧为深凹,中部黄花梁相对凸起。它们的范围在推断断裂构造图上已圈定。

2)应县-五寨磁场亚区

该亚区磁场规律而平缓,极大值达550nT,为大区中最窄的一段。

该亚区除应县—朔县一线以南为新生界所覆盖外,其余大部分地区出露古生界。依据整个大区磁场相连,基本特征相似,推测该亚区结晶基底为集宁群或界河口群,由于广为沉积盖层掩盖,所以波动减弱。

3)五寨-临县磁场亚区

该亚区除界河口村附近局部异常升高、波动增强外,大部分地区磁场平缓,场值在200~400nT,特别是兴县—临县一线以西,磁场又有所降低,一般为150~200nT。

该亚区在界河口村及其南至汉高山之间,为中太古界界河口群出露,向西广泛分布着古生界、中生界。

在界河口村附近,局部异常升高,波动增强,显示了浅源场的特点,与界河口群出露地表有关,其余部分,由于盖层增厚,磁场变缓。兴县—临县一线以西,磁场有所降低,布格重力图上显示一个南北走向重力梯度带,推测中太古界顶面在此发生转折,向西倾伏,说明盖层向西厚度增大。

通过3个亚区的磁场解释,可见集宁群、恒山杂岩、界河口群,虽然它们出露于不同的地段,但它们的磁场特征相似,又紧密地连成一个异常带,间接地反映了它们间具有相同的物质成分,并在深部连为一体。

3. 灵丘-五台-离石-石楼降低的负磁场区

该区与天镇-朔县-兴县正磁场区相邻,呈北东走向,两端延出省外。

全区磁场特征不尽一致,之所以将它们划成一个区的依据是:1∶100万航磁图上为一北东向负异常带;在1∶50万航磁图上,该带以负磁场为主,且局部异常为北东向。带上均发育有太古宙含铁建造。该区为一古裂谷,两端陷落幅度大,新太古界和古元古界总厚度逾万米,只中部原平一带当时没有陷落。

将本区划为 4 个磁场亚区，即五台山磁场亚区、原平-静乐磁场亚区、静乐-离石磁场亚区、柳林-石楼磁场亚区。

1) 五台山磁场亚区

该亚区为 $-150\sim-50\text{nT}$ 不稳定的负磁场区，其间分布着一系列尖峰带状正异常，该亚区北东延出图外，向西至原平附近。

该亚区新太古界五台超群广泛出露，古元古界滹沱超群分在本区的西南部。大面积 $-150\sim-50\text{nT}$ 不稳定的磁场，为弱磁性的五台超群、滹沱超群的反映，尖峰带状正异常系由磁铁石英岩（沉积变质型铁矿）引起的，如苏龙口-峨口异常带、令狐-八塔-铺上-文溪异常带等。五台超群中下部是沉积变质铁矿的含矿层位。本区已查明大中型沉积变质铁矿 10 多处，小型矿床、矿点多处。本区不稳定的负磁场，一方面由于五台超群的磁性不均匀，另一方面本区除成型的沉积变质铁矿处，尚有不少磁铁石英岩小透镜体，是形成不稳定磁场的重要原因。此外，本区断裂发育，火成活动强烈，铁矿异常常被错断，铁矿的伴生负异常与区域磁场叠加，也增加了区域场的不稳定程度。

2) 原平-静乐磁场亚区

该亚区系指原平-静乐间的正磁场，向南正磁场范围变窄延伸至太原西山的古交附近。磁场强度多为 $300\sim500\text{nT}$，极值可达 650nT。降低的负磁场仅呈狭窄的带状，由正磁场的北西、南东两侧向南西延伸。

1:50 万地质图上，这一带标明为五台超群，但在航磁图上却呈现与五台山区的五台超群地层截然不同的磁场特征。这样的矛盾现象有两种解释。第一，地质上所标五台超群，很可能系时代和定名搞错了，正像恒山地区一样，将本属中太古界的恒山杂岩，错定为五台超群。第二，本区地表出露确为五台超群，不存在对比错误，那么五台超群应为薄层盖在中太古界之上，说明本区古裂谷形成时，陷落幅度很小，或陷落后接受了很薄的沉积又抬升了。

3) 静乐-离石磁场亚区

该区包括静乐—娄烦—岚县—关帝山一带，为几十纳特不稳定的磁场，局部为负值。地表吕梁超群和时代不明的混合岩化花岗片麻岩出露。已知吕梁超群的磁化率值为 $140\times10^{-6}4\pi\text{SI}$，低于界河口群，高于五台超群上的磁场，因此它的磁场明显低于界河口群上的磁场，而高于五台超群上的磁场，只呈现为几十纳特的降低场。岚县南西的高值异常，为袁家村大型沉积变质铁矿的反映，与其毗邻的负异常系铁矿的伴生异常。

离石县峪口-静乐马坊呈北北东向弧形展布的高值异常带，全长约 110 千米，极大值达 750nT，它是由古元古代变质基性火山岩引起的。北西侧出现伴生负异常，因而推测该基性火山岩呈厚板状，倾向南东，倾角较陡，显然它是充填于古裂谷边缘断裂之中的。

4) 柳林-石楼磁场亚区

该区包括离石、柳林、石楼、大宁一带，区内负磁场平衡且负值略大些。它是北东向裂谷的南西部分，其形状不规则，新太古代结晶基底被古生界覆盖，由东向西盖层增厚。

综上所述，灵丘-五台-离石-古楼古裂谷，规模较大，两端均延出省界外。且其各段陷落幅度不同，原平—静乐一段只在东南部有个窄的断陷槽。

4. 阜平-盂县正磁场区

本区位于阜平、盂县、太原一带，呈楔形，中部（省界附近）磁场较强，ΔT 达 700nT，西端较弱。

该区省界以东，大面积出露阜阳平超群，阜平超群磁化率值仅 $120\times10^{-6}4\pi\text{SI}$，在中太古界中，它的磁性最弱，对应磁场为几十纳特至 200nT，省界以西，磁场增强，那里地质图上标明为龙华河群（相当石咀群）。龙华河群下部榆林坪组属中太古界，其上部则属新太古界，但那里磁场，不论是龙华河群下部和上部都对应正磁场，强度几百纳特和五台超群磁场相比极不相同，这又是一个矛盾，按磁场特征来判断，本区的结晶基底应为中太古界。但是所测龙华河群磁化率只有 $60\times10^{-6}4\pi\text{SI}$，这样弱的磁性不可能引起强度为几百纳特的磁场值,因此推测,龙华河群为一薄层覆盖在强磁性的中太古界之上,向太原方向,龙华河群厚度逐渐增加,其磁场略有降低。

该区南部有两个北北东向的负异常,正负异常相差逾500nT,正负等值线组成了较陡的梯级带,不难看出,这两个异常与安泽-和顺负磁场相连,是大裂谷中的两个小分支。

5. 介休-永济升高的正磁场区

该区位于山西省的西南部,包括吕梁山南段、太岳山和中条山的大部分,正磁场向西延入陕西省,向北东与阜平-盂县正磁场区有相连的趋势。

该区磁场较强一般为200~500nT,局部可达700~800nT,局部异常多是本区的特点。

本区结晶基底是中太古界,包括涑水群、霍县群及太岳山群。全区磁场特征一致,说明涑水群、霍县群它们的物质成分相近。

本区包括运城、侯马、临汾3个斜列断陷盆地,它们是汾渭裂谷系的主要部分。结晶基底在中生代或新生代初,裂谷运动初期随上地幔一起上拱呈隆起状态,因而结晶基底多处出露地表。韩城—蒲县一线以西磁场突变平缓并有所下降。可以推测韩城—蒲县一带是结晶基底隆起的西部边界。本区火成岩活动强烈,众多的局部异常都与火成岩活动有关。如塔儿山一带的火成岩体上磁异常强达1000nT。另外韩城阳山庄及三路里磁异常,强度600~800nT,据钻探揭露,这两个异常均在结晶基底中见到了热液充填磁铁矿矿脉。因此推测另外几处强度在600nT以上的局部异常,都与火成岩活动有关。

中条山区运城—垣曲之间出露的涑水群上,磁场变低乃至负值,经查相关资料,变低的原因是与混合岩化有关,混合岩化使原岩基性度降低,致使其磁性减弱。

沿中条山前展布的解州-安邑、夏县-闻喜两个负异常,系汾渭裂谷系运城断陷的深洼的反映。已知解州一带新生代沉积厚度达5000多米。

6. 垣曲-安泽-和顺的负磁场区

该区位于两个面积较大的正磁场区之间,沿北北东向呈狭窄的带状展布,两端分别延入河南、河北两省。

该区磁场平缓,一般为-150~-50nT,在垣曲、安泽、和顺三地,以-50nT等值线封闭成3个负磁异常中心。

该区为省内另一个北东向的古裂谷,古裂谷内发育着新太古界和元古宇。除中条山区有绛县超群、上下中条群、太行山区南段桐峪组及甘陶河群出露外,区内大部分地段为沉积盖层掩盖。磁场的3个负中心,表明在垣曲、安泽和和顺3处为深断凹。相反在同善、沁源—榆社间为裂谷内的两个凸起。

左权-和顺县负磁场中心的串珠状正异常,是磁铁石英岩(变质型磁铁矿)引起的。沿长治-东冶头-紫荆关断裂构造,使桐峪组抬起沿断裂出露地表。因此,磁铁石英岩正异常的分布方向与断裂走向一致。

7. 武乡-阳城-新乡低缓的正磁场区

该区位于山西省的东南角,四周被负磁场环绕,其形状似三角形,在黎城、长治有一负异常插入其间。

该区磁场低缓,场值一般为100~150nT,区内南东侧磁场稍高。该区古生界广泛分布,根据磁场特征推测,区内结晶基底为中太古界,其磁性与阜平超群磁性相似。南东侧基底翘起,盖层稍薄,因而那里磁场值稍高。长治、黎城负磁场和安泽-和顺负磁场相通,可见它是古裂谷的一个分支。

4.2.2 磁法解决重要地质构造

4.2.2.1 断裂构造的解释

1. 断裂划分原则

山西省断裂构造划分的原则是省级以 1∶50 万航磁图（2km×2km 数据所成图件）为推断解释的主要依据，同时结合 1∶50 万布格重力图及前人"以往推断和成果资料评估与整理"的结果进行引用，而构成省级断裂构造格架。

预测区断裂推断的原则：以省级构造格架为基础，与预测工作区 1∶5 万或 1∶25 万标准图幅范围的推断断裂进行拼接而成。

推断断裂构造在磁场上的特征主要表现为以下 8 种类型。

(1) 不同磁场区的分界线。不同磁场区的分界线往往是构造分区的界线，通常也为规模较大的断裂或断裂带的划分标志。

(2) 磁异常梯度带。磁异常梯度带可以作为断裂的识别标志，这时断裂顶线大致位于磁异常梯度带中部异常拐点处（或异常水平导数的极值处）。当然，磁异常梯度带不一定就是断裂的反映，也可能是其他地质体的反映，具有物性差异和线性延伸长的岩性分界线，也对应磁异常梯度带，因此，判断磁异常梯度带是否为断裂引起，首先要分析异常的起因和地质上是否存在断裂的可能性，然后再确定磁异常梯度带是否对应断裂。

(3) 串珠状磁异常带。串珠状磁异常带往往反映断裂带内断续有充填物的情况。如沿断裂带的岩浆活动不均匀，因而其磁性物质的分布也不均匀，这就会引起呈串珠状的、断断续续分布线性异常，因此线状的、拉长的磁异常可作为划分断裂的依据，磁异常轴线反映的断裂便是岩浆岩的通道。

(4) 线性异常带。线性异常带是指具有明显方向的异常带，它可以是正异常带、负异常带正负交替出现的异常带。正异常带表明断裂带内后期有磁性侵入岩，正异常由宽度不大、走向长度大的地质体引起。当磁性侵入岩分布不连续时，便出现串珠状磁异常带。

(5) 磁异常突变带。磁异常突变带是指异常走向的水平方向上强度突然大幅度升高或降低，这预示磁异常反映的地质体可能被断裂切断，或者被断裂截止了。

(6) 异常错动带。在磁场图上，一条或几条比较容易对比的、线性排列的磁异常带发生明显错动时，表明磁性标志层或脉岩体发生了错动，这通常是断裂作用的结果。

(7) 雁行状异常带。有些断裂破碎带的范围较长，构造应力比较复杂，即有垂直变位也有水平变动和扭转现象，在这种情况下会造成雁行排列的岩浆活动通道，因此，在这类构造上磁异常就表现为雁行状异常带。

(8) 放射状的异常带组。在块断活动比较复杂的地区，可见到放射状的异常带组，每一个线性异常，都标志一条断裂岩浆活动线。当我们根据上述情况推断断裂构造时，必须有理由肯定异常与岩浆活动有关。

2. 断裂构造格架

根据 1∶50 万的航磁图和 1∶50 万布格重力图全省共推断断裂构造 165 条。

山西省所推断的 165 条断裂构造组成了本省断裂构造格架，分北东向、北西向和近南北向。在这些断裂中，多数断裂以北东向为主，少数为北西走向，这就构成了山西省的基本断裂构造格架，这是历次构造运动的产物。通过对构造格架图的分析研究,我们认为:北东向深断裂主要分布晋北地区,规模大,演化历史长,是控制中—新生代基性—中酸性火山岩和次火山岩体群的重要构造。燕山运动时期基本继承了以前的构造轮廓,形成北东向褶皱、韧性剪切带和北西向脆性断裂交切的格子状构造格局。

3. 重要断裂构造

(1)大同-冯家川断裂(F_4)。北起省界附近的镇川堡,经大同市、平鲁、朔县直达陕西省境内的吴旗。大致呈50°～230°方向延伸,省内长280km。该断裂在磁场图上表现为不同磁场的分界线,界线西北侧为平静单调的负磁场,局部异常较少,异常轴向近东西,该断裂在ΔT化极上延5km、15km、20km、30km异常图上均表现为磁力梯度带;从航磁ΔT异常图上分析,该断裂可分为北东、南西2段,其断面产状有所不同,北东段产状附近直立,南西段产状倾向北西,大同-冯家川断裂在地表看不到踪迹,据航磁资料判定,其存在是毫无疑义的。属地壳型隐伏断裂,形成时代推断为前寒武纪。该断裂中没有磁性岩浆杂岩充填。

(2)广灵-宁武-柳州断裂(F_{10})。从广灵县起,大致沿240°方向经宁武、河口转205°方向,在离石县起再转230°方向延至陕西境内,长约400km,该断裂在航磁图上表现形式是:广灵—宁武—西马方向呈不同磁场的分界线,界线西北侧为升高正磁场,局部异常轴为北东向,且多为带状异常。界线东南侧为降低负磁场,局部异常零乱。该断裂在地质图上断续有显示。从航磁资料分析,它是五台裂谷的北缘断裂,属地壳断裂,形成时代为铁堡期。

(3)耿镇-阳曲断裂(F_{18})。北起耿镇附近,大致沿230°方向经五家会到阳曲县风格梁。全长130km。该断裂在航磁图上表现为不同磁场的分界线,界线北西侧为降低负磁场,它是五台超群的反映,东南侧为升高的正磁场,是中太古界的反映,从1∶50万地质图上看,断裂位于龙泉关群的边部,结合航磁资料分析,它是五台裂谷的南缘断裂,属地壳断裂,它向北东方向继续延至河北境内。断裂形成时期为铁堡期。

(4)麻峪口-青羊口断裂(F_{38})。北起恒山北缘的麻峪口,沿150°方向经浑源县西侧,灵丘县小寨直到省界附近的青羊口,长约125km,该断裂在航磁图上表现为两种形式:麻峪口—小窝单是不同磁场的分界线,界线东北侧为负磁场,西南侧为升高的正磁场。小窝单—青羊口为负磁场中的串珠状异常带,该断裂北段(青羊口—小窝单)在地质图上有显示,是唐河断陷的西界,再向东南方向,断续分布有黄土坡岩体,冉庄岩体,老潭沟岩体,这些岩体均为燕山期侵入的,据此认为断裂活动时代为燕山期。

(5)神池-五家会断裂(F_{43})。北起神池县大马军营东南,沿120°～130°方向向东南延伸,经宁武、原平、蒋村附近五家会,长约140km。该断裂在布格重力异常图上表现明显,重力等值线在界线两侧各自收敛,重力异常轴被北西向错断、位移,等值线扭曲。该断裂西南侧控制了宁武向斜内侏罗系的展布范围,属基底断裂,活动时代为燕山期。在航磁图上该断裂也断续有反映,亦表现为局部异常轴有错断、等值线扭曲等现象。

(6)两渡-尉庄断裂(F_{24})。北起灵石县两渡、经汾西县桑原、蒲县黑龙关、乡宁县台头、河津县禹门口入陕西境内,总体呈40°～220°方向展布,长180km。该断裂在航磁图上表现的特点:两渡至蒲县以东为磁场梯度陡变带,黑龙关以南为串珠状局部异常带。在布格图上显示为重力高低间的梯级带。推断为燕山期上地壳的浅层断裂。

(7)石家庄-晋城断裂(F_{35})。北起河北省石家庄市,向西南经粟城、长治县,终于晋城附近。总体呈30°方向展布,省内长约280km。在航磁图上,石家庄至黎城间表现为串珠状异常带的边界线,ΔT化极上延图上表现为磁场梯度带,黎城以南航磁图上反映不明显,在地质图上已知的长治-紫荆关断裂就位于此处,推断为基底断裂,生成时代可能为燕山期。

4.2.2.2 岩浆岩的解释

1. 岩浆岩圈定原则

众所周知,在常规的三大岩类中,火成岩的磁性最强,某些变质岩有一定的磁性,沉积岩的磁性最弱。岩浆岩圈定的原则主要是根据其物性特征,即磁性的强弱和密度的大小,视其反映在航磁图上、布格重力图上场的特征去圈定,圈定主要取决于下面几个因素。

(1)岩体与围岩具有明显的物性差异。
(2)根据航磁异常图结合布格重力异常图分析和对比。
(3)岩体的规模和大小。
(4)可根据一些数据处理图件,如垂向一导、垂向二导的零值线去圈定岩体边界。
(5)火山岩磁场基本特征是由于其磁性很不均匀,剖面图上显示锯齿状跳跃特征,平面等值线图上显示为多个异常中心(杂乱无章)。

2. 岩浆岩分布特征

山西省岩浆岩的分布特征,在省内多数岩体多呈北西走向带状分布,且在岩体的分布处必有北西向断裂构造存在(岩浆活动的通道),是紧密相关不可分割的关系,且这些北西向构造是燕山期的产物,也是山西省较重要岩浆活动的通道。只有二者存在,才有生成金及多金属的地质前提。

从圈定的断裂构造成果可知,省内断裂比较发育,断裂规模大,它为岩浆运移、侵位提供了通道和空间,经分析一些岩体和断裂展布特点,发现有如下规律。

(1)岩体在平面上展布规律:沿北西向断续分布一些岩体,组成了北西向岩带,各岩带附近同时有北西向断裂分布。例如已知的老潭沟闪长岩体、冉庄花岗岩体、黄土坡岩体,它们总体呈北西向沿唐河断陷两缘的麻峪口-青羊口断裂分布;已知神池县大马军营岩体、贾家庄岩体、航磁推断的神池县义井乡岩体、定襄县向阳村岩体,它们均沿北西向展布,并且位于神池-五家会北西向断裂附近;狐堰山二长岩体、祁县石英二长岩体、二者呈北西向分布;已知的临县紫金山岩体和推断的陕西省神木县太和寨岩体,二者呈北西向展布,均位于介休—紫金山北西向断裂带的东北侧;推断的乡宁县土崖底岩体(或铁矿)与已知的塔儿山岩体也大致呈北西向分布,且位于台头-西阎北西向断裂两侧。

(2)上述诸岩带的展布方位为310°~320°,各岩带大致平行排列。

(3)航磁推断的绛县磨里公社阳坡村岩体,目前尚未发现构成岩带的迹象,但也出现在北东向断裂与北西向断裂交会处附近。

综上所述,根据已知岩体展布的方位为北西向,且构成岩带,多数岩体附近有北西向断裂存在,所以我们认为山西省境内燕山期侵入岩是受北西向断裂控制的,这一规律在北部五台、恒山是十分明显的。此外,也不排除一些岩体可能与其他方向断裂有关。

3. 重要岩浆岩特征

火成岩侵入体在航磁图或布格重力异常图上反映程度取决于3个因素:岩体磁性强度高低;是否与围岩具有明显的磁性差或密度差;岩体规模的大小。

(1)基性、超基性岩虽然具有较强的磁性,但由于岩体规模太小,在1∶50万航磁图上无反映。

(2)太古代—燕山期的花岗岩,磁性很微弱,磁化率一般$n \times 10 \times 10^{-6} 4\pi SI$,个别岩体达$(200 \sim 300) \times 10^{-6} 4\pi SI$,因此除了灵丘县独峪岩体($\gamma_2^1$)、小寨岩体($\gamma_2$)在航磁图上有局部异常反映外,其他岩体无局部异常出现,所以仅根据航磁资料无法圈定它们。

有些花岗岩体与古生界、太古界相比较系低密度体,密度差$0.1 \sim 0.2 g/cm^3$,当岩体范围较大时,在

1:50万布格重力异常图上有不同程度的反映,在1:20万布格重力异常图上反映更为清楚。例如古花岩、铁瓦殿、盘道等岩体总体反映为圆形的重力低。

(3)中酸性岩体,如塔儿山斑状闪长岩、祁县石英闪长岩、孤山正长闪长岩,磁化率$(700 \sim 1200) \times 10^{-6} 4\pi SI$,能产生明显的局部磁异常。

有些中酸性岩体虽然具磁性,但与围岩无磁性差,无局部磁异常展现。

(4)碱性岩(霓辉正长岩、二长岩)磁化率$(2500 \sim 3500) \times 10^{-6} 4\pi SI$,与围岩相比又属高密度体,在航磁图及布格重力异常图上均有局部异常显示。

无论花岗岩、花岗闪长岩、正长岩等岩体所产生的磁力或重力异常,在1:50万平面图上,均为椭圆形或圆形,易于与地层异常区分。因此利用航磁异常图和布格重力异常图一般可以确定它们。

此外,有些花岗闪长岩体(如浑源县六棱山岩体)、花岗岩体(如黄土坡岩体),它们与围岩既无磁性差,又无明显的密度差,尽管这些岩体出露范围较大,在航磁异常图、布格重力异常图上都无显示。

山西省重要的岩体(与成矿关系密切的岩体)主要有塔儿山、狐堰山、西安里、五台山等岩体。

4.2.2.3 磁性铁矿资源量估算

1.铁矿矿致磁异常的确定及资源量估算

各铁矿预测区铁矿矿致异常的确定,简单地讲是根据预测区的航、地磁所圈定的所有磁异常进行定性解释,定性解释的目的是确定磁异常的起因,分析磁异常的起因时,一是根据磁异常形态特征和该区的岩(矿)石的物性资料,同时要结合前人的看法、加以分析;二是深入研究磁异常所处的地质环境,分析是否对成矿有利;三是结合其他物探方法进行综合信息分析;四是考虑地形因素的影响,分析异常与地形的关系,通过上述情况的分析来确定磁异常是否为矿致异常,并对全部磁异常进行分类,这就是常说的定性解释。

(1)磁性矿床地质-地球物理模型是应用磁测资料预测磁性矿床的基础,是磁异常选择和磁异常定性解释的主要依据,主要是通过对已知磁性矿产所处的地质构造背景、显示的地球物理特征进行综合分析,总结出各类磁性矿床的地质-地球物理模型和找矿标志。

(2)磁异常筛选与定性解释,是通过异常形态特征的分析、异常所处地质构造和矿产环境分析,以及磁异常区重力异常特征分析等,判断磁异常是否为磁性矿产引起,即识别矿致异常的过程。

(3)矿致磁异常半定量解释是对推断为磁性矿产引起的磁异常,利用磁异常等值线图(包括原始和数据处理图件)确定磁性矿产的平面范围及走向长度,为利用剖面数据进行2.5D拟合计算提供初始参数。

(4)矿致异常定量解释是利用剖面数据进行2.5D拟合计算,确定磁性矿体埋深(m)、磁性矿体产状、磁性矿体宽度(m)、磁性矿体延深(m)和磁化强度$(10^{-3} A/m)$。

对矿致磁异常定量解释包括两方面情况,即对已知矿体和推断矿体(已知矿体深部和外围)的定量解释。对已控制的矿体和地质体进行正演,求出已知矿体的资源量,就是已知矿引起的异常。再从实测异常中扣除计算的磁异常(已知),从而求出残余磁异常,再对残余磁异常进行2.5D拟合计算,求出未知(推断)矿体,所求的资源量即为推断矿体(已知矿体深部及外围的矿体)的资源量。

磁性矿产资源量估算包括两种方法,即磁法体积法和定量类比法。

磁法体积法是本次磁性矿产预测工作使用的基本方法,对已知矿床深部及外围的矿致磁异常和大多数推断的矿致磁异常都使用这种方法进行资源量估算,具体做法是根据定量解释求出的磁性体体积,利用磁性矿石的相对密度求矿石资源量或利用矿石相对密度、品位求金属资源量。定量类比法是本次磁性矿产预测工作使用的辅助方法,是对磁异常的特征进行相似类比分析,根据具有相同特征的磁异常,应具有相同资源量的简单原则,类比推测未进行定量解释以及规模较小的磁异常所对应的磁性矿产资源量。

2. 已知矿产地磁性矿产资源量预测

本次磁性矿产资源量的预测，根据《磁测资料应用技术要求》的有关要求，对磁性矿产资源量方法主要为磁法体积法和定量类比法两种。矿致磁异常也分为两种情况，一是经勘探，并提交了一定储量的矿致异常（包括典型矿床）；二是未经勘探的矿致磁异常（推断）。

对于第一种矿致异常（甲类异常），资源量预测方法也有两种，一是对已知的矿体进行 2.5D 拟合和矿致异常，以拟合的场值与实测磁场值相减，看是否有残余异常存在，若存在就对残余异常再次进行 2.5D 拟合，拟合后所求得资源量即为已知矿床深部或外围预测资源即为两次拟合的资源量即为该异常的总资源量；二是对于没有进行 2.5D 拟合的已知矿致异常资源量的预测方法是，用定量类比法求得该异常预测的资源量减去已探明资源量，其差值经校正后的数值加上已探明资源量，即为该致异常的总资源量。对于第二种矿致磁异常（乙类异常）的资源量预测方法，主要采用定量类比法求其资源量。总之凡是预测的资源量均经校正（主要是用形态系数和含矿系数去校正）后进行统计。典型矿床及其他已知矿产地磁性矿产资源量、预测工作区磁性矿产资源量预测成果见第 7 章。

4.3 省级地球化学资料地质解释

4.3.1 区域地球化学特征

4.3.1.1 资料利用情况

1. 1∶20 万化探资料

本次工作主要收集了全省 1∶20 万水系沉积物（1980—1996 年完成）38 种元素的数据资料和成果报告，分析项目和数据比较齐全，全区区域化探扫面共采集水系沉积物样品和土壤样品约 160 285 件，按 4km² 网格对样品进行组合，获得组合样品约 32 511 件；样品分析由山西省地质勘查局中心实验室完成，分析元素 38 项，获得分析数据 32 511 个。1∶20 万化探数据是本次工作最基础的资料。

尚未收集到更新的 1∶20 万水系沉积物测量（2007—2014 年）资料。

2. 1∶5 万化探资料

1∶5 万数据资料收集难度大，目前收集到中条山地区 14 个 1∶5 万图幅的 Au、Ag、Cu、Zn、As、Hg、Sb、Bi 的原始数据和成果报告，分析方法为定量分析，分析质量均经过中国地质调查局、山西地矿局评审，质量可靠。五台山—恒山地区只收集到 10 个 1∶5 万图幅原始数据资料（纸质），分析数据均为半定量分析，分析质量无法保证，本次工作未采用这些数据。中条山地区地球化学工作方法有水系沉积物测量和土壤测量。

3. 1∶1 万化探资料

1∶1 万化探资料比较零散，集中在 20 世纪 80 年代中后期以找金为主的阶段，多数是以异常查证形式开展工作，工作面积一般不超过 10km²，少有整图幅。提交成果一般都是基层单位归档的查证简报。目前了解到的工作点大约 120 处，收集到的资料约 30 多个工作点。例如方山县米峪 Mo、W 异常查证,实际包括方山米峪,刁窝、岚县岚城、太原孟家井、交口西社等多个异常检查区。

2005年,在中条山中段开展了6个1:1万整幅的土壤地球化学测量。测试项目为Au、Ag、Cu、Zn、As、Hd、Cg、Sb、Cr、Ni、F、I等,收集到全部原始数据和成果报告资料。

4. 大比例尺资料

大于1:1万独立的地球化学面积性测量工作很少,多数是综合找矿勘查工作中的部分工作。目前可收集到完整原始数据和成果报告的资料有五台山东部灵丘上寨一带1:5000土壤测量,总面积6km^2;中条山北部垣曲一带1:5000土壤地球化学测量,总面积8km^2。

5. 研究专题、论著论文资料

总共收集国家级特定地区地球化学研究专题目报告3份(五台山、中条山),含地球化学论著2部、专业地球化学论文(五台山、吕梁山、太行山、中条山)30多篇,作为下一步矿产预测的理论、技术、思路的指导。

6. 其他资料

除地球化学勘查资料,还收集了山西省地质图、植被分布变化、年降水分布变化、地势图等省级资料,作为研究全省地球化特征的参考资料。景观地球化学条件对于元素分布特征影响。

4.3.1.2 地球化学景观特征

1. 气候特征

山西省内气候垂直变化显著,南北差异突出,恒山、内长城以南属暖温带季风型大陆性气候;以北属温带季风型、大陆性气候。气候总的特征是冬季寒冷干燥,夏季多雨,春季风沙盛行,秋季天气温和(平均温度4~12℃之间,五台山区在3℃或0℃以下)。年平均降水量400~650mm,少数高山地区达900mm以上。

2. 地形地貌

山西全貌为山地性的高原,主要山体大部分呈东北-西南向展布。东以太行山与华北平原为界,西以吕梁山与黄河中游的黄土高原接壤。其间有一系列狭长的断陷盆地,亦呈东北-西南向分布,由北向南依次为大同盆地、忻定盆地、太原盆地、临汾盆地、运城盆地,其海拔依次由1000m递减为350m。诸盆地系由河流或湖泊泥沙堆积而成。丘陵主要分布于吕梁山之西,属黄河中游黄土高原的一部分,另在太行山与太岳山之间的高原上,以及盆地边缘都有分布。山前多分布有洪积扇地形。包括山地、高原、丘陵在内的整个山区面积占全省总面积的72%,相对高差400~1800m,高低起伏,异常显著,五台山主峰—北台,海拔3058m,是华北最高峰。

3. 水系分布

山西省河流均属海河与黄河两大水系。集水面积大于3000km^{2}的河流:汾河、涑水河、朱家川河、三川河、昕水河、沁河、丹河、滹沱河、桑干河、漳河十条。前七条归黄河水系,后三条归海河水系。全省集水面积大于100km^{2}的河流有240条左右。地表径流主要来自降水,夏汛极为显著,水蚀比较严重。此外,山地河流的补给来源,多为水量较大的断层水。地表径流矿化度的总趋势是:由南向北逐渐增高。山西省大部分地区水化学成分为重碳酸盐钙组,矿化度在200~500mg/L之间。

4. 植被地表覆盖物(土壤)特征

山西省土壤样品主要取自地带性土壤和山地土壤。隐域性土壤分布区(各盆地内河流两侧一级阶地和山前洼地等受地下水作用较明显的地区)则一般未取样。地带性土壤：南部(五台山北麓,忻口以南,吕梁山以东)多为森林草原褐土地带；北部(内长城、恒山以北)为干草原栗钙土地带；中部(内长城、恒山以南,五台山、忻口以北,吕梁山以西,昕水河流域以北)为森林草原向干草原过渡的灰褐土地带。山地土壤,在恒山及其以北地区,除恒山顶部为亚高山草原草甸土外,均为山地淡栗钙土；恒山以南,除吕梁山北部在棕壤下有山地灰褐土外,吕梁山南部,五台、太行、太岳、中条等山地土壤垂直分布规律是：海拔 2000m 以上的平缓地区为亚高山草甸土；海拔 1600～2000m 的地区为棕壤；海拔 1200～1600m 的地区为淋溶褐土；海拔 1000～1400m 处为山地褐土。

5. 地球化学景观特征对元素分布的影响

山西省的景观特征对地表元素分布有很大的影响,由于山西地形起伏大,造成风化、剥蚀、运移、沉积覆盖条件有极大的差异。

高山区地貌,为长期隆起地带,如吕梁山、太行山、中条山和五台山,长期受风化和剥蚀,基岩出露充分,水系发育,切割强烈,水系沉积物测量基本反映了原岩的地球化学特征。

黄土丘陵区,受巨厚风成黄土覆盖影响很大,受地表径流处基岩出露,基本反映了基岩的地球化学特征,但是黄土丘陵区黄土在空间上分布有差异,受风和地形的影响在一些地区会严重影响地球化学样品的组分,也将影响元素异常的分布。

冲洪积平原区(盆地),长期受远距离冲洪积物充填,地球化学特征仅反映第四系,而无法反映下伏地层的地球化学特征信息。

山西省整体在全国二级景观中被划分为半干旱山区和冲积平原区,山西省1:20万水系沉积物都采集于半干旱山区,可以认为山西省处于同一景观下,景观特征对水系沉积物影响作用不大。

4.3.1.3 区域地球化学特征

根据全省编制的38种元素地球化学图,对元素的含量分布特征进行了分析研究,对所总结出规律和特征叙述如下。

1. 铁族元素和 Cu、Zn 分布特征

这类元素包括 Cr、Ni、Co、Mn、V、Ti、Fe 及 Cu、Zn、P、F,在全省有极为相似的分布特点,以铜地球化学图为代表。可分为两大系列,第一系列是这些元素在五大山区古老基底出露区为特征高含量,主要与太古宙基性岩有关。对局部小规模出露基性岩类(如太行山等金刚库组)也有比较清晰地反映。第二系列是集中分布在石炭系、二叠系出露区,主要与煤系地层有关。这两系列的主要差异是古老地层中 Cr、Ni 有明显高含量,在北部采凉山一带 Cr、Ni 含量最高。在煤系地层中 Cr、Ni、P、Cu、Zn 明显低,而 V、Ti、Co、Mn、Fe 含量更高一些。

关于 P,表现为与 Cr、Ni 高度一致性,特别是在煤系地层中为鲜明特征低含量。同时而在关帝山老花岗岩集中分布的区也显示一定的高含量。为了进一步了解 P 的分配特征,根据因子分析,P 与铁族元素的关系比较密切,进一步确认 P 应该是与基性岩有关的元素。关帝山老花岗区显示高含量,说明那里在一定程度上存在基性成分。所以可利用 P、Cr、Ni 基性特征可作为判别基性岩分布的特征标志；Co、Ti、Fe、V 则可作为判别煤系地层的标志；Cr、Ni、Co、Mn、V、Ti、Fe 及 Cu、Zn 以特征低含量共同反映三叠系—侏罗系。

2. 稀有、稀土放射性及钨钼族元素

这类型元素包括 La、Y、Nb、U、Th、Al 及 W、Mo，以镧地球化学图为代表，这类元素在太代老地层出露区含量偏低，与铁族元素分布特征为相反的趋势。其特征高含量分布也有两个系列，第一高含量系列主要分布在古老花岗岩出露区，以吕梁山关帝山杂岩最为典型。第二系列是在石炭系、二叠系出露区为特征高含量，在太行山中东部及宁静盆地外缘比较典型，与煤系地层有关。其中，Y 更偏重反映老花岗岩，Al、La 更偏重反映煤系地层。

在局部地段如忻州西的老地层中和天镇一带，铁族元素和稀有稀土元素都有高含量，通过因子分析，La、Y、Nb、U、Th、Zr 关系密切，为一独立因子，和铁族元素没有较明显的相关性。因此，认为在忻州西和天镇老地层中，除了有基性岩成分，应还存在古老花岗岩。此外 Zr 的分布实际也是 3 个系列，除了较集中反映古老花岗岩、煤系统地层外，为太行山长城系特征高含量元素。在较新花岗岩出露区，W 有明显的特征高含量，如塔儿山、狐堰山、太白山等地。

3. 亲石元素类型

此类元素包括 K、Na、Ca、Mg、Sr、Ba、B。分布则差异较大，其特征高含量和低含量具有极其鲜明的专属性。

K 在古老地层中特征低含量，其高含量分布分 3 个系列：第一系列与 La 等元素一致，反映五台期、吕梁期花岗岩；第二系列则是反映三叠系和侏罗系；第三系列和 Zr 相似，为反映太行山中东长城系特征性元素。

Na、B 含量分布高度一致，在老地层中与 K 相反，为特征高含量。Sr、Ba 与 Na 基本一致，只在局部有差异，把这种差异原因找出。

Ca 最大的特点就是在煤系地层中特征低，在奥陶系边部山前断裂附近为特征高含量。

4. 亲硫元素类型

这类元素包括 Au、Ag、Cu、Pb、Zn、As、Cd、Hg、Sb、Bi，其中最为明显的特点是 As、Sb 集中在寒武系、奥陶系中，以砷地球化学图为代表。而 Cu、Zn 虽然和铁族元素关系密切，主要反映与基性岩有关的地层，但对中条山南部的燕山期花岗岩有一定的反映，如塔儿山和西安里。

Pb 与古老花岗岩出露区含量最高，以关帝山最为典型。与 K 分布有相似性。但在煤系地层中也有一定高含量，通过因子分析，Pb、Zn、Cd、Mn 关系较密切，可能主要还是反映煤系地层的特点。在五台山一带，与 Ag 分布一致，与花岗岩有一定关系。

4.3.1.4 单元素地球化学特征

如前所述，山西省化探课题组按全国项目总体要求、本省矿床资源勘查开发实际需要和化探工作的专业特点，以铜、铅锌、金、钨、锑、稀土、银、硼、铬、锂、锰、钼和镍为预测矿种。与这些矿种相应的化探元素 Cu、Pb、Zn、Au、W、Sb、La、Ag、B、Cr、Li、Mn、Mo 和 Ni 等都是区域化探水系沉积物测量的测试项目。因此，化探工作可以成为以上矿种资源潜力评价预测工作的重要手段。

总的来看，山西省以上元素的区域地球化学异常充分显示了地质背景对水系沉积物元素地球化学的控制作用，对相应矿种的已知矿产地的都有不同程度的反映，对本省 V 级成矿区（带）划分起到了重要的辅助作用。因此，化探工作可以为以上矿种资源潜力评价定量预测工作提供主要的预测要素。

山西省全省的地球化学异常特征主体表现为异常多集中在山西省南部及岩浆岩发育区，以下即对重要成矿元素的地球化学异常特征分别论述。

1. 铜地球化学异常特征

本次研究所采用的铜地球化学数据主要来源于1:20万区域化探中的水系沉积物测量,地层以系为单位,岩浆岩以期或主要岩类为统计单位,变质岩以变质建造或分布面积大的主要岩类为统计单位。

根据全省出露地层、岩浆岩和变质岩分布情况,结合全省构造单元特征,在全省划分出32个地质子区。

Cu在山西省的平均含量为23.9×10^{-6},标准离差为67.4×10^{-6},变差系数为2.82;剔除高值点后,背景平均值为21.67×10^{-6},标准离差为2.982×10^{-6},变差系数为0.14。从上述参数可知,Cu在山西省的分布是极不均匀的,这为形成铜矿提供了有利条件。

山西省Cu异常共划分了49处,Cu是山西省重要的成矿元素,其异常主要分布在中条山、五台山和天镇地区,具有面积大和强度高的特点,而且浓度分带多为三级。山西省铜异常主要分布于中条山区、五台山区—恒山区、天镇地区,铜的高异常与太古宙地层有关。

2. 金地球化学异常特征

本次研究所采用的金地球化学数据主要来源于1:20万区域化探中的水系沉积物测量,地层以系为单位,岩浆岩以期或主要岩类为统计单位,变质岩以变质建造或分布面积大的主要岩类为统计单位。

Au在山西省的平均含量为1.67×10^{-9},标准离差为10.76×10^{-9},变差系数为6.43;剔除高值点后,背景平均值为1.35×10^{-9},标准离差为0.51×10^{-9},变差系数为0.38。从上述参数可知,Au在山西省的分布是极不均匀的,这为形成金矿提供了有利条件。

山西省Au异常共划分了100处,Au是山西省重要的成矿元素,其异常主要分布在中条山、塔儿山、吕梁山、五台山和天镇地区,具有分布广和强度高的特点,而且浓度分带多为三级。

3. 铅地球化学异常特征

本次研究所采用的铅地球化学数据主要来源于1:20万区域化探中的水系沉积物测量,地层以系为单位,岩浆岩以期或主要岩类为统计单位,变质岩以变质建造或分布面积大的主要岩类为统计单位。

Pb在山西省的平均含量为21.7×10^{-6},标准离差为17.2×10^{-6},变差系数为0.79;剔除高值点后,背景平均值为20.95×10^{-6},标准离差为2.78×10^{-6},变差系数为0.13。从上述参数可知,Pb在山西省的分布是不均匀的,这为形成铅矿提供了有利条件。

山西省Pb异常共划分了75处,Pb是山西省重要的成矿元素,其异常主要分布在中条山西南端、王屋山、关帝山和五台山,具有分布广和强度高的特点,而且浓度分带多为三级。

4. 锌地球化学异常特征

本次研究所采用的锌地球化学数据主要来源于1:20万区域化探中的水系沉积物测量,地层以系为单位,岩浆岩以期或主要岩类为统计单位,变质岩以变质建造或分布面积大的主要岩类为统计单位。

Zn在山西省的平均含量为58.56×10^{-6},标准离差为14.06×10^{-6},变差系数为0.24;剔除高值点后,背景平均值为55.56×10^{-6},标准离差为7.23×10^{-6},变差系数为0.13。从上述参数可知,Zn在山西省的分布是较均匀的,说明山西省锌的成矿不好。

山西省Zn异常共划分了60处,Zn异常主要分布在中条山中部、五台山—恒山和阳高县—天镇县,具有分布广和强度高的特点,而且浓度分带多为三级。

5. 银地球化学异常特征

本次研究所采用的银地球化学数据主要来源于1:20万区域化探中的水系沉积物测量,地层以系为单位,岩浆岩以期或主要岩类为统计单位,变质岩以变质建造或分布面积大的主要岩类为统计单位。

Ag 在山西省的平均含量为 73×10^{-9}，标准离差为 135.76×10^{-9}，变差系数为 1.86。

剔除高值点后，背景平均值为 65.7×10^{-9}，标准离差为 12.618×10^{-9}，变差系数为 0.19。从上述参数可知，Ag 在山西省的分布是极不均匀的，这为形成银矿提供了有利条件。

山西省 Ag 异常共划分了 73 处，Ag 是山西省重要的成矿元素，其异常主要分布在中条山和五台山地区，具有面积大和强度高的特点，而且浓度分带多为三级。

6. 钼地球化学异常特征

本次研究所采用的钼地球化学数据主要来源于 1∶20 万区域化探中的水系沉积物测量，地层以系为单位，岩浆岩以期或主要岩类为统计单位，变质岩以变质建造或分布面积大的主要岩类为统计单位。

Mo 在山西省的平均含量为 0.608×10^{-6}，标准离差为 0.691×10^{-6}，变差系数为 1.13；剔除高值点后，背景平均值为 0.532×10^{-6}，标准离差为 0.13×10^{-6}，变差系数为 0.24。从上述参数可知，Mo 在山西省的分布是极不均匀的，这为形成钼矿提供了有利条件。

山西省 Mo 异常共划分了 49 处，其异常主要分布在中条山和五台山地区，具有强度高的特点，而且浓度分带多为三级。

7. 铬地球化学异常特征

本次研究所采用的铬地球化学数据主要来源于 1∶20 万区域化探中的水系沉积物测量，地层以系为单位，岩浆岩以期或主要岩类为统计单位，变质岩以变质建造或分布面积大的主要岩类为统计单位。

Cr 在山西省的平均含量为 69.26×10^{-6}，标准离差为 27.35×10^{-6}，变差系数为 0.40；剔除高值点后，背景平均值为 64.68×10^{-6}，标准离差为 7.5×10^{-6}，变差系数为 0.12。从上述参数可知，Cr 在山西省的分布是均匀的。

山西省 Cr 异常共划分了 67 处，其异常主要分布在中条山、五台山—恒山和采凉山地区，具有强度高的特点，而且浓度分带多为三级。

8. 镍地球化学异常特征

本次研究所采用的镍地球化学数据主要来源于 1∶20 万区域化探中的水系沉积物测量，地层以系为单位，岩浆岩以期或主要岩类为统计单位，变质岩以变质建造或分布面积大的主要岩类为统计单位。

Ni 在山西省的平均含量为 29.27×10^{-6}，标准离差为 9.23×10^{-6}，变差系数为 0.32；剔除高值点后，背景平均值为 27.58×10^{-6}，标准离差为 4.71×10^{-6}，变差系数为 0.17。从上述参数可知，Ni 在山西省的分布是均匀的。

山西省 Ni 异常共划分了 65 处，其异常主要分布在采凉山、五台山—恒山和中条山地区，具有强度高的特点，而且浓度分带多为三级。

9. 锰地球化学异常特征

本次研究所采用的锰地球化学数据主要来源于 1∶20 万区域化探中的水系沉积物测量，地层以系为单位，岩浆岩以期或主要岩类为统计单位，变质岩以变质建造或分布面积大的主要岩类为统计单位。

Mn 在山西省的平均含量为 640.6×10^{-6}，标准离差为 148.2×10^{-6}，变差系数为 0.23；剔除高值点后，背景平均值为 619.9×10^{-6}，标准离差为 75.27×10^{-6}，变差系数为 0.12。从上述参数可知，Mn 在山西省的分布是均匀的。

山西省 Mn 异常共划分了 94 处，其异常主要分布在采凉山、五台山—恒山、吕梁山和中条山地区，具有强度高的特点，而且浓度分带多为三级。

10. 钡地球化学异常特征

本次研究所采用的钡地球化学数据主要来源于 1∶20 万区域化探中的水系沉积物测量，地层以系为单位,岩浆岩以期或主要岩类为统计单位,变质岩以变质建造或分布面积大的主要岩类为统计单位。

Ba 在山西省的平均含量为 518.52×10^{-9},标准离差为 94.7×10^{-9},变差系数为 0.18;剔除高值点后,背景平均值为 498.83×10^{-9},标准离差为 56.64×10^{-9},变差系数为 0.11。

山西省 Ba 异常共划分了 72 处,其异常主要分布在采凉山和吕梁山地区,具有面积大和强度高的特点,而且浓度分带多为三级。

11. 氟地球化学异常特征

本次研究所采用的氟地球化学数据主要来源于 1∶20 万区域化探中的水系沉积物测量,地层以系为单位,岩浆岩以期或主要岩类为统计单位,变质岩以变质建造或分布面积大的主要岩类为统计单位。

F 在山西省的平均含量为 542.77×10^{-6},标准离差为 139.37×10^{-6},变差系数为 0.26;剔除高值点后,背景平均值为 515.37×10^{-6},标准离差为 77.59×10^{-6},变差系数为 0.15。

山西省 F 异常共划分了 108 处,其异常主要分布在采凉山、吕梁山、太行山、中条山和五台山地区,具有面积大和强度高的特点,而且浓度分带多为三级。

4.3.1.5 地球化学组合与综合异常特征分析

化探课题组选取省内具有代表性的典型矿床,研究其成矿环境、地质-地球化学特征,按照典型地球化学元素组合特征将单矿种分为不同的成矿类型,并建立了相应的地质-地球化学模型,确定了不同成因类型的特征元素组合,编制了多元素组合异常图,分别以 Cu、Pb、Zn、Au、W、Sb、La、Ag、Mo、B、Cr、Li、Mn、Ni 为主成矿元素,共圈定 19 套组合异常图:铜-金-铅-钴-镍组合异常图,铜-金-钼-铅-锌组合异常图和铜-钼-银-镍-钴组合异常图,金-钼-银-铋-铜组合异常图和金-银-铜-铅-锌组合异常图,铅-铬-银-铍-钨组合异常图和铅-锌-砷-锑-镉组合异常图,锌-镉-银-铍-钨组合异常图,钨-钼-铜-铱-铌组合异常图,镧-铱-铌-钛-锆组合异常图,锑-砷-铋-硼组合异常图,银-铅-金-铜-锌组合异常图和银-铅-锌-砷-锑-镉组合异常图,钼-铜-银-钨-铋组合异常图,硼-锂-汞-铋-砷组合异常图,铬-钴-铜-镍-三氧化二铁组合异常图,锂-汞-铋-硼-砷组合异常图,锰-镍-钴-铬-三氧化二铁组合异常图,镍-锰-钴-铬-三氧化二铁组合异常图。

其中,铜矿种编制 3 套组合异常图,金矿种编制 2 套组合异常图,铅矿种编制 2 套组合异常图,银矿种编制 2 套组合异常图,其他矿种均为 1 套。

1. 铜矿综合异常

铜矿种综合异常共圈定异常 38 处,甲类异常 25 处、乙类异常 7 处、丙类异常 6 处。甲类异常主要集中在五台山、恒山和中条山一带。天镇一带的元素组合以 Cu、Zn、Au、Mo、W、Co、Ni 为主,Cu、Au 为主成矿元素,异常规模较大,北东向展布;五台山、恒山一带的元素组合以 Cu、Ag、Pb、Zn、Au、Mo、Co、Ni、Cd、Bi 为主,Cu、Au 为主成矿元素,异常规模较大,北东向展布;中条山一带的元素组合以 Cu、Au、Ag、Zn、Cd、As、Co、Ni 为主,Cu、Au 为主成矿元素,异常规模较大,山西省的铜矿主要集中在该地区,异常与已知铜矿床(点)吻合较好。

2. 金矿综合异常

金矿种综合异常共圈定异常 40 处,甲类异常 19 处、乙类异常 6 处、丙类异常 15 处。甲类异常主要集中在五台山、恒山一带,在天镇和塔儿山也有甲类异常分布。天镇一带的元素组合以 Au、Ag、Cu、Pb、Zn 为主,Au、Cu 为主成矿元素,异常规模较大,北东向展布;五台山、恒山一带的元素组合以 Au、Ag、As、Hg、Bi、Sb 为主,Au、Cu、Ag 为主成矿元素,异常规模大,北东向展布,异常与已知金矿床(点)吻合较好,已探明中小型矿床很多;吕梁山一带的元素组合以 Au、Cu、Zn、As、Sb 为主,Au、Cu 为主成矿元素,异常规模中等;太行山一带的元素组合以 Au、Ag、Pb、Zn、Hg、As 为主,Au 为主成矿元素,异常规模中等;中条山一带的元素组合以 Au、Cu、Ag、Cd、As 为主,Au、Cu 为主成矿元素,异常规模较大。

3. 铅矿综合异常

铅矿种综合异常共圈定异常 22 处,甲类异常 17 处、乙类异常 2 处、丙类异常 3 处。铅综合异常主要集中在五台山、恒山和吕梁山。五台山、恒山一带的元素组合以 Pb、Ag、Zn、W、Mo、Cd、Bi 为主,Pb、Ag 为主成矿元素,异常规模中等;吕梁山一带的元素组合以 Pb、Ag、Zn、Hg、Cd 为主,Pb、Ag 为主成矿元素,异常规模较大。

4. 锌矿综合异常

锌矿种综合异常共圈定异常 13 处,甲类异常 7 处、乙类异常 2 处、丙类异常 4 处。锌综合异常主要集中天镇、恒山、吕梁山和太行山一带。天镇一带的元素组合以 Zn、Cu、Au、Cd、As、W 为主,Zn、Cu 为主成矿元素,异常规模中等;吕梁山一带的元素组合以 Zn、Cu、Pb、Au、Ag、Bi、Cd 为主,Zn、Pb 为主成矿元素,异常规模较大;太行山一带的元素组合以 Zn、Pb、Au、Hg、As、Ag、Cu 为主,Zn 为主成矿元素,异常规模较大。

5. 银矿综合异常

银矿种综合异常共圈定异常 14 处,甲类异常 9 处、乙类异常 4 处、丙类异常 1 处。甲类异常主要集中在五台山、恒山一带,在天镇和塔儿山也有甲类异常分布。天镇一带的元素组合以 Au、Ag、Cu、Pb、Zn 为主,Au、Cu 为主成矿元素,异常规模较大,北东向展布;五台山、恒山一带的元素组合以 Au、Ag、As、Cu、Cd 为主,Au、Cu、Ag 为主成矿元素,异常规模大,北东向展布,异常与已知金矿床(点)吻合较好,已探明中小型矿床很多;吕梁山一带的元素组合以 Au、Cu、Zn、Sb 为主,Ag、Cu 为主成矿元素,异常规模中等;中条山一带的元素组合以 Au、Cu、Ag、Pb、Zn 为主,Ag、Au、Cu 为主成矿元素,异常规模较大。

6. 钼矿综合异常

钼矿种综合异常共圈定异常 16 处,甲类异常 2 处、乙类异常 7 处、丙类异常 7 处。元素组合以 Mo、Ag、Cu、W、Bi 为主,Mo、Ag、Cu 为主成矿元素,异常规模中等,北东向展布。

7. 硼矿综合异常

硼矿种综合异常共圈定异常 9 处,乙类异常 1 处、丙类异常 8 处。硼综合异常在山西省零散分布,元素组合以 B、Bi、As、Li、Hg 为主,异常规模较小。

8. 铬矿综合异常

铬矿种综合异常共圈定异常 27 处,甲类异常 13 处、乙类异常 7 处、丙类异常 7 处。甲类异常主要集中在五台山、恒山和中条山一带。天镇一带的元素组合以 Cr、Co、Ni、Cu、Fe_2O_3 为主,Cu、Cr 为主成矿元素,异常规模较大,北东向展布;五台山、恒山一带的元素组合以 Cr、Co、Ni、Cu、Fe_2O_3 为主,Cu、Cr 为主成矿元素,异常规模较大,北东向展布;中条山、吕梁山和太行山一带的元素组合以 Cr、Co、Ni、Cu、Fe_2O_3 为主,Cu、Cr 为主成矿元素,异常规模较大。

9. 锰矿综合异常

锰矿种综合异常共圈定异常 14 处,甲类异常 8 处、乙类异常 2 处、丙类异常 4 处。甲类异常主要集中在五台山、恒山和中条山一带。元素组合以 Mn、Ni、Co、Cr、Fe_2O_3 为主,Mn、Ni 为主成矿元素,异常规模较大，北东向展布。

10. 镍矿综合异常

镍矿种综合异常共圈定异常13处，甲类异常11处、乙类异常2处。甲类异常主要集中在五台山和恒山一带。元素组合以Ni、Mn、Co、Cr、Fe_2O_3为主，Ni、Mn为主成矿元素，异常规模较大，北东向展布。

4.3.2 区域地球化学资料地质解释

4.3.2.1 地球化学推断地质构造

1. 地球化学推断地质构造依据

浅表地球化学场是指近地表(表壳)所形成的地球化学场，在空间上其深度与已出露的基底、盖层、岩浆岩的厚度或延伸有关。由于有些表壳物质来源于深部，因此浅表地球化学场在一些空间部位上也反映为深部地球化学场的某些特征及成矿特点。水系沉积物是汇水域内各种岩石风化产物的天然组合，对已出露的基底和盖层的地球化学特征及各种地质作用留下的印迹有良好的继承性。

地球化学场的分布特征及组合规律是区域地质构造演化过程中元素的集散、迁移的形迹所在；地球化学场的变化规律及元素组合在空间分布特征表现为一定的方向性(如呈串珠状、等轴状，等间距性)分布，均是地质构造活动引起元素地球化学场的变化结果。

由于断裂构造与成岩、成晕作用有密切关系，断裂构造按照广义热力学的定义属于开放体系，与外界产生能量和物质交换。断裂体系中存在压力差、温度差、浓度差等，导致部分元素贫化或富集。因此，断裂构造的分布特征也直接决定着地球化学场和异常的分布特征。反之，地球化学场的变化规律及空间分布规律推断地表或隐伏地质构造。

根据山西省区域构造特征，断块边部和结合部位存在深大断裂，控制着太古宙基性侵入岩和喷发岩以及花岗岩的活动。燕山期岩体活动也与构造断裂有直接关系。据此分别通过与基性岩，古老花岗岩、燕山期岩浆岩有关的异常推断相关的地质构造(构造单元或构造线)的特征，预测相关的矿产分布。

2. 推断方法

根据山西省区域构造特征，断块边部和结合部位存在深大断裂，控制着太古宙基性侵入岩和喷发岩以及花岗岩的活动。燕山期岩体活动也与构造断裂有直接关系。据此分别通过与基性岩，古老花岗岩、燕山期岩浆岩有关的异常推断相关的地质构造(构造单元或构造线)的特征，预测相关的矿产分布。

根据已圈定出的组合异常类型，可推测相应的地质构造。但由于一些元素的异常分布不是唯一的，直接用组合异常推断，可能存在含糊不清，为了提高专属性，消除其他影响，对以上7类组合异常进行以下处理：

(1)以反映古老地层中变基性岩的山西省Cu-Fe-Cr-Ni-P组合异常图，其中以Cr、Ni、P最为典型。但由于吸附作用，在煤系地层中也有一定含量，为了更清晰划分，应将煤系地层的影响滤掉，因此可用在基性岩中特征低，花岗岩与煤系地层中为特征高的元素进行滤掉，选择Nb。利用P/Nb+Cr/Nb+Ni/Nb作等值线图，浓集中心即认为是推测出的古老变基性岩。

(2)山西省铜矿主要与老变质基性岩有关，Cu在古老基性变质岩中为特征高含量，但在煤系地层中也有一定含量并有异常出现，为了更清晰划分，应将煤系地层的影响滤掉，采用Cu/Nb作等值线图，浓集中心即认为是与老变基性岩有关的成矿靶区。

以上两类浓集中心的结合地带认为是推测出的与老变基性岩有关的铜找矿远景区。

（3）以反映古老花岗岩分布的山西省 La-Y-Nb 组合异常图，以 Y 最为典型，但 Y 在煤系地层中也普遍为高含量，因此可利用 Co、Ti、V 将煤系地层的影响滤掉，利用 Y/Co＋Y/Ti／＋Y/V 作等值线图，浓集中心即认为是古老花岗岩活动范围。

（4）以反映与吕梁山区古老花岗岩成矿关系密切山西省 Pb-Zn-Ag 组合异常图，其中 Ag 在五台山地区与老岩体也有一定关系。它们在煤系地层中也有一定高含量，通过 Ti、V、Co 消除煤系统地层的影响，可预测与老花岗岩有关的铅锌银矿。用 Pb／(Ti/100)＋Pb／(V/20)＋Pb/Co 作等值线图进行预测，浓集中心区即认为是推测出的铅矿靶区。

以上两类浓集中心的结合部位即认为是与古老花岗岩有关的铅找矿远景区。

（5）以反映燕山期岩体分布的山西省 Au-Cd-As-W 组合异常图，以 Cd、W 为典型，但 Cd 在煤系地层中有一定高含量，W 在老花岗岩中也显示高含量，因此通过 Cd/La＋W/La 消除影响，突出对新岩体的反映。利用 Cd/La＋W/La 作等值线图，浓集中心区即认为是燕山期岩浆活动区。

（6）Ag 是与燕山期岩体成矿作用比较密切的成矿元素之一，在南部和中北部都有异常，比较稳定。但另一方面，在煤系地层中也有较多异常。为消除其影响，利用 Ag／(Ti/100) 作等值线图，认为浓集中心区即为与燕山期岩浆热液有关的多金属成矿靶区。

以上两个浓集中心的结合部位即认为是推测的与燕山期岩浆热液有关的多金属成矿远景区。

（7）以反映长城系统分布的山西省 K、Zr 组合异常图，以 K 为典型，但 K 在侏罗系和三叠系中也为高含量，利用 K/Na 把侏罗系和三叠系影响消除，圈定长城系。

3. 推断图说明

以上各类型推断图，先用第一组元素原始数据比值作图，与比值相加图比较。比值相加图先将原值标准化，在相加作等值线图。通过等值线图推断构造时，以最高含量浓集中心为线索，对于有线状态分布和串珠状分布的异常，连接起来。异常部分认为是相应的岩体类型，连线认为是断裂构造线。在这些不同时代的推测断裂构造线，有些是重合的，例如恒山与吕梁山交接带，五台山东部，中条山三叉裂谷东部等。可将这些推测断裂带归结为一个。由此共推测出断裂带共计 90 条（其中新推断裂 25 条，已知断裂 65 条），各类型大于 1km² 的岩浆岩共计 223 处。其中基性岩浆岩 95 处，吕梁期花岗岩 86 处，燕山期岩浆岩 52 处。推断出找矿远景区 24 个，其中与变基性岩有关成矿远景区 7 个，与吕梁期花岗岩有关的成矿远景区 9 个，与燕山期岩浆岩有关的成矿远景区 8 个。

4.3.2.2　重要矿种地球化学异常解释

1. 铜

山西省 Cu 异常共划分了 49 处，Cu 是山西省重要的成矿元素，其异常主要分布在中条山、五台山和天镇地区，具有面积大和强度高的特点，而且浓度分带多为三级。根据单元素异常特征、所处地质环境（产出部位、形态特征与控矿地层、岩体、构造的空间关系等），结合各已知矿床、矿化点、矿化蚀变带与其之间的空间关系，对 Cu 地球化学异常形成如下初步认识：

（1）中条山中北部—垣曲地区 Cu 异常主要与太古宇、元古宇和古生界有关，异常面积大，浓度分带和浓集中心明显。中条山大多数铜矿床在此异常中，其中就有著名的铜矿峪铜矿。高异常主要分布在：①丁家窑—凤凰咀—洞沟一带，对应于涑水群及长城系；②炭元河—中村一带，对应于长城系、寒武系、奥陶系、石炭系、二叠系；③回马岭—马家窑—胡家峪一带，对应于涑水群、绛县群、中条群及吕梁期辉绿岩，角闪岩；④铁牛峪—马蹄古垛一带，对应于涑水群及超基性岩（群）体。

（2）中条山西南端—解州地区 Cu 异常主要与太古宇、滹沱系和长城系有关，异常浓度分带和浓集中心明显。

(3) 五台山—繁峙地区Cu异常呈带状分布,与太古宇、滹沱系、长城系、寒武系和奥陶系有关,异常呈团状分布,浓度分带和浓集中心明显,本区分布有大量的金矿。高异常大面积连续分布:①沿雁门关—双石头梁—穆桂英山—碾子沟分布,高异常受北东向断裂构造的控制,对应于古太古界恒山杂岩、新太古界五台系石咀群金刚库组及部分超基性岩(脉)体;②聂营—岩头一带,对应于新太古界五台系石咀群金刚库组、台怀群柏枝岩组及部分超基性岩(脉)体;③金刚库—神掌堡—下关—将军峪一带,对应于新太古界五台条石咀群及部分超基性岩体。

(4) 天镇地区Cu异常主要与古太古代桑干岩地层、中太古代麻粒岩、辉绿岩、五台期和燕山期花岗岩有关,异常面积大,浓度分带和浓集中心明显。高异常呈南西-北东向展布,分布于大同—阳高—天镇一带,高异常对应于中古太古界集宁群变质岩系和太古宙花岗岩及中生代燕山期闪长(玢)岩、辉绿岩脉等。

综上所述,山西省铜异常主要分布于中条山区、五台山-恒山区、天镇地区,铜的高异常与太古宙地层有关。

2. 金

山西省Au异常共划分了100处,Au是山西省重要的成矿元素,其异常主要分布在中条山、塔儿山、吕梁山、五台山和天镇地区,具有分布广和强度高的特点,而且浓度分带多为三级。根据单元素异常特征、所处地质环境(产出部位、形态特征与控矿地层、岩体、构造的空间关系等),结合各已知矿床、矿化点、矿化蚀变带与其之间的空间关系,对Au地球化学异常形成如下初步认识。

(1) 中条山中北部Au异常位于泗交—垣曲一带,主要与太古宇、元古宇和古生代地层有关,异常面积大,浓度分带和浓集中心明显。高异常主要分布于:①李家窑—凤凰咀—洞沟一带,对应于中太古界涑水群杂岩和蚕坊岩体;②曹家庄—桐木沟一带;③锥子山—南头岭一带,对应于古元古界中条群,受架桑断裂以及艾沟-洞沟断裂控制。

(2) 中条山西南端—解州地区Au异常主要与太古宇、滹沱系和长城系有关,异常浓度分带和浓集中心明显。

(3) 塔儿山地区Au异常位于中酸性岩体及其与围岩接触带附近,异常浓度分带和浓集中心明显。已知的塔儿山东峰顶金矿就位于所圈异常之上。

(4) 吕梁山地区Au异常呈带状北东向分布,受北东向构造控制,异常与花岗岩有关,异常面积不大,异常浓度分带和浓集中心明显。高异常主要分布于:①狐偃山东部上百泉—草庄头一带;②交口—汇龙—灵石一带;③化乐—左木一带;④河底—枕头一带。

(5) 五台山—恒山地区Au异常呈带状北东向分布,受北东向构造控制,异常与太古宙地层和燕山期岩浆活动有关,异常浓度分带和浓集中心明显。高异常主要分布于:①白银寺—义兴寨—伯强—西沟一带;②刁泉—太白维山—老潭沟—龙须台一带;③滩上—油房沟一带;④小窝单—水圪坨一带,对应于阜平系、五台系变质岩系地层及燕山期岩浆岩、五台及前五台混合岩等。高异常主要与北西及北东面断裂构造和燕北期岩体及火山活动有关,部分强的异常可能是金矿化反映。

(6) 阳高—天镇地区Au异常呈环状分布,异常主要与古太古代桑干岩地层、中太古代麻粒岩、辉绿岩、五台期和燕山期花岗岩有关,异常面积大,浓度分带和浓集中心明显,沿大同—阳高—天镇一带分布,集中表现在阳高玻碎带东西两端,并相应出现较强的金异常。

3. 铅-锌

山西省Pb异常共划分了75处,Zn异常共划分了60处,Pb、Zn是山西省重要的成矿元素,其异常主要分布于中条山西南端、王屋山、关帝山、五台山和阳高县—天镇县,具有分布广和强度高的特点,而且浓度分带多为三级。根据单元素异常特征、所处地质环境(产出部位、形态特征与控矿地层、岩体、构造的空间关系等),结合各已知矿床、矿化点、矿化蚀变带与其之间的空间关系,对 Pb 地球化学异常形成如下初步认识。

(1)王屋山地区 Pb 异常呈带状北西向分布,异常主要与寒武系、奥陶系、石炭系和二叠系有关,异常面积大,浓度分带和浓集中心明显。

(2)中条山西南端—永济地区 Pb 异常与解州片麻岩和长城系地层有关,异常面积大,浓度分带和浓集中心明显;中条山中部 Zn 异常与元古代和中太古代地层有关,异常面积大,浓度分带和浓集中心明显。

(3)关帝山地区 Pb 异常呈团状分布,异常主要与花岗岩有关,异常面积大,浓度分带和浓集中心明显。

(4)五台山地区 Pb 异常呈带状北东向分布,异常主要与花岗岩有关,异常面积中等,浓度分带和浓集中心明显;五台山—恒山地区 Zn 异常与元古宙和古生代地层有关,异常面积不大,浓度分带和浓集中心明显。

(5)阳高县—天镇县地区 Zn 异常主要与古太古代桑干岩地层、中太古代麻粒岩、辉绿岩、五台期和燕山期花岗岩有关,异常面积大,浓度分带和浓集中心明显。

4. 银

山西省 Ag 异常共划分了 73 处,Ag 是山西省重要的成矿元素,其异常主要分布于中条山和五台山地区,具有面积大和强度高的特点,而且浓度分带多为三级。根据单元素异常特征、所处地质环境(产出部位、形态特征与控矿地层、岩体、构造的空间关系等),结合各已知矿床、矿化点、矿化蚀变带与其之间的空间关系,对 Ag 地球化学异常形成如下初步认识。

(1)中条山地区 Ag 异常零星分布,主要与太古宇、元古宇、古生界和滹沱系有关,异常面积中等,浓度分带和浓集中心明显。高异常主要分布于:①李家窑—凤凰咀—洞沟一带,对应于中太古界涑水群杂岩和蚕坊岩体;②曹家庄—桐木沟一带;③锥子山—南头岭一带,对应于古元古界中条群,受架桑断裂以及艾沟-洞沟断裂控制。

(2)五台山—恒山地区 Ag 异常呈带状北东向分布,受北东向构造控制,异常与太古宇地层和燕山期岩浆活动有关,异常浓度分带和浓集中心明显。高异常主要分布于:①白银寺—义兴寨—伯强—西沟一带;②刁泉—太白维山—老潭沟—龙须台一带;③滩上—油房沟一带;④小窝单—水圪坨一带。它对应于阜平系、五台系变质岩系地层及燕山期岩浆岩、五台及前五台混合岩等。Ag 高异常主要与北西及北东面断裂构造和燕北期岩体及火山活动有关。部分强的异常可能是 Ag 矿化反映。

5. 钼

山西省 Mo 异常共划分了 49 处,其异常主要分布于中条山和五台山地区,具有强度高的特点,而且浓度分带多为三级。根据单元素异常特征、所处地质环境(产出部位、形态特征与控矿地层、岩体、构造的空间关系等),结合各已知矿床、矿化点、矿化蚀变带与其之间的空间关系,对 Mo 地球化学异常形成如下初步认识。

(1)五台山—繁峙地区 Mo 异常呈带状分布,与太古宇、滹沱系、寒武系和奥陶系有关,异常浓度分带和浓集中心明显。

(2)中条山地区 Mo 异常主要集中在襄汾地区,异常面积大而且浓集中心明显,与石炭系、二叠系和花岗岩有关。

6. 锰

山西省 Mn 异常共划分了 94 处,其异常主要分布于采凉山、五台山—恒山、吕梁山和中条山地区,具有强度高的特点,而且浓度分带多为三级。根据单元素异常特征、所处地质环境(产出部位、形态特征与控矿地层、岩体、构造的空间关系等），结合各已知矿床、矿化点、矿化蚀变带与其之间的空间关系，对 Mn 地球化学异常形成如下初步认识。

（1）中条山中北部—垣曲地区 Mn 异常主要与太古宇、元古宇和古生界有关，异常面积大，浓度分带和浓集中心明显。

（2）五台山—繁峙地区 Mn 异常呈带状分布，与太古宇、滹沱系、长城系、寒武系和奥陶系有关，异常呈团状分布，浓度分带和浓集中心明显。

（3）天镇地区 Mn 异常主要与古太古代桑干岩地层和中太古代麻粒岩、辉绿岩、五台期及燕山期花岗岩有关，异常面积大，浓度分带和浓集中心明显。

7. 铬

山西省 Cr 异常共划分了 67 处，其异常主要分布于中条山、五台山—恒山和采凉山地区，具有强度高的特点，而且浓度分带多为三级。根据单元素异常特征、所处地质环境（产出部位、形态特征与控矿地层、岩体、构造的空间关系等），结合各已知矿床、矿化点、矿化蚀变带与其之间的空间关系，对 Cr 地球化学异常形成如下初步认识。

（1）中条山中北部—垣曲地区 Cr 异常主要与太古宇、元古宇和古生界有关，异常面积大，浓度分带和浓集中心明显。

（2）中条山西南端—解州地区 Cr 异常主要与太古宇、滹沱系和长城系有关，异常浓度分带和浓集中心明显。

（3）五台山—繁峙地区 Cr 异常呈带状分布，与太古宇、滹沱系、长城系、寒武系和奥陶系有关，异常呈团状分布，浓度分带和浓集中心明显。

（4）天镇地区 Cr 异常主要与古太古代桑干岩地层和中太古代麻粒岩、辉绿岩、五台期及燕山期花岗岩有关，异常面积大，浓度分带和浓集中心明显。

8. 镍

山西省 Ni 异常共划分了 65 处，其异常主要分布于采凉山、五台山—恒山和中条山地区，具有强度高的特点，而且浓度分带多为三级。根据单元素异常特征、所处地质环境（产出部位、形态特征与控矿地层、岩体、构造的空间关系等），结合各已知矿床、矿化点、矿化蚀变带与其之间的空间关系，对 Ni 地球化学异常形成如下初步认识。

（1）五台山—繁峙地区 Ni 异常呈带状分布，与太古宇、滹沱系、长城系、寒武系和奥陶系有关，异常呈团状分布，浓度分带和浓集中心明显。

（2）天镇地区 Ni 异常主要与古太古代桑干岩地层和中太古代麻粒岩、辉绿岩、五台期及燕山期花岗岩有关，异常面积大，浓度分带和浓集中心明显。

9. 钡

山西省 Ba 异常共划分了 72 处，其异常主要分布于采凉山和吕梁山地区，具有面积大和强度高的特点，而且浓度分带多为三级。根据单元素异常特征、所处地质环境（产出部位、形态特征与控矿地层、岩体、构造的空间关系等），结合各已知矿床、矿化点、矿化蚀变带与其之间的空间关系，对 Ba 地球化学异常形成如下初步认识。

（1）采凉山地区 Ba 异常零星分布，主要与太古宙岩浆岩和辉绿岩有关，异常面积中等，浓度分带和浓集中心明显，本地区尚未发现重晶石矿点。

（2）吕梁山地区 Ba 异常呈带状北东向分布，北东向构造发育，异常与第三系（古近系＋新近系）、侏罗系、三叠系和二叠系有关，异常浓度分带和浓集中心明显，本地区尚未发现重晶石矿点。

10. 氟

山西省 F 异常共划分了 108 处,其异常主要分布于采凉山、吕梁山、太行山、中条山和五台山地区,具有面积大和强度高的特点,而且浓度分带多为三级。根据单元素异常特征、所处地质环境(产出部位、形态特征与控矿地层、岩体、构造的空间关系等),结合各已知矿床、矿化点、矿化蚀变带与其之间的空间关系,对 F 地球化学异常形成如下初步认识。

(1)采凉山地区 F 异常北东向分布,主要与中太古界集宁群有关,异常面积中等,浓度分带和浓集中心明显。

(2)五台山—恒山地区 F 异常呈带状北东向分布,受北东向构造控制,异常与太古宙地层和燕山期岩浆活动有关,异常浓度分带和浓集中心明显,浑源地区发现有萤石矿。

(3)中条山地区 F 异常零星分布,主要与太古宙岩浆岩和辉绿岩有关,异常面积中等,浓度分带和浓集中心明显。

4.4 省级遥感资料地质解译

4.4.1 遥感影像特征

4.4.1.1 遥感影像解译所用影像数据

本项目收集到的各类遥感数据资料如表 4-4-1 所示。

4.4.1.2 遥感影像分区和解译程度分级

1. 遥感影像分区

根据山西省地貌形态、植被发育程度和基岩出露情况等原则,全省共划出 7 个 Ⅰ 级影像区,在此基础之上又根据影像区内色调、影纹结构、微地貌、植被、水系等影像特征划分基岩、第四纪沉积物成因类型等 23 个 Ⅱ 级影像区(即影像亚区)。Ⅰ 级影像区包括晋西黄土高原影像区(Ⅰ)、西部吕梁山区褶皱断块影像区(Ⅱ)、中部断陷盆地影像区(Ⅲ)、雁北断陷盆地与高原影像区(Ⅳ)、五台山-恒山褶皱高山及燕山沉降带影像区(Ⅴ);东部太行山褶皱隆起影像区(Ⅵ)南部中条山隆起中高山影像区(Ⅶ)(表 4-4-2,图 4-4-1)。

2. 遥感影像可解译程度分级影响因素分析

山西省遥感影像特征为"两山夹一川",呈"S"形展布,地貌类型复杂,地表覆盖相差较大,特别是南北纬度差很大,所以气候和植被覆盖也相差很大。

大同盆地以北地区属典型的大陆性季风气候,多风少雨,植被稀少,基岩裸露,地形起伏变化较小,有利于遥感技术方法直接获取丰富的地表地质信息,特别是一些时代较晚的构造活动(如大同火山群),从遥感图像上能够全面地、直观地反映各类地质体及构造单元的宏观地质特征,遥感影像制图和遥感异常的提取效果都较好。恒山—五台山区,由于海拔较高,地形陡峻,在遥感图像上形成大量阴影干扰,地

表 4-4-1　本次工作使用的主要影像数据

数据种类	成像日期	轨道(或图幅)编号	数量	空间分辨率
Landsat7—ETM+	2000.05.23	124-32	一景	ETM+1—5、ETM+7 多波段分辨率为30m,全色波段分辨率为15m
	2000.05.23	124-33	一景	
	2000.06.08	124-34	一景	
	2000.05.07	124-35	一景	
	1999.11.20	125-32	一景	
	1999.10.19	125-33	一景	
	2000.07.01	125-34	一景	
	2000.07.01	125-35	一景	
	2000.04.12	125-36	一景	
	2000.04.03	126-32	一景	
	1999.08.23	126-33	一景	
	1999.08.23	126-34	一景	
	2000.05.21	126-35	一景	
	2000.05.21	126-36	一景	
	2000.06.29	127-33	一景	
	2000.06.29	127-34	一景	
ASTER 数据	2007.06.27	AST00134PRDAT0210	一景	分辨率为15m
	2007.06.27	AST00135PRDAT011	一景	
	2007.06.27	AST00139PRDAT0122	一景	

表 4-4-2　山西省遥感影像分区表

影像区	影像亚区	地质可解译程度
(Ⅰ)晋西黄土高原影像区	(Ⅰ-1)晋西黄土丘陵影像亚区	中
	(Ⅰ-2)人祖山高山影像亚区	中
(Ⅱ)西部吕梁山区褶皱断块影像区	(Ⅱ-1)宁武-静乐褶皱影像亚区	高
	(Ⅱ-2)吕梁山区影像亚区	中
(Ⅲ)中部断陷盆地影像区	(Ⅲ-1)忻定断陷盆地影像亚区	中
	(Ⅲ-2)太原断陷盆地影像亚区	中
	(Ⅲ-3)临汾断陷盆地影像亚区	中
	(Ⅲ-4)运城断陷盆地影像亚区	中
(Ⅳ)雁北断陷盆地与高原影像区	(Ⅳ-1)右玉-左云丘陵影像亚区	中
	(Ⅳ-2)雁北断陷盆地影像亚区	高
	(Ⅳ-3)采凉山-双山高山影像亚区	高
(Ⅴ)五台山-恒山褶皱高山及燕山沉降带影像区	(Ⅴ-1)五台山高山影像亚区	低
	(Ⅴ-2)恒山高山影像亚区	中
	(Ⅴ-3)广灵山间盆地影像亚区	中
	(Ⅴ-4)燕山沉降带影像亚区	高
	(Ⅴ-5)灵丘山间盆地影像亚区	中

续表 4-4-2

影像区	影像亚区	地质可解译程度
（Ⅵ）东部太行山褶皱隆起影像区	（Ⅵ-1）太行山东侧三叠系影像亚区	高
	（Ⅵ-2）霍山高山影像亚区	高
	（Ⅵ-3）晋城褶皱断块盆地影像亚区	高
	（Ⅵ-4）太行山褶皱隆起影像亚区	高
（Ⅶ）南部中条山隆起中高山影像区	（Ⅶ-1）中条山西南段隆起高山影像亚区	低
	（Ⅶ-2）中条裂谷沉积带影像亚区	低
	（Ⅶ-3）中条山东段高山影像亚区	低

说明：遥感影像可解译程度按"高(1)-中(2)-低(3)"，共 3 个等级进行分类。

表地质信息难以识别，解译效果不佳。南部中条山区潮湿多雨，植被发育，大量覆盖的植被对遥感地质解译和异常信息提取都干扰很大，可解译不佳。吕梁山西侧地区及汾渭裂谷盆地，为大面积第四纪松散堆积和黄土覆盖，在影像上除地形、地貌的判译外，可解译或识别出区域性断裂构造（带）、活动断裂，以及某些具有隐伏或半隐伏特征的线-环构造、侵入岩体等，其他与成矿有关的地质信息难以识别。东部太行山区处于褶皱的隆起区域，大型线性构造解译标志明显，是华北地区一条重要的自然地理分界线，遥感地质解译程度较高。

总之，山西内影响遥感地质解译效果的因素较多，恒山、太行山地区遥感地质可解译程度较好，五台山、吕梁山地区及遥感地质可解译程度为中等，中条山地区遥感地质可解译程度效果为低，晋西黄土地区和汾渭裂谷盆地等遥感地质可解译程度效果为中等。

4.4.1.3 区域地表覆盖类型及其遥感特点

从山西省 TM741 假彩色合成影像上分析（图 4-4-1），全省西北部植被覆盖较少，呈灰绿色，山梁及阴坡植被通常以灌木、草混杂为主，沟谷发育，影像纹理为清晰且均匀，棱角分明（图 4-4-2）；中西部植被覆盖较多，呈灰绿色、亮绿色，色调不均匀，植被类型以灌木、草混杂为主，沟谷较发育，影像纹理不清晰，多呈花斑状影纹结构（图 4-4-3）；而东南部植被覆盖较多，呈灰绿色、深绿色，植被类型以乔木、灌木混杂为主，乔木相对较少，沟谷较发育，影像纹理较清晰（图 4-4-4）。

山西省属于黄土高原省份，水资源缺乏，无冰川覆盖痕迹，水体覆盖亦很少，主要发育的水系为汾河水系。人文作用改变了地表的覆盖类型，各种矿山开采区及河道挖砂等，毁坏了地表的覆盖类型，使岩石直接裸露地表，使地表变得松散易风化，增加地质灾害的可能性。

4.4.1.4 不同类型岩石的区域分布特点及其遥感特征

山西省地层发育齐全。由老到新包括中太古代、新太古代、古元古代、中新元古代（长城纪、蓟县纪、青白口纪、震旦纪）、早古生代（寒武纪、奥陶纪）、晚古生代（石炭纪、二叠纪）、中生代（三叠纪、侏罗纪、白垩纪）、新生代（古近纪、新近纪、第四纪）等时代的地层。缺失志留纪、泥盆纪地层。各时代地层也多有部分缺失（沉积缺失或后期侵蚀缺失）。

上述地层的出露和分布状况大致是以恒山—五台山—云中山、吕梁山、中条山、太行山等出露的前寒武纪地层为中心，向四周依次（分布和）出露着寒武纪、奥陶纪地层；以云岗、宁武-静乐、沁水及陕甘宁等构造盆地分布的三叠纪、侏罗纪地层为中心，向外依次出露二叠纪、石炭纪地层。二者相结合，构成了山西省地层展布的基本格局。白垩纪、古近纪地层不发育，前者主要见于雁北地区，后者主要见于中条

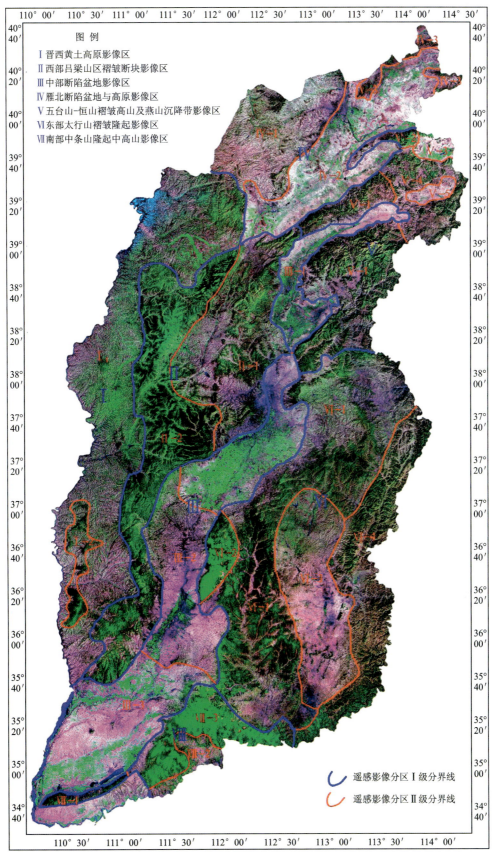

图 4-4-1 山西省遥感影像分区图

图 4-4-2　西北部影像

图 4-4-3　中西部影像

图 4-4-4　东南部影像

山以南的垣曲、平陆盆地。新近纪、第四纪地层分布零散、遍及全省，但大多厚度不大；而在桑干河、滹沱河、晋中、临汾、运城等盆地中分布集中，厚度也较大。

按地层的发育及其特征，山西省均属华北地层大区晋冀鲁豫地层区。大部分属于山西地层分区，仅在边缘部分，地层发育及特征有所变化，而属其他地层分区。东北部（大同—砂河一线以东）属燕辽地层分区，西南边部（万荣—绛县一线以南）属豫陕地层分区，西缘（偏关县—中阳县—蒲县一线以西）属鄂尔多斯地层分区，北缘（右玉—天镇一线以北）属阴山地层分区。但以上的地层区划主要指的是中元古代—中生代的沉积地层，而中太古代—古元古代变质地层和新生代松散堆积地层有着各自的地层区划。

1. 太古宇

太古宙地层零星分布于大同—阳高—天镇、恒山—五台山区、吕梁山区、太行山区及中条山区，呈大小不等的包体残留于花岗质片麻岩等变质变形深成侵入岩中太古代地层为山西省最古老的地层。本次影像波段组合为 R7(R)R4(G)R1(B)，其影像特征是构成线状、块状和网格状等构造形迹，线性较平直，呈灰绿色、绿色或深绿色，植被类型以乔木、灌木混杂为主，乔木相对较少，沟谷较发育，影像纹理较清晰。山西省的主要沉积变质型铁矿和绿岩带金矿多产于此地层之中。

2. 古元古界

古元古代地层广泛发育于五台山、吕梁山、中条山各大山区，太行山东麓也有少量。本次影像波段组合为 R7(R)R4(G)R1(B)，其影像特征主要呈绿色或深绿色，植被类型较发育，影像纹理较清晰。山西省的主要铁矿、铜矿、锰矿、磷矿等多产于此地层之中。

3. 中新元界

中新元古代地层仅发育于中条山-王屋山区、太行山区以及恒山—五台山东部，主要有长城系、蓟县系、青白口系和震旦系。本次影像波段组合为 R7(R)R4(G)R1(B)，其影像特征主要呈绿色或深绿色，植被类型较发育，影像纹理较清晰。主要的矿产有赤铁矿、含钾页岩、优质白云岩、白色大理岩（饰面石材）多产于此地层之中。

4. 古生界

古生代地层除各大山区前寒武系出露区以外，几乎全省均有分布，但地层发育不全，仅发育了早古生界寒武系—奥陶系和晚古生界上石炭统和二叠系。临汾—长治一线以北缺失下寒武统，全省缺失志留系—下石炭统的沉积。本次影像波段组合为 R7(R)R4(G)R1(B),其影像特征主要呈灰绿色或绿色,植被类型较发育,影像纹理较清晰。主要的矿产有灰岩、白云岩、石膏、石英砂岩、磷块岩等。

5. 中生界

中生代地层主要分布于大同—云岗、宁武—静乐、鄂尔多斯,以及沁水盆地等中生代盆地之中,系一套陆相碎屑岩和陆相火山岩沉积。本次影像波段组合为 R7(R)R4(G)R1(B),其影像特征主要呈灰绿色或紫红色等,植被类型不太发育,影像纹理不太清晰。主要的矿产有煤矿、蒙脱石化黏土、沸石和珍珠岩矿等。

6. 新生界

新生代古近纪、新近纪和第四纪地层均有出露,其中第四系分布最广,新近系次之。古近纪地层主要见于中条山南麓的平陆、垣曲两个山间盆地,仅包括平陆群,属河湖相碎屑岩沉积;新近纪—第四纪,广泛分布于山西的各大断陷盆地之中。本次影像波段组合为 R7(R)R4(G)R1(B),其影像特征主要呈浅灰绿色或紫灰色等,植被类型不太发育,主要为耕地,影像纹理不太清晰,城市和村庄居多。主要的矿产有煤矿、蒙脱石化黏土、沸石、珍珠岩矿、黏土、砖瓦黏土、硅藻土、型砂、建筑用砂、卵石、泥炭、芒硝、白钠镁矾、盐、硝、玄武岩、浮石等。

4.4.1.5 区域地质构造特点及其遥感特征

山西位于华北板块的中部,以山西地块为主体,西与鄂尔多斯地块、东与华北平原接壤,南北界于秦岭、阴山造山带之间。其中有著名的五台山、恒山、太行山、吕梁山、中条山等山脉。自吕梁运动之后,中元古代—古生代长期未发生过显著的构造变化,到中、新生代发生了强烈的造山作用,形成大兴安岭-太行山-武陵山重力梯度带(中部太行山段)和山西的黄土高原-山脉系统。山西的总体构造格架形成于中生代,构造线方向中间为北北东向,南北两端为北东向呈"S"形展布。山西省在影像上地貌特征表现为东侧太行山山脉、西侧吕梁山山脉,南界中条山,北界五台山、恒山山脉,中间为受北东向控制着的六大盆地。表现为山西东侧展布于太行山区的北北东向太行大断裂带,西界为山西与鄂尔多斯断块的分界南北向的离石逆冲断裂带,这两条为山西重要的岩石圈和控制山西地块南北向展布的深大断裂;北东侧以北西向的唐河断裂带与冀鲁断块为分界,北西缘以鹅毛口-口泉断裂带为界,南以横河断裂和北东东向中条山断裂带组成南边界,山西地块内部则主要纵贯一系列北东向雁行排列的断陷盆地的山前断裂带,由此构成山西省遥感线性构造行迹的总体格局。

环形构造依据规模可以划分为大型、中型和小型环形构造。本次解译的大及中型环形构造共 86 个,其中大型环 26 个,分布在应县小木沟、王庄堡龙王池、义兴寨三条岭西河口等岩体发育的部位。中型和小型环形构造空间上与大型环形构造关系密切,表现为母子式。环形构造与断裂构造关系密切,明显受断裂构造控制。据以往研究工作成果,大型环形构造的成因主要是深部岩浆上侵定位形成,中、小型环形构造成因较复杂。

遥感块要素:主要分布在中条山、马头山等构造较为发育的部位,遥感图像上显现出菱形、眼球状、透镜状、四边形等形态,块要素边缘通常为断层。成因为构造透镜体、构造菱形块体等。

4.4.2 遥感资料地质解译

4.4.2.1 遥感地质解译与编图

1. 遥感地质解译基本原则

按照项目办提供的技术要求规范,利用各种比例尺的遥感影像图编制完成山西省遥感矿产地质特征解译图,内容要求有遥感找矿的五要素(线要素、带要素、环要素、块要素、色要素),并实现属性挂接,完成建库工作。

2. 遥感地质矿产解译基本内容

1)遥感区域构造解译

山西位于华北板块的中部,以山西地块为主体,西与鄂尔多斯地块、东与华北平原接壤,南北界于秦岭、阴山造山带之间。其中有著名的五台山、恒山、太行山、吕梁山、中条山等山脉。自吕梁运动形成华北统一克拉通之后,中元古代—古生代长期未发生过显著的构造变化,到中、新生代发生了强烈的造山作用,形成大兴安岭—太行山—武陵山重力梯度带(中部太行山段)和山西的黄土高原-山脉系统。山西的总体构造格架形成于中生代,构造线方向上省中部山西地块总体为北东向,南北两端为北东东向呈"S"形展布。自新生代以来,由于喜马拉雅运动的强烈活动,叠加形成了贯穿山西南北的汾渭裂谷带,隆起与坳陷特征明显,不同时代的岩浆岩发育,地层出露齐全,尤其是典型的早前寒武纪五台群、豆村群、东冶群、郭家寨群和石炭纪—二叠纪煤系地层,中、新生代构造形迹更为世人所瞩目。各构造旋回的大地构造环境、构造—岩浆活动,控制了各矿床成矿系列的分布,除石炭纪—二叠纪形成煤及相关矿产外,还形成了五台山铁、钼、金、多金属、硫铁矿和中条山铜、金、钴、钼、多金属、磷成矿带。全省遥感解译二要素统计特征表如表4-4-3所示。

表4-4-3 遥感构造解译主要成果统计表

解译要素		线/条
线要素	断层要素	2385
	脆韧性变形构造带	87
	逆冲推覆滑脱构造	8
环要素		250

2)遥感解译服务的矿种

(1)13个矿种(铁、铝、铜、金、铅、锌、磷、银、锰、钼、硫、重晶石、萤石)。

(2)6种矿产预测类型(沉积型、变质型、火山岩型、侵入岩体型、复合"内生"型、层控"内生"型)。

3)遥感解译工作的针对性

(1)遥感在大地构造解译研究中的作用分析。由于遥感影像的宏观性这个优势,在解译山西省区域构造方面发挥除了它不同于以往地质、物化探的作用,提出和发现了与以往工作不同的观点和现象。现分析如下:山西的总体构造格架形成于中、新生代滨太平洋陆缘活化阶段,以典型的中、新生代构造形迹发育为特征,具有陆内造山运动性质。山西省构造单元划分图面所反映的内容是中生代西滨太平洋陆内造山演化阶段形成的Ⅱ、Ⅲ、Ⅳ级构造单元特征。其中,Ⅱ级构造单元以所处的大地构造位置、不同地质构造特征和控制边界的区域性断裂进行划分。

从以上三者对比分析,不难看出:

①在整个构造格架中,多数断裂以北东向为主,少数为北西走向,这就构成了山西省的基本断裂构造格架,这是历次构造运动的产物。

②通过对构造格架图的分析研究认为:北东向的断裂构造相对是老构造,常常被北西向较晚的构造断裂所切,且主要是燕山期运动的产物,山西省多数中酸性岩体都处在北西向断裂附近,说明北西向构造是岩浆侵入的通道,由于该期岩浆活动,为各种金属与非金属矿产的形成创造了条件。

③特别提出:不同于以往地质认识的是从遥感影像上看,N 38°附近,有一组近东西向的隐伏构造,它与多种矿产的形成有密切关系,如煤、灰岩、白云岩、铝土矿、石墨、硫铁矿等矿。

④从地质、地球物理、遥感这3个方面所得出的山西省构造格架图,大致内容基本相符,互相印证,相互补充,特别是遥感对于新生代汾渭裂谷的山前断裂宏观表现明显。对于东西两侧离石断裂和太行山断裂,这两组岩石圈断裂整体表现性明显。

(2)山西省25个预测矿种成矿控矿规律与遥感找矿应对策略。对于沉积型的矿产,如铝土矿、锰矿、硫铁矿等矿产,遥感主要解译其控矿岩层—带要素;对于沉积变质型的矿产,如鞍山式铁矿等,遥感主要解译带要素以及受线要素断层所控制的部位;对于热液型的矿产,如夕卡岩型的铁矿、铜矿等多金属矿产,遥感主要解译环型要素、色要素、线要素,以及这个几个要素相切的部位为控矿部位;对于火山岩型矿产,如太白维山银、锰、铅锌等多金属矿,主要解译色要素、环要素和线要素,以及这几个要素相交的部位为控矿的有利部位。

(3)在6种矿产预测类型中遥感方法的优势与劣势分析。在遥感地质解译中,针对6种矿产预测类型(沉积型、变质型、火山岩型、侵入岩体型、复合"内生"型、层控"内生"型),选择不同的遥感方法进行解译。如构造控矿,遥感主要解译线性要素;热液控矿和岩浆控矿,主要解译环形要素和色调异常;而地层控矿,则主要解译带要素等。

①地层控矿。沉积型铝土矿是典型的受地层控制的矿床,遥感解译主要着眼于带要素。山西省是我国的铝土矿资源大省,铝土矿成矿类型单一,所有矿床均产在上石炭统本溪组,含矿岩石为铝土岩和铝土页岩,分布于石炭系与奥陶系分界面上。石炭系与奥陶系分界面是铝土矿最好的近矿找矿标志层。宁武预测工作区,根据铝土矿受地层控矿的成矿理论和影像色调异常,在遥感图像上解译出赋矿岩层——带要素。带要素的解释结果和羟基异常信息的提取结果比较吻合。本次工作根据综合分析圈定了最小预测区。

②构造控矿。鞍山型沉积变质铁矿是受构造控制的沉积变质型铁矿,在遥感地质解译中主要着眼于线性构造(断裂构造)和带要素。由于矿床赋存在新太古界五台群柏枝岩组或文溪组、金刚库组,受断裂控制呈条带状分布。根据其遥感影像的影纹和色调异常,桐峪预测工作区影像图的中部色带是解译的带要素(赋矿岩层),其矿床必定分布在赋矿岩层中,且严格受北北东向断裂及其次级断裂控制,即赋矿岩层被断裂切割的部分往往是成矿的有利部位。

③岩浆岩控矿。太白维山支家地式银锰铅锌矿属于火山岩型矿床,其成矿受岩浆控制,主要解译环形要素。太白维山位于燕山太行山北段陆缘火山岩浆弧,为太白维山火山构造盆地。太白维山环形构造大多为火山机构和中生代花岗岩引起的环形构造,它们在某种意义上代表着花岗岩体及隐伏岩体的边界。支家地银矿主要产于次火山岩与碳酸盐岩断层接触带内的热液花岗岩内,因此环形构造对银(锰)矿也有着控制作用。

④热液作用控矿。接触交代作用是一种热液变质作用。在遥感图像上接触带通常出现角岩化或夕卡岩化色异常带。例如分布在临汾塔儿山-二峰山邯邢式夕卡岩型铁矿是奥陶系马家沟组碳酸盐岩与燕山期岩浆岩侵入接触交代而形成夕卡岩型铁矿。环形要素周围深色的色带为侵入岩的围岩——碳酸盐岩,环形要素内则是浅色的燕山期侵入岩,两者接触交代形成的夕卡岩带正是矿床所处的部位,已知铁矿点(红色三角)大多分布于环形接触带的夕卡岩带中。

(4)遥感在山西省基础地质研究和矿产预测中所为和无所为的抉择。遥感技术最重要的就是遥感数据,没有遥感数据,遥感就没有一个研究的平台和载体,由于其遥感数据(影像)的特点,其优点是在宏观上能够很好的反应地质构造和地质现象,将以往地质中断续的、不能确定的断裂连成一体,为传统地质提供了更多的依据和印证;其缺点是遥感影像只反映地表及地表附近的现象,而且受季节影响比较大,因此在进行遥感地质解译工作时,尽量选择冬季地表无植被覆盖或少植被覆盖的遥感数据比较好。正是鉴于遥感技术的优缺点,遥感在矿产资源潜力评价中发挥着有限的但是重要的作用。

3. 遥感地质矿产解译编图方法

(1)遥感解译方法。相邻图幅间的解译要素进行了必要的接边处理。编图主要工作流程见图4-4-5。

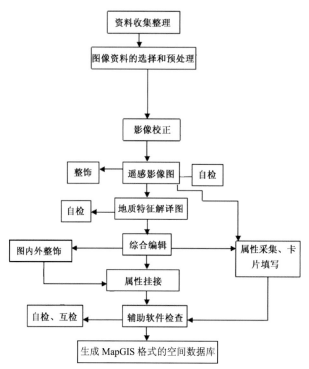

图 4-4-5　遥感解译、制图及建库工作流程图

线要素:是指与导矿、控矿、成矿和容矿作用相关的断裂构造信息。线要素主要包括断裂构造、脆韧性变形构造、逆冲推覆构造、褶皱轴、线性构造蚀变带等基本类型。线要素的解译标志:线性影像清晰,通过色调和几何特征反映出的异常色调、色线、线状排列的断层(陡)崖、断层三角面、断裂洼地、断层沟或串列的垭口,多为断层直线;不同地貌单元的分区界线、两侧地貌形态有明显的差异、受断裂控制的水系的特征形态,沟谷或河道受断裂控制呈直线或折线急湾、直线状、折线状河流或沟谷、直线状冲沟、直线状土壤、植被等、直角拐弯、多角形直线拐弯。

环要素:由岩浆侵入、火山喷发和构造旋扭等作用引起的、在遥感图像显示出环状影像特征的地质体称为环要素。如花岗岩侵入体、小岩株以及火山口,火山机构或通道等都属于环形遥感信息,其标志是具有环形沟、环形脊、环形山构成的影像。

带要素:是指与赋矿岩层、矿源层相关的地层、岩性信息。如石炭系含煤岩系、奥陶系灰岩、长城系高于庄组白云岩高板河铅锌矿、宣龙式长城系沉积型铁矿、太古代变质杂岩沉积变质型铁矿、绿岩型金矿等。

色要素:是指与各种围岩蚀变相关的色调异常、色带、色块、色晕等。解译标志就是目视遥感解译中可识别的色调异常。

块要素:主要是指几组断裂互相切割、复合、归并等造成的构造块体,在遥感图像上显现出菱形、眼球状、透镜状、四边形等块状地质体统称为(遥感),块要素块体的边角部位即是断裂构造的交会部位。

(2)解译图件的精度分类。1∶50万,1∶25万,与矿产预测工作区同比例尺、与典型矿床所在区同比例尺度四级成果。

(3)遥感地质解译侧重点。因为遥感解译对线性构造及环形构造效果比较明显,因此解译的侧重点主要为线性构造及环形构造。

4.4.2.2 省内重大地质构造形迹遥感分析

本次的研究工作是建立在全省1∶50万和1∶25万标幅遥感基础编图的基础上的,共解译断层要素2385条,脆韧性变形构造带要素87条,逆冲推覆滑脱构造要素8条。全省遥感解译二要素统计特征表见表4-4-2。

1.重大断裂构造分析

1)省内断裂构造格架遥感分析

山西省在影像上地貌特征表现为东侧太行山山脉、西侧吕梁山山脉,南界中条山,北界五台山、恒山山脉,中间为受北东向控制着的六大盆地。表现为山西东侧展布于太行山区的北北东向太行大断裂带,西界为山西与鄂尔多斯断块的分界南北向的离石逆冲断裂带,这两条为山西重要的岩石圈和控制山西地块南北向展布的深大断裂;北东侧以北西向的唐河断裂带与冀鲁断块为分界,北西缘以鹅毛口-口泉断裂带为界,南以横河断裂和北东东向中条山断裂带组成南边界,山西地块内部则主要纵贯一系列北东向雁行排列的断陷盆地的山前断裂带,由此构成山西省遥感断裂构造的总体格局。本次共解译出重大断裂46条。

2)重大断裂构造带划分与控矿遥感分析

山西省断裂主要分为南北、北东、北西、东西4组方向上的线性构造带,整体以北东向为主。

(1)南北向(SN)断裂构造。在山西省内主要分为3组线性构造带,即离石断裂构造带、狐偃山太岳山-塔儿山构造带、西安里断裂构造带。沿着3条断裂带出露活动较为强烈的中生代孤立的岩浆岩体群,成为山西重要的多金属成矿带。形成狐偃山铁矿、塔儿山多金属矿及西安里铁矿等多个夕卡岩性金属矿床成矿区带。

离石断裂(F_{21}):其中离石大断裂带是山西地块与鄂尔多斯地块两个Ⅱ级构造单元的分界断裂,发育在离石附近由西盘向东逆冲的断裂属于燕山中晚期北东向断裂系统,是控制鄂尔多斯中生代盆地形成发展的断裂,位于临县湍水头至柳林寨东一带。位于吕梁山西坡,总体呈南北向纵贯山西西部,北起与内蒙分界处的河曲刘家塔,向南经兴县交楼申、临县程家塔—湍水头、柳林寨东、石楼介板沟、隰县紫荆山西侧、临汾靳家川长度大于400km。在遥感影像上,断裂的线性形迹非常明显,两侧无论从色调、影纹、地貌都有着明显的差异。断裂西侧为第四纪地层黄土地貌,东侧为典型的寒武系地层形成的陡坎。

山西省夕卡岩型金属矿床矿化受该系列南北向构造和岩性的双重控制,在遥感影像解译中,表现出了南北向的断裂带与侵入岩形成的环形构造的线环交切构造,燕山期碱性、偏碱性矿床常常产于区域性南北向线-环构造的交切处。

图4-4-6为西安里铁矿预测工作区线环构造及其遥感影像图,近南北向的西安里断裂控制了地貌上的水系和山脊走向。断层迹象明显,基本上沿着山脊边缘分布,切割山体形成地槽,部分地段沿河谷分布,为两种不同色调、影像、地貌的分界线。接触交代矿床常成群出现,多产在地槽及活动性较强的地台边缘或凹陷带(一般称为断裂凹陷带),该近南北向断裂对夕卡岩性铁矿有着重要的控制作用。近南北向的西安里线性构造带交切于西安里环线构造之上,它反映出在环形构造出现后,南北向的线性构造带有所活动。

(2)北东向(NE)断裂构造带。山西省主要为山西地块,而山西地块内部则主要纵贯一系列北东向雁行排列的断陷盆地的山前断裂带以及形成走向北东东的五台山、中条山、吕梁山及北北东太行山山体。

①北北东向太行山断裂带（F_{20}）：太行山断裂带，其北段线性影像行迹十分明显，伴随有与其平行的牵引褶皱，在簸箕凹南山一带主断裂东侧产生一系列次级逆冲断层，构成典型的叠瓦状构造，影像上一组多条相互平行的线性行迹明显。其规模较大，由一系列尖灭再现的逆冲断层组成，黎城以北截切或迁就利用了印支期南北向构造，以南是太行山复背斜与沁水复向斜的分界构造，形成于燕山运动陆内造山过程，控制了两侧地层及矿产的分布。影像表现断层迹象明显，直线性影像清晰，具有明显可辨的断层线、断层沟、断层陡崖、垭口地貌等影像标志，凹地、直沟线状分布。

太行山断裂带是山西断裂构造系统中重要的岩石圈断裂，它与南北向的离石断裂是燕山期碱性、偏碱性侵入杂岩体岩浆活动的控制要素。与燕山期碱性、偏碱性热液型矿产有着密切关系。本次遥感解译的太行山断裂与以往地质的太行山断裂在其北段走向不太一致，南端比较符合。

②断陷盆地山前断裂带北东向构造：断陷盆地山前断裂带北东向构造控制着北东向雁行排列的汾渭裂谷盆地边缘。在影像上表现出的地貌和线性行迹基本相似，解译标志都基本相同。

其中作为山西中条山与运城盆地的地貌分界线，中条山断裂（F_{36}）在遥感影像上的构造线性行迹非常明显，反映为一条弧形的线性带，明显控制着运城盆地南边缘；断裂两侧地质特征和地貌景观、色调差异、纹理特征在遥感影像上具有显著的差异，断裂以南为巍峨挺拔的中低山区，植被较好，呈大面积绿色调，冲沟发育且具有较大规模；北侧为被第四系覆盖的运城盆地。

该断裂显然属于基地构造，是运城盆地和中条山块隆的分界线，也是豫皖断块与鄂尔多斯断块的分界断裂。从影像上看，山前岩石破碎，呈现一组北西向短小的细沟排列，植被发育稀少，山前陡峭，岩层直立，中条山山前断裂对寒武系辛集组磷块岩的形成，运城盐湖中有关矿产的形成有明显的控制作用，由此该断裂至今仍很发育。

③与山体走向有关的主要北东向断裂构造：该组线性构造带主要分布于五台山、中条山以及吕梁山，特别是五台山和中条山北东向构造与燕山区中酸性浅成火山岩有着很大关系，常常与北北西向的线性构造形成网络状断裂，在五台山和中条山还表现出等间距发育，山西省杂岩体和矿化点多发生于这些网络状断裂的交会点。

中条山北端垣曲县县城附近是中条山铜矿主要成矿区，为著名的铜矿峪型铜矿和胡篦型铜矿。从影像和所解译的线性构造看，图幅内线环结构可以看作是线-线交切结构为主，线-环交切结构为辅，但从矿点分布来看，却与线-环交切结构关系密切相关，因此线-线共轭结构为该区成矿构造主期的构造特征，而其中的线-环结构则是该区特征性成矿线-环结构。

该区主要为北东东向线性构造组和近乎等距排列的北西向线性构造组，两条线性近乎垂直相交，组成线-线格状交切结构，但北西向构造多被北东东向构造所控制，在影像地表上断裂行迹时隐时现，反映出北东东向更具有深层构造特点。

主要表现为北东东向线性构造组与环形构造的关系，环形构造主要为胡篦褶皱引起的环形构造，以及变质中酸性火山岩组成的环形构造，其交切部位分布着大量的铜矿点，其中铜矿峪型铜矿和胡篦型铜矿就大量分布。

（3）北西向（NW）断裂构造带。该组线性构造与多金属矿产分布有着重要的关系，时代较新的北西向断裂常常切割时代较老的北东向断裂形成网络状，其交叉部位往往是成矿的有利部位，在五台山区和中条山区还表现出等间距发育，这样的网格状断裂控制着燕山期中酸性浅成火山岩分布，形成了五台山铁、钼、金、多金属、硫铁矿和中条山铜、金、钴、钼、多金属、磷成矿带。

在遥感影像上解译特征基本相似，表现为北东向与北西向共轭构造，且与北东向构造相互切割和影响。早期活动控制了中生代火山盆地的形成与发展，晚期活动均为高角度的正断层，其规模大小不等，断面倾向不一，构成一系列地堑、地垒式断裂组合。北西向与北东向脆韧性变形构造带形成了该区域内菱形格子状基本构造格局，成为该区矿化带"双向"分布的主导因素。特别在格子状的交切部位，往往形成远景的多金属矿床。这些北西向断裂多表现为张扭性断裂，断裂面倾向较陡，往往形成正断层，线性构造的影像行迹为较大规模的张扭性沟谷地貌居多。中条山北西向矿化带主要分布于山西省中条山系内，北以横河断裂为界；五台山北西向矿化带主要分布于燕山地块中型北西向断裂山西省恒山和五台山燕山地块内，总体呈北西向带状产出，西至青社-张仙堡断裂，东至孙家庄断裂，向河北延伸，横跨幅度较大。

唐河断裂和横河断裂是山西重大断裂中为数不多的北西向断裂，并且在山西省大地构造中占有重要地位。

①唐河断裂带（F_7）：该断裂呈北西走向，南东段线性行迹明显，宽沟水系地貌发育，控制着一系列小型盆地的边界，偶有陡崖地貌出现；北西段线性切割山体行迹明显，造成该段垭口地貌发育，出现一系列断层三角面，细窄沟谷地貌发育，延伸性较好。影像上在断裂西南盘还发育正断层，其角度、规模大小不等，构造一系列地堑、地垒式断裂组合，唐河断裂控制了侏罗系—白垩系和燕山期花岗岩的分布，在燕山期至少有两期活动，沿断裂还有汤头温泉出露，反映至今仍在活动。

②横河断裂带（F_{35}）：横河断裂北西端起始于翼城县二曲、经沁水县西闫、阳城县横河，向东入河南省境内，总体呈北西-南东向延伸。该断裂为豫皖断块与太行山断块的重要分界线，也是山西地块和豫皖地块的分界线。

从影像上看出，横切山体，均为细窄直沟，在影像上表现为直线状影纹，为线状负地形，断裂两侧地质特征和地貌景观、色调差异、纹理特征、地貌差异在遥感影像上具有显著的差异。总体呈近南北向分布，上升盘为中寒武统灰岩及泥岩；下降盘为下奥陶统白云岩。在影像上呈波状、弧线状山脚，线两侧色调、影纹、地貌不同。

在地表上表现为一组枢纽型断裂，为基底继承性断裂，控制着元古宙地层与火山岩的分布，同时也是同善天窗带状要素绛县群中一系列铜铁矿和罗家河铜矿能够直接裸露于地表的直接因素。横河断裂带位于华北与华南断块拼合带秦岭褶皱带最北端，并限于豫皖次级断块西部边缘。与北东向中条山断裂呈三叉"人"字形裂谷，控制着同善、落家河、王屋等构造天窗产出的铜矿床的分布。

3）脆韧性变形构造形迹分析

本次共解译脆韧性变形构造带要素87条，分布于中条山区、五台山区及吕梁山区。主要为五台群、中条群和吕梁群变质岩中，为区域性规模脆韧性变形构造或构造带。

区域性规模脆韧性变形构造或构造带一般出现在构造较为强烈地段，发育在变质岩层分布区，剪切带常常被后期脆性断裂叠加，在图像上表现为长的线性构造与短而密集的线纹构造交替断续出现。由图4-4-6、图4-4-7看出，因剥蚀而形成的由细小冲沟和山脊，在一定宽度和延伸范围内定向地密集排列组成坡缓、负微地貌异常地段。在影像上大面积岩体分布区内发现狭长的细线纹密集带，应注意韧性剪切带的存在，且往往组成网络状区域构造样式。

4）逆冲推覆构造形迹分析

本次工作共解译逆冲推覆构造要素8条。主要分布于山西省内北部，其解译依据有着相似的特点。下面为鹅毛口逆冲推覆滑脱构造。

鹅毛口逆冲推覆构造：出露于大同盆地山阴县—怀仁县城西侧，走向北北东，北起应怀仁县口泉镇一带，经鹅毛口镇、小峪口、织女泉、山阴县李家堡。线形影像明显，凹地线状分布，舒缓波状影像标志清晰，垭口地貌发育，陡崖地貌呈叠瓦状，表现出弧形状窄沟山脊地貌。逆冲推覆岩块由北西向南东推覆，推覆体中元古代集宁群古老变质岩，逆冲于寒武纪—奥陶纪地层之上（图4-4-8）。

5）环形构造形迹及其特征

由岩浆侵入、火山喷发和构造旋扭等作用引起的、在遥感图像显示出环状影像特征的地质体称为环要素。一般情况下，花岗岩类侵入体和火山机构引起的环形影像时代愈新，标志愈明显。构造型环形影像则具多边多角形，发育在多组构造的交切部位。环要素代表构造岩浆的有利部位，是遥感找矿解译研究的主要内容之一。

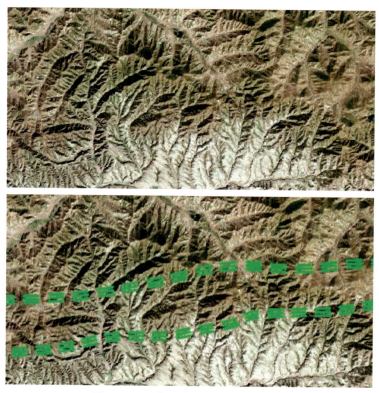

图 4-4-6 五台山脆韧性变形构造影像

图 4-4-7 中条山脆韧性变形构造影像

(1)山西省环形构造的主要类型。本省主要的环形构造为 6 种(图 4-4-9)。

山西省重大环形构造解译 86 个,环成因主要与侵入岩、褶皱、浅成次火山岩体和一些火山口有关,其余大部分为性质不明成因环形构造。区域分布上浅成次火山岩体环主要分布于山西东北角五台和恒山燕山地块内,侵入岩环分布于南北向 3 个线性构造带上和燕山地块内。火山机构或通道环则全部分布于大同盆地内,褶皱引起的环形构造和性质不明成因环几乎遍布山西全省。

在影像解译标志上,解译标志明显,多为近圆形环形沟谷,在地貌上表现为环状隆起山体,内外地貌有明显差异,植被覆盖程度表现出的色调、岩石破碎表现出的纹理特征都有着很大差异。

(2)山西省环形构造总体特征。与本省成矿与有密切关系的环形构造类型主要有由褶皱引起的环形构造、侵入岩体、浅成次火山岩体引起的环形构造,火山机构环形构造,部分性质不明的环形构造。由褶皱引起的环形构造在本省的规模一般都为大型,对沉积岩层有一定的控制作用,如对煤矿、铝土矿等

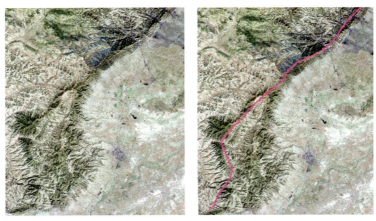

图 4-4-8 鹅毛口逆冲推覆滑脱构造

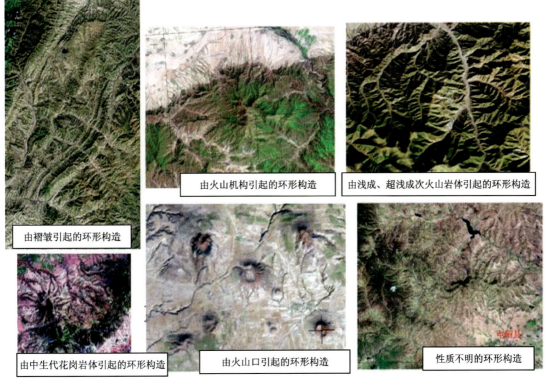

图 4-4-9 山西省主要成因类型环形构造影像图

沉积型矿产有层控作用;由侵入岩体、浅成次火山岩体引起的环形构造为岩浆型、热液型矿产提供物质来源;火山机构环形构造为热液型矿产提供了运移通道和储矿空间;部分性质不明的环形构造由于其成因不明或者成因复杂,往往受到多期的构造或者岩浆活动的影响而形成。不同的环形构造类型往往对应不同成因类型的矿床,其在成因上有一定的一致性。

山西省环形构造分布规律,从解译出的环形构造产出部位、空间组合、排列方式等分析,存在明显的分布规律。

①沿大型断裂构造带发育展布。如沿唐河断裂带、横河断裂带环形构造比较发育。

②环形构造密集发育在两组或多组断裂交会地区,多呈复合环形构造系列存在。如五台山北东向的断裂与北西向断裂呈网格状分布地。

③集中发育在岩浆热液强烈活动区,以环套环等复杂的空间组合的群体环出现。如塔儿山、狐堰山等地区。

④集中发育在隆起地块内或沉降带内的相对隆起地段,如燕山沉降带、垣曲沉降带。

⑤超大型的环形构造一般为褶皱引起的,并与沉积型的矿产(煤矿、铝土矿)有密切关系,如宁武环形构造系等。

综上所述,山西境内的环形构造的形成主要受构造和岩浆活动的双重作用。

(3)山西省环形构造系与控矿关系。综合分析省内环形构造的分布规律、空间组合、排列及控矿关系,将山西省环形构造归类并命名14个环形构造系。

①大同火山群(C_1):是新生代形成的火山机构。著名的大同火山群-火山口、火山机构或通道,主要分布在北纬40°左右,呈近东西向展布,与成矿关系不大。

②鹅毛口环形构造系(C_2):是由褶皱引起的环形构造,对地层有一定的控制作用,集中分布的区域往往是沉积型受层控的矿产。

③义兴寨环形构造系(C_3):主要分布在五台山北部,唐河断裂的东侧,燕山沉降带附近,主要是由侵入岩体和隐伏岩体引起的环形构造系,其线-环交切的组合与岩浆热液型矿床形成有密切关系。

④太白维山环形构造系(C_4):是山西省内比较典型的火山机构,主要火山机构引起的环形构造系,岩浆沿火山通道充填而上而成矿,环形说明了有物质来源,断裂切割为其提供了物质充填、运移的通道,是成矿的有利部位。其次也有小型的构造是由侵入岩体引起的环形构造,与岩浆热液型的矿床形成有关。

⑤伯强环形构造系(C_5):主要由浅成—超浅成次火山岩体引起的环形构造,与线性构造构成的线-环交切部位是成矿的有利部位。

⑥宁武环形构造系(C_6):是由褶皱引起的环形构造,含煤地层受到褶皱的控制,大型的褶皱环与煤矿、铝土矿的分布有着密切关系。

⑦关帝山环形构造系(C_7):主要以关帝山附近两组环形构造组合而成,一组是米峪镇性质不明的环形构造组合,另一组是横尖镇花岗闪长岩引起的环形构造组合。其次在娄烦县附近发育一个褶皱环,它应该属于宁武向斜的南部延伸褶皱带。这两组环形构造和一个褶皱引起的环形构造和本区成矿有着密切的关系。

⑧狐堰山环形构造系(C_8):主要由燕山期碱性、钙碱性侵入岩体引起的环形构造,其环形构造密集。岩体与围岩接触交代引起色调异常(夕卡岩蚀变带),是主要的控矿构造。此区域内环形构造非常发育,并与线性构造构成线-环交切组合,指示多金属成矿有利部位。

⑨阳泉盆地环形构造系(C_9):是由褶皱引起的环形构造,沿环的边缘为铝土矿的成矿集中区。

⑩隰县克城镇环形构造系(C_{10}):是由褶皱引起的环形构造和性质不明的环形组成的环形构造系。

⑪西安里环形构造系(C_{11}):是沿西安里断裂分布环形构造系,主要由燕山期碱性、钙碱性侵入岩引起的环形构造,它与围岩接触交代形成的色异常(夕卡岩蚀变带)与成矿有密切关系。

⑫塔儿山环形构造系(C_{12}):主要由燕山期碱性、钙碱性侵入岩体引起的环形构造,此环形构造系是多金属产出集中的区域。夕卡岩型的铁矿、铜矿主要分布在环型构造的边缘,金矿主要集中在线-环交切的部位。

⑬铜矿峪环形构造系(C_{13}):整体处于中条裂谷内,横河断裂西南侧,是山西省重要的铜矿基地,山西省大部分铜矿都产于此地。主要是由一个大的褶皱环为主环,其余为性质不明的环(剥蚀天窗等)构成环形构造系,次级三叉"人"字形中的线-环组合 φ 型构造是成矿的有利部位。

⑭中条山西南段环形构造系(C_{14}):处于中条山山前断裂的南部,主要由基性火山岩引起的环形构造,多金属矿床与中条早期碱钙性基性侵入体有密切关系。多金属矿点大都分布在断裂破碎带与环交切的部位。

4.4.3 遥感异常提取

4.4.3.1 遥感异常提取基本单位

遥感异常提取技术统一采用比较成熟的克罗斯塔技术和光谱角监督分类技术,一次性异常提取,一般以"景"为单位。

本次遥感羟基异常信息提取是按照全国矿产资源潜力评价项目提供的《遥感资料应用技术要求》进行的。

异常提取以"景"为单位,然后再根据需要进行图像的镶嵌和分割。

4.4.3.2 异常提取对象

省级遥感专题异常提取物件为羟基(泥化)和铁染(铁化)两种异常。

4.4.3.3 遥感异常提取方法

1. 异常信息提取方法原理

1)基于 TM/ETM+数据遥感异常提取方法

主成分分析法:各类地表物质在一定的波段内其光谱特征具有一定的差异性,这是遥感异常信息提取的根本依据。通过对图像数据统计分析;选取 ETM+1、4、5、7 为特征主成分分析的输入提取遥感羟基异常信息。采用标准离差倍数进行密度分割,提取了三级遥感羟基异常信息。选取 ETM+1、3、4、5 为特征主成分分析的输入提取遥感铁染异常信息。采用标准离差倍数进行密度分割,提取了三级遥感铁染异常信息。

光谱角法:一般采用 B1—B5、B7 联合提取。

2)基于 ASTER 数据遥感异常提取方法

遥感探测中被动遥感的辐射源主要来自与人类密切相关的两个星球,即太阳和地球。在可见光与近红外波段($0.3 \sim 2.5 \mu m$),地表物体自生的辐射几乎为零,地物发出的波普主要以反射太阳辐射为主。而地表各类地物均有各自独特的光谱特征,矿化蚀变作为矿床和矿带存在的指示,其本身也具有独特的光谱特征,这也是利用遥感技术提取各种矿化蚀变信息的主要依据。基于 ETM+/TM 数据提取矿化蚀变遥感异常已趋于成熟,而利用 ASTER(先进星载热发射和反射辐仪)遥感数据提取矿化蚀变遥感异常较少。

ASTER 是极地轨道环境遥感卫星 Terra(EOS-AM1)上载有的 5 种对地观测仪器之一,它提供了可见光——近红外(VNIR)、短波红外(SWIR)和热红外(TIR)3 个通道的遥感数据。ASTER 共有 3 个通道,其技术参数如表 4-4-4 所示。由表 4-4-4 可以看出,ASTER 数据具有以下特点:①可见光通道图像的空间分辨率较高;②热红外通道($8 \sim 12 \mu m$)具有 5 个波段;③可见光—近红外通道($0.78 \sim 0.86 \mu m$)具有底视和后视功能。

与 TM 数据相比,ASTER 数据在热红外有更多的波段,波谱分辨率更高(参见图 2-3-7)。通过图和表的对比可知 ASTER 数据对地物定性定量的识别远远高于 ETM+。

ASTER遥感数据可以提取 Mg—OH、Al—OH、CO_3^{2-} 和 Fe^{3+} 离子(基团)信息。它们的波谱特征是蚀变遥感异常提取的理论依据。通过上述分析,采用 ASTER 数据进行遥感地质工作应有突破性进展。

通过分析统计出各种蚀变矿物的特征及提取异常信息的方法,参见表 2-3-1。

首先对 ASTER 前 9 个波段数据利用 FLAASH 法进行波谱重建,TIR 波段数据(即 10～14 波段)采用标准大气模式选取查找表进行大气校正及波谱重建。

利用表 4-4-4 的特征计算各类特征,并进行异常分割(阈值一级为 223-224,二级为 201-202,三级为 181-182)。

对影像处理的异常进行切割后的三级异常分别进行均值滤波处理;滤波除去孤立点,并使异常信息更加聚集。这里采用的方式是三级异常进行"5×5"滤波处理,使信息分布均匀。

表 4-4-4 ASTER 数据主要技术参数

通道	波段编号	波谱范围/μm	空间分辨率/m	存储位数(二进制)/bits
VNIR	1	0.52～0.60	1.5	8
	2	0.63～0.69		
	3N(底视)	0.78～0.86		
	3B(后视)	0.78～0.86		
SWIR	4	1.600～1.700	30	8
	5	2.145～2.185		
	6	2.185～2.225		
	7	2.235～2.285		
	8	2.295～2.365		
	9	2.360～2.430		
TIR	10	8.125～8.475	90	12
	11	8.475～8.825		
	12	8.925～9.275		
	13	10.25～10.95		
	14	10.95～11.65		

2. 主要技术流程

按照项目办提供的技术要求规范及相应的遥感异常提取方法,异常提取以"景"为单位,然后再根据需要进行图像的镶嵌和分割,编制成全省各类比例尺的遥感羟基异常分布图和遥感铁染异常分布图(三级异常划分),并实现属性挂接,完成建库工作。遥感异常信息提取流程参见图 2-3-8。

4.4.3.4 遥感异常组合与地质意义

山西的总体构造格架整体呈"S"形展布,构造线方向上省中部山西地块总体为北东向,南北两端为北东东向。遥感异常组合信息基本沿大的构造变形带分布,局部地区受环形构造控制分布,具体分布规律如下。

1. 铁染组合异常主要集中分布区

(1)大同市东侧口泉断裂东侧,鹅毛口褶皱环内侏罗纪地层区域,呈北东向展布。

(2)浑源县南唐河断裂带附近,燕山沉降带内。

(3)繁峙县南五台山区,两条北西向展布断裂(耿庄-鸿门岩断裂和青社-张仙堡断裂)之间,伯强环形构造系周围。

(4)宁武县南宁武向斜周围,宁武褶皱环内侏罗纪地层区域。

(5)太原市西侧沿狐堰山断裂分布,狐堰山环形构造系周围。

(6)和顺县东南沿太行山断裂集中分布。

(7)沁源县东侧沿长治西坡山前断裂,分布在沁源环形构造系周围。

(8)运城市西北侧稷王山环形构造周围,燕山期碱性岩体。

2. 羟基组合异常主要集中分布区

(1)沿口泉断裂分布。

(2)忻定盆地周围。

(3)沿太行山断裂西侧分布。

(4)沿太行山断裂南沿长治盆地周围,北北向展布。

(5)沿中条山山前断裂呈北东东向展布。

3. 本省羟基+铁染组合异常很少,不成规模

总之,全省的铁染组合异常、羟基组合异常主要沿大型的断裂构造带分布,局部受环形构造的控制。铁染异常信息主要反应的是"铁化"信息,如在五台山伯强环形构造系、狐堰山环形构造系、太行山断裂带等周围都有铁矿床的分布。羟基组合异常主要反应"泥化"信息,其集中分布的区域往往是泥质矿产(煤矿、高岭土、铝土矿、耐火黏土、硫铁矿)等集中分布的区域。

4. 构造与遥感组合异常的实例分析

1)唐河断裂与遥感组合异常综合分析

唐河断裂附近的铁染组合异常与这一地区特殊的地质背景相关。可知铁染组合异常基本沿断裂展布;西侧的铁染组合异常主要分布于五台群片麻岩内,断层发育,且发育多条岩脉,这一异常的提取,说明该地区存在多金属矿产的可能。沿林场-宽坪断裂的周围广泛分布有铁染异常。在此位置附近,存在有一小型萤石矿床。萤石矿处于中生代火山岩与燕山期中酸性花岗岩接触带处,林场-宽坪断裂为主要的控矿构造,围岩蚀变以硅化为主,伴有萤石化、黄铁矿化、绿泥石化、绢云母化。这一热液交代型萤石矿的存在,正好印证了遥感铁染异常对找矿的指示作用。

2)铝土矿成矿区(带)与羟基异常关系

以宁武铝土矿成矿区带为例分析,宁武地区的遥感组合异常与构造关系不是很紧密,所提取的遥感羟基组合异常基本沿褶皱分布,所处位置为中石炭统铝土页岩、砂质页岩,很好的指示了铝土矿的找矿方向。这个地区的遥感铁染组合异常,主要分布在中奥陶统灰岩、泥质灰岩、泥质白云灰岩中,应是这一地层岩性引起,应做进一步研究工作。

4.5 省级自然重砂资料地质解释

4.5.1 区域自然重砂特征

4.5.1.1 资料利用情况

山西省自然重砂专题组使用的重砂数据主要为1:20万区域自然重砂数据,共37个图幅,其来源主要有两个:一是来自山西省;二是来自邻省(自治区)[河南(1幅)、陕西(1幅)、内蒙古(2幅)、河北(5幅)]。这37个图幅的1:20万自然重砂测量工作,始于20世纪50年代末,结束于20世纪80年代初,其中20世纪60年代结束的有13幅,20世纪70年代结束的有21幅,20世纪80年代结束的有3幅,并已全部建库,建库工作从1999年开始截至2003年结束,其中1999年建库2幅,2000年建库10幅,2001年建库8幅,2002年建库13幅,2003年建库4幅。

在20世纪80年代初,山西省地质局区域地质调查队对山西省1:20万重砂测量成果进行了系统总结,发现内蒙古清水河幅和河北广灵幅重砂资料在文化大革命中丢失,1:20万广灵幅只有少量资料,为此利用地质调查队二分队银厂幅1:5万重砂资料进行修改。此外,还发现1960—1965年间重砂鉴定报告格式不一,普遍存在矿物特征描述较少,有的矿物定量误差较大,例如重砂矿物细级部分含量总和超出100%;盂县幅和阳泉幅鉴定质量不高;静乐幅重砂为北京地院实习队所取,样品编号较乱,实际材料图上很多重砂采样点与野外记录表编号不符,同时编号重号点较多,鉴定质量也较差。尽管存在某些缺陷,但1:20万重砂资料从总体来看,其质量是符合1:20万规范要求的,对区域成矿规律的研究和今后普查找矿工作仍不失为一份比较全面系统的基础资料。

山西省1:20万区域自然重砂取样点位已覆盖全省,这些采样点位的数据作为本专题研究的基础资料。

4.5.1.2 区域自然地理特征

1. 区域地貌

山西省地貌大体可分为三大部分:东部山地、西部高原山地和中部裂陷盆地。东部山地分布于省境的东部和东南部,以太行山脉为主,自北而南尚有恒山、五台山、系舟山、太岳山、中条山、王屋山。除太行山、太岳山呈近南北走向及王屋山呈北西-南东走向外,其他诸山均为北东-南西走向,海拔均在1500m以上。在上述山地间还有一系列山间小盆地,如广灵、灵丘、阳泉、长治、晋城等盆地。西部高原山地分布于本省的西部和西北部,以吕梁山脉为骨干,总体走向近南北,但以北的云中山、芦芽山、管涔山、洪涛山及以南的火焰山均呈北东-南西走向,海拔也在1500m以上。吕梁山脉以西至黄河谷地之间为黄土高原,海拔在800~1400m之间,其北部多呈黄土丘陵,惟南部黄土塬地貌保留较好。中部裂陷盆地,几乎纵贯全省,自北向南依次为大同盆地、忻定盆地、太原(晋中)盆地、临汾盆地、运城盆地。诸盆地呈北东东-南西西向斜列,部分地段呈北北东-南南西向。盆地底面平坦,北高南低,海拔高度由1000m渐至400m。

2. 区域水系

山西省内河流有汾河、涑水河、朱家河、三川河、昕水河、沁水河、丹河、滹沱河、桑干河及漳河等10条,前7条归黄河水系;后3条归海河水系。除北部有汇水面积不大的少数支流自内蒙古流入山西省内,河流大都发源于东西山地,呈辐射状自省内向四周发散,汇入省外河流。受地理环境内外气候条件影响,山西河流具有山地型及夏雨型双重特征。表现为沟壑密度大,水系发达;河流坡陡流急,侵蚀切割严重。洪水暴涨暴落,含沙量大;径流集中于汛期,枯季径流小而不稳定,年径流量的地理分布与降水量的分布一样具有明显的水平地带性,呈由东南向西北逐渐递减的趋势。

4.5.1.3 区域自然重砂矿物特征及其分布规律

1. 区域自然重砂矿物特征

在数据库基础上,对山西省内289种自然重砂矿物、28 927个采样点数据进行了分类统计。据矿物出现率,将自然重砂矿物分为五大类。

(1)报出率超过50%的矿物(10种):锆石、金红石、褐铁矿、磷灰石、石榴子石、赤铁矿、磁铁矿、岩屑及其他矿物、绿帘石、楣石(16 566,50.96%)。

(2)报出率在10%~50%的矿物(9种):电气石、白钛矿、重晶石、黄铁矿、锐钛矿、黑云母、钛铁矿、蛭石、铁云母(3318,10.21%)。

(3)报出率在1%~10%的矿物(15种):白钨矿、辉石、石英、辰砂、金属铅—铅—自然铅、蓝晶石、黄铜矿、白铅矿、萤石、软锰矿、方铅矿、锰矿、磷灰石(胶磷矿)、磷钇矿、铅矾(450,1.38%)。

(4)报出率在0.1%~1%的矿物(17种):孔雀石、自然金、硬锰矿、刚玉、铬铁矿、自然铜、金云母、钼铅矿、菱镁矿、含磷矿物、自然银、锡石、板钛矿、锆石—金红石、赤铁矿—褐铁矿、铜族、金(33,1.02%)。

(5)报出率不足0.1%的矿物(31种):铅族、赤铁矿—磁铁矿、辉钼矿、金红石、重晶石、菱铁矿、自然铁、磁黄铁矿、铜蓝、白榴石、铁矾、蓝铜矿、赤铜矿、闪锌矿、黄玉、铅矾—自然铅、自然锡、毒砂、自然锌、锰矿物、黄铁矿—黄铜矿、斑铜矿、雌黄、赤铁矿—电气石、金红石—磷灰石、辉铋矿、钠矿物、黝铜矿、菱锌矿、磷灰石—锐钛矿、针铁矿。

2. 区域自然重砂的分布特征

各种矿物由于具有不同的物理和化学性质,在风化或机械搬运过程中,其稳定性各不相同。水系沉积物中的重砂矿物找矿信息,一部分来自物理风化作用期间,物理化学性质比较稳定的残余原生重砂矿物,如金、铂、萤石、石榴石、电气石、钛铁矿、磁铁矿、尖晶石、铬铁矿、锡石、白钨矿、黑钨矿、金红石、铌铁矿、钽铁矿、绿柱石等;一部分来自原来呈固溶或化合状态向自然状态或稳定的氧化状态转变的重砂矿物,如黄铜矿当氧化程度弱时转变为赤铜矿、自然铜,当完全氧化时转变为孔雀石和蓝铜矿,方铅矿氧化时转变为白铅矿,闪锌矿氧化时转变为菱锌矿,金和银的碲化物氧化为自然金和自然银等。因此,在区域上普遍和较普遍出现的矿物多是造岩的常见副矿物,成分上多是硅酸盐、氧化物,还有钙(稀土)的磷酸盐(磷灰石、独居石)、硫酸盐(重晶石)、钨酸盐(白钨矿)和铁镁铬酸盐(铬铁矿)。很少有像黄铁矿那样的硫化物(以多取胜)。褐铁矿是很多含铁矿物的次生氧化物。除了硫化物,它们进入表生带后的化学性质比较稳定、多数耐磨,易于表生带保存。

重砂矿物在河砂中出现的概率既要受到矿物本身因素的制约,还要受到地质构造、岩浆岩成矿作用等因素的控制。

1)重砂矿物在山西地层中的分布

(1)金和铜、铅、锌主要赋存于较老的地层。金矿物赋存在以绿岩带为主的五台群及相当地层中,这些地层是寻找与绿岩带有关的金矿的重要标志；铜矿物一方面产于太古宇台怀亚群及相当地层海相富钠火山岩中，另一方面产于古元古界中条群篦子沟组以及豆村群和岚河群中的含铜白云岩中，中条山区绛县群铜矿峪亚群富钾火山岩一次火山岩也是铜矿峪型铜矿的成矿赋矿层；铅锌矿物主要产于吕梁山区界河口岩群中，产在该岩层中的西榆皮铅锌矿，可与澳大利亚布罗肯山式铅锌矿对比。

(2) 锰主要富集于古元古界豆村群及相当地层，而且在吕梁山的岚城—静乐西马坊一带的岚河群中具较富而小的锰矿床。郭家寨群及相当地层底部是小型、低品位风化残积淋滤型赤铁矿、磷灰石矿层位。

(3) 磷矿物主要富集在古元古界豆村群、郭家寨群及下寒武统底部辛集组中。

(4) 山西省稀土矿物的赋存和分布与铝(黏)土矿含矿岩系中铝土矿及其顶、底板黏土矿(岩)密切相关，并与含矿岩系产状一致，而上古生界太原组、本溪组是铝土矿、黏土矿的主要赋存层位，故稀土矿物也主要赋存在晚古生代太原组及本溪组中。

2) 重砂矿物在岩体中的分布

(1) 铜矿物除在太古宙花岗闪长(斑)岩，元古宙辉绿岩、辉长岩中富集外，在燕山期的霞石正长岩、响岩、正长岩、二长岩等碱性偏碱性岩体中及燕山期的花岗闪长岩、花岗斑岩、石英斑岩中也有富集。

(2) 金矿物主要富集在燕山期的花岗闪长岩、花岗斑岩、石英斑岩等酸性侵入体中。

(3) 铅锌矿物主要富集在燕山期的花岗斑岩、石英斑岩中。

(4) 钼矿物主要富集在燕山期花岗闪长岩、花岗斑岩、石英斑岩、黑云母花岗岩、二长花岗岩，以及碱性—偏碱性的正长斑岩、正长岩、二长岩中。

(5) 锰矿物主要富集在燕山期闪长岩中。

(6) 金红石主要富集在太古宙超基性岩中。

(7) 磷灰石主要见于太古宙花岗岩、正长伟晶岩脉和元古代的花岗伟晶岩脉中。

(8) 稀土矿物在太古宙钾长花岗岩、石英二长岩、二长花岗岩、黑云母花岗岩中富集。

3. 成矿类型的重砂矿物特征

在已知矿床重砂异常研究的基础之上，对区域成矿类型与重砂矿物之间的关系进行了总结归纳，讨论了不同矿床类型与重砂矿物或重砂矿物组合之间的关系，建立矿床类型与重砂矿物或重砂矿物组合之间的对接，丰富对山西省的矿床类型研究，辅助建立重砂找矿模式。

山西省地层发育齐全，构造演化复杂，不同时代发育的地层、构造、岩浆岩，控制了各矿床成矿系列的分布，除石炭纪—二叠纪形成煤及相关矿床外，还形成了五台山铁、钼、金、多金属、硫铁矿和中条山铜、金、钴、钼、多金属、磷成矿带。在这些成矿带中形成了多种成矿类型，如铜矿峪式变斑岩型铜矿、刁泉式夕卡岩型、斑岩型、岩浆热液型、火山岩型、花岗-绿岩带型、热液充填型、破碎-蚀变岩型、沉积型等，不同成矿类型的矿床周围发育着不同的重砂矿物或重砂矿物组合。本次工作主要利用重砂管理系统对山西省重砂数据库中的单矿物进行检索，分别生成单矿物分布图，然后将其与已知矿床相套合，研究在矿床附近和外围发育的重砂矿物类型及组合类型，判断不同重砂矿物与矿床的成因关系，进而分类总结出该类型矿床的重砂矿物特征。现对各矿床类型分述如下。

1) 夕卡岩型

该类型矿床主要是指产在中酸性岩体与寒武系—奥陶系碳酸盐岩接触带或其附近。山西省的夕卡岩矿床主要发育在燕山期中酸性岩体和寒武系—奥陶系碳酸盐岩地层接触带上，矿床主要集中在晋北和塔儿山地区，而在晋北的夕卡岩矿床中又以刁泉夕卡岩型银铜矿最为典型。该矿床具有典型的夕卡岩特征：矿区发育有强烈的夕卡岩化，并且成矿期可分为夕卡岩期(包括早期夕卡岩、晚期夕卡岩及氧化物阶段)和石英硫化物期(包括早期硫化物阶段和晚期硫化物阶段)，相对应在每个阶段产生的矿物主要有石榴子石、辉石、磁铁矿、绿帘石、萤石、赤铁矿、黄铁矿、黄铜矿、铅锌矿等。

利用重砂管理系统，检索出刁泉夕卡岩矿床附近的重砂矿物，包括有白铅矿、白钨矿、辰砂、赤铁矿、磁铁矿、独居石、方铅矿、块辉铅铋银矿、褐帘石、黑云母、黄铁矿、黄玉、镜铁矿、绿帘石、磷灰石、钼铅矿、铅矿物、石榴子石、锡石、榍石、萤石、铜族矿物、重晶石、自然金等46种矿物。这些检索出来的矿物与矿床中的主要脉石矿物和矿石矿物基本吻合，也与典型夕卡岩矿床中发育的脉石矿物和矿石矿物吻合。这么多重砂矿物的出现，一方面说明了夕卡岩型矿床成矿作用及成矿过程的复杂性；另一方面虽然夕卡岩型矿床周围发育有这么多的重砂矿物，但是某些矿物是属同一矿物族，例如绿帘石和褐帘石都属于帘石族，赤铁矿和镜铁矿与黄铁矿和磁铁矿存在演化关系，白铅矿、钼铅矿、铅矿物均属于铅族矿物等，这种同族矿物可用一种或几种矿物来代替。另外，某些矿物的产出还与地质环境关系密切，如白钨矿主要产在钙夕卡岩中，硼酸盐则主要产在镁夕卡岩中等。这些因素都相应影响着矿床周围发育的重砂矿物的种类。

通过以上分析，结合夕卡岩矿床产出的地质环境，总结出山西省夕卡岩矿床周围产出的重砂矿物组合主要为：石榴子石＋辉石＋磁铁矿＋黄铁矿＋黄铜矿＋方铅矿＋闪锌矿＋绿帘石＋萤石＋X（X代表具体矿床中出现的矿石矿物），这个重砂矿物组合基本可以代表山西省夕卡岩矿床周围发育的重砂矿物类型，可以作为寻找夕卡岩型矿床的重砂矿物组合，具有一定的找矿指示意义。

2）花岗-绿岩带型

该类型矿床主要是指赋存在太古宙绿片岩中或与绿片岩有成因联系的一系列金矿床。山西省的绿片岩型金矿主要分布在五台山—恒山地区。五台山-恒山绿岩带主要由一套原岩为镁铁质火山岩夹超镁铁质岩、安山质—长英质火山岩和沉积岩组成。区域变质作用以低角闪岩相为主，有时为绿片岩相—低角闪岩相，少数为角闪岩相，常以不规则的条带状分布在大片花岗质岩石和片麻岩内。花岗-绿岩带型金矿在五台山—恒山地区大量出露，目前已发现的该类型矿床包括东腰庄、狐狸山、康家沟、大西沟、刘家坪、殿头等。

利用重砂管理系统，以上述矿床为中心（主要参考汇水盆地）分别进行检索，在东腰庄金矿周围发育着白钨矿、赤铁矿、电气石、独居石、方铅矿、黑云母、黄铁矿、黄铜矿、辉铋矿、辉石、金红石、蓝晶石、磷灰石、绿帘石、绿泥石、铅矿物、锐钛矿、石榴子石、钛铁矿、透闪石、榍石、重晶石、自然金等重砂矿物；在康家沟矿床附近发育有白钨矿、赤铁矿、电气石、独居石、方铅矿、黑云母、黄铁矿、黄铜矿、辉铋矿、辉石、金红石、磷灰石、绿帘石、绿泥石、铅矿物、锐钛矿、石榴子石、钛铁矿、透闪石、榍石、萤石、重晶石和自然金等重砂矿物；在狐狸山矿床周围发育着赤铁矿、电气石、黄铁矿、金红石、磷灰石、铅矿物、锐钛矿、钛铁矿、榍石、萤石、重晶石等重砂矿物；在殿头矿床周围主要发育着白钨矿、赤铁矿、电气石、独居石、方铅矿、黑云母、黄铁矿、黄铜矿、辉铋矿、辉石、金红石、磷灰石、绿帘石、绿泥石、铅矿物、锐钛矿、石榴子石、钛铁矿、透闪石、榍石等重砂矿物。这4个绿片岩型金矿周围发育的重砂矿物种类复杂，基本都在10种类型以上，对比这4个矿床周围的重砂矿物，发现这些重砂矿物分别来自两类地质体。一类是绿片岩及绿片岩外围的花岗质片麻岩或脉石矿物，这类地质体发育有绿帘石、绿泥石、电气石、独居石、金红石、磷灰石、榍石等相对较易赋存在绿片岩、中酸性岩和脉石矿物中的重砂矿物；另一类则主要是金属矿物，如自然金、白钨矿、赤铁矿、黄铁矿、黄铜矿、辉铋矿、铅矿物、锐钛矿等，主要来自绿片岩成矿过程。

通过以上分析，结合绿片岩型金矿产出的地质环境，总结出山西省绿片岩型金矿床周围发育的重砂矿物组合为：绿帘石＋绿泥石＋独居石＋自然金＋黄铁矿＋黄铜矿＋辉铋矿＋白钨矿，其中绿帘石＋绿泥石＋独居石重砂矿物组合代表绿片岩和花岗质片麻岩，自然金＋黄铁矿＋黄铜矿＋辉铋矿＋白钨矿代表着绿片岩通过成矿作用所产生的矿物。这个重砂矿物组合基本可以代表山西省绿片岩型矿床周围发育的重砂矿物类型，可以作为寻找绿片岩型金矿床的重砂矿物组合，具有一定的找矿指示意义。

3）岩浆中低温热液型矿床

中温热液脉型矿床是指主成矿温度低于300℃，受断裂构造控制的热液矿床。矿床在空间上往往与中小型、中深成侵入体有关，矿体基本产于侵入体的内外接触带中，但以侵入体外围的沉积岩、变质岩或者火山岩中居多。矿体主要受各种断裂系统、角砾岩筒、层间破碎带等构造控制。山西省中低温热液矿床矿种以金矿和银矿为主，主要集中在五台山—恒山地区，典型矿床包括小青沟银锰矿、支家地银矿、高凡金矿等。

利用重砂管理系统,以上述矿床为中心(主要参考汇水盆地)分别进行检索,在小青沟银锰矿矿床和支家地银矿周围发育着白铅矿、白钨矿、赤铁矿、磁铁矿、电气石、方铅矿、褐帘石、黑云母、黄铁矿、黄铜矿、辉铋矿、金红石、镜铁矿、磷灰石、绿帘石、铅矿物、曲晶石、锐钛矿、石榴子石、钛铁矿、透闪石、榍石、萤石、重晶石、自然金等重砂矿物;在高凡金矿和代县灰窑沟银矿周围发育的重砂矿物主要有白钨矿、赤铁矿、电气石、方铅矿、橄榄石、黑云母、黄铁矿、黄铜矿、辉铋矿、辉石、金红石、蓝晶石、磷灰石、绿帘石、绿泥石、铅矿物、锐钛矿、石榴子石、钛铁矿、透闪石、榍石、萤石、重晶石和自然金等重砂矿物。从检索出来的重砂矿物来看,中低温热液矿床周围发育的重砂矿物整体比较复杂,重砂矿物也以中低温矿物为主。在上述矿物中,石榴子石、透闪石、萤石、重晶石为蚀变作用的产物;铅矿物、黄铁矿、黄铜矿、自然金等为成矿作用的产物。

通过以上分析,结合中低温热液型矿产出的地质环境,总结出山西省中低温热液型矿床周围发育的重砂矿物组合为:石榴子石＋透闪石＋萤石＋重晶石＋铅矿物＋黄铁矿＋黄铜矿＋自然金,这个重砂矿物组合代表着中低温热液矿床的蚀变和矿化产物,在五台山—恒山地区如果在燕山期火山—次火山岩附近出现类似的重砂矿物组合,则表明其附近具备发育中低温热液矿床的成矿潜力。

4)岩浆中低温热液充填石英脉型矿床

石英脉型金矿主要是指含金地质体,主要为石英脉的一类金矿床,有的含金石英脉中含有较多的钾长石等矿物,石英脉的产出严格受断裂体系控制。山西省石英脉矿床矿种以金矿为主,矿床主要分布在五台山—恒山地区和中条山地区,主要矿床有义兴寨金矿和中条山解州南部蚕坊金矿。

利用重砂管理系统,以上述矿床为中心(主要参考汇水盆地)分别进行检索,在蚕坊金矿周围发育着白钨矿、辰砂、赤铁矿、电气石、独居石、方铅矿、黄铁矿、黄铜矿、辉铋矿、金红石、磷灰石、铅矿物、锐钛矿、钛铁矿、榍石、萤石、重晶石和自然金等重砂矿物。其中萤石、重晶石和电气石为脉石矿物,其他金属矿物为矿化产物。义兴寨金矿周围未进行重砂采样工作,因此未参与重砂矿物组合讨论。

通过以上分析,结合中低温热液充填石英脉型矿床产出的地质环境,总结出山西省中低温热液充填石英脉型矿床周围发育的重砂矿物组合为:白钨矿＋赤铁矿＋方铅矿＋黄铁矿＋黄铜矿＋铅矿物＋重晶石＋自然金。如果在山西省燕山期岩体周围发育的石英脉中具有此种类型的重砂矿物组合,则表明该处具有发育石英脉金矿的可能。

5)构造-蚀变岩型

构造-蚀变岩型金矿主要分布在山西省临汾市塔尔山地区,属中条山三叉裂谷最北端,矿集区位于华北叠加造山-裂谷带-吕梁山造山隆起带-汾河构造岩浆活动带,矿集区内出露的矿床主要有东峰顶、山顶上、圪塔岭等金矿。

利用重砂管理系统,以上述矿床为中心(主要参考汇水盆地)分别进行检索,在东峰顶矿周围发育着白铅矿、赤铁矿、方铅矿、黄铁矿、黄铜矿、金红石、磷灰石、铅矿物、锐钛矿、透辉石、萤石、重晶石、自然金、榍石、钼铅矿等28种重砂矿物。其中萤石、重晶石、金红石等代表着脉石矿物,其他金属矿物如白铅矿、赤铁矿、黄铁矿、黄铜矿、自然金、钼铅矿代表矿化作用产物。

通过以上分析,结合破碎-蚀变岩型矿产出的地质环境,总结出山西省破碎-蚀变岩型矿床周围发育的重砂矿物组合为:赤铁矿＋黄铁矿＋黄铜矿＋铅矿物＋萤石＋重晶石＋自然金。如果在山西南部二峰山—塔儿山地区的燕山期碱性岩体周围断裂破碎带中发现类似重砂矿物组合,则表明本地区具有发育破碎蚀变岩型矿床的可能。

6)沉积型

地表岩石和矿石的风化产物、火山喷发物、生物残骸,以及宇宙尘等,经水、风、冰川和生物等各种地表营力搬运到河流、沼泽、湖泊、海洋中合适的地质环境中沉积下来,形成各类沉积物,称之为沉积作用。当沉积物中的有用物质富集达到工业要求时,便成为沉积矿床。山西省沉积型矿产主要有铁矿、锰矿、铝矿、磷矿以及盐类。山西省潜力评价涉及的矿种主要为锰矿和磷矿。阳泉式沉积型锰矿分布于阳泉、汾西、长治、晋城等地,主要赋存于下二叠统石盒子组中上部及上二叠统上石盒子组第一段下部,锰铁矿体一般呈层状、似层状、透镜状产于砂质泥岩中,局部产于粉砂岩或砂岩中。山西省查明的磷矿主要分布在五台山、太行山、吕梁山和中条山地区。

利用重砂管理系统,以上述矿床为中心(主要参考汇水盆地)分别进行检索,在晋城市上村锰矿周围发育着赤铁矿、黄铁矿、金红石、磷灰石、锐钛矿、榍石的重砂矿物组合;在中条山芮城县水峪磷矿周围发育的重砂矿物主要有赤铁矿、磁铁矿、黄铁矿、黄铜矿、辉铋矿、金红石、镜铁矿、磷灰石、铅矿物、锐钛矿、钛铁矿、重晶石等重砂矿物;在永济县陶家窑磷矿周围发育着赤铁矿、磁铁矿、电气石、黄铁矿、辉铋矿、金红石、镜铁矿、磷灰石、铅矿物、锐钛矿、重晶石等重砂矿物;在平陆县靖家山磷矿周围发育着赤铁矿、电气石、方铅矿、黄铁矿、金红石、镜铁矿、磷灰石、铅矿物、锐钛矿、重晶石等重砂矿物。从各矿床周围发育的重砂异常来看,除芮城县水峪磷矿(该矿床周围发育有燕山期小岩体,导致重砂异常较复杂)外,其他矿床周围发育的重砂矿物都在10种左右,这是由于沉积矿产在发生沉积作用时,没有岩浆热液活动,成矿元素比较单一,所以导致矿化比较单一。

通过以上分析,结合沉积型矿产出的地质环境,总结出山西省沉积型矿床周围发育的重砂矿物组合为:赤铁矿+磁铁矿+镜铁矿+磷灰石+重晶石。这些矿物均是在沉积作用发生的同时形成的,因此,如果在山西省沉积岩地区出现类似重砂矿物组合,则可以作为预测沉积型矿床存在的依据。

7)小结

从以上论述可以看出山西省矿床类型较少,主要为岩浆型矿产,包括夕卡岩、岩浆中低温热液矿床、岩浆中低温热液充填石英脉型、破碎-蚀变岩型等,以及五台山—恒山地区太古宙变质岩中发育的花岗-绿岩带型金矿,寒武系、奥陶系、二叠系和三叠系中发育的沉积型铁矿、锰矿和铝矿。花岗-绿岩带型金矿和沉积型矿床的产出地质背景比较特殊,因此具有比较独特的重砂矿物组合,矿床类型和重砂矿物组合对应关系密切,可以很容易从发育的重砂矿物组合判断出成矿类型;而在岩浆热液矿床的4个类型(夕卡岩、中低温热液型、中低温热液充填石英脉型、破碎-蚀变岩型)中,发育的重砂矿物组合基本一样,差别不是很明显,这使得在利用重砂矿物组合寻找这些类型矿床时就会出现混乱。这样单从重砂矿物组合来区分山西省岩浆热液矿床成矿类型时就具有一定的困难,但是通过对比这四者产出的地质背景,发现这4种类型矿床产出的地质环境差别比较明显。现分别简要介绍如下,以便在根据重砂矿物组合判断成矿类型时可以进行参考,从而进行综合分析判断。

夕卡岩型矿床产出在中酸性岩体与碳酸盐岩的接触带及其附近,发育的蚀变主要有夕卡岩化、绿泥石化、绿帘石化、碳酸盐化等,其中以夕卡岩化最为明显,在野外可以很容易识别出来;山西省的中低温热液矿床矿种简单,以贵金属为主,其产出的地质环境一般为燕山期火山—次火山岩附近,该类型矿床成因多与火山机构关系密切,因此火山机构附近火山—次火山岩中发育的重砂矿物组合反映的成矿类型多是中低温热液矿床;破碎-蚀变岩型金矿和石英脉型金矿均发育在脆性断裂裂隙之中,但是前者发育有大范围的蚀变,蚀变类型主要为绢英岩化和硅化,而后者发育的蚀变则较弱,一般以硅化为主,金矿化产在石英脉中,与围岩接触关系明显。

不同的地质背景下产出不同成因的矿床。在利用重砂矿物组合进行成矿类型判别时应该结合重砂矿物所发育的地质背景,只有这样才能对它进行更加准确深入的研究,才能使成矿类型的重砂矿物特征更加具有"特征"。

因此,重砂矿物选择是在对山西省的289种"矿物"检索统计其非零数据报出个数,并依据项目要求围绕着铜、铅、锌、锰、金、钼、稀土、银、磷、硫、萤石、金红石、重晶石13个矿种以及山西省的实际情况,弃除报出率极低、无全省研究价值和通过作图试验证明无确定意义的造岩矿物或对本书并不重要的矿物,并通过化学式的确定选择了43种矿物。山西省重砂矿物筛选情况见表4-5-1。

表 4-5-1 山西省自然重砂预测矿种单矿物筛选

序号	矿物名称	化学式	主要有用元素	采出率/%	矿种
1	黄铜矿	$CuFeS_2$	Cu	3.82	铜
2	孔雀石	$Cu_2(CO_3)(OH)_2$	Cu	1.03	
3	自然铜	Cu	Cu	0.44	
4	黝锡矿	Cu_2FeSnS_4	Cu、Sn	0.12	
5	铜蓝	CuS	Cu	0.05	
6	蓝铜矿	$Cu_3(CO_3)_2(OH)_2$	Cu	0.04	
7	赤铜矿	Cu_2O	Cu	0.03	
8	金属铅-铅-自然铅	Pb	Pb	4.15	铅
9	白铅矿	$PbCO_3$	Pb	3.20	
10	方铅矿	PbS	Pb	2.55	
11	铅矾	$Pb[SiO_4]$	Pb	1.56	
12	钼铅矿	$Pb[MoO_4]$	Pb、Mo	0.25	
13	块辉铋铅银矿	Pb、Ag、Bi	Pb、Ag、Bi	0.06	
14	块辉铅铋银	Pb、Ag、Bi	Pb、Ag、Bi	0.05	
15	钒铜铅矿	富含铅、铜的钒酸盐	Cu、Pb	0.02	
16	自然铅	Pb	Pb	0.02	
17	磷灰石	$CaPO_4$	P	78.31	磷
18	胶磷矿	$CaPO_4$	P	1.65	
19	含磷矿物	P	P	0.20	
20	自然金	Au	Au	1.01	金
21	金	Au	Au	0.11	
22	闪锌矿	ZnS	Zn	0.03	锌
23	自然锌	Zn	Zn	0.02	
24	独居石	$(Ce,La,Nb,Th)PO_4 \cdot ThO_2$	Ce、La、Nb、Th	16.74	稀土
25	褐帘石	$(Ca,Ce,La,Y)_2(Fe,Al)_3[Si_2O_7][SiO_4]O(OH)$	Ce、La、Y	1.95	
26	磷钇矿	$(Y,Th,U,\cdots)PO_4$	Y、Th、U	1.61	
27	稀土矿物			0.04	
28	褐钇铌矿	$YNbO_4$	Y、Nb	0.01	
29	锆石	$ZrSiO_4$		93.05	
30	钍石	ThESiO		1.72	
31	曲晶石			1.45	
32	铌钽矿物			0.31	
33	自然银	Ag		0.02	银
34	金红石	TiO_2	Ti	87.22	金红石
35	重晶石	$BaSO_4$	Ba	48.05	重晶石
36	萤石	CaF_2	气成热液矿产的伴生指示元素	2.76	萤石
37	黄铁矿	FeS_2	S	39.15	硫

4. 山西省自然重砂异常图件类型

1) 基础图件

(1) 工作程度图(1:20万)。通过对研究区内自然重砂资料的收集,将重砂资料的来源、重砂采集完成情况,以及建库情况用图件的形式反映出来。

(2) 采样点位图。该图是在全省重砂数据库的基础上编制而成的,最终图件以全省地理及汇水盆地为底图套合而成。本图也是各类矿物异常勾绘时的重要基础资料。

2) 中间过渡性图件

(1) 单矿物或矿物族(含量)含量分级图。重砂矿物异常下限值和矿物含量分级原则如下。

① 贵金属矿产:如金、银等,出现即是异常。按出现频率统计排序后分为4级,累频1%~25%为一级,累频26%~50%为二级,累频51%~75%为三级,累频76%~100%为四级。

② 其他金属及非金属矿产:如铁、铜、铝、铅、锌等,由于矿物出现频率较高,可计算出一定的背景值。剔除低于背景值数据后,按出现频率排序后分为4级,累频1%~25%为一级,累频26%~50%为二级,累频51%~75%为三级,累频76%~100%为四级。

③ 按上述原则不易确定异常的重砂矿物,可采用经验数字确定异常或异常等级。

按照这个原则,我们将这13个矿种的数据表导出后,按从低到高的顺序,计算出累频,剔除背景数据后,按出现情况重新统计累频,按照上述原则确定含量分级每个级别的下限(表4-5-2)。

表4-5-2 山西省重砂矿物含量分级值(标准化后的值)

矿物	一级异常	二级异常	三级异常	四级异常
铜	7.8	10	20	40
铅	5.05	9	15	30
锌	1	2	4	5
金	1	2	4	
银	1	4	10	
钼	5	16	37.73	
锰	5	50	160	
金红石	1125	1 545.6	2 381.4	4675
重晶石	1 016.8	1 389.6	2 073.2	3816
萤石	16	23.22	40	124.8
磷	10 712	14 152	20 440	32 659.2
黄铁矿	60	80	157	320
稀土	3472	4 440.8	6 194.8	9 988.8

在确定了这13个矿种的含量分级值后,运用《全国自然重砂数据库系统》软件进行数据提取、成图,具体见软件系统说明书。

用此方法圈定的含量分级图突出了异常表达,压制了背景表达,有利于矿物异常的圈定和综合异常图制作。全省完成的单矿物含量分级图有6张、矿物族含量分级图7张,涉及单矿物43种:金矿物分级图、银矿物分级图、金红石矿物分级图、重晶石矿物分级图、萤石矿物分级图、黄铁矿物分级图;铜族矿物含量分级图(黄铜矿、孔雀石、自然铜、黝锡矿、铜蓝、蓝铜矿、赤铜矿)、铅族矿物含量分级图(方铅矿、白铅矿、铅钒、钼铅矿、块辉铋铅银矿、钒铜铅矿、自然铅、金属铅-铅-自然铅、块辉铅铋银)、锌族矿物含量分级图(闪锌矿、自然锌、钒铅锌矿)、钼族矿物含量分级图(辉钼矿、钼铅矿)、锰族矿物含量分级图(软锰矿、硬锰矿、锰矿、锰矿物)、磷族矿物含量分级图(磷灰石、含磷矿物)、稀土族矿物含量分级图(独居石、褐帘石、锆石、钍石、曲晶石、铌钽矿物、磷钇矿、褐钇铌矿、铌钽矿物、稀土元素矿物)。

(2)单矿物或矿物族(含量)汇水盆地异常图。单矿物或矿物族(含量)汇水盆地异常图依据山西省重砂矿物异常值,运用《全国自然重砂数据库系统》软件进行数据提取、成图,具体见软件系统说明书。

用此方法绘制的单矿物或矿物族(含量)汇水盆地异常图以面元的形式将异常更加突出,套合单矿物或矿物族(含量)含量分级图,更加有利于自然重砂矿物异常的圈定。全省完成单矿物汇水盆地异常图6张、矿物族含量汇水盆地异常图7张,分别是:金矿物汇水盆地异常图、银矿物汇水盆地异常图、金红石矿物汇水盆地异常图、重晶石矿物汇水盆地异常图、萤石矿物汇水盆地异常图、黄铁矿矿物汇水盆地异常图;铜族矿物含量汇水盆地异常图(黄铜矿、孔雀石、自然铜、黝锡矿、铜蓝、蓝铜矿、赤铜矿)、铅族矿物含量汇水盆地异常图(方铅矿、白铅矿、铅矾、钼铅矿、块辉铋铅银矿、矾铜铅矿、自然铅、金属铅-铅-自然铅、块辉铅铋银)、锌族矿物含量汇水盆地异常图(闪锌矿、自然锌、矾铅锌矿)、钼族矿物含量汇水盆地异常图(辉钼矿、钼铅矿)、锰族矿物含量汇水盆地异常图(软锰矿、硬锰矿、锰矿、锰矿物)、磷族矿物含量汇水盆地异常图(磷灰石、含磷矿物)、稀土族矿物含量汇水盆地异常图(独居石、褐帘石、锆石、钍石、曲晶石、铌钽矿物、磷钇矿、褐钇铌矿、铌钽矿物、稀土元素矿物)。

(3)八卦图。八卦图是根据采样点所含矿物种类,用不同色系扇区表示不同矿物,用同种色系的不同浓度颜色表示矿物含量级别,生成图形可以直观表示矿物的分布情况和含量情况。

利用八卦图的优势,我们按预测矿种的需要,将同类矿种的不同矿物绘制成同族矿物八卦图,该类图件较之单矿物分级图在节约图件成本的优势下还能获取更大的信息量,主要用于配合预测区和重要异常研究。对全省来说主要编制了6张同族矿物八卦图:铜族矿物八卦图(黄铜矿、孔雀石、自然铜、黝锡矿、铜蓝、蓝铜矿、赤铜矿)、铅族矿物八卦图(方铅矿、白铅矿、铅矾、钼铅矿、块辉铋铅银矿、矾铜铅矿、自然铅、金属铅-铅-自然铅、块辉铅铋银)、锌族矿物八卦图(闪锌矿、自然锌、矾铅锌矿)、钼族矿物八卦图(辉钼矿、钼铅矿)、锰族矿物八卦图(软锰矿、硬锰矿、锰矿、锰矿物)、稀土族矿物八卦图(独居石、褐帘石、锆石、钍石、曲晶石、铌钽矿物、磷钇矿、褐钇铌矿、铌钽矿物、稀土元素矿物)。

3)最终成果图件

最终成果图件为单矿物或矿物族含量自然重砂异常图。在单矿物或矿物族含量分级图和单矿物或矿物族含量汇水盆地异常图的基础上,叠加水系及地质矿产图后圈定重砂异常。

为了能够科学准确的圈定异常,本书确定了异常圈定的原则:

(1)重砂异常区圈定主要是在重砂矿物含量分级图的基础上,根据重砂矿物异常点分布集中程度以及重砂矿物含量高低进行圈定。若重砂矿物含量不高,分布虽较集中,或含量虽然比较高,但分布又不集中的矿物圈定的异常都不是很好;对于含量高,分布又集中的矿物,圈定的异常就比较好。

(2)在圈定异常空间时,至少两个最高级别的异常点我们圈定为异常,对于一个高级别的异常点不再评述,其余异常要有3个或3个以上异常点,并且点与点之间的距离最大不能超过5km,大于5km不能圈定为异常(大于5km不能圈定为异常,仅适用于Ⅰ级和Ⅱ级异常)。

(3)重砂异常区圈定还要依据有关成矿地质特征、地层、构造、岩浆岩活动对成矿的控制,矿点、矿化点分布等找矿标志。

(4)在圈定重砂异常时还应综合考虑地形地貌对重砂异常的自然因素控制。

据此原则将异常区分为三级:Ⅰ级最好,Ⅱ级次之,Ⅲ级可作为以后找矿线索。

Ⅰ级异常:地表有相应的矿床或矿点响应,重砂高含量点密集,异常规模较大,异常强度高,矿物组合较好,以及其他找矿信息较好者列为Ⅰ级。

Ⅱ级异常:异常提供信息较好,地表无矿床响应,但有矿点或矿化存在,地质条件较有利于成矿,或重砂高含量点密集,成矿地质条件好,但成矿证据不足,认为进一步工作有希望发现新矿床,或新的有价值的矿产。

Ⅲ级异常:重砂高含量点少或不太密集,地表无矿点或矿化微弱,异常信息较弱,矿物组合较简单,可作为今后找矿线索。

按照上面的原则,在计算机上用 MapGIS6.7 软件人工勾绘出异常线,绘制而成自然重砂异常图。全省共圈出 13 张自然重砂异常图,其中单矿物自然重砂异常图 6 张,组合矿物自然重砂异常图 7 张,分别是:山西省金矿物自然重砂异常图、山西省银矿物自然重砂异常图、山西省金红石自然重砂异常图、山西省重晶石自然重砂异常图、山西省萤石自然重砂异常图、山西省黄铁矿自然重砂异常图;山西省铜组合矿物自然重砂异常图、山西省铅组合矿物自然重砂异常图、山西省锌组合矿物自然重砂异常图、山西省钼组合矿物自然重砂异常图、山西省锰组合矿物自然重砂异常图、山西省磷组合矿物自然重砂异常图、山西省稀土组合矿物自然重砂异常图。

5. 自然重砂异常评价

通过对山西省 13 个矿种 1∶50 万自然重砂异常的统计,我们了解到就 13 个矿种而言,共圈定自然重砂异常 560 个,Ⅰ级异常 44 个、Ⅱ级异常 202 个、Ⅲ级异常 314 个。其中,黄铁矿异常 77 个、金红石异常 44 个、重晶石异常 116 个、萤石异常 23 个、金异常 53 个、银异常 6 个、铜异常 45 个、钼异常 12 个、铅异常 51 个、稀土异常 54 个、锌异常 1 个、锰异常 42 个、磷异常 36 个,详细异常情况参见表 4-5-3。

表 4-5-3 山西省 1∶50 万自然重砂异常统计表　　　　　　　　　　单位:个

矿种	Ⅰ级异常	Ⅱ级异常	Ⅲ级异常	总数
黄铁矿	10	28	39	77
金红石	2	10	32	44
重晶石	8	38	70	116
萤石		11	12	23
金	11	19	23	53
银		2	4	6
铜	2	26	17	45
钼		5	7	12
铅	1	23	27	51
稀土矿物	7	16	31	54
锌		1		1
锰	1	11	30	42
磷	2	12	22	36
合计	44	202	314	560

4.5.2 区域自然重砂资料地质解释

4.5.2.1 异常区(带)划分及其特征

1C:左云金、铅、铜、重晶石综合异常区;2C:大同阳高铅、铜、稀土、黄铁矿、重晶石综合异常区;3A:恒山铜、铅、金、黄铁矿、重晶石、磷综合异常区;4A:五台山铜、金、银、钼、萤石、稀土、重晶石综合异常区;5B:五寨县-忻州稀土、重晶石、金红石、铜、铅、萤石综合异常区;6B:偏关-柳林重晶石、黄铁矿、铅、金综合异常区;7C:紫金山金、铅综合异常区;8B:中阳-古交铜、铅、萤石、重晶石、黄铁矿、稀土综合异常区;9C:定襄县七东山铜、萤石、黄铁矿、稀土、金红石综合异常区;10A:盂县-左权重晶石、黄铁矿、稀土、金红石综合异常区;11C:昔阳县东冶头镇铜、铅、锌、银综合异常区;12C:太谷县范村镇金、铅、银、重晶石、稀土综合异常区;13B:祁县-浮山县重晶石、黄铁矿、锰、稀土综合异常区;14A:襄汾县塔儿山-二峰山铜、金、萤石综合异常区;15A:中条山铜、金、铅、重晶石、稀土综合异常区。

1. 异常区(带)划分

依据异常区域展布趋势及其集群属性,山西省可划分出3个异常区、4个异常区(带),共15个综合异常区。其中Ⅰ为左云-阳高黄铁矿、金、多金属异常区,Ⅱ为五台山-恒山金、多金属及黄铁矿、金红石、磷灰石、重晶石异常区,Ⅲ为黄河东岸重晶石、黄铁矿、稀土、磷灰石异常区(带),Ⅳ为汾西重晶石、锰、稀土、黄铁矿异区;Ⅴ为太行山北段铜、黄铁矿、磷灰石、金红石异常区(带);Ⅵ为霍山-沁水铅锌、重晶石、锰异常区(带);Ⅶ为中条山多金属、金、重晶石、黄铁矿异常区(带)。

自然重砂异常区(带)与山西省Ⅳ级成矿区带划分基本吻合,它们基本可以一一对应:Ⅰ.左云-阳高黄铁矿、金、多金属异常区—天镇成矿亚区(带)($Ⅳ_1$),Ⅱ.五台山-恒山金、多金属及黄铁矿、金红石、磷灰石、重晶石异常区—五台山成矿亚区(带)和燕辽成矿亚区(带)($Ⅳ_5$、$Ⅳ_{11}$),Ⅲ.黄河东岸重晶石、黄铁矿、稀土、磷灰石异常区(带)—河东成矿亚区(带)($Ⅳ_{12}$),Ⅳ.汾西重晶石、锰、稀土、黄铁矿异区—吕梁成矿亚区(带)($Ⅳ_3$),Ⅴ.太行山北段铜、黄铁矿、磷灰石、金红石异常区(带)—太行山成矿亚区(带)($Ⅳ_7$),Ⅵ.霍山-沁水铅锌、重晶石、锰异常区(带)—沁水成矿亚区(带)和汾西成矿亚区(带)($Ⅳ_6$、$Ⅳ_9$),Ⅶ.中条山多金属、金、重晶石、黄铁矿异常区(带)—中条山成矿亚区(带)($Ⅳ_{13}$)。

在每个异常区(带)中,根据重砂矿物成因类型的差别及异常集群性特征,又分别圈定出15个综合异常并对其进行级别划分。综合异常界线根据本异常区内单矿物和组合矿物异常界线的展布人工进行圈定,异常级别共分为A、B、C三级,划分原则为:A级综合异常区,重砂异常极发育,异常种类多、级别高,套合明显,成矿条件极有利,异常内已发现有工业矿床;B级综合异常区,重砂异常较发育,异常种类较多、级别较高,套合明显,成矿条件有利,异常内已发现有矿点;C级综合异常区,重砂异常较发育,异常种类较少、级别较低,套合较明显,成矿条件一般,异常内已发现有矿点。

2. 异常区(带)及其异常集群属性特征

1)左云-阳高黄铁矿、金多金属异常区

该异常区包含两个综合异常区:左云金、铅、铜、重晶石综合异常区1C和大同阳高铅、铜、稀土、黄铁矿、重晶石综合异常区2C。

(1)左云金、铅、铜、重晶石综合异常区1C。

①地理位置:该综合异常位于山西省的最北部,呈近椭球形展布。异常西起右玉县威远堡镇一带,东至大同市古店镇附近,北部和内蒙古相邻,南至怀仁县吴家堡镇附近。

②异常级别:C。

③地质特征:区内展布地层以太古宇桑干群葛胡窑组(含)紫苏斜长麻粒岩、辉石麻粒岩为主,夹黑云斜长片麻岩、磁铁石英岩,受混合岩化作用,呈条纹条带状混合岩。北部有少许下侏罗统和中侏罗统砂砾岩、砂岩、页岩,内夹煤层。区内有少量变质辉长岩脉和伟晶岩脉,属前震旦旋回。燕山期岩浆岩活动强烈,有二长斑岩、辉绿(玢)岩、斜闪煌斑岩、闪长玢岩、细晶闪长岩等。一个旋扭构造通过本区背斜和向斜轴均呈弧形弯曲,向西南方向凸出,区内东北角见新华夏系的构造形迹。

围岩蚀变见高岭土化、硅化、黄铁矿化、绢云母化、绿帘石化等。

区内燕山期岩浆岩发育,有脉状似金伯利岩,通过人工重砂取样,发现含金刚石(后经检查取样,未见金刚石)、刚玉以及金刚石的伴生矿物铬尖晶石、铬镁铝榴石、铬透辉等。

④异常概况:该综合异常区面积约2 917.78 km²。异常区内金矿物异常8个,其中Ⅱ级异常2个,

单个面积较大,Ⅲ级异常6个;铅矿物异常1个,为Ⅱ级异常,面积较小;锰矿物异常2个,均为Ⅲ级异常;稀土矿物异常3个,Ⅰ级异常1个、Ⅲ级异常2个;金红石矿物异常6个,Ⅱ级异常2个、Ⅲ级异常4个;黄铁矿异常1个,为Ⅲ级异常,面积较大;磷矿物异常1个,为Ⅲ级异常;铜矿物异常1个,为Ⅱ级异常;重晶石矿物10个,Ⅱ级异常6个、Ⅲ级异常4个。

⑤评价意见:异常区内见有小型铅矿(阳高县六墩)、小型金矿(阳高县堡子湾),两个小型重晶石矿。另外区内见铜矿点2处,一处与伟晶岩有关;另一处与石英斑岩有关,均属中—高温热液脉状矿点。钼矿点1处,属中—高温热液充填交代型。铅锌矿点1处,属中—低温热液充填交代型。含铜铅锌银多金属矿点,属中—高温热液石英脉型。异常区内铅族矿物和铜族矿物基本都是由已知矿点引起的。稀土矿物异常的出现与伟晶岩脉的关系密切。磷矿物和黄铁矿异常面积发育均较大,套合较好,异常原因与太古宇桑干群葛胡窑组斜长麻粒岩、辉石麻粒岩关系密切。重晶石异常个数较多,面积都较小,除1号异常由已知金矿床引起外,其余异常与太古宙混合片麻岩、花岗质片麻岩以及白垩系砂砾岩、泥岩、灰岩等有关。

(2)大同阳高铅、铜、稀土、黄铁矿、重晶石综合异常区2C。

①地理位置:该综合异常位于山西省的最北部,呈近椭球形展布。异常西起周土庄镇西一带,东至天镇县前堡镇北附近,北部和内蒙相邻,南至大同县南附近一带。

②异常级别:C。

③地质特征:本区东南部见明显的新华夏系构造形迹;出露的地层由老而新依次包括太古宇集宁群,岩性为黑云、夕线榴石钾长片麻岩、含榴长英麻粒岩;寒武系—奥陶系灰岩、泥灰岩、白云岩、各色页岩、石英砂岩;石炭系—二叠系砂岩、页岩、煤层、泥岩、铝土岩、黏土岩、薄层泥灰岩等;侏罗系永定庄组、大同组、云岗组含砾粗砂岩、砂岩,煤层,黏土岩;白垩系左云组、助马堡组泥岩,砂岩,页岩,灰岩,泥灰岩;北部见第三纪玄武岩大面积出露。

④异常概况:该综合异常区面积约1 640.33km^2。异常区内铅矿物异常3个,Ⅰ级异常1个、Ⅱ级异常2个,面积较小;稀土矿物异常2个,Ⅱ级异常1个、Ⅲ级异常1个(面积均较大);金红石矿物异常2个,为Ⅱ级异常;黄铁矿异常4个,Ⅱ级异常2个(单个异常面积较大)、Ⅲ级异常2个;磷矿物异常7个,Ⅱ级异常2个(单个异常面积较大)、Ⅲ级异常5个;铜矿物异常1个,为Ⅱ级异常;重晶石矿物4个,Ⅱ级异常2个、Ⅲ级异常2个(面积不大)。

⑤评价意见:区内目前尚未见到内生矿床矿点,仅发育有两处铝土矿床,但该综合异常区内出现有铜族矿物、铅族矿物异常和大量的金矿物异常。金矿物来源主要有:经加密取天然重砂和人工重砂样品,证明在二叠系石千峰组砂砾岩中含金;二一七队在平鲁幅东北角常流水一带取天然重砂样品中,有一个样含金五粒,在侏罗系大同组取人工重砂样一个,内含金0.14×10^{-6};白垩系左云组的冰川砾岩中亦可能含金。铜族矿物和铅族矿物主要来源:异常区南部有橄榄玄武岩脉侵入,在与围岩的接触部位,见孔雀石细脉,宽2~3cm,长30~40cm,其出现原因与中—低温热液活动有关;经取人工重砂证明,在侏罗系大同组的岩层中有铜矿物,侏罗系大同组、云岗组岩层中,白垩系左云组岩层中有铅矿物出现。本异常区内除上述金、铜族、铅族矿物异常外,还发育有重晶石、稀土矿物、金红石及一个锰矿物异常。重晶石异常发育数量最多,异常与太古宙混合片麻岩、花岗质片麻岩以及白垩系砂砾岩、泥岩、灰岩等关系密切,矿物异常级别以Ⅱ级和Ⅲ级为主。稀土矿物异常虽然数量少但是异常面积占到异常区的一半,引起异常的矿物主要为独居石和锆石,异常与太古宙地层以及混合岩化伟晶岩关系密切。

左云—阳高地区重砂矿物异常发育较广泛,且部分金属矿重砂异常与矿床套合较好。异常带内地层、岩浆岩以及构造演化较复杂,本次工作发现,金属矿床可能与印支期—燕山期构造活动关系密切,非金属矿床如磷矿、锰矿等与老地层关系密切。在左云—阳高地区中本次所圈定的重砂异常范围可以择优选择重点工作。

2)五台山-恒山金、多金属及黄铁矿、金红石、磷灰石、重晶石异常区

该异常区共包含有3个综合异常区:恒山铜、铅、金、黄铁矿、重晶石、磷综合异常区3A、五台山铜、

金、银、钼、萤石、稀土、重晶石综合异常区 4A、五寨县-忻州稀土、重晶石、金红石、铜、铅、萤石综合异常区 5B。

(1)恒山铜、铅、金、黄铁矿、重晶石、磷综合异常区 3A。

①地理位置:该综合异常位于山西省的东北部,呈扁椭球形展布。异常西起浑源县大磁窑镇,东部与河北省相邻,北起浑源县友宰镇附近一带,南至灵丘县东河南镇附近。

②异常级别:A。

③地质特征:该异常区处于祁吕弧东翼,灵丘山字型构造西翼,古北东向构造带三者的复合部位,次一级的北西向断裂发育。区内展布地层由老而新为太古宇五台群官儿组、木格组、台子底组角闪斜长黑云片麻岩、角闪斜长片麻岩,黑云斜长片麻岩,各种变粒岩,斜长角闪岩,磁铁石英岩等;震旦系高于庄组和雾迷山组白云岩、石英岩状砂岩、含砾石英岩、白云质页岩;寒武系—奥陶系含燧石白云岩、白云岩、灰岩、泥灰岩、页岩等;石炭系—二叠系仅见于浑源县东南,煤层、泥灰岩、铝土页岩、砂岩、页岩、砂质页岩等;中上侏罗统见于区内南部和东部,属九龙山组、髫髻山组和东台岭组,岩性为砾岩、砂岩、砂砾岩、页岩、安山岩、玄武岩、流纹岩、安山集块岩等。本区岩浆活动频繁,主要是燕山期,有似斑状黑云花岗岩、石英斑岩、正长斑岩、石英正长斑岩、花岗岩、闪长岩、辉长岩或辉绿脉等。围岩蚀变见夕卡岩化、蛇纹石化、高岭土化、碳酸盐化、绿泥石化、黄铁矿化,绢云母化、硅化等。

④异常概况:该综合异常区面积约 2 292.52km²。异常区内铅矿物异常 5 个、Ⅱ级异常 4 个、Ⅲ级异常 1 个;稀土矿物异常 3 个、Ⅱ级异常 2 个、Ⅲ级异常 1 个;金红石矿物异常 2 个,为Ⅲ级异常;金矿物异常 5 个、Ⅰ级异常 1 个(面积较大)、Ⅱ级异常 1 个(面积较小)、Ⅲ级异常 3 个;黄铁矿异常 4 个、Ⅱ级异常 1 个(面积较大)、Ⅲ级异常 3 个;磷矿物异常 3 个,为Ⅱ级异常;锰矿物异常 3 个、Ⅱ级异常 2 个、Ⅲ级异常 1 个;钼矿物异常 2 个、Ⅱ级异常 1 个(面积较小)、Ⅲ级异常 1 个;萤石矿物异常 2 个、Ⅱ级异常 1 个、Ⅲ级异常 1 个;重晶石矿物异常 8 个、Ⅱ级异常 3 个、Ⅲ级异常 5 个。

3A:恒山铜、铅、金、黄铁矿、重晶石、磷综合异常区。

4A:五台山铜、金、银、钼、萤石、稀土、重晶石综合异常区。

5B:五寨县-忻州稀土、重晶石、金红石、铜、铅、萤石综合异常区。

⑤评价意见:区内有较多的铜、铅、锌、银、金、钼等矿床、矿点和矿化点,矿床成因类型较复杂,如已知铜矿床、矿点有 10 余处,大部分是中低温石英脉型或沿裂隙充填交代型;已知金矿或矿化点均为热液石英脉型;在燕山期次火山岩与寒武奥陶系碳酸盐岩接触带上常发育有银铜矿化;在震旦系高于庄组顶部、底部和雾迷山组底部,目前发现含银、铅层位。另在上述矿床(点)周围还经常伴随着黄铁矿、重晶石等重砂矿物异常出现。另外寒武奥陶系沉积岩中重晶石含量较高,在区内引起多个重晶石矿物异常。磷矿物异常与长城系地层密切共生。

本异常区内重砂异常多是由已知矿床(点)引起的,重砂异常的出现为寻找新的矿点提供了依据。建议对本区多处套和异常(如异常区西侧千佛岭镇钼族—铅族—铜族异常、异常区东侧刁泉银铜矿外围铅族—金异常等)进行查证工作。

(2)五台山铜、金、银、钼、萤石、稀土、重晶石综合异常区 4A。

①地理位置:该综合异常位于山西省的北部,呈近椭球形展布。异常西起代县阳明堡镇一带,东至灵丘县水堡镇附近,北起繁峙县砂河镇以北,南至五台县宏道镇一带。

②异常级别:A。

③地质特征:远景区处于祁吕"山"字形构造的东翼,与古北东向构造带的重接复合部位,东北角位于灵丘"山"字形构造弧顶南端,东南角见经向带的构造形迹。区内地层从老至新为古太古界龙泉关群跑马泉组和榆树湾组,混合岩化黑云斜长片麻岩、黑云变粒岩,夹斜长角闪岩、浅粒岩、大理岩;新太古界五台群,包括石嘴组、庄旺组、铺上组和木格组,黑云变粒岩、斜长角闪岩、黑云斜长片麻岩、变质基性火山岩,以及绢云母片岩、绿泥石片岩、磁铁石英岩、石英岩与变质砾岩、大理岩等;古元古界滹沱群豆村亚群四集庄组含金砾岩、南台组石英岩、大理岩、千枚岩,大石岭组结晶白云岩、千枚岩、石英岩等;震旦系

高于庄组巨厚层白云岩夹石英岩状砂岩、页岩等；寒武系—奥陶系灰岩、泥灰岩、白云岩等。区内岩浆活动频繁，有太古宙变超基性岩体呈透镜状、岩枝状产出；古元古代变辉绿岩、变辉长辉绿岩体，呈岩枝、岩株状产出；燕山期的黑云母花岗岩、花岗闪长岩、花岗斑岩等数量较多，呈岩株状产出。有的地段围岩蚀变强烈，有硅化、高岭土化、绢云母化、褐铁矿化、碳酸盐化、夕卡岩化、绿泥、绿帘石化、黄铁矿化等。

④异常概况：该综合异常区面积约 8 614.48 km²。异常区内铅矿物异常 13 个，Ⅱ级异常 5 个、Ⅲ级异常 8 个；稀土矿物异常 7 个（面积较大），Ⅱ级异常 3 个、Ⅲ级异常 4 个；金红石矿物异常 5 个，Ⅰ级异常 1 个、Ⅱ级异常 1 个、Ⅲ级异常 3 个；金矿物异常 23 个，Ⅰ级异常 7 个（单个面积较大）、Ⅱ级异常 12 个（面积较小）、Ⅲ级异常 4 个；黄铁矿异常 10 个，Ⅰ级异常 1 个（面积较大）、Ⅱ级异常 1 个（面积较小）、Ⅲ级异常 8 个；磷矿物异常 6 个，Ⅰ级异常 1 个、Ⅱ级异常 1 个、Ⅲ级异常 4 个（单个面积较大）；锰矿物异常 2 个，Ⅰ级异常 1 个、Ⅲ级异常 1 个，面积均较小；钼矿物异常 1 个，为Ⅲ级异常，面积较小；银矿物异常 1 个，为Ⅱ级异常（面积较小）；萤石矿物异常 5 个，Ⅱ级异常 1 个、Ⅲ级异常 4 个；重晶石矿物异常 7 个，Ⅱ级异常 2 个、Ⅲ级异常 5 个，面积均不大。

⑤评价意见：本综合异常区内有大量的金、铜、铅、锌、钼、锡、镍等矿床矿点和矿化点，该区处于华北地台中部，是我国典型的、分布面积最大的太古宙绿岩带出露区，也是我国重要的花岗-绿岩带型金矿发育区。

该地区重砂矿物异常种类多，数量广，以金矿物、铜族矿物、黄铁矿重砂矿物异常为主，并且异常套合好，与矿床矿点对应好；同时还含有磷、锰、重晶石等重砂异常。引起成矿带内的重砂矿物异常的原因：矿床或矿点，已知的矿床和矿点可以引起重砂矿物综合异常或单矿物异常，例如 18 号铜异常和 23 号金异常由异常范围内的金矿床引起；19 号、25 号、27 号、28 号、33 号、36 号金异常范围内也分别对应着金矿床；14 号、15 号、16 号磷异常等均由区内发育的沉积磷矿、铝土矿矿床引起。这些都表明区域内部分重砂矿物异常与已知矿床关系非常密切。太古宙老地层，如磷灰石异常经常产在太古宇五台群大理岩、变粒岩内，而在该套地层内经常发育有铝土矿矿床和磷矿，磷灰石异常太古代地层关系密切，如 16 号磷异常；锰矿物异常发育数量较少，可能与寒武系—奥陶系关系密切；少量铜异常赋存在太古宙地层中，可能与地层变质、混合岩化或者太古宙岩浆侵位关系密切，如 6 号铜异常、8 号铜异常等，由太古宙岩浆活动引起，这类型铜族矿物异常范围内通常发育有北东向断裂。例如区内大量发育的铜族矿物异常范围内经常发育有太古宙的花岗闪长岩、花岗斑岩英云闪长岩及一些超镁铁质岩等，如 10 号、14 号、17 号铜异常；燕山期岩浆活动，区内相当一部分矿床、矿点及重砂矿物异常均由燕山期岩浆活动引起，燕山期岩浆热液携带成矿物质沿早期断裂裂隙沉淀，或与碳酸盐岩地层发生交代形成接触交代矿床，如 20 号黄铁矿异常、9 号铅族异常、3 号萤石异常、7 号和 16 号铜族异常；绿片岩带，五台山绿岩带主体西起原平，东至灵丘，呈北东东向展布，延伸大于 160 km，宽 35 km。绿岩带的区域性倒转复式向斜构造转折端控制着金矿的分布。研究区的金矿及金矿物重砂异常均分布在绿片岩带内，同时在绿岩带中同时还发育着一些铜矿化，因此认为本区大量发育的金矿物重砂异常、铜族矿物异常与区内的绿片岩关系密切。重砂异常的出现，为今后找矿提供了依据。

(3) 五寨县-忻州稀土、重晶石、金红石、铜、铅、萤石综合异常区 5B。

①地理位置：该综合异常位于山西省的北部，呈不规则形展布。异常西起五寨县芦芽山西部，东至原平市大牛店镇附近，北起宁武县阳方口镇一带，南至忻州市豆罗镇附近。

②异常级别：B。

③地质特征：区内西北部分是祁吕弧东翼与新华夏系构造的复合部位，东南部则是古北东向构造带的一部分。地层发育良好，太古宇河口群奥家滩组角闪黑云斜长片麻岩、夕线黑云斜长片麻岩、含榴黑云变粒岩、大理岩、石英岩、片岩、斜长角闪岩等；元古宇五台群木格组、台子底组、碾子沟组、冰林沟组黑云斜长片麻岩、含榴黑云角闪斜长片麻岩、二云斜长片麻岩、黑云变粒岩、斜长角闪岩、片岩、石英岩、磁铁石英岩等；震旦系以石英岩状砂岩为主；寒武系—奥陶系主要为泥灰岩、灰岩、白云岩夹页岩等；石炭系—二叠系黏土岩、铝土岩、泥灰岩、煤层、砂岩、页岩等；三叠系为页岩、泥岩、长石砂岩等；侏罗系石英

砂岩、长石石英砂岩、泥岩、页岩等。区内岩浆岩,以太古宙和元古宙为主,东南部有云中山大型花岗岩体,管涔山区有紫苏石英二长岩体,燕山期辉绿(汾)岩脉,呈北西向分布。

④异常概况:该综合异常区面积约 4 104.79km²。异常区内铅矿物异常1个,为Ⅲ级异常;稀土矿物异常4个,Ⅰ级异常1个(面积较大)、Ⅱ级异常3个(单个面积较大);金红石矿物异常4个,Ⅱ级异常1个(面积较大)、Ⅲ级异常3个(单个面积较大);黄铁矿异常6个,Ⅱ级异常2个(面积较小)、Ⅲ级异常4个(单个面积较大);磷矿物异常4个,Ⅱ级异常1个、Ⅲ级异常3个;银矿物异常1个,为Ⅲ级异常,面积较小;萤石矿物异常3个,为Ⅱ级异常,面积不大;重晶石矿物异常1个,为Ⅲ级异常,面积较小。

⑤评价意见:区内矿点、矿化点不多,以稀土矿和铝土矿为主,未见发育有金属矿产。综合异常区内出露的异常以稀土矿物、金红石、黄铁矿及磷矿物异常为主,含有少量的铜族矿物、铅族矿物、萤石矿物、银矿物异常。目前本区已知有伟晶岩型铌矿点和铀-稀土矿点各1处,岩浆岩型或气成热液型铌-稀土和铀矿点各1处;另经取样证明,锆石是紫苏石英二长岩中的副矿物,因此稀土矿物重砂异常是由已知矿点和地层风化共同引起的。重砂异常为寻找金红石、稀土矿等提供了线索。综合异常区中的铜族矿物异常可能与沉积岩型含铜大理岩、白云岩等关系密切。

五台山—恒山地区地质背景复杂,岩浆、断裂、热液等都非常活跃,重砂矿物异常群集性好,而且该异常带内已知的铜、金矿床和矿点较多,该异常带内的重砂异常为寻找各类矿产提供了很好的线索,值得重点关注。

3)黄河东岸重晶石、黄铁矿、稀土、磷灰石异常区(带)

该异常区共包含两个综合异常区:偏关-柳林重晶石、黄铁矿、铅、金综合异常区6B和紫金山金、铅综合异常区7C。

(1)偏关-柳林重晶石、黄铁矿、铅、金综合异常区6B。

①地理位置:该综合异常位于山西省西部,呈长条形展布。异常北部和内蒙古相邻,南至柳林县穆村镇附近,西部和陕西省相邻,东至吕梁市交口镇附近。

②异常级别:B。

③地质特征:该综合异常区位于黄河东岸,出露地层主要为中生界三叠系砂质泥岩、泥岩、页岩,此外还有古生界寒武系、奥陶系、石炭系、二叠系出露,岩性主要为灰岩、白云质灰岩、白云岩、石英砂岩、长石砂岩、泥岩、页岩。在区域南端有少量涑水片麻杂岩出露,该区第四系砂土覆盖较严重。区内构造主要为面向西的单斜岩层。

④异常概况:该综合异常区面积约 4 933.42km²。异常区内黄铁矿异常8个,其中Ⅱ级异常7个(面积较小)、Ⅲ级异常1个(单个异常面积较大);重晶石矿物异常18个,Ⅰ级异常3个(面积较小)、Ⅱ级异常2个、Ⅲ级异常13个(单个异常面积较大);金矿物异常1个,为Ⅲ级异常,面积较小;锰矿物异常1个,为Ⅱ级异常,面积较小;金红石矿物异常4个,为Ⅲ级异常;铅族异常6个,Ⅱ级异常1个、Ⅲ级异常5个;稀土矿物异常2个,Ⅰ级异常1个、Ⅲ级异常1个。

⑤评价意见:该综合异常区地质背景较复杂,出露地层以古生界奥陶系、石炭系、二叠系沉积地层为主,因此沉积矿产如锰矿、磷矿等沉积矿床较丰富。中生代岩浆活动未及五台山—恒山地区强烈,因此热液矿床、矿点出露较少。异常以重晶石、黄铁矿两种重砂矿物最为发育,并且两个矿物的异常范围套合很明显,部分异常范围内出露有沉积成因铝土矿,结合地质背景特征,可以确定本成矿带内重晶石和黄铁矿异常绝大部分由沉积矿床引起,具体地层可能为二叠纪、三叠纪的锰铁质地层、煤系地层,其中部分异常范围内已发现有沉积型铝土矿床,这表明本异常区地质背景适合沉积型铁、锰、铝矿床产出,重砂异常为寻找沉积型矿产提供了很好的线索。

(2)紫金山金、铅综合异常区7C。

①地理位置:该综合异常位于山西省中西部,呈不规则状展布。异常位于吕梁市临县西北区,西起蔡家会镇一带,东至贺家会附近,北部和罗峪口镇相邻,南至临县附近。

②异常级别:C。

③地质特征:本区处于经向构造带内,东南一角是经向带与祁吕弧的复合部位。

由东向西,地层从老而新依次展布:太古宇界河口群黑云斜长片麻岩、黑云变粒岩、黑云片岩、夕线石片岩、斜长角闪岩、大理岩等。元古宇野鸡山群石英岩、板岩、变粒岩、变质砾岩、斜长角闪岩、变质基性火山岩。寒武系—奥陶系灰岩、泥灰岩、白云岩、夹紫红色页岩及石英岩状砂岩。石炭系—二叠系黏土岩、铝土岩、薄层泥灰岩、砂岩、页岩、泥岩、煤层、碳质页岩等。三叠系刘家沟组、和尚沟组、二马营组、铜川组长石砂岩,粉砂岩,页岩,泥岩,砂质页岩,凝灰岩等。普遍发育有燕山期紫金山碱性岩体、二长岩、霓辉正长岩、含霞霓辉正长岩、含磷黑云辉石岩、花岗状霞石正长岩、粗面质火山角砾岩等。

④异常概况:该综合异常区面积较小,约 552.16 km^2。异常区内金矿物异常 5 个,Ⅱ级异常 3 个、Ⅲ级异常 2 个,面积均较小;铅族矿物异常 1 个,为Ⅲ级异常,面积较大;重晶石矿物异常 1 个,为Ⅲ级异常。

⑤评价意见:综合异常区内发育有铜矿点 1 处,属中—低温石英脉型;铅锌矿点 3 处,属中—低温沿碳酸盐岩裂隙充填交代型。三叠系铜川组地层中含辰砂,二一五队在露头上取人工重砂,含辰砂 152 粒,化学分析含汞 0.000 1%。在钻孔中取人工重砂,含辰砂 22 粒,化学分析含汞 0.000 5%。铜、铅、金作为副矿物赋存于三叠系铜川组砂岩中,紫金山碱性岩体中,太古宇碎屑岩中,其来源及成矿远景尚待进一步研究。上述矿化点引起本综合异常区的金矿物异常和铅族矿物异常,应该对此类地质体进行详细工作。

4)汾西重晶石、锰、稀土、黄铁矿异常区

该异常区只有 1 个综合异常区:中阳-古交铜、铅、萤石、重晶石、黄铁矿、稀土综合异常区 8B。

(1)中阳-古交铜、铅、萤石、重晶石、黄铁矿、稀土综合异常区 8B。

①地理位置:该综合异常位于山西省中部,呈不规则状展布。异常西起吕梁市金罗镇一带,东至交城县附近,北部和米峪镇相邻,南至中阳县枝柯镇附近。

②异常级别:B。

③地质特征:该异常区内出露的地层主要为太古宇吕梁群变基性火山岩、火山岩加凝灰岩、石英岩、含石墨石英岩、磁铁石英岩、磁铁角闪岩;元古宇滹沱群变质砾岩、含砾石英砂岩、石英岩、砂质大理岩、钙质石英岩,千枚岩加白云岩,白云岩,变质火山岩加石英岩、石英砂岩、砂质千枚岩。长城系含膏砂岩;寒武系下部细碎屑岩,上部碳酸盐岩;奥陶系下部白云质灰岩,上部为白云岩或灰质白云岩。该区侵入岩十分发育,既有时代不明的混合花岗岩,片麻状混合花岗岩大面积出露,又有太古宙片麻状花岗岩、变钠—奥长花岗(斑)岩以及元古宙花岗岩。脉岩主要有元古宙辉绿岩和正长斑岩,其中辉绿岩分两组,一组呈东西向展布;另一组呈北西向展布。根据两者的穿插关系,北西向脉岩晚于东西向脉岩。该区构造复杂,主要断裂为北东向断裂,延伸距离长,切割深度大,影响范围广,多成断块构造。除此外,还有两组呈北东向和南西向的共轭断层发育。

④异常概况:该综合异常区面积约 4 944.42 km^2。异常区内黄铁矿异常 7 个,Ⅱ级异常 2 个(面积较小),Ⅲ级异常 5 个(单个异常面积较大);金红石矿物异常 3 个,Ⅱ级异常 1 个、Ⅲ级异常 2 个(单个异常面积较大);金矿物异常 4 个,Ⅱ级异常 1 个、Ⅲ级异常 3 个;磷矿物异常 3 个,Ⅱ级异常 1 个、Ⅲ级异常 2 个;锰矿物异常 4 个,为Ⅲ级异常;铅族异常 10 个,Ⅱ级异常 5 个、Ⅲ级异常 5 个;铜族矿物异常 3 个,Ⅱ级异常 2 个、Ⅲ级异常 1 个(面积较小);稀土矿物异常 7 个,Ⅱ级异常 2 个、Ⅲ级异常 5 个;重晶石矿物异常 10 个,Ⅰ级异常 2 个、Ⅱ级异常 4 个、Ⅲ级异常 4 个;萤石矿物异常 9 个,Ⅱ级异常 5 个、Ⅲ级异常 4 个;钼矿物异常 8 个,Ⅱ级异常 5 个、Ⅲ级异常 3 个。

⑤评价意见:综合异常区内铜、铅、锌、钼、锡、钨等矿点和矿化点,数量较多,中—低温热液、石英脉型或沿裂隙充填交代的铜、铅、锌、钼矿点共几十处,气成热液或中高温热液石英脉型或沿裂隙充填交代的铜、钼、锡、钨矿点 20 余处,与伟晶岩脉有关的铜、钼矿点在离石幅中见矿点 2 处。这些矿化点在本区内共引起了钼族矿物、铅族矿物、金族矿物、铜族矿物、磷矿物、锰矿物等重砂异常。铅族矿物异常和钼族矿物异常分别发育 9 个和 8 个,异常面积均较大,两者异常曲线套合非常吻合,异常范围出露的地层

多为太古宙片麻岩,侵入岩为元古宙花岗岩及辉绿岩脉等。值得注意的是本区几乎发育了全山西省的所有钼族矿物异常(山西省共发育有12个钼族矿物异常,本区发育有8个异常,其余4个发育在其他异常带的已知金矿、铜矿矿床周围),说明本异常带上钼元素的活动比较强,而且需要特别注意的是,在本异常带中部,从北武当山到陈台山一带,发育着5号、6号、7号、8号钼族矿物异常,它们分别与29号、33号、31号、36号铅族矿物异常套合,并且这8个异常级别都特别高,引起异常的重砂矿物多是钼铅矿,因此认为在北五台山到陈台山一带具有发育钼矿、铅矿的可能性很大,应该对它进行检查工作。

在非金属矿产中,引起重晶石矿物异常主要有两类,一类是与二叠系沉积地层或沉积矿床有关,如55号和65号重晶石异常;另一类是发育在太古宙地层中,与元古宙花岗岩关系密切的,如56号、57号和62号重晶石异常。磷矿物重砂异常可能与太古宙片麻岩和元古宙花岗岩有关。锰矿物发育有5个异常,主要与二叠系沉积地层有关。黄铁矿矿物异常中,级别高的异常通常是与二叠系沉积地层相关,级别低的异常一般是由元古宙花岗岩引起。另外本成矿带中发育有大量的萤石矿物异常,异常面积非常之大,数量非常之多,整体异常范围内出露的地层主要为太古宙片麻岩,同时还发育有元古宙花岗岩和辉绿岩脉,推测其成因与这些地质体相关。稀土矿物主要是锆石、独居石、铌钽矿物等矿物异常,这些稀土矿物可能与本异常区上广泛发育的太古宙片麻岩、元古宙花岗岩的混合岩化作用有关。

5)太行山北段铜、黄铁矿、磷灰石、金红石异常区(带)

该异常带共包含有3个综合异常区:定襄县七东山铜、萤石、黄铁矿、稀土、金红石综合异常区9C,盂县-左权重晶石、黄铁矿、稀土、金红石综合异常区10A,昔阳县东冶头镇铜、铅、锌、银综合异常区11C。

(1)定襄县七东山铜、萤石、黄铁矿、稀土、金红石综合异常区9C。

①地理位置:该综合异常位于山西省的中东部,呈近半圆形展布。北起五台县南部一带,南至盂县围尖山附近,东起朔州市西潘地区,东部与河北接壤。

②异常级别:C。

③地质特征:本区西北部是祁吕"山"字形构造东翼的一部分,南部东西向构造带形迹明显。区内出露太古宇变质岩,从东而西地层由老到新依次展布:阜平群宋家口组、文都河组黑云斜长片麻岩,浅粒岩夹大理岩;龙华河群榆林坪组—均才组黑云斜长片麻岩、混合花岗片麻岩、黑云角闪斜长片麻岩、大理岩、磁铁石英岩、石英片岩、黑云片岩、斜长角闪岩、变粒岩,内夹变质基性火山岩、变质长石石英岩。区内岩体大面积发育有元古宙花岗岩、片麻状花岗岩。

北西向的辉长辉绿岩脉、花岗闪长岩脉发育,分属五台期和燕山期。

④异常概况:该综合异常区面积约850.24km²。异常区内稀土矿物异常2个,Ⅱ级异常1个、Ⅲ级异常1个,单个异常面积较大;黄铁矿异常2个,Ⅱ级异常1个、Ⅲ级异常1个;磷矿物异常3个,为Ⅲ级异常;萤石矿物异常1个,为Ⅱ级异常;铜矿物异常3个,Ⅱ级异常2个、Ⅲ级异常1个;金红石矿物1个,为Ⅲ级异常。

⑤评价意见:区内中—低温热液型脉状铜矿点较多,其次是含铜磁黄铁矿及少许稀有放射性矿点。已知矿点、矿化点近20处,有些伴生有铅锌矿,均属中低温矿化,含铜石英脉、方解石脉、重晶石脉、赤铁矿脉等;含铜磁黄铁矿是高温热液的产物,一般顺层矿化产出。由上述矿化点引起该综合异常区内铜族矿物、萤石异常、黄铁矿、稀土矿物等异常,其中稀土矿物异常面积最大,还与大量发育的花岗岩和混合岩化关系密切;铜族矿物和黄铁矿异常主要与上述矿化点关系密切;萤石异常可能与中—低温热液型脉状铜矿点有关。

(2)盂县-左权重晶石、黄铁矿、稀土、金红石综合异常区10A。

①地理位置:该综合异常位于山西省的中东部,呈长条形展布。北部位于盂县牛村镇附近,南至左权县到榆社县一带,西起虎峪山到人头山一带,东至娘子关镇附近。

②异常级别:A。

③地质特征:异常区内出露的地层有太古宇古老变质杂岩,主要为花岗片麻岩、大理岩、磁铁角闪石

英岩、黑云角闪斜长片麻岩,石英岩等。古元古界受混合岩化作用的浅变质岩系,主要为变质砂砾岩、变玄武岩、千枚岩、结晶白云岩。中新元古界海相沉积化学岩与碎屑岩,主要为厚层含燧石白云岩、含砾石石英砂岩、长石砂岩、白云岩等。古生界寒武系—奥陶系白云岩、灰岩。石炭系—二叠系泥灰岩、页岩、砂岩,三叠系长石石英砂岩及第四系的砂土。太古宇和古元古界变质岩主要在异常带的东部出露,发育面积较小。总体上来看异常带内东部地层较老,西部地层较新。受中生代燕山运动的影响,构造和岩浆活动强烈,形成了一系列北北东向深大断裂带,规模巨大的太行山深大断裂带在其活动过程中导致了大规模的岩浆侵入,主要有正长闪长岩、花岗闪长岩、闪长岩、闪长玢岩。

④异常概况:该综合异常区面积约 3 902.44 km²。异常区内重晶石矿物异常4个,为Ⅲ级异常;稀土矿物3个异常,Ⅰ级异常1个、Ⅲ级异常2个,单个异常面积较大;锰矿物异常2个,为Ⅱ级异常;黄铁矿异常7个,Ⅰ级异常4个、Ⅱ级异常2个、Ⅲ级异常1个;金红石矿物6个,Ⅱ级异常1个、Ⅲ级异常5个。

⑤评价意见:异常带内出露的地层以二叠系—三叠系为主,发育的矿床主要以沉积型铝土矿、硫铁矿等为主,发育的重砂异常除两个铜族矿物异常外,其余均为黄铁矿、重晶石、稀土等与沉积型矿化有关的重砂矿物。山西省的稀土矿与铝土矿及其顶、底板黏土矿(岩)共生,阳泉式沉积型硫铁矿主要赋存于奥陶系石灰岩侵蚀面上,本溪组底部"G层"铝土矿之下,在该异常区内有不少铝土矿床,故认为异常区内的稀土、重晶石以及黄铁矿重砂矿物异常有可能与这些矿床有关。该异常区内金红石重砂矿物异常集中,这可能与异常区东部的古老变质岩系有关。该区的重砂异常为本区寻找沉积型矿床提供了较好的线索。

(3)昔阳县东冶头镇铜、铅、锌、银综合异常区11C。

①地理位置:该综合异常位于山西省的中东部,呈近半圆形展布。西起昔阳县张庄镇附近,东部与河北省接壤,北起阳泉市南部东回镇一带,南至昔阳县东冶头镇南部。

②异常级别:C。

③地质特征:本区处于太行山中段经向构造带与新华夏系斜接复合部位。西北一角见旋扭构造的形迹。展布地层有元古宇甘陶河群南寺掌组、南寺组含砾石英砂岩、石英砂岩、板岩、片岩、白云岩、安山岩、集块岩、凝灰岩等;震旦系常州沟组、串岭沟组、大红峪组,石英岩状砂岩,夹灰紫色页岩、白云岩、砂质页岩、砾岩等;寒武系—奥陶系灰岩、泥灰岩、白云岩;西部地区出露有雪花山组玄武岩。

④异常概况:该综合异常区面积约 761.02 km²。异常区内铜矿物异常4个,Ⅱ级异常1个、Ⅲ级异常3个;铅族矿物1个,为Ⅲ级异常;锌族矿物1个,为Ⅱ级异常;银矿物1个,为Ⅱ级异常;锰矿物异常1个,为Ⅲ级异常;重晶石异常1个,为Ⅱ级异常。

⑤评价意见:本综合异常区内见铜矿点3处,属热液脉状铜矿点;铅锌矿点4处,属中—低温热液型,沿碳酸盐岩地层中充填交代;铅、锌、铜等硫化物风化后形成的铁帽7处。这些矿化点在本区内引起铜族矿物、铅族矿物、锌族矿物、银矿物等重砂异常,异常数量较多,东回镇附近铅族矿物与银矿物异常套合明显,新圈定的重砂异常为寻找类似的矿点提供了依据。

6)霍山-沁水铅锌、重晶石、锰异常区(带)

该异常带包含有3个综合异常区:太谷县范村镇金、铅、银、重晶石、稀土综合异常区12C,祁县-浮山县重晶石、黄铁矿、锰、稀土综合异常区13B,以及襄汾县塔儿山-二峰山铜、金、萤石综合异常区14A。

(1)太谷县范村镇金、铅、银、重晶石、稀土综合异常区12C。

①地理位置:该综合异常位于山西省的中部地区,呈条形展布。异常向北东向展布。西南起祁县来远镇附近,北东止于晋中市长凝镇一带。

②异常级别:C。

③地质特征:该异常区出露的地层以古生界和中生界为主,局部地区有太古宇古老变质岩出露。主要为寒武系碎屑岩、灰岩、白云岩,奥陶系白云岩、白云质灰岩,石炭系—二叠系泥灰岩、泥岩、砂岩,三叠系砂岩,侏罗系粉砂岩、细砂岩、长石砂岩、页岩等。异常区内断裂构造非常发育,以北东东向为主。岩

浆活动不发育。基地构造层褶皱形态复杂多样,盖层褶皱属于开阔平缓型褶皱。

④异常概况:该综合异常区面积约 1 215.57 km²。异常区内金矿物异常 2 个,为Ⅲ级异常,面积较小;银矿物 1 个,为Ⅲ级异常,异常面积较大;铅族矿物异常 1 个,为Ⅲ级异常,异常面积较大;稀土矿物 2 个异常,为Ⅲ级异常,异常面积大;重晶石异常 1 个,为Ⅲ级异常。

⑤评价意见:该异常区矿化点较少,发育的重砂异常以金矿物、银矿物、铅族矿物及稀土矿物等为主。在异常区北部范村镇东侧上述各重砂矿物异常套合很好,可能由隐伏低温热液矿床引起。在异常区西南侧的金矿物异常与三叠系砂岩关系密切。该综合异常区内重砂异常数量较少,但是异常套合较好,重砂异常为本区中低温热液矿床提供了很好的线索。

(2)祁县-浮山县重晶石、黄铁矿、锰、稀土综合异常区 13B。

①地理位置:该综合异常位于山西省的中南部地区,呈燕尾形北东向展布。南部起于临汾。

②异常级别:B。

③地质特征:该异常区出露的地层以古生界和中生界为主,局部地区有太古宇古老变质岩出露。主要为寒武系碎屑岩、灰岩、白云岩,奥陶系白云岩、白云质灰岩,石炭系—二叠系泥灰岩、泥岩、砂岩,三叠系砂岩,北东地区发育有侏罗系页岩、粉砂岩、长石砂岩等。异常区内断裂构造非常发育,在异常带的北部主要以北东东向为主,中部地区多为北北东,南部地区又为北东东向展布,异常带断层总体形态呈"S"形。岩体不发育。基地构造层褶皱形态复杂多样,盖层褶皱属于开阔平缓型褶皱。

④异常概况:该综合异常区面积约 11 168.27 km²。异常区内钼族矿物异常 1 个,为Ⅱ级异常,面积很小;重晶石矿物异常 25 个、Ⅰ级异常 1 个、Ⅱ级异常 10 个、Ⅲ级异常 14 个;稀土矿物异常 6 个,Ⅰ级异常 2 个、Ⅱ级异常 1 个、Ⅲ级异常 3 个,单异常面积较大;锰矿物异常 9 个,Ⅱ级异常 2 个、Ⅲ级异常 7 个;黄铁矿异常 12 个,Ⅰ级异常 1 个、Ⅱ级异常 5 个、Ⅲ级异常 6 个;磷矿物异常 2 个,Ⅱ级异常 1 个、Ⅲ级异常 1 个;萤石矿物异常 1 个,为Ⅱ级异常;铅族矿物异常 1 个,为Ⅱ级异常;金红石矿物 2 个,为Ⅲ级异常。

⑤评价意见:异常区内出露地层以古生代、中生代沉积地层为主,区内已知的矿床、矿点均以沉积矿产铝土矿、硫铁矿等为主,兼有少量内生矿床。与之相对应的是重砂矿物异常也是以沉积矿产的重砂矿物异常为主,仅发育有少量内生矿产重砂矿物异常。本异常带内出露的重砂矿物异常主要为黄铁矿、锰、磷、重晶石、萤石、稀土、铅,其中黄铁矿、锰、磷、重晶石重砂矿物为区内出露的主要异常。这 4 类重砂矿物异常均产在石炭系碳酸盐岩、二叠系中粗粒石英砂岩、页岩、砂质页岩、细砂岩、粉沙质页岩之中,结合区内大量发育的铝土矿矿床,认为该区黄铁矿、锰、磷、重晶石重砂矿物异常绝大部分可能由沉积 Fe 矿、锰矿、磷矿等沉积矿床引起。并且在重砂异常图中我们可以发现 25 号、37 号锰异常、56 号黄铁矿异常和 84 号重晶石异常、58 号黄铁矿和 86 号重晶石的异常范围内均有铝土矿矿床发育,也更加证实了上述 4 类重砂矿物异常由沉积地层引起。除此之外,少量异常可能是由热液作用引起,如 60 号黄铁矿异常、12 号钼族矿物异常及 45 号铅族矿物异常由区内一锌矿床引起。稀土异常可能与二叠系的沉积砂岩和太古宇深变质岩关系密切;发育于灵石县的 22 号萤石异常出露在石炭系、二叠系砂岩、粉砂岩之上,该异常级别较高,高级异常点占多数,并且异常集中,该异常亦需引起注意。本区重砂矿物异常为寻找沉积型矿产提供了很好的线索。

(3)襄汾县塔儿山-二峰山铜、金、萤石综合异常区 14A。

①地理位置:该综合异常位于山西省的偏南部临汾市浮山县塔儿山—二峰山地区,呈近椭圆形展布。西部起于襄汾县东侧部一带,东部止于浮山县响水河镇到翼城县隆化镇一带,北部起于浮山县响水河镇到襄汾县邓庄镇一带,南部止于翼城县里砦镇。

②异常级别:A。

③地质特征:区内出露地层为中奥陶统和石炭系—二叠系。中奥陶统为马家沟组和峰峰组,由灰岩、白云质灰岩、泥灰岩和石膏组成。石炭系—二叠系包括本溪组、太原组、山西组、下石盒子组和部分上石盒子组,由砂岩、泥岩、页岩、砂质泥岩和少量石灰岩及煤线组成。区内岩浆活动强烈,岩石种类繁

多,岩性变化很大。主要为燕山晚期斑状正长岩、巨斑霓辉正长岩和二长闪长岩等,脉岩类有正长斑岩脉等,它们密切共生,相互穿插构成了统一岩浆岩。东峰顶金矿控矿岩体为燕山晚期正长岩类、巨斑霓辉正长岩和石英正长岩脉。区内构造以断裂为主,按其产状可分为东西向构造、北西向构造、南北向构造、北东向构造4组。

④异常概况:该综合异常面积约339.61km²。异常区内铜族矿物异常1个,为Ⅱ级异常,面积很小;萤石矿物异常1个,为Ⅲ级异常。

⑤评价意见:塔儿山—二峰山地区整体重砂矿物异常数量较少,一共发育3种矿物异常,但是整体异常套合度很高,在异常范围内发育着正长斑岩、正长花岗岩、二长岩、正长闪长岩等中生代小岩体,这些小岩体从属于塔儿山、二峰山岩体,而塔儿山、二峰山岩体是区内与已知金矿、铁矿关系密切的中生代岩体,例如本区著名的东峰顶式金矿就是与塔儿山岩体关系密切,浮山式铁矿、塔儿山式铁矿亦为该岩体岩浆热液充填、交代形成。而根据重砂矿物在本区内圈定的异常发现,金矿物、铜矿物以及萤石矿物重砂异常范围内及附近就有金矿出露。因此认为塔儿山地区的重砂异常由该类型金矿引起,金矿物重砂异常、铜矿物重砂异常以及萤石矿物重砂异常可以作为本区内寻找与中生代岩浆有关的金矿的重砂指示矿物。另外根据重砂异常曲线,在异常范围的南缘,还未见有金矿床发育,可以为本区寻找同类型金矿提供很好的方向。

7)中条山多金属、金、重晶石、黄铁矿异常区(带)

该异常带主要由1个综合异常组成:中条山铜、金、铅、重晶石、稀土综合异常区15A。

中条山铜、金、铅、重晶石、稀土综合异常区15A。

①地理位置:该综合异常位于山西省的最南部,呈长条状北东向展布。西南起于永济市县城,北东止于天盘山以东附近。

②异常级别:A。

③地质特征:该异常带内出露的地层以前寒武纪地层为主,从下至上依次为新太古界涑水麻粒岩相—角闪岩相杂岩、绛县群角闪相—绿片岩岩相变质岩,古元古界中条群绿片岩相变质岩、担山石群变质砾岩-石英岩、西阳河群安山岩和沉积岩,中新元古界沉积岩。区内岩浆作用强烈,喷出岩和侵入岩都很发育。前绛县期岩浆活动发生在涑水杂岩之内,侵入相有变花岗岩、超基性岩和伟晶岩等,以岩株、岩床和岩墙等产状产出。喷出相经后期变质形成绿泥片岩和角闪岩类岩石,可伴有一定规模的铜矿床(点)。绛县期岩浆活动比较剧烈、频繁,以喷发为主,伴有小规模的侵入。按岩浆的成分可分为钾质、钠质和碱钙质。钾质岩浆活动产物有变钾质基性火山岩(黑云片岩等)、变富钾流纹岩、变石英斑岩和变石英晶屑凝灰岩;碱钙质的有变辉绿岩、变花斑辉绿岩、变花斑英安岩、斜长角闪岩和角闪岩等;钠质的有变细碧岩等。中条期岩浆活动减弱,表现在篦子沟组下部的首先是变钾质基性火山岩——方柱黑云片岩,其次是碱钙质火山岩——斜长角闪岩,再次为小型角闪岩侵入,最后转为钠质(层)凝灰岩,它可能是篦子沟型铜矿床成矿物质来源之一。在温峪组中有花岗岩、花岗闪长岩和角闪岩侵入。西阳河期,安山岩沿着中条山东部的大断裂广泛喷溢,其强度和规模远远超过绛县期的火山活动。同时在老地层中,伴有中性—基性岩浆侵入活动,形成闪长玢岩、辉绿岩和辉长岩的岩墙、岩脉和岩床,最长达数千米。该期岩浆作用有弱的铜矿化发生。异常带内断裂构造非常发育,既有北西向线性断裂,又有北东向、北北东向线性断裂,还有大小不等的环形断裂,多在两组不同方向线性构造交会部位分布。异常带内褶皱及叠加褶皱也很发育。

④异常概况:该综合异常面积约1 806.53km²。异常区内金矿物异常3个,Ⅰ级异常2个(面积不大)、Ⅲ级异常1个(单个异常面积较小);铅矿物异常1个,为Ⅱ级异常,单个异常面积较大;稀土矿物1个异常,为Ⅲ级异常,异常面积大;金红石矿物异常1个,为Ⅲ级异常;黄铁矿物异常3个,Ⅱ级异常1个、Ⅲ级异常2个;磷矿物异常1个,为Ⅲ级异常;铜矿物异常5个,Ⅰ级异常1个、Ⅱ级异常3个、Ⅲ级异常1个。

⑤评价意见:中条山地区重砂矿物异常以金矿物、铜族矿物、铅族矿物、黄铁矿、磷、重晶石等为主。异常带内已知的铜、金矿床、矿点较多,与重砂异常套合度高,如在运城市解州南部发育的53号金矿物

重砂异常、71号黄铁矿矿物重砂异常、44号铜族矿物重砂异常、51号铅族矿物重砂异常及116号重晶石矿物重砂异常重合度高,在这些重砂异常范围内发育有大量的与燕山期中酸性岩浆(蚕坊岩体)有关的金矿床和矿点;永济市45号铜族矿物重砂异常与太古宇涑水杂岩中东西向破碎带中的脉状铜铅锌矿化点关系密切;51号金矿物重砂异常由金盘山金矿引起,52号金矿物异常发育在垣曲县城附近,在异常范围内见有燕山期花岗闪长岩脉,推测该异常可能由燕山期花岗岩岩脉引起(不排除由中条群地层中的伴生金异常引起)。除矿床(点)引起重砂矿物异常外,一些含矿地层也是重砂矿物的赋存体,如43号铜族矿物重砂异常、29号磷矿物重砂异常、70号黄铁矿重砂异常、47号铅族矿物重砂异常与太古宇老地质体涑水杂岩有关,以往认为中条山式铜矿主要赋存在绛县群和中条群地层中,近年来对涑水杂岩的研究表明,其中含有基性—超基性铜镍矿床、受断裂控制的方解石铜矿脉等,说明涑水杂岩中也具有成矿的潜力,本次工作所圈定的43号Ⅱ级铜族矿物重砂异常就赋存在涑水杂岩中,异常可能由上述成因的矿床(点)引起,因此该异常可以作为本区涑水杂岩中的一个重要找矿远景区;41号和42号铜族矿物重砂异常赋存在太古宇绛县群中,特别是42号异常范围内发育有著名的铜矿峪铜矿、横岭关铜矿和徐茂公殿铜矿,这些矿床均受太古宇绛县群变质地层控制,同时在异常区中发现有多处铜矿化点,重砂异常级别很高,可以作为中条山成矿带寻找中条山式铜矿的重要找矿远景区。111号、112号、114号、115号重晶石异常与区内寒武系碎屑岩地层关系密切。稀土异常仅发育有1处,主要出露在涑水杂岩中,引起异常的稀土矿物主要为锆石,推测可能是与太古宇涑水杂岩混合岩化或太古宇伟晶岩关系密切。本异常区的重砂异常大多是由矿床、矿化(点)引起,重砂异常为找矿提供了很好的线索。

主要参考文献

白瑾,1986.五台山早前寒武纪地质[M].天津:天津科学技术出版社.

白瑾,王汝铮,郭进京,等,1992.五台山早前寒武纪重大地质事件及其年代[M].北京:地质出版社.

陈平,柴东浩,1997.山西地块石炭纪铝土矿沉积地球化学研究[M].太原:山西科学技术出版社.

陈平,柴东浩,1998.山西铝土矿地质学研究[M].太原:山西科学技术出版社.

陈平,陈俊明,1996.山西主要成矿区带成矿系列及成矿模式[M].太原:山西科学技术出版社.

陈平,苗培森,1996.五台山早元古代变质砾岩型金矿地质特征[J].华北地质矿产杂志,11(1):105-110.

陈平,苗培森,李德胜,等,1999.山西五台山太古宙绿岩带金矿成矿系统初论[J].前寒武纪研究进展,22(3):14-21.

陈毓川,裴荣富,宋天锐,等,1993.中国矿床成矿系列[C]//第五届全国矿床会议论文集.北京:地质出版社.

陈毓川,王登红,陈郑辉,等,2010.重要矿产和区域成矿规律研究技术要求[M].北京:地质出版社.

陈毓川,王登红,等,2010.重要矿产预测类型划分方案[M].北京:地质出版社.

陈郑辉,陈毓川,王登红,等,2009.矿产资源潜力评价示范研究:以南岭东段钨矿资源潜力评价为例[M].北京:地质出版社.

程裕淇,1994.中国区域地质概论[M].北京:地质出版社.

傅昭仁,李德威,李先福,等,1992.变质核杂岩及剥离断层的控矿构造解析[M].武汉:中国地质大学出版社.

高道德,等,1994.贵州中部铝土矿地质研究[M].贵阳:贵州科技出版社.

黄汲清,任纪舜,姜春发,等,1977.中国大地构造基本轮廓[J].地质学报(2):117-115.

冀树楷,傅昭任,李树屏,等,1992.中条山铜矿成矿模式及勘查模式[M].北京:地质出版社.

姜春潮,1986.中国准地台前寒武纪地壳演化的基本轮廓[C]//国际前寒武纪地壳演化讨论论文集(第一集).北京:地质出版社.

景淑慧,1992.繁峙义兴寨金矿的成矿条件[J].山西地质,7(1):51-64.

黎彤,1978.海相沉积型菱铁矿矿床的成矿地球化学[D].合肥:中国科学技术大学.

李德威,1995.大陆构造与动力学研究的若干重要方向[J].地学前缘,2(2):141-146.

李厚民,陈毓川,李立兴,等,2012.中国铁矿成矿规律[M].北京:地质出版社.

李继亮,王凯怡,王清晨,等,1990.五台山早元古代碰撞造山带初步认识[J].地质科学(1):1-11.

李江海,钱祥麟,1994.恒山早前寒武纪地壳演化[M].太原:山西科学技术出版社.

李生元,李兆龙,林建阳,等,2000.晋东北次火山岩型银锰金矿[M].武汉:中国地质大学出版社.

李树勋,冀树楷,马志红,等,1986.五台山区变质沉积铁矿地质[M].长春:吉林科学技术出版社.

李兆龙,张连营,樊秉鸿,等,1992.山西支家地银矿地质特征及矿床成因[J].矿床地质,11(4):315-324.

骆辉,陈志宏,沈保丰,等,2002.五台山地区条带状铁建造金矿地质及成矿预测[M].北京:地质出版社.

马昌前,1995.大陆岩石圈与软流圈之间的耦合关系[J].地学前缘,2(2):159-165.

马文念,1992.中国东部前寒武纪地体活化与金的成矿作用[J].地质与勘探(1):16-19.

马杏垣,1985.中国地质历史过程中的裂陷作用[C]//国家地震局地质研究所.现代地壳运动研究.北京:地震出版社.

马杏垣,白瑾,索书田,等,1987.中国前寒武纪构造格架及其研究方法[M].北京:地质出版社.

马杏垣,刘昌铨,刘国栋,等,1991.江苏响水至内蒙古满都拉地学断面[J].地质学报,65(3):199-215.

任纪舜,姜春发,张正坤,等,1983.中国大地构造及其演化[M].北京:科学出版社.

山西省地质矿产局,1989.山西省区域地质志[M].北京:地质出版社.

沈保丰,张贻侠,刘连登,等,1994.华北地台太古宙绿岩带及矿床[M].北京:地震出版社.

沈保丰,孙继源,田永清,等,1998.五台山-恒山绿岩带金矿地质[M].北京:地质出版社.

孙大中,等,1991.中条山前寒武纪年代学、年代构造格架和年代地壳结构模式的研究[J].地质学报,65(1):216-225.

孙大中,胡维兴,1993.中条山前寒武纪年代构造格架和年代地壳结构[M].北京:地质出版社.

孙继源,冀树楷,真允庆,1995.中条裂谷铜矿床[M].北京:地质出版社.

田永清,1991.五台山-恒山绿岩带地质及金的成矿作用[M].太原:山西科学技术出版社.

王安建,李树勋,曲亚军,等,1996.脉状金矿地质与成因[M].长春:吉林科学技术出版社.

王安建,刘志宏,李晓峰,等,1996.五台山太古宙地质与金矿床[M].长春:吉林科学技术出版社.

王安建,金魏,孙丰月,等,1997.流体研究与找矿预测[J].矿床地质,16(3):5-13.

王凯怡,郝杰,周少平,等,1996.单颗粒锆石离子探针质谱定年结果对五台造山事件的制约[J].科学通报,42(12):1294-1297.

王凯怡,郝杰,SIMON WILD,等,2000.山西五台山—恒山地区晚太古—早元古代若干关键地质问题的再认识:单颗粒锆石离子探针质谱年龄提出的地质制约[J].地质科学,35(2):175-184.

伍家善,耿元生,沈其韩,等,1991.华北陆台早前寒武纪重大地质事件[M].北京:地质出版社.

肖庆辉,1991.中国地质科学近期发展的战略思考[M].武汉:中国地质大学出版社.

徐朝雷,1990.中浅变质岩石填图方法——五台山区构造-地层法填图研究[M].太原:山西科学教育出版社.

於崇文,等,1987.南岭地区区域地球化学[M].北京:地质出版社.

张北廷,1995.支家地银矿区隐爆角砾岩特征及其与成矿的关系[J].华北地质矿产杂志,10(2):20-22.

张京俊,贾瑢明,陈平,等,2003.山西省矿床成矿系列特征及成矿模式[M].北京:煤炭工业出版社.

张理刚,1983.稳定同位素在地质科学中的应用[M].西安:陕西科学技术出版社.

张秋生,1987.中朝地块大陆边缘带金矿化集中区的形成(摘要)[C]//环太平洋成矿带学术讨论会论文集.长春:长春地质学院.

张贻侠,寸珪,刘连登,等,1996.中国金矿床:进展与思考[M].北京:地质出版社.

真允庆,姚长富,1992.中条山区裂谷型层状铜矿床[J].桂林冶金地质学院学报,12(1):30-40.

郑亚东,常志忠,1985.岩石有限应变测量及韧性剪切带[M].北京:地质出版社.

中条山铜矿编写组,1978.中条山铜矿地质[M].北京:地质出版社.